工业和信息化普通高等教育“十三五”规划教材立项项目 | 高等院校“十三五”网络与新媒体系列教材

网页设计与制作

Dreamweaver CC 标准教程

第4版

修毅 洪颖 邵熹雯◎编著

Web Design
and Production

人民邮电出版社
北京

图书在版编目（CIP）数据

网页设计与制作 : Dreamweaver CC标准教程 : 微课版 : 第4版 / 修毅, 洪颖, 邵熹雯编著. -- 4版. -- 北京 : 人民邮电出版社, 2023.4（2024.6重印）
高等院校“十三五”网络与新媒体系列教材
ISBN 978-7-115-60763-8

Ⅰ. ①网… Ⅱ. ①修… ②洪… ③邵… Ⅲ. ①网页制作工具－高等学校－教材 Ⅳ. ①TP393.092.2

中国国家版本馆CIP数据核字(2023)第039000号

内 容 提 要

本书全面系统地讲解了网页设计与制作的相关知识，全书共有 14 章，包括网页设计基础，Dreamweaver CC 基础，页面与文本，图像、多媒体和表格，超链接，CSS 样式，CSS+Div 布局，行为，模板和库，表单和 jQuery UI，HTML5 和弹性布局，jQuery Mobile，动态网页技术以及综合实训等内容。

本书以知识体系的构建为线索，以课堂案例为载体，在传授页面交互设计内容的同时兼顾对 HTML 和 CSS 代码的学习，不仅能让读者快速掌握网页创意、设计和制作的方法与技巧，还能够使读者理解交互设计原理和代码编程方法。书中练习案例帮助读者巩固和扩展相关的知识和技能，综合实训帮助读者理解和掌握网站制作的方法和流程。

本书配有 PPT 课件、教学文档、基本素材、案例素材、案例效果、本书附录等教学资源，使用本书的教师可在人邮教育社区免费下载使用。

本书既可以作为高等院校相关专业网页设计课程的教材，也可以作为网页设计培训教材，还可以作为自学人员学习网页设计和制作的参考书。

◆ 编　　著　修　毅　洪　颖　邵熹雯
责任编辑　王　迎
责任印制　李　东　胡　南

◆ 人民邮电出版社出版发行　　北京市丰台区成寿寺路 11 号
邮编　100164　　电子邮件　315@ptpress.com.cn
网址　https://www.ptpress.com.cn
北京天宇星印刷厂印刷

◆ 开本：787×1092　1/16
印张：18.75　　2023 年 4 月第 4 版
字数：556 千字　　2024 年 6 月北京第 4 次印刷

定价：59.80 元

读者服务热线：(010)81055256　印装质量热线：(010)81055316
反盗版热线：(010)81055315
广告经营许可证：京东市监广登字 20170147 号

前言

FOREWORD

Dreamweaver 作为前端静态页面的设计软件，提供了“所见即所得”的可视化操作方式，还具有服务器端动态页面的工程开发能力，因此赢得了国内外众多网站页面设计人员和技术开发人员的青睐。

本教材第 1 版自 2013 年 2 月出版以来，受到广大读者的喜爱，被全国许多所院校选为“网页设计”课程教材。

此次我们采用 Dreamweaver CC 2021 软件，对《网页设计与制作——Dreamweaver CC 标准教程（附微课视频 第 3 版）》进行修订，在保留第 3 版的整体结构和内容的同时，突出两条基本修订原则：一是紧随技术发展步伐，突出 HTML5 和 CSS3 的知识、技术和应用技巧，剔除过时知识；二是加大 HTML 和 CSS 代码知识的讲授力度，引入“页面代码”网页制作方法，让读者在掌握网页设计知识的同时，还能够学会代码知识，了解网页设计原理，做到“知其然也知其所以然”。

本书结构和内容经过修改和调整后，主要体现如下。

1．基于 Dreamweaver CC 的技术体系，保留全书知识体系和架构，在每章中添加代码清单和相关说明，帮助读者掌握 HTML、CSS 样式编码方法。

2．在第 2 章中增加“页面代码”一节，介绍了 Dreamweaver 代码的输入和编辑及相关方法，帮助读者学会使用 Dreamweaver 代码编辑器设计和制作网页。

3．全面强化 HTML5。保留第 4 章 HTML5 多媒体元素——Video 元素和 Audio 元素的同时，剔除非 HTML5 的多媒体元素，在第 11 章中更加深入地描述了弹性盒子的基本知识和使用方法。

4．对上一版第 6 章表格进行了简化处理，剔除了复杂表格排版案例，并将表格基本技术内容纳入第 4 章；剔除了第 8 章行为中行为效果一节，保留了第 10 章 jQuery UI 的内容和使用方法。

5．在深入剖析 CSS3 内容和使用技巧的同时，在第 7 章中增加了 sticky 黏性定位方式，保留了第 6 章 CSS 过渡效果和 CSS 动画内容以及第 11 章媒体查询的使用方法。

6．紧随移动技术发展，满足应用开源技术的需要，保留第 12 章 jQuery Mobile 和第 13 章动态网页技术。

本书共 14 章，为方便教学将内容分为基础篇和高级篇。

基础篇包括第 1 章～第 10 章，主要讲授网页设计和制作的基本技术。第 1 章介绍网页设计的基础知识，第 2 章对 Dreamweaver CC 的工作界面、站点创建、站点管理、页面代码和网页文档头部信息设置加以介绍，第 3 章介绍页面与文本知识，第 4 章阐述图像、多媒体和表格的相关知识，第 5 章介绍网页设计超链接的相关知识，第 6 章介绍 CSS 样式的定义和使用，第 7 章介绍网页常见的 CSS+Div 布局原理和方式，第 8 章介绍网页动态效果的设计方法，第 9 章介绍模板与库在大型网站制作中的应用方法，第 10 章介绍客户与服务器端进行交互的表单技术和 jQuery UI 网页设计方法。

高级篇包括第 11 章～第 14 章，侧重于网页设计和制作的新技术和扩展内容。第 11 章介绍 HTML5 中新添的语义结构标签和网页弹性布局技术，以及媒体查询的使用方法。第 12 章介绍 jQuery Mobile 移动框架的构成和使用方法，第 13 章介绍设计制作动态网页的基本模式和技术，第 14 章采用 CSS+Div 布局方式展示一个商业化网站设计和制作的整个流程。

本书参考学时为 64 学时，教师也可根据教学内容做出适当调整。根据教学要求，可以采用“以基础篇内容为主，高级篇内容为辅”的方式开展教学和实践活动。在教学方式方法上，既可以采用网页交互设计教学方式，也可以采用“网页交互设计+页面代码”相结合的教学方式。

本书由修毅、洪颖、邵熹雯共同编写，修毅统稿。修毅编写了第 1 章、第 6 章、第 7 章、第 11 章的 11.4 节、第 12 章、第 13 章；洪颖编写了第 2 章、第 3 章、第 4 章的 4.1 节～4.2 节和 4.6 节、第 5 章、第 10 章、第 14 章；邵熹雯编写了第 4 章的 4.3 节～4.6 节、第 8 章、第 9 章、第 11 章的 11.1 节～11.3 节和 11.5 节。

由于编者水平和经验有限，书中难免有不足和疏漏之处，敬请读者批评指正。作者电子邮箱：xiuyiks@126.com。

编者

目录

CONTENTS

Dreamweaver CC

1 Chapter

第1章 网页设计基础

随着互联网技术的蓬勃发展，Web应用与服务得到了迅速普及，并成为互联网的代名词。Web网页、URL地址、服务器和客户机等也成为我们应知应会的互联网基础内容。

Web是由很多网页和网站构成的庞大信息资源网络，网站设计与制作是构建这类信息资源的重要技术。网站设计与制作既是一项创意活动，也是一种技术活动。我们需要学习和掌握网页设计知识、网页标准化技术和前端UI框架技术，完成网站设计与制作各个阶段的任务。

网站设计与制作是一项系统工程，相关人员要依据设计与工程的规范和原则，按照前期准备、方案实施、后期维护等流程开展工作，才能设计、制作出用户满意的网站。

 本章主要内容：

1. 互联网基础
2. 网页设计知识
3. 网页标准化技术
4. 前端UI框架技术
5. 网站制作流程

1.1 互联网基础

1.1.1 Internet与Web服务

互联网（Internet）就是借助通信线路将计算机和各种相关设备相连接，并按照统一的标准，在各种设备之间进行数据传输和交换，实现互联互通，以达到计算机之间资源共享和信息交换的目的。

互联网提供的主要服务包括万维网（World Wide Web，WWW，3W，Web），电子邮件（E-mail），文件传输协议（File Transfer Protocol，FTP）和远程登录协议（Telnet）等。其中Web以内容形式多样、资源丰富、交互性好等特点，成为应用最广泛的信息检索服务工具。

Web页面采用超文本标记语言（Hyper Text Markup Language，HTML），可以存取文本、图像、动画、音频和视频等多媒体信息，它基于超链接，通过众多的网页和网站构成了一个全球范围内的庞大信息网络。

超链接可以使任何地方的信息之间产生链接关系，建立信息资源的网状结构。在网状结构中，任何两个信息之间的链接关系，既可以是直接的，也可以是间接的，方便用户从一个网站跳转到另一个网站，从一个网页跳转到另一个网页，从而实现在全球范围内的信息资源互联互通。

1.1.2 URL路径

在互联网中如何寻找、确定和获得某一项资源信息呢？由Web联盟颁布的统一资源定位器（Uniform Resource Locator，URL）成为互联网中一种标准的资源定位方式，用于标识互联网上的任何特定资源。URL由3部分组成：协议、主机名以及路径和文件名，表达形式如下。

```
协议名://服务器的IP地址或域名/路径/文件名
```

例如：http://news.sohu.com/s2012/shicha

在URL中，可以使用多种Internet协议，如HTTP（Hyper Text Transfer Protocol，超文本传输协议）、FTP和Telnet（远程登录协议）等。其中HTTP协议用于Web应用，是应用最广泛的协议。为了满足Web应用提升安全性的需求，将HTTP协议与SSL（Secure Socket Layer，安全套接层）协议相结合，构成一种更加安全的超文本传输协议HTTPS（Hypertext Transfer Protocol Secure，超文本传输安全协议）。

在URL中，存放资源的服务器或主机由服务器的IP地址或域名来表示，在服务器中通过指定路径和网页名称确定资源的最终位置。

URL以统一方式描述互联网上网页和其他各种资源的位置，使每一个网站或网页具有唯一的标识，这个标识被称为URL地址，或Web地址，或网址，它可以是本地磁盘路径或局域网上的某一台计算机，也可以是Internet上的站点。

在互联网中，无论用户在什么地方，只要拥有一台客户终端与互联网连接，就可以通过Web地址，轻松地访问互联网上的网站，分享互联网上的各种资源。

1.1.3 服务器与客户机

从物理构成上，互联网是由不计其数的计算机和相关设备相互连接而成的。根据计算机在互联网中的用途可将其分成两类：服务器和客户机。

服务器是提供共享资源和服务的计算机，其作用是管理大量的信息资源。服务器的种类较多，如数据服务器（如新闻服务器）可存储海量的实时信息，为用户提供浏览服务；电子邮件服务器负责为用户提供电子邮箱和收发电子邮件服务；FTP服务器负责为用户提供上传和下载文件的服务。

客户机是用户用来获取资源和服务的计算机。当用户使用计算机访问服务器时，这台计算机就是客户机。浏览器软件是客户机上的必备软件，常见的浏览器软件有 IE 浏览器、360 浏览器、谷歌浏览器、火狐浏览器等。当用户在浏览器中输入某一个网站的网址时，就向服务器发出了一个请求，服务器收到该请求后，将网页发送到客户机的浏览器中，如图 1-1 所示。

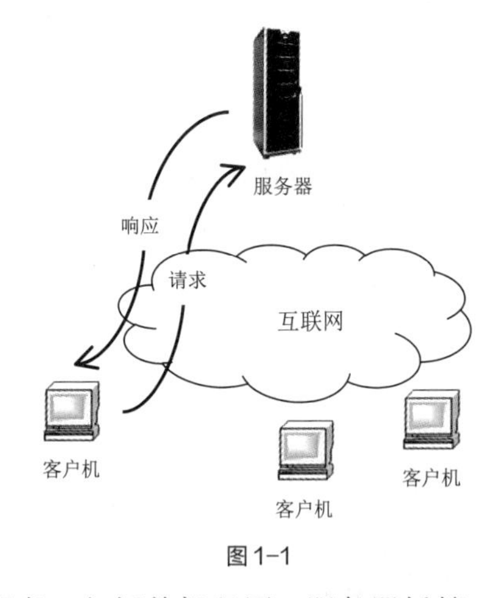

图 1-1

1.1.4　互联网数据中心

互联网数据中心（Internet Data Center，IDC）是网络基础资源的重要组成部分。

互联网数据中心具备专用的场地和良好的机房设施、安全的内外部网络环境、高速的网络接入、系统化的监控技术和设备维护能力，可为企业、媒体和各类网站提供一系列专业化的服务，包括整机租用、服务器托管、机房租用、专线接入和网络管理服务等。

企业如果租用数据中心的服务器和带宽，就可以利用数据中心的技术资源和管理规范，构建企业的互联网平台，使得企业能够迅速开展网络业务，从而减少了企业用于网络服务器硬件购买和管理的投入，规避了企业构建网络平台的风险。

典型的互联网数据中心体系包括 4 个主要部分：服务器系统、电力保障系统、数据传输保障系统以及环境控制系统。

1.2　网页设计知识

在网页设计中，网页创意设计是其中非常重要的环节，它可以表达网站主题，展现优美的视觉效果，与平面设计类似，属于视觉艺术设计的范畴。网页创意设计要具有一定的独创性，符合用户的审美情趣，同时还要兼顾突出主题、满足表达内容和使用便捷的要求。

色彩、网页设计元素和页面布局是网页创意设计的 3 个重要组成部分。

1.2.1　色彩

1. 认识色彩

自然界中有很多色彩，色彩可以分为非彩色和彩色两大类。非彩色包括黑、白、灰 3 种颜色，其他色彩都属于彩色。任何色彩都具有色相、明度和纯度 3 种属性。

色相是色彩的名称，是一个色彩区别于另一个色彩的主要因素。基本色相为红、橙、黄、绿、蓝、紫。如果对同一色相调整不同的明度或纯度，就会产生搭配效果良好的色彩。

明度也称为亮度，表示了色彩的明暗程度。明度越高，色彩越亮。如果网页采用鲜亮的颜色，就会使人感觉绚丽多姿，生机勃勃，如一些儿童类、购物类网站；反之，明度越低，色彩越暗，如一些游戏类网站，充满神秘感。

纯度是指色彩的鲜艳程度或饱和度。色彩纯度越高，色彩越鲜艳；色彩纯度越低，色彩越灰暗。

2. RGB 色彩模式和网页安全色

自然界色彩缤纷，但每种色彩都可以用红（R）、绿（G）、蓝（B）这 3 种色彩按一定的比例调和而成，这 3 种色彩被称为光的三原色，如图 1-2 所示。在 Dreamweaver 中，可以在【颜色】对话框中，通过分别设定红（R）、绿（G）、蓝（B）的色彩值，得到任何其他颜色，如

图 1-3 所示。

网页设计软件可以处理高达上千万种颜色，但有些颜色会由于环境条件的变化而变化，在不同操作系统和浏览器中，同一种颜色也许会显示出不同的明度或色相效果。

为此，将在不同操作系统和浏览器中具有一致显示效果的颜色定义为网页安全色，网页安全色有 216 种。在网页设计软件中，任何颜色都有一个 6 位的十六进制编号，如#D6D6D6，任何由 00、33、66、99、CC 或者 FF 组合而成的颜色值，都表示一个网页安全色，如图 1-4 所示。

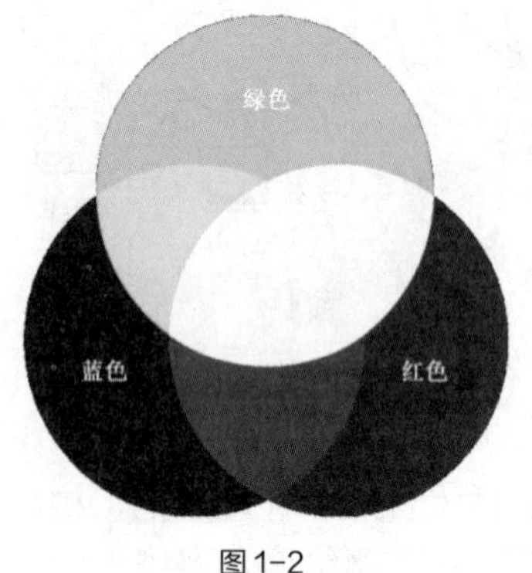

图 1-2

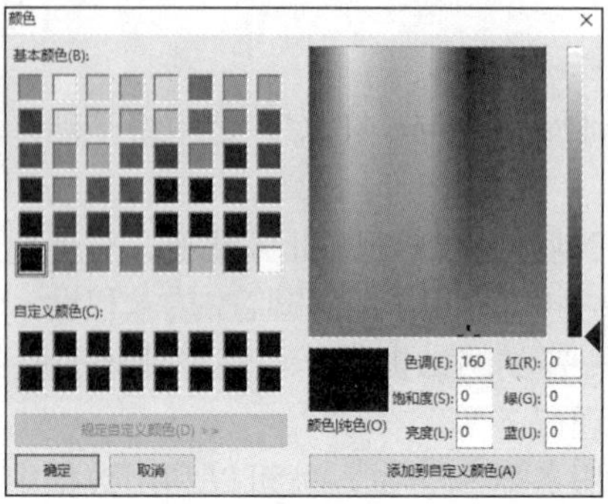

图 1-3

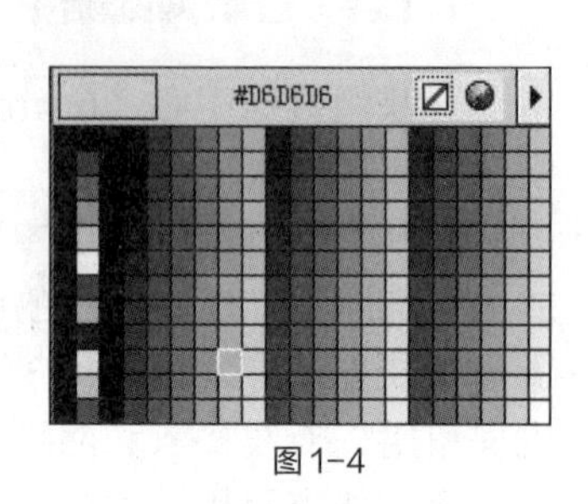

图 1-4

3. 利用图像配色

在网页设计中，可以根据页面创意的需要，选择一个色彩效果好的彩色图片作为色彩源，从该图片中选取颜色作为网站设计的主题颜色，具体方法如下。

首先，利用网页设计软件的吸管工具选取一种或若干色彩，取得色彩数值；然后，在网页安全色中匹配相同或相近的颜色数值，作为网页的主题颜色；最后可将这些颜色应用于网页设计中，完成色彩的搭配。例如，在金色俱乐部网站中，可以选取蓝天、草地和白云的颜色作为主题色，进行网站设计，如图 1-5 所示。

图 1-5

1.2.2 网页设计元素

尽管网页千差万别，但网页的基本构成元素是固定的，包括网站标识、网站 banner、导航条、图像、动画和背景等。

1. 网站标识

网站标识也称为网站 Logo，由文字、符号、图案等元素按照一定的设计理念组合而成，它是整个网站独有的形象标识。在一些企业网站中，企业标识可以直接作为网站标识。在正规的网站中，网站 Logo 是必备元素。

一般地，将网站 Logo 置于页面比较醒目的位置，如左上角。在网站的推广和宣传中，可以突出网站特色，树立良好的网站形象，表达网站内容精粹和文化内涵，如图 1-6 和图 1-7 所示。

图 1-6

图 1-7

2. 网站 banner

网站 banner 一般位于页面的顶部，既可以表达和突出网站创意和形象，也可以传达某种特定信息。在商业网站中，网站 banner 是一种网络广告形式，可向用户传达特定的产品和服务信息。

网站 banner 有各种规格，可以称为旗帜广告、横幅广告和条幅广告等。网站 banner 通常有 GIF

动画、JPEG 图像或 Flash 动画等形式，如图 1-8 所示。

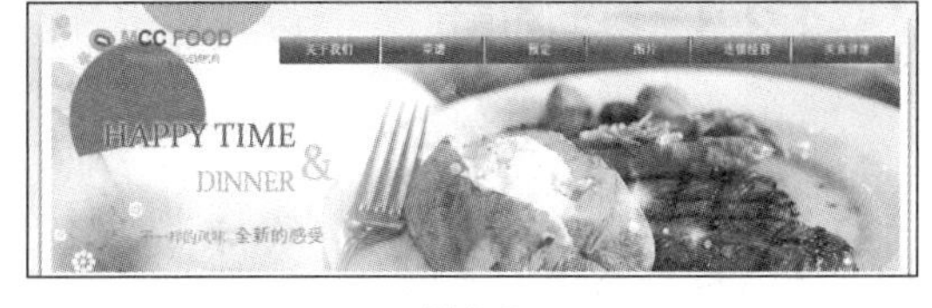

图 1-8

3. 导航条

导航条是网页设计中最重要的元素之一，既表现了网站的结构和内容分类，又方便了用户对网站的浏览。

一般地，导航条在网站各个页面中的位置相对固定，通常位于页面的左侧、上部和下部，如图 1-9 和图 1-10 所示。

图 1-9

图 1-10

一些较大型的网站中可能会有多个导航条，以方便用户浏览。

导航条在设计风格上既要与其他设计元素保持一致，又要凸显在页面中的重要地位。同时，不同页面中的导航条或一个页面中不同位置的导航条也要相互协调。

4. 图像

图像是网页设计中最常用的设计元素之一，具有直观和色彩丰富的特点，可以传达丰富的信息，凸显创意风格。在网页设计中，图像通常使用 GIF、JPEG 和 PNG 3 种格式。GIF 用于画面简单、细节信息少的图像，如背景图片；JPEG 用于画面较为复杂、细节信息较多的图像；PNG 用于有透明背景的图像。

网页中的图像有两种来源，一种是独立完整的图像，另一种是在 Fireworks 或 Photoshop 中使用切片功能处理后的分割图像。

5. 动画

网页设计中常用的动画有 GIF 动画和 Flash 动画。GIF 是图像动画，一般用于对动画效果要求比较简单的场合，可以由 Fireworks 或 Photoshop 制作完成；Flash 是图形图像动画，一般用于对动画效果要求较高的场合，由 Flash 专业软件制作完成，如图 1-11 所示。

6. 背景

在网页设计中，背景处于从属地位，起到辅助作用。背景既可以是纯色背景，也可以是图像背景，GIF 格式和 JPEG 格式均可。背景使用不当可能喧宾夺主，使用合理能够增强页面的整体创意效果，如图 1-12 所示。

图 1-11

图 1-12

1.2.3　页面布局

网页设计元素是组成网页的基本要素，将这些设计元素在页面中进行组合和排列称为页面布局，页面布局既要满足页面的结构布局需要，还要符合大众的艺术审美情趣。

图 1-13

1. 结构布局

在网页设计中，结构布局是根据网页设计元素在网页中位置分布特点进行分类的，常用的结构布局包括“国”字型、拐角型、上下框架型和左右框架型等类型。

“国”字型布局的突出特征为中间部分为主题内容，左右两侧有小侧栏，上部为网站 Logo、网站 banner 和主导航条等，下部为页脚导航条和版权信息等，在大型网站中应用较多，页面布局稍显复杂，如图 1-13 所示。

拐角型布局与“国”字型布局相比有所简化，上部为网站 Logo、网站 banner 和导航条，主题内容在一侧，另一侧有小侧栏，下部为版权信息或其他信息等，如图 1-14 所示。

上下框架型布局较为简单，上部为网站 Logo 和主导航条等，中间部分为主题内容，下部为版权信息及页脚导航条，一般用于小型网站，如图 1-15 所示。

图 1-14

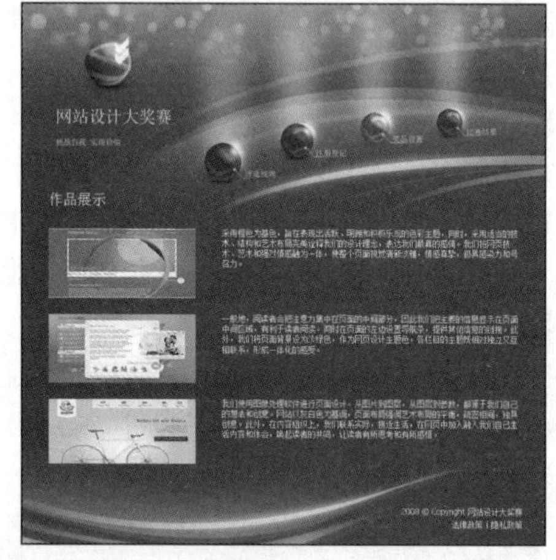

图 1-15

左右框架型布局也较为简单，一般左侧为导航条，右侧为主题内容，如图 1-16 所示。

图 1-16

2. 艺术布局

在网页设计中，不仅要考虑内容栏目和结构布局，还要力求网页更具有艺术感染力。常用的艺术布局原则包括分割和平衡等。

分割是把整体分割成部分，可以使页面效果生动活泼，如图 1-17 所示。

在网页设计中，有些网页没有明显的布局结构，设计元素呈现不规则分布状态，此时应利用平衡原则，使各设计元素达到一种视觉平衡效果，产生艺术美感，如图 1-18 所示。

图 1-17

图 1-18

总之，页面设计不要拘泥于固定的结构布局和艺术布局，而是根据内容和栏目编排要求以及用户审美需求，将各种典型结构灵活运用，将艺术布局原则融会贯通，锐意创新，力求创作出结构布局合理、页面精美的网页。

1.3 网页标准化技术

从技术的角度，网页由 3 部分组成：结构（structure）、表现（presentation）和行为（behavior），相应的技术标准由 3 部分组成：超文本标记语言、CSS 样式和脚本语言。

1.3.1 超文本标记语言

HTML 由万维网联盟（W3C）制定和发布。HTML 格式简单，由文字及标签组成，有多个版本。在 HTML4.01 版本中，标签的任何格式化信息都能够脱离 HTML 文档，转入一个独立的样式表文件。

HTML5 是 HTML 的最新修订版本，已经开始取代 HTML4.01 标准和 XHTML1.0 标准，也由万维网联盟制定。HTML5 不仅简单易学，而且能够在移动设备上支持多媒体，虽然目前还处于不断完善中，但得到了现代大多数浏览器的支持。

1.3.2 CSS 样式

层叠样式表（Cascading Style Sheets，CSS）是由万维网联盟制定和发布的，用于描述网页元素格式的一组规则，其作用是设置 HTML 编写的结构化文档外观，从而实现对网页元素高效和精准的排版和美化。

一般地，CSS 样式存放在 HTML 文档之外的样式文档中。用户通过对样式文档中 CSS 样式的修改，可以改变网站内所有网页的外观和布局。目前，CSS3 与 HTML5 一起，获得了业界的广泛认同。

1.3.3 脚本语言

脚本语言标准是由 ECMA（European Computer Manufacturers Association，欧洲计算机制造商协会）制定和发布的。脚本语言是一种面向对象的程序设计语言，是专为 HTML 设计者提供的一种编程语言。

JavaScript 是互联网上非常流行的脚本语言，可用于 HTML 和 Web，更可广泛用于 PC、笔记本电脑、平板电脑和智能手机等设备。

JavaScript 是一种轻量级的编程语言，可插入 HTML 页面的编程代码，插入 HTML 页面后，可由所有的现代浏览器解析并执行。在 Dreamweaver 中，行为就是由内嵌的 JavaScript 脚本语言实现的。

1.3.4 PHP 技术

在开发与制作动态网页时，除了以上网页标准化技术，还需要后端技术作为支撑条件和环境，其中 PHP 技术与 MySQL 数据库技术是一种理想组合，在企业级 Web 应用和动态网站的开发中被广泛使用。

页面超文本预处理器（Page Hypertext Preprocessor，PHP）是一种服务器端脚本语言，易于学习和使用，具有良好的安全性和跨平台特性，支持许多数据库，如 MySQL、Oracle、Sybase 和 Microsoft SQL Server 等。

PHP 免费开源，可以从 PHP 官方网站自由下载，用来创建和运行动态网页或 Web 应用程序。目前，PHP 8.1 是最新版本。

1.4 前端 UI 框架技术

前端用户界面（User Interface，UI）框架技术融合了 HTML5、CSS3 和 JavaScript，为网页前端设计人员提供了快捷、灵活和高效的设计与制作技术，在桌面和手机 Web 应用项目中获得了越来越广泛的应用。例如，jQuery Mobile、Bootstrap 框架和 MUI 框架都是目前比较流行的前端 UI 框架技术。

1.4.1 Bootstrap 框架

Bootstrap 框架简洁、灵活和快捷，是目前最受欢迎的前端 UI 框架之一，用于开发响应式布局、移动设备优先的 Web 应用项目，包括 Bootstrap 基本结构、Bootstrap CSS、Bootstrap 布局组件和 Bootstrap 插件几部分。

Bootstrap 基本结构提供了一套响应式、移动设备优先的栅格系统。Bootstrap CSS 提供全局 CSS 设置、HTML 元素样式定义和可扩展样式。Bootstrap 布局组件提供了十几个可重用的组件，用于创建图像、下拉菜单、导航、警告框、弹出框等。Bootstrap 插件包含了十几个基于 jQuery 的自定义插件。

Bootstrap 4 提供了 Sass 变量和大量 mixin，通过不同赋值以满足个性化需求。Bootstrap 4 还融入弹性布局功能，并可以与栅格系统一起使用。目前 Bootstrap 最高版本是 5.1。

1.4.2 MUI 框架

移动用户界面（Mobile User Interface，MUI）框架是一套基于 HTML5 并遵循 HTML5+规范的移动端界面开发框架。该框架是由中国团队开发的，最新版本为 v3.7.2。

MUI 框架的核心是一个 UI 框架。该框架不依赖任何第三方 JavaScript 库，其中 JavaScript 代码均为 UI 组件服务，压缩后的 JavaScript 和 CSS 文件仅有 100K 和 60K 左右，体量小巧。

MUI 框架以 iOS 平台 UI 为基础，补充部分 Android 平台特有的 UI 控件，因此 MUI 框架封装的控件更符合 App 体验，是最接近原生 App 体验的前端框架。同时，该框架还提供了丰富的模板，方便开发者使用。

MUI 框架具有高性能，通过预加载解决了浏览器天生切页白屏问题，通过封装原生动画解决了动画卡顿问题，同时还解决了浮动元素抖动、无法流畅下拉刷新等问题。

1.5 网站制作流程

网站制作已经逐渐发展成为一个由网页界面设计、网页制作、数据库开发和动态应用程序编写等一系列工作构成的系统工程。

1.5.1 前期准备工作

在网站建设之前，需要对与网站建设相关的互联网市场进行调查和分析，同时收集各种相关的信息和资料，为项目提供必要的前期数据，并在此基础上确定网站定位，为项目决策提供依据。

1. 市场调查与分析

市场调查包括用户需求调查、企业自身情况调查和竞争对手情况调查。

企业网站为目标用户所接受是网站生存和发展的前提。网站用户需求分析是实现这一目标的关键环节。在建设网站之前，必须明确网站为哪些用户提供服务，这些用户需要什么样的服务，要充分挖掘用户表面的、内在的、具有可塑性的需求信息，明确用户获得信息的规模和方式，如信息量、信息源、信息内容、信息表达方式和信息反馈等。只有这样，企业网站才能够为用户提供有价值的信息。

从建设网络平台的角度，对企业自身情况进行调查，充分了解企业能够向目标用户提供什么样的产品和服务，实现产品和服务的业务流程是什么，以及企业其他可用资源等。另外，有些产品和服务适合于实体销售，有些产品适合于网络平台销售，因此有必要明确哪些产品和服务由网站提供，且以什么方式提供。

通过互联网或其他渠道对竞争对手情况，尤其是竞争对手的网络平台情况进行调查。了解同类企业或主要竞争对手企业是否已经建设了网站，其网站的定位如何，以及这些网站提供了哪些信息和服务，有哪些优点和缺点？从中可以获得建设自身网站的启示。

市场调查后进行综合分析，应该确定建设企业网站能否做到对企业产品的整合，对产品销售渠道的扩充，能否为提高企业利润、降低成本发挥作用。

2. 资料收集

收集资料可为网站建设提供基础素材。

从内容形式上，收集的资料包括文字资料、图片资料、视频资料和音频资料；从内容分类上，包括企业基本情况介绍、产品分类、产品信息、服务项目、服务流程、联系方式、企业新闻、行业新闻等。资料的收集尽量全面完整，为便于后期使用，尽量收集数字资料，如数字照片、视频等。

收集资料是一个持续的过程。在建设网站之前，尽量收集相关资料；在建设网站过程中，还需要进一步补充和完善这些资料，不断丰富网站内容。

3. 网站定位

在市场调查与分析以及资料收集的基础之上，初步确定网站的定位，包括大致内容和结构、页面创意的基调，以及基本技术架构。

网站内容包括各种文本、图形图像和音频视频等信息，会直接影响网站页面创意、布局以及技术架构的确定，也会影响网站受欢迎程度。基于市场调查与分析，对页面创意的风格和色彩基调、网站的栏目设置和页面结构，有一个基本设想，对页面创意做到心中有数。在基本技术架构方面，需要明确的是建设动态网站还是静态网站，以及网站规模等。采用何种技术架构将决定网站制作和维护的成本，是企业必须关注的问题。

1.5.2 方案实施

在方案实施过程中，根据前期准备工作，具体规划网站的栏目和布局、页面设计风格和外观效果；确定网站所使用的各种技术，完成网站制作的全部工作。

1. 网站规划

网站规划实际上是网站定位的延续。网站定位是网站规划的基础和前提，指导网站规划；而网站规划是网站定位的细化，将全面落实网站定位。有时，这两个环节相互融合，没有明显界限。网站规划越详尽，方案实施就越规范。

无论开发静态网站还是动态网站，都必须明确开发网站的软硬件环境，网站的内容栏目和布局，内容栏目之间的相互链接关系，页面创意风格和色彩，以及网站的交互性、用户友好性和功能性等。如果建设动态网站，还需要对数据库和 Web 应用技术，以及脚本语言的选择和使用做出规划。

相关人员根据网站规划撰写网站开发时间进度表，以指导和协调后续的工作。

2. 页面设计

现在网站建设越来越重视页面的创意和外观效果，尤其一些个性化的网站，如提供时尚类产品和服务的网站、具有美术和艺术背景的网站等，都非常关注页面布局和画面创意的外观效果。独到的创意和优美的画面有助于提升企业的品牌形象。

通常，采用网页设计软件进行创意和设计。对页面中的色彩、网页设计元素以及结构布局进行尝试、编排和组合，形成静态的设计效果。确定页面设计效果后，导出网页制作所需的网页文档。

有时，也可以采用动画软件设计动感十足、富于变化的动态页面效果，但动画效果的页面容易造成下载速度慢、等待时间过长、影响浏览效果等问题。

3. 静态网页制作

如果网站用户交互要求低或网站数据更新少，可以采用静态网页技术制作网站。静态网页技术相对简单，如各种布局方式（CSS+Div 方式、表格方式、框架方式等），模板和库技术，以及各种导航条的设计和制作方法等。

4. 动态网页制作

在一些大中型网站建设中，除了使用静态网页技术之外，更重要的是采用动态网页技术。Web 应用技术、数据库技术以及前后台页面设计在动态网站建设中尤为重要。

比较小型的网站可以使用 ASP 技术，而大中型网站可以采用 ASP.NET 技术，如此能够获得更高的安全性和可靠性，也可以使用 JSP 技术或 PHP 技术等。

数据库的选择要考虑数据规模、操作系统平台以及 Web 应用技术等因素。小型应用可采用 Access 数据库，大型应用可选择 SQL Server 数据库或更大型的数据库（如 Oracle），还可以使用 My SQL Server 数据库等。

前台页面设计更关注用户的需要和感受，也是实现与用户交互的场所。开发者可以先制作静态页面，再应用脚本程序和数据库技术，完成动态内容的设计与制作。后台页面设计侧重于满足管理和维护系统的需要，开发数据库和数据表、编写各种管理和控制程序等。

5. 整合网站

当设计、制作和编程工作结束后，需要将各部分按照整体规划进行集成和整合，形成完整的系统。在整合过程中，需要对各个部分以及整合后的系统进行检查，发现问题后及时调整和修改。

1.5.3　后期工作

网站建成后，还要完成一系列的网站测试、网站发布、网站推广和网站维护等后期工作。网站后期工作进展得是否顺利，完成得是否到位，直接影响网站各种设计和功能的发挥，影响用户的认知度、满意度和美誉度，最终影响网站的赢利能力和发展空间。

1. 网站测试

网站测试涉及网站运行的每个页面和程序。兼容性测试、超链接测试是必选的测试内容。

兼容性测试就是测试网站在不同操作系统、使用不同浏览器情况下的运行情况。超链接测试就是测试网站的内部链接和外部链接源端和目标端是否保持一致。Dreamweaver 提供了浏览器兼容性测试和超链接检查的命令，方便易行。

对于动态网站，需要测试每一段程序代码能否实现其相应功能，因此数据库测试和安全性测试极其重要。数据库测试主要检查在极端数据情况下，数据读取等操作的可行性。安全性测试主要检查后台的管理权限能否被突破，以防止管理员账户被非法获取。

2. 网站发布

完成网站测试后，将网站发布到互联网上，供用户浏览。目前大多数互联网服务提供商（Internet Service Provider，ISP）都向广大用户提供域名申请、有偿或免费的服务器空间等配套服务。

网站发布包括申请域名、申请服务器空间和上传网站内容等内容。

首先，企业需要申请一个或多个域名，域名应简单易记，最好与企业名称和品牌相关，以保证与企业标识的一致性。其次，根据网站规模和需要，向互联网数据公司申请服务器空间。不以营利为目的的个人，可以申请免费的服务器空间（从几兆到几百兆不等）。小型企业可以申请到物美价廉的服务器空间（从几百兆到几千兆，甚至更多）。再次，完成远程站点的设置。为方便网站的调整和维护，可以使远程站点与本地站点保持同步。Dreamweaver 中提供了多种方式，其中 FTP 方式最为方便。最后，将网站内容上传到服务器。一般地，第一次要上传整个站点内容，以后在更新网站内容时，只需要上传被更新的文件即可。

3. 网站推广

网站推广的目的是让更多用户浏览网站，了解网站的产品和服务内容。常用的网站推广方式包括注册搜索引擎、使用网站友情链接，以及利用论坛、博客、QQ 和电子邮件等。

注册搜索引擎是最直接和有效的方法。在知名的搜索引擎（如百度、谷歌等）中主动注册网站的搜索信息，可以达到迅速推广的目的。

通过使用网站友情链接，或通过论坛、博客、QQ 和电子邮件等方式发布网站信息，是较低成本的推广方式。

4. 网站维护

网站不是一成不变的，需随着时间的推移和市场的变化做出适当的调整，以给用户新鲜感。例如，在日常维护中，更新网站栏目（如行业新闻等），添加一些活动窗口（如新春寄语等）。

当网站发布较长时间以后，需要对网站的风格和色彩、内容和栏目等进行较大规模的调整和重新设计，让用户看到企业和网站积极进取的风貌。在网站改版时，既要让用户感觉到积极变化，又不能让用户产生陌生感。

Dreamweaver CC

2 Chapter

第 2 章 Dreamweaver CC 基础

工欲善其事，必先利其器。要想建立网站，首先要了解和掌握相关的软件。Dreamweaver CC 是目前业界流行的网页制作和网站开发工具，它不仅支持“所见即所得”的设计模式，还提供丰富的代码提示功能，方便用户编写网站程序。Dreamweaver CC 创建站点和管理站点的功能，可帮助用户管理和控制站点中的各种资源。一些网页文档头部信息是网页在互联网中的标志性信息。

 本章主要内容：

1. Dreamweaver CC 工作界面
2. 创建站点
3. 管理站点
4. 页面代码
5. 网页文档头部信息设置

2.1 Dreamweaver CC 工作界面

Dreamweaver CC 是一款集网页设计、制作和网站管理于一身的可视化网页编辑软件，它保留了 Dreamweaver 早期版本的各种优点，不仅可以轻松设计网站的前台页面，也可以方便地实现网站后台的各种复杂功能。

2.1.1　工作环境

Dreamweaver CC 的工作环境由应用程序栏、文档工具栏、状态栏、标签选择器、面板、工作区切换器、工具栏、设计窗口和代码窗口等部分组成，如图 2-1 所示。

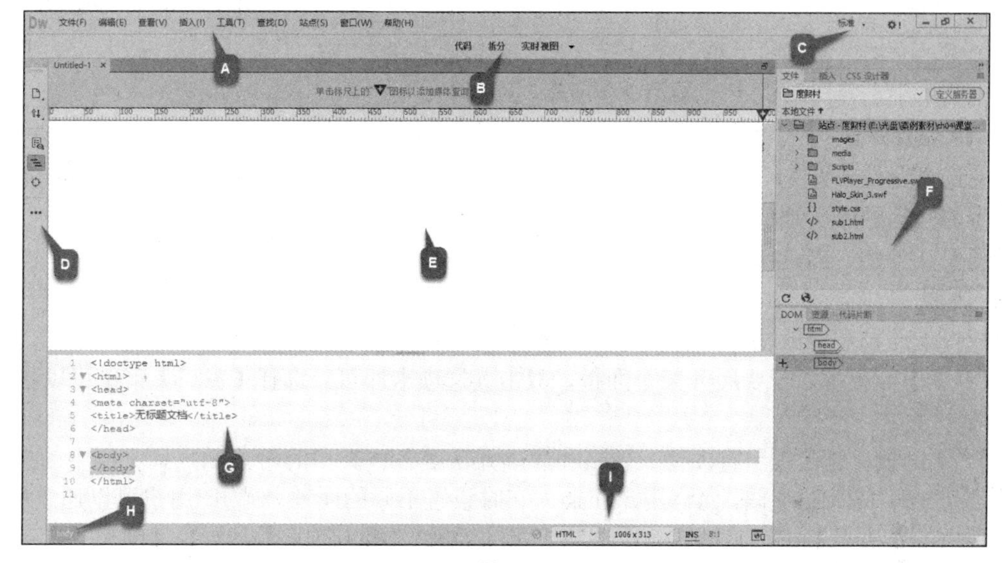

图 2-1

A. 应用程序栏　B. 文档工具栏　C. 工作区切换器　D. 工具栏　E. 设计窗口　F. 面板　G. 代码窗口　H. 标签选择器　I. 状态栏

1. 应用程序栏

应用程序栏位于应用程序窗口顶部，包含一个工作区切换器、几个菜单（仅限 Windows）以及其他应用程序控件。

2. 文档工具栏

文档工具栏包含的按钮可用于选择“文档”窗口的不同视图，如【设计】视图、【实时视图】和【代码】视图。

各按钮的含义如下。

【代码】：只在文档窗口中显示代码视图。代码视图是一个用于编写和编辑 HTML、JavaScript、服务器语言代码［如 PHP 或 ColdFusion 标记语言（Cold Fusion Markup Language，CFML）］以及任何其他类型代码的手工编码环境。

【拆分】：可将文档窗口拆分为代码视图和设计视图。

【设计】：仅在【文档】窗口显示设计视图，该视图是对页面进行可视化设计与编辑操作的设计环境。在形成可视化页面效果的同时，自动生成网页代码，文档的设计视图与代码保持一致。

【实时视图】：显示动态网页代码（如 JavaScript 脚本等）的实时运行页面效果，并能够实现与文档的交互操作、前台网页和后台数据库的连接和读取操作等。【实时视图】不可编辑，但是用户可以在【代码】视图中进行编辑，然后刷新【实时视图】来查看所做的更改。

3. 状态栏

状态栏提供了正在创建文档的相关信息，位于文档窗口的底部。状态栏显示“文档”窗口的当前尺寸（以像素为单位）。若要将页面设计为在使用某一特定尺寸时具有最好的显示效果，可以将“文档”窗口调整到任一预定义大小、编辑这些预定义大小或者创建新的大小。更改“设计”视图或“实时”视图中页面的视图大小时，仅更改视图大小的尺寸，而不更改文档大小。

除了预定义和自定义大小外，Dreamweaver CC 还会列出在媒体查询中指定的大小。选择与媒体查询对应的大小后，Dreamweaver CC 将使用该媒体查询显示页面，还可更改页面方向，以预览用于移动设备的页面，在这些页面中根据设备的持握方式更改页面布局。

要调整“文档”窗口的大小，请从“文档”窗口底部的“窗口大小”弹出菜单中选择一种大小，如图 2-2 所示。

1024 x 768 iPad
375 x 667 iPhone 6s
414 x 736 iPhone 6s Plus
375 x 667 iPhone 7
414 x 736 iPhone 7 Plus
1366 x 1024 iPad Pro
412 x 732 Google Pixel
412 x 732 Google Pixel XL
1280 x 800 Google Nexus 10
全大小
编辑大小...
✓ 方向横向
方向纵向

图 2-2

4. 标签选择器

标签选择器位于“文档”窗口底部状态栏中，用于显示环绕当前选定内容的标签的层次结构。单击该层次结构中的任何标签，可以选择该标签及其全部内容。

5. 面板

面板提供监控和修改功能，包括【插入】面板、【文件】面板和【CSS 设计器】面板等。若要展开某个面板，双击其选项卡即可。选择【窗口】菜单可以打开其他功能面板。

【插入】面板：包含用于将图像、表格和媒体元素等各种类型的对象插入到文档中的按钮。每个对象都是一段 HTML 代码，允许用户在插入它时设置不同的属性。例如，用户可以通过单击【插入】面板中的【表格】按钮来插入一个表格。如果愿意，可以使用【插入】菜单来插入对象，而不使用【插入】面板。

【文件】面板：无论是 Dreamweaver 站点的一部分还是位于远程服务器，都可以用于管理文件和文件夹。使用【文件】面板，还可以访问本地磁盘上的所有文件。

【CSS 设计器】面板：为 CSS 属性检查器，能够“可视化”创建 CSS 样式和文件，并设置属性和媒体查询。

【代码片段】面板：可让不同的网页、不同的站点和不同的 Dreamweaver 安装版本重复使用代码片段（使用同步设置）。

提示：

Dreamweaver CC 提供了很多其他面板、检查器和窗口。若要打开这些面板、检查器和窗口，请使用【窗口】菜单。

2.1.2 工作区布局

Dreamweaver CC 为用户提供了多种工作区布局，用户可以根据需要设定工作区环境，也可以新建工作区布局，并对它进行管理和删除操作。

选择菜单中的【窗口】|【工作区布局】，在子菜单中选择一种工作区布局，如图 2-3 所示。

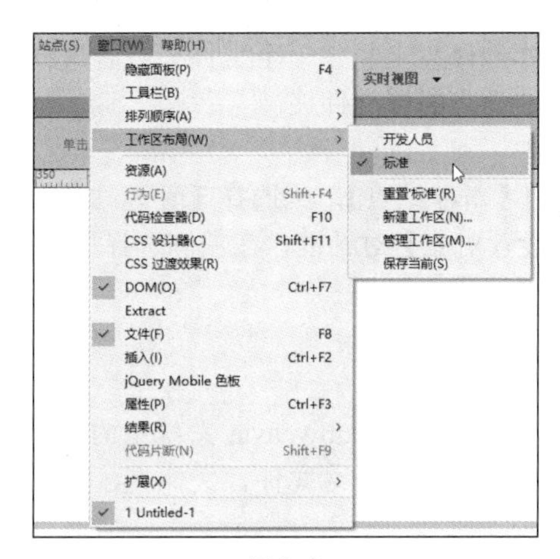

图 2-3

2.1.3　多文档的编辑界面

Dreamweaver CC 提供了多文档的编辑界面，将多个文档集中到一个窗口中，用户可以单击文档编辑窗口上方选项卡的文件名切换到相应的文档，还可以按住鼠标左键拖动选项卡改变文档的顺序，如图 2-4 所示。

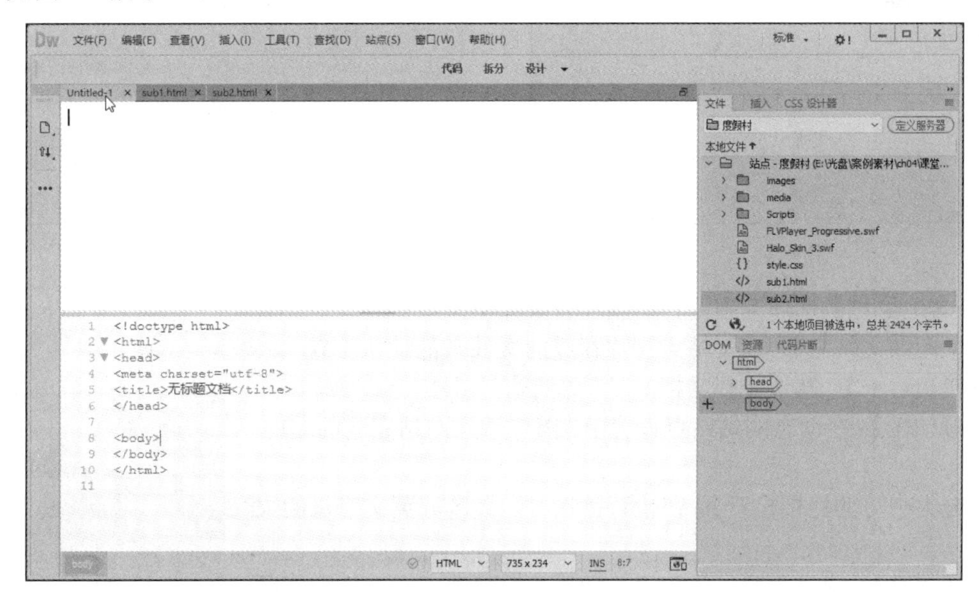

图 2-4

2.2　创建站点

站点是存放一个网站所有文件的文件夹，由若干文件和文件夹组成。用户在开发网站前必须先建立站点，便于组织和管理网站文件。

2.2.1　创建新站点

站点按站点文件夹所在位置分为两类：本地站点和远程站点。本地站点是指本地计算机上的一组文件，远程站点是远程 Web 服务器上的一组文件。

创建本地站点，首先要在本地硬盘上新建一个文件夹或者选择一个已经存在的文件夹作为站点文件夹，这个文件夹就是本地站点的根文件夹。

创建本地站点的操作步骤如下。

❶ 选择菜单中的【站点】|【新建站点】，或选择【管理站点】并在【管理站点】对话框中单击【新建】按钮，打开【站点设置对象】对话框，在左侧选择【站点】，在右侧输入站点名称和本地站点文件夹路径，如图 2-5 所示。

提示：

站点名称，即网站名称，是网站在 Dreamweaver 系统中的标识，显示在【文件】面板中的站点下拉列表中。本地站点文件夹是存放该网站文件、文件夹、模板以及库的本地文件夹。

❷ 单击左侧的【高级设置】，展开其他选项，选择【本地信息】，在右侧设置相应的属性，如图 2-6 所示。

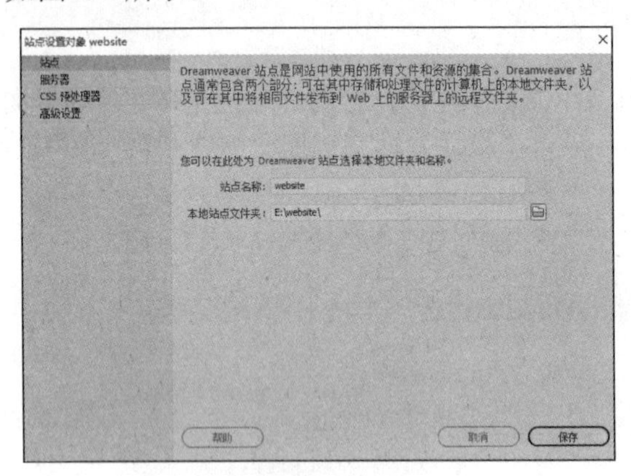

图 2-5

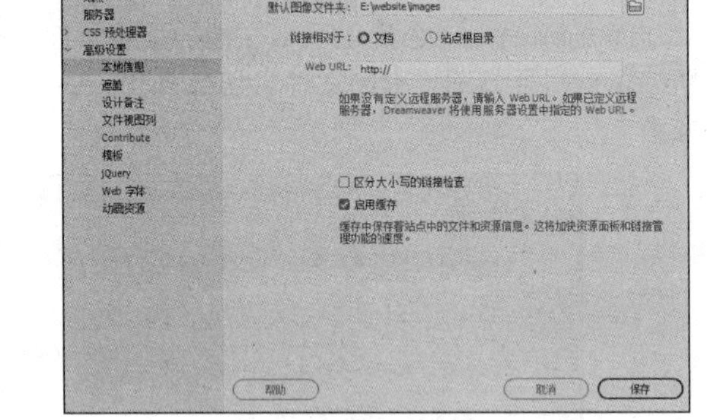

图 2-6

在【本地信息】选项卡中，各选项的含义如下。

【默认图像文件夹】：设置站点图片存放的文件夹的默认位置。

【链接相对于】：默认选择文档。

【Web URL】：在动态网站站点设置中，需要输入网站完整的 URL 路径。

【区分大小写的链接检查】：在检查链接时，会区分英文字母的大小写。

【启用缓存】：选择此项，会创建一个缓存保存站点中文件和资源信息，以加快资源管理和链接管理功能的速度。

❸ 其他项可以根据需要设置，设置完毕后单击【保存】按钮。在【文件】面板中可以看到新建的本地站点，如图 2-7 所示。

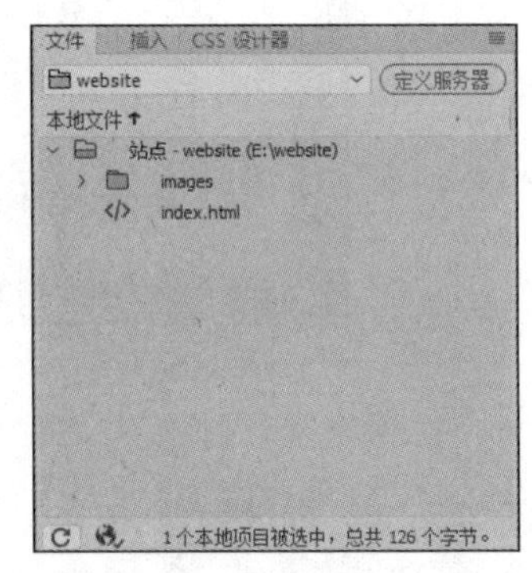

图 2-7

2.2.2 新建和保存网页

创建站点后，需要新建网页，网页设计完成后，需要保存网页。

1. 新建网页

选择菜单中的【文件】|【新建】，打开【新建文档】对话框，在左侧选择【新建文档】，【文档类型】默认选中【HTML】，【框架】中默认选择【无】，在【标题】中可以给网页输入网页标题，单击【创建】按钮即可创建网页文档，如图 2-8 所示。

2. 保存网页

保存网页有如下两种方法。

（1）选择菜单中的【文件】|【保存】或【全部保存】。在【另存为】对话框的【文件名】文本框中输入网页的名称，单击【保存】按钮完成保存，如图 2-9 所示。

（2）按<Ctrl+S>组合键保存网页。

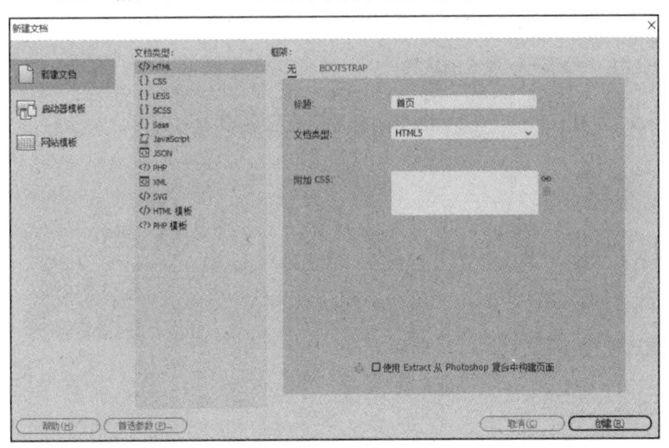

图 2-8

图 2-9

2.2.3 管理站点文件和文件夹

在本地站点中，用户对站点文件或文件夹可进行剪切、复制等操作，还可以进行新建和删除等操作。站点文件或文件夹的管理一般在【文件】面板中进行，选择菜单中的【窗口】|【文件】，或者按<F8>键，可以打开【文件】面板，如图 2-10 所示。单击【文件】面板上方的下拉列表选择站点，在【本地文件】列表框中会显示本站点的文件或文件夹。

1. 创建文件和文件夹

新建网页文件既可以使用菜单，也可以利用【文件】面板中的相关功能，而创建文件夹通常在【文件】面板中完成。在【文件】面板中创建文件和文件夹有以下两种方法。

（1）在【文件】面板中，选择网站根文件或文件夹，单击面板右上角的系统菜单，弹出下拉菜单，选择【文件】|【新建文件】或【新建文件夹】，如图 2-11 所示，在指定文件夹中创建 untitled 的文件或文件夹，并处于可编辑状态，输入文件或文件夹新名称，按<Enter>键。

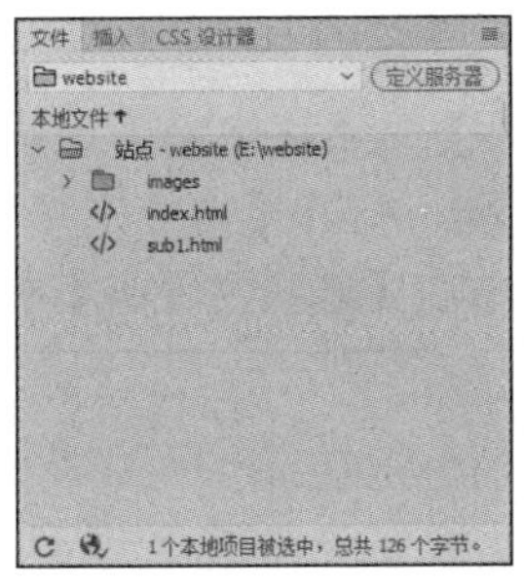

图 2-10

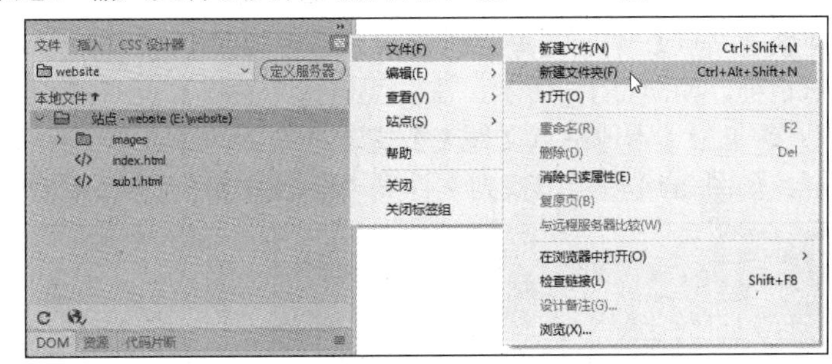

图 2-11

（2）在【文件】面板中，选中网站根文件或文件夹，单击鼠标右键，在弹出的菜单中选择【新建文件】或【新建文件夹】，在指定文件夹中创建 untitled 的文件或文件夹，输入文件或文件夹的新名称。

2. 重命名文件和文件夹

重命名文件和文件夹有以下 3 种方法。

（1）在【文件】面板中，单击文件名或文件夹，稍停片刻后再次单击该文件名或文件夹，在文件名或文件夹名转为可编辑状态时输入新名称，按<Enter>键。

（2）在【文件】面板中，选中文件名或文件夹名，单击鼠标右键，在弹出的菜单中选择【编辑】|【重命名】，在文件名或文件夹名转为可编辑状态时输入新名称，按<Enter>键。

（3）在【文件】面板中，单击选中文件或文件夹，按<F2>键。

3. 移动文件和文件夹

移动文件和文件夹有以下两种方法。

（1）在需要移动的文件或文件夹上单击鼠标右键，在弹出的菜单中选择【编辑】|【剪切】，然后单击目标文件夹，或目标文件夹内的一个文件，选择【粘贴】。

（2）选中要移动的文件或文件夹，按住鼠标左键不放，将其直接拖动到要移到的文件夹中。

4. 删除文件和文件夹

删除文件和文件夹有以下两种方法。

（1）选中要删除的文件或文件夹，单击鼠标右键，在弹出的菜单中选择【编辑】|【删除】。

（2）选中要删除的文件或文件夹，按<Delete>键。

2-1 慈善救助中心

2.2.4 课堂案例——慈善救助中心

案例学习目标：学习创建站点、管理站点文件和文件夹的方法。

案例知识要点：使用【站点】|【新建站点】创建站点，创建站点文件夹并移动文件、重命名文件和文件夹。

素材所在位置：电子资源/案例素材/ch02/课堂案例-慈善救助中心。

案例效果如图 2-12 所示。

图 2-12

1. 创建站点

❶ 将“电子资源/案例素材/ch02/课堂案例-慈善救助中心”的案例素材复制到本地计算机硬盘（如 E 盘）该文件夹中。

❷ 启动 Dreamweaver CC，选择菜单中的【站点】|【新建站点】，打开【站点设置对象慈善救助中心】对话框，如图 2-13 所示，在左侧选择【站点】，在右侧【站点名称】文本框中输入“慈善救助中心”，单击【本地站点文件夹】文本框右侧的【浏览文件夹】按钮，打开【选择根文件夹】对话框，如图 2-14 所示，找到文件夹“E:\课堂案例-慈善救助中心”，单击【选择文件夹】按钮。

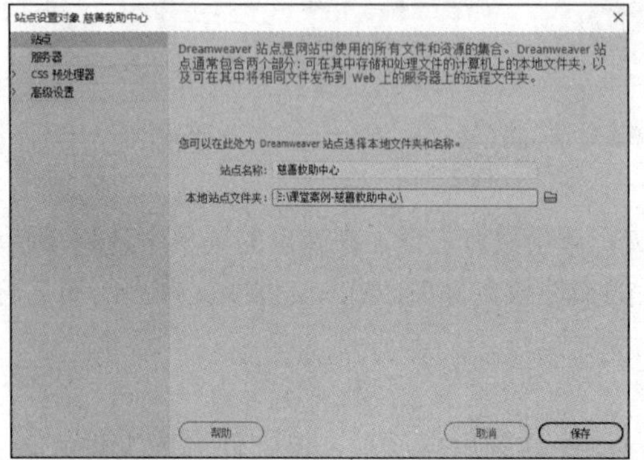

图 2-13

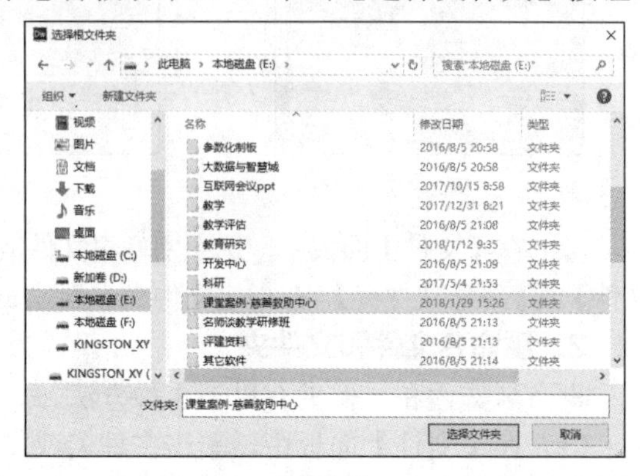

图 2-14

❸ 返回到【站点设置对象慈善救助中心】对话框，单击【保存】按钮。此时【文件】面板中出现“慈善救助中心”站点，并列出了该站点文件夹中的所有文件和文件夹，如图 2-15 所示。

2. 创建站点文件夹并移动文件

❶ 在【文件】面板中的站点根文件夹上单击鼠标右键，在弹出的快捷菜单中选择【新建文件夹】，如图 2-16 所示。此时，可以看到在【文件】面板中新建了一个名为 untitled 的文件夹，将文件名修改为 images，如图 2-17 所示。

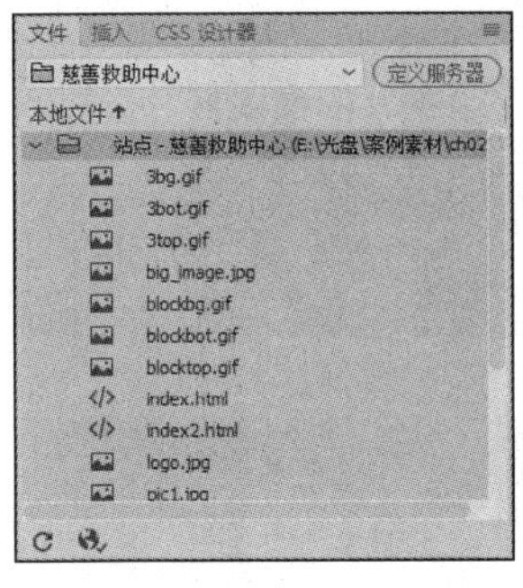

图 2-15

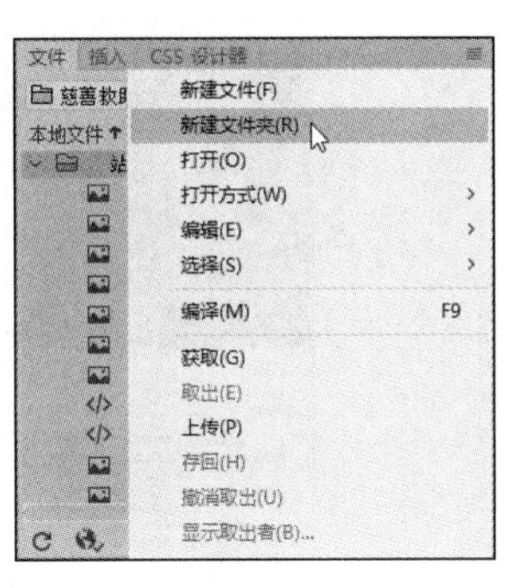

图 2-16

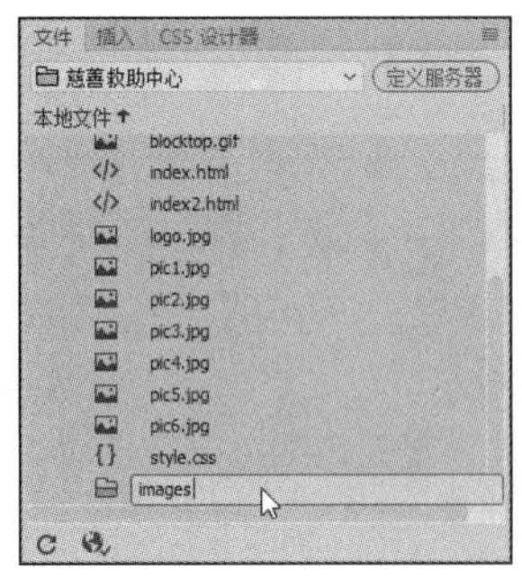

图 2-17

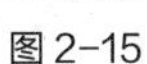

提示：

在站点内，一般情况下图像文件要统一存放在一个文件夹内，文件夹的名称为 images。

❷ 在【文件】面板中，按<Ctrl>键的同时选中所有图像文件，如图 2-18 所示，在所选的文件上按住鼠标左键不放，将其拖到站点文件夹 images 上，松开鼠标，会出现【更新文件】对话框，如图 2-19 所示。

❸ 单击【更新】按钮，即可将所选文件移动到 images 文件夹内。

3. 重命名文件和文件夹

❶ 在【文件】面板中，单击文件名 index2.html，稍作停顿，再次单击该文件名，在文件名可编辑状态下修改名称为 about.html，如图 2-20 所示。

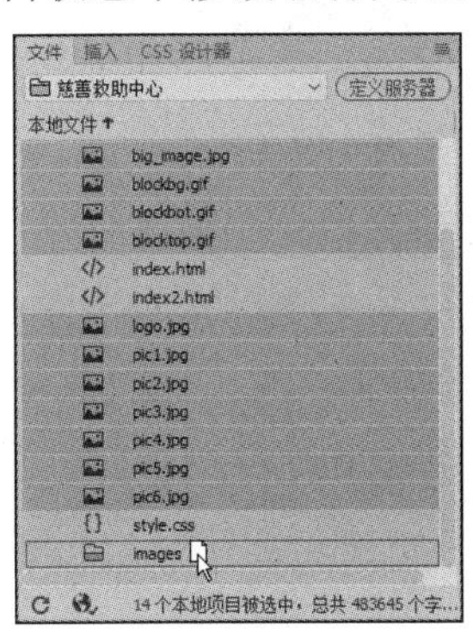

图 2-18

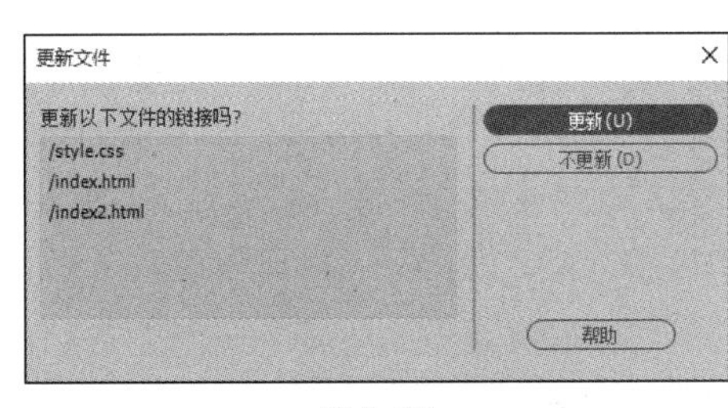

图 2-19

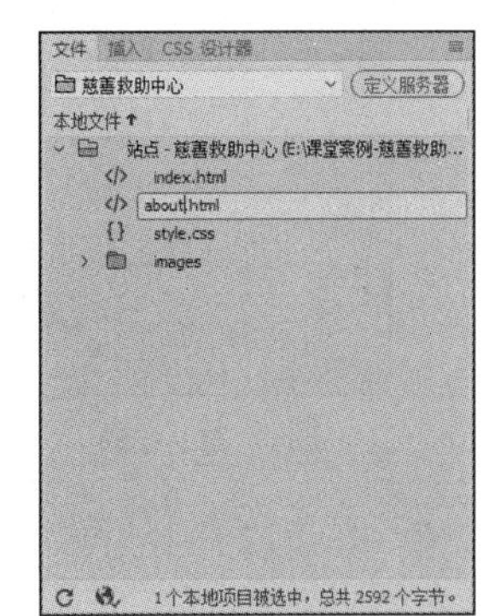

图 2-20

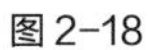

提示：

重命名文件的另外两种方法如下。

① 在 index2.html 文件名上单击鼠标右键，在弹出的快捷菜单中选择【编辑】|【重命名】，在文件名转为可编辑状态后，输入新文件名，完成重命名操作。

②单击选中 index2.html 文件后，按<F2>键。

❷ 按<Enter>键，出现【更新文件】对话框，如图 2-21 所示，单击【更新】按钮，完成文件名的修改。

❸ 在【文件】面板中，双击打开 index.html 文档，按<F12>键，单击网页中的“关于我们”文字链接，得到 about.html 预览网页效果，如图 2-22 所示。

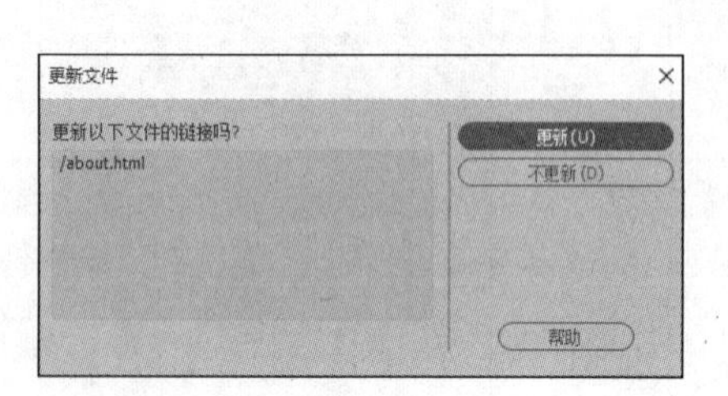

图 2-21

图 2-22

❹ 在【文件】面板中单击文件夹名 images，稍作停顿，再次单击该文件夹名，在文件夹名可编辑状态下修改名称为 img，如图 2-23 所示。按<Enter>键，出现【更新文件】对话框，如图 2-24 所示，单击【更新】按钮，完成文件夹名称的更改。

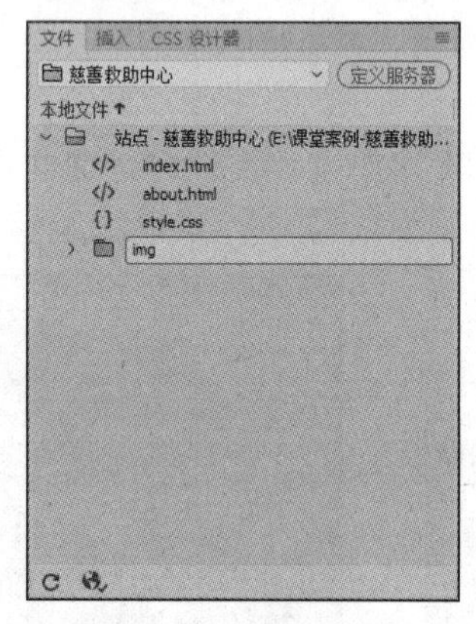

图 2-23

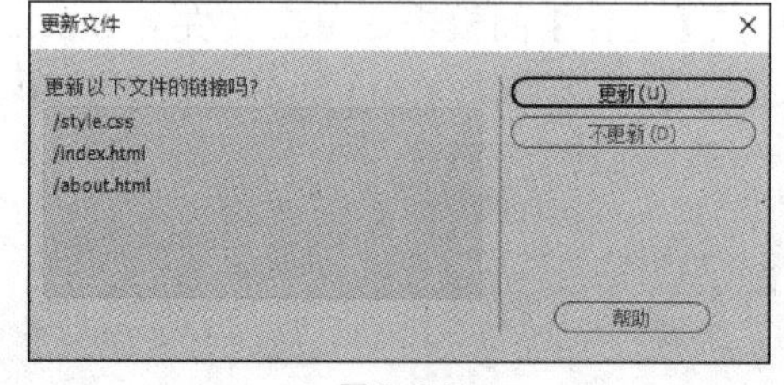

图 2-24

❺ 按<F12>键，再次预览网页效果。

2.3 管理站点

创建站点以后，用户可以对站点进行打开、编辑、复制和删除等各种操作。

2.3.1 打开站点

Dreamweaver CC 允许建立多个站点，并可以通过切换打开需要编辑的站点。打开站点的操作步骤如下。

❶ 选择菜单中的【窗口】|【文件】或按<F8>键打开【文件】面板，如图 2-25 所示，单击左边的下拉框，在下拉列表中选择要打开的站点，如图 2-26 所示。

❷ 打开站点后，【本地文件】下显示该站点内的所有文件和文件夹。

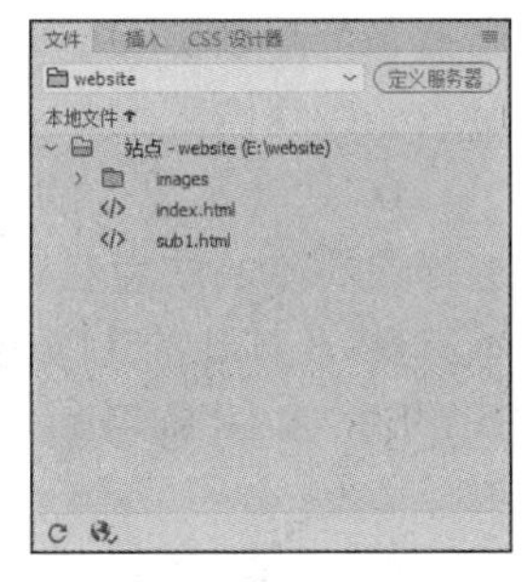

图 2-25　　图 2-26

2.3.2 编辑站点

编辑站点，即重新设置站点的一些属性，操作步骤如下。

❶ 选择菜单中的【站点】|【管理站点】，打开【管理站点】对话框，如图 2-27 所示，选择要编辑的站点名称，如 website，单击编辑按钮图标 。

❷ 打开【站点设置对象 website】对话框，如图 2-28 所示。编辑相应内容后，单击【保存】按钮，返回【管理站点】对话框。

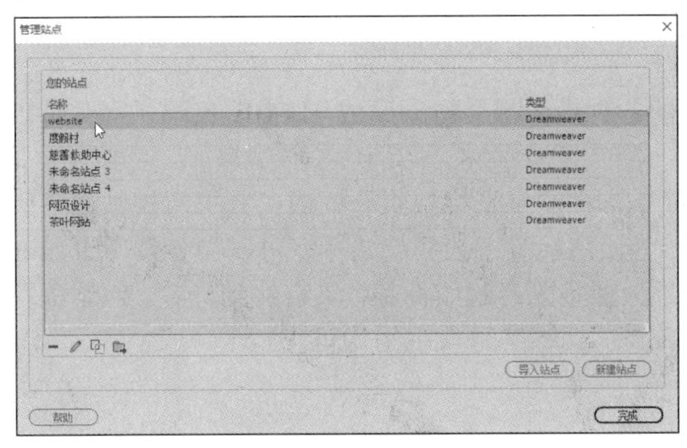

图 2-27

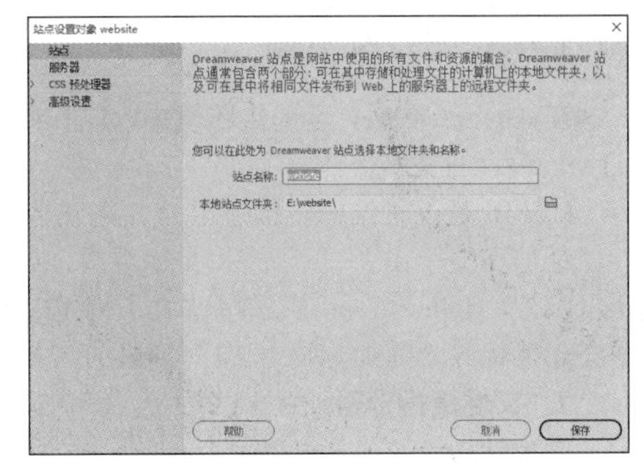

图 2-28

❸ 采用同样的方式，可以对其他站点进行编辑。编辑完毕后单击【完成】按钮。

2.3.3 复制站点

复制站点，即建立多个结构相同的站点，可以让这些站点保持一定的相似性，从而提高工作效率。复制站点的操作步骤如下。

❶ 选择菜单中的【站点】|【管理站点】，打开【管理站点】对话框，选择要复制的站点名称，如 website，单击【复制】按钮。这时在左边的站点列表中会出现一个新的站点，名称为“website 复制”，表示这个站点是原站点“website”的复制站点，如图 2-29 所示。

❷ 复制的站点和原站点默认使用同一个文件夹，选择复制的站点，对其各种设置进行编辑操作。

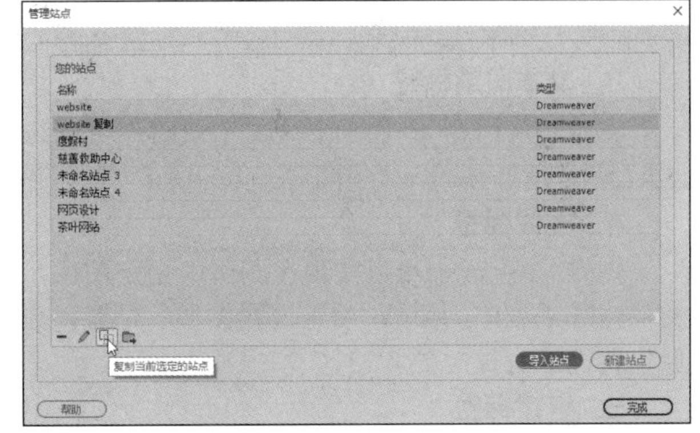

图 2-29

2.3.4 删除站点

在 Dreamweaver CC 中删除站点，只是删除了 Dreamweaver CC 同本地站点之间的关系。本地站点中的文件夹和文件，仍然保存在硬盘原来的位置上，并没有被删除，也没有任何改变。删除站点的操作步骤如下。

❶ 选择菜单中的【站点】|【管理站点】，打开【管理站点】对话框，选择要删除的站点名称，单击【删除】按钮。

❷ 在打开的【Dreamweaver】对话框中单击【是】按钮，选中的站点就被删除，如图 2-30 所示。

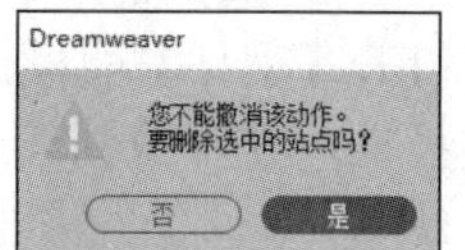

图 2-30

2.4 页面代码

在 Dreamweaver CC 中制作网页时，既可以使用鼠标进行可视化操作，也可以通过编写代码的方式进行设计。在 Dreamweaver CC 网页制作中，可以使用以下 3 种代码：一是 HTML 代码，用于描述网页结构和内容；二是 CSS 样式代码，用于设置网页外观和美化内容，三是 JavaScript 代码，用于实现网页动态效果，以及与服务器后台进行数据交互。

2.4.1 HTML 代码

在 Dreamweaver 可视化环境中，制作网页的各种操作都会自动生成 HTML 代码，网页是由 HTML 编写的文本文件。

HTML 是一种结构化描述语言，格式非常简单，由文字及标签组合而成，其书写规则如下。

任何标签皆由“<”“>”和文字组成，如<P>为段落标签；某些起始标签可以加参数，如<font size="12"> Hello </font>表示字体大小为 12；大部分标签既有起始标签，又有终结标签，终结标签是在起始标签之前加上符号“/”构成的，如</font>；标签字母大小写均可。

1. 文件结构标签

文件结构标签包括：html、head、title、body 等。

网页文档都位于<html>与</html>之间。<head>至</head>称为文档头部分，头部分用以存放网页的重要信息。<title>只出现在头部分，用于表示网页标题。

<body>至</body>称为文档体部分，大部分标签均在本部分使用，而且<body>中可设定具体参数。

2. 表格类标签

表格类标签包括表格标签<table>、标题标签<caption>、行标签<tr>、列标签<td>和字段名标签<th>等，标签<td>位于标签<tr>中，标签<tr>位于标签<table>中。

3. 文本段落标签

文本段落标签<p>用于形成文字段落，可以与 align（对齐）属性配合使用，其属性值包括：left（左对齐）、center（中间对齐）、right（右对齐）和 justify（两边对齐）。

4. 图像标签

图像标签<img>可以实现在网页中指定图像，其常用的属性为 src 和 alt。src 属性值为图像源文件路径或 URL 地址，用于设置图像的位置；alt 属性值为在浏览器尚未完全读入图像时，在图像位置显示的替换文字。

5. 链接标签

链接标签为<a>，常用的属性为 href 和 target。href 属性表示本链接目标端点的 URL 地址；target 属性表示被链接文件所在的窗口，其属性值包括_blank（新窗口），_self（本窗口），_parent（父窗口）和_top（顶层窗口）。

6. 块标签

块标签是<div>。该标签在网页中既占有一定的矩形区域，又可以作为容器，容纳其他网页设计元素。<div>标签的外观和布局由 CSS 样式控制。

7. 表单标签

表单标签用于实现浏览器和服务器之间的信息传递，常用的标签包括<form><label><input>和<select>等。标签<form>用于建立与服务器进行交互的表单区域；标签<label>用于形成标签区域；标签<input>位于其中；标签<select>用于建立列表/菜单和跳转菜单等。

2.4.2 课堂案例——瑜伽会所

2-2 瑜伽会所

案例学习目标：学习页面代码的编辑方法，包括 HTML 代码、CSS 格式代码和 JavaScript 代码的编辑。

案例知识要点：使用【站点】|【新建站点】创建站点，编写页面代码。

素材所在位置：电子资源/案例素材/ch02/课堂案例-瑜伽会所。

案例效果如图 2-31 所示。

1. 创建站点

将“电子资源/案例素材/ch02/课堂案例-瑜伽会所”的案例素材复制到本地计算机硬盘（如 D 盘）中。在 Dreamweaver CC 中创建名为“瑜伽会所”的站点。

2. 编写 HTML 代码

❶ 在【文件】面板中的站点根文件夹中，双击打开文件 index.html，如图 2-32 所示。单击【拆分】按钮，并选择【实时视图】，保证同时显示实时视图和代码视图。

图 2-31

图 2-32

❷ 将鼠标光标置于代码视图中 id 为 c1 的<div>标签中，当键入“<i”后，系统出现 HTML 代码提示，如图 2-33 所示。按键盘上的“下箭头”键选择 img 标签，按<Enter>键，键入<img>标签。

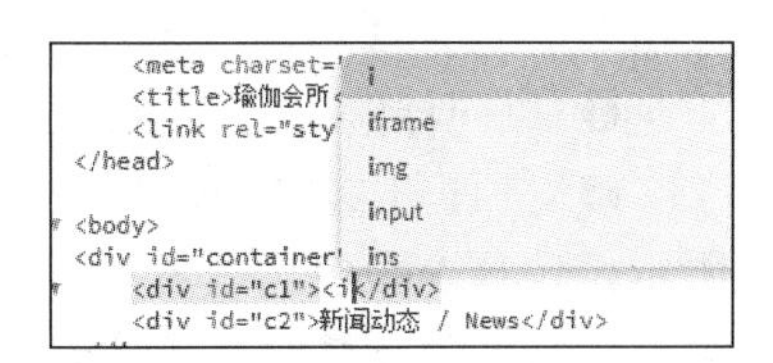

图 2-33

❸ 继续按空格键并输入 src，出现<img>标签的属性提示，如图 2-34 所示。选择 src 属性，按<Enter>键，出现 src 的属性值提示，如图 2-35 所示，选择“images/”，按<Enter>键，找到要插入的图像 img_03.jpg，再次按<Enter>键完成图像插入，如图 2-36 所示。

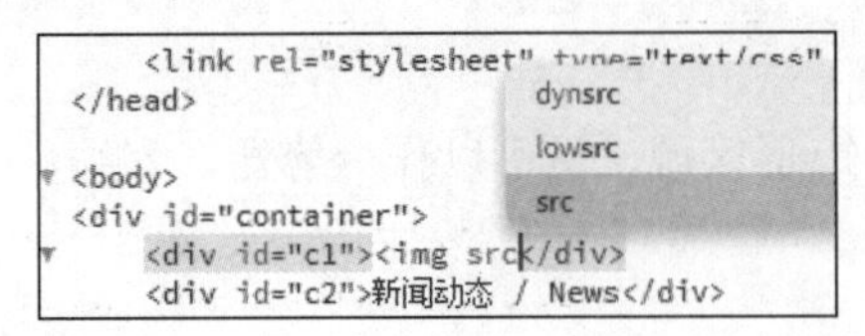

图 2-34

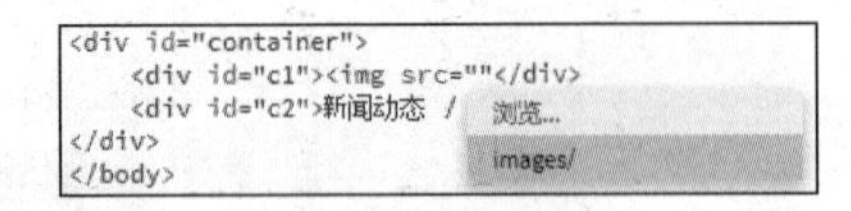

图 2-35

图 2-36

❹ 在代码<img src="images/img_03.jpg">上一行输入文本“此 HTML 代码用来插入图像 img_03.jpg”，选中该文本，单击左侧【应用注释】按钮，选择【应用 HTML 注释】，如图 2-37 所示，将该文字设置为 HTML 代码注释文字，如图 2-38 所示。

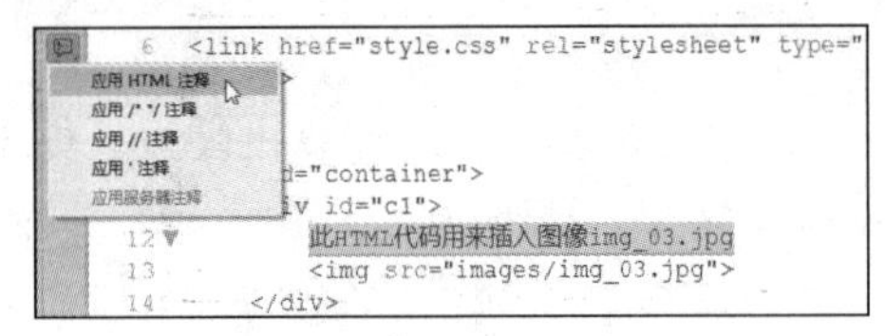

图 2-37

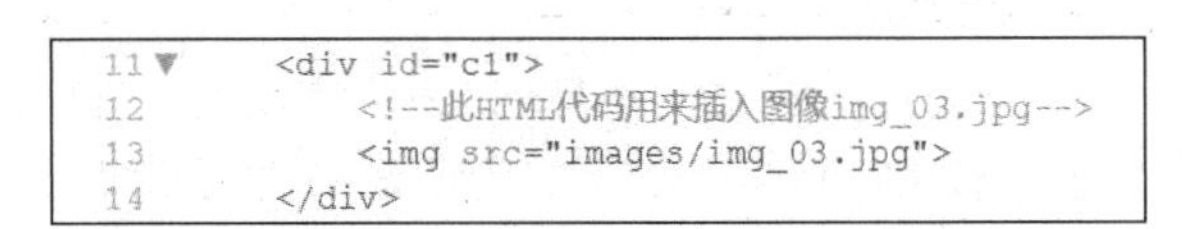

图 2-28

3. 编写 CSS 代码

❶ 将鼠标光标置于</head>之前，输入<“style”，按<Enter>键，再输入“>”完成<style>标签的输入，并将鼠标光标置于<style>标签中，如图 2-39 所示。

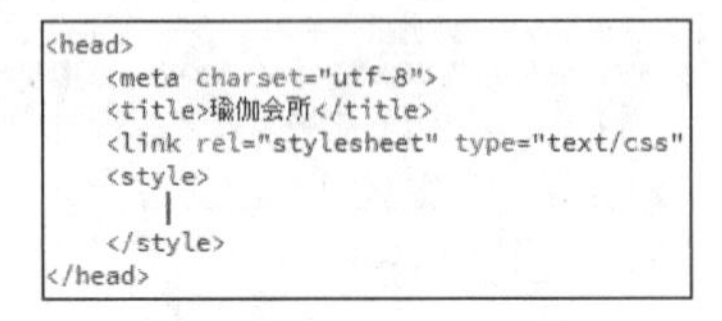

图 2-39

❷ 输入一个类样式名.t1，然后输入{ }，按<Enter>键，系统自动提示各种样式属性，如图 2-40 所示。再输入“font-”，此时系统会自动提示以“font”为开头的各种属性，如图 2-41 所示，选择【font-size】后按<Enter>键，在冒号后输入属性值 14px，并以分号结束。

图 2-40

图 2-41

❸ 在该属性后，输入文本“设置字体大小为 14 像素”，并选中该文本，单击左侧【应用注释】按钮，选择【应用/* */注释】，如图 2-42 所示，完成样式注释的添加。

❹ 以同样的方式，为.t1 样式加入 line-height 属性、属性值 30px 和注释。

❺ 在.t1 样式中，输入“color”，选择自动提示中的“color”，系统自动提示属性值，如图 2-43 所示，选择“颜色选取器…”，出现图 2-44 所示的颜色拾取框，输入颜色号#0075c2，并以分号结束，完成颜色属性值的输入，并添加注释。

❻ 打开 index.html 文件，在【实时视图】中选择“新闻动态 / News”，出现弹框，再单击“+”按钮，如图 2-45 所示，在“Class/ID”中输入“.t1”，将.t1 样式绑定到 id 为 c2 的<div>标签上，

如图 2-46 所示。

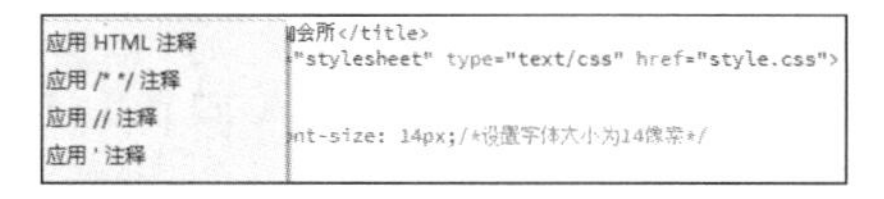

图 2-42

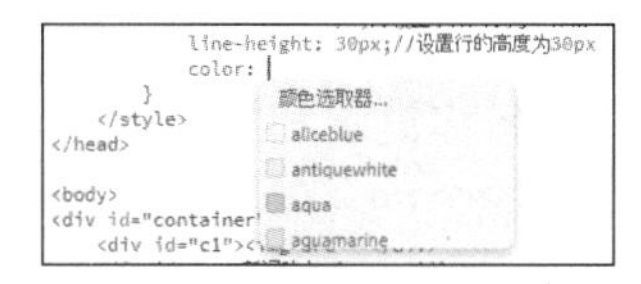

图 2-43

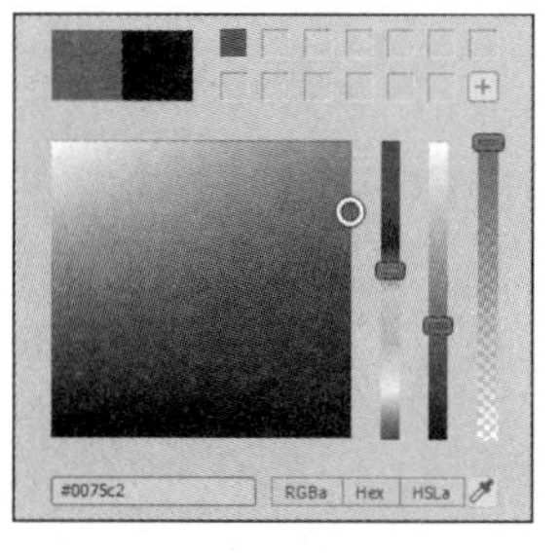

图 2-44

图 2-45

图 2-46

4. 编写 JavaScript 代码

❶ 以同样方式，在<head>标签中输入<script>标签，在下一行添加注释“JavaScript 代码”。

❷ 将鼠标光标置于<script>标签中，输入“al”，出现自动提示，如图 2-47 所示，选择“alert”，按<Enter>键，完成 alert()函数的输入。

❸ 将鼠标光标置于 alert()函数括号中，在 alert()函数中添加文本“欢迎访问本网站！”，如图 2-48 所示。

❹ 保存所有文件，按<F12>键，预览 index.html 时会弹出对话框，如图 2-49 所示。

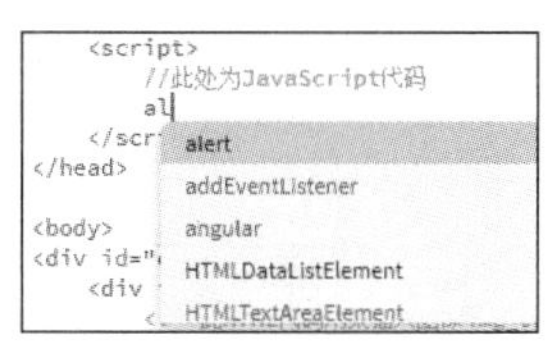

图 2-47

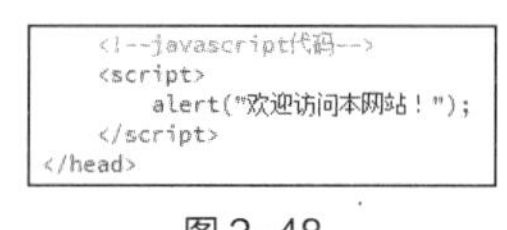

图 2-48

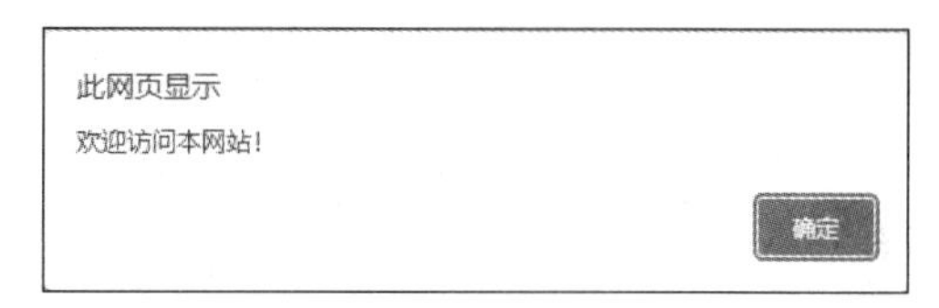

图 2-49

2.4.3　使用代码

Dreamweaver CC 为方便用户使用代码提供了很多辅助功能，如代码提示、代码的查找与替换、快速标签编辑器、代码格式调整以及代码注释等。

1. 代码提示

Dreamweaver CC 智能代码提示和完成功能可以避免拼写错误，快速插入和编辑代码，从而提高编码效率。用户利用代码提示功能还能查看标签的可用属性、函数的可用参数或对象的可用方法等。Dreamweaver CC 支持 HTML、CSS、JavaScript 和 PHP 等语言和技术的代码提示。

要启用代码提示，可以选择菜单中的【编辑】|【首选项】，打开【首选项】对话框，如图 2-50 所示。单击左侧【代码提示】，然后勾选【启用代码提示】复选框。要禁用代码提示，请取消勾选【启用代码提示】复选框。默认情况下代码提示功能是启用的。

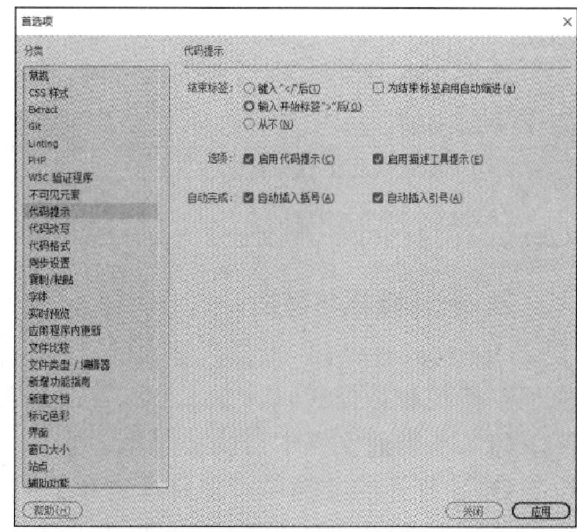

图 2-50

提示：

Dreamweaver CC 支持快速输入标签。用户在【代码】视图中输入标签名（如 p），按<Tab>键后，Dreamweaver CC 会自动补全标签。

（1）HTML 代码提示

Dreamweaver CC 中 HTML 代码提示包括标签提示、属性名称提示和属性值提示。

① 标签提示

按键盘上的“<”键时，Dreamweaver CC 将显示有效的 HTML 标签，这些 HTML 标签提示还包括一个简短的标签描述。用户将鼠标光标移动到要输入的标签位置并按<Enter>键即可完成标签的输入，如图 2-51 所示。

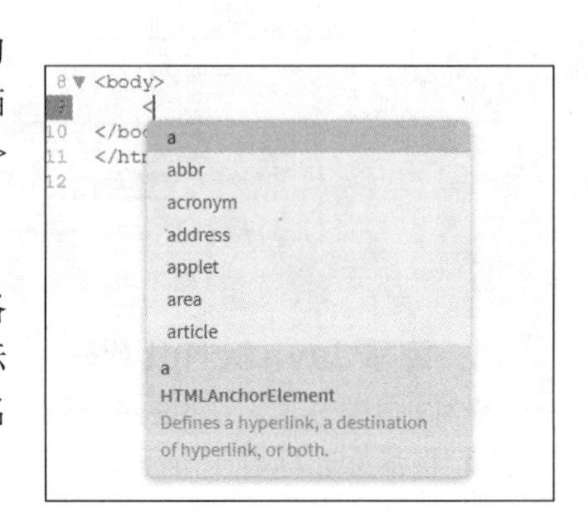

图 2-51

② 属性名称提示

在 Dreamweaver CC 中编码时，输入标签名称时，按空格键会显示 Dreamweaver 可使用的有效属性名称，用户将鼠标光标移动到要输入的位置属性并按<Enter>键即可完成属性名称的输入，如图 2-52 所示。

③ 属性值提示

在 Dreamweaver CC 中选择标签的属性后，系统会显示该标签可用的属性值，如图 2-53 所示。

（2）CSS 代码提示

Dreamweaver CC 中 CSS 样式代码提示包括 CSS 属性名称提示和属性值提示。当输入属性名首字母后，系统会显示相关 CSS 属性供选择，选择后，用户按<Enter>键完成属性名称输入，如图 2-54 所示。

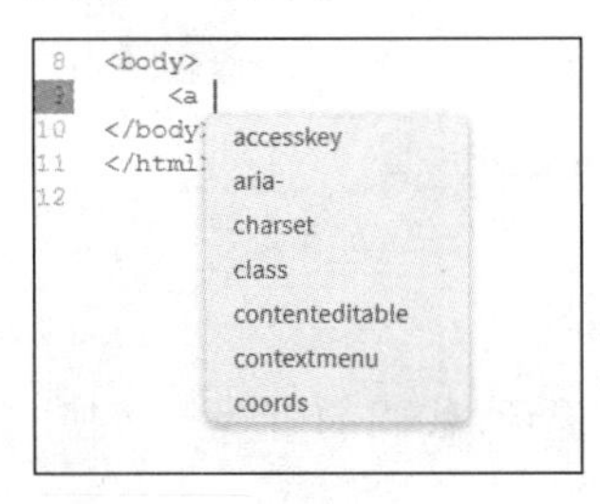

图 2-52

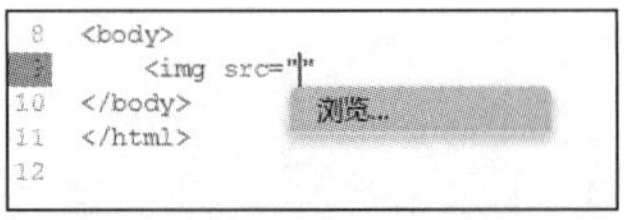

图 2-53

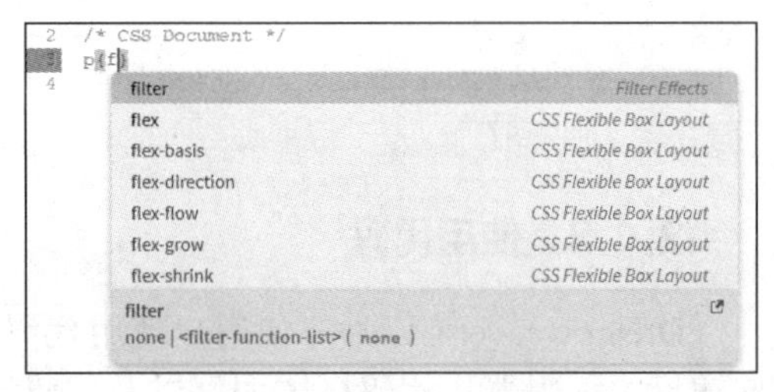

图 2-54

当在 CSS 属性名称后输入冒号时，Dreamweaver CC 将显示该属性对应的属性值的代码提示，如图 2-55 所示。

（3）JavaScript 代码提示

在编写 JavaScript 代码时，Dreamweaver CC 可为变量和函数参数提供代码提示，如图 2-56 所示。

2. 代码查找与替换

Dreamweaver CC 提供了强大的查找和替换功能，可在当前文档、文件夹、站点或所有打开的文档中查找和替换代码、文本或标签，还可以将正则表达式用于高级查找和替换操作。

（1）在当前文档中查找和替换文本

❶ 在打开的文档中，选择【查找】|【在当前文档中查找】，或者按<Ctrl+F>组合键打开位于当前文档底部的【快速查找】栏，如图 2-57 所示。

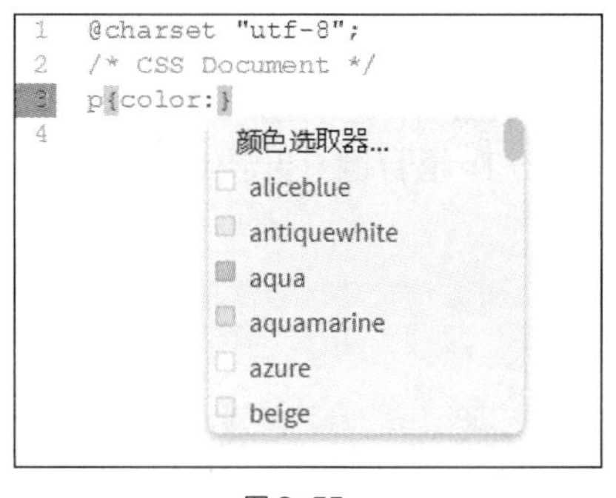

图 2-55

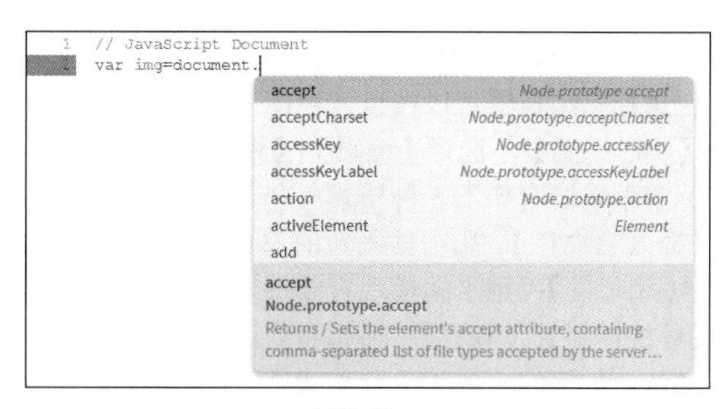

图 2-56

如果要替换文本，选择【查找】|【在当前文档中替换】，或者按<Ctrl+H>组合键打开【快速查找和替换】栏，如图 2-58 所示。

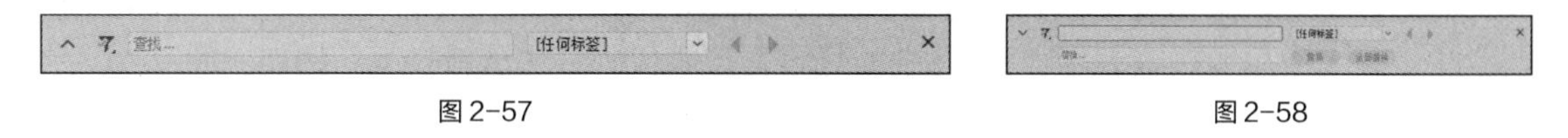

图 2-57　　图 2-58

❷ 在【查找】文本框中，输入要在当前文档中查找的文本后，Dreamweaver CC 会自动突出显示当前文档中搜索到的所有字符串。

❸ 如需替换找到的文本或标签，则在【替换】文本框中输入文本，然后单击【替换】或【全部替换】按钮。如需在页面中浏览找到的文本，并逐一替换，可以单击【替换】按钮，然后使用【下一个】或【上一个】箭头导航到文档中的其他搜索词。如需立即替换所有搜索词，只需单击【全部替换】按钮，Dreamweaver CC 即可替换找到的所有搜索词。

（2）跨文档查找和替换文本

Dreamweaver CC 还可以跨多个文档、在文件夹内或在站点内查找和替换文本，下面以基本素材“度假村素材”为例，说明跨文档查找和替换文本的步骤。

❶ 将“电子资源/基本素材/ch02/度假村素材”的案例素材复制到本地计算机硬盘（如 D 盘）中。在 Dreamweaver CC 中创建名为“度假村”的站点。

❷ 双击打开 sub1.html 文件，选择【查找】|【在文件中查找和替换】或按<Ctrl + Shift + F>组合键打开【查找和替换】对话框，选择【整个当前本地站点】，将网站中的“指南”替换为“说明”，如图 2-59 所示。

❸ 单击【替换全部】按钮，完成替换，如图 2-60 所示。

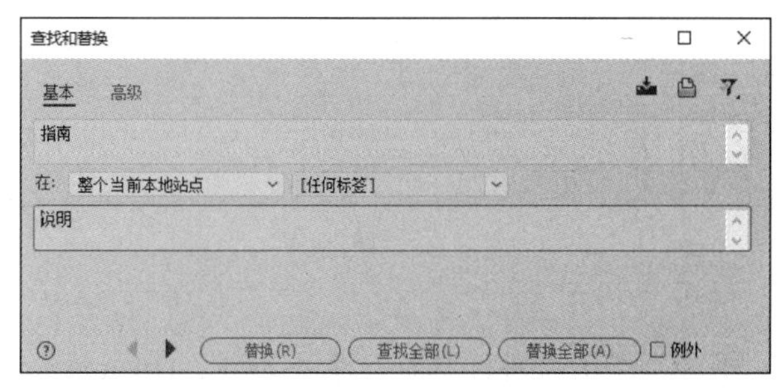

图 2-59

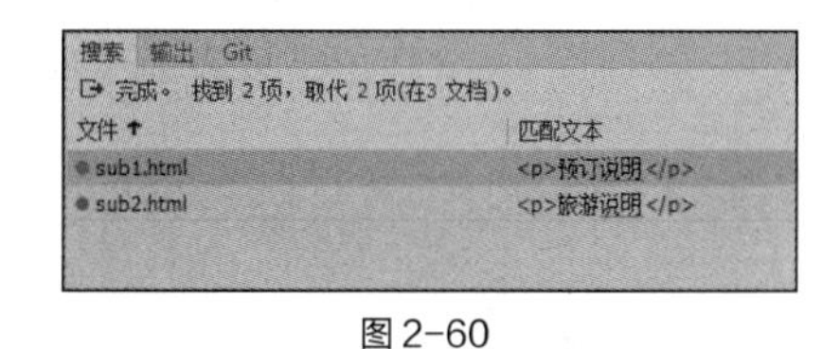

图 2-60

提示：

Dreamweaver CC 在【在】后的下拉框中可以有多重选择，可实现“当前文档”“打开的文档”“文件夹”“站点中选定的文件”和“整个当前本地站点”中的文本查找和替换。

3. 快速标签编辑器

快速标签编辑器可以在设计视图下快速检查、插入和编辑 HTML 标签。用户可在【设计】视图和【实时视图】下选择【编辑】|【快速标签编辑器】或按<Ctrl+T>组合键打开快速标签编辑器。快速标签编辑器有如下 3 种模式。

【插入 HTML】：用于插入新的 HTML 标签代码。

【编辑标签】：用于编辑现有标签。

【环绕标签】：用新标签括起当前选定的内容。

在快速标签编辑器处于活动状态时，按<Ctrl+T>组合键可以在上述 3 种模式间进行切换。

4. 代码格式调整

Dreamweaver CC 支持调整代码格式，以使代码显示更清晰易懂。

（1）调整整个文件的代码格式

打开网页文件，选择【编辑】|【代码】|【应用源格式】，或者从【常用工具栏】|【格式化源代码】中选择【应用源格式】，此时文件中的代码将按照代码格式重新排版。例如，图 2-61 所示的代码格式没有排版，选择【编辑】|【代码】|【应用源格式】，或者从【常用工具栏】|【格式化源代码】中选择【应用源格式】，所有代码将会自动调整格式，如图 2-62 所示。

```
1    <!doctype html>
2 ▾ <html>
3 ▾ <head>
4    <meta charset="utf-8">
5    <title>代码格式-整个文件</title>
6    </head>
7 ▾ <body>
8         <div class="container"><div class="nav"></div><div class="content"></div></div>
9    </body>
10   </html>
```

图 2-61

```
1    <!doctype html>
2 ▾ <html>
3 ▾ <head>
4    <meta charset="utf-8">
5    <title>代码格式-整个文件</title>
6    </head>
7 ▾ <body>
8 ▾ <div class="container">
9       <div class="nav"></div>
10      <div class="content"></div>
11   </div>
12   </body>
13   </html>
```

图 2-62

（2）调整指定部分的代码格式

打开网页文件，选择代码，选择【编辑】|【代码】|【将源格式应用于选定内容】，或者在【常用工具栏】中单击【格式化源代码】图标，然后选择【将源格式应用于选定内容】，如此选定的代码将按照代码格式重新排版。例如，对于图 2-63 所示的未调整格式的代码，选择图中阴影部分的代码，再选择【编辑】|【代码】|【将源格式应用于选定内容】，则仅调整该部分的代码格式，如图 2-64 所示。

```
1    <!doctype html>
2 ▾ <html>
3 ▾ <head>
4    <meta charset="utf-8">
5    <title>代码格式-指定部分</title>
6    </head>
7 ▾ <div id="container">
8 ▾   <div class="topbox"><div class="logo"></div><div class="nav"></div></div>
9      <div class="banner"></div>
10     <div class="main"><div class="leftbox"></div><div class="rightbox"></div></div>
11   </div>
12   <body>
13   </body>
14   </html>
```

图 2-63

```
1    <!doctype html>
2 ▾ <html>
3 ▾ <head>
4    <meta charset="utf-8">
5    <title>代码格式-指定部分</title>
6    </head>
7 ▾ <div id="container">
8 ▾   <div class="topbox">
9        <div class="logo"></div>
10       <div class="nav"></div>
11     </div>
12     <div class="banner"></div>
13     <div class="main"><div class="leftbox"></div><div class="rightbox"></div></div>
14   </div>
15   <body>
16   </body>
17   </html>
```

图 2-64

5. 代码注释

Dreamweaver CC 中的代码可以进行注释，不同类型的文件注释标记也不相同。Dreamweaver CC 注释标记有：应用 HTML 注释、应用/**/注释、应用//注释、应用’注释等，可分别用于 HTML 文件、CSS 文件、JavaScript 文件和 ASP 文件的代码注释。

（1）添加注释

添加注释的方法有以下两种。

① 先选择要注释的代码或文字说明，然后选择【常用工具栏】中的【应用注释】图标，选

择相应的注释标记对代码进行注释即可。

② 先选择要注释的代码或文字说明，按<Ctrl+?>组合键进行代码注释。Dreamweaver CC 会自动根据文件的类型应用相应的注释标记。

（2）删除注释

删除注释的方法有以下两种。

① 选择已经注释的代码或文字说明，然后选择【常用工具栏】中的【删除注释】图标即可删除代码注释。

② 选择已经注释的代码或文字说明，按<Ctrl+?>组合键可直接删除注释。

2.5 网页文档头部信息设置

<meta>标签位于网页<head>与</head>标签之间，用来记录当前页面的相关信息，如字符编码、作者和版权信息、搜索关键字等，它也可以用来向服务器提供信息，如页面的失效日期、刷新时间间隔等。

<meta>标签分为 name 属性和 http-equiv 属性。name 属性主要用于描述网页，如 keywords（关键字）、description（网站内容描述）等。http-equiv 属性类似于 HTTP 的头部协议，它会给浏览器一些有用的信息，以便正确和精确地显示网页内容，如 refresh（刷新）等。

2.5.1 设置搜索关键字

搜索引擎在搜集网页信息时，通常读取<meta>标签的内容，所以网页搜索关键字的设置非常重要，有助于网页被检索和访问。

（1）使用【插入】面板

❶ 在设计视图中，选择菜单中的【插入】|【HTML】|【Keywords】，打开【Keywords】对话框，如图 2-65 所示，在文本框中输入关键字，多个关键字之间用英文逗号隔开。

❷ 单击【确定】按钮完成设置。

图 2-65

（2）在【代码】视图中设置

在【文档】窗口代码视图中，将鼠标光标置于标签<head>中，输入如下代码：

```
<meta name="keywords" content="礼品,节日礼品" />
```

上述代码中<meta>标签提供了有关页面的元信息（meta-information），如针对搜索引擎和更新频度的描述和关键词等，其属性 name 指定元信息的类型，属性值 keywords 表示元信息为关键字；属性 content 指定元信息的内容。

2.5.2 设置描述信息

描述信息是对网页内容的说明，这些描述信息有助于网页被搜索引擎检索。

（1）使用【插入】面板

❶ 在设计视图中，选择菜单中的【插入】|【HTML】|【说明】，打开【说明】对话框，如图 2-66 所示，在文本框中输入描述信息，多个描述之间用英文逗号隔开。

❷ 单击【确定】按钮完成设置。

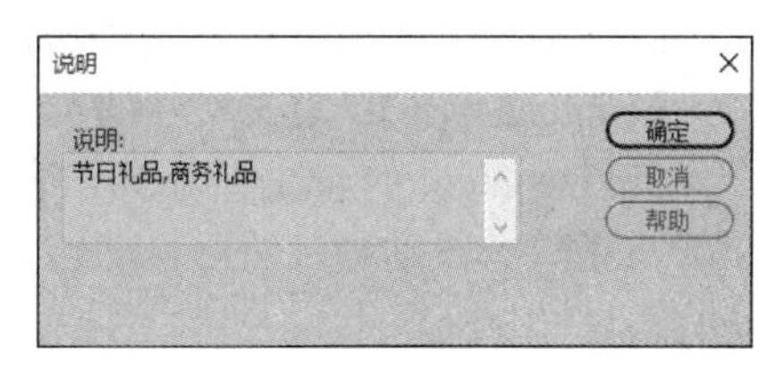

图 2-66

（2）在【代码】视图中设置

在【文档】窗口代码视图中，将鼠标光标置于标签<head>中，输入如下代码：

```
<meta name="description" content="节日礼品,商务礼品" />
```

上述代码中<meta>标签的属性 name 的属性值 description 表示元信息为说明，属性 content 指定说明的内容。

2.5.3 设置版权信息

（1）使用【插入】面板

❶ 选择菜单中的【插入】|【HTML】|【Meta（M）】，打开【META】对话框，如图 2-67 所示，在【值】文本框中输入“copyright”，在【内容】文本框中输入版权信息，如“本网页版权归设计者所有”。

❷ 单击【确定】按钮完成设置。

（2）在【代码】视图中设置

在【文档】窗口代码视图中，将鼠标光标置于标签<head>中，输入如下代码：

```
<meta name="copyright" content="本网页版权归设计者所有" />
```

上述代码中<meta>标签的属性 name 的属性值 copyright 表示元信息为版权，属性 content 指定版权信息的内容。

2.5.4 设置刷新时间

设置刷新时间可以指定浏览器在一定的时间后重新加载当前页面或转到不同的页面，如论坛网站中通常要定时刷新页面，以便实时反映在线用户信息、离线用户信息以及动态文档的实时改变情况。

（1）使用【插入】面板

❶ 在设计视图中，选择菜单中的【插入】|【HTML】|【Meta（M）】，打开【META】对话框，如图 2-67 所示，在【属性】下拉框中选择“HTTP-equivalent”，在【值】文本框中输入“refresh”，在【内容】文本框中输入延迟时间的秒数，如“30”。

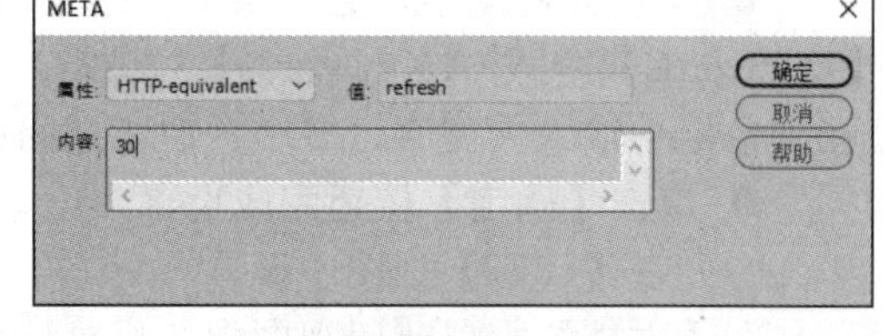

图 2-67

❷ 单击【确定】按钮完成设置。

（2）在【代码】视图中设置

在【文档】窗口代码视图中，将鼠标光标置于标签<head>中，输入如下代码：

```
<meta http-equiv="refresh" content="30" />
```

上述代码中<meta>标签的属性 http-equiv 用于设置网页的过期时间、自动刷新等，一般有以下几个常用属性值。

【expires】：设置网页的过期时间。

【Refresh】：设置网页自动刷新的时间间隔，单位是秒。

【content-type】：定义文件的类型，用来告诉浏览器该以什么格式和编码来解析此文件。

属性 content 的属性值为 30，表示网页自动刷新的时间间隔为 30 秒。有些网站在设计时采用引导页播放一段动画，然后自动转入主页，这就可以在引导页中设置自动刷新时间。

Dreamweaver CC

3 Chapter

第 3 章 页面与文本

网页的页面属性是指网页的一般属性信息，如网页标题、网页背景图像和颜色、超链接颜色和网页边距等。页面属性的设置能够使网页内容呈现统一格式。

文本是网页最基本的元素，它不仅包含的信息量大、易于编辑，而且打开网页速度快，也便于搜索引擎对网站的检索。文本处理一般包括输入文本及其换行分段。用户利用文本样式可设置文本的字体、大小、颜色和行高等。

无序列表和有序列表也是在网页设计中经常用到的方法，合理使用它们会使网页结构层次分明，设计内容清晰。

本章着重介绍了页面属性设置、文本处理以及无序列表和有序列表的应用。

 本章主要内容：

1. 页面属性
2. 文本属性
3. 无序列表和有序列表

3.1 页面属性

网页的页面属性主要包括网页标题、网页背景图像和颜色、网页边距、网页默认文字大小和颜色、超链接颜色等。

3.1.1 课堂案例——中国经济峰会

案例学习目标：学习网页页面属性的设置方法，以及文本的换行与分段，字体的选择与设置等方法。

案例知识要点：使用【文件】|【页面属性】菜单设置页面属性。

素材所在位置：电子资源/案例素材/ch03/课堂案例-中国经济峰会。

案例效果如图 3-1 所示。

图 3-1

以素材“课堂案例-中国经济峰会”为本地站点文件夹，创建名称为“中国经济峰会”的站点。

1. 设置页面背景属性

❶ 在【文件】面板中，双击打开文件 index.html，如图 3-2 所示，选择菜单中的【窗口】|【CSS 设计器】，打开【CSS 设计器】面板，选择【全部】，如图 3-3 所示。

3-1 中国经济峰会

图 3-2

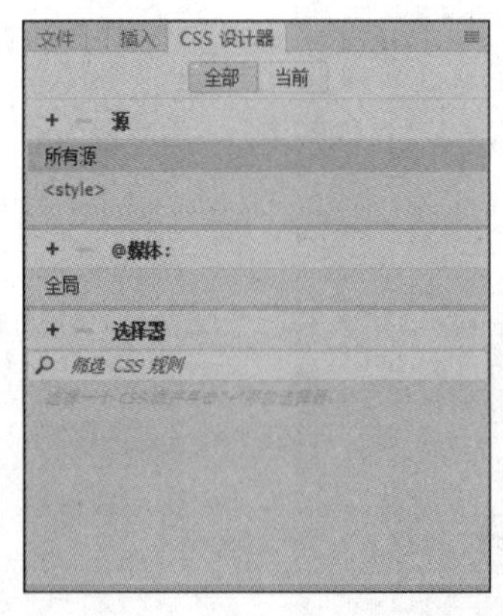

图 3-3

❷ 选择菜单中的【文件】|【页面属性】，打开【页面属性】对话框，如图 3-4 所示，在分类栏中选择【外观（CSS）】，单击【背景图像】文本框后的【浏览】按钮，打开【选择图像源文件】对话框，如图 3-5 所示，选择“课堂案例-中国经济峰会\images\bg.jpg”，单击【确定】按钮。

提示：

选择菜单中的【窗口】|【属性】，在【属性】面板中单击【页面属性】，也可以打开【页面属性】对话框，完成页面属性的设置。

❸ 返回【页面属性】对话框，如图 3-6 所示，在【重复】下拉框中选择“no-repeat”，在【左

边距】【右边距】【上边距】【下边距】文本框中分别输入0、0、200、0，单位均为“px”（像素），单击【确定】按钮，页面效果如图3-7所示。

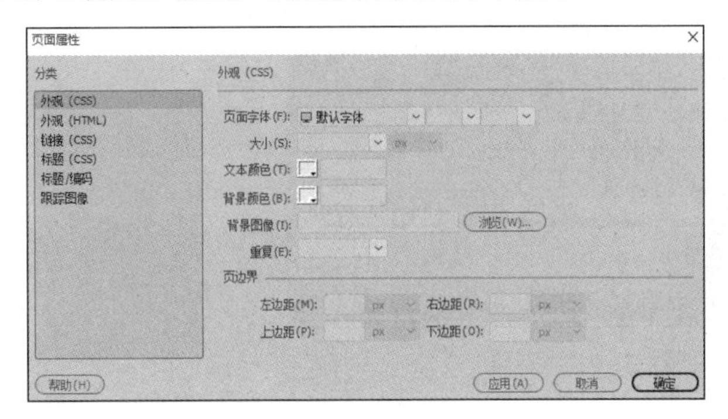

图3-4

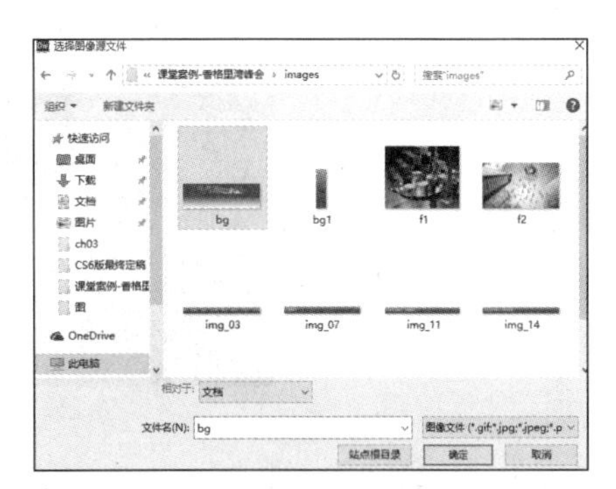

图3-5

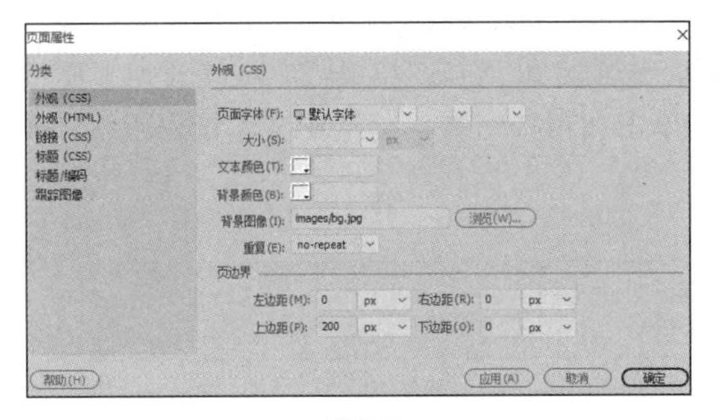

图3-6

图3-7

提示：

由于需要在网页顶部显示高度为200px的背景图像，所以设置页面【上边距】为200px，让网页整体下移200px，以保证背景图像和前景图像形成一个完整画面。

❹ 同时，在【CSS设计器】面板中出现了body样式，如图3-8所示。在body样式上单击鼠标右键，选择【转至代码】，如图3-9所示。在【代码】视图中body样式最后添加如下代码：

```
<background-position: center top;>
```

如图3-10所示，这行代码的含义是设置网页的背景图像的位置在水平方向居中、垂直方向靠顶部。

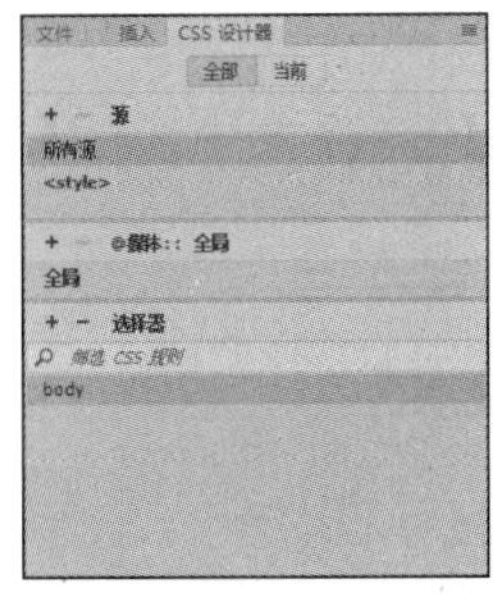

图3-8

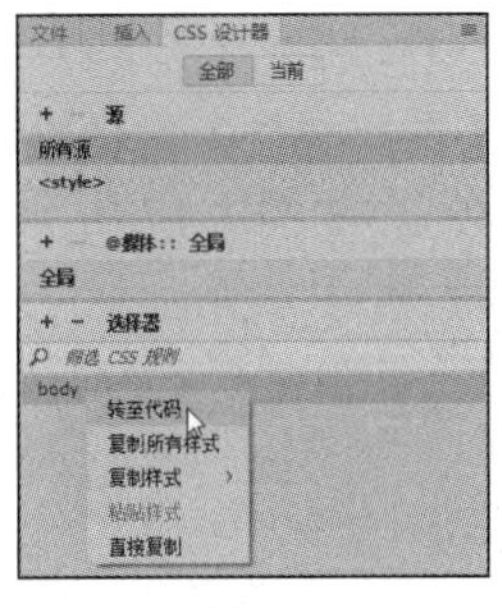

图3-9

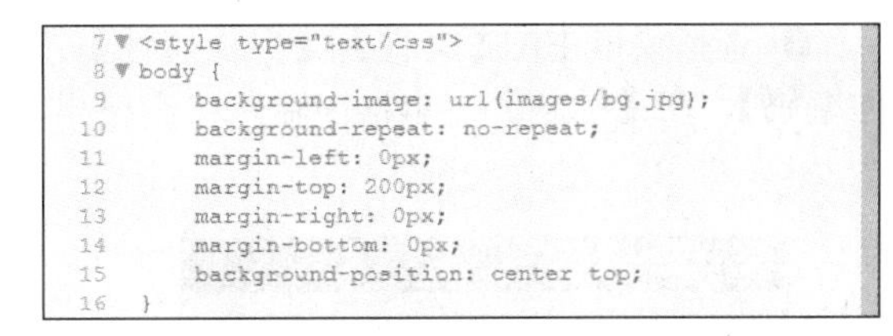

图3-10

提示：

body样式与【页面属性】设置的背景属性部分相对应，使用该样式也可以对页面背景属性进行设置，其设置的背景属性比【页面属性】对话框更全面。

❺ 单击【确定】按钮，完成页面背景属性的设置，效果如图 3-11 所示。

图 3-11

2. 设置页面文本属性

❶ 将鼠标光标置于图 3-12 所示的位置，复制文本文件 text.txt 中相应文字到鼠标光标处。选择菜单中的【窗口】|【属性】，打开【属性】面板，选中文本“专题摘要：”，在【属性】面板中单击【HTML】按钮 <> HTML 切换到 HTML 属性，再单击加粗按钮 **B**，将选中文本设为粗体，效果如图 3-13 所示。

图 3-12

图 3-13

❷ 将鼠标光标置于图 3-14 所示的位置，将文本文件 text.txt 中相应文字复制到鼠标光标处。将鼠标光标置于文本“未来，是机遇？是挑战？”后，按<Enter>键实现分段，效果如图 3-15 所示。

图 3-14

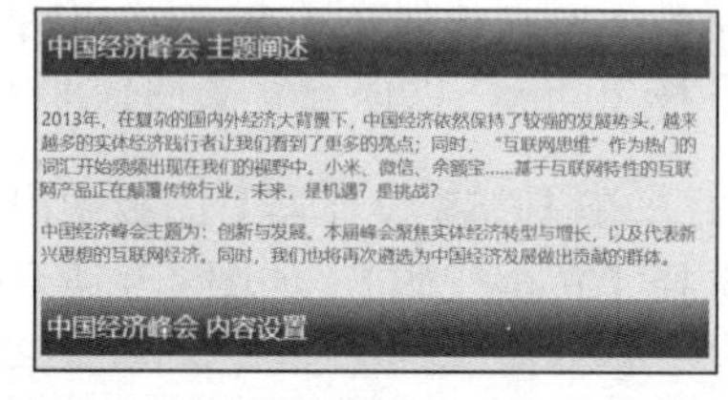

图 3-15

❸ 采用同样的方式，在“中国经济峰会 内容设置”栏目中，复制相应文字并换行分段，效果如图 3-16 所示。

❹ 选择菜单中的【文件】|【页面属性】，打开【页面属性】对话框，在【分类】栏中选择【标题/编码】，在【标题】文本框中输入“香格里湾峰会”，如图 3-17 所示。

图 3-16

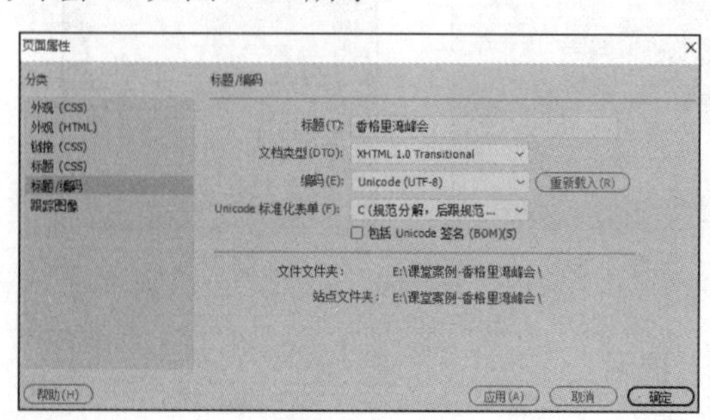

图 3-17

❺ 在【分类】栏中选择【外观（CSS）】，在【大小】下拉文本框中输入“14px”，在【文本颜色】文本框中输入“#666”，如图 3-18 所示。

❻ 在【页面字体】下拉框中选择“管理字体...”，如图 3-19 所示，打开【管理字体】对话框，选择【自定义字体堆栈】，如图 3-20 所示，在【可用字体】列表框中选择“微软雅黑”，单击按钮 <<，将所选的字体添加到左侧【选择的字体】栏中，单击【确定】按钮。

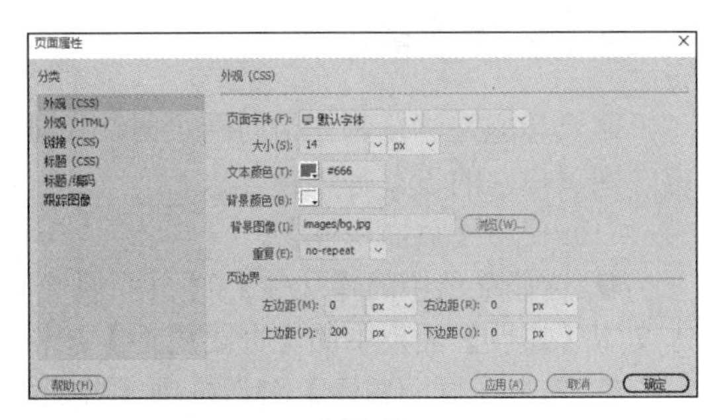

图 3-18

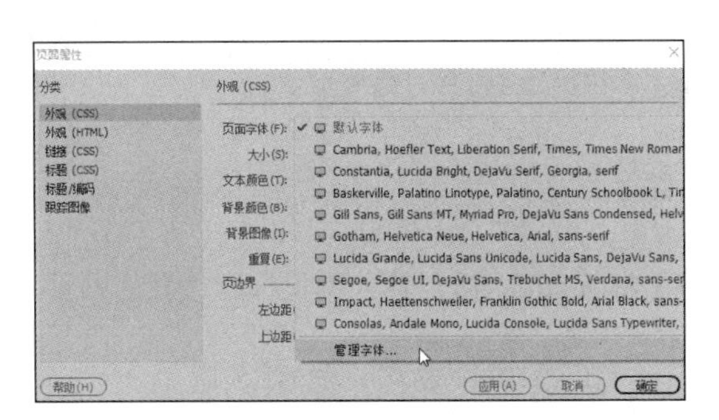

图 3-19

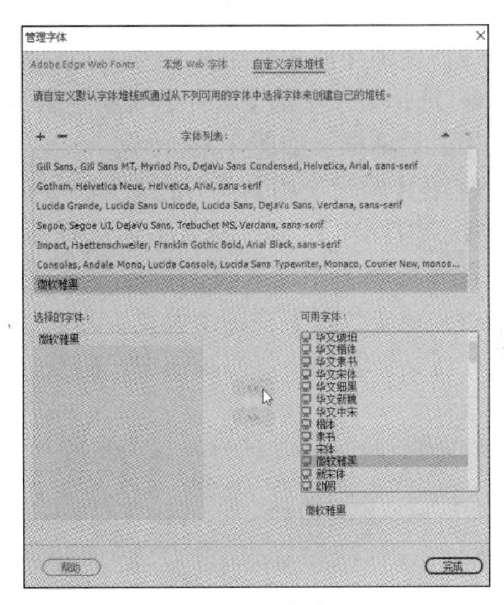

图 3-20

❼ 返回【页面属性】对话框，在【页面字体】下拉框中选择“微软雅黑”，如图 3-21 所示，单击【确定】按钮，完成页面文本属性的设置。同时，在【CSS 样式】面板中又出现了 body,td,th 样式，如图 3-22 所示。

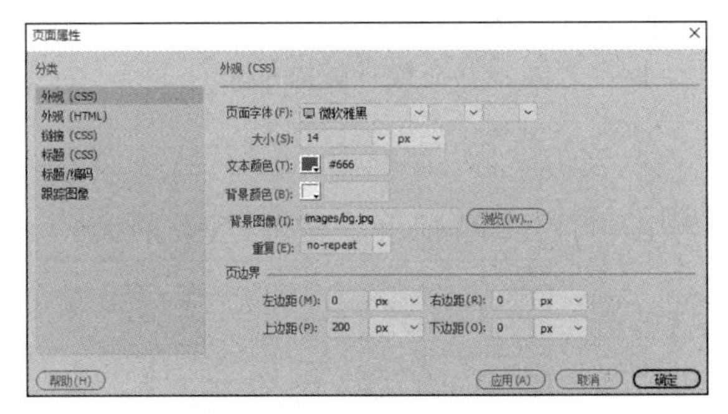

图 3-21

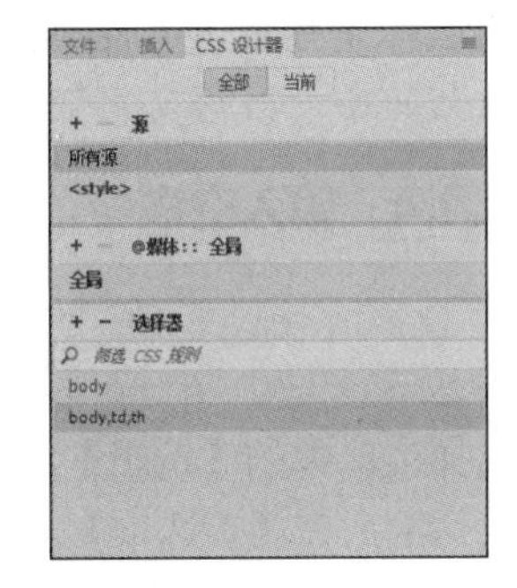

图 3-22

提示：

body,td,th 样式与【页面属性】设置的文本属性部分相对应，使用该样式也可以对页面文本属性进行设置，其设置的文本属性比【页面属性】对话框更全面。

❽ 保存网页文档，按<F12>键预览，观察网页效果。

3.1.2 网页标题

网页标题是浏览者在访问网页时浏览器标题栏中显示的信息，可以帮助浏览者理解网页的内容。网页标题的设置有3种方法。

（1）使用【页面属性】

❶ 选择菜单中的【文件】|【页面属性】或单击文本【属性】面板中的【页面属性】按钮。

❷ 单击【页面属性】对话框中【分类】栏中的【标题/编码】，在【标题】文本框中输入页面标题，单击【确定】完成设置。

（2）使用【新建文档】

❶ 选择菜单中的【文件】|【新建】，打开【新建文档】对话框，如图3-23所示。

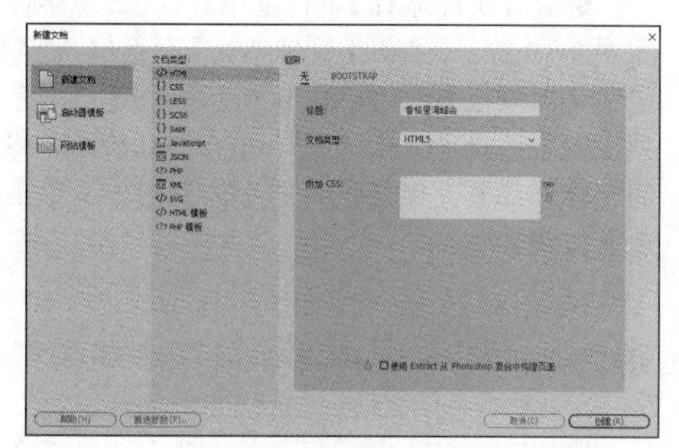

图3-23

❷ 在【新建文档】项下的【文档类型】框中，选择【</>HTML】，在【框架】中选择【无】选项卡，在【标题】中输入页面标题文本，完成设置。

（3）在【代码】视图中设置

在【文档】窗口代码视图中，将鼠标光标置于标签<title>后，输入网页标题“我的网页”，代码如下：

```
<head>
   <meta charset="utf-8">
   <title>我的网页</title>
</head>
```

3.1.3 文本分段与换行

在网页中输入一些文本后，有时需要分段或换行。

将鼠标光标置于需要分段处，按<Enter>键形成一个新段落。在网页代码中，段落文字均包含在<p>与</p>标签之间。

将鼠标光标置于需要换行处，按住<Shift>键的同时，按<Enter>键换行，但没有形成新的空行。在网页代码中，段落文字依然包含在<p>与</p>标签之间，并在换行处添加了一个
标签。

3.1.4 输入空格

在Dreamweaver CC的【首选项】对话框中，可以设置输入单空格和多空格的状态切换，具体操作如下。

选择菜单中的【编辑】|【首选项】，打开【首选项】对话框，在【首选项】对话框的【分类】栏中选择【常规】，在【编辑选项】中勾选或取消勾选【允许多个连续的空格】复选框完成设置，如图3-24所示。

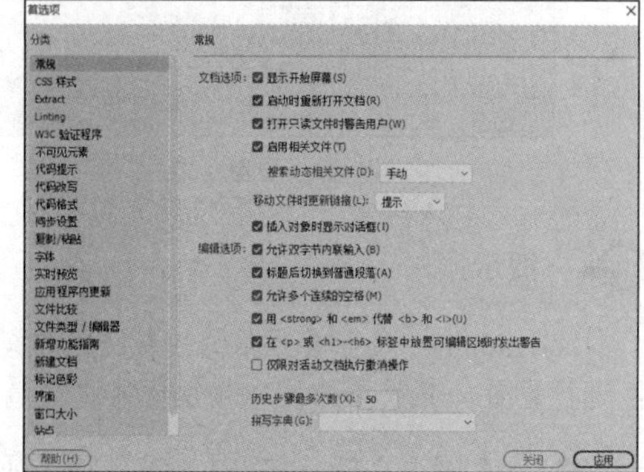

图3-24

除此之外，还可以通过以下3种方法输入空格。

（1）选择【插入】面板中的【HTML】选项卡，单击【不换行空格】按钮。

（2）将输入法转换为中文全角状态，按<Space>键输入连续空格。

（3）在【代码】窗口中需要插入空格的位置输

入空格字符代码【 】，一个字符代码【 】代表一个空格。

3.1.5 设置页面文字属性

新建网页时，页面文字的字体、大小和颜色等均有默认设置，用户可根据需要进行修改。

（1）使用【页面属性】

❶ 选择菜单中的【文件】|【页面属性】，打开【页面属性】对话框。

❷ 在【页面属性】对话框【分类】栏中选择【外观（CSS）】，在右侧设置【页面字体】【大小】和【文本颜色】，如图 3-25 所示。

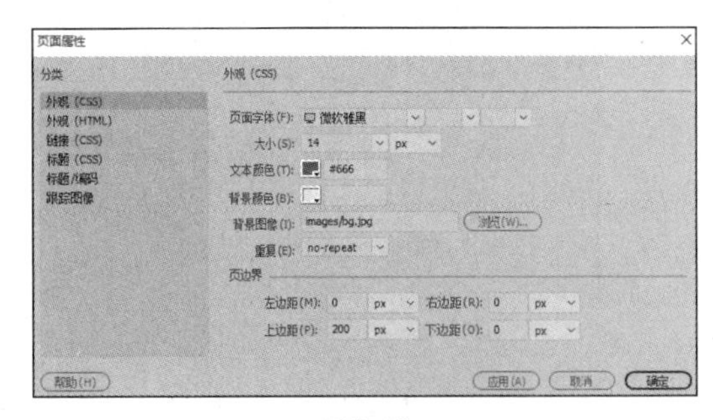

图 3-25

页面文字属性设置完成后，在【CSS 样式】面板中出现了 body,td,th 样式。

（2）在【代码】视图中设置

在【文档】窗口代码视图中，将鼠标光标置于标签<style>的下一行，输入如下代码：

```
<style type="text/css">
    body,td,th {
        font-family: "微软雅黑";
    }
</style>
```

这里，设置 body、td 和 th 元素的文字样式均为微软雅黑。

3.1.6 显示或隐藏不可见元素

在 Dreamweaver CC 中有些元素仅用于提示相关操作，可以在【设计】视图中显示，但在浏览器中是不可见的，这就是不可见元素，如换行符、脚本、命名锚记等。在默认情况下，不可见元素在【设计】视图中也是不显示的，开发者为了方便操作和快速定位，需要改变不可见元素在【设计】视图中的可见性。

显示或隐藏不可见元素的操作步骤如下。

❶ 选择菜单中的【编辑】|【首选项】，打开【首选项】对话框。

❷ 在【首选项】对话框【分类】栏中选择【不可见元素】，在右侧勾选或取消勾选相应元素的复选框来设置显示或隐藏不可见元素，如图 3-26 所示，单击【应用】完成设置。

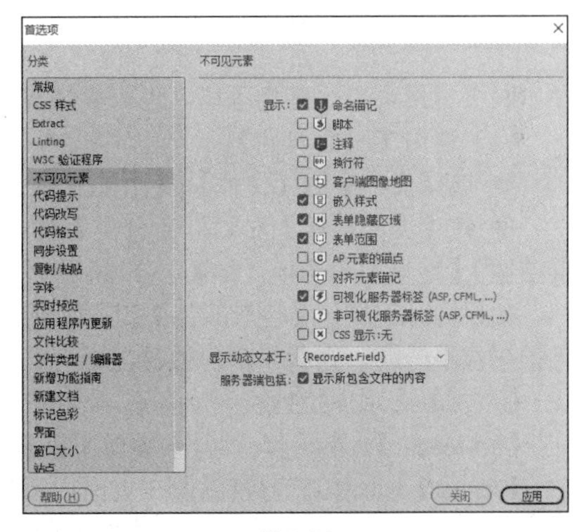

图 3-26

3.1.7 设置页边距

页边距指整个页面到浏览器左边缘、右边缘和顶部、底部边缘的距离，通常设置为 0。

（1）使用【页面属性】

❶ 选择菜单中的【文件】|【页面属性】，打开【页面属性】对话框。

❷ 在【页面属性】对话框【分类】栏中选择【外观（CSS）】，在【左边距】【右边距】【上边距】【下边距】选项中分别输入相应数值，如图 3-27 所示，单击【确定】按钮完成设置。

页边距设置完成后，在【CSS 样式】面板中可以看到创建了一个名为 body 的样式，如图 3-28 所示。

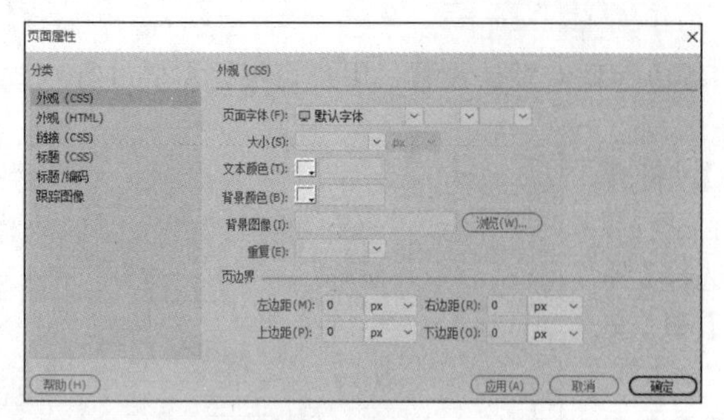

图 3-27

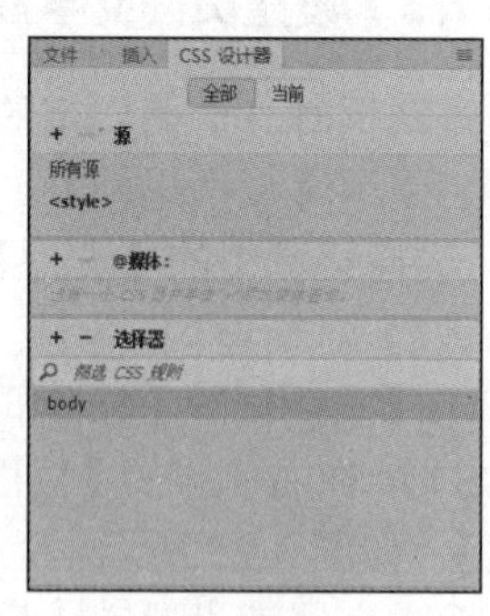

图 3-28

（2）在【代码】视图中设置

在【文档】窗口代码视图中，将鼠标光标置于标签<style>中，输入如下代码：

```
<style>
    body {
        margin-left: 0px;
        margin-top: 0px;
        margin-right: 0px;
        margin-bottom: 0px;
    }
</style>
```

这里，这段代码表示设置 body 元素的左边距、右边距、上边距和下边距都为 0。margin 属性包括 margin-left、margin-top、margin-right 和 margin-bottom，可以用来设置网页元素的外边距。

3.1.8 设置背景属性

网页背景可以填充为颜色，也可以填充为图像。

（1）使用【页面属性】

❶ 选择菜单中的【文件】|【页面属性】，打开【页面属性】对话框。

❷ 在【页面属性】对话框【分类】栏中选择【外观（CSS）】，在右侧设置【背景颜色】【背景图像】【重复】等选项，如图 3-29 所示。

如果同时设置了【背景颜色】和【背景图像】，并且背景图像不透明，则背景颜色被覆盖。

【重复】选项下拉列表中，各选项含义如下。

【no-repeat】（不重复）：背景图像不重复。

【repeat】（重复）：背景图像在页面中重复。

【repeat-x】（重复-x）：背景图像在页面中横向重复。

【repeat-y】（重复-y）：背景图像在页面中纵向重复。

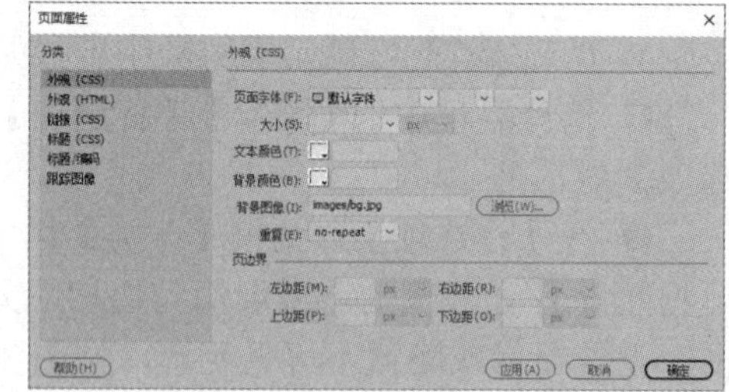

图 3-29

如果【重复】空白，默认为 repeat。

网页背景属性设置完成后，在【CSS 样式】面板中会出现 body 样式。

（2）在【代码】视图中设置

在【文档】窗口代码视图中，将鼠标光标置于标签<style>中，输入如下代码：

```
<style>
    body {
        background-color: #8AC6CB;
        background-image: url(images/bg.jpg);
```

```
        background-repeat: no-repeat;
    }
</style>
```

这里，这段代码设置了网页的背景属性，其中 background-color 属性用于设置网页的背景颜色，background-image 属性用于设置网页背景图像的路径及文件名，background-repeat 属性用于设置背景图像的重复方式。

3.2 文本属性

在制作网页时，应用最多的元素就是文本，文本有很多种，如文字、特殊符号、日期等。在网页中添加文本后，需要对文本的大小、颜色等属性进行设置，以使网页更加美观。

3.2.1 课堂案例——百货公司

3-2 百货公司

案例学习目标：学习设置网页中的文字样式。
案例知识要点：使用 CSS 样式改变文本大小、颜色、字体等。
素材所在位置：电子资源/案例素材/ch03/课堂案例-百货公司。
案例效果如图 3-30 所示。
以素材“课堂案例-百货公司”为本地站点文件夹，创建名称为“百货公司”的站点。

1. 设置导航条样式

❶ 在【文件】面板中，双击打开文件 index.html，如图 3-31 所示。

图 3-30

图 3-31

❷ 将鼠标光标置于图 3-32 所示的文本“此处显示导航内容”位置，删除该文本，依次输入文本“关于我们”“公司动态”“产品中心”“联系我们”。再将鼠标光标置入右边，分别输入文本“最近动态”“最新产品”，效果如图 3-33 所示。

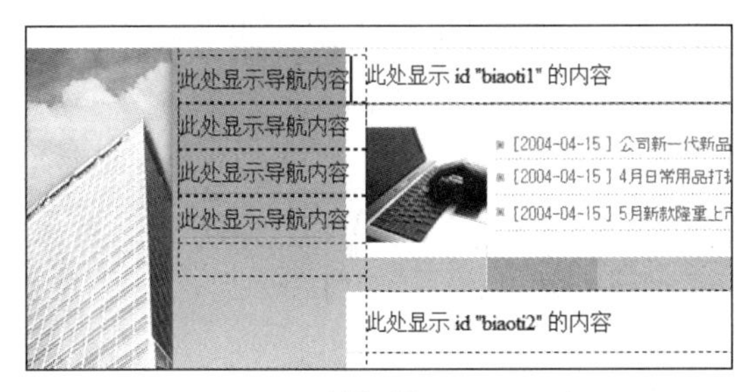

图 3-32

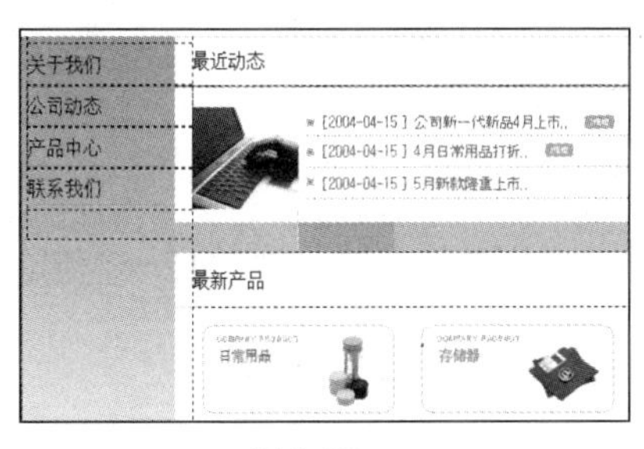

图 3-33

❸ 选择菜单中的【窗口】|【CSS 设计器】，打开【CSS 设计器】面板，如图 3-34 所示。选择

【选择器】中的.nav-in 样式，取消勾选【显示集】，单击【文本】按钮T，如图 3-35 所示。

提示：

在本案例中，.nav-in 样式、#biaoti1 样式和#biaoti2 样式是导航栏和两个标题所在的 div 对应的样式，设置它们的属性可以调整导航栏和两个标题的外观。

❹ 在【font-size】下拉文本框中输入“20px”，在【color】文本框中输入“#C5EDFF”，在【font-Style】下拉选项中选择 italic，在【font-Weight】下拉选项中选择 bold，如图 3-36 所示。

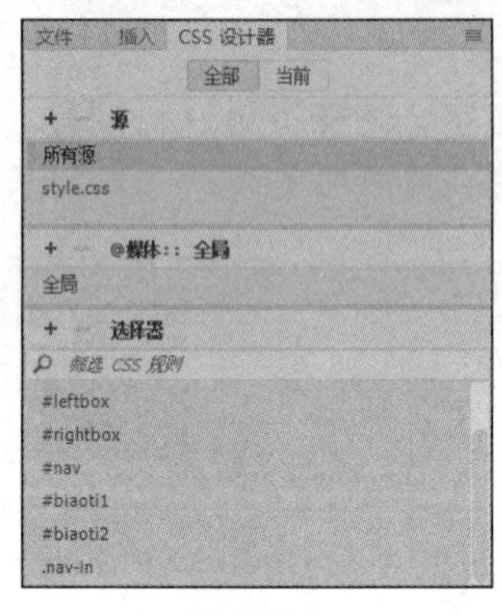

图 3-34

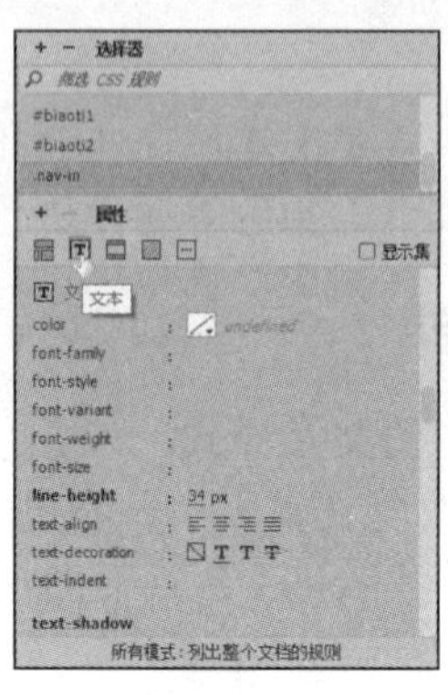

图 3-35

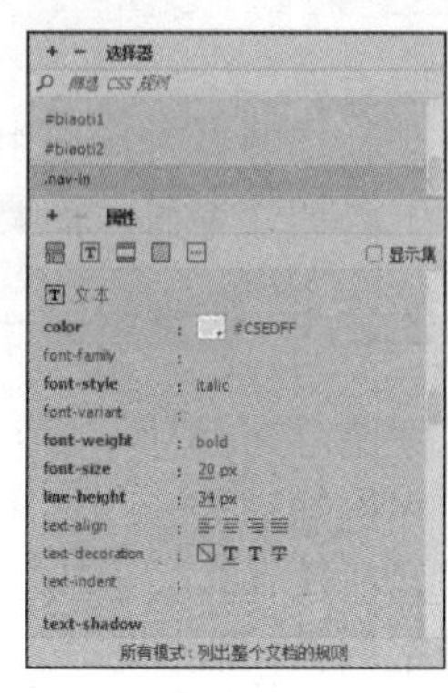

图 3-36

2. 设置文本样式

❶ 选中【CSS 设计器】面板中【选择器】部分的#biaoti1 样式，如图 3-37 所示，在【font-family】下拉文本框中选择“微软雅黑”，在【font-size】下拉文本框中输入“20px”，在【color】文本框中输入“#2885BE”。

❷ 选中【CSS 设计器】面板中【选择器】部分的#biaoti2 样式，如图 3-38 所示，在【font-family】下拉文本框中选择“微软雅黑”，在【font-size】下拉文本框中输入“20px”，在【color】文本框中输入“#DB9809”，单击【确定】按钮。设置完成的文本效果如图 3-39 所示。

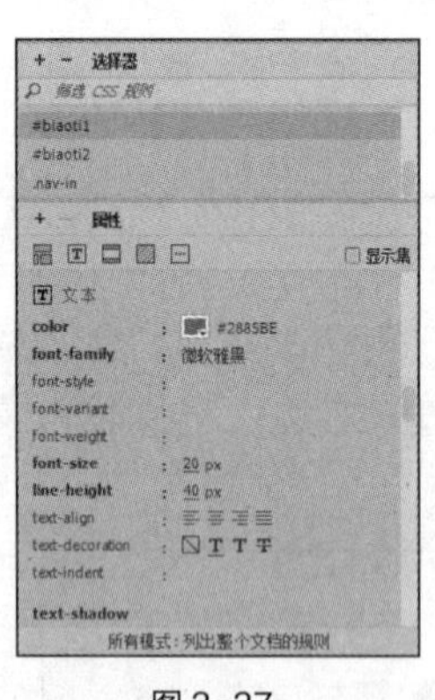

图 3-37

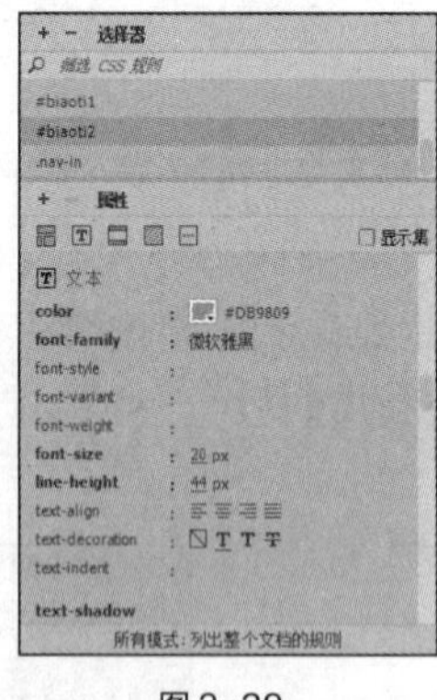

图 3-38

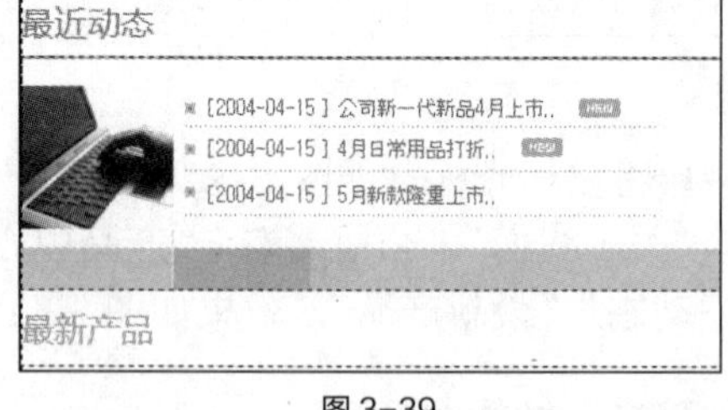

图 3-39

❸ 保存网页文档，按<F12>键预览效果。

3.2.2 设置文本属性

以【基本素材 ch03】中案例素材为例设置文本属性。

（1）使用【CSS 设计器】

❶ 选择菜单中的【窗口】|【CSS 设计器】或者按<Shift+F11>组合键打开【CSS 设计器】面板，如图 3-40 所示。

❷ 选中文本所在的标签<div>对应的 CSS 样式名，如.box1，取消勾选【显示集】，单击【文本】按钮T，显示【文本】属性列表，如图 3-41 所示。【文本】属性列表中，各选项的含义如下。

【color】：设置文本颜色。

【font-family】：设置文本字体。

【font-style】：设置字体风格。

【font-variant】：设置字体变形。

【font-weight】：设置字体粗细。

【font-size】：设置文本字号大小。

【line-height】：设置行高。

【text-align】：设置文本对齐方式。

【text-decoration】：设置文本修饰，如下画线等。

❸ 在【属性】部分设置文本的属性，如图 3-42 所示。文本效果如图 3-43 所示。

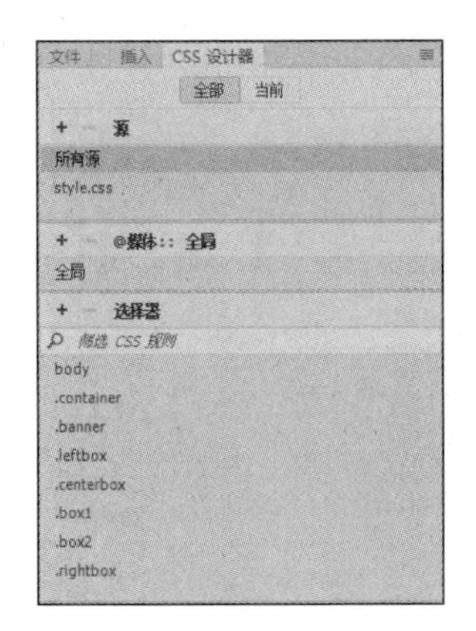

图 3-40

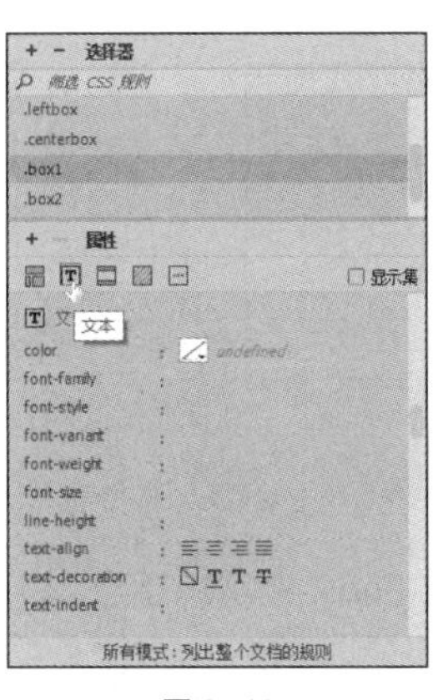

图 3-41

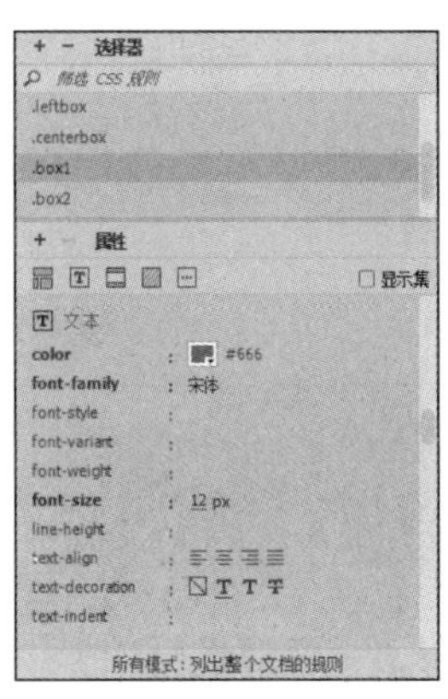

图 3-42

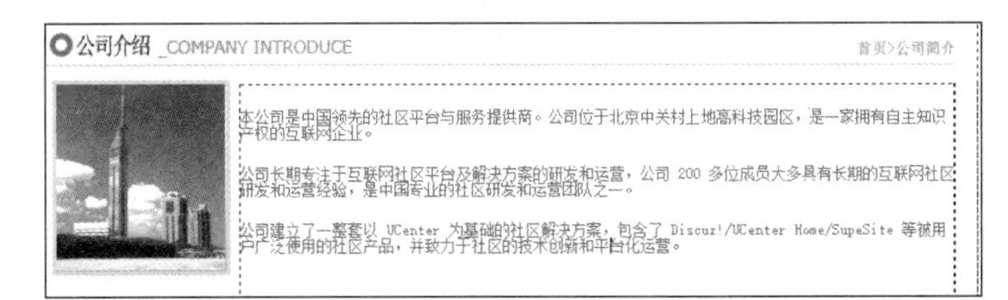

图 3-43

（2）在【代码】视图中设置

在【文档】窗口代码视图中，打开 style.css 样式表文件，在该文件中输入如下代码：

```
.box1{
    height: 297px;
    font-size: 12px;
    color: #666;
    font-family: "宋体";
}
```

这里，这段代码设置了.box1 类样式，包括 height（高度），font-size（字号），color（颜色）和 font-family（字体）等 4 种属性。

3.2.3 文本段落

在页面文档中，<p>和</p>标签主要用于定义一个段落，段落的内容可以是文本，也可以是图像等其他类型的对象。如果为了突出表现效果，需要加大或缩小一个短小的文字段落，那么可以使用标题。预定义格式在处理空格和空行较多的文本段落时更加方便。

1. 应用段落或标题格式

有时可以手动将文档窗口中的文本定义为段落，通常采用以下 3 种方法。

（1）使用【属性】面板

❶ 将鼠标光标置于文本中或选择文本。

❷ 单击【属性】面板的【HTML】按钮<> HTML，切换到 HTML 属性，在【格式】下拉列表中选择相应的段落格式或标题标签，如图 3-44 所示。

（2）使用【编辑】|【段落格式】菜单

❶ 将鼠标光标置于文本中或选择文本。

❷ 选择菜单中的【编辑】|【段落格式】，在子菜单中选择相应的段落格式或标题标签，如图 3-45 所示。

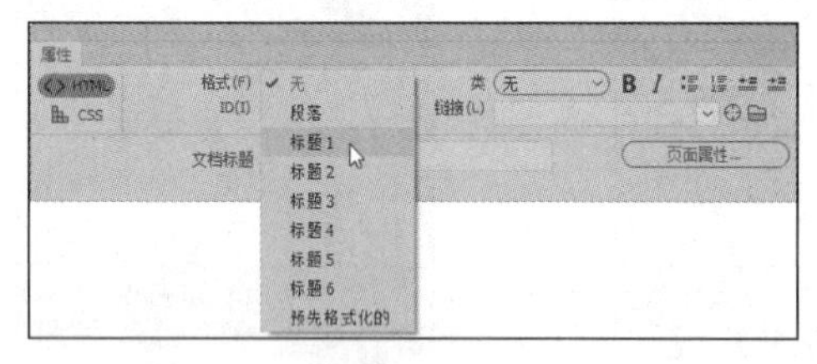

图 3-44

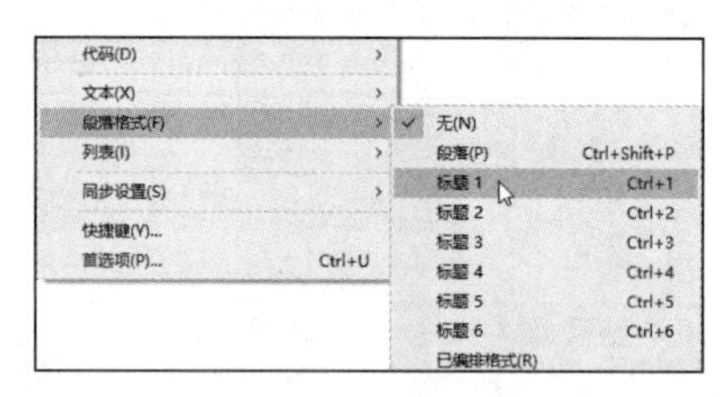

图 3-45

（3）在【代码】视图中设置

在【文档】窗口代码视图中，在<body>标签中输入如下代码：

```
<body>
    <h1>标题 1</h1>
    <h3>标题 3</h3>
    <p> 段落</p>
</body>
```

这里，<h1>和<h3>标签分别表示标题 1 和标题 3 的格式，<h>为标题的代码标签，按标题的字体大小又分为<h1>～<h6>，其中<h1>标题字体最大，<h6>标题字体最小。<P>为段落的代码标签，表示一个段落。

2. 指定预格式

在文本段落中，有时使用多处的空格和换行，如一段诗歌或程序代码，这会使 HTML 代码过于烦琐且不易控制，此时可以使用预格式标签<pre>和</pre>。

所谓预格式，就是用户预先对标签<pre>与</pre>之间的文本进行格式化，浏览器在显示其中的内容时，会完全按照其真正的文本格式来显示。例如，如下代码原封不动地保留文档中的空白和空行等。

```
<pre>
这是
预格式文本。
它保留了            空格
和换行。

for i = 1 to 10
    print i
next i
</pre>
```

（1）使用【属性】面板

要在 Dreamweaver CC 中指定预格式化文本，可以按照如下步骤进行操作。

❶ 将鼠标光标置于要设置预格式的段落中，如果要将多个段落设置为预格式，可以选中这些段落。

❷ 单击【属性】面板的【格式】，在下拉列表中选择“预先格式化的”，或者选择菜单【格式】|【段落格式】，在子菜单中选择【已编排格式】。

指定预格式操作会分别在相应段落的两端自动添加<pre>和</pre>标签，如果原先段落的两端有<p>和</p>标签，则系统会分别用<pre>和</pre>标记替换它们。

（2）在【代码】视图中设置

在【文档】窗口代码视图中，在<body>标签中输入如下代码：

```
<body>
    <pre>
        这是
        预格式文本。
        它保留了          空格
        和换行。
    </pre>
</body>
```

这里，使用<pre>…</pre>标签定义了这段文本为预定义格式。

3.2.4　插入日期

在网页文档中插入日期的操作步骤如下。

❶ 在【文档】窗口中将鼠标光标置于要插入日期的位置。

❷ 单击菜单【插入】|【HTML】|【日期】，或者在【插入】面板中选择【HTML】选项卡，单击【日期】按钮 。

❸ 在【插入日期】对话框中选择需要显示的【星期格式】【日期格式】或【时间格式】，如图 3-46 所示。

❹ 如果勾选【储存时自动更新】复选框，则每次保存该网页文档时系统都会自动更新日期，否则不会更新。

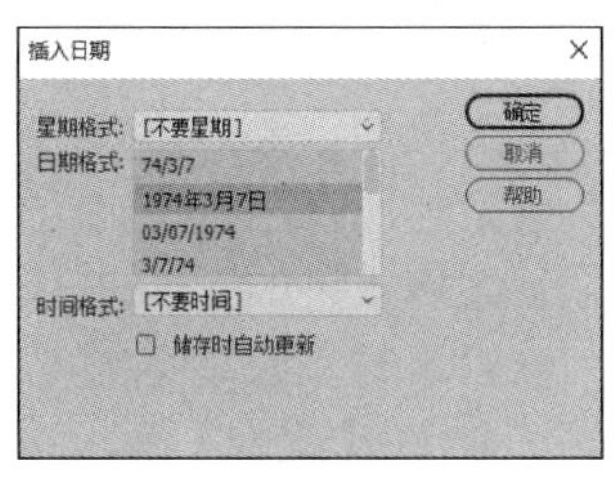

图 3-46

3.2.5　插入特殊字符

在网页文档中有时需要插入一些特殊字符，如版权符号、注册商标符号、破折号和英镑符号等。在网页中插入特殊字符可采用以下两种方法。

（1）使用【插入】|【HTML】|【字符】菜单

❶ 在【文档】窗口中将鼠标光标置于要插入特殊字符的位置。

❷ 选择菜单【插入】|【HTML】|【字符】，单击需要插入的特殊字符，如图 3-47 所示。

❸ 单击菜单中【其他字符（O）…】项，可在弹出的【插入其他字符】对话框中选择更多的特殊字符插入网页，如图 3-48 所示。

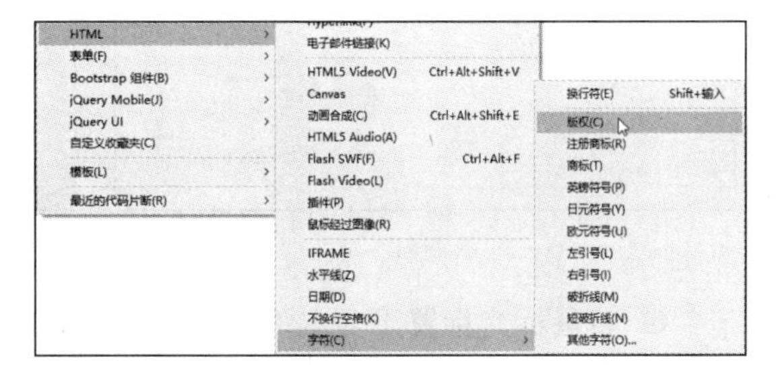

图 3-47

（2）使用【插入】面板

❶ 在【文档】窗口中将鼠标光标置于要插入特殊字符的位置。

❷ 选择【插入】面板的【HTML】选项卡，单击【字符：其他字符】左侧展开式工具按钮，单击选择需要插入的特殊字符，如图 3-49 所示。

❸ 单击【其他字符】按钮，可在打开的【插入其他字符】对话框中选择更多的特殊字符。

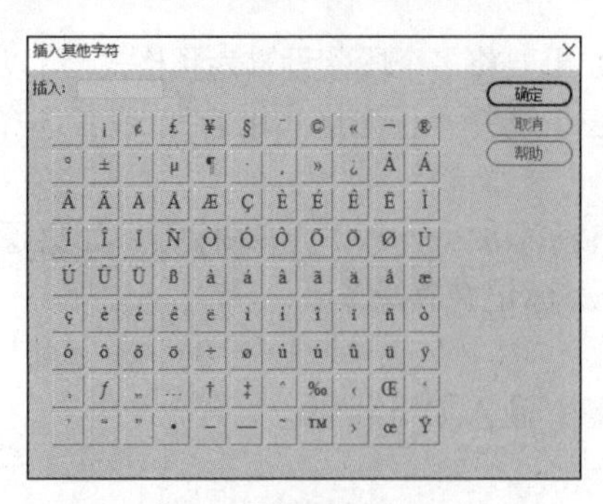

图 3-48

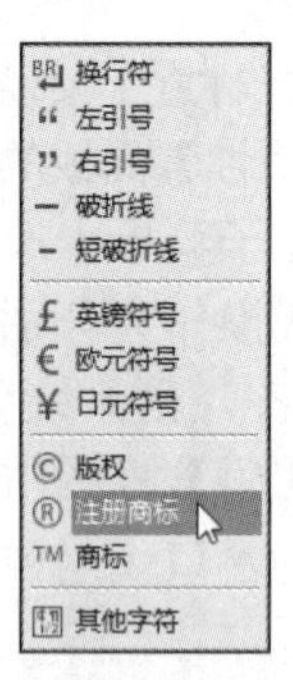

图 3-49

3.3 无序列表和有序列表

无序列表和有序列表是放在文本前的点、数字或其他符号，可起到强调作用。合理使用无序列表和有序列表，可以使网页内容的层次结构更加清晰、更有条理。

3.3.1 课堂案例——咨询网站

3-3 咨询网站

案例学习目标：学习使用无序列表。

案例知识要点：使用【无序列表】按钮创建列表、改变列表样式。

素材所在位置：电子资源/案例素材/ch03/课堂案例-咨询网站。

案例效果如图 3-50 所示。

以素材“课堂案例-咨询网站”为本地站点文件夹，创建名称为“咨询网站”的站点。

❶ 在【文件】面板中，双击打开文件 index.html，如图 3-51 所示。

图 3-50

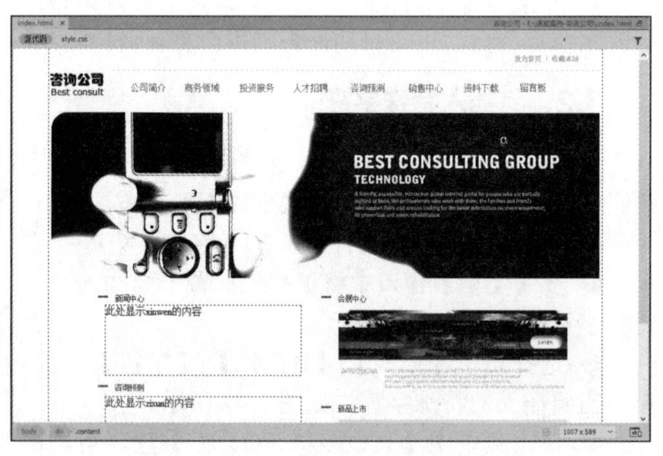

图 3-51

❷ 将鼠标光标置于文本“此处显示 xinwen 的内容”后面，删除这段文本，将文件 text.txt 中相应的文本复制到此处，选中全部文本，如图 3-52 所示，在【属性】面板中单击按钮 HTML，切换到相应面板，如图 3-53 所示，单击【无序列表】按钮，使所选文本变成列表，效果如图 3-54 所示。

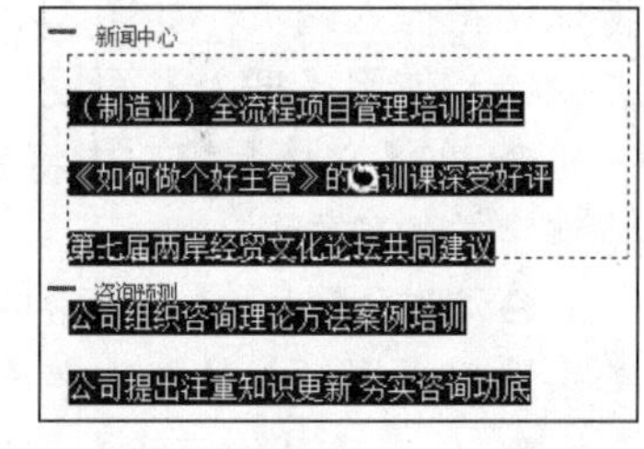

图 3-52

图 3-53

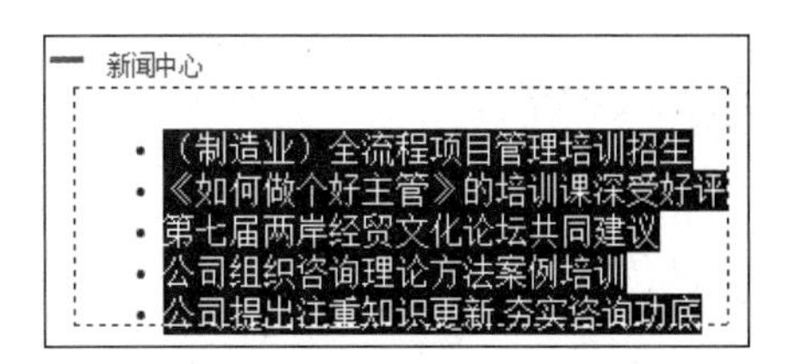

图 3-54

提示：

在【设计】视图中出现文本列表效果，对应地，在【代码】视图中会为文本增加<ul>和<li>标签。<ul>标签在外层，<li>标签在内层，<li>标签可直接包裹文本。

❸ 选择菜单【窗口】|【CSS 设计器】，打开【CSS 设计器】面板，如图 3-55 所示，单击【CSS 设计器】面板的【选择器】的【添加选择器】按钮＋，新建一个 CSS 标签样式，名称为 ul，在【属性】区域中设置【list-style-type】为 none、【list-style-image】为 url，并单击后面的浏览按钮，打开【选择图像源文件】对话框，选择文件 icon.gif，如图 3-56 和图 3-57 所示。

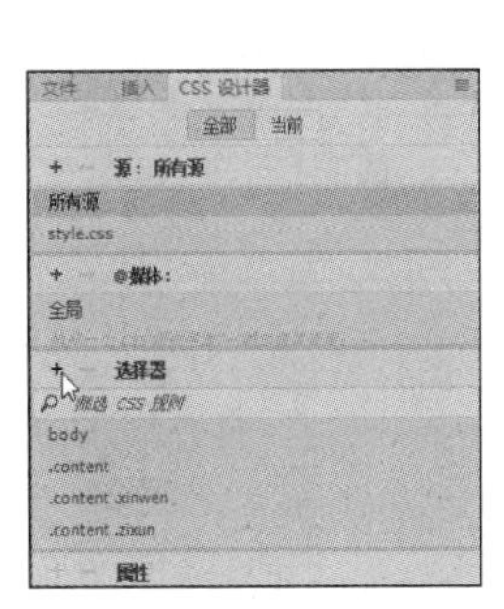

图 3-55

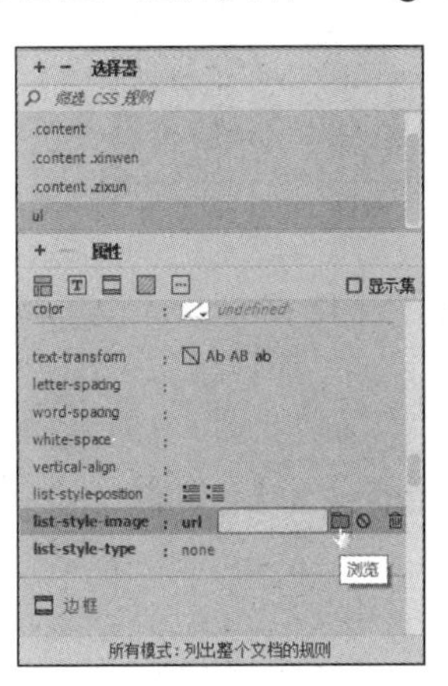

图 3-56

图 3-57

❹ 单击【CSS 设计器】面板的【选择器】的【添加选择器】按钮＋，新建一个 CSS 标签样式，名称为 li，在【属性】区域中设置【font-size】为 12px，【color】为#666、【line-height】为 16px，如图 3-58 所示。无序列表的效果如图 3-59 所示。

❺ 将鼠标光标置于文字“此处显示 zixun 的内容”后，并删除这段文本，把文件 text.txt 里面相应文字复制到该处，选中图 3-60 所示的文本，在【属性】面板中单击【无序列表】按钮，所选文本变成无序列表，效果如图 3-61 所示。

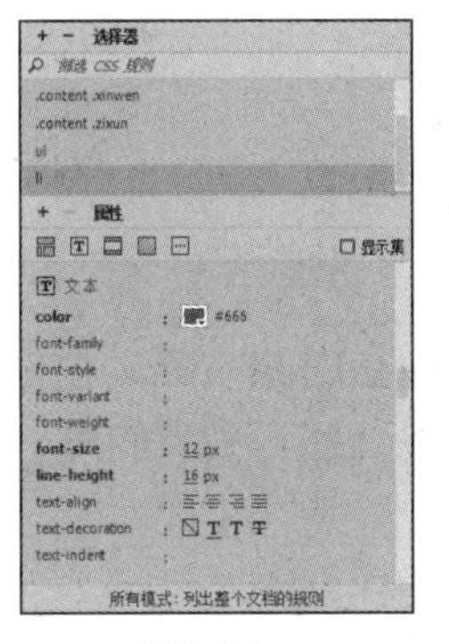

图 3-58

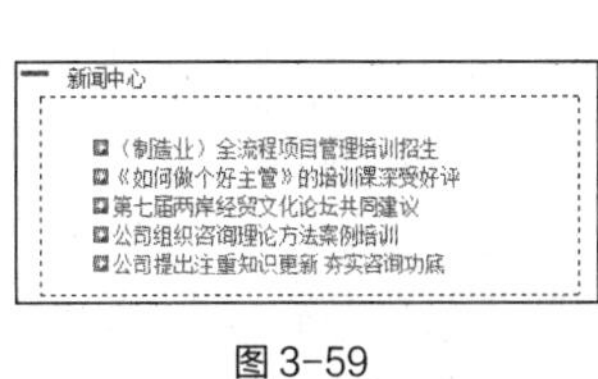

图 3-59

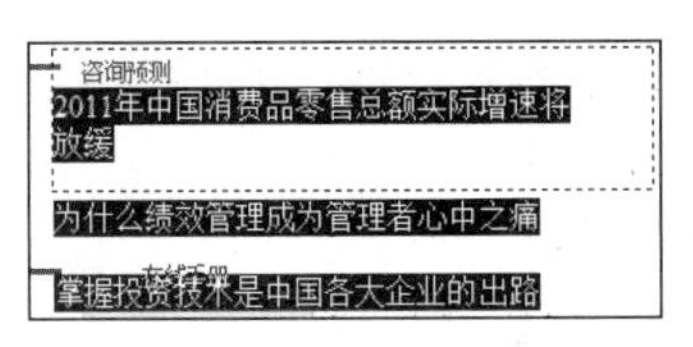

图 3-60

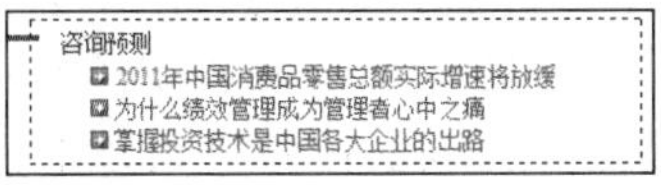

图 3-61

 提示：

由于已经设置了<ul>和<li>标签的样式，本次应用无序列表功能的同时，也应用了这两个样式，所以使用一次无序列表，外观效果一步到位。

❻ 保存网页文档，按<F12>键预览效果。

3.3.2 设置无序列表或有序列表

1. 无序列表

设置无序列表有以下 3 种方法。

（1）使用【属性】面板

❶ 在【文档】窗口中选择段落。

❷ 在【属性】面板中单击【HTML】按钮，切换到 HTML 属性，如图 3-62 所示。单击【无序列表】按钮为文本添加项目符号，如图 3-63 所示。

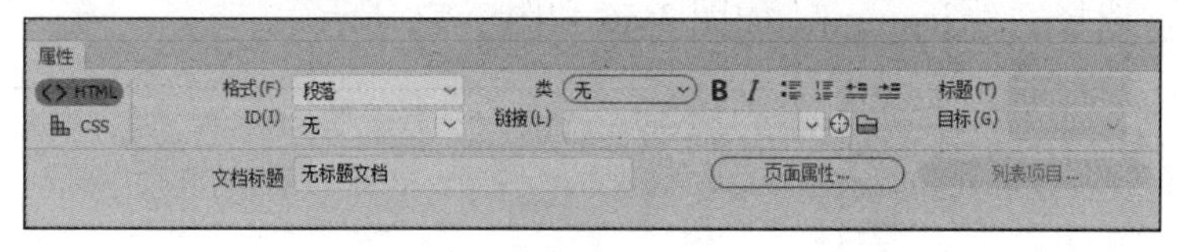

图 3-62

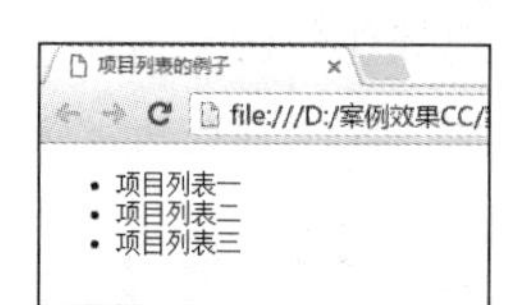

图 3-63

再次单击【无序列表】按钮可以取消添加的无序列表。

（2）使用【编辑】|【列表】菜单

❶ 在【文档】窗口中选择段落。

❷ 选择菜单【编辑】|【列表】，在子菜单中选择【无】，如图 3-64 所示。

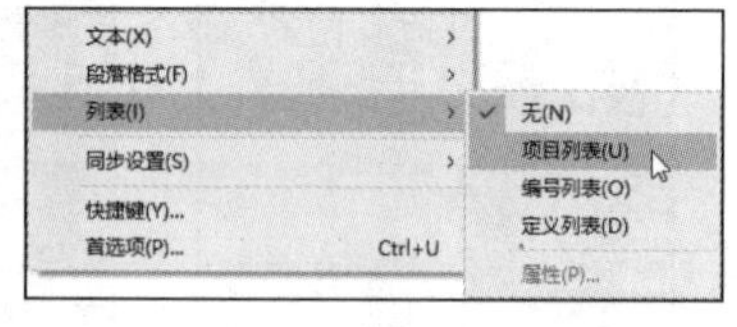

图 3-64

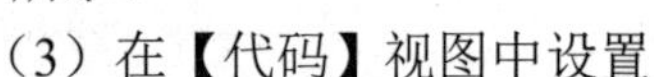

（3）在【代码】视图中设置

在【文档】窗口代码视图中，在<body>标签中输入如下代码：

```
<body>
    <ul>
        <li>项目列表一</li>
         <li>项目列表二</li>
         <li>项目列表三</li>
    </ul>
</body>
```

网页中的无序列表（unordered lists）也称为项目列表，这里设置了一个无序列表，整个无序列表包含在<ul>和</ul>标签之间，列表的每一项包含在<li>和</li>标签内。

2. 有序列表

设置有序列表有以下 3 种方法。

（1）使用【属性】面板

❶ 在【文档】窗口中选择段落。

❷ 在【属性】面板中单击【HTML】按钮，切换到 HTML 属性，如图 3-65 所示。单击【有序列表】按钮为文本添加项目编号，如图 3-66 所示。

再次单击【有序列表】按钮可以取消添加的有序列表。

（2）使用【编辑】|【列表】菜单

❶ 在【文档】窗口中选择段落。

图3-65

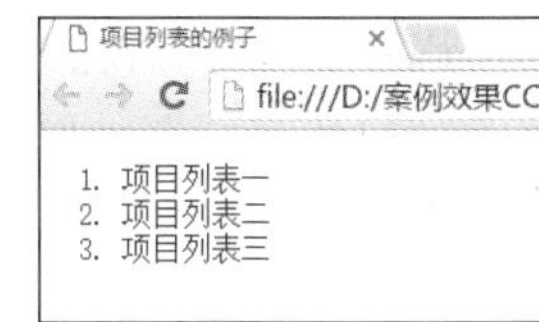

图3-66

❷ 选择菜单【编辑】|【列表】，在子菜单中选择【有序列表】。

（3）在【代码】视图中设置

在【文档】窗口代码视图中，在<body>标签中输入如下代码：

```
<body>
    <ol>
        <li>项目列表一</li>
        <li>项目列表二</li>
        <li>项目列表三</li>
    </ol>
</body>
```

网页中的有序列表（ordered lists）也称为编号列表，这里设置了一个有序列表，整个有序列表包含在<ol>和</ol>标签之间，列表的每一项包含在<li>和</li>标签内。

3.4 练习案例

3.4.1 练习案例——大学生国际电影节

案例练习目标：练习页面属性设置。

案例操作要点：

1. 设置网页标题为“北京大学生国际电影节”。

2. 设置页面的文本属性：页面字体为微软雅黑，字体大小为14px，字体颜色为#FFF。

3. 设置页面的背景属性：背景颜色为#CA162F，背景图像为bg.jpg，图像重复为no-repeat，图像对齐为水平居中和垂直顶端，左边距、右边距、上边距和下边距分别设置为0px、0px、240px和0px。

素材所在位置：电子资源/案例素材/ch03/练习案例-大学生国际电影节。

效果如图3-67所示。

图3-67

3.4.2 练习案例——移动银行网站

案例练习目标：练习文本样式设置。

案例操作要点：

1. 在页面相应位置分别输入文字。

2. 在【CSS设计器】面板的【选择器】中修改下列样式属性。

样式名称为.nav，字体大小12px，字体颜色#FFF；

样式名称为.word1，字体大小18px，字体颜色#CD3E00；

样式名称为.word2，字体大小14px，字体颜色#2C9BC9；

样式名称为.word3，字体大小 14px，字体颜色#EF9514。

素材所在位置：电子资源/案例素材/ch03/练习案例-移动银行网站。

效果如图 3-68 所示。

图 3-68

3.4.3 练习案例——化妆品网站

案例练习目标：练习无序列表的使用。

案例操作要点：

1．将表格中的文字设置为无序列表。

2．新建名称为 ul 的样式，设置【list-style-type】为 none，【list-style-image】为 images 文件夹中的图像文件 icon.gif；新建名称为 ul li 的样式，设置【font-size】为 14px，字体颜色为#727272，行高为 200%。

素材所在位置：电子资源/案例素材/ch03/练习案例-化妆品网站。

效果如图 3-69 所示。

图 3-69

4 Chapter

第 4 章
图像、多媒体和表格

图像是网页设计中不可缺少的元素。用户可以对网页中的图像尺寸等进行调整，使其更好地满足网页设计的需要，以期达到页面表达更直观、更吸引浏览者的目的。

多媒体是把文字、图像、声音以及视频等媒体进行综合利用，目前在网页设计中应用广泛，它可以增强网页的娱乐性和感染力。在网页中常用的多媒体对象有视频、音频等。

表格在网页制作中有着举足轻重的作用，它不仅用于显示规范化数据，还是网页布局的有力工具。

在网页设计中，用户利用表格可以对文本、图形等页面元素的位置进行排列和控制，因此很多网站的页面都是通过表格实现布局的。灵活、熟练地使用表格是使网页布局更有条理、更加美观的关键。

本章主要内容：

1. 图像插入
2. HTML5 网页多媒体
3. 表格简单操作
4. 表格排版
5. 表格应用

4.1 图像插入

图像是网页设计中一个非常重要的元素，可以使页面更美观，更具有吸引力。在网页中插入图像也是 Dreamweaver 网页设计中必须掌握的技术。

4.1.1 课堂案例——茶叶网站

4-1 茶叶网站

案例学习目标：学习使用多种方法在网页中插入图像。

案例知识要点：使用选择【插入】|【Image】菜单、【插入】面板和直接拖曳图像等方法将图像插入网页指定位置。

素材所在位置：电子资源/案例素材/ch04/课堂案例-茶叶网站。

案例效果如图 4-1 所示。

以素材“课堂案例-茶叶网站”为本地站点文件夹，创建名称为“茶叶网站”的站点。

❶ 在【文件】面板中，双击打开文件 index.htm，如图 4-2 所示。

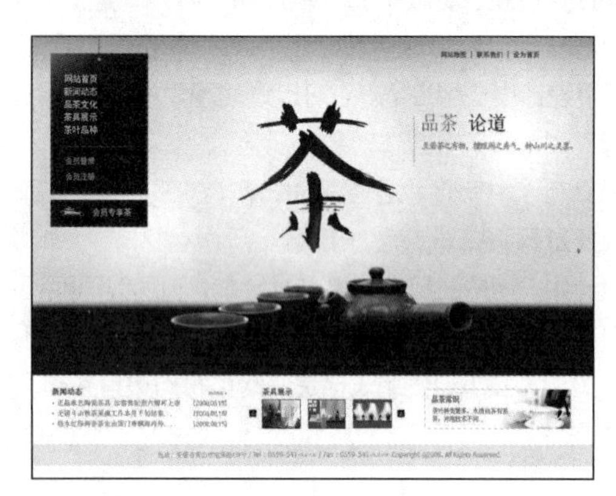
图 4-1

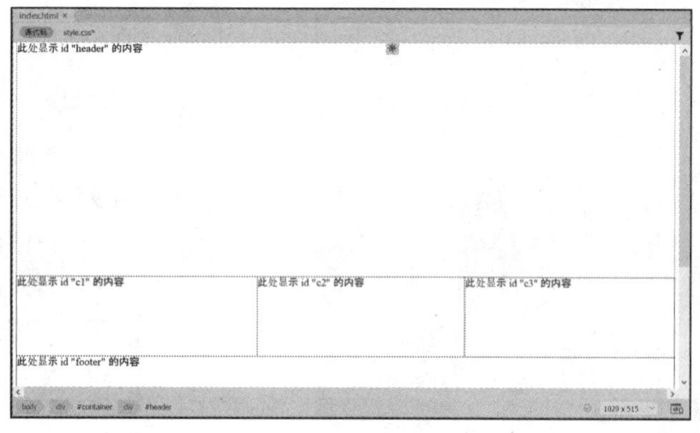

图 4-2

❷ 删除文本“此处显示 id "header" 的内容”，选择菜单【插入】|【Image】，打开【选择图像源文件】对话框，在【选择图像源文件】对话框中，选择“课堂案例-茶叶网站>images>index_01.jpg”，单击【确定】按钮完成图像插入，如图 4-3 所示。

❸ 删除文本“此处显示 id "c1" 的内容”，单击【插入】面板中【HTML】选项卡的【Image】按钮，打开【选择图像源文件】对话框，在【选择图像源文件】对话框中，选择“课堂案例-茶叶网站>images>index_02.jpg”，单击【确定】按钮完成图像插入，如图 4-4 所示。

图 4-3

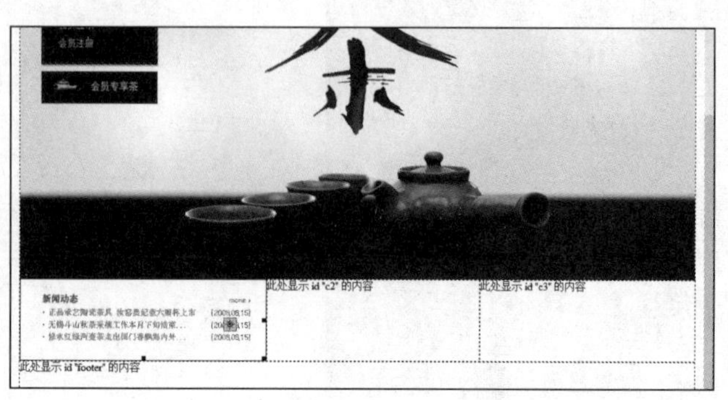

图 4-4

❹ 删除文本“此处显示 id "c2" 的内容”，在【文件】面板中展开文件夹 images，选中 index_03.jpg 文件，按住鼠标左键不放直接拖曳到图 4-5 中鼠标光标所在处，松开鼠标，完成图像的插入。

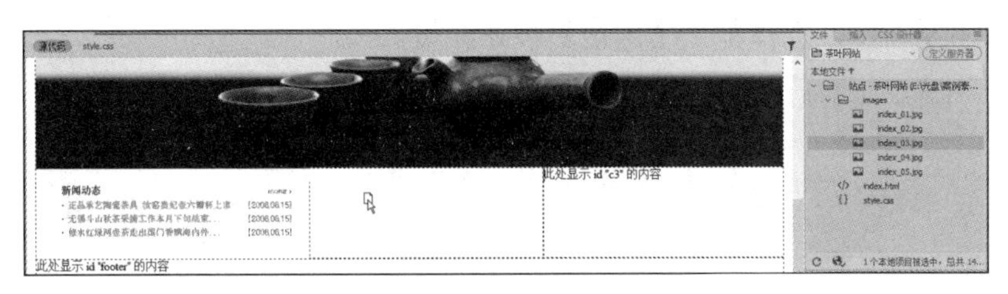

图 4-5

❺ 分别删除文本“此处显示 id "c3" 的内容”和文本“此处显示 id "footer" 的内容”，并在这两处使用上述图像插入方法分别插入图像文件 index_04.jpg 和 index_05.jpg。

❻ 保存网页文档，按<F12>键预览效果。

4.1.2　插入图像

网站中的图像文件必须放在站点文件夹内才能在网页中正确显示，所以用户在建立网站时要在站点文件夹内建立一个专门存放该站点图像的文件夹，通常命名为“images”，然后将网站所需的图像文件都放置其中。

在 Dreamweaver CC 中，可以通过以下 4 种方法在网页中插入图像。

（1）使用【插入】|【Image】菜单

在【文档】窗口中，将鼠标光标置于需要插入图像的位置，选择菜单【插入】|【Image】，打开【选择图像源文件】对话框，在【选择图像源文件】对话框中找到并选择所需的图像，单击【确定】按钮完成图像插入。

（2）使用【插入】面板

在【文档】窗口中，将鼠标光标置于需要插入图像的位置，选择【插入】面板中的【HTML】选项卡，单击【Image】按钮，如图 4-6 所示，打开【选择图像源文件】对话框，在【选择图像源文件】对话框中找到并选择所需的图像，单击【确定】按钮完成图像插入。

（3）直接拖曳图像

打开【文件】面板，展开显示图像文件夹中的所有文件，如图 4-7 所示，在需要插入的图像名称上按住鼠标左键，拖曳到【文档】窗口设计视图下的相应位置，松开鼠标，完成图像插入。

（4）在【代码】视图中设置

在【文档】窗口代码视图中，将鼠标光标置于标签<body>中，输入如下代码：

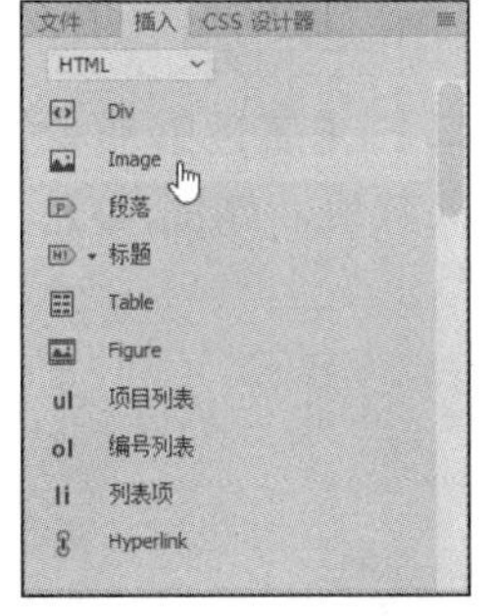

图 4-6

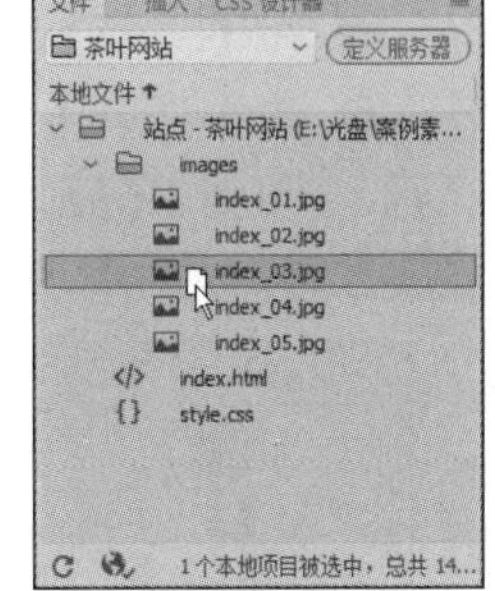

图 4-7

```
<body>
    <img src="01.jpg" width="400" height="400" alt=""/>
</body>
```

这里，这段代码中 src 表示设置图像的路径及文件名，width 用于设置图像的宽度，height 用于设置图像的高度，alt 用于设置图像的替代文本，即当图像在网页中不能正常显示时的替代性文字描述。

4.1.3　图像源文件

图像源文件是指插入到网页中的图像文件，可以是本地的图像，也可以是网络上的图像。如果要插入的图像位于站点文件夹内，【属性】面板的【Src】文本框中会显示相对路径，如图 4-8 所示。

如果要插入的图像不在站点文件夹内，那么会出现提示对话框，询问是否将图像复制到站点文件夹内，如图 4-9 所示，选择单击【确定】按钮即可。

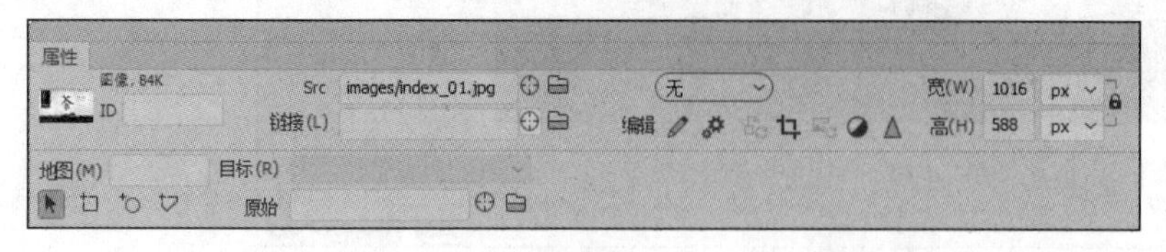

图 4-8

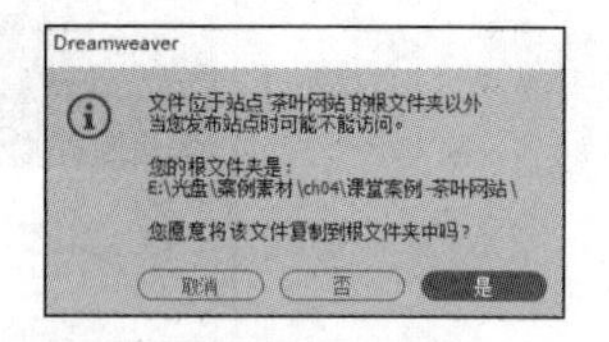

图 4-9

用户也可以直接在【属性】面板的【Src】文本框中修改网页中显示的图像的路径和文件名。

4.1.4 图像宽度和高度

在网页中插入图像文件后，可以调整图像的大小。调整图像大小的方法有以下两种。

（1）使用可视方式

❶ 在【文档】窗口设计视图中选择该图像。

❷ 图像的底部、右侧及右下角出现调整大小选择柄，如图 4-10 所示。如果未显示调整大小选择柄，可在该图像的外部单击，然后重新选择它。或者，可以通过在标签选择器中单击相应的标签来选择图像。

❸ 执行下列操作之一，可调整图像的大小。

- 若要调整图像的宽度，请拖动右侧的选择柄。
- 若要调整图像的高度，请拖动底部的选择柄。
- 若要同时调整图像的宽度和高度，请拖动右下角的选择柄。
- 若要在调整图像大小时保持元素的比例（其宽高比），请在按住<Shift>键的同时拖动右下角的选择柄。

（2）使用【属性】面板

❶ 在【文档】窗口中选择该图像。

❷ 选择菜单【窗口】|【属性】或者按<Ctrl+F3>组合键，打开【属性】面板，在【宽】和【高】文本框中分别输入数值，如图 4-11 所示。单击【切换尺寸约束】图标🔒可以解除或约束调整图像时的宽高比例。

图 4-10

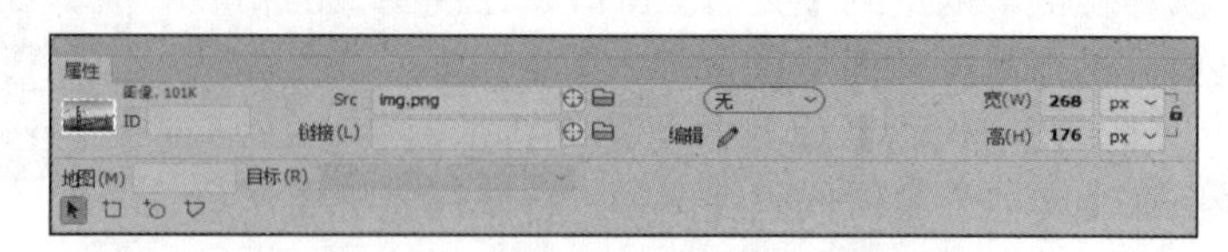

图 4-11

4.1.5 替换文本

如果网页中有的图像不能正常显示，如图像源文件路径错误或浏览器图像显示被关闭等，就会导致浏览者看不到图像，如图 4-12 所示。使用图像【属性】面板中的【替换】文本框（见图 4-13），可以为看不到的图像设置说明性文字，如图 4-14 所示。

图4-12

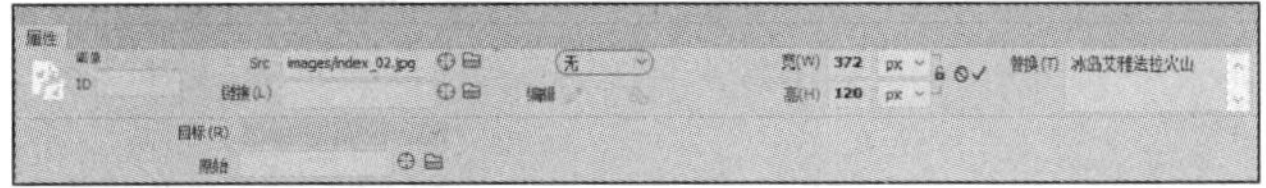

图4-13

图4-14

4.2 HTML5网页多媒体

HTML5中新增了两个元素——Video元素和Audio元素。Video元素专门用来播放网络上的视频，而Audio元素专门用来播放网络上的音频。只要在支持HTML5的浏览器上使用这两个元素，则不再需要任何插件即可播放多媒体。

4.2.1 课堂案例——米克音乐

4-2 米克音乐

案例学习目标：学习在网页中插入Video元素、Audio元素。

案例知识要点：使用【插入】面板的【HTML】|【HTML5 Audio】按钮和【HTML5 Video】按钮插入Video元素和Audio元素。

素材所在位置：电子资源/案例素材/ch04/课堂案例-米克音乐。

案例效果如图4-15所示。

图4-15

以素材“课堂案例-米克音乐”为本地站点文件夹，创建名称为“米克音乐”的站点。

1. 插入HTML5 Video

❶ 在【文件】面板中，双击打开index.html文件，如图4-16所示。

❷ 删除文本“此处插入视频”，单击【插入】面板的【HTML】|【HTML5 Video】按钮，或者选择菜单【插入】|【HTML】|【HTML5 Video】，插入一个Video元素，如图4-17所示。

图 4-16

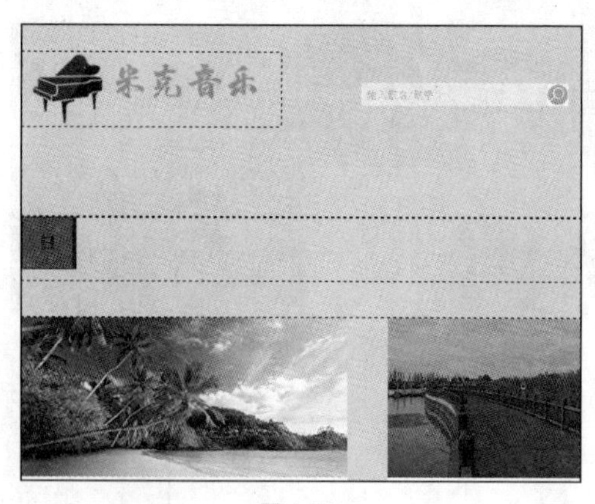

图 4-17

❸ 选择菜单【窗口】|【属性】，打开【属性】面板，单击【源】后面的【浏览】按钮，打开【选择视频】对话框，选择 Video 文件夹中的视频文件“v1.mp4”，如图 4-18 所示。在【W】和【H】文本框中分别输入“1000”和“563”，即设置视频的播放尺寸为宽 1000 像素、高 563 像素。勾选【AutoPlay】和【Loop】复选框，取消勾选【Controls】，如图 4-19 所示。

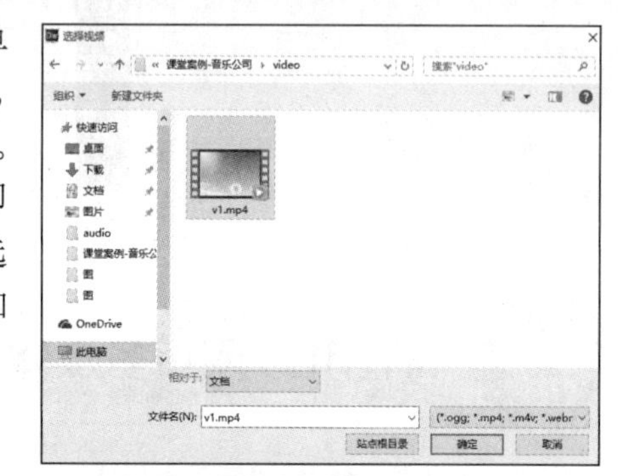

图 4-18

图 4-19

❹ 保存网页文档，按<F12>键预览效果。

2. 插入 HTML5 Audio

❶ 删除文本“此处插入音频 1”，如图 4-20 所示。单击【插入】面板的【HTML】|【HTML5 Audio】按钮，或者选择菜单【插入】|【HTML】|【HTML5 Audio】，插入一个 Audio 元素，如图 4-21 所示。

图 4-20

图 4-21

❷ 选择菜单【窗口】|【属性】，打开【属性】面板，单击【源】后面的【浏览】按钮，打开【选择音频】对话框，选择 Audio 文件夹中的音频文件“music1.mp3”，如图 4-22 所示。勾选【Controls】复选框，使音频播放时显示控制条，如图 4-23 所示。

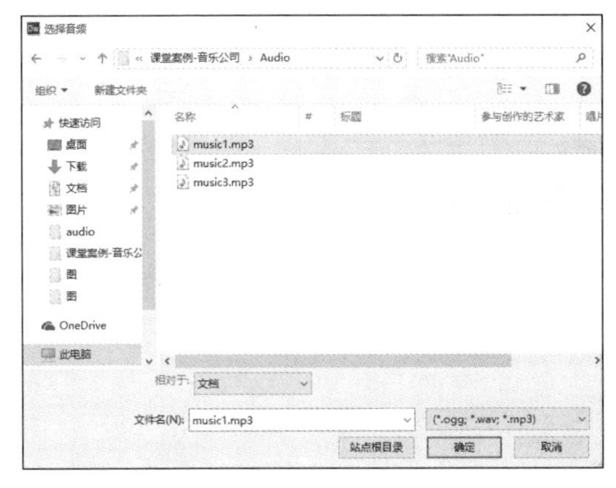

图 4-22

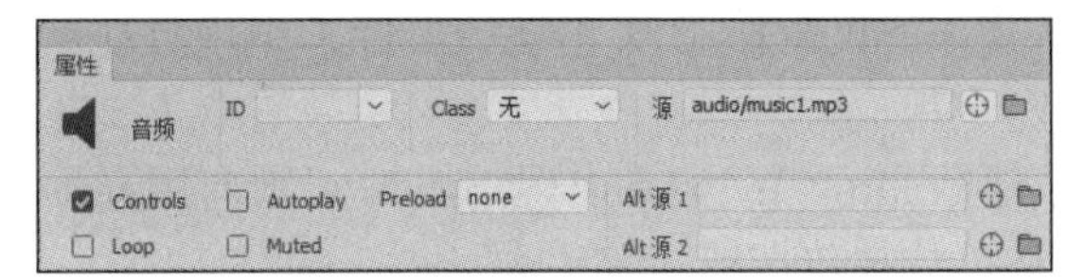

图 4-23

❸ 采用同样的方法，分别删除文本“此处插入音频 2”和“此处插入音频 3”，并在这两处分别插入 HTML5 Audio 元素，在【属性】面板中设置【源】分别为 Audio 文件夹中的 music2.mp3 和 music3.mp3 音频文件，设置完成后的效果如图 4-24 所示。

图 4-24

❹ 保存网页文档，按<F12>键预览效果。

4.2.2 插入 HTML5 Video 元素

在 HTML5 网页中可以通过插入 HTML Video 元素的方式插入视频，HTML5 Video 元素提供了一种将电影或视频嵌入网页的标准方式。当前，HTML5 Video 元素支持 3 种视频格式，各种视频格式及其浏览器的支持情况如表 4-1 所示。

表 4-1

格式	IE	Firefox	Opera	Chrome	Safari
Ogg	—	3.5+	10.5+	5.0+	No
MPEG 4	9.0+	—	—	5.0+	3.0+
WebM	—	4.0+	10.6+	6.0+	—

【Ogg】：带有 Theora 视频编码和 Vorbis 音频编码的 Ogg 文件。

【MPEG4】：带有 H.264 视频编码和 AAC 音频编码的 MPEG 4 文件。

【WebM】：带有 VP8 视频编码和 Vorbis 音频编码的 WebM 文件。

插入 HTML5 Video 元素可以通过以下两种方法。

（1）使用【插入】|【HTML】|【HTML5 Video】菜单

❶ 在【文档】窗口中单击要插入 HTML5 Video 元素的位置。

❷ 单击菜单【插入】|【HTML】|【HTML5 Video】，在网页中插入一个 Video 元素。

❸ 在【属性】窗口中的【W】【H】中可以设置 Video 元素的尺寸，勾选【controls】复选框，

可使视频播放时显示控制条。单击【源】后面的【浏览】按钮，可以选择 Video 元素要播放的视频文件，如图 4-25 所示。

Video 元素各属性的功能如下。

【AutoPlay】：如果出现该属性，则视频在就绪后马上播放。

【Controls】：如果出现该属性，则向用户显示控件，如播放按钮。

【Loop】：如果出现该属性，则每当视频播放结束时重新开始播放。

【Preload】：如果出现该属性，则视频在页面加载时进行加载，并预备播放。如果使用【AutoPlay】，则忽略该属性。

【源】：要播放的视频的 URL。

【H】：设置视频播放器的高度。

【W】：设置视频播放器的宽度。

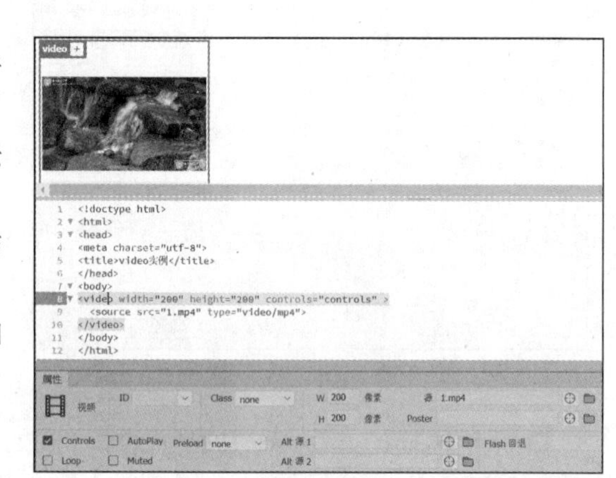

图 4-25

（2）在【代码】视图中设置

在【文档】窗口代码视图中，将鼠标光标置于标签<body>中，输入如下代码：

```
<body>
    <video width="200" height="200" controls="controls">
        <source src="1.mp4" type="video/mp4">
    </video>
</body>
```

这里，width 和 height 属性分别用于设置视频的宽度和高度，均为 200 像素，src 属性指明要播放的视频文件所在位置及文件名，type 属性为视频文件的格式。

4.2.3 插入 HTML5 Audio 元素

HTML5 规定了一种通过 Audio 元素来包含音频的标准方法。Audio 元素能够播放声音文件或者音频流。

当前，Audio 元素支持 3 种音频格式：Ogg Vorbis、MP3、Wav。

插入 HTML5 Audio 元素的方法有以下两种。

（1）使用【插入】|【HTML】|【HTML5 Audio】菜单

❶ 在【文档】窗口中单击要插入 Audio 元素的位置。

❷ 单击菜单【插入】|【HTML】|【HTML5 Audio】，在网页中插入一个 Audio 元素。

❸ 在【属性】窗口中单击【源】后面的【浏览】按钮，选择播放的音频文件，如图 4-26 所示。

Audio 元素的各属性的功能如下。

【AutoPlay】：如果出现该属性，则音频在就绪后马上播放。

【Controls】：如果出现该属性，则向用户显示控件，如播放按钮。

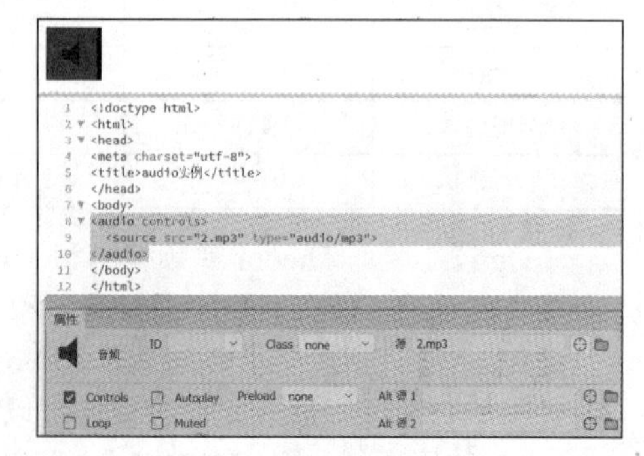

图 4-26

【Loop】：如果出现该属性，则每当音频播放结束时重新开始播放。

【Preload】：如果出现该属性，则音频在页面加载时进行加载，并预备播放。

【src】：要播放的音频的 URL。

（2）在【代码】视图中设置

在【文档】窗口代码视图中，将鼠标光标置于标签<body>中，输入如下代码：

```
<body>
    <audio controls>
        <source src="2.mp3" type="audio/mp3">
    </audio>
</body>
```

这里，controls 属性用于设置显示播放控制条，src 属性用于指明要播放的音频文件所在位置及文件名，type 属性为音频文件的格式。

4.3 表格简单操作

在一个表格中，横向称为行，纵向称为列，行列交叉部分称为单元格，单元格中的内容和单元格边框之间的距离称为边距，单元格和单元格之间的距离称为间距，整张表格的边缘称为边框，如图 4-27 所示。

单元格

网页制作	网页制作	网页制作
网页制作	网页制作	网页制作
网页制作	网页制作	网页制作

图 4-27

4.3.1 表格的组成

一个完整的表格是由多个 HTML 表格标签组合而成的。

<table>和</table>分别是表格的起始标签和终止标签，所有有关表格的内容均位于这两个标签之间。表格内部分为 3 个部分，嵌套 3 对标签，分别是：<tbody>和</tbody>标签之间用于放置表格主体数据，不可缺少；<thead>和</thead>标签之间用于放置表格的标题，通常可以省略，<tfoot>和</tfoot>标签之间用于放置表格的脚注等，通常可以省略。

在表格主体数据<tbody>和</tbody>标签之间，<tr>和</tr>是表格的行标签，出现几对<tr>和</tr>，就表示表格包含几行。<td>和</td>是表格的列标签，位于<tr>和</tr>标签之间，出现几对<td>和</td>，就表示该行包含几列。

一个 3 行 3 列的表格 HTML 代码如下：

```
<!doctype html>
<html>
   <head>
     <meta charset="utf-8">
     <title>表格</title>
     </head>
   <body>
       <table>
       <tbody>
         <tr>
           <td> </td>
           <td> </td>
           <td> </td>
         </tr>
         <tr>
           <td> </td>
           <td> </td>
           <td> </td>
         </tr>
         <tr>
           <td> </td>
           <td> </td>
           <td> </td>
         </tr>
       </tbody>
     </table>
   </body>
</html>
```

在此基础上，为表格以及相关标签添加合适的属性，就构成了网页制作中千差万别的表格。

4.3.2 插入表格

选择菜单【插入】|【Table】，或者选择【插入】面板中的【HTML】选项卡，单击【Table】按钮或者按<Ctrl+Alt+T>组合键，打开【Table】对话框，如图 4-28 所示，设置表格相关属性后，单击【确定】按钮，即可在网页中插入表格。

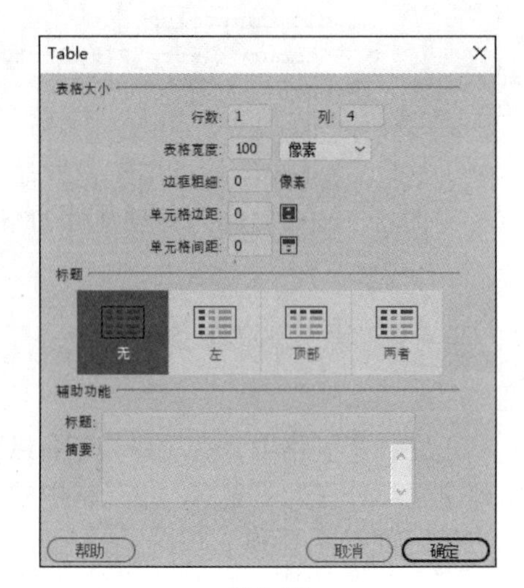

图 4-28

在【Table】对话框中，各选项的含义如下。

【行数】和【列】：设置表格的行数和列数。

【表格宽度】：设置表格的宽度，并在右侧的下拉列表中选择表格宽度的单位，其选项分别为像素和百分比，其中百分比是指表格与其容器的相对宽度。

【边框粗细】：设置表格外框线的粗细。

【单元格边距】：设置单元格中的内容和单元格边框之间空白处的宽度。

【单元格间距】：设置表格中各单元格之间的宽度。

【无】：对表格不启用列或行标题。

【左】：可以将表格的第 1 列作为标题列，以便为表中的每行输入 1 个标题。

【顶部】：可以将表的第 1 行作为标题行，以便为表中的每列输入 1 个标题。

【两者】：能够在表中输入列标题和行标题。

【标题】：设置表格标题，显示在表格上方。

【摘要】：在该文本框中给出表格的说明，该文本不会显示在用户的浏览器中。

4.3.3 表格属性

在页面中新建表格或选中表格，打开表格【属性】面板，如图 4-29 所示。在表格的【属性】面板中，可以设置表格属性，用来控制表格的外观特征。

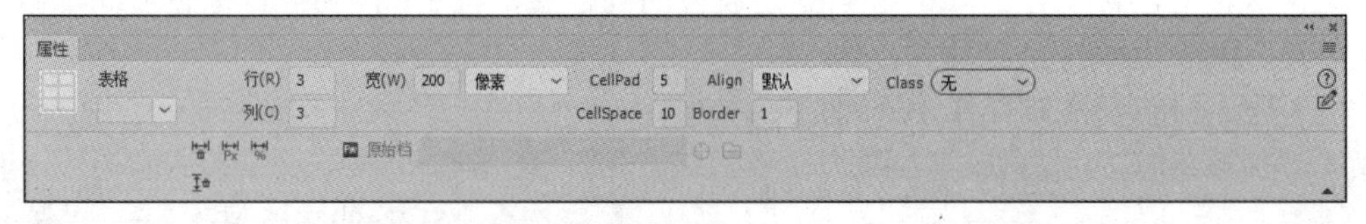

图 4-29

在表格【属性】面板中，各选项的含义如下。

【表格】：输入表格名称。

【行】【列】【宽】：其参数设置方法与【表格】对话框的参数【行数】【列】和【表格宽度】设置方法相同。

【CellPad】：同单元格边距，设置单元格的内容和单元格边框之间空白处的宽度。

【CellSpace】：同单元格间距，设置表格中各单元格之间的宽度。

【Align】：选择表格的对齐方式，包括默认、左对齐、居中对齐和右对齐。

【Border】：设置表格边框宽度。

【清除列宽】和【清除行高】：清除表格【属性】面板中的列宽和行高。

【将表格宽度转换成像素】：将表格宽度的单位由百分比方式转换成像素。

【将表格宽度转换成百分比】：将表格宽度的单位由像素方式转换成百分比。

在【文档】窗口代码视图中，将鼠标光标置于标签<table>中，输入如下黑体字代码：

```
    <table width="800" border="1"
cellspacing = "10" cellpadding="5">
       <tbody>
        <tr>
          <td> </td>
          <td> </td>
          <td> </td>
        </tr>
        <tr>
          <td> </td>
          <td> </td>
          <td> </td>
        </tr>
        <tr>
          <td> </td>
          <td> </td>
          <td> </td>
        </tr>
      </tbody>
    </table>
```

从这段代码中可以看到，控制表格的参数设置：width= “800”，表示表格宽度为 800 像素；border=“1”，表示表格边框宽度为1像素；cellspacing=“10”，表示单元格间距为10像素；cellpadding=“5”，表示单元格边距为 5 像素。

4.3.4 表格单元格属性

在对表格的操作过程中，如需设置行、列或者某几个单元格的属性，可选中一个或多个单元格，打开单元格【属性】面板，如图 4-30 所示。

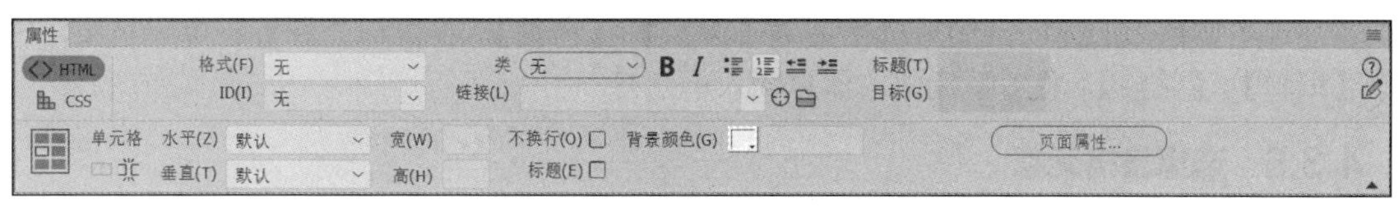

图 4-30

在单元格【属性】面板中，各选项的含义如下。

【水平】和【垂直】：可以设定单元格中的内容（如文字、图片或嵌套表格等）水平对齐或垂直对齐，4 种水平对齐方式为“默认”“左对齐”“居中对齐”“右对齐”，5 种垂直对齐方式分别为“默认”“顶端”“居中”“底部”和“基线”。

提示：

表格【属性】面板中的【Align】是指表格在页面中的对齐方式，单元格【属性】面板中的【水平】和【垂直】是指单元格中内容的对齐方式。

【宽】和【高】：单元格的宽度和高度，默认以像素为单位。若输入的数据以百分比为单位，则可在数据后面加百分比符号“%”。

【不换行】：设置文本自动换行。

【标题】：选择是否将单元格设置为表格的标题。默认情况下，标题单元格中的内容将被设为粗体，并且居中对齐。

【合并】 ：用于合并选中的单元格。

【拆分】 ：用于拆分选中的单元格。

单元格【属性】面板的上半部分与文字【属性】面板相同，用以设置单元格中内容的格式，对这些选项的含义这里不再赘述。

在【文档】窗口代码视图中，将鼠标光标置于标签<table>中，输入如下黑体字代码：

```
    <tr>
      <td> </td>
      <td width="200" height="50" align="center" valign="middle" bgcolor="#000000">  
</td>
      <td> </td>
    </tr>
```

从这段代码中可以看到，控制单元格的参数设置：width=“200”，表示单元格宽度为200像素；height=“50”，表示单元格高度为50像素；align=“center”，表示单元格内容水平对齐；valign=“middle”，表示单元格内容垂直对齐；bgcolor=“#000000”，表示单元格背景颜色为黑色。

提示：

在<table>标签中添加的参数为表格参数，用于表格控制；在<td>标签中添加的参数为单元格参数，用于单元格控制。

4.3.5 在表格中插入内容

根据需要可以在表格的某些单元格中插入文本、图像或各种多媒体对象。在表格中插入内容通常采用以下两种方法。

（1）直接在【文档】窗口中插入

将鼠标光标置于该单元格中，直接输入文字或者选择菜单【插入】|【Image】，插入相应元素。

（2）使用剪贴板插入

首先选中要插入的内容，然后选择菜单【编辑】|【拷贝】，将鼠标光标置于单元格中，选择菜单【编辑】|【粘贴】，将剪贴板中的信息插入单元格。

4.3.6 选择表格元素

掌握表格行、列以及单元格的选择方法是对表格进行编辑的前提。在Dreamweaver CC中选择表格元素的方法与MS Office软件中表格元素的选择方法类似，具体描述如下。

1. 选择单元格

（1）直接在【文档】窗口中选择

先将鼠标光标置于该单元格中，然后按住鼠标左键不放，拖曳鼠标到相邻的单元格中，如图4-31所示，当被选中的单元格四周出现粗边框线时释放鼠标，即可选中该单元格。不释放鼠标，持续向右下方拖动，即可选择相邻的多个单元格。

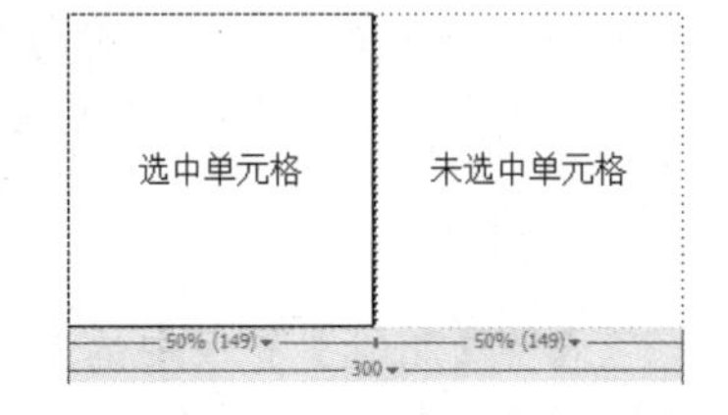

图4-31

（2）使用状态栏左侧的“标签选择器”选择

将鼠标光标放置在表格任意单元格中，此时状态栏左侧的标签选择器中，会出现图4-32所示的标签，单击<td>标签选中当前单元格。

body table tbody tr td

图4-32

2. 选择行/列

（1）直接在【文档】窗口中选择

将鼠标光标指向表格的左边框线，当鼠标光标变为➔时，单击即可选中该行，如图4-33所示，此时纵向拖曳鼠标光标可同时选择多行。将鼠标光标指向表格的上边框线，当鼠标光标变为🡇时，单击即可选中该列，如图4-34所示，此时横向拖曳鼠标光标可同时选择多列。

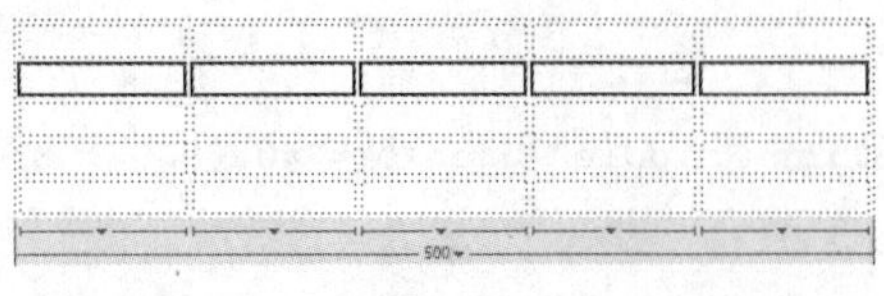
图4-33

图4-34

（2）利用状态栏左侧的“标签选择器”选择

将鼠标光标放置在表格任意单元格中，此时状态栏左侧的标签选择器中，会出现图 4-32 所示的标签，单击<tr>标签选中当前行。

3. 选择整个表格

（1）直接在【文档】窗口中选择

单击表格的边框线或单击表格中间线，均可以选中整个表格。选中后，表格四周出现黑色边框，如图 4-35 所示。

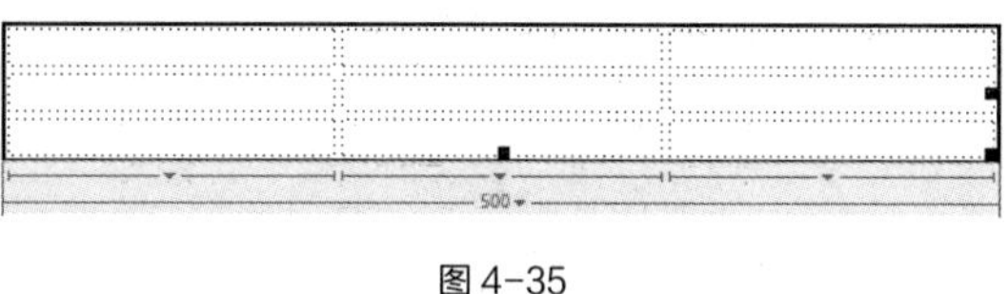

图 4-35

（2）利用状态栏左侧的“标签选择器”选择

将鼠标光标放置在表格任意单元格中，此时状态栏左侧的标签选择器中会出现图 4-32 所示的标签，单击<table>标签选中当前表格。

（3）利用快捷键选择

先单击表格中某一单元格，然后按两次<Ctrl+A>快捷键，即可选中整个表格。

4.3.7　合并/拆分单元格

在绘制不规则表格的过程中，用户经常要将多个单元格合并成一个单元格，或者将一个单元格拆分成多行或多列。在采用简单表格布局的网页中，根据网页布局情况合并和拆分单元格是网页布局的关键工作。

1. 单元格的合并

选中要合并的单元格，单击单元格【属性】面板左下角的【合并】按钮，即可完成单元格的合并操作。

在【文档】窗口代码视图中，将鼠标光标置于标签<tr>中，对如下黑体字代码进行删减和增加。

```
<!-- 合并前 -->
<tr>
    <td> </td>
    <td> </td>
    <td> </td>
</tr>
<!-- 合并后 -->
<tr>
    <td colspan="3"> </td>  //替换
</tr>
```

从这段代码中可以看到，控制单元格的参数设置：colspan="3"，表示将 3 个列向单元格合并成一个单元格。

2. 单元格的拆分

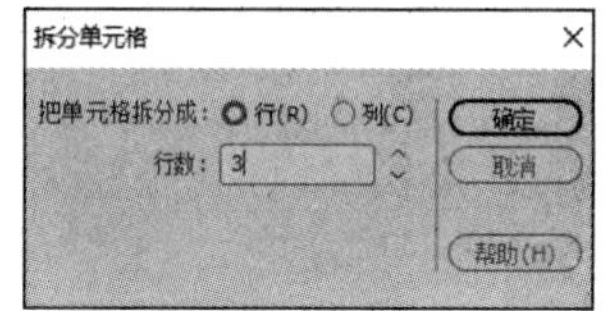

图 4-36

将鼠标光标定位在要拆分的单元格中，单击表格属性面板左下方的【拆分】按钮，打开【拆分单元格】对话框，如图 4-36 所示。在【拆分单元格】对话框中设定拆分方式。若要上下拆分单元格，选择【行】单选按钮；若要左右拆分单元格，选择【列】单选按钮；在【行数】或【列数】中输入拆分单元格的数值，单击【确定】按钮，完成单元格的拆分操作。

在【文档】窗口代码视图中，将 1 对<tr>标签改写成 3 对<tr>标签，代码如下：

```
<!-- 拆分前 -->
<tr>
    <td> </td>
    <td> </td>
    <td> </td>
</tr>
```

将单元格拆分为 3 行后，代码变化如下：

```
<!-- 拆分后 -->
<tr>
    <td> </td>
    <td rowspan="3"> </td>
    <td rowspan="3"> </td>
</tr>
<tr>
    <td> </td>
</tr>
<tr>
    <td> </td>
</tr>
```

从这段代码中可以看到，这样编写的代码相当复杂，不建议使用此类操作。推荐的方法是先将 1 行拆分成 3 行，再在该行中进行合并操作。

提示：

如果单元格在拆分前包含内容，那么单元格拆分后，原内容位于拆分得到的第一个单元格中。

4.4 表格排版

简单表格排版就是在页面中插入一个边框宽度为 0 的表格，通过对行、列以及单元格的设置和调整，实现网页元素的精确定位，完成页面排版。这种方法适用于行列比较规整、结构比较简单的网页表格。

4.4.1 课堂案例——融通室内装饰

4-3 融通室内装饰

案例学习目标：学习表格基本操作，体验简单的表格排版过程。

案例知识要点：选择菜单【插入】|【Table】，创建表格，通过对单元格进行拆分与合并，实现简单表格的排版。在表格【属性】面板和单元格【属性】面板中设置其基本属性，对整个页面进行外观设计。

素材所在位置：电子资源/案例素材/ch04/课堂案例-融通室内装饰。

案例布局如图 4-37 所示，案例效果如图 4-38 所示。

<table>
<tr><td>420*80</td><td colspan="2">420*80</td></tr>
<tr><td rowspan="3">420*270</td><td colspan="2">420*50</td></tr>
<tr><td>100*110</td><td>320*110</td></tr>
<tr><td>100*110</td><td>320*110</td></tr>
<tr><td rowspan="2">420*220</td><td>100*110</td><td>320*110</td></tr>
<tr><td>100*110</td><td>320*110</td></tr>
<tr><td colspan="3">840*60</td></tr>
</table>

图 4-37

图 4-38

以素材“课堂案例-融通室内装饰”为本地站点文件夹，创建名称为“融通室内装饰”的站点。

1. 设置页面布局效果

❶ 在【文件】面板中，选择“融通室内装饰”，创建名称为 index.html 的新文档，并在【文档标题】中输入“融通室内装饰”。

❷ 选择菜单【窗口】|【属性】，打开【属性】面板，单击【属性】面板中的【页面属性】按钮，打开【页面属性】对话框，如图 4-39 所示。在【分类】栏中选择【外观（CSS）】，在【大小】下拉文本框中输入“12”，在后面的下拉列表中选择“px”，在【背景颜色】文本框中输入“#A4A374”，单击【确定】按钮。

❸ 在【插入】面板【HTML】选项卡中，单击【Table】按钮，打开【Table】对话框，如图 4-40 所示，在【行数】文本框中输入“7”，在【列】文本框中输入“2”，在【表格宽度】文本框中输入“840”，在后面的下拉列表中选择“像素”，在【单元格边距】文本框中输入“5”，其他选项为“0”，单击【确定】按钮。

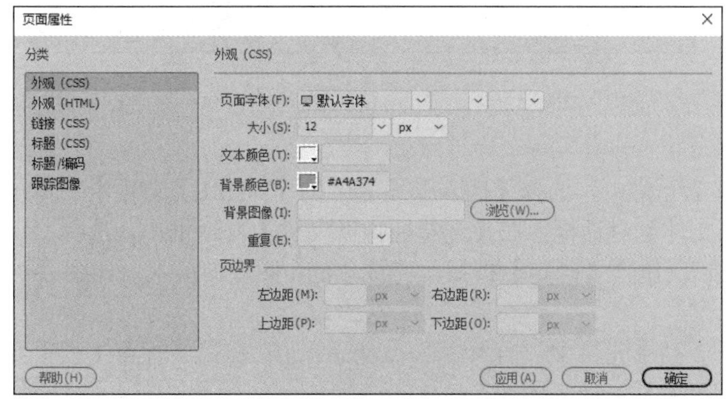

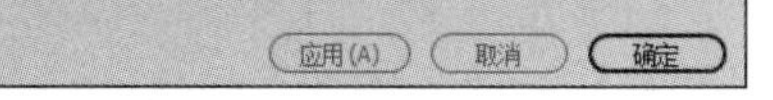

图 4-39

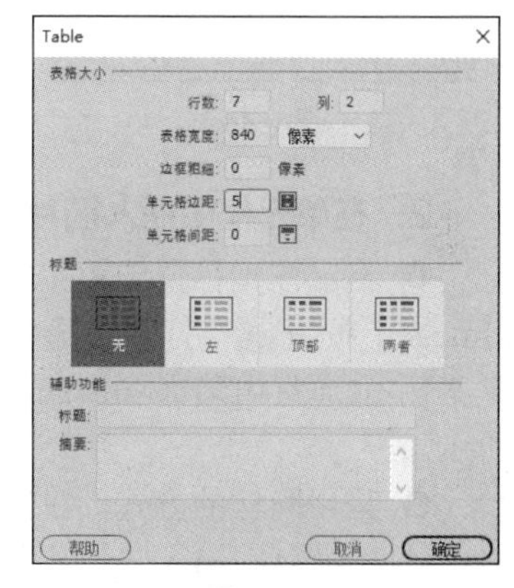

图 4-40

❹ 选中表格，打开表格【属性】面板，如图 4-41 所示，在【Align】下拉框中选择“居中对齐”。

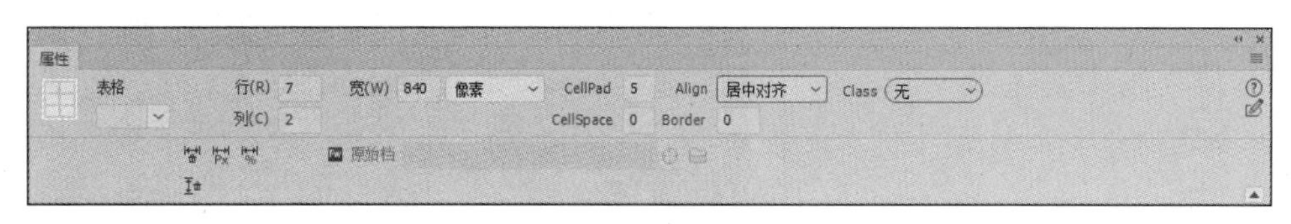

图 4-41

提示：

通常，采用表格布局时【表格宽度】设置为某一个像素宽度，且在页面中居中对齐。【边框粗细】设置为 0，即采用无边框表格。

❺ 选中表格第 1 列中第 2 行至第 4 行单元格，打开单元格【属性】面板，如图 4-42 所示，单击左下角的【合并】按钮，将选中单元格合并。采用同样的方式，合并第 1 列中第 5 行、第 6 行单元格，第 7 行中第 1 列、第 2 列单元格，完成后的效果如图 4-43 所示。

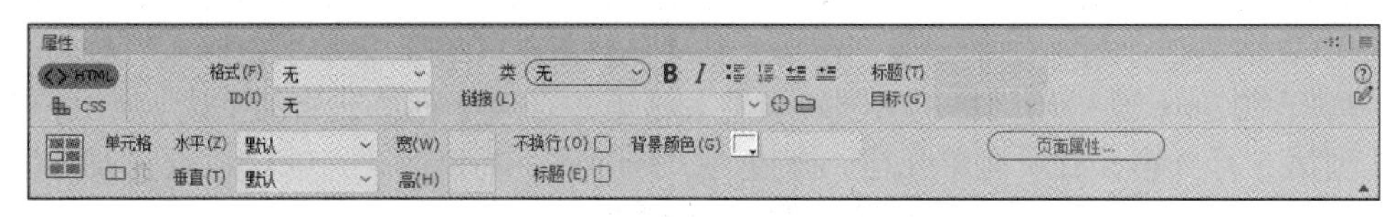

图 4-42

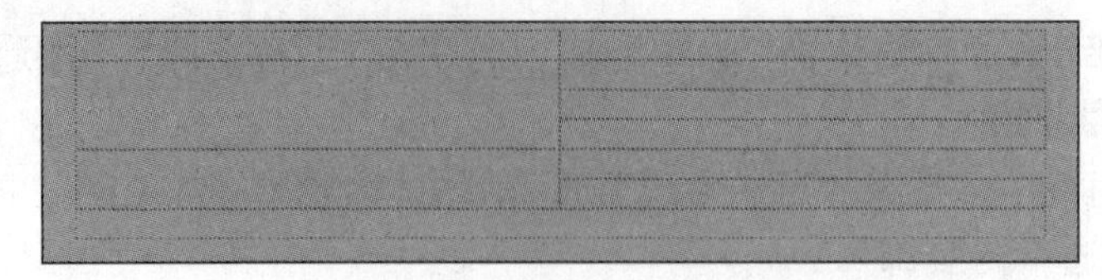

图 4-43

❻ 将鼠标光标置于表格第 2 列第 3 行单元格中，单击【属性】面板左下角的【拆分】按钮，打开【拆分单元格】对话框，如图 4-44 所示。在【把单元格拆分成】单选按钮组中选择“列”，在【列数】文本框中输入“2”，单击【确定】按钮。采用同样的方式，将第 2 列第 4 行至第 6 行单元格均拆分成 2 列，完成后的效果如图 4-45 所示。

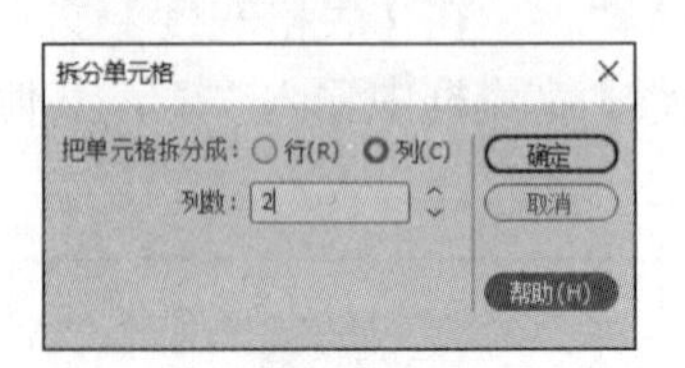

图 4-44

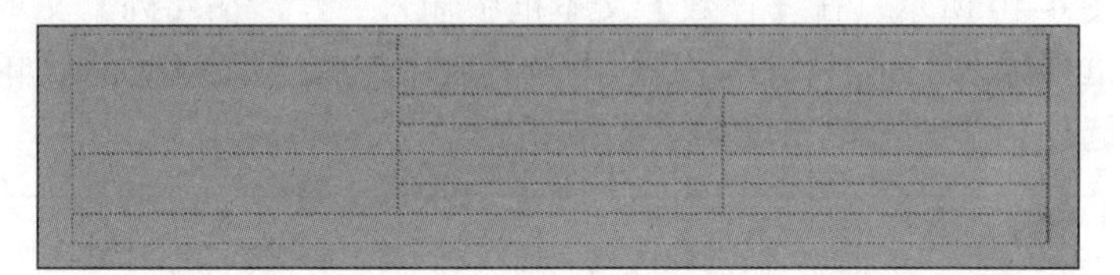

图 4-45

2. 在单元格中插入图片

❶ 将鼠标光标置于第 1 行第 1 列单元格中，选择【插入】面板中的【HTML】选项卡，单击【Image】按钮，打开【选择图像源文件】对话框，在【选择图像源文件】对话框中，选择“课堂案例-融通室内装饰>images>logo.jpg”，单击【确定】按钮，完成 Logo 图像的插入，如图 4-46 所示。

❷ 采用同样的方式，在第 1 行第 2 列单元格中，插入图像 daohang.gif；在第 2 行第 1 列单元格中，插入图像 main.jpg；在第 7 行单元格中，插入图像 footer.jpg，完成后的效果如图 4-47 所示。

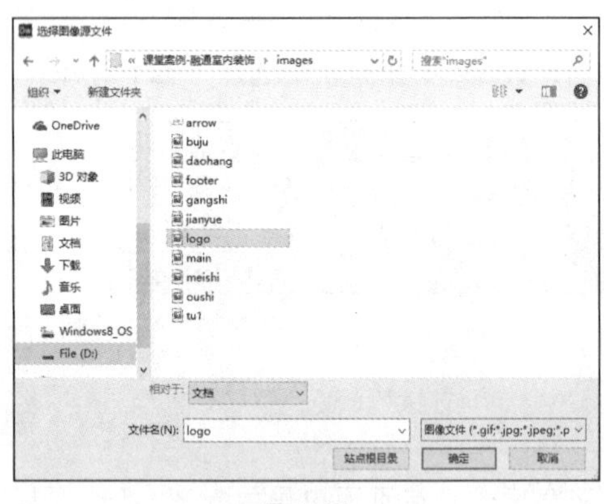

图 4-46

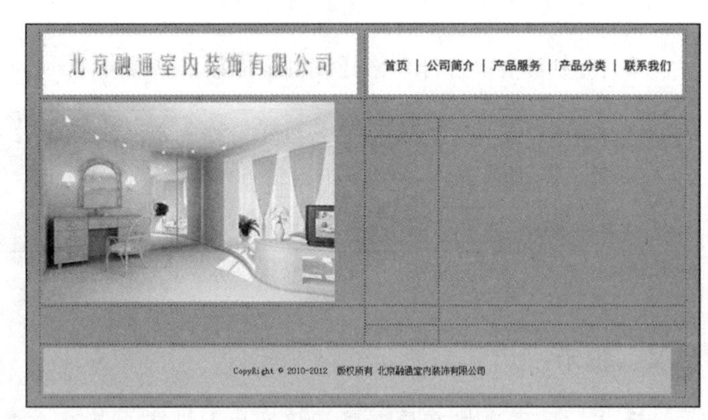

图 4-47

3. 设置单元格格式

❶ 选中表格中第 1 行所有单元格，在单元格【属性】面板中的【背景颜色】文本框中输入“#FFFFFF”，设置该行单元格背景。采用同样的方式，设置第 2 行至第 6 行所有单元格背景颜色为“#E0E3D3”，设置第 7 行所有单元格背景颜色为“#C5CCAD”，完成后效果如图 4-48 所示。

❷ 选中表格第 2 行第 1 列单元格，在单元格【属性】的【宽】文本框中输入“420px”，【高】文本框中输入“270px”。采用同样的方式，设置表格第 2 行第 2 列单元格的高度为“50px”，设置表格第 2 列第 3 行至第 6 行所有单元格，宽度为“100px”，高度为“110px”，设置表格第 3 列第 3 行单元格的宽度为“320px”，完成后效果如图 4-49 所示。

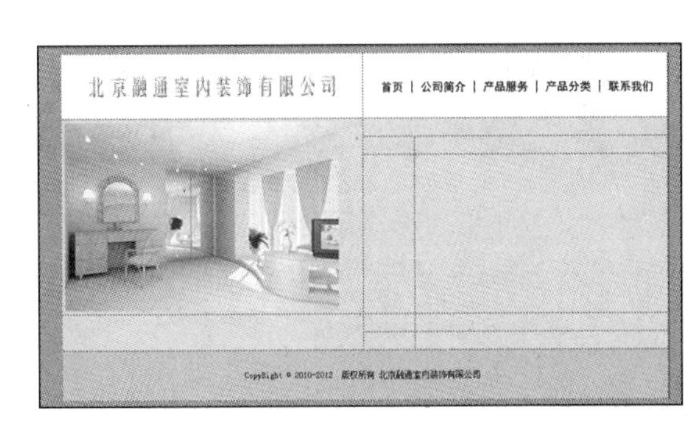

图 4-48

图 4-49

提示：

若在同一行中出现多个单元格高度不一致的情况，表格将自动按照高度值最大的单元格高度显示，其余高度失效；同理，在同一列中，也有类似情况。因此，在同一行中只设置一个最高单元格高度或在同一列中只设置一个最宽单元格宽度即可。

❸ 将鼠标光标置于表格第 2 行第 1 列单元格中，在单元格【属性】面板的【水平】下拉框中选择“居中对齐”，【垂直】下拉框中选择“居中”，如图 4-50 所示，完成后效果如图 4-51 所示。

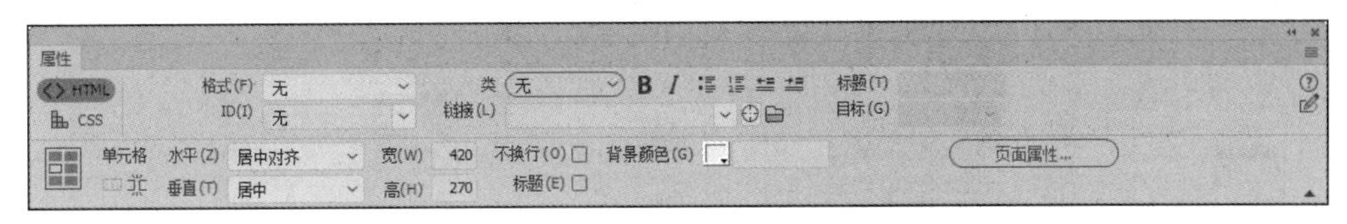

图 4-50

4. 在单元格中插入图文内容

❶ 将鼠标光标置于第 1 列第 3 行单元格中，选择【属性】面板中【垂直】下拉框中的“顶端”，使鼠标光标处于单元格的左上角。

❷ 选择【插入】面板中的【HTML】选项卡，单击【Image】按钮，打开【选择图像源文件】对话框，在【选择图像源文件】对话框中，选择“课堂案例-融通室内装饰>images>arrow.png”，单击【确定】按钮，完成图像的插入。

❸ 将鼠标光标置于图像 arrow.png 右侧，将 text 文档中的相应标题文本复制到网页中，按<Enter>键，再在鼠标光标所在位置上复制相应段落文字，添加首行空格。全部完成后效果如图 4-52 所示。

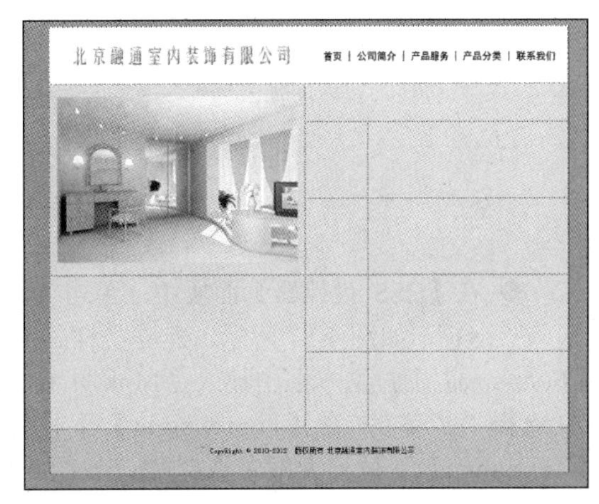

图 4-51

❹ 采用同样的方式，在第 2 行第 2 列单元格中插入图像 arrow.png 和右侧相应标题文本。在第 2 列其他单元格中分别插入图像 meishi.jpg，oushi.jpg，jianyue.jpg，gangshi.jpg 和右侧相应文本。全部完成后效果如图 4-53 所示。

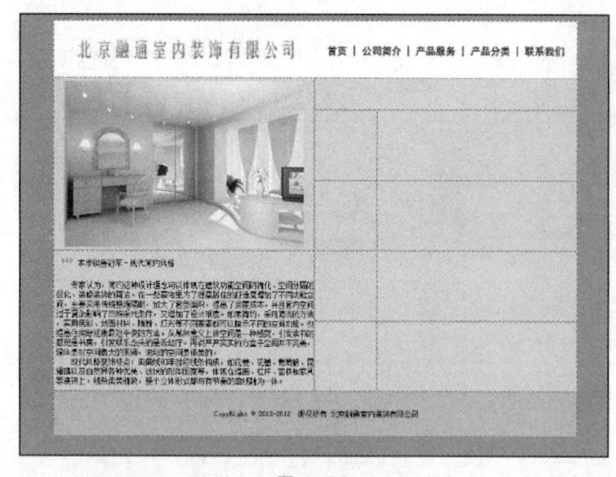
图 4-52

图 4-53

5. 设置文字样式

❶ 选择菜单【窗口】|【CSS 设计器】，打开【CSS 设计器】面板，单击【源】左侧的 + 按钮，弹出图 4-54 所示的下拉菜单，单击创建新的 CSS 文件，弹出【创建新的 CSS 文件】对话框，如图 4-55 所示，单击编辑框后的【浏览】按钮，打开【将样式表文件另存为】对话框，如图 4-56 所示，在【文件名】文本框中输入“mystyle”，在【保存类型】下拉列表中选择“样式表文件（*.css）”，单击【保存】按钮，返回到【创建新的 CSS 文件】对话框，单击【确定】按钮，将样式表文件存储在站点根文件夹中。

图 4-54

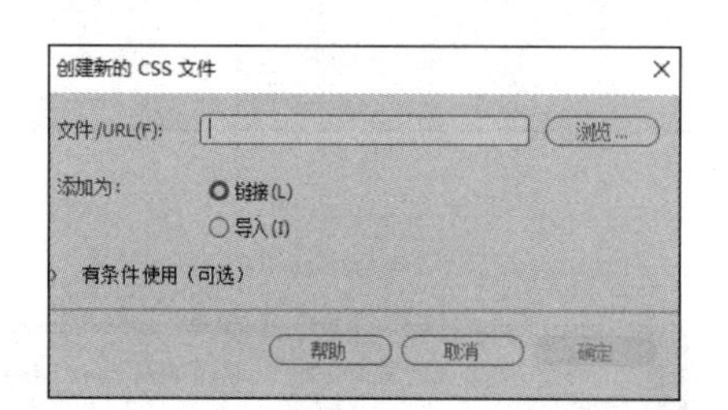

图 4-55

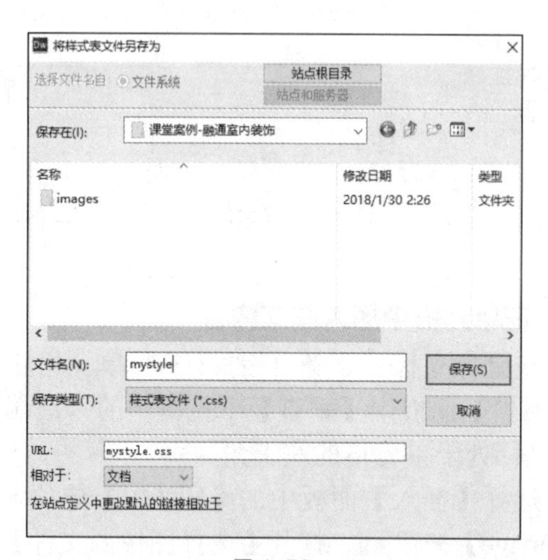

图 4-56

❷ 在【CSS 设计器】面板中，单击【选择器】左侧的 + 按钮，出现 CSS 样式名称输入框，输入“.w1”，如图 4-57 所示，建立类样式.w1。再单击【属性】下方 T 按钮，如图 4-58 所示。在【Font-size】下拉文本框中输入“14px”，在【Font-Family】下拉列表框中选择“黑体”，在【Font-weight】下拉列表框中选择“bold”，在【Text-align】下拉列表框中选择 ☰，如图 4-59 所示，完成该类样式的设定。

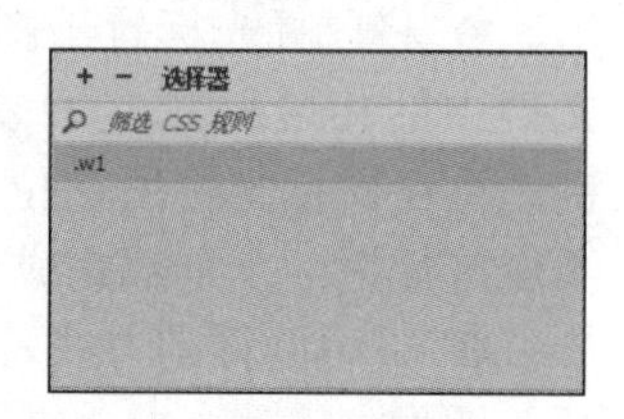

图 4-57

❸ 采用同样的方式，建立类样式.w2。在【Font-size】下拉文本框中输入“12px”，在【Color】文本框中输入“#899544”，在【Text-align】下拉框中选择 ☰，如图 4-60 所示。

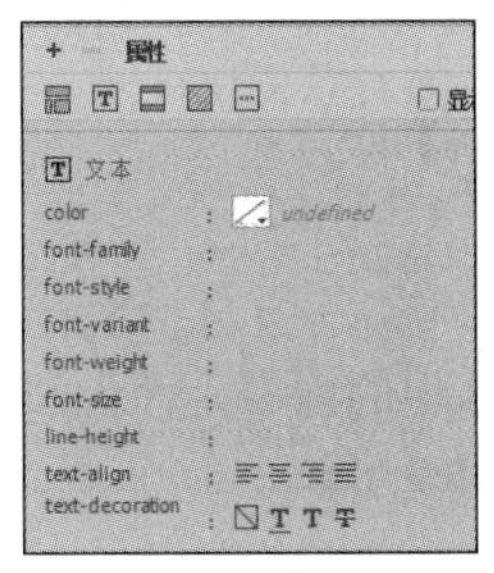

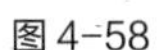
图 4-58

图 4-59

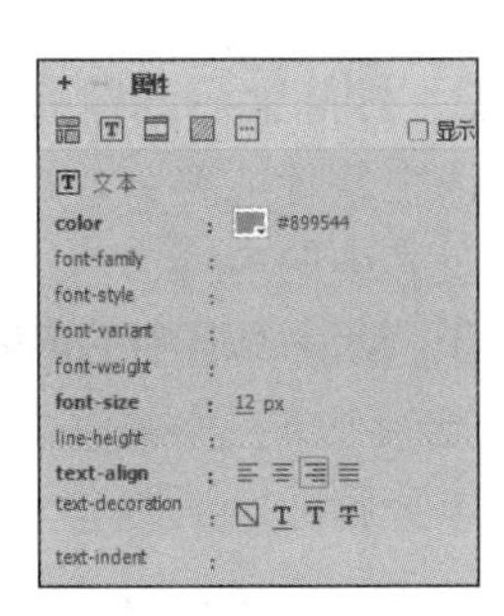

图 4-60

❹ 选中文字“本季销售冠军-现代简约风格”及其前面的符号，在文字【属性】面板中选择【HTML】选项卡，在【类】下拉列表框中选择“w1”，如图 4-61 所示，为该标题设置类样式。采用同样的方式，为“室内装饰风格介绍”标题添加类样式 w1，为所有文字“<<更多”设置类样式 w2，完成后效果如图 4-62 所示。

图 4-61

❺ 保存网页文档，按<F12>键预览效果。

图 4-62

4.4.2　复制和粘贴表格

在网页设计过程中，文本、图像等网页元素可以被复制、粘贴，表格中的单元格同样也支持这些操作。单元格的复制与粘贴通常采用以下 3 种方法。

（1）使用菜单

❶ 在网页编辑窗口中选中要复制的对象，选择菜单【编辑】|【拷贝】，将对象复制到剪贴板或者选择菜单【编辑】|【剪切】，将对象移动到剪贴板。

❷ 将鼠标光标置于目标单元格中，选择菜单【编辑】|【粘贴】，将对象复制或移动到目标单元格中。

（2）使用组合键

❶ 在网页编辑窗口中选中要复制的对象，按<Ctrl+C>组合键，将对象复制到剪贴板；或者按<Ctrl+X>组合键，将对象移动到剪贴板。

❷ 单击目标单元格，按<Ctrl+V>组合键，将对象复制或移动到目标单元格中。

（3）直接使用鼠标拖动

在【文档】窗口中选中要复制的对象，按住<Ctrl>键，将复制的网页元素拖曳进目标单元格中，完成复制操作。直接拖曳网页元素到目标单元格中可完成移动操作。

4.4.3　删除表格和清除表格内容

删除表格和消除表格中的内容是两种不同的操作。删除表格会连同表格中的内容一起删除，而清除表格内容只清除表格中的内容，表格本身还会保留。

1. 删除整个表格

选中整个表格，按<Delete>键，可将表格连同表格中的内容一起删除。

2. 删除整行或整列

选中整行或整列，选择菜单【编辑】|【表格】|【删除行】或【删除列】即可删除选中的行或列以及其中的内容。

3. 清除表格中的内容

当单个单元格或多个单元格不能构成整行或整列时，只能清除单元格中的内容，而无法将单元格本身删除。清除单元格中的内容的方法是：选中目标单元格，按<Delete>键。

4.4.4 增加或减少表格的行和列

在网页设计的过程中，可以根据需要增加或删除表格中的行或列，可以通过如下两种方法来实现。

（1）利用表格【属性】面板

表格【属性】面板的【行】和【列】文本框中的数值表示当前表格的行数、列数，用户可以通过调整其数值来增加或删除表格的行数、列数，该方法只对表格的最下边的行和最右边的列起作用。

（2）使用【编辑】菜单

❶ 选中表格中的某个单元格，选择菜单【编辑】|【表格】|【插入行】或【插入列】，在该单元格上边增加1行或在该单元格左边增加1列。

❷ 选中表格中的某个单元格，选择菜单【编辑】|【表格】|【插入行或列…】，打开【插入行或列】对话框，如图4-63所示，在对话框中选择插入行还是列，输入插入行、列的数量，并选择插入的位置。

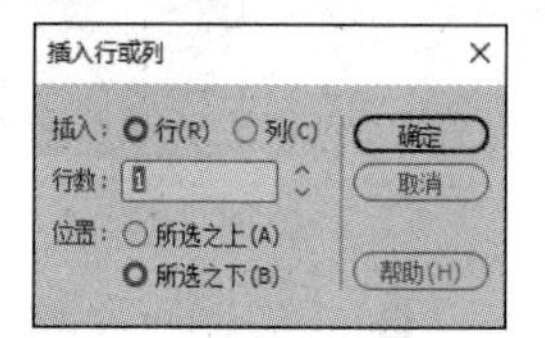

图4-63

4.5 表格应用

表格除了具备上述布局功能，还可以通过设置表格和单元格的基本属性，将数据展示得更加美观清晰，细线表格和带状表格是其中最常使用的两种形式。

4-4 远景苑小区

4.5.1 课堂案例——远景苑小区

案例学习目标：学习使用细线表格和带状表格。

案例知识要点：使用【属性】面板，设置单元格间距和单元格背景。

素材所在位置：电子资源/案例素材/ch04/课堂案例-远景苑小区。

案例效果图如图4-64所示。

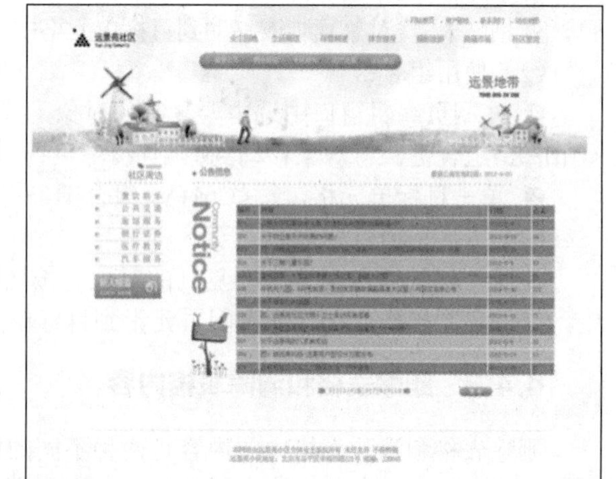

图4-64

以素材“课堂案例-远景苑小区”为本地站点文件夹，创建名称为“远景苑小区”的站点。

1. 设置表格和单元格属性

❶ 在【文件】面板中，选择“远景苑小区”站点，双击打开文件index.html，如图4-65所示。

❷ 选中数据表格中的所有单元格，在单元格【属性】面板的【高】文本框中输入“23px”。

❸ 分别选中数据表格中的第1列、第2列、第3列和第4列，在相应单元格【属性】面板的

【宽】文本框中分别输入“40px”“450px”“80px”和“40px”。

2. 实现细线表格和带状表格效果

❶ 选中整个表格，选择【窗口】|【属性】，打开【属性】面板，如图 4-66 所示，在【CellSpace】文本框中输入“1”，设置单元格间距为 1px，实现细线表格效果。

❷ 选中数据表格的第一行所有单元格，在单元格【属性】面板的【背景颜色】文本框中输入“#68A9BD”；隔行选中所有单元格，分别在单元格【属性】面板的【背景颜色】文本框中输入“#CCC”和“#999”，实现细线表格和带状表格的效果。

❸ 保存网页文档，按<F12>键预览效果。

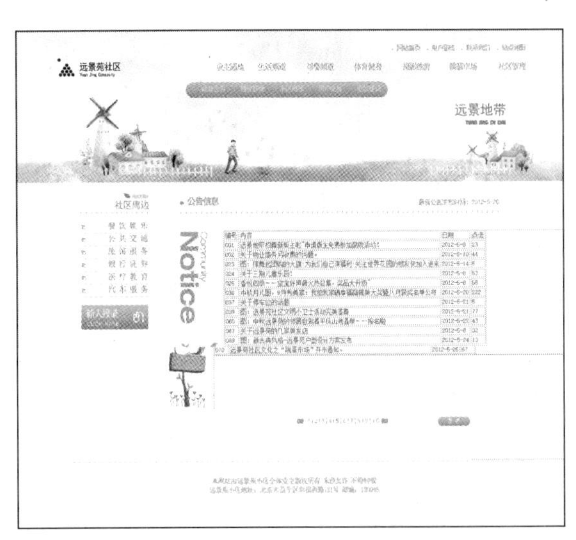

图 4-65

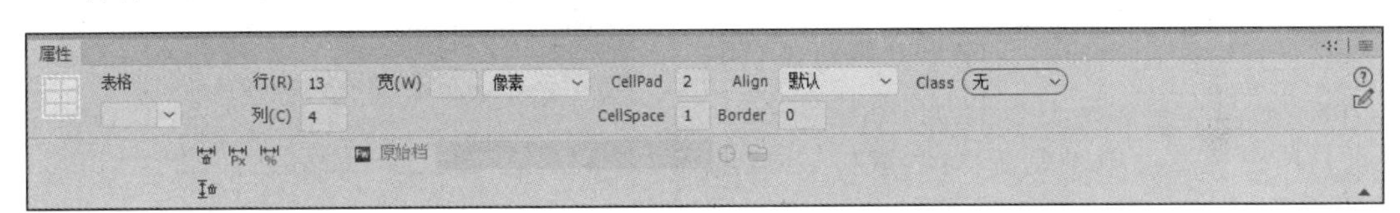

图 4-66

4.5.2 细线表格和带状表格

在很多网页制作风格中，设置表格内框线的细线效果，可以强化表格的装饰性而使表格更加美观。但是，细线表格的设置方式不是简单地将表格边框宽度设置为 1px，因为此时表格边框宽度和形状都不是细线效果。带状表格效果被广泛应用于 office 系列软件，在网页设计中可予以借鉴。

创建带状表格的方法是，设置单元格间距为 1px，间隔设置表格中各行的不同背景颜色，这样即可形成带状效果，还能看到细线表格的效果。常见的细线表格与带状表格结合的效果如图 4-67 所示，其代码如下：

```
<table width="800" border="0" cellspacing="1" cellpadding="0">
    <tr>
      <td bgcolor="#ccc"> </td>
      <td bgcolor="#ccc"> </td>
      <td bgcolor="#ccc"> </td>
      <td bgcolor="#ccc"> </td>
    </tr>
    <tr>
      <td bgcolor="#999"> </td>
      <td bgcolor="#999"> </td>
      <td bgcolor="#999"> </td>
      <td bgcolor="#999"> </td>
</tr>
......下略
</table>
```

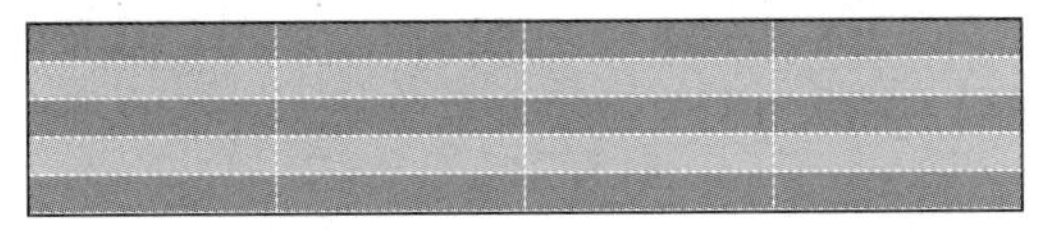
图 4-67

这里，cellspacing="1"，实现单元格间距为 1 像素，bgcolor 属性用来为每隔一行设置不同背景颜色。

4.6 练习案例

4.6.1 练习案例——五金机械

案例练习目标：练习图像的插入和图像的调整。

案例操作要点：

1．在中间单元格中插入图像，将图像 1.jpg 的尺寸调整为宽 117px、高 105px，亮度值为 14；将图像 2.jpg 的尺寸调整为宽 110px、高 91px，对比度值为 26；将图像 3.jpg 的尺寸调整为宽 110px、高 89px，锐化值为 2。

2. 右上角客服图片裁剪后尺寸调整为宽 110px、高 147px，并且在单元格中水平方向居中对齐。

素材所在位置：电子资源/案例素材/ch04/练习案例-五金机械。

效果如图 4-68 所示。

图 4-68

4.6.2 练习案例——古典音乐网

案例练习目标：练习 HTML5 Video 和 HTML5 Audio 元素的插入。

案例操作要点：

1．删除网页文档 index.html 中的提示文字“此处插入 HTML5 Video 视频”，插入 v01.mp4 文件，尺寸设置为宽 830px、高 467px，没有播放控制条，自动和循环播放。

2．删除网页文档 index.html 中的提示文字“此处插入 HTML5 Audio 音频”，分别插入文件 m01.mp3、m02.mp3、m03.mp3、m04.mp3。

素材所在位置：电子资源/案例素材/ch04/练习案例-古典音乐网。

效果如图 4-69 所示。

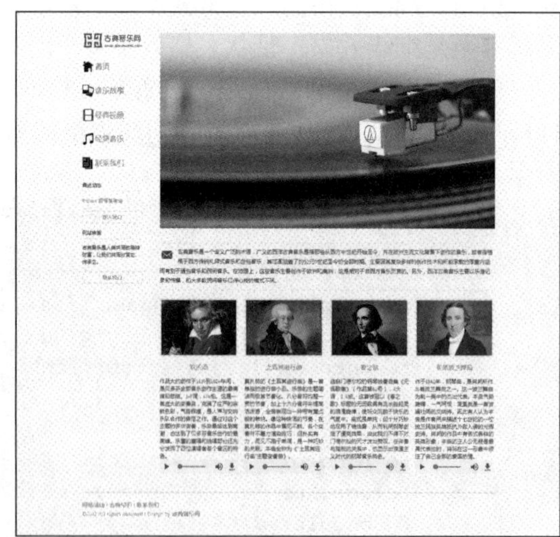

图 4-69

4.6.3 练习案例——爱丽丝家具

案例练习目标：练习简单网页排版。

案例操作要点：

1．创建名称为 index.html 的网页文档并存于站点根文件夹中。

2．设置页面属性：字号为 12px，字体颜色为白色，加粗，背景颜色为#897715。

3．采用简单表格进行布局。插入 6 行 2 列的布局表格，表格宽度为 900px，单元格间距为 5px，并根据案例布局图进行单元格合并。

4．插入单元格的图像用空格隔开。

5．创建名称为 mystyle.css 的 CSS 样式文档，并将所有样式存在该文档中。

6．建立标题文字样式：名称为.w1，字体为黑体，字号为 16px，颜色为白色；部分正文文本样式：名称为.w2，字体为宋体，字号为 12px，颜色为#FF6，加粗。

素材所在位置：电子资源/案例素材/ch04/练习案例-爱丽丝家具。

案例布局效果如图 4-70 所示，案例效果如图 4-71 所示。

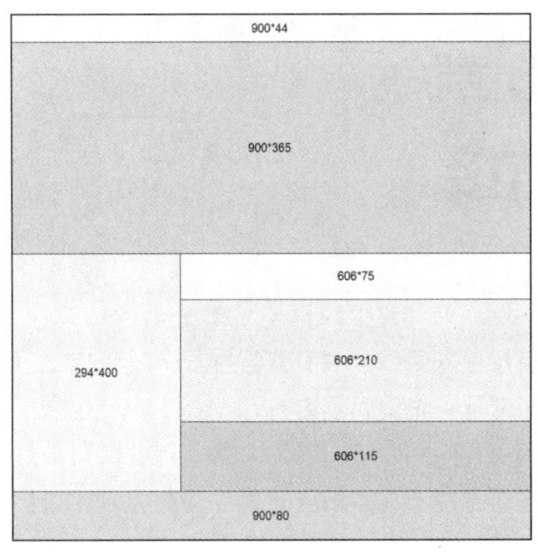

图 4-70

图 4-71

4.6.4 练习案例——逸购鲜花速递网

案例练习目标：练习表格应用。

案例操作要点：

1．在网页中插入 10 行 5 列的细线表格。

2．表格标题行背景颜色为#D1168B，其他行背景颜色为#D16CAB。

3．表格中各行的行高为 28 px。

4．表格中文字样式设置为.w2（样式已提供）。

素材所在位置：电子资源/案例素材/ch04/练习案例-逸购鲜花速递网。

案例效果如图 4-72 所示。

图 4-72

Dreamweaver CC

5 Chapter

第 5 章 超链接

超链接是网页设计中很重要的部分。用户单击页面上的超链接就可以从一个页面跳转到另一个页面。超链接把互联网上众多的网页和网站联系起来，构成一个整体。

超链接是由源端点和目标端点组成的，通过相对链接路径和绝对链接路径分别实现了网站的内部链接和外部链接。文本超链接、图像超链接、热点链接和锚点链接等在网页制作中被广泛使用。

在网页站点中，链接管理为链接提供了检查和更新等功能，极大地提高了链接的制作效率，保证了网页链接的完整性。

本章主要内容：

1. 超链接的概念与路径知识
2. 文本超链接
3. 图像超链接
4. 热点链接
5. 锚点链接
6. 链接管理

5.1 超链接的概念与路径知识

超链接将互联网上众多的网页和网站联系起来，构成了一个整体，帮助浏览者畅游网络。超链接由两个端点和一个方向构成，通常将起始端点（即鼠标单击的位置）称为源端点（或源锚），将跳转到的目标位置称为目标端点（或目标锚）。源端点可以是文本、按钮、图像等对象，目标端点可以是同一页面的不同位置，也可以是一个其他页面、一幅图像、一个文件或一段程序等。

5.1.1 按超链接端点分类

按照源端点的不同，超链接可分为文本超链接和非文本超链接两种。文本超链接把文本对象作为源端点，而非文本超链接用除文本外的其他对象作为源端点。

按照目标端点的不同，超链接可分为外部链接、内部链接和电子邮件链接等。内部链接的目标端点是本站点内的其他文档，可以实现同一站点内网页的互相跳转。外部链接的目标端点在本站点之外，用户利用外部链接可以跳转到其他网站。

5.1.2 按超链接路径分类

按照超链接路径的不同，超链接可分为相对链接和绝对链接。相对链接无须给出目标端点完整的 URL 地址，只要给出相对于源端点的位置即可，如 bbs/index.html。相对链接的优点是即便改变了网站的根路径或网址，也不会影响网站的内部链接，所以网站内部链接一般采用相对路径来表示。绝对链接需要给出链接目标端点完整的 URL 地址，包括使用的协议（网页中常用 http:// 协议），如 http://www.sina.com.cn/index.html。如果要链接到其他网站，一般采用的是绝对链接。

5.2 文本超链接

文本超链接是以文本为对象构建的超链接，链接的源端点是文本。文本超链接是网页中最常使用的一种链接方式。

5-1 婚礼公司

5.2.1 课堂案例——婚礼公司

案例学习目标：学习创建内部链接、外部链接、下载文件链接和电子邮件链接等多种文本超链接。

案例知识要点：使用【属性】面板、【插入】菜单和直接拖曳等方法创建文本超链接。

素材所在位置：电子资源/案例素材/ch05/课堂案例-婚礼公司。

案例效果如图 5-1 所示。

图 5-1

以素材“课堂案例-婚礼公司”为本地站点文件夹，创建名称为“婚礼公司”的站点。

1. 创建文本链接

❶ 在【文件】面板中，双击打开 index.html 文件，如图 5-2 所示。

图 5-2

❷ 选中文本“礼服租售”，选择菜单【插入】|【HTML】|【Hyperlink】，打开【Hyperlink】对话框，如图 5-3 所示，单击【链接】后面的【浏览文件】图标，打开【选择文件】对话框，如图 5-4 所示，选择“课堂案例-婚礼公司>lifuzushou.html”，单击【确定】按钮，效果如图 5-5 所示。

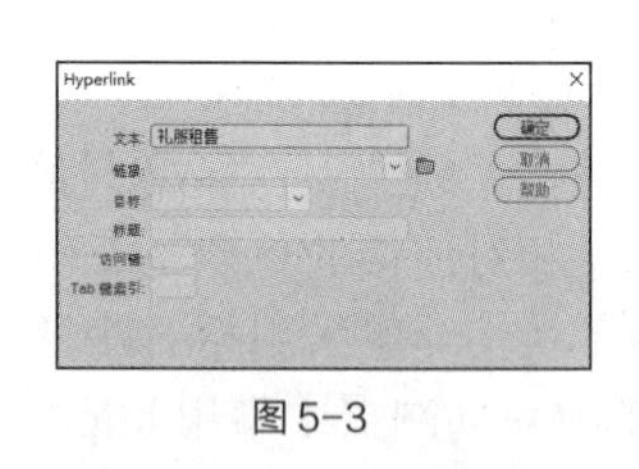

图 5-3

图 5-4

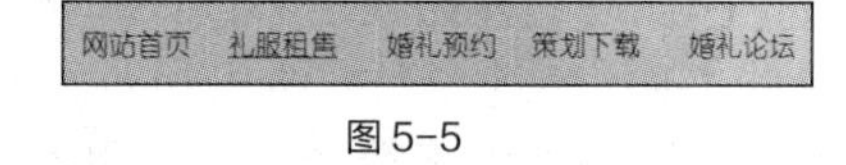

图 5-5

❸ 选中文本“婚礼论坛”，在【属性】面板的【链接】文本框中输入外部链接地址，如图 5-6 所示。

提示：

要链接到本地站点的文件，只需输入相对路径；链接到本地站点以外的文件，需要输入绝对路径。

❹ 选中文本“网站首页”，在【属性】面板的【链接】文本框中输入“#”，为“网站首页”设置空链接。

❺ 保存网页文档，按<F12>键预览效果，如图 5-7 所示。

图 5-6

图 5-7

2. 创建电子邮件链接

❶ 选中文本“婚礼预约”，单击菜单【插入】|【HTML】|【电子邮件链接】，打开【电子邮件链接】对话框，如图 5-8 所示，在【电子邮件】文本框中输入“hongy1207@163.com”。此时，【属性】面板的【链接】文本框中出现 mailto:hongy1207@163.com，如图 5-9 所示。

图 5-8

图 5-9

提示：

如果使用菜单【插入】|【电子邮件链接】，则在【电子邮件】文本框中直接输入 E-mail 名称；如果使用【属性】面板的【链接】文本框，则必须输入“mailto: 电子邮件名称”。

❷ 保存网页文档，按<F12>键预览效果。在网页中单击“婚礼预约”，打开电子邮件收发程序，效果如图 5-10 所示。

3. 创建下载文件链接

❶ 选中文本“策划下载”，在【属性】面板中直接拖曳【指向文件】按钮到【文件】面板中的“婚礼策划书.rar”，松开鼠标，可见已创建了新链接，如图 5-11 所示。

图 5-10

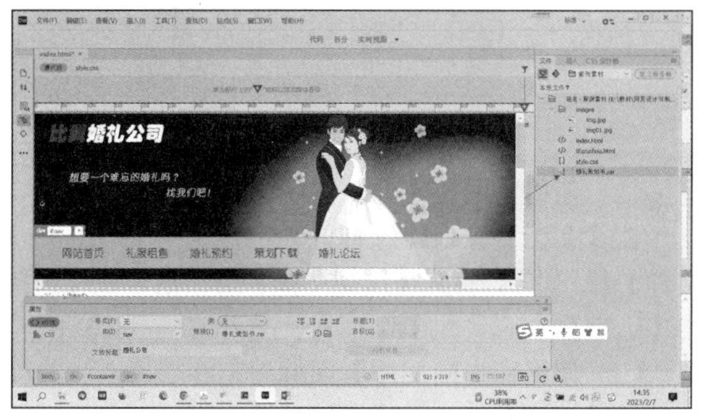

图 5-11

❷ 保存网页文档，按<F12>键预览效果。在网页中单击“策划下载”，出现下载提示，效果如图 5-12 所示。

图 5-12

4. 设置文本链接状态

❶ 选择菜单【文件】|【页面属性】，打开【页面属性】对话框，如图 5-13 所示，单击【分类】|【链接（CSS）】，在【链接颜色】文本框中输入“#6E6223”，在【变换图像链接】文本框中输入“#E8150E”，在【已访问链接】文本框中输入“#009966”，在【下划线样式】的下拉列表框中选择“始终无下划线”，单击【确定】按钮完成设置。

❷ 保存网页文档，按<F12>键预览效果。将鼠标移到文本超链接上，可以看到文本超链接改变颜色，单击链接后，访问过的文本超链接会发生颜色改变，效果如图 5-14 所示。

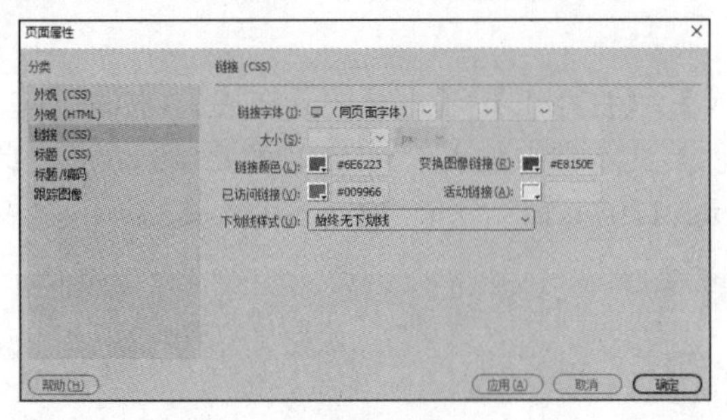

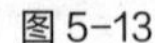

图 5-13

图 5-14

5.2.2 创建文本链接

创建文本链接首先选择作为链接源端点的文本，然后在【属性】面板的【链接】项中指定链接目标端点的文件路径及文件名，必要时还要指定目标网页的显示方式。

1. 设定【链接】

选择好源端点文本后，可以通过设定【链接】属性来指定链接目标端点的文件路径及文件名，具体操作方法有以下 3 种。

（1）直接输入要链接文件的路径和文件名

在【文档】窗口中选择好源端点文本后，在【属性】面板中【链接】文本框中输入要链接的文件路径和文件名，如图 5-15 所示。

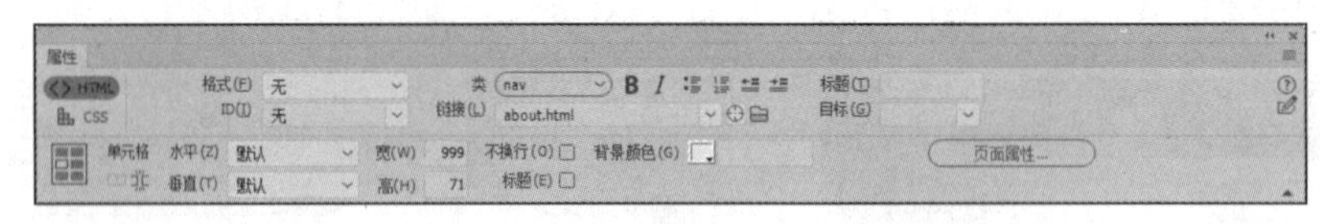

图 5-15

（2）使用【浏览文件】按钮

在【文档】窗口中选择好源端点文本后，单击【属性】面板中【链接】文本框右侧的【浏览文件】按钮，打开【选择文件】对话框，在【选择文件】对话框中找到并选择要链接的文件，单击【确定】按钮，如图 5-16 所示。

（3）使用【指向文件】图标

在【文档】窗口中选择好源端点文本后，在【属性】面板中直接拖曳【指向文件】按钮到【文件】面板中要链接的文件上，松开鼠标，如图 5-17 所示。

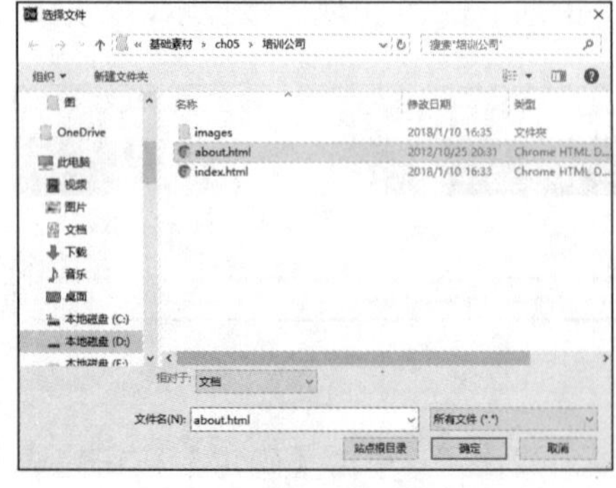

图 5-16

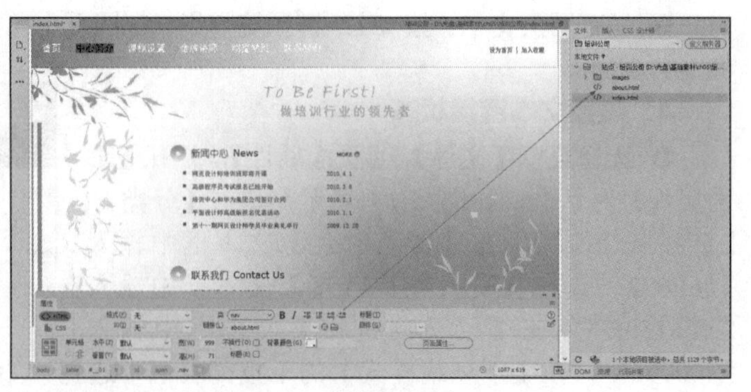

图 5-17

2. 设定链接【目标】

文本超链接设置完后，可以在【属性】面板中的【目标】下拉列表中设定链接文件的显示窗口，下拉列表的各选项的含义如下。

【_blank】（新窗口）：将链接文件在新浏览器窗口中打开。

【_parent】（父窗口）：将链接文件在父窗口中打开。

【_self】（本窗口）：将链接文件在同一窗口中打开，此选项为默认选项。

【_top】（顶部）：将链接文件在整个浏览器中打开。

3. 在【代码】视图中设置链接

在【文档】窗口代码视图中，将“中心简介”前后输入<a>标签，代码如下：

```
<a href="about.html" target="_blank">中心简介</a>
```

其中，href 属性用于指定链接的目标，target 属性用于定义被链接的文档如何显示。

5.2.3 页面文本链接状态

1. 使用【页面属性】菜单

❶ 选择菜单【修改】|【页面属性】，打开【页面属性】对话框，在【分类】列表中选择【链接（CSS)】，如图 5-18 所示。

❷ 单击【链接颜色】右侧的图标▢，打开调色板，选择一种颜色来设置链接文本的颜色。

❸ 采用同样的方式，分别设置“已访问链接”“变换图像链接”和“活动链接”的颜色。

❹ 单击【下划线样式】下拉列表，设置链接文本是否带有下画线。

文本超链接状态设置完后，可以看到在【CSS 样式】面板【全部】选项卡中出现了 4 个链接样式 a:link，a:visited，a:hover 和 a:active，如图 5-19 所示。实际上，【页面属性】中 4 种文本超链接状态的设置是通过以上样式来实现的。

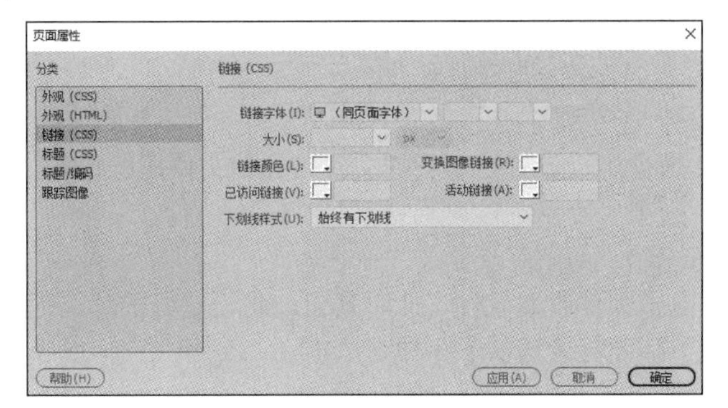

图 5-18

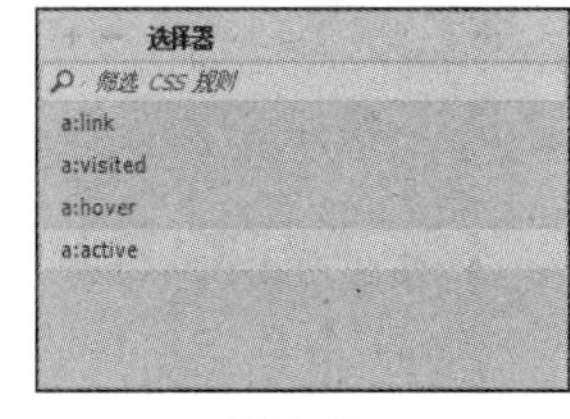

图 5-19

【a:link】（链接颜色）：带链接文本的颜色。

【a:visited】（已访问链接）：被访问过的文本超链接的颜色。

【a:hover】（变换图像链接）：鼠标移到文本超链接上时变换的颜色。

【a:active】（活动链接）：在文本超链接上按下鼠标时的颜色。

2. 在【代码】视图中设置

在【文档】窗口代码视图中，将鼠标光标置于标签<style>中，输入如下代码：

```
<style>
    a:link {
    color: #FFF;
    text-decoration: none;
    }
    a:visited {
    text-decoration: none;
    color: #FFF;
```

```
    }
    a:hover {
    text-decoration: underline;
    color: #F00;
    }
    a:active {
    text-decoration: none;
    }
</style>
```

这里，通过 a:link 设置了超链接文本颜色为#FFF、无下画线，通过已访问链接样式 a:visited 设置了链接被访问过后的颜色为#FFF、无下画线，通过变换图像链接样式 a:hover 设置了当鼠标光标移到链接上时的文本颜色变为#F00、有下画线，通过活动链接样式 a:active 设置了在文本链接上单击时链接文字无下画线。

5.2.4 下载文件链接

下载文件链接使用户通过单击链接来实现文件下载，其建立方法和文本超链接的建立方法类似，所不同的是所链接的文件不是网页文件而是其他文件，如.rar 压缩文件等，单击该链接后并不是打开网页，而是下载文件。

1. 使用【页面属性】

❶ 在【文档】窗口中选择需要添加下载文件链接的对象。

❷ 在【属性】面板的【链接】下拉文本框中设置链接的文件。

2. 在【代码】视图中设置

在【文档】窗口代码视图中，在标签<body>中，输入如下代码：

```
<body>
    <a href="01.zip">下载</a>
</body>
```

这里，<a>为设置超链接的标签，href 属性用于设置要下载的文件路径和文件压缩包名。

5.2.5 电子邮件链接

电子邮件链接使用户单击链接时打开电子邮件收发软件，此时其自动将设定好的邮箱地址作为收信人，方便浏览者发送邮件。建立电子邮件链接有以下 3 种方法。

1. 使用【电子邮件链接】对话框

❶ 在【文档】窗口中选择需要添加电子邮件链接的对象。

❷ 选择菜单【插入】|【HTML】|【电子邮件链接】，或者单击【插入】面板的【HTML】选项卡下的【电子邮件链接】，打开【电子邮件链接】对话框，如图 5-20 所示。

❸ 在【电子邮件】文本框中输入邮箱地址，单击【确定】按钮完成电子邮件链接的创建。

2. 使用【属性】面板

❶ 在【文档】窗口中选择需要添加电子邮件链接的对象。

❷ 在【属性】面板的【链接】下拉文本框中输入“mailto:邮箱地址”（如 mailto:jsj@163.com），如图 5-21 所示。

图 5-20

图 5-21

3. 在【代码】视图中设置

在【文档】窗口代码视图中，在标签<body>中，输入如下代码：

```
<body>
    <a href="mailto:jsj@163.com">电子邮件链接</a>
</body>
```

这里，<a>标签的属性 href 利用关键字“mailto:”设置了链接的电子邮件地址。

5.2.6 空链接

空链接是一种特殊的链接，它实际上并没有指定具体的链接目标。

1. 使用【属性】面板

❶ 在【文档】窗口中选择需要设置链接的文本、图像或其他对象。

❷ 在【属性】面板的【链接】文本框中输入“#”，如图 5-22 所示。

图 5-22

2. 在【代码】视图中设置

在【文档】窗口代码视图中，在标签<body>中，输入如下代码：

```
<body>
    <a href="#">空链接</a>
</body>
```

这里，<a>标签的属性 href 设置为“#”，表示空链接。

5.3 图像超链接

网页设计中经常需要实现单击图像打开链接的效果，这就需要给图像建立超链接。图像超链接可以分为图像超链接和鼠标经过图像超链接。

5.3.1 课堂案例——手机商城

5-2 手机商城

案例学习目标：学习建立图像超链接和鼠标经过图像超链接。

案例知识要点：使用【属性】面板为图像设置超链接，使用菜单【插入】|【HTML】|【鼠标经过图像】建立鼠标经过图像超链接。

素材所在位置：电子资源/案例素材/ch05/课堂案例-手机商城。

案例效果如图 5-23 所示。

图 5-23

以素材“课堂案例-手机商城”为本地站点文件夹，创建名称为“手机商城”的站点。

1. 创建图像超链接

❶ 在【文件】面板中，双击打开 index.html 文件，如图 5-24 所示。

❷ 选择图 5-25 所示的图片，在【属性】面板的【链接】文本框中输入“#”，为图像建立超链接，如图 5-26 所示。

图 5-24

图 5-25

图 5-26

❸ 保存网页文档，按<F12>键预览效果。

2. 创建鼠标经过图像超链接

❶ 将鼠标光标置于第 1 个单元格中，选择菜单【插入】|【HTML】|【鼠标经过图像】，打开【插入鼠标经过图像】对话框，如图 5-27 所示。在【原始图像】文本框后单击【浏览】按钮，打开【原始图像】对话框，选择“课堂案例-手机商城>images>a1.jpg”，单击【确定】按钮，如图 5-28 所示。

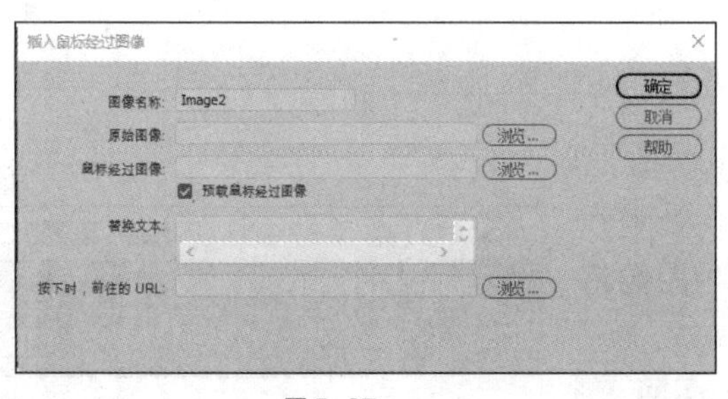

图 5-27

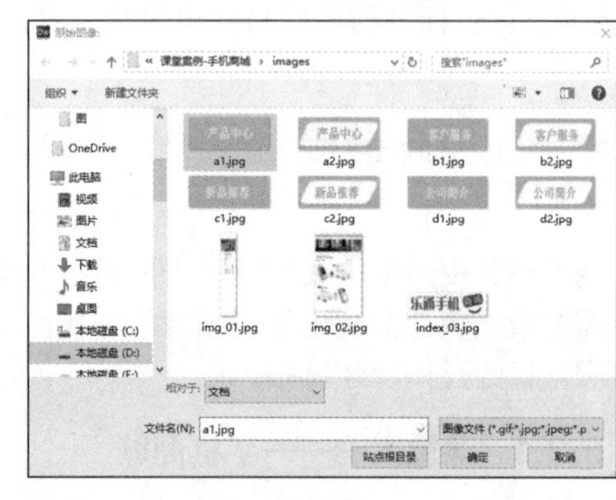

图 5-28

❷ 单击【鼠标经过图像】文本框后的【浏览】按钮，弹出【鼠标经过图像】对话框，在该对话框中选择“课堂案例-手机商城>images>a2.jpg”，单击【确定】按钮，返回【插入鼠标经过图像】对话框，如图 5-29 所示，单击【确定】按钮，效果如图 5-30 所示。

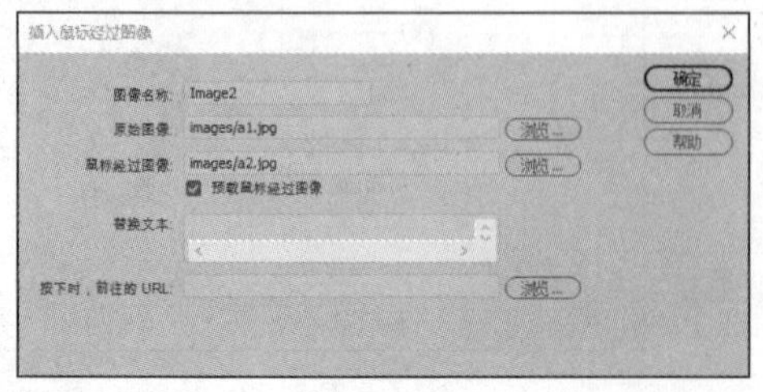

图 5-29

产品中心

图 5-30

❸ 采用同样的方式，为其他单元格插入鼠标经过图像超链接，原始图像分别为b1.jpg、c1.jpg、d1.jpg，相应的鼠标经过图像分别为b2.jpg、c2.jpg、d2.jpg。

❹ 保存网页文档，按<F12>键预览效果。当鼠标光标移到图像上时，图像发生变化，如图5-31所示。

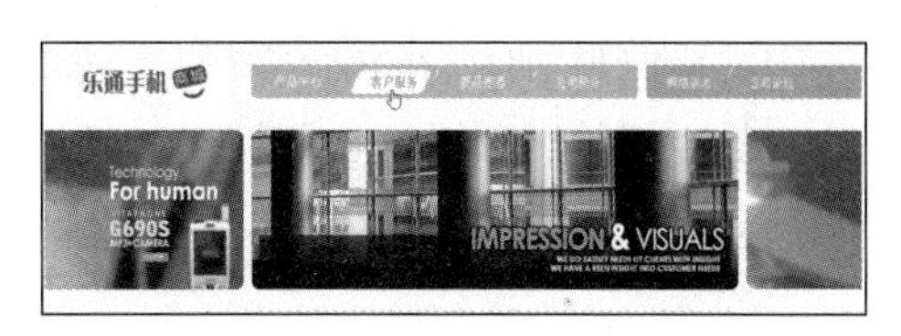

图5-31

5.3.2 创建图像超链接

1. 使用【属性】面板

❶ 在【文档】窗口中选择需要建立超链接的图像。

❷ 在【属性】面板中，单击【链接】项文本框后的【浏览文件】按钮，为图像添加超链接。

❸ 在【替换】项中可以输入替换文字。设置替换文字后，当图像不能正常显示时，会在图像的位置显示替换文字；浏览时把鼠标悬停在图像上也会显示替换文字。

❹ 按<F12>键预览网页效果。

2. 在【代码】视图中设置

在【文档】窗口代码视图中，将鼠标光标置于标签<body>中，输入如下代码：

```
<body>
    <a href="#"><img src="images/index_03.jpg" width="162" height="47" alt=""/></a>
</body>
```

这里，图像<img>标签的内容被包含在<a>标签内，表示为图像设置超链接，<a>标签的href属性设置为“#”，表示空链接。

5.3.3 创建鼠标经过图像超链接

鼠标经过图像是指当鼠标指针经过一幅图像时，图像的显示会变为另一幅图像。鼠标经过图像实际上是由两张图像组成，一张称为原始图像，另一张称为鼠标经过图像。一般来说，原始图像和鼠标经过图像尺寸必须相同，如果两者尺寸不同，Dreamweaver CC会自动调整鼠标经过图像的尺寸，使之与原始图像匹配。

使用【插入】面板创建鼠标经过图像超链接的操作步骤如下。

❶ 在【文档】窗口中将鼠标光标置于需要添加鼠标经过图像的位置。

❷ 选择菜单【插入】|【HTML】|【鼠标经过图像】，打开【鼠标经过图像】对话框，在【插入鼠标经过图像】对话框中分别单击【原始图像】和【鼠标经过图像】文本框右侧的【浏览】按钮设置图像路径。

❸ 在【替换文本】文本框中设置替换文字。

❹ 在【按下时，前往的URL】文本框中设置跳转的网页文件路径，如此浏览者单击图像时可打开此网页。

❺ 单击【确定】按钮，按<F12>键预览网页效果。

提示：

实际上，鼠标经过图像功能是通过“交换图像”和“回复交换图像”两个行为实现的。

5.4 热点链接

在前面介绍的图像超链接中，一个图像只能设置一个链接目标，如果要实现单击一个图像的不同区域跳转到不同的链接目标，就需要设置热点链接。在一个图像中创建的不同几何图形区域称为热点或热区，以这些区域作为超链接的源端点，建立的不同超链接被称为热点链接。

5.4.1 课堂案例——儿童课堂

5-3 儿童课堂

案例学习目标：学习创建热点链接。

案例知识要点：使用【属性】面板创建热点链接。

素材所在位置：电子资源/案例素材/ch05/课堂案例-儿童课堂。

案例效果如图 5-32 所示。

以素材“课堂案例-儿童课堂”为本地站点文件夹，创建名称为“儿童课堂”的站点。

1. 创建多边形区域热点链接

❶ 在【文件】面板中，双击打开 index.html 文件，如图 5-33 所示。

图 5-32

图 5-33

❷ 在导航条附近单击图像，在【属性】面板的【地图】选项中单击【多边形热点工具】按钮 ，如图 5-34 所示。在【文档】窗口的图像中绘制多边形热点区域，如图 5-35 所示。

图 5-34

图 5-35

❸ 在热点【属性】面板中，单击【链接】右侧的【浏览文件】按钮，设置热点链接文件为 products.html，在【目标】下拉列表中选择“_blank”，在【替换】中设置替换文字“玩具产品展示”，如图 5-36 所示。

图 5-36

❹ 保存网页文档，按<F12>键预览效果。

2. 创建圆形区域热点链接

❶ 单击【文档】窗口中下半部分图像，在【属性】面板的【地图】选项中单击【圆形热点工具】按钮 ，在图 5-37 所示的位置绘制圆形区域。单击【属性】面板的【地图】选项中的【指针热点工具】 ，在所绘制的圆形区域上按住鼠标

左键不放，进行拖曳，可以调整该圆形区域的位置，按住圆形区域的 4 个调整点可以调整圆形区域的大小。

❷ 单击所绘制的圆形区域，按<Ctrl+C>组合键复制该区域，在图像其他区域单击，按<Ctrl+V>组合键粘贴，按住鼠标左键，拖动复制的圆形区域到图 5-38 所示的其他位置。

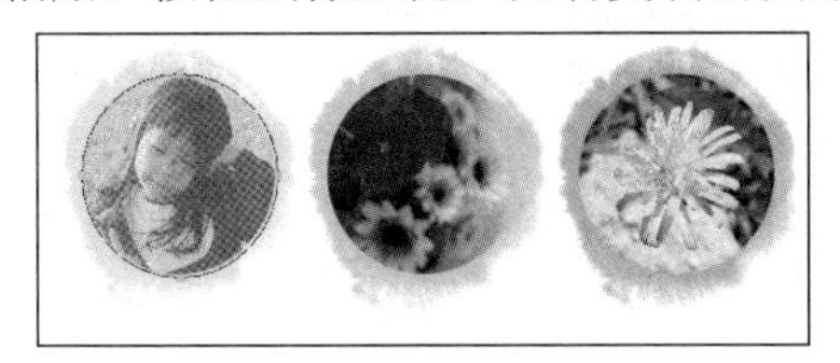

图 5-37

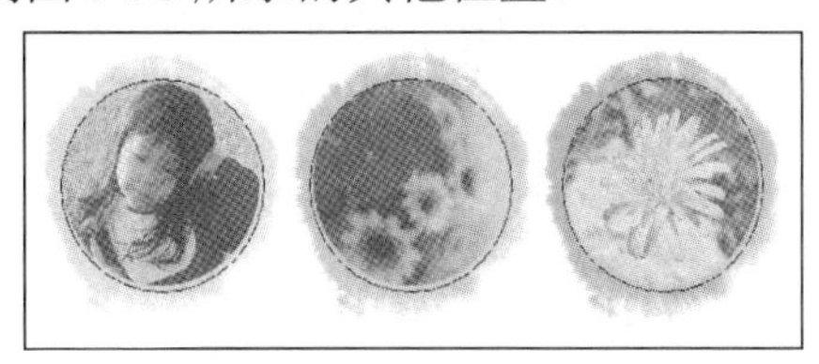

图 5-38

❸ 依次选中 3 个圆形区域，在热点【属性】面板的【链接】中，分别设置热点链接文件为 huwai.html、yangguang.html、ziran.html，在【目标】下拉列表中选择_blank，在【替换】中分别设置替换文本为“户外活动”“享受阳光”和“自然之美”。

❹ 保存网页文档，按<F12>键预览效果。当鼠标光标移到热点区域上时，鼠标光标变成手形，单击链接跳转到相应页面。

5.4.2 创建热点链接

1. 使用【属性】面板

❶ 在【文档】窗口中单击选择一张图像，在【属性】面板的【地图】选项中选择热点工具，如图 5-39 所示。

各工具的作用如下。

【指针热点工具】：用于选择不同的热点区域。

【矩形热点工具】：用于创建矩形热点区域。

【圆形热点工具】：用于创建圆形热点区域。

【多边形热点工具】：用于创建多边形热点区域。

❷ 将鼠标光标放在图像上，变成“+”后，在图像上拖曳出相应形状的蓝色区域。可以通过【指针热点工具】选择不同的热区，并通过热区边框的控制点调整热区大小，还可以通过复制得到多个相同的热区。这里建立多个矩形热区，如图 5-40 所示。

图 5-39

图 5-40

❸ 用【指针热点工具】选中某个热区，在【属性】面板的【链接】文本框中输入链接地址，在【替换】文本框中输入替换文本，如图 5-41 所示，这样就在一个图像上创建了几个热点链接。

❹ 保存网页文档，按<F12>键预览效果，如图 5-42 所示。

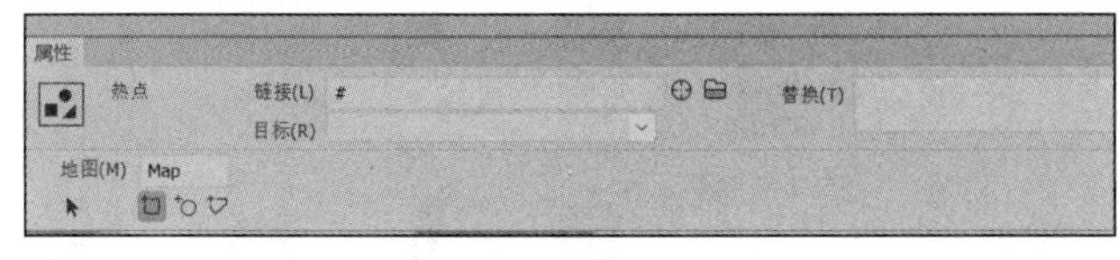

图 5-41

图 5-42

2. 在【代码】视图中设置

在【文档】窗口代码视图中，将鼠标光标置于标签<body>中，输入如下代码：

```
<body>
    <img src="images/index.jpg" alt="" width="1004" height="584" border="0" usemap="#Map">
    <map name="Map">
        <area shape="rect" coords="847,9,921,33" href="#">
        <area shape="rect" coords="705,8,779,32" href="#">
        <area shape="rect" coords="553,9,627,33" href="#">
        <area shape="rect" coords="400,9,474,33" href="#">
      <area shape="rect" coords="266,9,340,33" href="#">
    </map>
</body>
```

<img>标签中，usemap 属性表示该图像使用<map>标签中定义的方案名，<map>标签定义的方案名由 name 属性指定。

<area>标签主要用于图像地图，用户通过该坐标可以在图像地图中设定作用区域（又称为热点），当用户将鼠标光标移到指定的作用区域并单击时，系统会自动链接到预先设定好的页面。

<area>标签有两个主要的属性：shape 和 coords，分别用于设定热点的形状和大小。shape 属性可以将图像中的超链接区域定义为矩形（rect）、圆形（circle）或多边形（poly）等。coords 属性用于定义图像中对鼠标敏感的区域的 x 和 y 坐标，图像左上角的坐标是“0,0”。坐标的数字及其含义取决于 shape 属性中决定的区域形状。

矩形热点区域的 coords 属性（x1,y1,x2,y2），其中坐标 x1，y1 是矩形的左上角的顶点坐标，坐标 x2，y2 是右下角的顶点坐标。圆形热点区域的 coords 属性（x,y,r），其中 x，y 是圆心位置坐标，r 是半径。多边形热点区域的 coords 属性（x1,y1,x2,y2,x3,y3,…），其中每一对 x，y 坐标都定义了多边形的一个顶点位置。

5.5 锚点链接

5-4 数码商城

锚点链接是指目标端点位于网页中某个指定位置的一种超链接。创建锚点链接可分两步，首先在网页的某个指定位置创建超链接的目标端点（即锚点），并为其命名；然后在超链接的源端点处建立指向该锚点的超链接。

5.5.1 课堂案例——数码商城

案例学习目标：学习建立锚点链接。

案例知识要点：在【代码】视图中，使用 <a name="锚点名称">该元素处创建锚点</a> 建立描点，利用与设置链接同样的方式创建锚点链接。

素材所在位置：电子资源/案例素材/ch05/课堂案例-数码商城。

案例效果如图 5-43 所示。

图 5-43

以素材“课堂案例-数码商城”为本地站点文件夹，创建名称为“数码商城”的站点。

1. 创建跳转到本网页中指定位置的锚点链接

❶ 在【文件】面板中，双击打开 index.html 文件，如图 5-44 所示。

❷ 在【文档】窗口中单击【拆分】按钮，把窗口

拆分成设计和代码模式，将文本“新品上架”对应的代码改为“<a name="m1">新品上架</a>”，如图 5-45 所示，表示在文本“新品上架”前插入一个名为 m1 的锚点。此时文本“新品上架”前面出现一个锚点标记⚓。

图 5-44

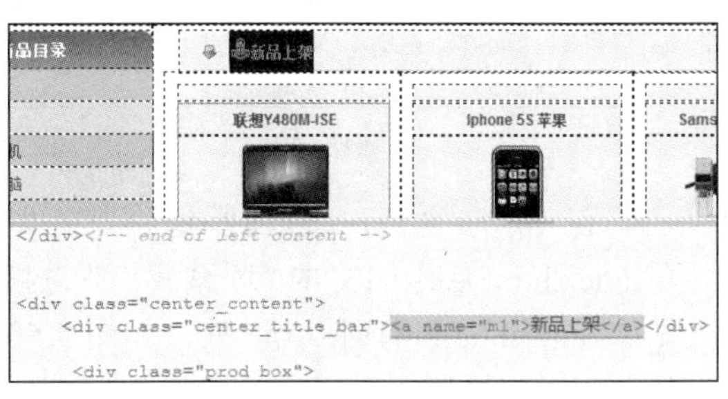

图 5-45

❸ 将页面底端图 5-46 所示的文本“新品上架”对应的代码改为“<a href="#m1">新品上架</a>”，表示该处文本“新品上架”建立了指向锚点 m1 的超链接。

提示：

当锚点作为超链接时，需要在锚点之前添加#号，如#m1，以便与普通链接加以区分。

❹ 保存网页文档，按<F12>键预览效果。单击文本“新品上架”链接，跳转到本网页中锚点 m1 位置，如图 5-47 所示。

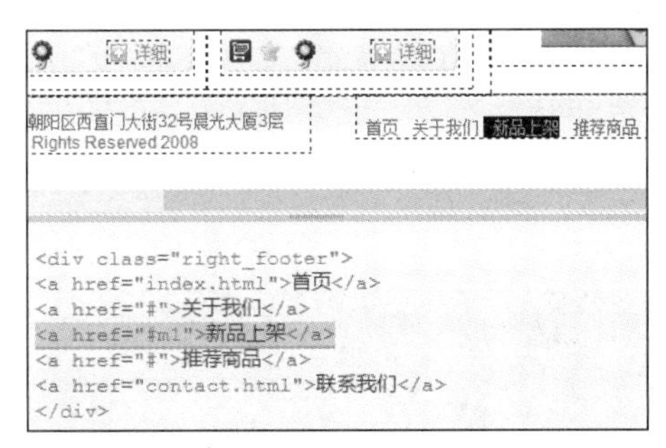

图 5-46

图 5-47

2. 创建跳转到其他页面指定位置的锚点链接

❶ 在【文件】面板中，双击打开 contact.html 文件，将文本“联系我们”对应的代码改为“<a name="m2">联系我们</a>”，表示在该文本前插入一个名为 m2 的锚点，如图 5-48 所示。

❷ 返回到 index.html 文件，将该页面底端文本“联系我们”对应的代码改为“<a href="contact.html#m2">联系我们</a>”，如图 5-49 所示，表示文本“联系我们”处建立了指向文件 contact.html 中锚点 m2 的超链接。

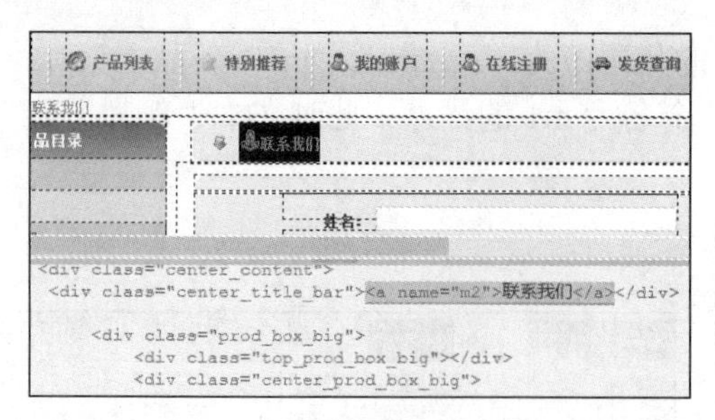

图 5-48

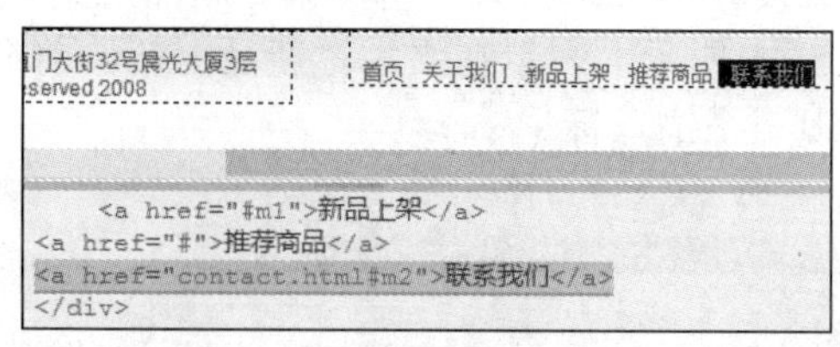

图 5-49

❸ 保存网页文档，按<F12>键预览效果。单击网页 index.html 底端的文本“联系我们”链接，跳转到页面 contact.html 的锚点 m2 处，如图 5-50 所示。

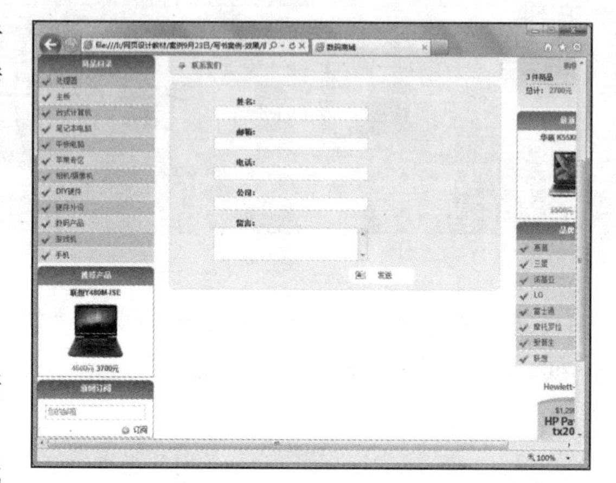

图 5-50

5.5.2 创建锚点链接

创建锚点链接包含两项内容，一是创建锚点，二是创建指向锚点的链接。

1. 创建锚点

❶ 在【代码】窗口中，找到某个元素，如“新品上架”。

❷ 在该元素前后添加锚点名称为 m1 的相应代码，完成锚点 m1 的创建。

```
<a name="m1">新品上架</a>
```

2. 创建指向锚点的链接

（1）使用代码

❶ 在【代码】窗口中，找到需要建立锚点链接的元素，如“新品上架”（位于导航条中）。

❷ 在该元素前后添加相应代码，在同一个文档中创建指向该锚点的链接。

```
<a href="#m1">新品上架</a>
```

❸ 若添加如下代码，可以在其他页面中创建指向该锚点的链接。

```
<a href="index.html#m1">新品上架</a>
```

（2）使用【属性】面板

❶ 选择【窗口】|【属性】，打开【属性】面板。

❷ 选择要建立锚点链接的元素，如“新品上架”。

❸ 在【链接】中输入“#m1”，完成锚点链接的创建，如图 5-51 所示。

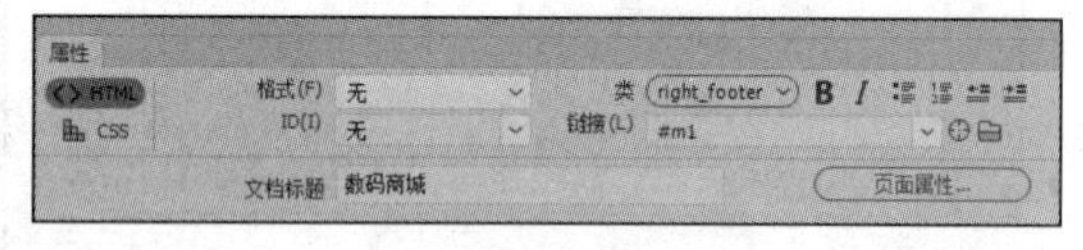

图 5-51

5.6 链接管理

网站链接设置好后，Dreamweaver CC 还提供了自动更新链接和链接检查功能，以便对网站内的链接进行管理。

5-5 百适易得商城

5.6.1 课堂案例——百适易得商城

案例学习目标：学习网站的链接管理。

案例知识要点：使用菜单【窗口】|【结果】|【链接检查器】，打开【链接检查器】面板管理网站链接。

素材所在位置：电子资源/案例素材/ch05/课堂案例-百适易得商城。

案例效果如图 5-52 所示。

图 5-52

以素材“课堂案例-百适易得商城”为本地站点文件夹，创建名称为“百适易得商城”的站点。

1. 更改站内文件名称

❶ 在【文件】面板中，双击打开文件 index.html，选择导航条中的“产品列表”，在文本【属性】面板的【HTML】选项卡中，可以看到【链接】下拉文本框中为 products.html，如图 5-53 所示。

❷ 两次单击 products.html 文件名称（两次单击时间间隔不要太短），在重命名状态下将文件名 products.html 改为 product.html，如图 5-54 所示。

 提示：

在【文件】面板中更改文件名，也可以在该文件名称上单击鼠标右键，在弹出的快捷菜单中选择【编辑】|【重命名】来完成。

图 5-53

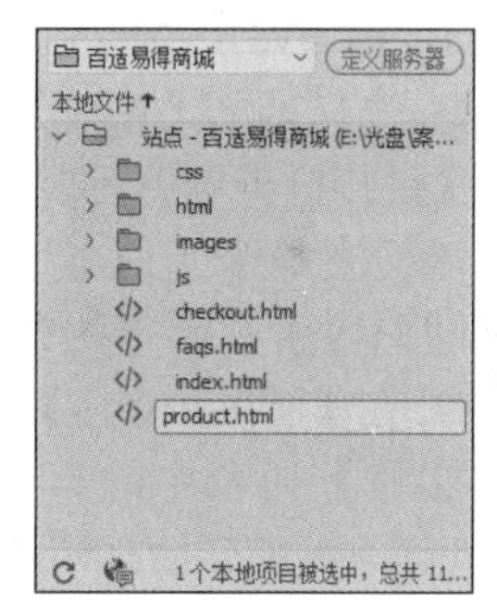

图 5-54

❸ 文件重命名后按<Enter>键，打开【更新文件】对话框，如图 5-55 所示，单击【更新】按钮，将更新与本网页相链接的所有网页的链接路径。此时，可以看到【属性】面板的【链接】下拉文本框中已经自动更新为 product.html，如图 5-56 所示。

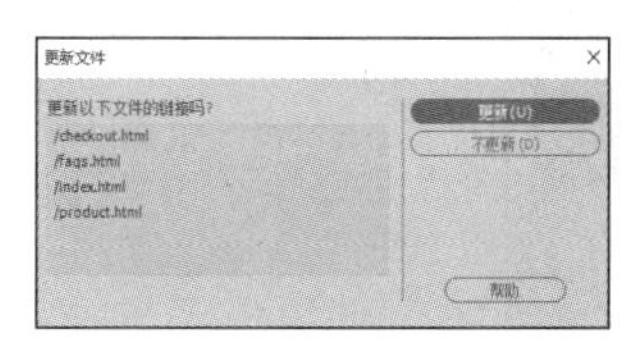

图 5-55

图 5-56

❹ 保存网页文档，按<F12>键预览效果。

2. 更改站内文件位置

❶ 在文件 index.html 页面中，选择导航条中的“在线结账”，在文本【属性】面板的【HTML】

选项卡中，可以看到【链接】下拉文本框中为 checkout.html，如图 5-57 所示。

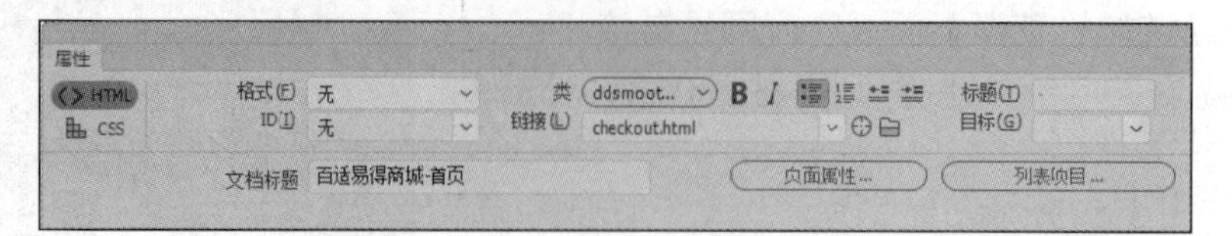

图 5-57

❷ 在【文件】面板中，在 checkout.html 文件上单击鼠标左键不放，将其拖到 html 文件夹处，松开鼠标，打开【更新文件】对话框，如图 5-58 所示，单击【更新】按钮，将更新与本网页相链接的所有网页的链接路径。此时，可以看到在【属性】面板的【链接】下拉文本框中已经自动更新为 html/checkout.html，如图 5-59 所示。

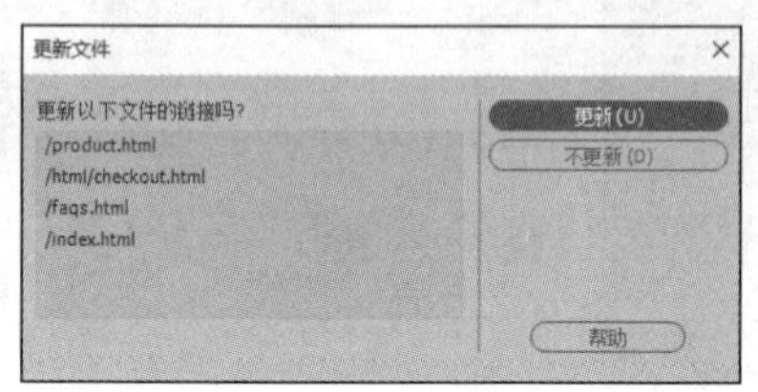

图 5-58

图 5-59

❸ 采用同样的方式，再将 product.html 和 faqs.html 文件移动到 html 文件夹中，Dreamweaver CC 会自动完成从根文件夹到 html 文件夹的路径更新。

❹ 保存网页文档，按<F12>键预览效果。

3. 检查整个当前本地站点的链接并修复链接

❶ 选择菜单【窗口】|【结果】|【链接检查器】，单击【链接检查器】面板左侧的【检查链接】按钮▶，选择【检查整个当前本地站点的链接】，右侧列表会列出网站内所有断掉的链接，如图 5-60 所示。

图 5-60

❷ 在【链接检查器】面板中，双击【断掉的链接】的【文件】列表中的第 1 行文件名“index.html”，Dreamweaver CC 会打开该文件，并在【设计】窗口中定位到链接出错的位置“联系我们”，同时【属性】面板也会指示出链接，如图 5-61 所示。在【属性】面板中，将【链接】后的下拉文本框中的链接“contact.html”改为“#”，完成链接的修复工作。

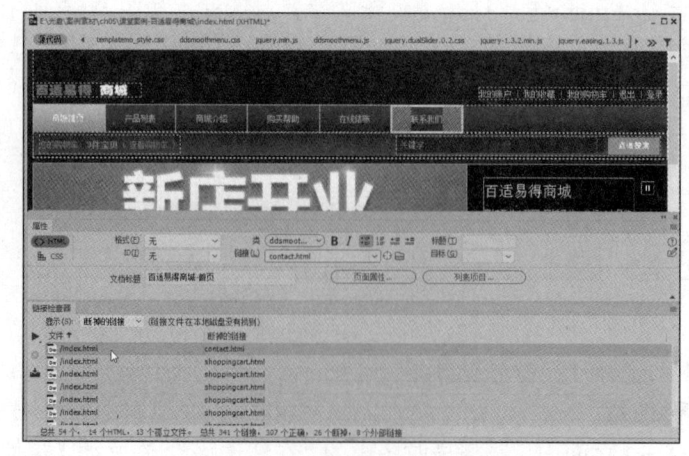

图 5-61

4. 检查网站内的外部链接和孤立的文件

❶ 在【链接检查器】面板的【显示】后的下拉列表中选择“外部链接”，列出网站内的所有外部链接，如图 5-62 所示。

❷ 单击【外部链接】列表中的第 1 行，将外部链接 http://v7.cnzz.com 修改为 http://www.baidu.com，如图 5-63 所示，按<Enter>键打开【Dreamweaver】提示框，如图 5-64 所示，单击【是】按钮，完成外部链接的更改工作。

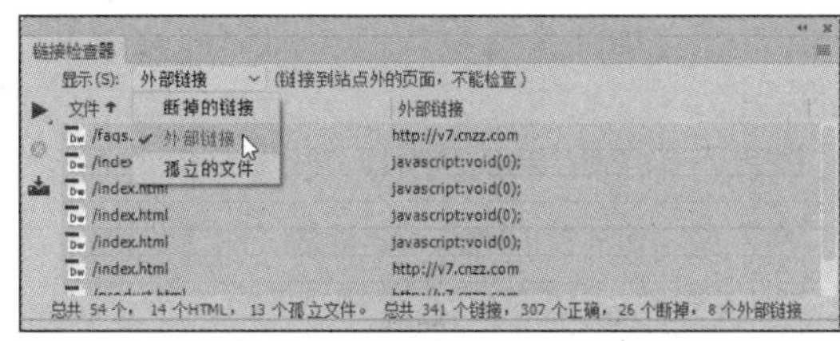

图 5-62

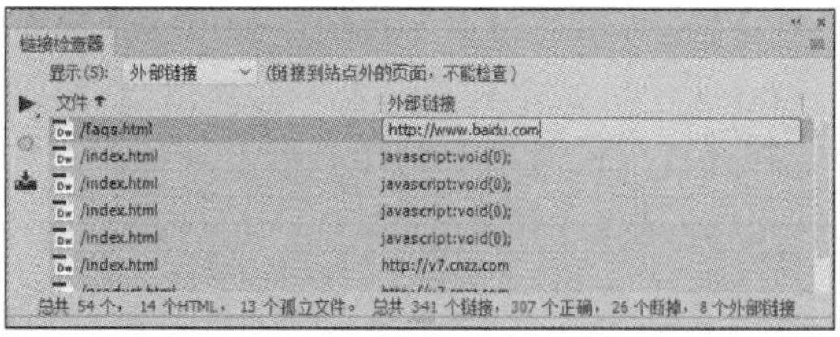

图 5-63

❸ 在【链接检查器】面板的【显示】后的下拉列表中选择“孤立的文件”，列出网站内的所有孤立的文件，如图 5-65 所示。选择【孤立的文件】列表中的全部文件，按<Delete>键将这些文件删除。

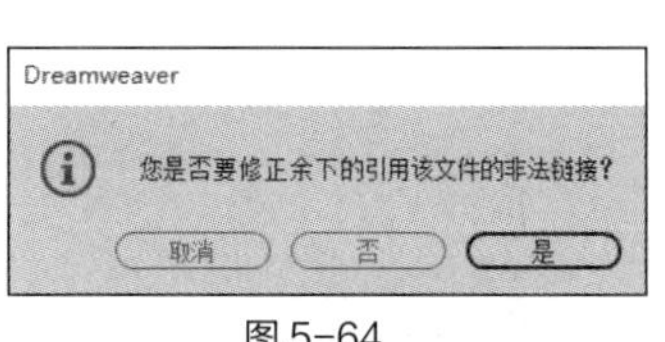

图 5-64

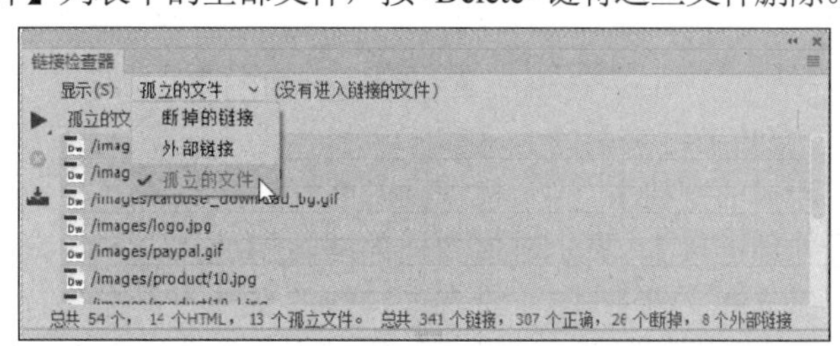

图 5-65

提示：

孤立的文件意味着站点中没有其他文件链接到这些文件，但孤立的文件有可能链接到其他的文件，所以删除孤立的文件要慎重。最好事先将整个网站做一个备份。

5.6.2 自动更新链接

新建一个站点后，有时需要修改文件的名称或调整文件的位置。文件名或位置变了，其相关的超链接如果不发生相应的变化，就会出现“断链”。如果采用手动方法逐个修改链接，工作量很大，Dreamweaver CC 提供的自动更新链接功能可以在文件名修改或文件位置移动时自动进行相关链接更新。

1. 更改站内文件名称

在【文件】面板中两次单击文件名称（两次单击时间间隔不要太短），在重命名状态下修改文件名。更改完文件名后按<Enter>键，打开【更新文件】对话框，在【更新文件】对话框中单击【更新】按钮，如此网站内所有指向该文档的链接都被更新。

2. 更改站内文件位置

在【文件】面板的文件上按住鼠标左键，将其拖到其他位置，松开鼠标，在【更新文件】对话框中单击【更新】按钮，网站内所有指向该文档的链接都被更新。

5.6.3 链接检查

在网站制作好后上传到服务器之前，用户必须对站点中所有链接进行检查，如果发现存在中断的链接，则需要进行修复。如果在各个网页文件中手工逐一单击进行链接检查，工作量将会很大，也不可避免地出现疏漏，Dreamweaver CC 提供的链接检查器功能可以快速地对某一页面、部分页面和整个站点的链接进行检查。

选择菜单【窗口】|【结果】|【链接检查器】，打开【链接检查器】面板，在该面板中进行链接检查。

1. 检查当前文档中的链接

在【链接检查器】面板的左侧单击【检查链接】按钮▶，选择【检查当前文档中的链接】，如图 5-66 所示，如此右侧列表中会列出当前文档断掉的链接。

在【链接检查器】的【显示】下拉列表中可以选择查看检查结果的类别，如图 5-67 所示。

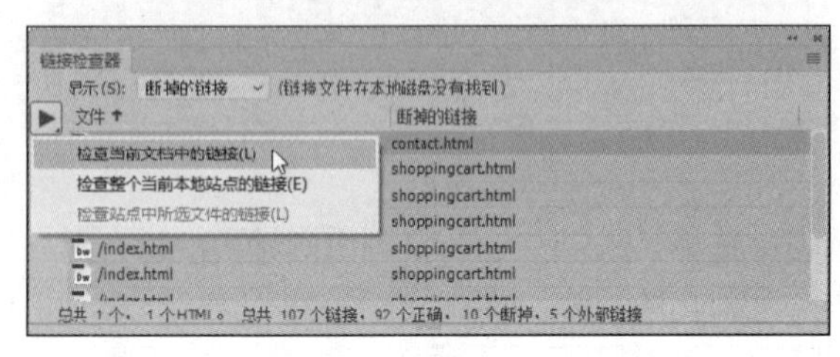

图 5-66

图 5-67

检查结果各类别的含义如下。

【断掉的链接】：显示检查到的断开链接。

【外部链接】：显示链接到外部网站的链接。

【孤立的文件】：显示没有被链接的文件，仅在进行整个站点的链接检查时才有结果。如果要删除某个孤立的文件，只需选中该文件，按<Delete>键即可；如果要进行批量删除，可以按<Alt>键或<Ctrl>键选择多个文件，再按<Delete>键即可。

2. 检查站点中所选文件的链接

在【文件】面板中，选中要检查链接的文件或文件夹，单击【链接检查器】面板左侧的【检查链接】按钮▶，选择【检查站点中所选文件的链接】，如此右侧列表会列出所选文件或文件夹中所有断掉的链接。

提示：

在【文件】面板中选中要检查链接的文件或在文件夹上单击鼠标右键，选择菜单【检查链接】|【选择文件/文件夹】，也能检查所选文件或文件夹的链接。

3. 检查整个当前本地站点的链接

单击【链接检查器】面板左侧的【检查链接】按钮▶，选择【检查整个当前本地站点的链接】，如此右侧列表会列出所有断掉的链接。

5.6.4 修复链接

修复链接是对检查出的断掉链接进行重新设置，可以通过以下两种方法完成。

（1）双击【链接检查器】面板右侧列表中断掉链接的【文件】中的文件名，Dreamweaver CC 会在【代码】窗口和【设计】窗口中定位链接出错的位置，同时【属性】面板也会指示出链接，从而便于用户进行修改，如图 5-68 所示。

（2）在【链接检查器】面板的【断掉的链接】下面单击，直接修改链接路径，或单击【浏览文件】按钮重新定位链接文件，如图 5-69 所示。

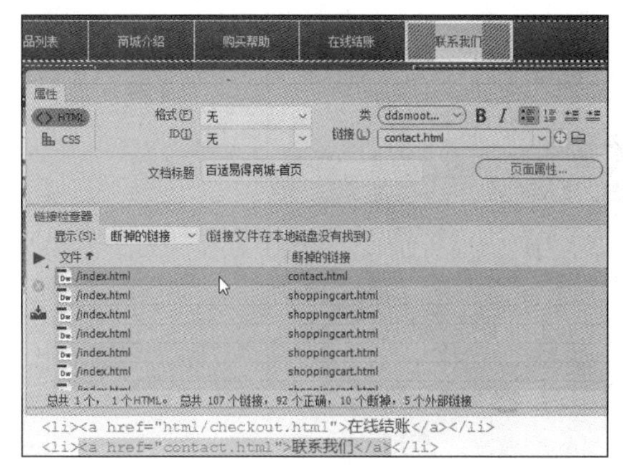

图 5-68

图 5-69

5.7 练习案例

5.7.1 练习案例——室内设计网

案例练习目标：练习创建文本超链接。

案例操作要点：

1. 分别选择文本“网站首页”和“设为首页”，创建链接均为 index.html，选择文本“设计论坛”，创建外部链接到 http://www.baidu.com，选择文字“联系我们”，创建电子邮件链接为 jsj@163.com，选择文本“资料下载”，创建文件下载链接链为“设计资料.rar”，选择文本“网站地图”，创建空链接。

2. 在页面属性中，设置链接颜色和已访问链接颜色为“#333”，变换图像链接颜色为“#871D0D”，并始终有下画线。

素材所在位置：电子资源/案例素材/ch05/练习案例-室内设计网，效果如图 5-70 所示。

图 5-70

5.7.2 练习案例——多美味餐厅

案例练习目标：练习创建鼠标经过图像超链接和热点超链接。

案例操作要点：

1. 在页面顶部导航位置，创建“网站首页”“最新消息”“会员地带”“餐厅位置”和“联系我们”鼠标经过图像超链接，并为“最新消息”设置链接为 news.html。

2. 在页面的左下角，为“送货上门”和“餐厅动态”创建两个热点链接，分别链接到文件 sale.html 和文件 news.html。

素材所在位置：电子资源/案例素材/ch05/练习案例-多美味餐厅，效果如图 5-71 所示。

图 5-71

5.7.3 练习案例——生物科普网

案例练习目标：练习创建锚点链接。

案例操作要点：

1．在网页 scie.html 中的文本“鸟类”“昆虫类”和“植物类”前面，分别插入锚点 bird、insect、plant；在页面底部“快速导航”区域内，分别为“鸟类”“昆虫类”和“植物类”建立锚点链接，依次指向锚点 bird、insect、plant。

2．在网页 contact.html 中的文本“联系我们”前插入锚点 us，在网页 scie.html 底部“快速导航”区域内，为文本“联系我们”建立指向 us 的锚点链接。

3. 在网页 contact.html 底部“快速导航”区域内，分别为“鸟类”“昆虫类”和“植物类”建立指向锚点 bird、insect、plant 的锚点链接。

素材所在位置：电子资源/案例素材/ch05/练习案例-生物科普网，效果如图 5-72 所示。

图 5-72

Dreamweaver CC

6 Chapter

第 6 章 CSS 样式

CSS 样式用于设置网页元素的格式或外观。CSS 样式已经从早期 CSS1.0 规范升级到 CSS3.0 规范，CSS 规范已经成为网页设计技术的重要组成部分。

CSS 样式采用统一构造规则，由对象、属性和属性值组成。CSS 样式可分为 4 种类型，标签样式、类样式、ID 样式和复合样式。同时，CSS 样式通过在网站中创建样式表文件，实现对网站内所有网页元素的统一控制，极大提高了网站的设计、制作和维护的效率。

CSS 设计器中提供了 CSS 样式的一体化操作环境，源确定样式的应用范围，选择器确定不同的样式，属性定义样式的属性和属性值。本章通过创建各种样式类型、文本导航条、CSS 过渡效果和 CSS 动画效果，学习 CSS 样式在网页制作中的应用方法。

 本章主要内容：

1. CSS 样式
2. CSS 样式设计器
3. CSS 属性
4. CSS 过渡效果
5. CSS 动画

6.1 CSS 样式

层叠样式表（Cascading Style Sheet，CSS）是描述网页元素格式的一组规则，用于设置和改变 HTML 网页的外观。

6.1.1 CSS 样式标准

CSS 样式是 W3C（World Wide Web Consortium）组织定义的 HTML 网页外观描述的方法。1996 年 12 月，CSS1.0 规范正式发布，成为 W3C 的推荐标准。1998 年 5 月，CSS2.0 规范出版。2001 年 5 月，W3C 开始制定 CSS3.0 规范，该规范至今没有定稿。CSS3.0 是最新的 CSS 标准。

用户采用 CSS 样式不仅可以对一个网页的布局、字体、图像、背景及其他元素外观进行精确控制，还可以对一个网站的所有网页进行有效的统一控制，只要改变一个 CSS 样式表文件中的 CSS 样式，就可以改变数百个网页外观。CSS 样式与脚本技术相结合可以实现网站外观的动态变换；具有更强大的个性化的表现能力，受到网站设计者和制作者的青睐。

6.1.2 CSS 样式构造规则

CSS 样式是由 3 个要素：对象、属性和属性值构成的。对象是 CSS 样式所作用和控制的网页元素，属性是 CSS 样式描述和设置对象性质的项目，属性值是属性的一个实例。

如果把网页上的文字作为对象，用 CSS 样式控制其外观，分别采用代码和文字描述 CSS 样式构造规则，可表达成如下形式：

```
Body
{
font-family：宋体；
font-size：15px；
color：red；
text-decoration：underline；
}
```

```
页面文字
{
字体：宋体；
大小：15 像素；
颜色：红色；
装饰：下画线
}
```

其中，Body 就是对象，表示页面文字；大括号中的项目，如 font-family、font-size、color 和 text-decoration 等就是属性，分别表示字体、字号、颜色和装饰；宋体、15px、red 和 underline 就是字体属性值，分别表示宋体、15 像素、红色和下画线。

6.1.3 CSS 样式种类

根据 CSS 样式所控制的网页元素不同，可以将样式分为 4 种形式。

当所控制的网页元素是 HTML 中的某一个特定的标签时，为该标签设置的 CSS 样式，称为标签样式，如 body，th 等，在网站中，该类标签都具有该样式的外观。一个标签对应一个样式，这种关系类似于为某一个人定制一款服装。

当把网页中或网站中若干元素归为一类，作为一个整体来看待时，为该类元素设置的 CSS 样式，称为类样式。使用类样式控制一组元素具有相同的外观。几个元素对应一个样式，这种关系类似于为某几个人定制一款服装。

有时，一个标签或元素在网站中的不同网页中，或在一个网页中的不同位置上，外观效果不同，则我们需要先为该特定标签赋予一个唯一的 ID 号，然后，再为具有该 ID 号的标签设置样式，该样式称为 ID 样式，如#nav。一种标签对应若干 ID 标识，一个 ID 标识对应一个样式，这种关系类似于为某一个人定制几款在不同场合穿着的服装。

当设置若干内容相同而名称不同的样式时，或者设置超链接样式时，则可以使用复合样式，如#nav a:link。

6.1.4 CSS 样式应用范围

应用 CSS 样式涉及 3 个范围，分别是在一个标签中，在一个网页中，在整个网站中。

当 CSS 样式应用于一个特定标签里，只对该标签发生作用时，该样式称为内联样式。

当 CSS 样式只应用于一个网页时，常常将样式与网页存储在同一个网页文档中，则该样式仅在一个网页中起作用，称为内部样式。

当 CSS 样式存在于一个 CSS 样式表文件中，独立于任何一个网页，为整个网站所拥有时，则该样式在网站所有的网页中起作用，称为外部样式。当任何一个网页需要该样式时，只需将该特定的网页与 CSS 文档链接即可。在实际应用中，一般采用外部样式，以保证整个网站外观风格和效果的一致性。

6.2 CSS 样式设计器

在 Dreamweaver CC 中，CSS 样式定义和使用有两种方法。一是应用 CSS 样式对话框，二是使用 CSS 设计器。在 CSS 设计器中，“源”确定样式应用范围，“@媒体”定义媒体查询，“选择器”选择样式类型和确定样式名称，“属性”定义和选择属性值。

6.2.1 CSS 样式选择器

本节采用 CSS 样式对话框方法，说明如何使用 CSS 样式选择器选择样式类型和确定样式名称。

选择菜单【窗口】|【插入】，打开【插入】面板，并单击其下拉框右侧按钮，选择【HTML】，如图 6-1 所示。单击【Div】，打开【插入 Div】对话框，如图 6-2 所示。再单击该对话框中的【新建 CSS 规则】按钮，打开【新建 CSS 规则】对话框，如图 6-3 所示。

图 6-1

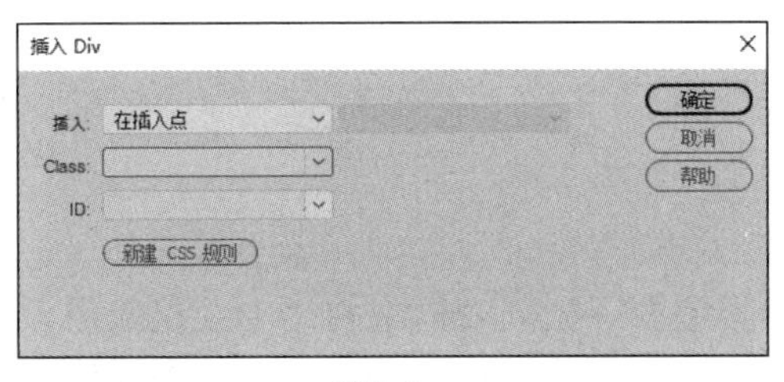

图 6-2

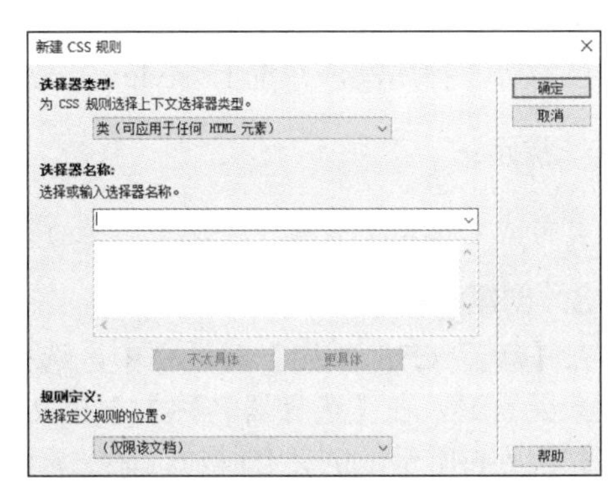

图 6-3

1. 重建 HTML 标签样式

在【新建 CSS 规则】对话框中，在【选择器类型】下拉列表框中选择“标签（重新定义 HTML 元素）”，在【选择器名称】下拉文本框中，选择某一个标签，如 body，单击【确定】按钮，如图 6-4 所示，定义标签样式。

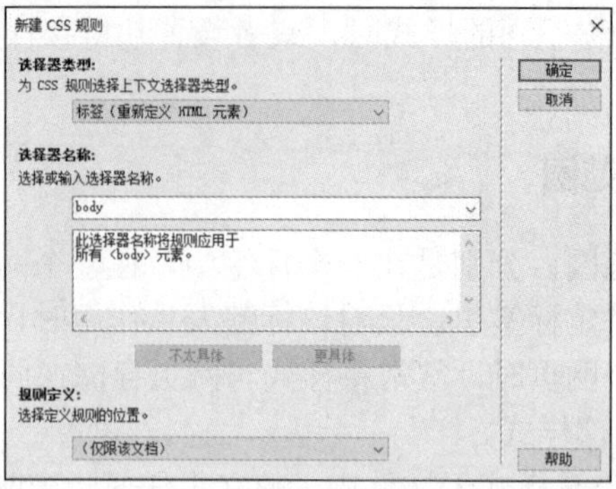

图6-4

当重新定义某一个 HTML 标签样式时，网页中的该 HTML 标签样式都会自动更新，即修改了网页中该 HTML 标签的外观。

在【文档】窗口代码视图中，将鼠标光标置于标签<style>中，输入如下代码：

```
<style type="text/css">
body {
    font-family:宋体;
    font-size: 16px;
    background-color: #A23E40;
}
</style>
```

这里，为<body>标签设置了样式，包括 font-family（字体）、font-size（字号）和 background-color（背景颜色）等 3 种属性，并置于<style>样式标签之中。网页中所有样式都会归集到<style>标签中。

2. 创建类样式

在【新建 CSS 规则】对话框中，选择【选择器类型】下拉列表框中的“类（可应用于任何 HTML 元素）”，在【选择器名称】下拉文本框中，输入类样式名称，如.t1，单击【确定】按钮，如图 6-5 所示，定义类样式。

先创建一个类样式，再将该样式应用到网页中不同的元素上，为不同网页元素设定相同的样式。

在【文档】窗口代码视图中，将鼠标光标置于标签<style>中，输入如下代码：

```
<style type="text/css">
.t1 {
    font-family:宋体;
    font-size: 16px;
    background-color: #A23E40;
}
</style>
```

这里，设置了.t1 类样式，包括 font-family（字体）、font-size（字号）和 background-color（背景颜色）等 3 种属性，并置于<style>样式标签之中。网页中所有样式都会置于<style>标签中。

提示：

类样式名称前必须有一个圆点，表示该样式为类样式。

3. 创建 ID 样式

在【新建 CSS 规则】对话框中，选择【选择器类型】下拉列表框中的“ID（仅应用于一个 HTML 元素）”，在【选择器名称】下拉文本框中，输入 ID 样式名称，如#nav，单击【确定】按钮，如图 6-6 所示，定义 ID 样式。

如果为某一个网页元素设置了 ID 标识，就可以为该元素定义 ID 样式。一旦建立了 ID 样式，它就会自动应用到该元素上，该元素外观会产生相应的变化。

在【文档】窗口代码视图中，将鼠标光标置于标签<style>中，输入如下代码：

```
<style type="text/css">
#nav {
    font-family:宋体;
    font-size: 16px;
    background-color: #A23E40;
}
</style>
```

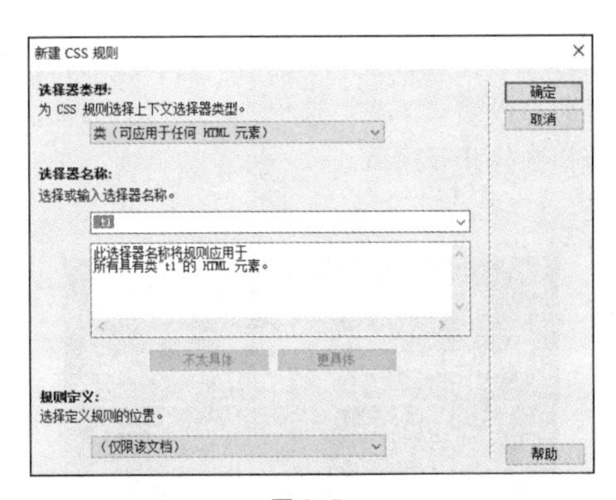

图6-5

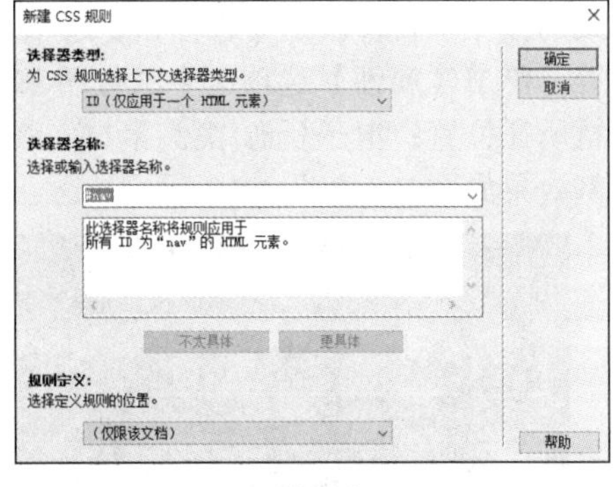

图6-6

这里，设置了#nav 类样式，包括 font-family（字体）、font-size（字号）和 background-color（背景颜色）等 3 种属性，并置于<style>样式标签之中。网页中所有样式都会置于<style>标签中。

提示：

ID 样式名称前必须有一个#号，表示该样式为 ID 样式。

4. 复合样式

在【新建 CSS 规则】对话框中，选择【选择器类型】下拉列表框中的"复合内容（基于选择的内容）"，在【选择器名称】下拉文本框中，输入复合样式名称，如#nav a:link，单击【确定】按钮，如图 6-7 所示，定义复合样式。

在【文档】窗口代码视图中，将鼠标光标置于标签<style>中，输入如下代码：

```
<style type="text/css">
#nav a:link{
    font-family:宋体;
    font-size: 16px;
```

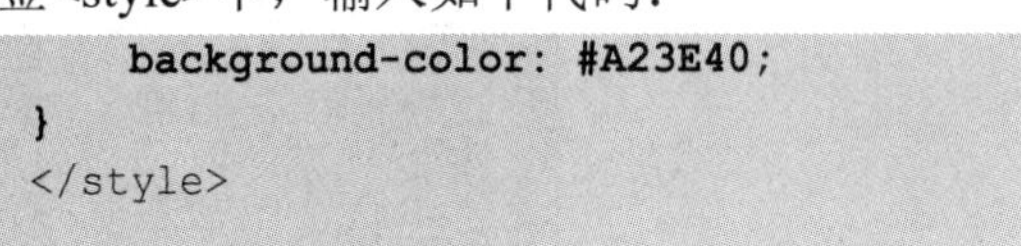

```
    background-color: #A23E40;
}
</style>
```

这里，设置了#nav a:link 复合样式，包括 font-family（字体）、font-size（字号）和 background-color（背景颜色）等 3 种属性，并置于<style>样式标签之中。网页中所有样式都会置于<style>标签中。

一般地，复合样式有两种使用方法：一是定义一个或若干链接样式。二是定义若干内容相同而名字不同的类样式或 ID 样式。例如，在【选择器名称】下拉文本框中，输入若干样式名称".t1, .t2"，并用逗号隔开，如图 6-8 所示。

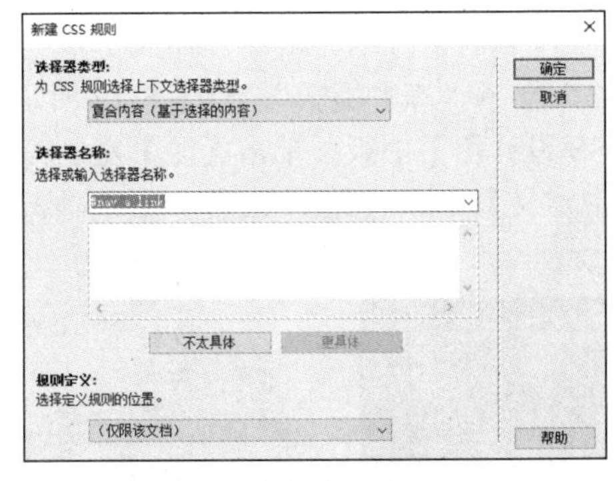

图6-7

图6-8

6.2.2 课堂案例——美好摄影

6-1 美好摄影

案例学习目标：学习使用各种 CSS 样式。

案例知识要点：在【CSS 设计器】面板中，单击【源】选项卡中的按钮 +，选定样式的存储位置；单击【选择器】选项卡中的按钮+，设置标签样式、ID 样式、类样式和复合样式等；单击【属性】选项卡中的按钮+，完成属性的设置。

素材所在位置：电子资源/案例素材/ch06/课堂案例-美好摄影。

案例效果如图 6-9 和图 6-10 所示。

图 6-9

图 6-10

以素材“课堂案例-美好摄影”为本地站点文件夹，创建名称为“美好摄影”的站点。

1. 设置文本类样式

❶ 在【文件】面板中，选择“美好摄影”站点，双击打开文件 index1.html，如图 6-11 所示。

图 6-11

❷ 单击文档窗口上方的【设计】，将鼠标光标置于左侧第二行单元格中，输入文本“艺术风景摄影”，再将鼠标光标置于右侧第二行单元格中，输入文本“静物摄影”，如图 6-12 所示。

❸ 选择菜单【窗口】|【CSS 设计器】，打开【CSS 设计器】面板，单击【源】左侧+按钮，打开【源】下拉框，如图 6-13 所示，选择【在页面中定义】。此时面板中出现<style>，表示可以定义内部样式了。

图 6-12

图 6-13

❹ 在【CSS 设计器】面板中，单击【选择器】左侧+按钮，如图 6-14 所示，出现 CSS 样式名称输入框，输入“.t1”，建立类样式.t1。单击【属性】左侧+按钮，再单击【属性】下方T按钮，出现图 6-15 所示的效果。在【color】文本框中输入“#FFFFFF”；在【font-size】文本框中输

入“19px”，完成该类样式的设定。

图6-14

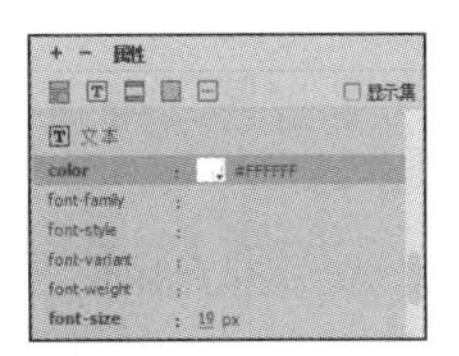

图6-15

❺ 用鼠标拖动选择文本“艺术风景摄影”，选择【属性】面板【HTML】选项卡，在【类】下拉框中选择“.t1”，如图 6-16 所示，为该文本设置类样式.t1。采用同样方法，为文本“静物摄影”设置类样式.t1。

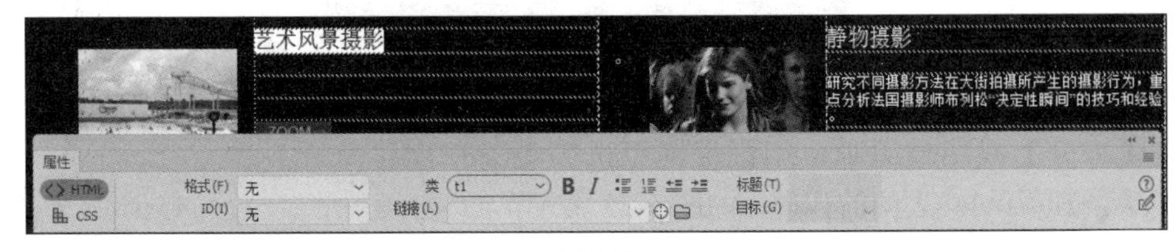

图6-16

2. 设置文本 ID 样式

❶ 将鼠标光标置于“艺术风景摄影”文字下方的第二行单元格中，打开 text_txt 文本文件，输入文本“‘风景’既可以是和一个地域的历史与现状对话，也可以是艺术家表达自我心理状态的载体。风景是不断被更新、改变的‘感知’。”

❷ 同时保持鼠标光标还在该单元格中，打开【属性】面板，在面板【HTML】选项的【ID】文本框中输入“t2”，如图 6-17 所示，作为该单元格的 ID 标识。

❸ 选中【源】面板列表中的<style>，单击【选择器】左侧 + 按钮，出现 CSS 样式名称输入框，输入“#t2”，如图 6-18 所示，建立 ID 类样式#t2。

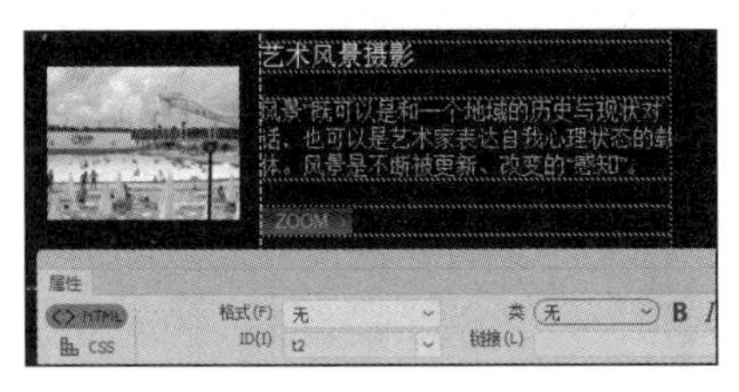

图6-17

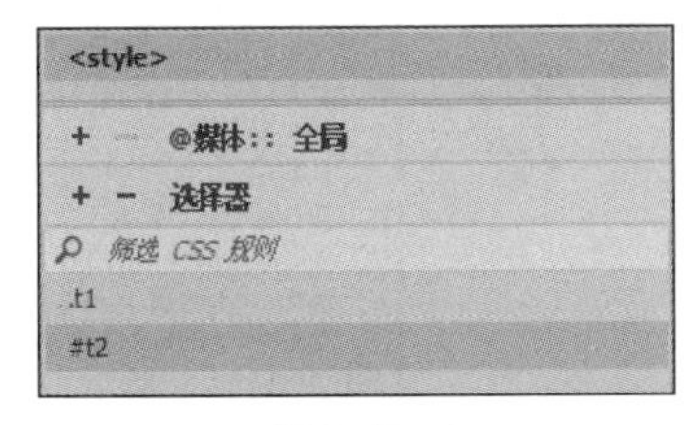

图6-18

❹ 在【属性】面板列表中，选中 CSS 样式#t2，单击【属性】左侧 + 按钮，再单击【属性】下方 T 按钮，出现图 6-19 所示的内容。在【Color】文本框中输入“#FFFFFF”，在【Font-size】文本框中输入“13px”，完成该类样式的设定。此时，ID 标识为#t2 的单元格中的文本自动更改外观，如图 6-20 所示。

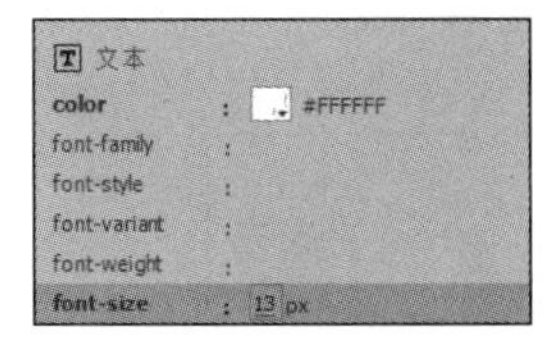

图6-19

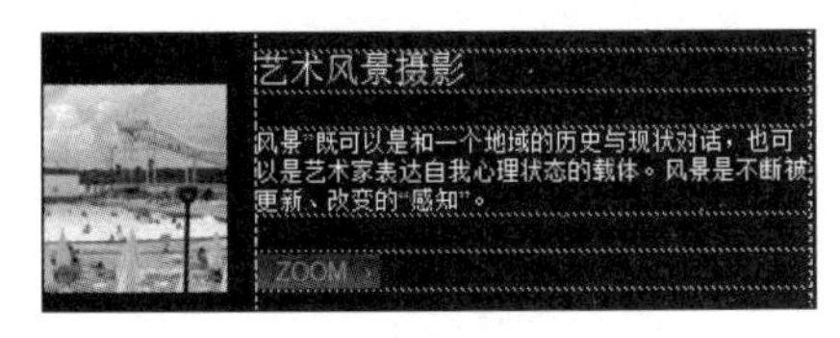

图6-20

❺ 保存网页文档，按<F12>键预览效果。

3. CSS 样式的移动

❶ 在 index1.html 文档中，选择菜单【查看】|【拆分】|【垂直拆分】，如图 6-21 所示。在工作区中，选中【拆分】视图，得到代码和设计视图的左右分割效果，如图 6-22 所示。

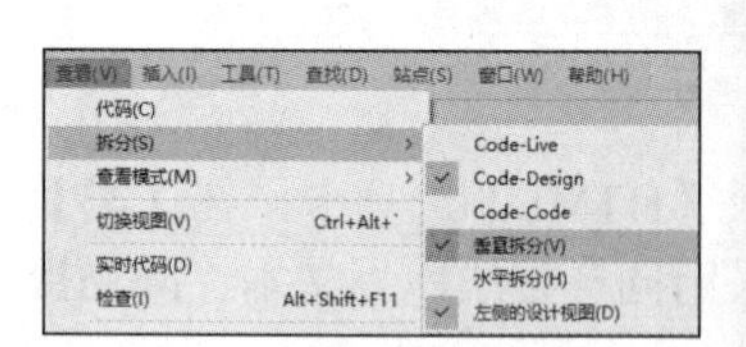

图 6-21

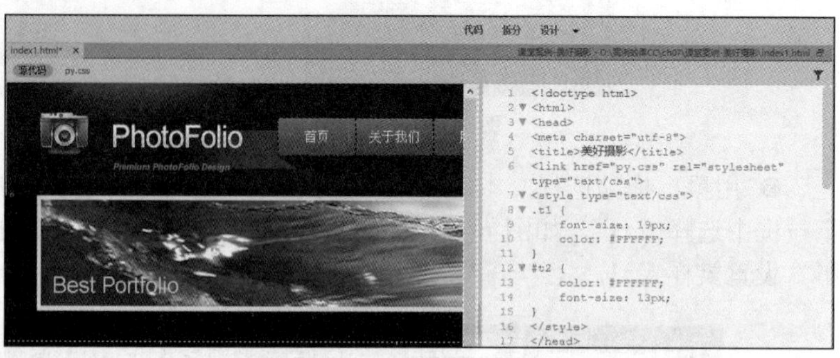

图 6-22

❷ 在【拆分】视图代码中，用鼠标拖曳选中<style type="text/css">和</style>之间的代码，如图 6-23 所示，选中 2 个 CSS 样式。

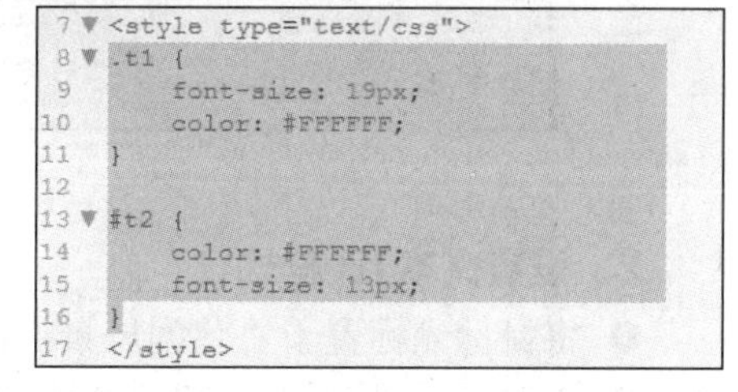

图 6-23

提示：

在【CSS 设计器】面板中，选中【源】中的<style>，再在【选择器】列表中单击选择某一个 CSS 样式，也能够实现选中 CSS 样式的目的。如果选中 CSS 样式后，移至外部样式表，每次只能移动一个。

❸ 选择菜单【工具】|【CSS】|【移动 CSS 规则】，如图 6-24 所示。打开【移至外部样式表】对话框，如图 6-25 所示。选择【新样式表】单选按钮，单击【确定】按钮，打开【将样式表文件另存为】对话框，在【文件名】文本框中输入"photography"，如图 6-26 所示。

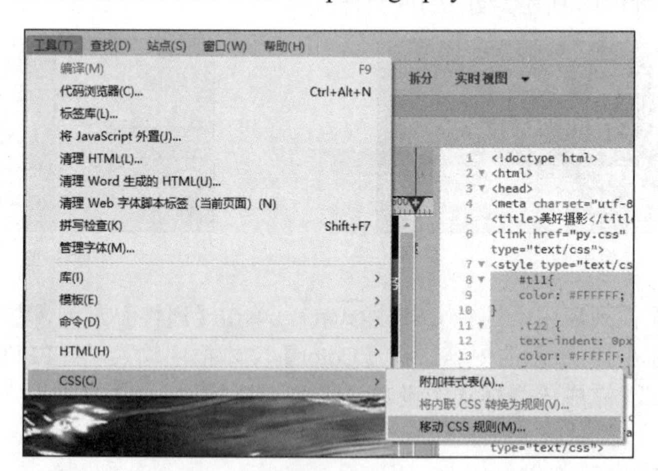

图 6-24

移至外部样式表

将规则移至

○样式表(S)： 浏览(B)...

◉新样式表(N)...

确定 取消 帮助(H)

图 6-25

❹ 单击【保存】按钮，样式表文件 photography.css 创建完成，如图 6-27 所示，此时，两个内部样式被移至该样式表文件中，成了外部样式。

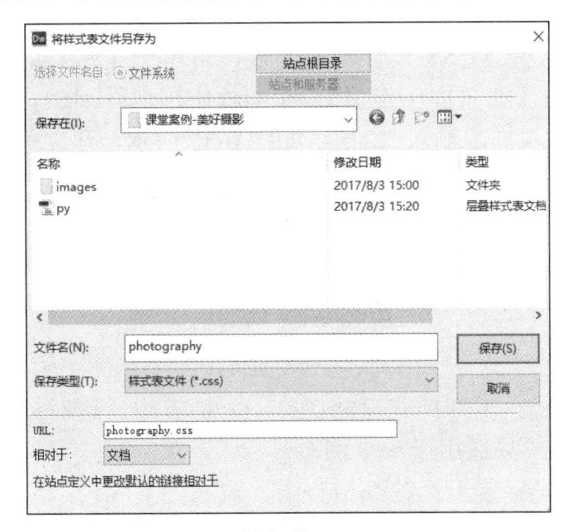

图 6-26

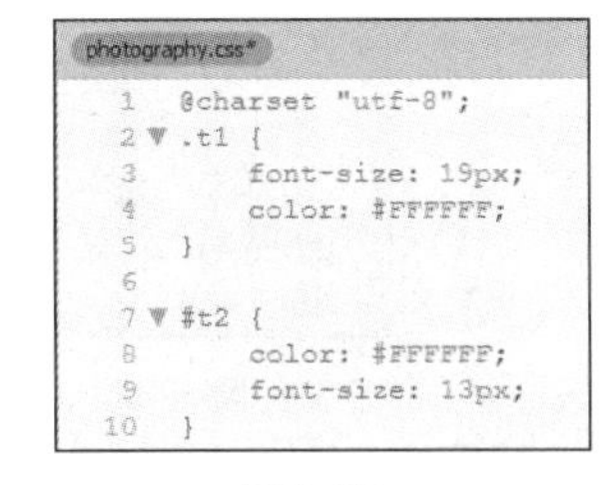

图 6-27

4. CSS 样式的附加

❶ 在【文件】面板中，双击文件 index2.html，如图 6-28 所示。

❷ 选择菜单【工具】|【CSS】|【附加样式表(A)】，打开【使用现有的 CSS 文件】对话框，如图 6-29 所示。单击【浏览】按钮，选中现有的 CSS 样式表文件 photography.css，单击【确定】按钮，将 photography.css 样式表文件链接到该网页。

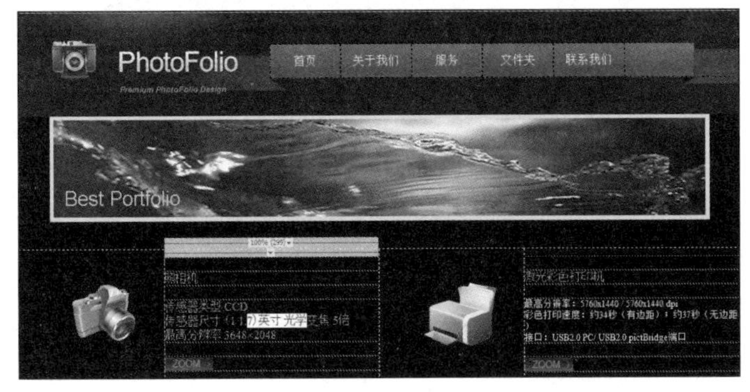

图 6-28

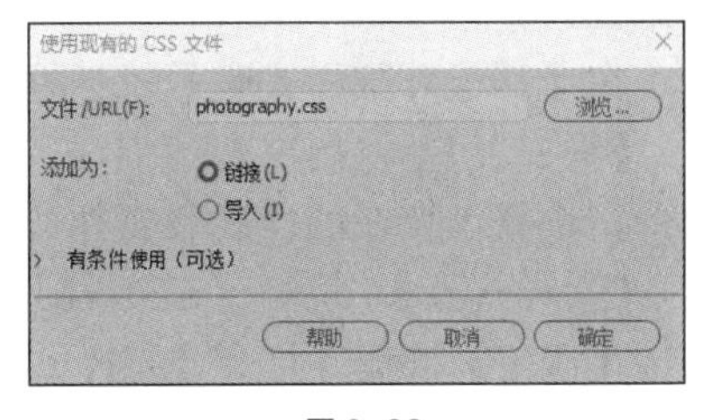

图 6-29

❸ 分别选择文本“照相机”和“激光彩色打印机”，并在【属性】面板【HTML】选项卡中，将【类】设置为.t1，如图 6-30 所示。

❹ 将鼠标光标置于“照相机”右侧文字单元格中，并在【属性】面板【ID】下拉文本框中输入 t2，如图 6-31 所示，作为其 ID 标识，如此单元格表格中文字自动应用#t2 样式。

❺ 保存网页文档，按<F12>键预览效果。

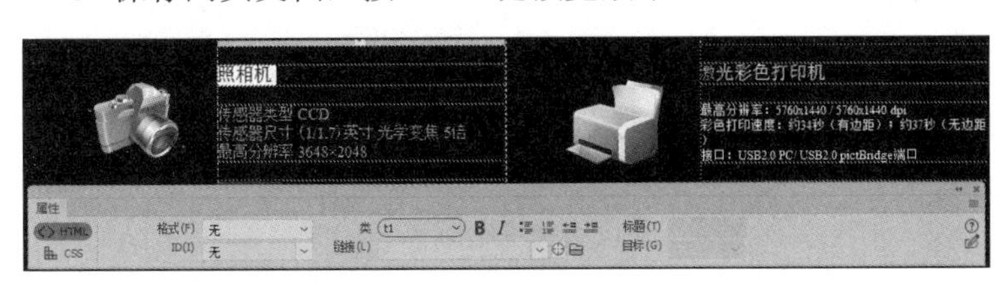

图 6-30

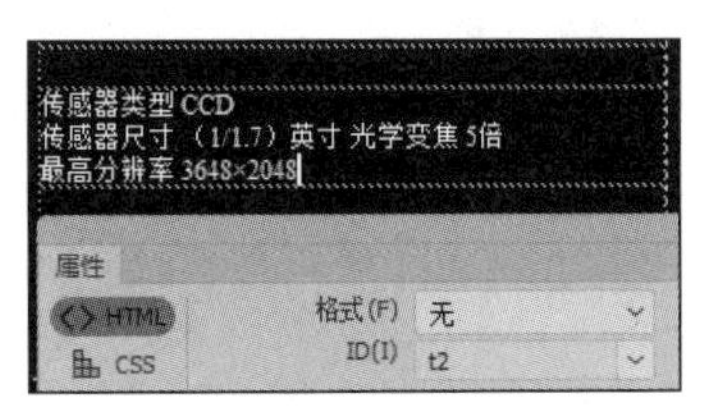

图 6-31

6.2.3 CSS 样式的使用

1. 定义内部样式

选择菜单【窗口】|【CSS 设计器】，打开【CSS 设计器】面板，再单击【源】左侧 + 按钮，打开【源】下拉框，如图 6-32 所示，单击【在页面中定义】，在面板中出现<style>。再单击【选择器】左侧 + 按钮，出现 CSS 样式名称输入框，输入“.t1”，如图 6-33 所示，建立类样式.t1。

图 6-32

图 6-33

仅限于一个网页文档的样式为内部样式。内部样式存储在<style>标签中，这对标签位于该网页的<head>和</head>标签中，因此内部样式只适用于一个网页。

在【文档】窗口代码视图中，将鼠标光标置于标签<head>中，输入如下代码：

```
<style type="text/css">
    .t1{
}
</style>
```

2. 移动 CSS 规则

移动 CSS 规则是把内部样式移动到一个样式表文件中，将内部样式转换为外部样式，还可以从一个样式表文件移动到另一个样式表文件中，具体操作步骤如下。

❶ 在【代码】视图中，用鼠标拖曳选中<style type="text/css">和</style>之间的代码。

❷ 选择菜单【工具】|【CSS】|【移动 CSS 规则】，打开【移至外部样式表】对话框，如图 6-34 所示。

在【移至外部样式表】对话框中，各选项的含义如下。

【样式表】：将指定 CSS 样式移到一个已经存在的样式表文件中。在【样式表】右侧下拉文本框中，选择已存在的样式表文件。

【新样式表】：将指定 CSS 样式移到一个新建的样式表文件中。选择【新样式表】单选按钮，单击【确定】按钮，打开【将样式表文件另存为】对话框，如图 6-35 所示，在【文件名】文本框中输入新建 CSS 样式表文件名，如 photography，单击【保存】按钮，则将内部样式存储到新的样式表文件中。

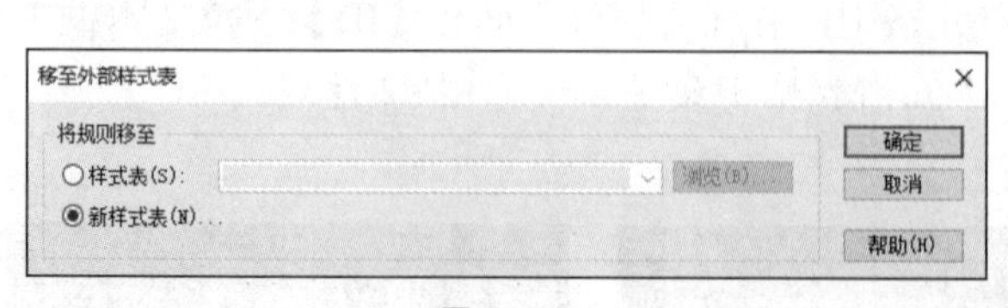

图 6-34

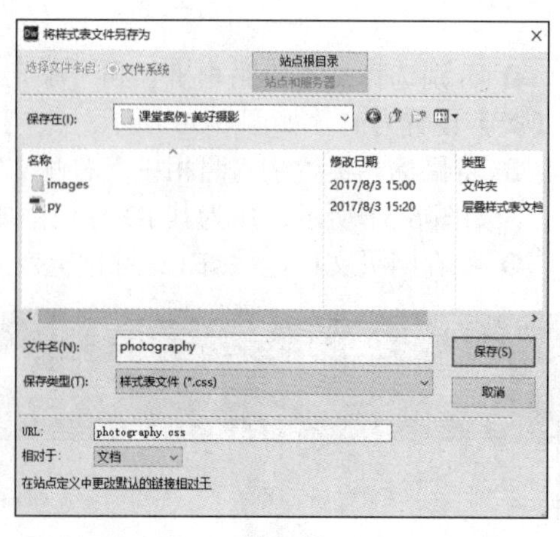

图 6-35

3. 定义外部样式表文件

将样式存储在CSS样式表文件中就生成了外部样式，外部样式可以作用于网站中的所有网页。

在【CSS设计器】面板中，单击【源】左侧 + 按钮，打开【源】下拉框，单击【创建新的CSS文件】，打开【创建新的CSS文件】对话框，如图6-36所示。在【文件/URL】文本框中输入新建CSS样式表文件名，单击【确定】按钮，则新建一个样式表文件。

在【创建新的CSS文件】对话框中，各选项的含义如下。

【链接】：将外部CSS样式与网页关联，但不导入网页，在网页中生成<link>标签。该方式为首选方式。

【导入】：将外部CSS样式信息导入网页，在网页中生成<@import>标签。

在【文档】窗口代码视图中，将鼠标光标置于标签<head>中，输入如下代码：

```
<link href="photography.css" rel="stylesheet" type="text/css">
```

这里，<link>标签用于将一个CSS样式表文件链接到本网页中，href属性指定了CSS样式表文件的位置。

4. 附加样式表文件

附加样式表将外部样式链接到网站中的某一个网页，具体操作步骤如下。

❶ 在站点中建立一个新网页。

❷ 选择菜单【工具】|【CSS】|【附加样式表】，打开【使用现有的CSS文件】对话框，如图6-37所示。

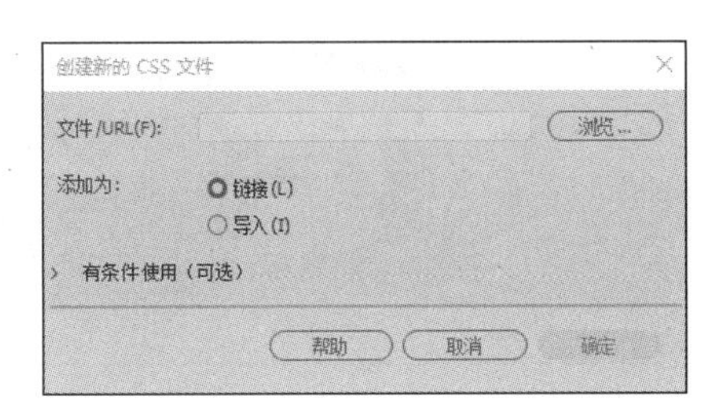

图6-36

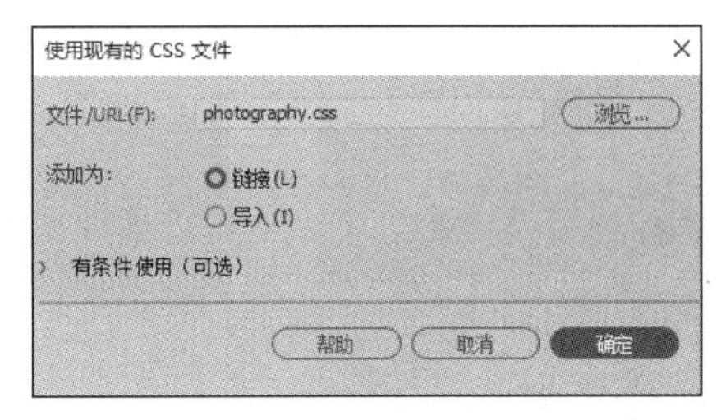

图6-37

❸ 单击【浏览】按钮，选中现有的CSS样式表文件，如photography.css，再单击【确定】按钮，将photography.css样式表文件链接到该网页。

当样式表文件链接成功后，就可以在新网页中使用样式表文件中的所有样式。

6.2.4 CSS样式的编辑

在网站设计时，有时需要修改网页的内部样式和网站的外部样式。如果修改网页的内部样式，则会自动修改该网页中相关元素的格式或外观；如果修改网站的外部样式，则会修改网站所有网页中相关元素的格式或外观。

编辑样式有如下两种方法。

（1）使用【CSS设计器】面板

在【CSS设计器】面板中，选择【源】列表中的样式表文件，选择【属性】列表中的一个特定CSS样式，如.t1，并勾选【显示集】，如图6-38所示，设置和修改相关属性，完成修改工作。

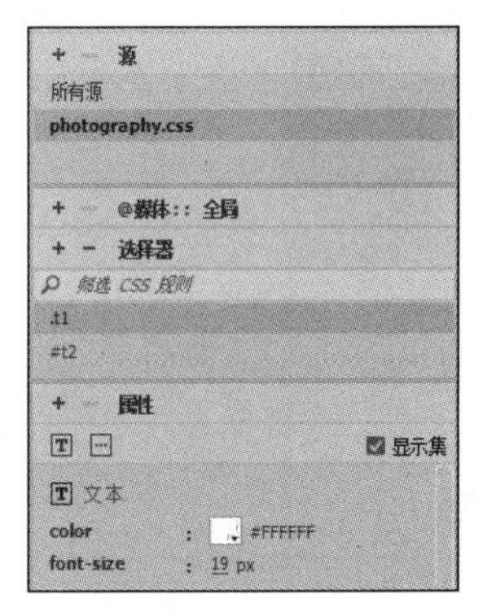

图6-38

（2）使用【代码】视图

在【代码】或【拆分】视图中，在页面代码中找到<style>标签，对其中样式直接修改；或打开某个特定CSS样式表文件，对其中样式代码直接修改。

6.3 CSS 属性

CSS 属性是 CSS 样式的主要内容，它控制和改变网页元素的格式和外观。本节以 CSS 设计器为参照，将 CSS 属性分为 4 类：布局、文字、边框和背景。

6.3.1 课堂案例——走进台湾

6-2 走进台湾

案例学习目标：学习设置 CSS 文字导航条。

案例知识要点：在【CSS 设计器】面板中，灵活使用【选择器】,【属性】中的分类：布局、文字、边框和背景，完成 CSS 属性的设置。

素材所在位置：电子资源/案例素材/ch06/课堂案例-走进台湾。

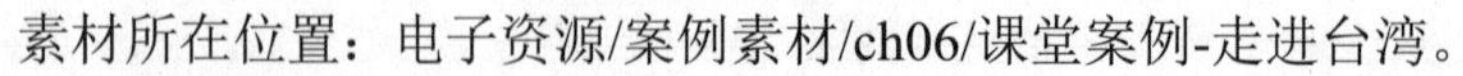

案例效果如图 6-39 所示。

以素材“课堂案例-走进台湾”为本地站点文件夹，创建名称为“走进台湾”的站点。

1. 插入<div>标签并设置导航条框架

❶ 在【文件】面板中，选择“走进台湾”站点，双击打开文件 index.html，并选择菜单【查看】|【拆分】|【水平拆分】，得到【设计】和【代码】视图的上下排列效果，如图 6-40 所示。

图 6-39

图 6-40

❷ 拖曳鼠标选中“在此处添加导航条”文字并删除，保持光标仍处于该位置上。在【插入】面板【HTML】选项卡中，选择【Div】按钮，打开【插入 Div】对话框，在【ID】下拉文本框中输入“nav”，如图 6-41 所示。

❸ 单击【新建 CSS 规则】按钮，打开【新建 CSS 规则】对话框，如图 6-42 所示，在【选择器名称】下拉文本框中自动填入#nav，在【规则定义】下拉文本框中，选择（新建样式表文件）。

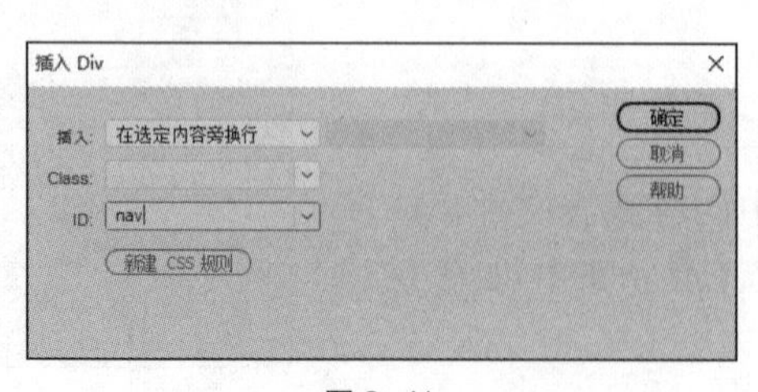

图 6-41

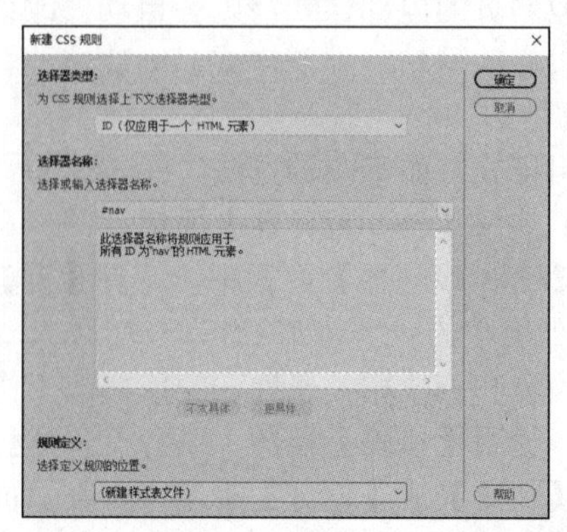

图 6-42

❹ 单击【确定】按钮，打开【将样式表文件另存为】对话框，在【文件名】文本框中输入“taiwan”，单击【保存】按钮，打开【#nav 的 CSS 规则定义（在 taiwan.css 中）】对话框，如图 6-43 所示，选择左侧【方框】，在【Width】文本框中输入“900px”，在【Height】文本框中输入“28px”。

❺ 单击【确定】按钮，完成 ID 为#nav 的<div>标签的插入及#nav 样式的定义，如图 6-44 所示。在【代码】视图中，选中并删除文本“此处显示 id "nav" 的内容”，输入“首页”，如图 6-45 所示。

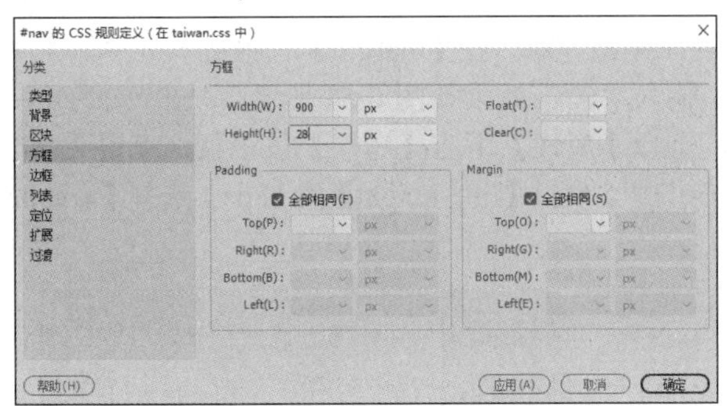

图 6-43

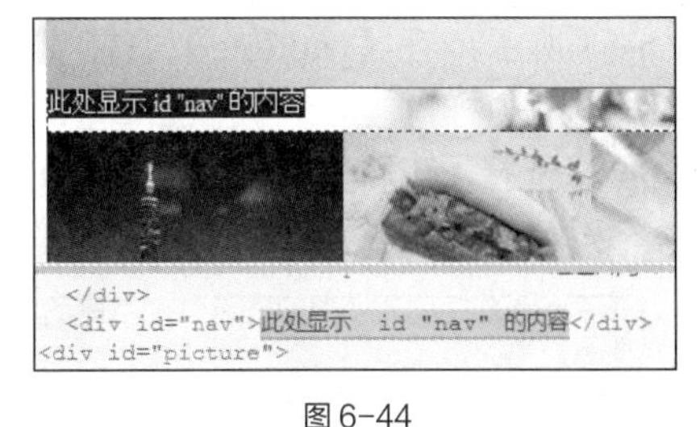

图 6-44

❻ 选择文本“首页”，在【属性】面板中选择【HTML】选项卡，如图 6-46 所示，选中【项目列表】按钮，在【链接】文本框中输入#，为“首页”建立空链接，效果如图 6-47 所示。

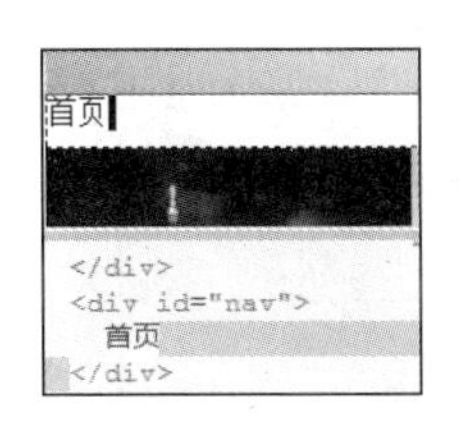

图 6-45

图 6-46

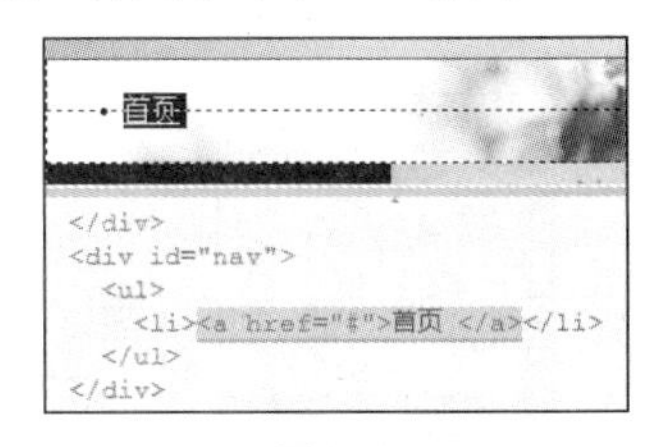

图 6-47

❼ 在【代码】视图中，选中“<li><a href="#">首页</a></li>”这段代码，并在其下方复制 5 次，并将“首页”分别改成“地理”“人文”“美食”“节日”和“教育”，完成导航条的结构制作，如图 6-48 所示。

2. 设置导航条样式

❶ 单击 index.html 下方的 taiwan.css，如图 6-49 所示，从网页源代码切换到样式表文件的代码视图中，如图 6-50 所示。在样式表文件代码中，可以看到已经定义的#nav 样式。

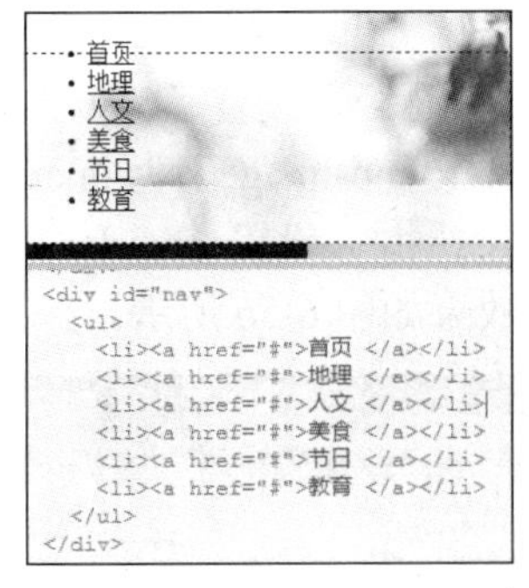

图 6-48

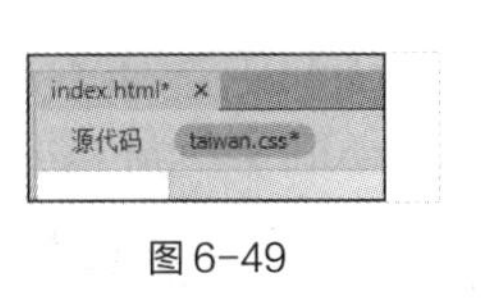

图 6-49

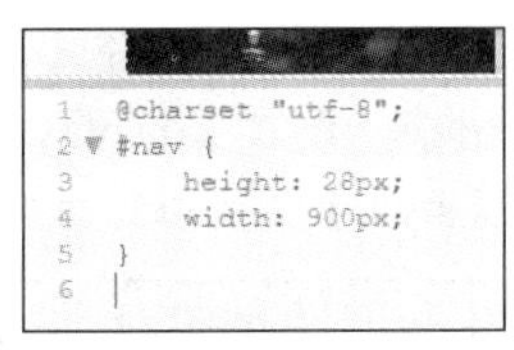

图 6-50

❷ 在【CSS 设计器】面板中，选择【源】下方的 taiwan.css，再单击【选择器】左侧按钮+，出现属性名称文本框，输入“#nav ul”，完成新样式的设置，如图 6-51 所示。

提示：

#nav ul 这种形式的样式被称为派生选择器，这里定义的<ul>标签样式仅在 ID 为#nav 的<div>元素中起作用。派生选择器是根据网页文档上下文关系来确定某个标签的样式，增加了样式定义的灵活性。

❸ 选中#nav ul 样式，单击【属性】下方的文字按钮，在【list-style-type】下拉框中选择 none，如图 6-52 所示；再点击【属性】下方的布局按钮，在【margin】右侧文本框中输入“0”，如图 6-53 所示；在【padding】右侧文本框中输入“0”，效果如图 6-54 所示。

❹ 采用同样的方法，定义#nav li 样式，选择【属性】下方【布局】按钮，设置【width】为 150px，选择【float】为；选择【文字】按钮，设置【line-height】为 28px，选择【text-align】为，效果如图 6-55 所示。

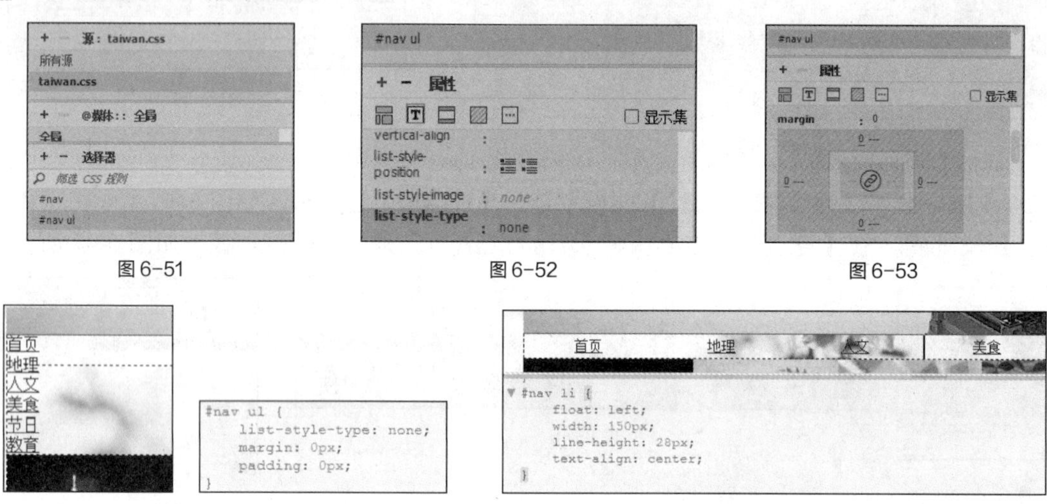

图 6-51　　图 6-52　　图 6-53

图 6-54　　图 6-55

提示：

在#nav li 样式中，设置 float 属性为 left，则导航条为横向导航条；如果不设置 float 属性，即为默认设置，则该导航条为纵向导航条。

❺ 单击【设计】右侧的向下箭头按钮，在下拉菜单中选择【实时视图】，将【设计】视图转换到【实时视图】。

❻ 采用同样的方法，定义#nav li a 样式，选择【文字】按钮，设置【font-size】为 14px，设置【color】为#993300；选择【背景】按钮，设置【background-image】为 image/bg2.jpg；选择【布局】按钮，设置【display】为 block；选择【方框】按钮，设置【border】中的【width】为 1px，选择【style】为 solid，设置【color】为#FFFFFF，效果如图 6-56 所示。

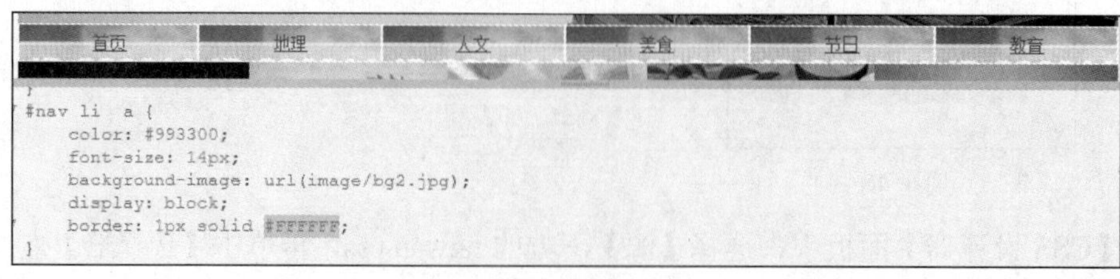

图 6-56

❼ 采用同样的方法，定义#nav li a:hover 样式，选择【背景】按钮，设置【background-image】为 image/bg3.jpg。将鼠标光标在导航条上移动可以看到设置后的效果。

❽ 保存网页文档，按<F12>键预览效果。

6.3.2　用<ul>和<li>创建导航条

<ul>和<li>标签不仅可以用于无序列表，还可以通过设计 CSS 样式完成导航条的制作。该方法在计算机端和移动端网页设计中均被广泛采用。

采用<ul>和<li>标签设计的导航条网页代码如下：

```
<!doctype html>
<html>
<head>
<meta charset="utf-8">
<title>ulli 导航条</title>
<style type="text/css">
#nav{
width:400px;/* 设定导航条宽度和高度 */
height: 30px;
}
#nav ul{
list-style:none; /* 取消菜单项的列表符号，设定内外边距为零 */
margin:0;
padding:0;
}
#nav li{
float:left;/* 使用 float 属性，控制导航条为横排,否则为竖排*/
width:100px;/* 设定菜单项的宽度*/
line-height:30px;  /* 设定 li 行高， 文字自动垂直居中 */
}
/* 设定菜单项的链接效果 */
#nav li a{
display:block;/* 将 a 标签区块化*/
text-decoration:none; /* 取消 a 标签下划线 */
text-align:center;
background-color:#000;
color:#fff;
}
/* 设定菜单项的鼠标翻转效果 */
#nav li a:hover{
background-color:#eee;
color:#000;
}
</style>
</head>
<body>
<div id="nav">
<ul>
    <li><a href="#">首页</a></li>
    <li><a href="#">个人介绍</a></li>
    <li><a href="#">作品展示</a></li>
    <li><a href="#">联系我们</a></li>
</ul>
</div>
</body>
</html>
```

在这段代码中，<div>标签之间的部分是由<ul>、<li>和<a>标签构成的导航条结构，<style>之间的部分由 CSS 样式#nav、#nav ul、#nav li、#nav li a 和#nav li a:hover 组成，分别用于设置导航条大小、取消菜单项的列表符号、菜单项的大小、菜单项链接效果和鼠标翻转效果。

提示：

#nav ul 为复合选择器，表示此 ul 标签样式专属于#nav 的子样式。

6.3.3　布局

在【CSS 设计器】面板的【属性】列表框中，点击按钮，得到网页元素布局相关的属性列表，如图 6-57 所示。

布局属性各选项的功能如下。

【width】和【height】：设置网页元素的宽度和高度。

【min-width】和【min-height】：设置元素的最小宽度和高度。

【max-width】和【max-height】：设置元素的最大宽度和高度。

【display】：设置网页元素的显示方式和类型，包括多种选项，其中 none（无）表示此元素不显示，inline（在行内）默认，此元素会被显示为内联元素，block（块）表示此元素将显示为块元素，元素前后会带有换行符。

【box-sizing】：以特定的方式定义匹配某个区域的特定元素。

【margin】：设置网页元素边框外侧的距离，可以分别设置 top（顶部），bottom（底部），right（右侧）和 left（左侧）4 个方向的外边距，也可以为这 4 个方向设置一个共同的外边距，如图 6-58 所示。

图 6-57

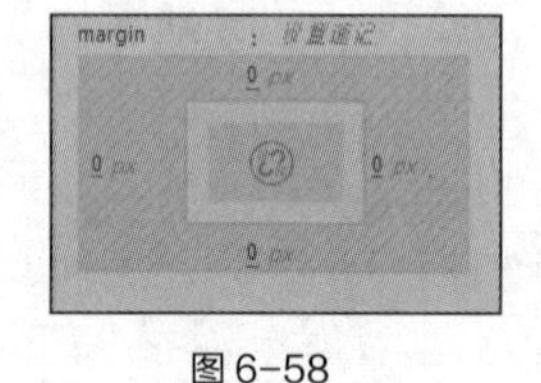

图 6-58

【padding】：设置网页元素内容与边框的距离，可以分别设置 top（顶部），bottom（底部），right（右侧）和 left（左侧）4 个方向的内边距，也可以为这 4 个方向设置一个共同的内边距。

【position】：设置网页元素的定位类型，包括 4 个选项：absolute（绝对），fixed（固定），relative（相对）和 static（静态）。absolute 表示以网页中上级框的左上角点为坐标原点，通过给定坐标值，确定其在上级框中的位置。fixed 表示以窗口左上角点为坐标原点，确定位置，但当页面滚动时，其位置保持不变。relative 和 static 是另外一种定位方式，常用于 Div+CSS 布局。

【float】：设置网页元素的浮动方向，包括 3 个选项：left（左）表示元素向左侧浮动，right（右）表示元素向右侧浮动，none（无）是默认值，表示元素不浮动。该属性在 CSS 布局中经常使用。

【clear】：设置元素的哪一侧不允许其他浮动元素，包括 4 个选项：left（左）表示在左侧不允许浮动元素，right（右）表示在右侧不允许浮动元素，both（两者）表示在左右两侧均不允许浮动元素，none（无）表示默认值，允许浮动元素出现在两侧。该属性经常与 Float 属性配合使用。

【overflow-x】：设置如果元素内容溢出区域，是否对元素内容的左/右边缘进行裁剪，包括 4 种选项：visible（可见），hidden（隐藏），scroll（滚动）和 auto（自动）。

【overflow-y】：设置如果元素内容溢出区域，是否对元素内容的上/下边缘进行裁剪，包括 4 种选项：visible（可见），hidden（隐藏），scroll（滚动）和 auto（自动）。

【visibility】：设置元素是否可见，包括 3 个选项：inherit（继承），visible（可见）和 hidden（隐藏），其中 visible 为默认值。

【z-index】：设置元素的堆叠顺序。该属性值较大的元素总会处于该值较小的元素的前面，仅在定位元素上产生作用。

【opacity】：CSS3 样式，设置元素的不透明级别，采用数值从 0.0（完全透明）到 1.0（完全不透明）来表示。

6.3.4 文字

在【CSS 设计器】面板的【属性】列表框中，单击按钮 T，得到与文字相关的属性列表，如图 6-59 所示。

文字属性各选项的功能如下。

【color】：设置文本颜色。

【font-family】：设置文本的字体。既选择已有的中英文字体，也可以通过“编辑字体列表”功能添加其他字体。

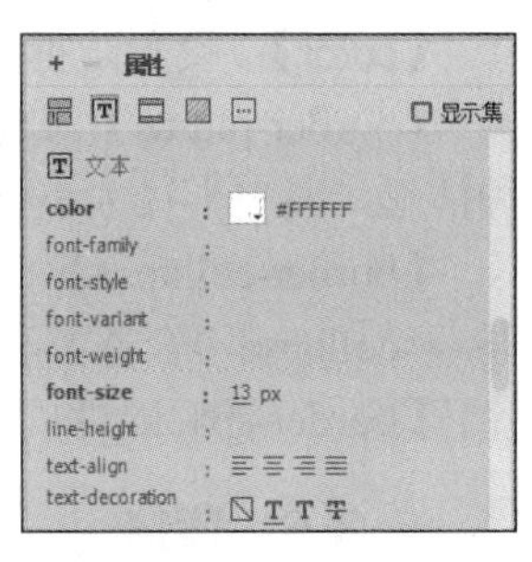
图6-59

【font-style】：设置字体的风格，包括3个选项：normal（正常），italic（斜体）或oblique（偏斜体），默认设置为normal。

【font-weight】：设置字体的粗细效果，包括normal（正常），bold（粗体），bolder（特粗体），lighter（细体）或具体数值。通常normal等于400像素效果。

【font-size】：定义字体的大小。可以选择xx-small（xx小），x-small（x小），small（小），medium（中等），large（大），x-large（x大），xx-large（xx大），smaller（较小）和larger（较大），也可以输入具体数值，一般以像素为单位。

【line-height】：设置文本所在的行高。可选择normal（正常）或输入具体数值。normal选项表示自动计算字体大小以适应行高。

【text-align】：设置块文本的对齐方式，包括4个选项：left（左对齐），center（居中对齐），right（右对齐）和justify（两端对齐）。

【text-decoration】：控制文本和链接文本的显示形态。包括5个选项：underline（下画线），overline（上画线），line-through（删除线），blink（闪烁）或none（无）。链接文本的默认设置为underline（下画线）。

【text-indent】：设置块文本的缩进，可以输入缩进数值，在右侧下拉列表框中选择度量单位。

【text-shadow】：CSS3样式，设置文本阴影，包括h-shadow（水平阴影），v-shadow（垂直阴影），blur（模糊距离）和color（阴影颜色）。

【text-transform】：设置文本的大小写，包括none（无，默认值），capitalize（单词首字母大写），uppercase（大写），lowercase（小写）和inherit（继承）。

【letter-spacing】：设置字符之间的距离，可选择normal（正常）或输入具体数值。

【word-spacing】：设置文字之间的距离，可选择normal（正常）或输入具体数值。

【vertical-align】：控制文字或图像相对于其上级元素的垂直位置，包括baseline（基线），sub（下标），super（上标），top（顶部），text-top（文本顶部），middle（中部），bottom（底部），text-bottom（文本底部）等多种对齐方式，还可以输入具体数值。

【list-style-type】：设置项目符号或编号，包括disc（实心圆），circle（空心圆），square（实心方块），decimal（阿拉伯数字），lower-roman（小写罗马数字），super-roman（大写罗马数字），lower-alpha（小写英文字母），super-alpha（大写英文字母）和none（无）等17个选项。

【list-style-image】：为项目符号指定自定义图像。

【list-style-position】：用于描述项目符号位置，可选择inside（内侧）和outside（外侧）。

6.3.5 边框

在【CSS设计器】面板的【属性】列表框中，单击按钮▭，得到块元素边框相关的属性列表，如图6-60所示。

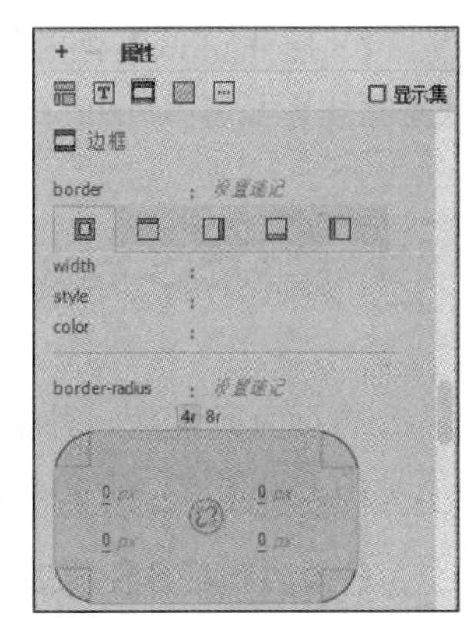
图6-60

边框属性各选项的功能如下。

【border】用于控制块元素在上、下、左、右4个方向上的边框特性，包括线型、颜色和大小。

【style】：设置边框线的线型，包括10个选项：none（无），dotted（虚线），dashed（点画线），solid（实线），double（双线），groove（槽状），ridge（脊状），inset（凹陷），outset（凸起）和hidden（隐藏）。

【width】：设置边框线的宽度，包括thin（细），medium（中），thick（粗）。

【color】：设置边框线的颜色。

【border-radius】：CSS3 属性，设置元素圆角边框，包括 4 个圆角中设置 4 个半径和 8 个半径两种情形，其中半径大小可以使用数值或百分比。

【border-collapse】：设置表格的边框是否被合并为一个单一的边框，包括 3 个选项：separate（分开），collapse（合并）和 inherit（继承）。

【border-spacing】：设置相邻单元格的边框间的距离。

6.3.6 背景

在【CSS 设计器】面板【属性】列表框中，点击按钮▨，得到与网页背景相关的属性列表，如图 6-61 所示。

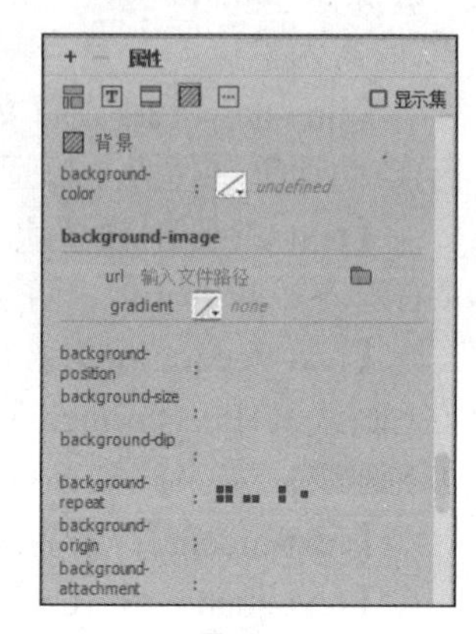

图 6-61

背景属性各选项的功能如下。

【background-color】：设置网页元素的背景颜色。

【background-image】：设置网页元素的背景图像和图像渐变。

【background-position】：设置背景图像的起始位置，水平位置可以选择 left（左对齐），center（居中），right（右对齐），或输入具体数值；垂直位置可以选择 top（顶对齐），center（居中），bottom（底部对齐）或输入具体数值。

【background-size】：CSS3 属性，设置背景图像的高度和宽度，包括两个选项：cover（覆盖）和 contain（包含），以及使用数值或百分比进行设定。

【background-clip】：CSS3 属性，设置背景的裁剪区域，包括 border-box（边界盒子），padding-box（内边距盒子）和 content-box（内容盒子）。

【background-repeat】：设置背景图像的平铺方式，包括 4 个选项：no-repeat（不重复）表示从起始点按原图大小显示，repeat（重复）表示从起始点沿水平和垂直方向平铺图像，repeat-x（x 方向重复）表示沿水平方向平铺图像，repeat-y（y 方向重复）表示沿垂直方向平铺图像。

【background-origin】：CSS3 属性，设置背景图像的基准位置，包括 3 个选项：padding-box（内边距盒子），border-box（边界盒子）和 content-box（内容盒子）。

【background-attachment】：设置背景图像是否固定或者随着页面的其余部分滚动，包括两个选项：fixed（固定）表示背景图像固定在原始位置上，scroll（滚动）表示背景图像随元素一起滚动。

【box-shadow】：CSS3 属性，设置盒子区域阴影，包括 6 个选项：h-shadow（水平阴影长度），v-shadow（垂直阴影长度），blur（模糊距离），spread（阴影尺寸），color（阴影颜色）和 inset（内嵌）。

6.4 CSS 过渡效果

当页面元素从一种样式转换到另一种样式时所添加的动态效果，称为 CSS 过渡效果。这种效果是由 CSS3 规范中的 transition 属性实现的。

6.4.1 CSS 样式私有属性

1. 浏览器内核或引擎

浏览器内核就是浏览器所采用的渲染引擎，它决定了浏览器如何显示网页的内容以及页面的格式信息。当前，主流浏览器内核包括：Mozilla，WebKit，Opera 和 Trident 等 4 种。

不同的浏览器采用不同的内核或多个内核，如 Firefox（火狐）浏览器采用 Mozilla 内核，Safari（苹果）和 Chrome（谷歌）等浏览器采用 WebKit 内核，Opera 浏览器采用 Opera 内核，IE 浏览器采用 Trident 内核，360 极速浏览器采用 WebKit 和 Trident 内核。

2. CSS 样式属性前缀

在 CSS3 规范中，有些 CSS 属性还不能被所有浏览器内核所采纳，尚未成为 W3C 标准，但在各种浏览器内核中以其私有属性前缀方式获得支持，就构成了 CSS 样式的私有属性。Mozilla 内核的 CSS 前缀为-moz-，WebKit 内核的 CSS 前缀为-webkit-，Opera 内核的 CSS 前缀为-o- ，Trident 内核的 CSS 前缀为-ms-。

6.4.2 课堂案例——墙体装饰

案例学习目标：学习使用 CSS 过渡效果。

案例知识要点：在【CCS 过渡效果】面板中，打开【新建过渡效果】对话框，完成新建 CSS 过渡效果的设置。

素材所在位置：电子资源/案例素材/ch06/课堂案例-墙体装饰。

案例效果如图 6-62 所示。

以素材“课堂案例-墙体装饰”为本地站点文件夹，创建名称为“墙体装饰”的站点。

图 6-62

1. 设置图片阴影

❶ 在【文件】面板中，选择“墙体装饰”站点，双击打开文件 index.html。将【设计】视图切换到【实时视图】，并【拆分】为上下视图，如图 6-63 所示。

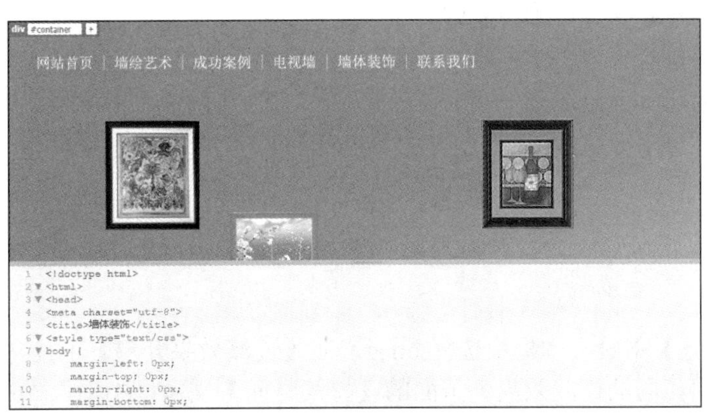

图 6-63

❷ 在【CSS 设计器】面板中，单击【源】左侧按钮 +，再单击【创建新的 CSS 样式文件】，打开相应对话框，如图 6-64 所示，在【文件/URL】文本框中输入“decoration”，单击【确定】按钮，建立新样式文件。

❸ 选择【源】下方的 decoration.css，再单击【选择器】左侧按钮 +，出现属性名称文本框，输入“.imag”，完成新类样式的定义。

❹ 选中【选择器】列表中的.imag，在【属性】面板中，单击【背景】按钮▨，如图 6-65 所示，设置【box-shadow】的相关属性，【h-shadow】为 10px，【v-shadow】为 10px，【blur】为 5px，【color】为#9C725A，【spread】和【inset】保持默认状态，完成样式设定。

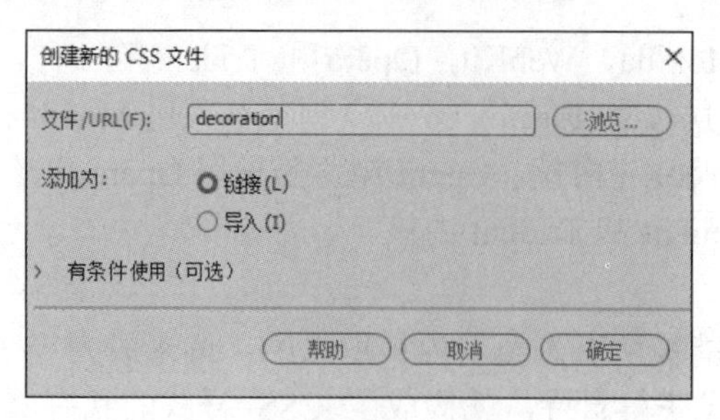

图 6-64

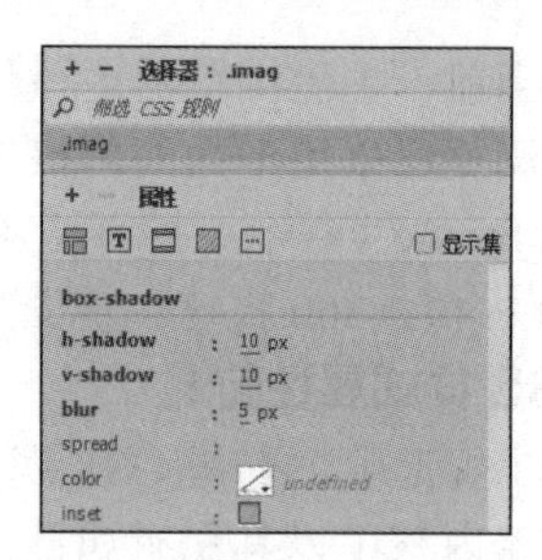

图 6-65

提示：

在【代码】框中，从【源代码】切换到 decoration.css，.imag 类样式定义了盒子阴影属性 box-shadow: 10px，10px，5px，#9C725A，还包含了-webkit-box-shadow: 10px，10px，5px，#9C725A，后者就是 webkit 浏览器内核的私有属性。

❺ 打开【属性】面板，选中左侧第一幅图，在【属性】面板中应用.imag 样式。采用同样的方式，将其他 3 幅图也应用.imag 样式，效果如图 6-66 所示。

2. 设置 CSS 过渡效果

❶ 在【代码】视图中，从【decoration.css】切换到【源代码】。选择【窗口】|【CSS 过渡效果】，打开【CSS 过渡效果】面板，单击 + 按钮，打开【新建过渡效果】对话框，如图 6-67 所示。

图 6-66

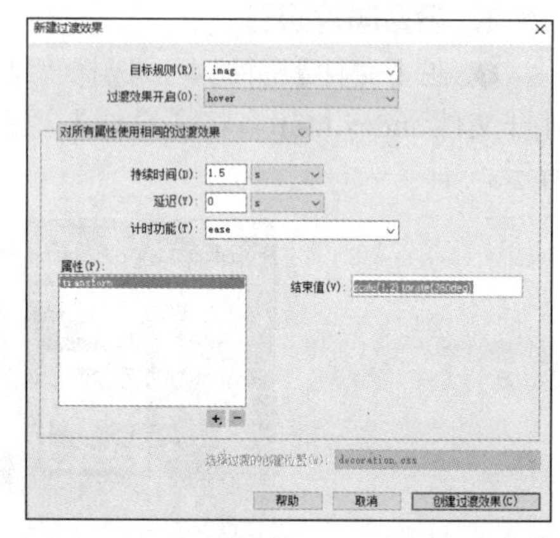

图 6-67

❷ 在【目标规则】下拉文本框中选择.imag，在【过渡效果开启】下拉文本框中选择 hover，在【对所有属性使用相同的过渡效果】下面的【持续时间】文本框中输入“1.5s”，在【延时】文本框中输入“0s”，在【计时功能】下拉框中选择 ease。

❸ 单击【属性】下方的 +，弹出图 6-68 所示的菜单，选中 transform，在【结束值】文本框中输入 scale(1.2) torate(360deg)（中间留空格），单击【创建过渡效果】按钮，完成为.img 样式过渡效果的创建。在 decoration.css 代码视图中，可以看到图 6-69 所示的代码。

提示：

transform 属性可以对元素进行旋转、缩放、移动或倾斜。这里 scale(1.2)表示将元素放大 1.2 倍，rotate(360deg)表示将元素旋转 360 度角。

❹ 保存网页文档，按<F12>键预览效果。

```
top
transform
vertical-align
visibility
width
word-spacing
z-index
```

图6-68

```
.imag {
    -webkit-box-shadow: 10px 10px 5px #9C725A;
    box-shadow: 10px 10px 5px #9C725A;
    -webkit-transition: all 1.5s ease 0s;
    -o-transition: all 1.5s ease 0s;
    transition: all 1.5s ease 0s;
}
.imag:hover {
    -webkit-transform: scale(1.2) rotate(360deg);
    -o-transform: scale(1.2) rotate(360deg);
    transform: scale(1.2) rotate(360deg);
}
```

图6-69

6.4.3 CSS过渡属性

transition属性规定了过渡效果的相关特性，包括4个过渡属性：transition-property，transition-duration，transition-timing -function和transition-delay。

transition-property（过渡属性）用于设置过渡效果的CSS属性名称，transition-duration（过渡时长）用于设置完成过渡效果的时间，transition-timing-function（过渡调速函数）用于设置过渡效果的速度曲线，不同的速度曲线具有不同过渡速度效果，transition-delay（过渡延时）用于定义过渡效果开始时间。

一般地，transition属性以简写格式描述为transition: property duration timing-function delay。

以为<div>元素添加transition过渡效果为例加以说明，代码如下：

```
<!doctype html>
<html>
<head>
<meta charset="utf-8">
<title>transition的使用</title>
<style>
    .t {
        width:100px;
        height:100px;
        background:blue;
        transition:width 2s ease 0s;
        -webkit-transition:width 2s ease
0s;
        /* Safari and Chrome */
    }
    .t:hover {
        width:300px;
    }
</style>
</head>
<body>
    <div class="t"></div>
    <p>提示：当移动鼠标指针到蓝色方块上时，
    可以看到过渡效果。</p>
</body>
</html>
```

在本例中，过渡效果为transition: with 2s ease 0s，其中，with表示设置过渡效果的属性名，2s表示过渡时间，ease一种过渡速度效果，表示慢速开始，然后变快，最后慢速结束的过渡效果，0s表示无延时。

当鼠标光标经过<div>元素时，with属性从100px变成300px，过渡效果由transition属性设定。

6.5 CSS动画

CSS 动画实现元素从一种样式逐渐变化为另一种样式的效果。CSS 动画由animation属性和@keyframes规则共同完成。

6-4 校园统一认证

6.5.1 课堂案例——校园统一认证

案例学习目标：学习使用CSS动画效果。

案例知识要点：在【CCS设计器】面板中，选择【属性】下方按钮…，打开【更多】列表，完成CSS动画效果的设置。在【代码】视图中，在样式表文件中建立@keyframes规则。

素材所在位置：电子资源/案例素材/ch06/课堂案例-校园统一认证。

案例效果如图 6-70 所示。

以素材“课堂案例-校园统一认证”为本地站点文件夹，创建名称为“校园统一认证”的站点。

❶ 在【文件】面板中，选择“校园统一认证”站点，双击打开文件 index.html。将【设计】视图切换到【实时视图】，并上下【拆分】视图，在【代码】视图中显示 compus.css 代码，如图 6-71 所示。

图 6-70

图 6-71

❷ 在【CSS 设计器】面板【源】列表框中，选中 compus.css，在【选择器】列表中，选中#container，在【属性】下方单击⊡按钮，如图 6-72 所示。在【更多】下方第一个文本框中输入“animation”，第二个文本框中依次输入“myanimation 30s linear 8s infinite alternate”（中间加空格），为#container 样式添加 animation 属性。采用同样的方式，添加-webkit-animation 私有属性，结果如图 6-73 所示。

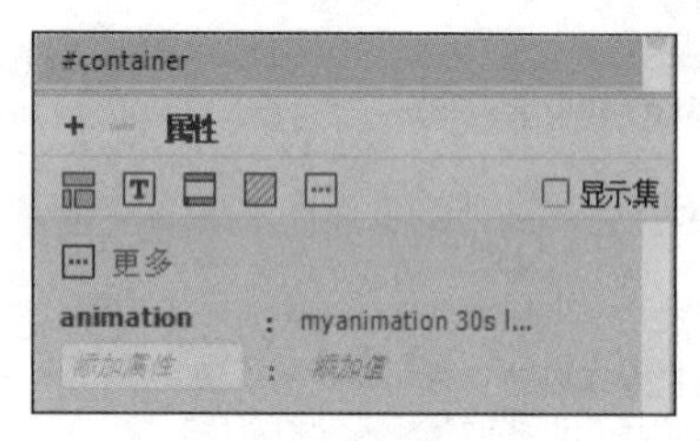

图 6-72

```
#container
{
    width: 1365px;
    height: 800px;
    position: relative;
    margin-right: auto;
    margin-left: auto;
    background-image: url(images/lake1.jpg);
    animation: myanimation 30s linear 8s infinite alternate;
    -webkit-animation: myanimation 30s linear 8s infinite alternate;
}
```

图 6-73

❸ 在【代码】视图中，将鼠标光标置于 campus.css 文档#container 样式定义的后面，输入如下代码：

```
@keyframes myanimation {
    0%   {background-image: url(images/lake1.jpg); }
    25%  {background-image: url(images/lake2.jpg); }
    50%  {background-image: url(images/lake3.jpg); }
    75%  {background-image: url(images/mountain.jpg);}
    100% {background-image: url(images/lake1.jpg); }
}
```

这段代码完成了名称为 myanimation 的@keyframes 规则定义。采用同样的方式，完成@-webkit-keyframes myanimation 私有规则的定义。

❹ 保存网页文档，按<F12>键预览效果。

6.5.2 animation 属性和@keyframes 规则

animation 属性用于设置动画的相关特性，包括 6 个动画属性：animation-name，animation-duration，animation-timing- function，animation-delay，animation-iteration-count 和 animation-direction。

animation-name（动画名称）用于设置与选择器绑定的 keyframes 名称，animation-duration（动画时长）用于设置动画所花费的时间（秒或毫秒），animation-timing-function（动画调速函数）用于设置动画的速度曲线，animation-delay（动画延时）用于设置动画开始的时间，animation-iteration-count（动画重复次数）用于设置动画应该播放的次数，animation-direction（动画方向）用于设置是否应该轮流反向播放动画。

一般地，animation 属性以简写格式描述为 animation: name duration timing-function delay iteration-count direction。

与 animation 属性配合使用，@keyframes 规则用于设置若干 CSS 样式位于不同的时间点上，实现不同 CSS 样式随着时间的推移，由当前样式逐渐改为新样式的动画效果。通常用百分比来规定样式变化发生的时间，或用关键词 "from" 和 "to"（等同于 0%和 100%）。

以给<div>元素添加 animation 动画效果为例加以说明，代码如下：

```
<!doctype html>
<html>
<head>
<meta charset="utf-8">
<title>CSS 动画</title>
<style>
  .c{
  width:100px;
  height:100px;
  background:red;
  position:relative;
  animation:myfirst 5s linear 0s infinite alternate;
  -webkit-animation:myfirst 5s linear 0s infinite alternate;
}
@keyframes myfirst{
  0% {background:red; left:0px; top:0px;}
  25% {background:yellow; left:200px; top:0px;}
  50% {background:blue; left:200px; top:200px;}
  75% {background:green; left:0px; top:200px;}
  100% {background:red; left:0px; top:0px;}
}
/* Safari and Chrome */
@-webkit-keyframes myfirst{
  0% {background:red; left:0px; top:0px;}
  25% {background:yellow; left:200px; top:0px;}
  50% {background:blue; left:200px; top:200px;}
  75% {background:green; left:0px; top:200px;}
  100% {background:red; left:0px; top:0px;}
  }
</style>
</head>
<body>
<div class="c">CSS 动画</div>
</body>
</html>
```

在本例中，动画效果为 animation:myfirst 5s linear 0s infinite alternate，其中，myfirst 为动画名称，5s 表示动画持续时间，linear 为一种动画速度效果，表示动画做匀速运动，0s 表示无延时，infinite 表示动画无限次地重复，alternate 表示动画做往返运动。

@keyframes 规则的名称为 myfirst。在@keyframes first 中，时间由百分比 0%，25%，50%，75%和 100%组成，在这 5 个时间点上，分别定义了 5 组不同的属性，用于改变<div>元素背景颜色和位置。

6.6 练习案例

6.6.1 练习案例——航空旅游

案例练习目标：练习使用各种 CSS 样式。

案例操作要点：

1. 打开文档 index1.html。

2. 将标题“》推荐旅游景点”所在<div>标签的 ID 设置为#t1，设置#t1 样式，字体为仿宋体，大小为 19px，颜色为#597FB4，字体粗细为 bolder。

3. 设置类.m1 样式，字体大小 12px，颜色#666。将标题“》推荐旅游景点”下方的两段文字应用.m1样式。

4．将文档index1.html的内部样式移动到样式表文件travel中。

5．再将外部样式附加到文档index2.html中，并完成样式的应用。

素材所在位置：电子资源/案例素材/ch06/练习案例-航空旅游。

效果如图6-74所示。

图6-74

6.6.2 练习案例——狗狗俱乐部

案例练习目标：练习CSS使用文字导航条。

案例操作要点：

1．创建样式表文件dogclub并将所有CSS样式存放其中。

2．在页面指定位置插入<div>标签，其ID为nav，设置#nav样式，高度为30px，宽度与网页同宽，上、外边距为372px，位置属性为绝对。

3．输入导航条文本“俱乐部介绍 会员注册 服务内容 图片展示 联系我们”，并为每个菜单项添加无序列表和链接。

4．设置#nav ul样式，列表样式为无，内、外边距都为0。

5．设置#nav li样式，浮动方式为左浮动，宽度为130px，行高为30px，右边框的宽度为1px，线性为实体，颜色为白色。

6．设置#nav a样式，显示方式为块状，字体颜色为#FFF，没有下画线，文本对齐为center。

7．设置#nav a:hover样式，背景颜色为#900。

素材所在位置：电子资源/案例素材/ch06/练习案例-狗狗俱乐部。

效果如图6-75所示。

图6-75

6.6.3 练习案例——养生美容

案例练习目标：练习使用CSS过渡效果。

案例操作要点：

1．创建样式表文件health并将所有CSS样式存放其中。

2．定义类样式.img，并设置过渡效果。效果开启为hover，对所有属性使用同样的过渡效果，过渡时间0.5s，无延时，速度函数任选，过渡效果属性为transform，属性值为scale（1.2）和rotate（360deg）。设置该过渡效果的webkit私有属性。

3．将该样式应用到页面中3个圆形图片上。

素材所在位置：电子资源/案例素材/ch06/练习案例-养生美容。

效果如图6-76所示。

图6-76

Dreamweaver CC

7 Chapter

第 7 章 CSS+Div 布局

CSS+Div 布局方法具有结构简洁、定位灵活、代码效率高等优点，因此该技术在实际网站设计与制作中得到了越来越多的应用，同时也成为网站制作者的必备技术。

CSS+Div 布局以盒子模型为基础，定义和规定了网页元素矩形区域的各种 CSS 属性。<div>作为块状容器类标签，可以作为独立的块状元素为 CSS 样式所控制，还可以容纳段落、表格、图片，甚至大段的文本等各种 HTML 元素，是实现布局的基础元素。

CSS+Div 布局技术涉及 CSS 样式的两个重要属性。position 属性决定了<div>标签的前后相继的排列顺序，float 属性决定了<div>标签的浮动方式，两者控制<div>标签在网页中的排列与定位。

“上中下”布局和“左中右”布局是两种基本布局形式，体现了 CSS+Div 布局技术的精髓。通过对这两种布局方法的剖析和学习，读者可达到对 CSS+Div 布局技术的灵活运用。

本章主要内容：

1. 盒子模型
2. 布局方法
3. “上中下”布局
4. “左中右”布局

7.1 盒子模型

盒子模型是CSS样式布局的重要概念。只有掌握了盒子模型及其使用方法，才能够控制网页中的各种元素。

网页中的元素都会占据一定的空间，除了元素内容之外还包括元素周围的空间。一般地，把元素和它周围空间所形成的矩形区域称为盒子（box）。从布局的角度看，网页是由很多盒子组成的，根据需要将诸多盒子在网页中进行排列和分布，就形成了网页布局。

7.1.1 盒子结构

盒子模型通过定义模型结构，描述网页元素的显示方式和元素之间的相互关系，确定网页元素在网页布局中的空间和位置。盒子模型的结构由4个部分组成：content（内容）、padding（内边距或内填充）、border（边框）和margin（外边距），如图7-1所示。

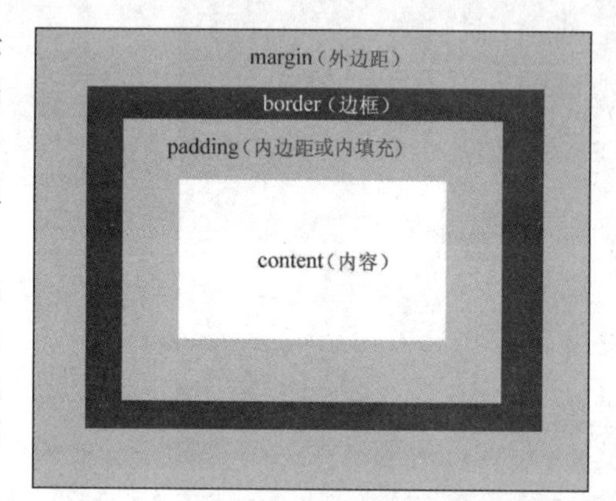

图7-1

在盒子结构中，元素内容被包含在边框中，边框也是具有一定宽度的区域，内容与边框之间的区域称为内边距或内填充，边框向外伸展的区域称为外边距。因此一个盒子模型实际占有的空间，可以通过总宽度和总高度来描述。

盒子的总宽度=左外边距+左边框+左内边距+内容宽度+右内边距+右边框+右外边距

盒子的总高度=上外边距+上边框+上内边距+内容高度+下内边距+下边框+下外边距

7.1.2 盒子属性

在CSS样式中，为方便对网页元素区域的控制，将盒子模型的内边距、边框和外边距，按top、bottom、left、right 4个方向，分别进行定义和设置，如图7-2所示。

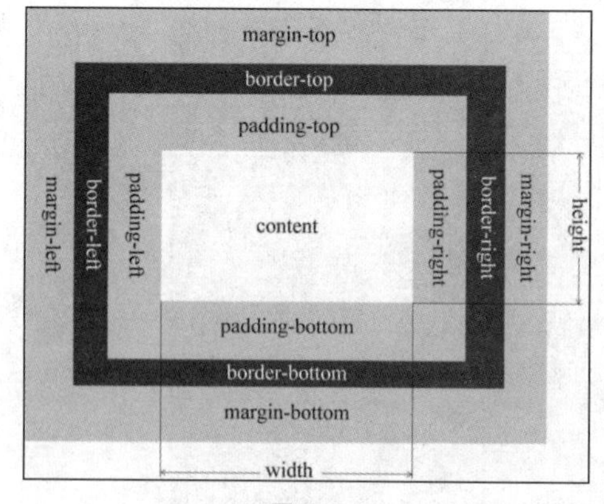

图7-2

网页元素大小是基本属性，确定了元素内容的矩形区域，由width属性和height属性决定，其单位可以是绝对单位（如像素），也可以是相对单位（如百分比等）。

内边距是基于内容宽度和高度的一个属性，可以使大小在宽度和高度的基础上向外扩展，或使元素内容与边框之间留有空白。内边距包括4个属性：padding-top、padding-bottom、padding-left和padding-right，可分别控制4个方向的内边距。

边框是内边距和外边距的分隔区域，一般也认为它分隔了不同元素区域，包括3个属性：border-width描述了边框的宽度，border-color描述了边框的颜色，border-style描述了边框的形式。

外边距的定义与内边距的基本相同，包括4个属性：margin-top，margin-bottom，margin-left和margin-right，可分别控制4个方向的外边距。

例如，在网页中创建一个<div>标签，其ID标识为Div1，并在其中插入一个图像，宽度为300px，高度为 181px，如图 7-3 所示；设置 border 属性宽度为 30px，线型为 solid，颜色为#333；设置 padding 属性上下内边距为 15px，左右内边距为 18px。系统生成的 CSS 样式代码如下。

```
<!doctype html>
<html>
<head>
<meta charset="utf-8">
<title>box 属性</title>
<style type="text/css">
#Div1 {
    width:300px;
    height:181px;
    border: 30px solid #333;
    padding-top: 15px;
    padding-right: 18px;
    padding-bottom: 15px;
    padding-left: 18px;
}
</style>
</head>
<body>
<div id="Div1"><img src="image.jpg" width=
"300" height="181" /></div>
</body>
</html>
```

这个<div>标签的宽度为 300px+2×18px+2×30px=396px，高度为 181px+2×15px+2×30px=271px。

图 7-3

7.2 布局方法

在 CSS+Div 布局中，<div>标签是盒子模型的主要载体，具有分割网页的功能。CSS 样式中的 position 属性和 float 属性决定这些<div>标签的相互关系和分布排列的位置。

7.2.1 <div>标签

<div>是一个块状容器类标签，即在<div>和</div>之间可以容纳各种 HTML 元素，同时也构成一个独立的矩形区域。

在网页中插入若干<div>标签，可以将网页分隔成若干区域。有时，还需要在某一个<div>标签中再插入另一个<div>标签，构成对该区域的进一步分隔。<div>标签的自身属性以及它们之间的相互关系由 CSS 样式控制。

例如，在网页中插入 ID 标识为 box1 和 box3 的<div>标签，然后在 ID 标识为 box1 的<div>标签中再插入 ID 标识为 box2 的<div>标签，呈现图 7-4 所示的效果。

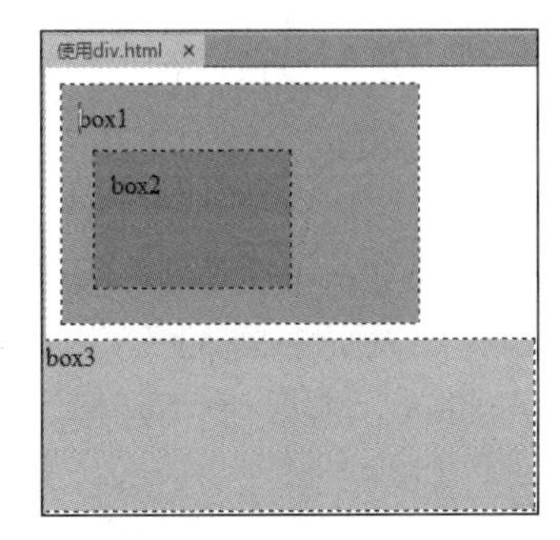

图 7-4

网页代码如下：

```
<!doctype html>
<html>
<head>
<meta charset="utf-8">
    width: 200px;
    background-color: #C93;
    margin: 10px;
    padding: 10px;
```

```
<title>使用 div</title>
<style type="text/css">
#box2 {
height: 60px;
width: 100px;
background-color: #F63;
margin: 10px;
padding: 10px;
}
#box3 {
height: 100px;
width: 300px;
background-color: #6CF;
}
#box1 {
height: 120px;
}
body {
margin-left: 0px;
margin-top: 0px;
margin-right: 0px;
margin-bottom: 0px;
}
</style>
</head>
<body>
<div id="box1">box1
 <div id="box2">box2</div>
</div>
<div id="box3">box3</div>
</body>
</html>
```

这段代码分为两部分：<div>标签代码包含在<body>和</body>标签之间，CSS 样式代码包含在<style>和</style>标签之间，位于<head>和</head>标签之间。

从<div>标签代码中可以看出，box1 和 box3 的<div>标签没有相互包含，它们之间具有并列关系，而 box2 的<div>标签内嵌在 box1 的<div>标签中，它们之间具有嵌套关系。在 box1 的<div>标签中还包含文本 box1，它与 box2 的<div>标签具有并列关系。因此，无论在页面中使用多少个标签，<div>标签之间仅存在并列关系和嵌套关系。

从 CSS 样式代码中可以看出，box1 的<div>标签的外边距，使 box1 框与窗口和 box3 框之间出现 10px 空间，其内边距使文本 box1 与边框之间出现 10px 空间；box2 的<div>标签的外边距，使 box2 框与文本 box1 之间出现 10px 空间。

7.2.2 position 属性

在 CSS 样式中，position 属性定义元素区域的相对空间位置，可以相对于其上级元素，或相对于另一个元素，或相对于浏览器窗口，包括了 5 种属性值：static，relative，absolute，fixed 和 sticky，它们决定了元素区域的布局方式。

static（静态定位）：为默认值，网页元素遵循 HTML 的标准定位规则，即网页各种元素按照“前后相继”的顺序进行排列和分布。

relative（相对定位）：网页元素也遵循 HTML 的标准定位规则，但需要为网页元素相对于原始的标准位置设置一定的偏移距离。在这种定位方式下，网页元素定位仍然遵循标准定位规则，只是产生偏移量而已。

absolute（绝对定位）：网页元素不再遵循 HTML 的标准定位规则，脱离了“前后相继”的定位关系，以该元素的上级元素为基准设置偏移量进行定位。在这种定位方式下，网页元素的位置相互独立，不受影响，因此元素可以重叠，可以随意移动。

在网页中插入一个 ID 标识为 apDiv1 的<div>标签，在 apDiv1 样式中，position 属性值设置为 absolute，那么该<div>标签采用了绝对定位方式，代码如下：

```
#apDiv1
      {
      position:absolute;
      left:157px;
      top:47px;
      width:202px;
      height:137px;
      z-index:1;
      }
```

fixed（固定定位）：与绝对定位类似，网页元素也脱离了“前后相继”的定位规则，但以浏览器窗口为基准进行定位。当拖动浏览器窗口的滚动条时，该元素位置始终保持不变。

sticky（黏性定位）：是 CSS3 新属性，可以认为是 relative（相对定位）和 fixed（固定定位）

的混合。网页元素在跨越特定阈值之前为相对定位，之后为固定定位。该属性与 webkit 引擎不完全兼容，因此使用时需要引入 webkit 的私有属性设置。

CSS+Div 的布局方式采用了标准定位规则的布局方式，这也是系统的默认方式。

在网页中插入一个 ID 标识为 box 的<div>标签，在 box 样式中，position 属性值设置为 sticky 和 -webkit-sticky，相对位置 top 属性设置为 20px，那么该<div>标签采用了 sticky 定位方式，代码如下：

```
#box {
margin: 10px;
/*     盒子上边距*/
top: 20px;
height: 100px;
width: 100px;
background-color: #C30;
/*sticky 属性及-webkit 私有属性的设置*/
position: -webkit-sticky;
position: sticky;
}
```

综上所述，网页元素的布局有两种基本方式，由 position 属性决定：一种是网页元素遵循标准规则方式，以“前后相继”的顺序排列位置，static 和 relative 都支持这种方式，类似于各种船只在一个狭窄的水道中鱼贯而行；另一种是网页元素脱离了“前后相继”的定位规则，以其上级元素或文档窗口为基准进行定位，absolute 和 fixed 都支持这种方式，类似于在一个广阔的湖面中航行的各种船只。

7.2.3 浮动方式

1. float 属性和 clear 属性

float 属性定义了元素浮动方向，应用于图像可以使文本环绕在图像的周围。在标准定位规则中，它使网页元素进行左右浮动，可以产生多个网页元素并行排列的效果，类似于在一个狭长的水道中，两个及以上的船只并列通行，但仍然保持鱼贯而行。

float 属性包含 3 个属性值：left 控制网页元素向左浮动，right 控制网页元素向右浮动，None 没有浮动。

clear 属性与 float 属性配合使用，用于清除各种浮动。clear 属性包括 3 个属性值：left 清除向左浮动，right 清除向右浮动，none 没有清除。

2. 浮动关系

在页面中，插入 ID 标识为 box1、box2 和 box3 的<div>标签，并设置其 CSS 样式，没有设置 float 属性和 clear 属性，CSS 样式代码如下：

```
#box1 {
    height: 100px;
    width: 150px;
    background-color: #F90;
}
#box2 {
    height: 100px;
    width: 200px;
    background-color: #C30;
}
#box3 {
    height: 100px;
    width: 250px;
    background-color: #3FF;}
```

相应的布局效果如图 7-5 所示。<div>标签在网页中独占一行，并呈现“前后相继”的排列效果。

在 CSS 样式中，既可设置 float 属性为向左浮动，也可设置其为向右浮动，代码如下：

```
#box1 {
    height: 100px;
    width: 150px;
    background-color: #F90;
    float: left;
}
#box2 {
    height: 100px;
    width: 200px;
    background-color: #C30;
    float: left;
}
#box3 {
    height: 100px;
    width: 250px;
    background-color: #3FF;
    float: right;
}
```

相应的布局效果如图 7-6 所示。在 CSS 样式中，设置#box1 和#box2 的 float 属性为向左浮动，#box3 的 float 属性为向右浮动，只要<div>标签没有占满一行，box1 和 box2 的<div>标签向左浮动占据该行的空白位置，box3 的<div>标签向右浮动占据该行的其他空白位置，3 个<div>标签位于同一行中。

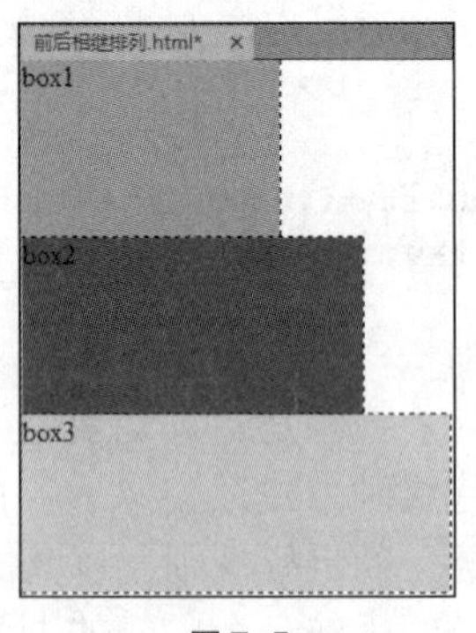

图 7-5

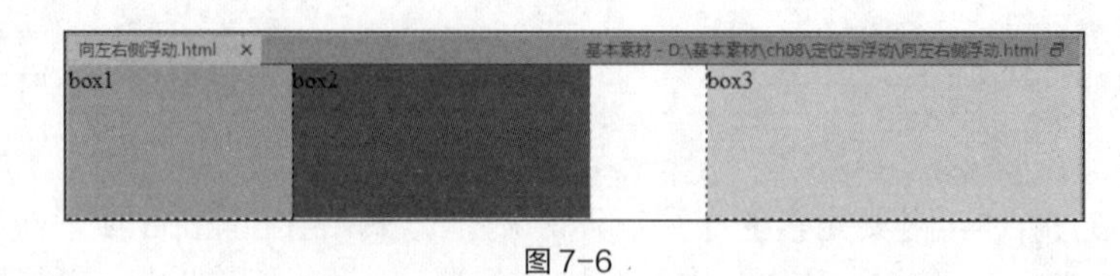

图 7-6

在 CSS 样式中，只设置 float 属性为向左浮动，代码如下：

```
#box1 {
    height: 100px;
    width: 150px;
    background-color: #F90;
    float: left;
}
#box2 {
    height: 100px;
    width: 200px;
    background-color: #C30;
    float: left;
}
#box3 {
    height: 100px;
    width: 250px;
    background-color: #3FF;
    float: left;
}
```

相应的布局效果如图 7-7 所示。在 CSS 样式中，将 3 个<div>标签的 float 属性全部设置为向左浮动，只要<div>标签没有占满一行，其相继的<div>标签就向左浮动占据该行的空白位置，3 个<div>标签位于同一行中。

在 CSS 样式中，添加 clear 属性，清除浮动设置，代码如下：

```
#box1 {
    height: 100px;
    width: 150px;
    background-color: #F90;
    float: left;
}
#box2 {
    height: 100px;
    width: 200px;
    background-color: #C30;
    float: left;
}
#box3 {
    height: 100px;
    width: 250px;
    background-color: #3FF;
    float: left;
    clear: left;
}
```

相应的布局效果如图 7-8 所示。在 CSS 样式中，设置了 box3 的<div>标签 clear 属性，清除左浮动，则表示该标签恢复到不浮动状态，按照前后相继顺序排列到下一行中。

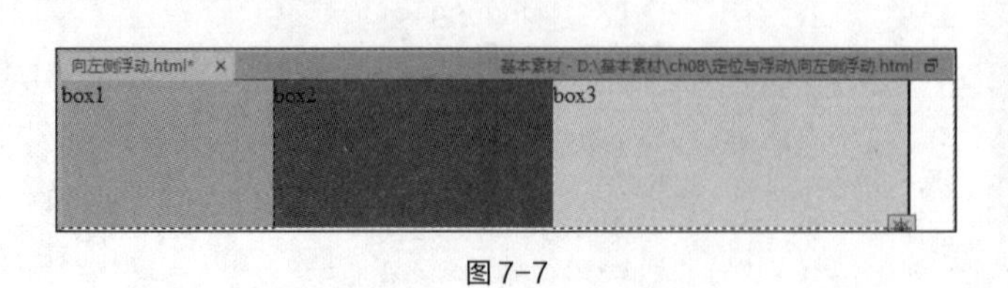

图 7-7

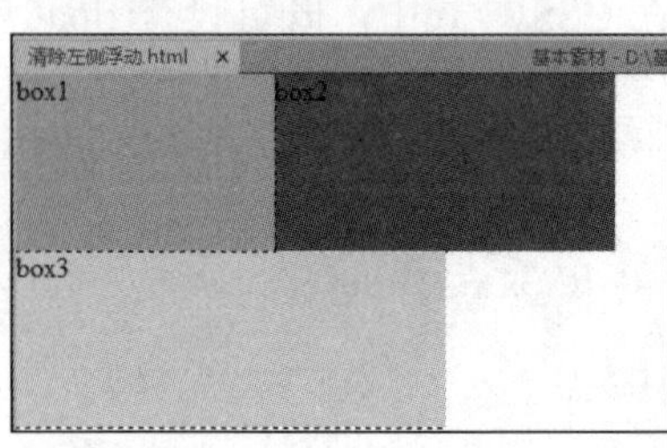

图 7-8

7.3 "上中下"布局

在"上中下"布局中，<div>标签按照"前后相继"的顺序排列，分割网页空间，不需要使<div>标签浮动，其大小和外观由 CSS 样式控制。

7.3.1 课堂案例——网页设计大赛

案例学习目标：学习"上中下"布局的方法。

案例知识要点：在【插入】面板【HTML】选项卡中，使用【Div】按钮创建网页布局结构；在【CSS 设计器】面板中，使用【添加选择器】按钮创建<div>标签的 ID 样式，并采用默认的 position 和 float 属性，完成"上中下"的布局。

素材所在位置：电子资源/案例素材/ch07/课堂案例-网页设计大赛。

案例布局要求如图 7-9 所示，案例效果如图 7-10 所示。

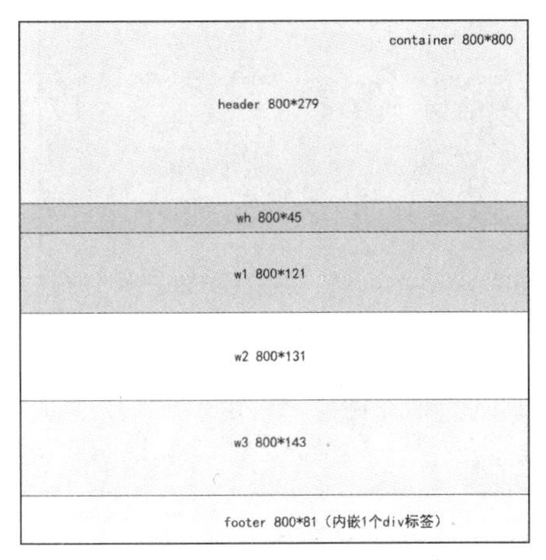

图 7-9

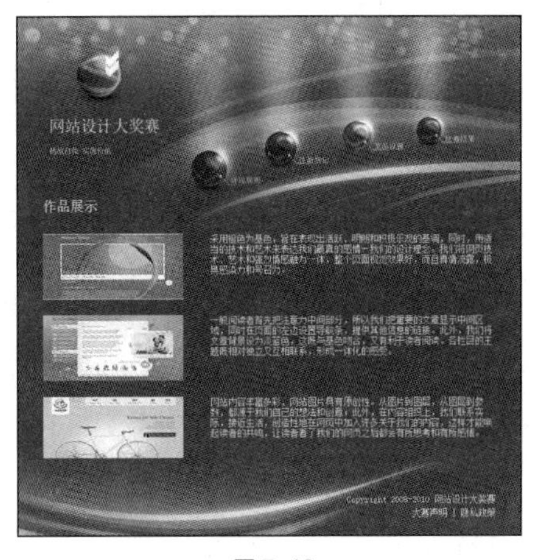

图 7-10

7-1 网页设计大赛（1）

以素材"课堂案例-网页设计大赛"为本地站点文件夹，创建名称为"网页设计大赛"的站点。

1. 插入<div>标签并设置 CSS 布局

❶ 在【文件】面板中，选择"网页设计大赛"站点，创建名称为 index.html 的新文档，并在文档【标题】中输入"网页设计大赛"。

❷ 将鼠标光标置于网页中，选择的【插入】面板的【HTML】选项卡，单击【Div】按钮，打开【插入 Div】对话框，如图 7-11 所示，在【插入】下拉框中选择"在插入点"，在【ID】下拉文本框中输入"container"。单击【新建 CSS 规则】按钮，打开【新建 CSS 规则】对话框，如图 7-12 所示，在【选择器名称】文本框中自动出现#container，在【规则定义】下拉框中选择"(新建样式表文件)"。

❸ 单击【确定】按钮，打开【将样式表文件另存为】对话框，如图 7-13 所示，在【文件名】文本框中输入"contest"，单击【保存】按钮，打开【#container 的 CSS 规则定义（在 contest.css 中)】对话框，如图 7-14 所示，在左侧【分类】栏中选择【方框】，在【Width】文本框中输入"800px"，取消勾选【Margin】的【全部相同】复选框，在【Right】和【Left】下拉列表框中选择"auto"，保证 container 标签及其嵌入的<div>标签在网页中居中对齐。

提示：

在 CSS+Div 布局中，一般地将所有<div>标签都嵌入到 ID 名称为 container 的<div>标签中，【Height】属性值为空，表示 container 标签高度可变。

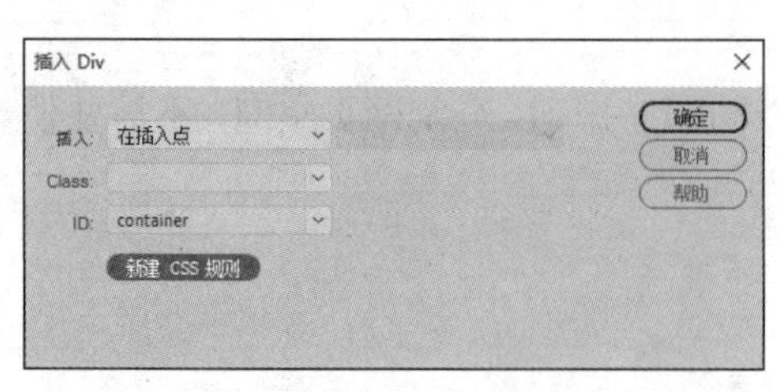

图 7-11

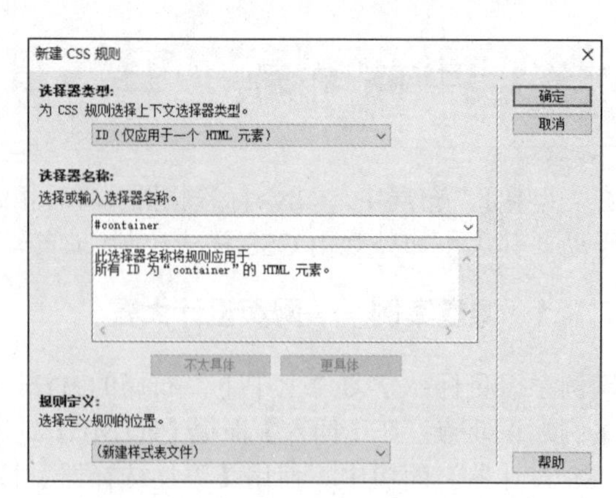

图 7-12

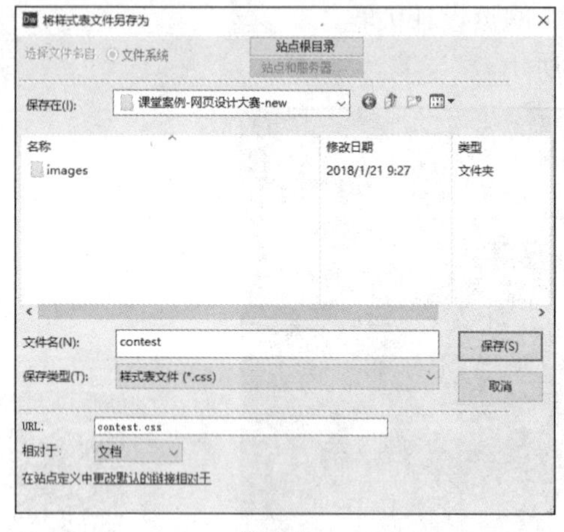

图 7-13

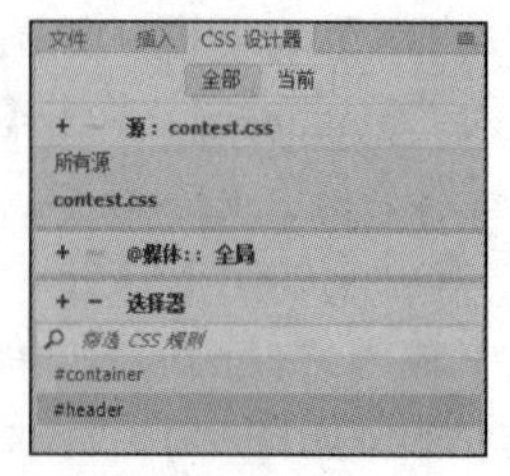

图 7-14

❹ 单击【确定】按钮，返回到【插入 Div】对话框，再单击【确定】按钮，完成 container 标签的插入和样式的设置。单击【文档】窗口上方的【拆分】按钮后，观察新插入的代码和视图效果，如图 7-15 所示。

❺ 将鼠标光标置于文本“此处显示 id "container" 的内容”之后，采用同样的方式，在 container 标签中插入 ID 为 header 的<div>标签，并定义 ID 样式#header，存储在 contest.css 样式表文件中，如图 7-16 所示，设置【Width】为 800px，【Height】为 279px，完成 header 标签的插入和样式的设置，如图 7-17 所示。

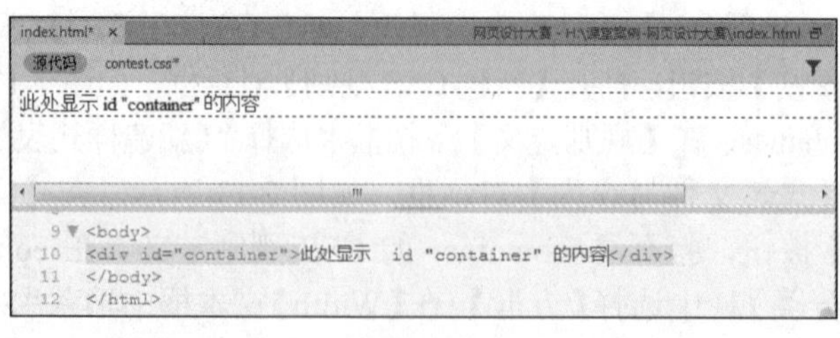

图 7-15

图 7-16

提示：

由于该<div>标签没有设置盒子的边框和内外边距，所以<div>标签盒子的总宽度就是内容的宽度 800px，<div>标签盒子的总高度就是内容的高度 279px。

❻ 将鼠标光标置于文本“此处显示 id"header"的内容”之后，选择【插入】面板的【HTML】

选项卡，单击【Div】按钮，打开【插入 Div】对话框，如图 7-18 所示，在【插入】右侧第一个下拉框中选择“在标签后”，第二个下拉框中选择<div id="header">，在【ID】下拉文本框中输入“wh”。

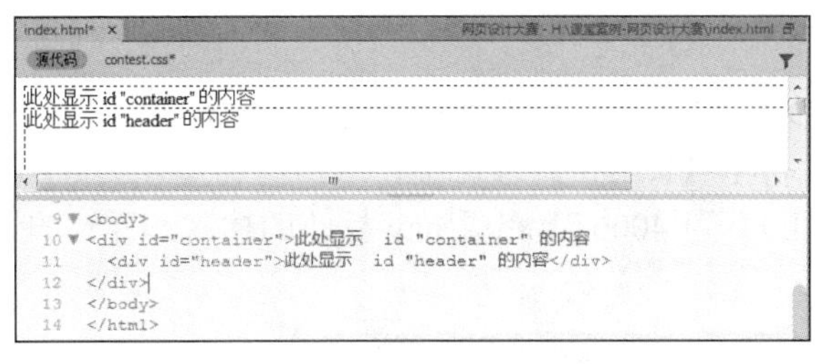

图 7-17

图 7-18

❼ 单击【创建 CSS 规则】按钮，打开【新建 CSS 规则】对话框，在【选择器名称】文本框中自动出现#wh，在【规则定义】下拉框中选择 contest.css，单击【确定】按钮，打开【#wh 的 CSS 规则定义（在 contest.css 中）】对话框，如图 7-19 所示，在左侧【分类】栏中选择【方框】，在【Width】文本框中输入“760px”，在【Height】文本框中输入“45px”，取消勾选【Padding】【全部相同（F）】，在【Left（L）】文本框中输入“40px”，单击【确定】按钮，返回到【插入 Div】对话框，再单击【确定】按钮，完成#wh 标签的插入和样式的设置，如图 7-20 所示。

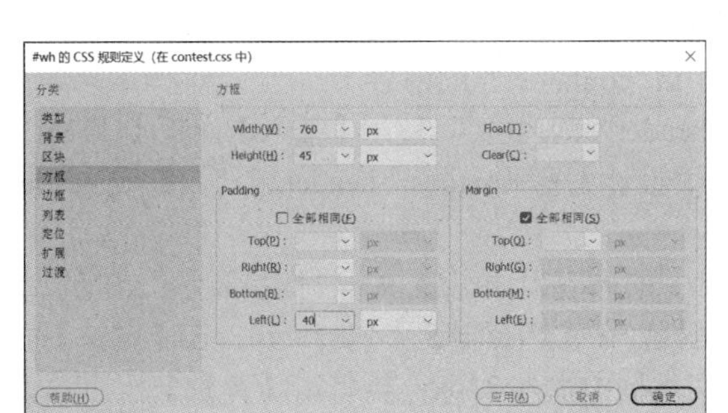

图 7-19

图 7-20

❽ 采用同样的方式，在 container 标签中且在 wh 标签后，顺序插入 w1、w2、w3 和 footer 标签，代码如图 7-21 所示；建立#w1、#w2、#w3 和#footer 样式，存储在 contest.css 样式表文件中，如图 7-22 所示，设置这些样式的【Height】分别为 111px、116px、133px 和 83px，相应 Padding 中【Top（P）】分别为 10px、15px、10px 和 0px。

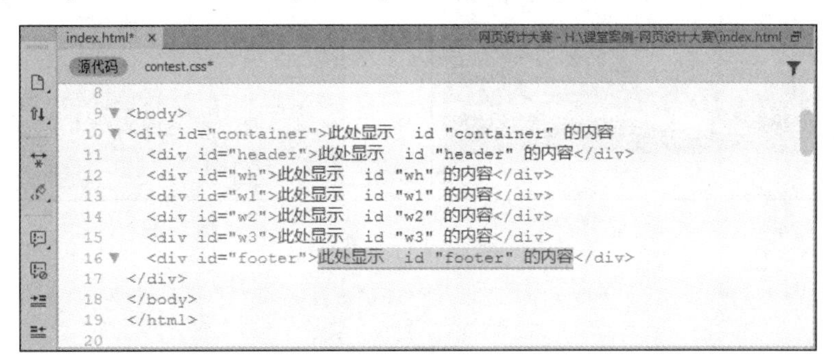

图 7-21

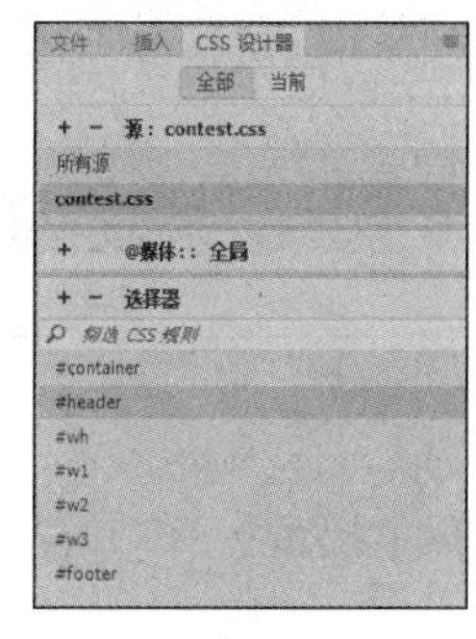

图 7-22

提示：

如果【Width】的属性值为空，则表示这些<div>标签的宽度以包含它们的 container 标签的宽度为准，宽度均为 800px。

❾ 采用同样的方式，在 footer 标签中插入 ID 名称为 nav 的<div>标签，建立#nav 样式，存储在 contest.css 样式表文件中，设置【Width】为 360px，【Height】为 65px，取消勾选【Margin】的【全部相同】，设置【Top（P）】为 16px，【Left（L）】为 400px，完成 nav 标签的插入和样式的设置，效果如图 7-23 所示。

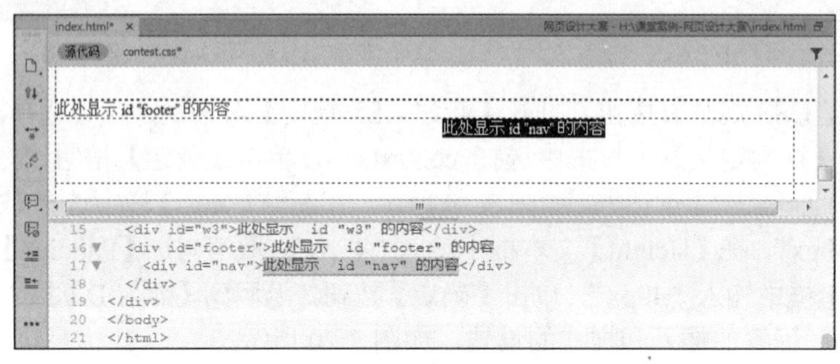

图 7-23

7-2 网页设计大赛（2）

2. 在<div>标签中插入内容并设置 CSS 样式外观

❶ 在 container 标签中，选中并删除“此处显示 id "container" 的内容”。

❷ 选中并删除 header 标签中的“此处显示 id "header" 的内容”，使用【插入】面板【HTML】选项卡中的【Image】按钮，插入“课堂案例-网页设计大赛>images >header.jpg”，完成 header 标签的内容插入，如图 7-24 所示。

❸ 选中并删除 wh 标签中文本“此处显示 id "wh" 的内容”，并输入文本“作品展示”。在【CSS 设计器】面板【全部】选项卡中，选择 contest.css 文档，在【选择器】中选择#wh。在【属性】面板中，单击【文本】按钮，在【Font-size】下拉文本框中输入 22px；再单击【背景】按钮，在【Background-image】文本框中输入“images/wh.gif”；再单击【布局】按钮，在【width】文本框中输入“760px”，在【height】文本框中输入“45px”，在【padding】左内边距文本框中输入“40px”，如图 7-25 所示，完成#wh 的设置。

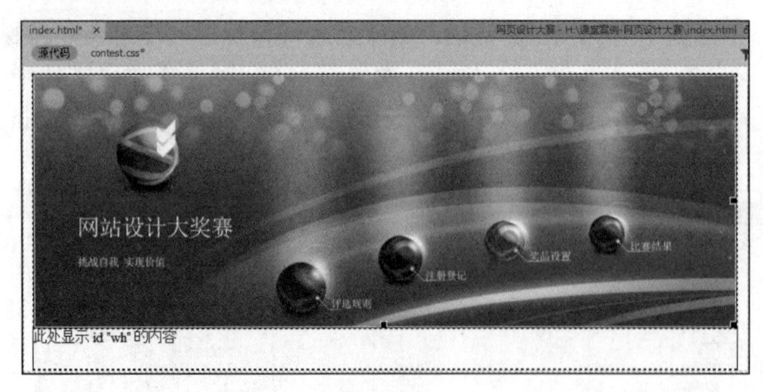

图 7-24

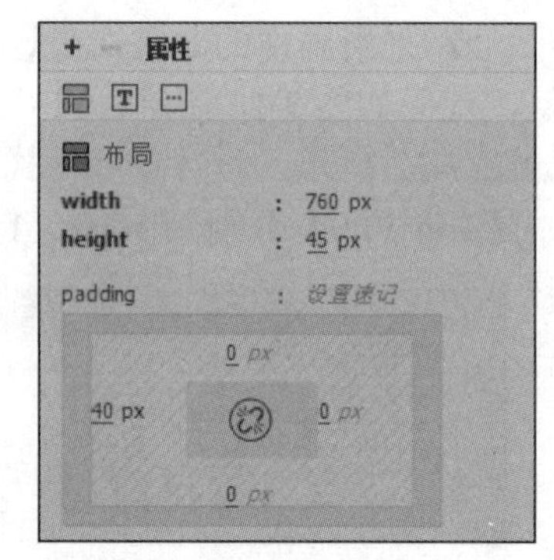

图 7-25

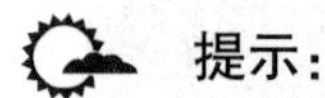

提示：

<div>标签盒子的总宽度 800px 等于内容的宽度 760px 与左侧内边距 40px 之和。

❹ 选中并删除 w1 标签中的“此处显示 id "w1" 的内容”。在【插入】面板【HTML】选项卡中，单击【Table】按钮，打开【Table】对话框，如图 7-26 所示，在【行数】文本框中输入 1，在【列】文本框中输入 2，在【表格宽度】文本框中输入 100，其他选项为 0，单击【确定】按钮，插入一个表格。

❺ 将鼠标光标置于表格左侧单元格中，使用【插入】面板【HTML】选项卡中的【Image】按钮，插入“课堂案例-网页设计大赛>images>wk1.jpg”。将鼠标光标置于表格右侧单元格中，在单元格【属性】面板中，如图 7-27 所示，在【垂直】下拉框中选择“顶端”，在【宽】文本框中输入 63%，并将 text 文档中的相应文本复制到网页中。

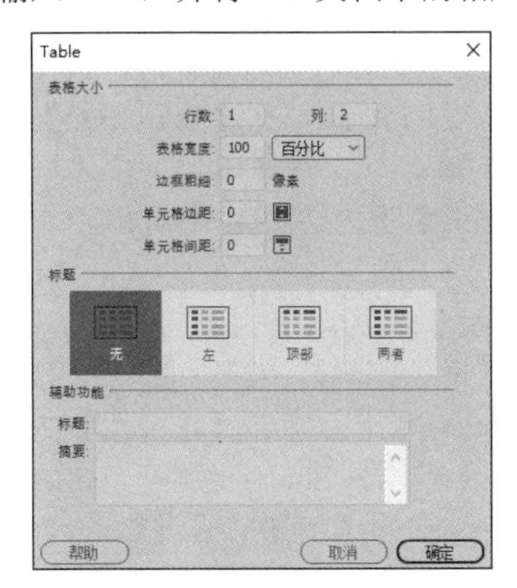

图 7-26

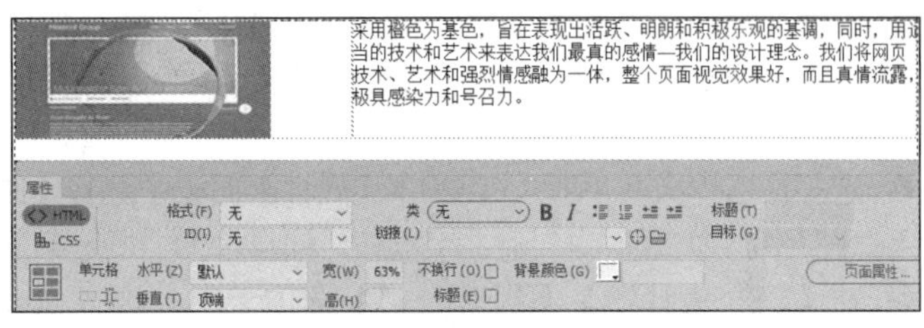

图 7-27

图 7-27

❻ 在【CSS 设计器】面板【全部】选项卡中，单击#w1。在【属性】面板中，单击【背景】按钮，在【Background-image】文本框中输入“images/w1.gif”；再单击【布局】按钮，如图 7-28 所示，在【height】文本框中输入“111px”，在【padding】上方内边距文本框中输入“10px”，在右侧和左侧内边距文本框中输入“40px”，完成#w1 的设置，效果如图 7-29 所示。

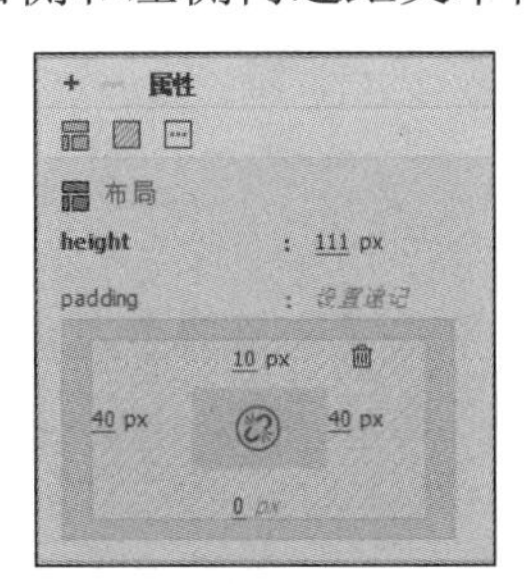

图 7-28

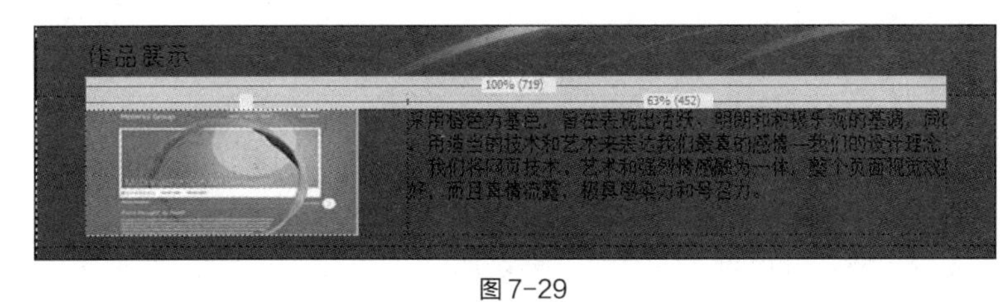

图 7-29

提示：

<div>标签盒子的总宽度 800px 等于内容的宽度 720px 与左右侧内边距 40px 之和，<div>标签盒子的总高度 121px 等于内容的高度 111px 与顶部内边距 10px 之和。

❼ 采用同样的方式，在 w2 标签中插入表格，再将 wk2 图像和相应文字插入到表格中。设置#w2 的【Background- image】为 images/w2.gif，【height】为 116px，在【padding】上内边距为 15px，左内边距、右内边距分别为 40px，完成#w2 的设置。

❽ 采用同样的方式，在 w3 标签中插入表格，再将 wk3 图像和相应文字插入到表格中。设置#w3 的【Background- image】为 images/w3.gif，【height】为 133px，在【padding】上内边距为 10px，

左内边距、右内边距分别为 40px，完成#w3 的设置。

❾ 选中并删除 footer 标签中的“此处显示 id "footer" 的内容”。选择#footer，在【CSS 设计器】中，单击【属性】面板中的【背景】按钮，在【Background-image】文本框中输入“images/footer.jpg”，完成#footer 的设置。

❿ 选择【属性】面板中的【页面属性】，在【分类】中选择【外观 CSS】，在【大小】下拉文本框中输入“14px”，在【文本颜色】文本框中输入“#FFF”，在【左边距】【右边距】【上边距】和【下边距】文本框中均输入“0”，单击【确定】按钮，完成页面属性的设定。

3. 在 nav 标签中插入内容并设置 CSS 样式外观

❶ 选中并删除 nav 标签中的“此处显示 id "nav" 的内容”，将 text 文档中的相应文本复制到网页中，并添加换行符号，将输入内容分为两行。在【CSS 设计器】面板中单击#nav，选择【属性】面板中的【文本】按钮，在【Line-height】文本框中输入“150%”，在【Text-align】下拉框中选择；选择【属性】面板中的【布局】按钮，如图 7-30 所示，在【width】文本框中输入“360px”，在【height】文本框中输入“65px”，设置【padding】上内边距为“16px”，左内边距为“400px”，完成#nav 的设置。

❷ 选择文本“大赛声明”，在文本【属性】面板中选择【HTML】选项卡，在【链接】下拉文本框中输入“#”，为“大赛声明”建立空链接。同样，为“隐私政策”建立空链接，效果如图 7-31 所示。

❸ 在【CSS 设计器】面板【全部】选项卡中，选择 contest.css 文档。单击【选择器】左侧按钮，出现 CSS 样式名称输入框，输入“#nav a:link, #nav a:visited”，按<Enter>键确认，如图 7-32 所示。在【属性】面板中单击【文本】按钮，选择【text-decoration】为，在【Color】文本框中输入“#FFFFFF”，完成#nav a:link, #nav a:visited 复合样式的设置，效果如图 7-33 所示。

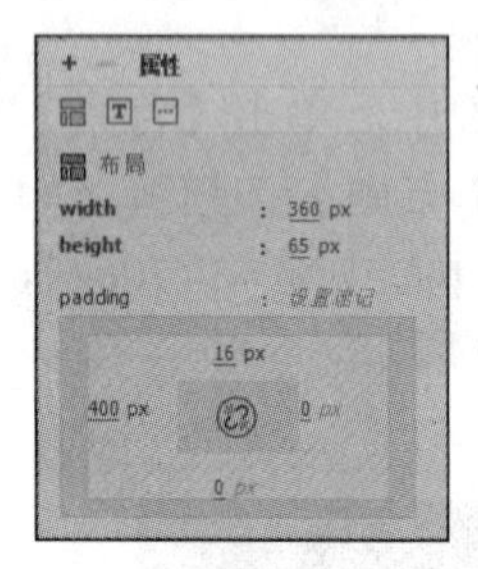

图 7-30

图 7-31

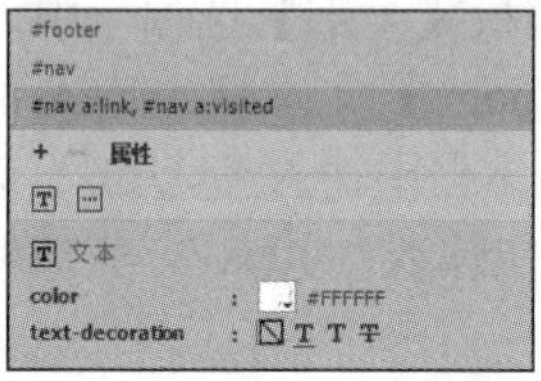

图 7-32

图 7-33

❹在【CSS 设计器】面板【全部】选项卡中，选择 contest.css 文档。单击【选择器】左侧按钮，设置复合样式#nav a:hover。在【属性】面板中单击【文本】按钮，选择【text-decoration】为，完成#nav a:hover 复合样式的设置。

❺ 保存网页文档，按<F12>键预览效果。

7.3.2 在 Dreamweaver CC 中插入<div>标签

插入<div>标签的步骤如下。

❶ 将鼠标光标置于网页中的指定位置。

❷ 选择【插入】面板的【HTML】选项卡，单击【Div】按钮，或者选择菜单【插入】|【HTML】|【Div(D)】，打开【插入 Div】对话框，如图 7-34 所示。

在【插入 Div】对话框中，各选项含义如下。

【ID】：可以在下拉文本框中直接输入或选择一个名称，为<div>标签设置网页中的唯一标识。

【Class】：可以在下拉文本框中直接输入或选择一个名称，为<div>标签设置一个类样式。

【新建 CSS 规则】：为<div>标签新建一个 ID 样式或类样式。

【插入】：其各种选项决定了<div>标签之间是并列关系还是嵌套关系，如图 7-35 所示，其选项含义如下。

“在插入点”：表示在插入点插入一个<div>标签，嵌入已经存在的<div>标签。

“在标签开始之后”：表示插入一个<div>标签，与指定的<div>标签形成并列关系，并置于指定标签之后。

“在标签结束之前”：表示插入一个<div>标签，与指定的<div>标签形成并列关系，并置于指定标签之前。

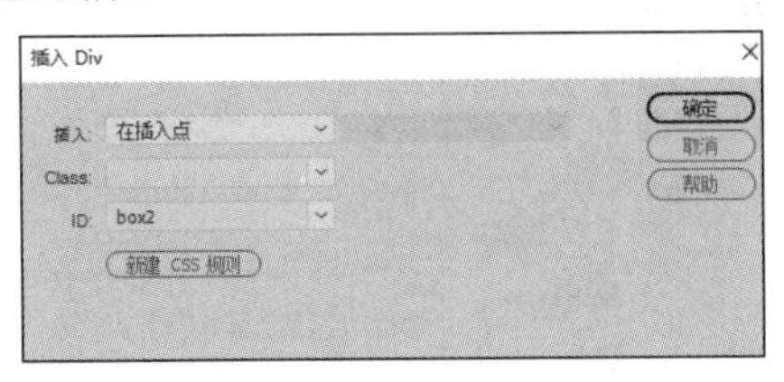

图 7-34

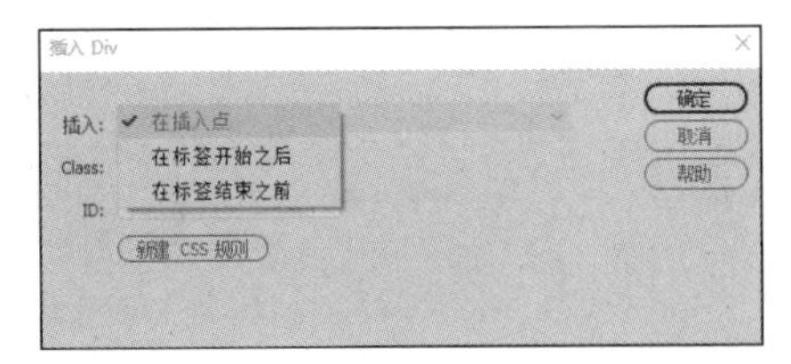

图 7-35

❸ 各种选项设置完成后，单击【确定】按钮插入<div>标签。

在【文档】窗口代码视图中，将鼠标光标置于标签<body>之后，输入如下黑体代码：

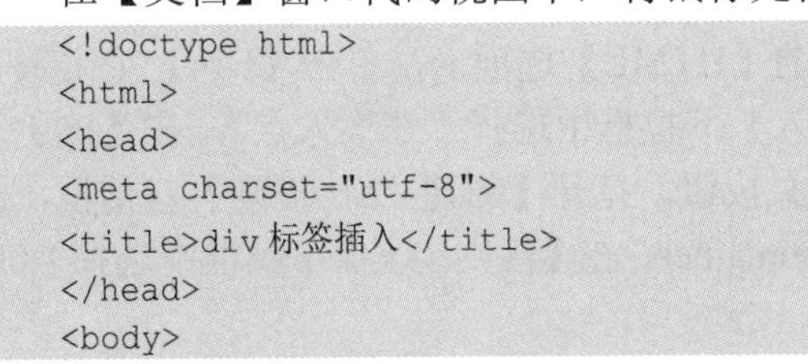

```
<!doctype html>
<html>
<head>
<meta charset="utf-8">
<title>div 标签插入</title>
</head>
<body>
```

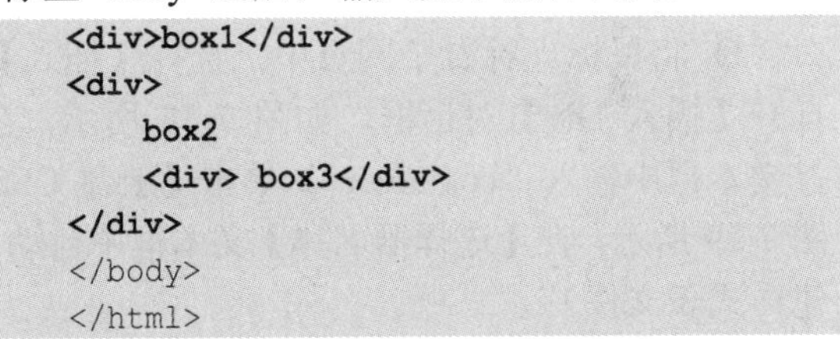

```
<div>box1</div>
<div>
    box2
    <div> box3</div>
</div>
</body>
</html>
```

这里，在网页中插入了一个<div>标签，其内容为 box1；在内容为 box1 的<div>标签下方插入内容为 box2 的<div>标签，这两个标签为并列关系。在内容为 box2 的<div>标签中插入内容为 box3 的<div>标签，这两个标签为嵌入关系。

7.4 “左中右”布局

在“左中右”布局中，首先，插入若干<div>标签，并按照“前后相继”顺序排列；其次，设置 CSS 样式的 float 属性和 clear 属性，使<div>标签浮动，实现“左中右”的布局；最后，设置 CSS 样式的其他属性来控制<div>标签的外观。

7.4.1 课堂案例——连锁餐厅

案例学习目标：学习“左中右”布局的方法。

案例知识要点：在【插入】面板【HTML】选项卡中，使用【Div】按钮，插入<div>标签；在【插入 Div】对话框中，使用【新建 CSS 规则】按钮，创建<div>标签的相关样式，设置 position 属性、float 属性和 clear 属性，完成“左中右”的网页布局。

素材所在位置：电子资源/案例素材/ch07/课堂案例-连锁餐厅。

案例布局要求如图 7-36 所示，案例效果如图 7-37 所示。

以素材“课堂案例-连锁餐厅”为本地站点文件夹，创建名称为“连锁餐厅”的站点。

7-3 连锁餐厅（1）

1. 插入<div>标签并设置 CSS 样式布局

❶ 在【文件】面板中，选择“连锁餐厅”站点，创建名称为 index.html 的新

文档，在文档【标题】中输入“连锁餐厅”。选择【属性】面板中的【页面属性】，设置【左边距】【右边距】【上边距】和【下边距】均为0。

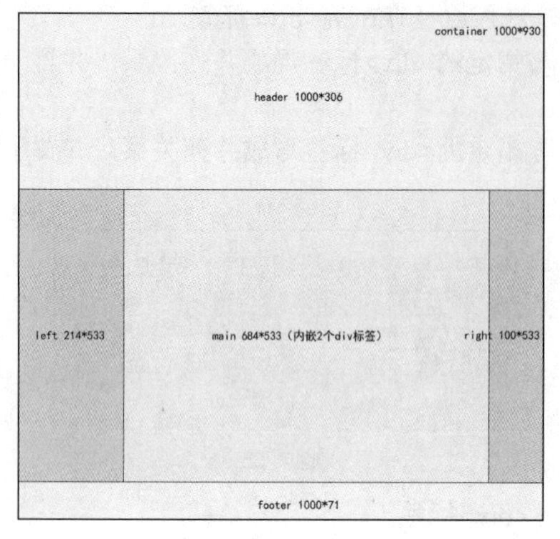

图7-36

图7-37

❷ 将鼠标光标置于网页中，选择【插入】面板的【HTML】选项卡，单击【Div】按钮，打开【插入 Div】对话框，如图7-38所示，在【插入】下拉框中选择“在插入点”，在【ID】下拉文本框中输入“container”。单击【新建 CSS 规则】按钮，打开【新建 CSS 规则】对话框，如图7-39所示，在【选择器名称】文本框中自动出现#container，在【规则定义】下拉框中选择“(新建样式表文件)”。

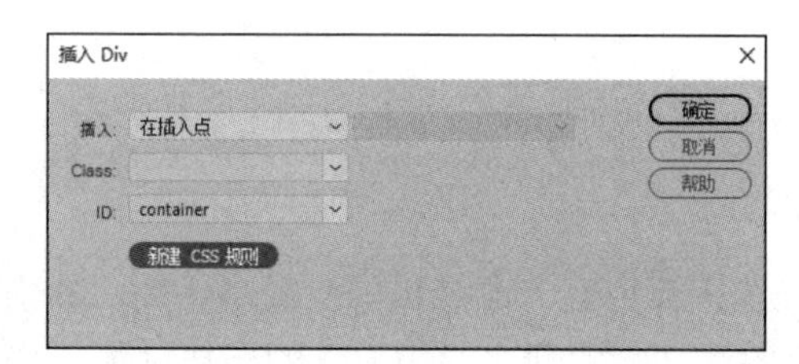

图7-38

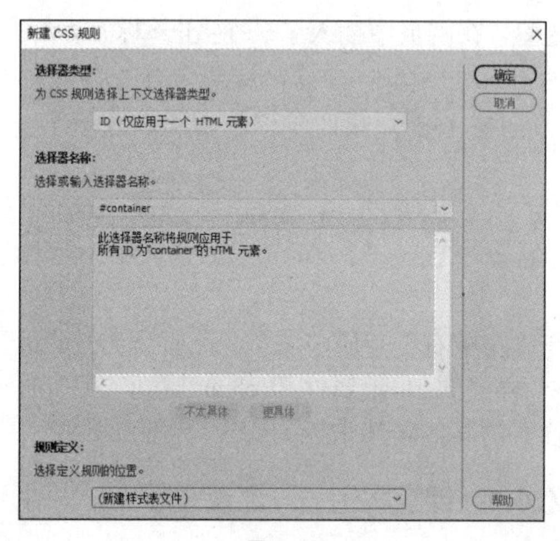

图7-39

❸ 单击【确定】按钮，打开【将样式表文件另存为】对话框，如图7-40所示，在【文件名】文本框中输入“restaurant.css”，单击【保存】按钮，打开【#container 的 CSS 规则定义（在 restaurant.css 中）】对话框，如图7-41所示，在左侧【分类】栏中选择【方框】，在【Width】文本框中输入“1000px”，取消勾选【Margin】的【全部相同】复选框，在【Margin】的【Right】和【Left】右侧下拉框中选择“auto”。

❹ 单击【确定】按钮，返回到【插入 Div】对话框，再单击【确定】按钮，完成 container 标签的插入和设置。

❺ 采用同样的方式，在 container 标签中，插入 ID 为 header 的<div>标签，定义 ID 样式#header，并存储在 restaurant.css 文档中，设置【Width】为“1000px”，【Height】为“306px”，效果如图7-42所示。

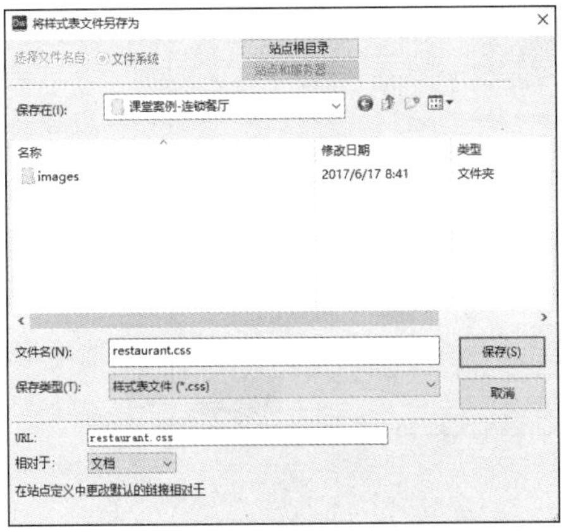

图 7-40

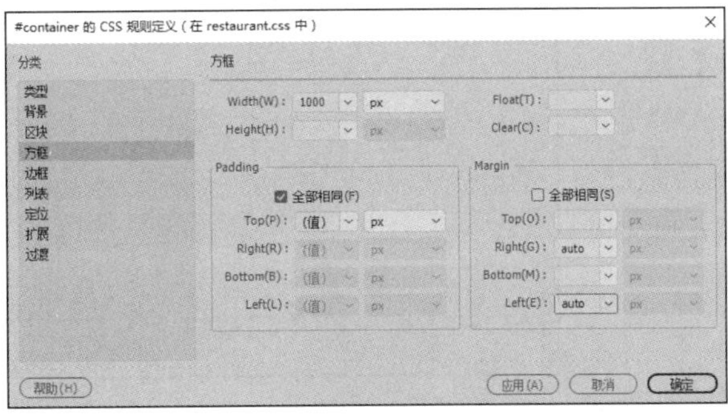

图 7-41

图 7-42

❻ 将鼠标光标置于文本“此处显示 id"header"的内容”之后，选择【插入】面板的【HTML】选项卡，单击【Div】按钮，打开【插入 Div】对话框，如图 7-43 所示，在【插入】右侧第一个下拉框中选择“在标签后”，在第二个下拉框中选择<div id="header">，在【ID】下拉文本框中输入“left”。

❼ 单击【新建 CSS 规则】按钮，将该样式存储于 restaurant.css 中，再单击【确定】按钮，打开【#left 的 CSS 规则定义（在 restaurant.css 中）】对话框，如图 7-44 所示，在左侧【分类】栏中选择【方框】，在【Width】文本框中输入“214px”，在【Height】文本框中输入“533px”，在【Float】右侧下拉框中选择“left”，单击【确定】按钮，完成#left 样式的设置。

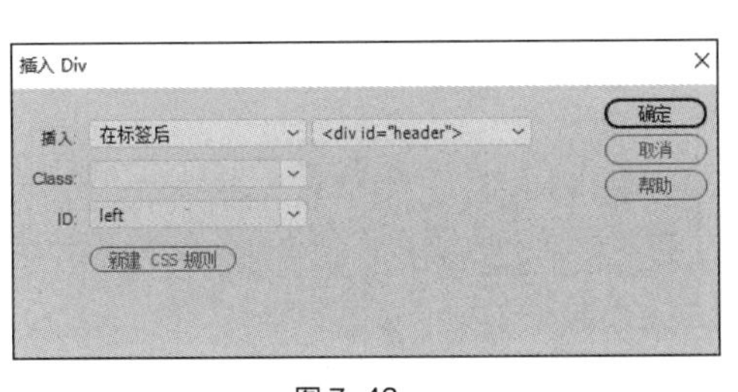

图 7-43

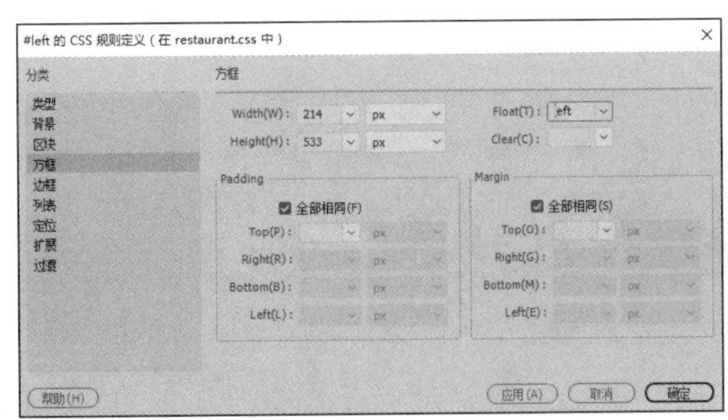

图 7-44

❽ 采用同样的方式，在 left 标签后，插入 ID 为 main 的<div>标签，定义 ID 样式#main，并存储于 restaurant.css 中，设置【Width】为“686px”，【Height】为“533px”，【Float】为“left”，完成#main 样式的设置。在 main 标签后插入 ID 为 right 的<div>标签，定义 ID 样式#right 并存储于 restaurant.css 中，设置【Width】为“100px”，【Height】为“533px”，【Float】为“left”，完成#right 样式的设置，效果如图 7-45 所示。

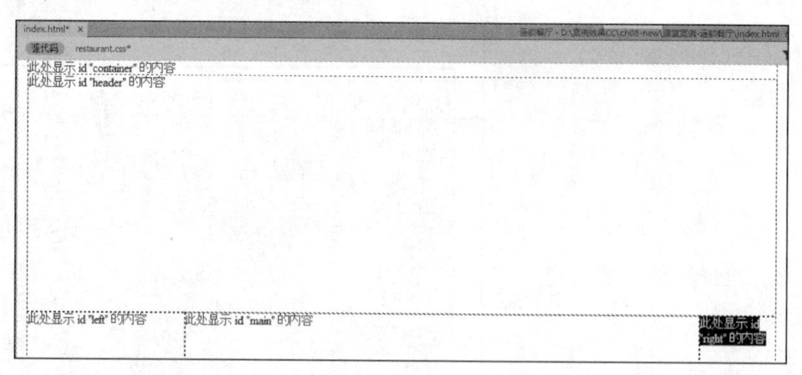

图 7-45

提示：

当设置<div>标签的【Float】属性为 left 时，只要 container 标签有足够的宽度，该标签就与前序标签向左浮动排列在同一行中，实现“左中右”布局。

❾ 采用同样的方式，在 right 标签后，插入 ID 为 footer 的<div>标签，定义 ID 样式#footer，并存储于 restaurant.css 中，在【#footer 的 CSS 规则定义（在 restaurant.css 中）】对话框中，如图 7-46 所示，在【Height】文本框中输入“71px”，在【Clear】右侧下拉框中选择“left”，完成#footer 样式的设置。

提示：

当设置<div>标签的【Clear】属性为 left 时，该标签清除向左浮动，重新回到“前后相继”的排列顺序中。

2. 在 ID 为 main 的<div>标签中插入内嵌标签

❶ 单击【文档】窗口上方的【拆分】按钮后，出现代码和视图效果。

❷ 将鼠标光标置于文本“此处显示 id"main"的内容”之后，选择【插入】面板的【HTML】选项卡，单击【Div】按钮，打开【插入 Div】对话框，如图 7-47 所示，在【Class】下拉文本框中输入“m1”，单击【新建 CSS 规则】按钮，打开【新建 CSS 规则】对话框，如图 7-48 所示，在【选择器类型】下拉框中自动出现“类（可应用于任何 HTML 元素）”，在【选择器名称】下拉文本框中自动出现“m1”，在【规则定义】下拉框中选择“restaurant.css”。

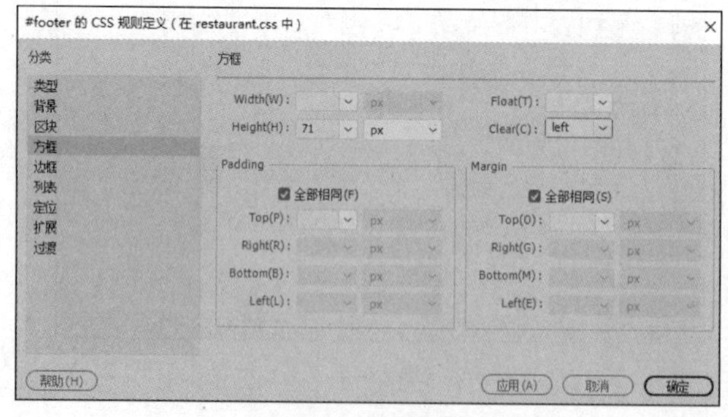

图 7-46

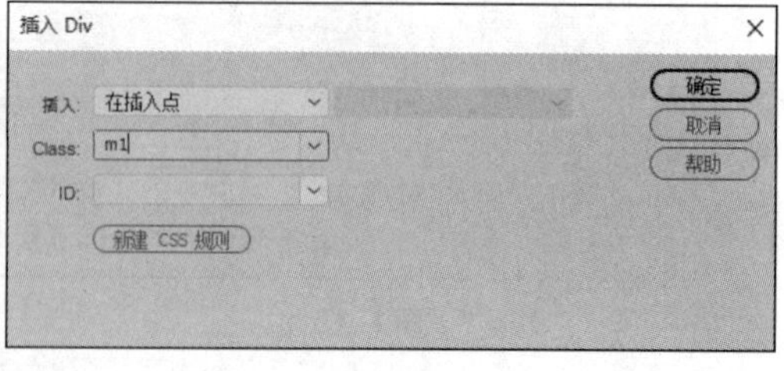

图 7-47

❸ 单击【确定】按钮，打开【.m1 的 CSS 规则定义（在 restaurant.css 中）】对话框，如图 7-49 所示，在左侧【分类】栏中选择【方框】，在【Width】文本框中输入“173px”，在【Float】下拉框中选择“left”，单击【确定】按钮，再单击【确定】按钮，完成.m1 样式的设置和<div>标签的插入，效果如图 7-50 所示。

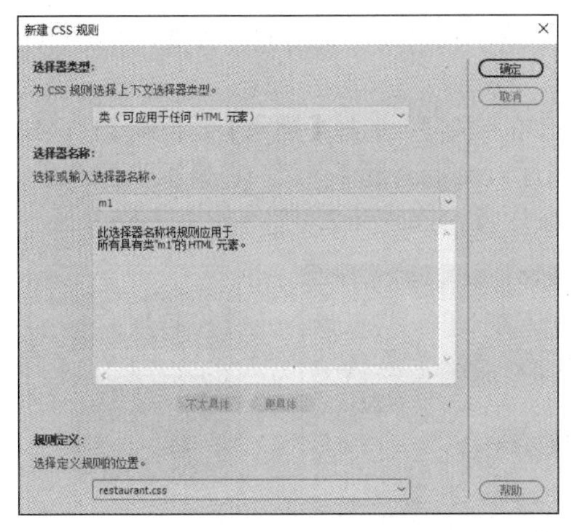

图 7-48

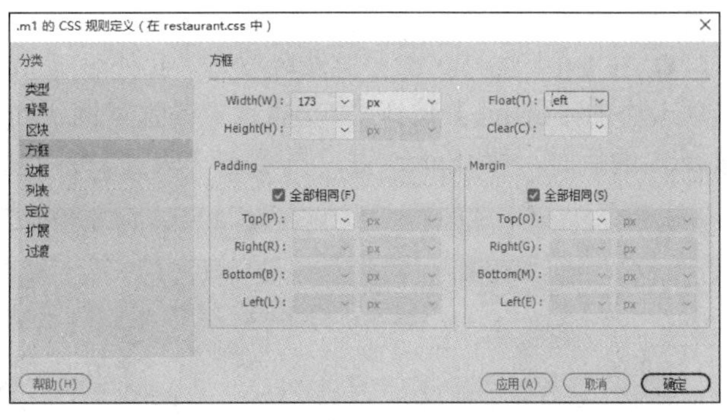

图 7-49

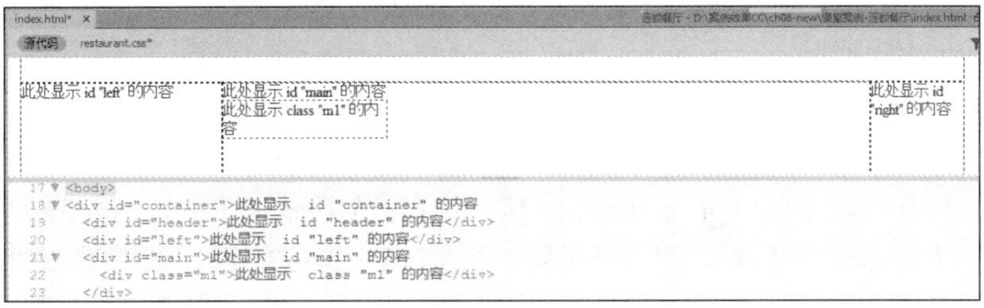

图 7-50

❹ 采用同样的方式，在 ID 为 main 的标签<div>中，将鼠标光标置于文本“此处显示 class"m1"的内容”的<div>标签之后，插入类样式为.m2 的<div>标签，并将.m2 存储于 restaurant.css 中。在【.m2 的 CSS 规则定义（在 restaurant.css 中）】对话框中，在【Width】文本框中输入“483px”，在【Float】下拉框中选择“left”，完成.m2 样式的设置和<div>标签的插入，效果如图 7-51 所示。

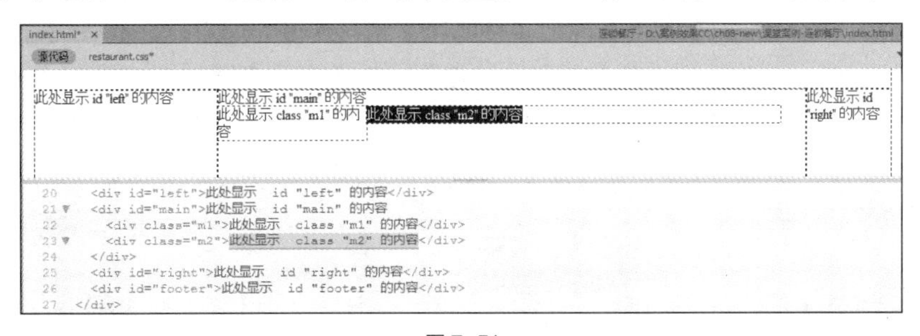

图 7-51

提示：

在采用<div>标签+类样式布局时，无法通过“在标签前”或“在标签后”方式确定<div>标签的顺序关系，必须在“在插入点”方式下，通过鼠标光标指定插入点的位置，实现<div>标签的排序。有时，这些工作需要在代码中完成。

3. 在<div>标签中插入内容并设置 CSS 样式外观

7-4 连锁餐厅（2）

❶ 选中并删除 container 标签中的文本“此处显示 id"container"的内容”。

❷ 在 header 标签中，选中并删除文本“此处显示 id"header"的内容”。选择【插入】面板的【HTML】选项卡中的【Image】按钮，输入“课堂案例-连锁

餐厅>images>header.jpg”，完成 header 标签内容的插入，如图 7-52 所示。采用同样方式，完成 footer 标签内容的插入工作。

❸ 在 left 标签中，选中并删除文本“此处显示 id"left"的内容”。选择【插入】面板的【HTML】选项卡中的【Image】按钮，插入“课堂案例-连锁餐厅>images>pic1.gif”。将鼠标光标置于图像 pic1 的后面，按<Enter>键，再插入“课堂案例-连锁餐厅>images>pic2.gif”，如图 7-53 所示。

图 7-52

图 7-53

❹ 在【CSS 设计器】面板【全部】选项卡中选择#left。在【属性】面板中，单击【背景】按钮，如图 7-54 所示，在【Background-image】下方【url】中输入“images/leftb.gif”；再单击【文本】按钮，在【Text-align】下拉框中选择，完成#left 样式的设置，效果如图 7-55 所示。

❺ 采用同样的方式，在 right 标签中插入图像 images/pic4.gif。在【属性】面板中，单击【背景】按钮，在【Background-image】下方【url】中输入“images/rightb.gif”；选择【属性】面板中的【布局】按钮，在【width】文本框中输入“90px”，在【height】文本框中输入“518px”，在【float】下拉框中选择；在【padding】上内边距和左内边距文本框中分别输入“15px”和“10px”，完成#right 样式的设置，效果如图 7-56 所示。

❻ 在 main 标签中，选中并删除文本“此处显示 id"main"的内容”，再选中并删除文本“此处显示 class"m1"的内容”，选择【插入】面板【HTML】选项卡中的【Image】按钮，插入“课堂案例-连锁餐厅>images>pic3.jpg”。在【CSS 设计器】面板【全部】选项卡中选择“.m1”，选择【属性】面板中的【布局】按钮，如图 7-57 所示，在【width】文本框中输入“173px”，在【float】下拉框中选择，在【margin】上外边距文本框输入“17px”，完成“.m1”样式的设置。

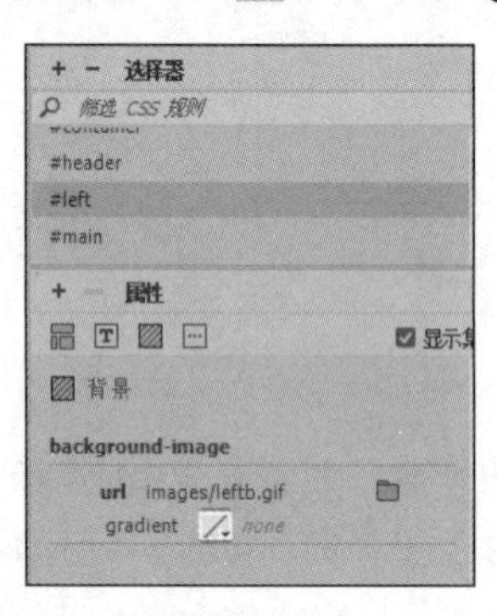

图 7-54

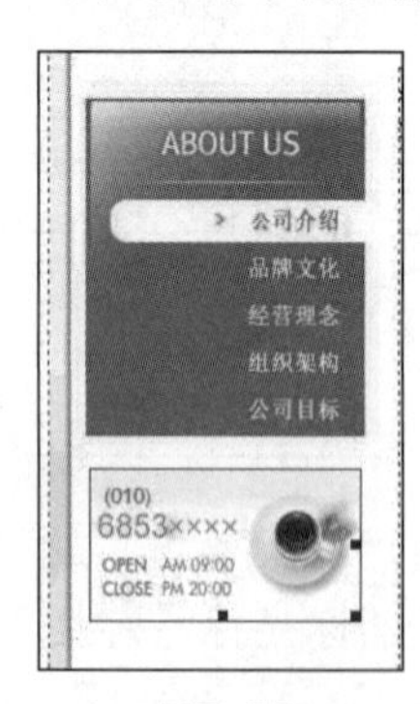

图 7-55

图 7-56

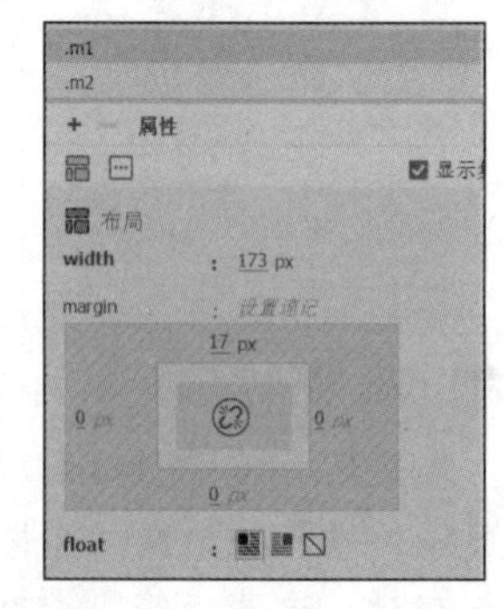

图 7-57

❼ 选中并删除“此处显示 class"m2"的内容”，将 text 文档中的公司介绍文字复制到本标签中，并适当进行分段处理，如图 7-58 所示。创建文字类样式.text1、.text2 和.text3，并存储在 restaurant.css 中。设置.text1 属性，【Font-size】为 32px，【Color】为“#F90”，并应用到公司文字介绍的大标题；设置.text2 属性，【Font-size】为 18px，【Color】为“#F90”，并应用到公司文字介绍的副标题；设

置.text3 属性，【Font-size】为 14px，【Color】为“#666”，并应用到公司文字介绍的正文，效果如图 7-59 所示。

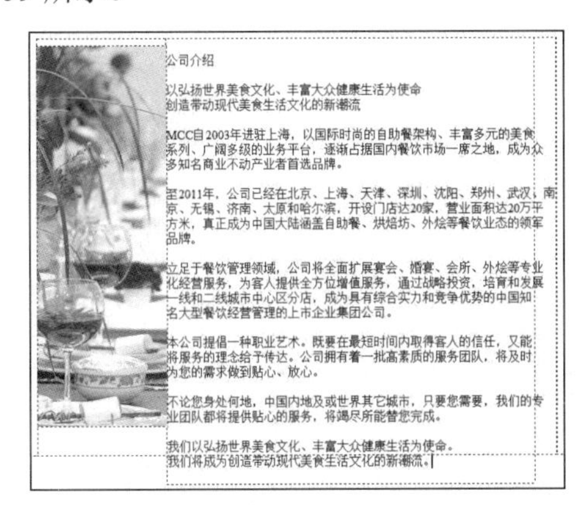

图 7-58

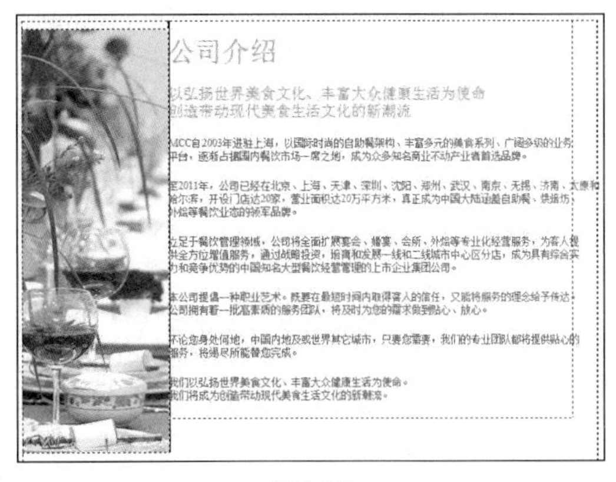

图 7-59

❽ 在【CSS 设计器】面板【全部】选项卡中选择“.m2”，选择【属性】面板中的【布局】按钮，如图 7-60 所示，在【width】文本框中输入“483px”，在【float】下拉框中选择，在【margin】的左外边距文本框输入“20px”，单击【确定】按钮，完成.m2 样式的设置。

图 7-60

❾ 保存网页文档，按<F12>键预览效果。

7.4.2 使用 CSS 样式布局

1. 在 Dreamweaver 中设置<div>标签的浮动

一般地，首先为<div>标签定义 ID 样式或类样式，然后在样式中设置【Float】和【Clear】属性。定义<div>标签样式有以下两种方法。

（1）选择【插入】面板的【HTML】选项卡，单击【Div】按钮，在【插入 Div】对话框中，单击【新建 CSS 规则】，为<div>标签创建 ID 样式或类样式。

（2）在【CSS 设计器】面板中，单击【源】列表框中的指定样式文件，再单击【选择器】左侧 + 按钮，建立各种样式。

例如，<div>标签的 ID 标识为 left，定义 ID 样式#left，打开【#left 的 CSS 规则定义（在 restaurant.css 中）】对话框，在【分类】栏中选择【方框】，如图 7-61 所示，其中，【Width】和【Height】表示<div>标签内容的宽度和高度，【Float】表示标签的浮动方向，left 或 right，【Clear】表示取消标签的浮动，left 或 right 或 both。

2. 常用布局形式

在 CSS+Div 布局中，将网页分割成左侧、中间和右侧 3 个部分的形式，是较常见的布局形式，如图 7-62 所示。

例如，左侧部分<div>标签的 ID 为 left，中间部分<div>标签的 ID 为 content，右侧部分<div>标签的 ID 为 right。设置#left、#content 和#right 样式的【Float】属性均为 left，保证这 3 个<div>标签向左浮动并在一行中。为了保证它们后继的 ID 为 footer 的<div>标签能够回到正常排列状态，需要设置#footer 样式的【Clear】属性为 left，取消向左浮动，完成此类布局，代码如下：

```
#left {
float: left;
height: 340px;
width: 120px;
background-color: #9FF;
```

```
float: left;
height: 340px;
width: 180px;
background-color: #9FF;
border-right-style: solid;
```

```
    border-right-width: 1px;
    border-left-width: 1px;
    border-right-style: solid;
    border-left-style: solid;
    border-right-color: #000;
    border-left-color: #000;
    }
    #content {
    float: left;
    height: 340px;
    width: 500px;
    background-color: #FF6;
    }
    #right {
    border-left-style: solid;
    border-right-color: #000;
    border-left-color: #000;
    border-right-width: 1px;
    border-left-width: 1px;
    }
    #footer {
    clear: left;
    height: 80px;
    width: 802px;
    background-color: #F9F;
    border: 1px solid #000;
    }
```

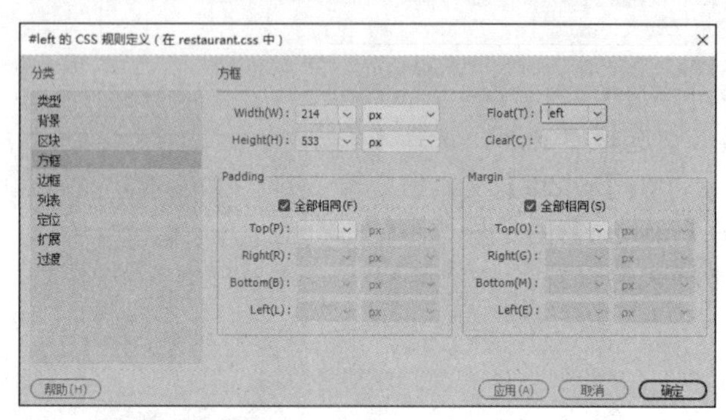

图 7-61

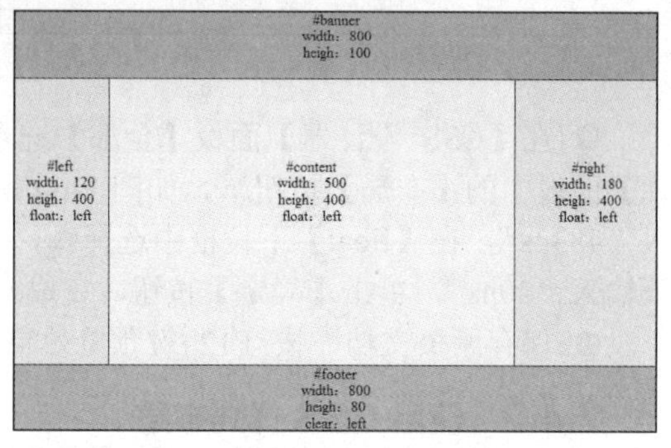

图 7-62

另一种较为常见的布局形式，是将网页分割成左、右两个部分，如图 7-63 所示。左侧部分<div>标签的 ID 为 link，右侧部分的<div>标签的 ID 为 content，设置#link 和#content 样式的【Float】属性均为 left，同时设置#footer 样式的【Clear】属性为 left，完成此类布局，代码如下：

```
    #link {
    float: left;
    height: 340px;
    width: 200px;
    background-color: #9FF;
    border-right-width: 1px;
    border-left-width: 1px;
    border-right-style: solid;
    border-left-style: solid;
    border-right-color: #000;
    border-left-color: #000;
    }
    #content {
    float: left;
    height: 340px;
    width: 600px;
    background-color: #FF6;
    border-right-width: 1px;
    border-right-style: solid;
    border-right-color: #000;
    }
    #footer {
    clear: left;
    height: 80px;
    width: 801px;
    background-color: #F9C;
    border: 1px solid #000;
    }
```

在本例中，为了在网页效果中增加黑色边框线，需要通过 CSS 样式为<div>标签加边框属性，其宽度为 1px，颜色为黑色。为保证整体布局效果不变，需要在 container 的<div>标签的 CSS 样式中增加宽度和高度值，以容纳添加边框线带来的宽度和高度的变化。这充分说明在 CSS+Div 布局中，即使边框线宽度只有 1 像素，也会对网页的精确布局产生影响。

在页面代码不做任何改变的情况下，只要调整 CSS 样式，设置#content 样式的【Float】属性为 left，#link 样式的【Float】属性为 right，就可以将图 7-63 所示的布局形式改变成图 7-64 所示的布局形式，即左右部分互换位置，这也充分展现了 CSS 布局的灵活性。

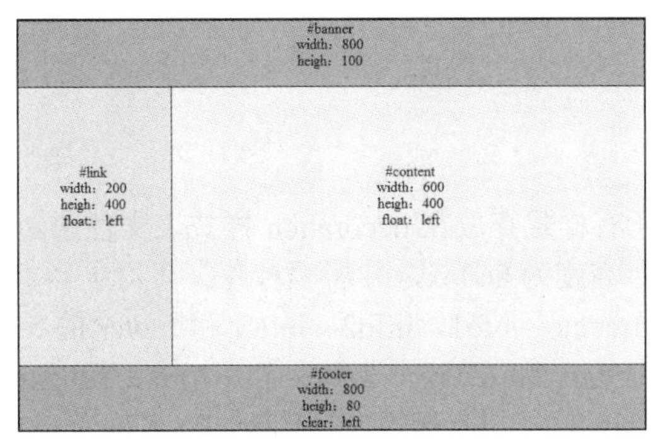

图7-63

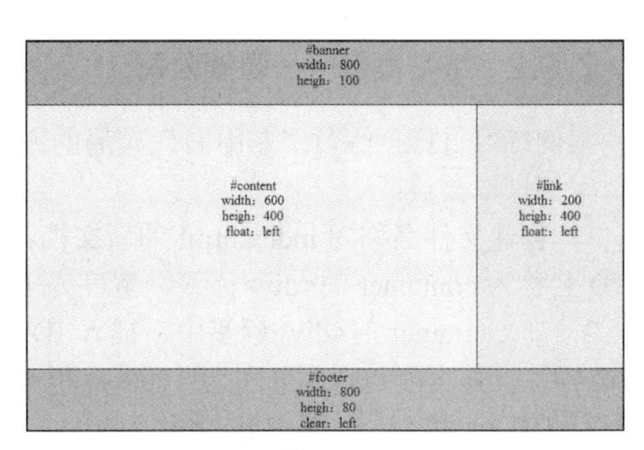

图7-64

7.5 练习案例

7.5.1 练习案例——电子产品

案例练习目标：练习“上中下”布局的方法。

案例操作要点：

1．创建文件名称为index.html的文档，并将所有样式存放在product样式表文件中。插入ID名称为container的<div>标签，宽度为1000px，并居中对齐。

2．在container的<div>标签中，插入ID名称为header、menu、banner、info和footer的5个<div>标签，宽度均为1000px，高度分别为38px、34px、468px、165px和64px。

3．在menu的<div>标签中，插入名称为nav的<div>标签，宽度为450px，高度为34px，左外边距为550px。

4．利用#menu样式为menu的<div>标签添加图像背景。在#nav标签中，输入文本“公司介绍 产品展示 客户服务 人员招募 互动社区”，并设置#nav样式，字号为16px，行高为30px，颜色为#FFF。

5．设置#nav a:link，#nav a:visited样式属性，颜色为#FFF，文字装饰为无，设置#nav a:hover样式属性，文字装饰为下画线，完成导航条的制作。

6．在ID名称为info的<div>标签中，插入1*3表格，宽度为100%，将3个图像分别插入到单元格中，设置#info样式背景为黑色。

素材所在位置：电子资源/案例素材/ch07/练习案例-电子产品。

案例布局要求如图7-65所示，案例效果如图7-66所示。

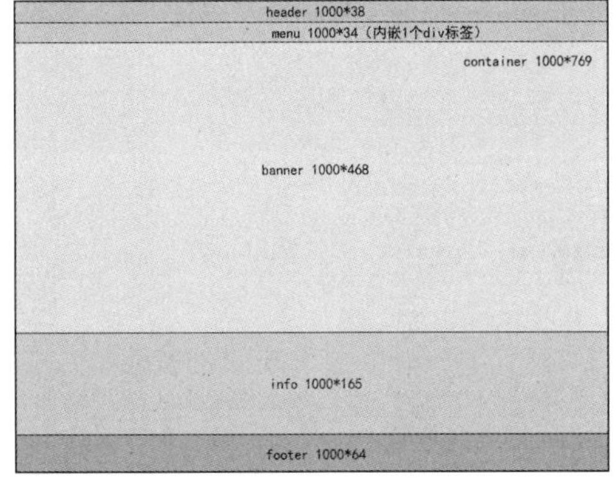

图7-65

图7-66

7.5.2 练习案例——装修公司

案例练习目标：练习“左中右”布局的方法。

案例操作要点：

1．创建文件名称为 index.html 的新文档，并将所有样式存放在 decoration 样式表文件中。插入 ID 名称为 container 的<div>标签，宽度为 1000px，高度为 860px，并居中对齐。

2．在 container 的<div>标签中，插入 ID 名称为 menu、info1、info2、info3 和 footer 的 5 个<div>标签，其宽度和高度分别为 1000px 和 107px、330px 和 670px、340px 和 670px、330px 和 670px、1000px 和 83px。其中 ID 名称为 info1、info2、info3 的<div>标签为左浮动，ID 名称为 footer 的<div>标签取消左浮动。

3．在 footer 标签中，插入两个<div>标签，其类样式名称为.f1 和.f2，其宽度分别为 580px 和 280px，并设置它们为左浮动。

4．设置页面属性的背景为#CCC，边距为 0，字号为 12px，颜色为#999。设置#container 样式的背景为白色。

5．标题样式.text1，字号为 30px，颜色为#451B08，左对齐；副标题样式.text2，字号为 18px；职位标题文本样式.text3，字号为 14px，下部内边距为 5px，下部边框为实线，宽度为 1px，颜色为#999。

6．设置#info1 样式的左右内边距分别为 85px；#info2 样式的左右内边距为 10px；#info3 样式的左右内边距分别为 10px，上部内边距为 10px；.f1 样式的上部和左侧外边距分别为 20px 和 60px；.f2 样式的上部和左侧外边距分别为 30px 和 60px，字体为黑体，字号为 20px，颜色为#66250F。

素材所在位置：电子资源/案例素材/ch07/练习案例-装修公司。

案例布局要求如图 7-67 所示，案例效果如图 7-68 所示。

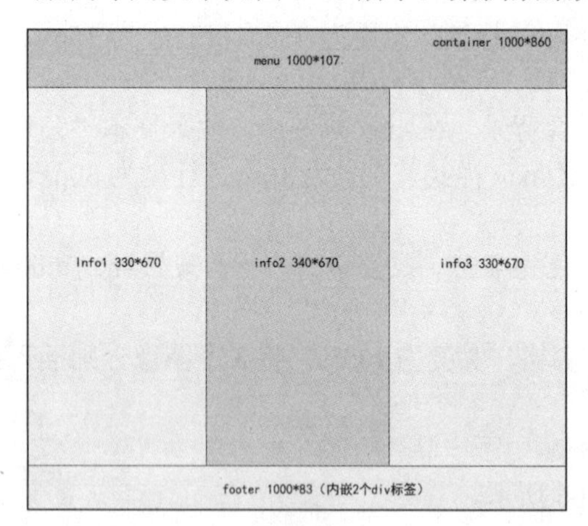

图 7-67

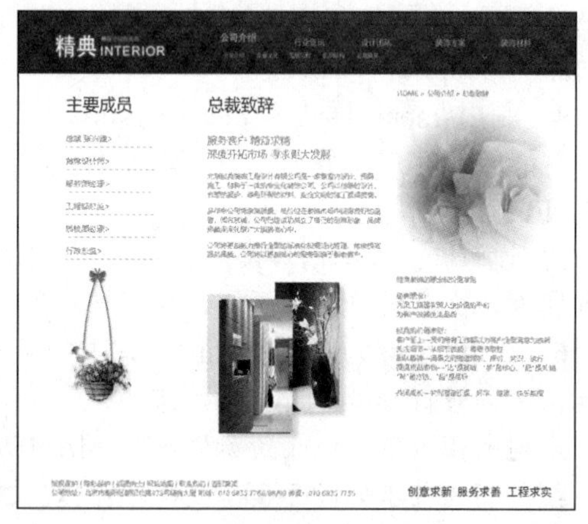

图 7-68

Dreamweaver CC

8 Chapter

第 8 章 行为

行为是 Dreamweaver CC 内置的一组 JavaScript 代码，为网页添加行为（behaviors），能够使页面产生各种动态效果。

行为由事件（Event）和动作（Action）两个要素组成。在 Dreamweaver CC 中，为网页元素添加行为就是为该元素设置相应的事件和动作。制作图像特效、启用浏览器窗口等行为是在网页制作中经常使用的行为。

本章主要内容：

1. 行为简介
2. 制作图像特效
3. 改变属性
4. 打开浏览器窗口
5. JavaScript 代码

8.1 行为简介

网页中的行为实际上就是网页文档中一系列的 JavaScript 代码，用于实现网页的动态效果或引出某些特殊功能。

为网页元素或对象添加行为，就是自动向网页中添加 JavaScript 程序。由于只有专业技术人员才能编写 JavaScript 程序，所以 Dreamweaver CC 预先内置了一组 JavaScript 程序，方便用户通过简单的可视化操作，为网页中特定元素或对象添加一组 JavaScript 程序。

一个完整的 Dreamweaver 行为由两大要素组成：事件（Event）和动作（Action)。事件是由浏览器定义的消息，可以附加在网页元素上，或者 HTML 标签上。动作是行为的内容本身，由一组 JavaScript 程序组成。

对于一个特定网页元素或对象来说，添加行为需要确定事件和动作，并将动作和相应的事件关联起来。

8.1.1 事件

事件，可以理解成行为中各种动作的触发条件，常用的事件包括 onClick、onDblClick、onMouseOver、onMouseOut 和 onLoad 等，分别表示鼠标单击、鼠标双击、鼠标经过、鼠标移开和页面加载等。

Dreamweaver CC 中的常用事件如表 8-1 所示（通过事件名称、事件触发方式和事件适用对象加以说明）。

表 8-1

事件	事件名称	事件触发方式	事件适用对象
一般事件	onClick	当单击选定对象（如超链接、图像、图像映像、按钮）时，将触发该事件	常用 HTML 标签
	onDblClick	当双击选定对象时，将触发该事件	
	onMouseUp	当按下鼠标按键被释放时，将触发该事件	
	onMouseDown	当按下鼠标按键（不释放鼠标按键）时，将触发该事件	
	onMouseMove	当鼠标指针停留在对象边界内时，将触发该事件	
	onMouseOut	当鼠标指针离开对象边界时，将触发该事件	
	onMouseOver	当鼠标首次移动指向特定对象时，将触发该事件	
	onKeyDown	当按下任何键时，将触发该事件	
	onKeyPress	当按下并释放任何键时，将触发该事件。它相当于 onKeyDown 与 onKeyUp 事件的联合	
	onKeyUp	当按下任意键后释放该键时，将触发该事件	
页面相关事件	onResize	当调整浏览器窗口或框架的尺寸时，将触发该事件	文档
	onScroll	当拖动上、下滚动条时，将触发该事件	
	onAbort	当装载一幅图像时，单击浏览器的【停止】按钮，将触发该事件	
	onLoad	当图像或页面完成装载后，将触发该事件	
	onUnload	当离开页面时，将触发该事件	
	onError	当页面或图像发生装载错误时，将触发该事件	
	onMove	当移动窗口、框架或对象时，将触发该事件	常用 HTML 标签

续表

事件	事件名称	事件触发方式	事件适用对象
表单相关事件	onChange	当改变页面中数值时，将触发该事件。例如，当用户在菜单中选择了一个项目，或者修改了文本区中的数值，然后在页面任意位置单击均可触发该事件	文本框或列表/菜单
	OnFocus	当选中指定对象时，将触发该事件	文本框
	OnBlur	当取消选中对象时，将触发该事件	
	onSubmit	当提交表单时，将触发该事件	表单
	onReset	当表单被复位到其默认值时，将触发该事件	
编辑事件	onRowEnter	当捆绑数据源的当前记录指针改变时，将触发该事件	常用 HTML 标签
	onRowExit	当捆绑数据源的当前记录指针将要改变时，将触发该事件	
	onSelect	当在文本区域选定文本时，将触发该事件	
	onAfterUpdate	当页面中的数据元素完成了数据源更新后，将触发该事件	
	onBeforeUpdate	当页面中的数据元素被修改时，将触发该事件	
滚动字幕事件	onBounce	当编辑框中的内容到达其边界时，将触发该事件	MARQUEE 标签
	onStart	当编辑框中的内容开始循环时，将触发该事件	
	onFinish	当选取框内容已经完成了一个循环后，将触发该事件	
其他事件	onReadyStateChange	当指定对象的状态改变时，将触发该事件	
	onHelp	当单击浏览器的帮助按钮或从菜单中选择帮助时，将触发该事件	

8.1.2 动作

动作是行为的具体实现过程。不同的动作执行不同的任务或工作，展示不同的效果。针对不同的元素或对象，可以添加不同的行为，有针对对象属性的行为、针对图像的行为等。

Dreamweaver CC 中的动作如表 8-2 所示（通过动作名称和动作功能描述加以说明）。

表 8-2

动作名称	动作功能描述
交换图像	通过改变 IMG 标签的 src 属性来改变图像，利用此动作可创建活动按钮或其他图像效果
弹出信息	此动作可以很方便地在网页上显示带指定信息的 JavaScript 对话框
恢复交换图像	用于将在交换图像动作中设置的后一幅图像，恢复为前一幅图像。此动作会自动添加在链接了交换图像动作的对象中
打开浏览器窗口	在触发该行为时打开一个新的浏览器窗口，并在新窗口中打开 URL 地址指定的网页
改变属性	通过设定的动作触发行为，动态改变对象属性值
效果	设置使得网页元素显示各种特效
显示-隐藏元素	显示、隐藏一个或多个元素的可见性，此动作在与浏览者交互信息时是非常有用的
检查插件	根据访问者是否安装需要的插件，而发送不同的页面
检查表单	检查指定的文本框中的内容，以确保浏览者输入的数据格式准确无误
设置文本	将指定的文本内容，显示在不同区域
调用 JavaScript	执行输入的 JavaScript 代码
跳转菜单	创建网页上的跳转菜单
转到 URL	在当前窗口或指定的框架中打开一个新的页面
预先载入图像	在浏览器的缓冲存储器中载入不立即在网页上显示的图像，这样在下载较大的图像文件时可以避免浏览者长时间等待

8.1.3 行为面板

在网页中添加和修改行为，由【行为】面板来完成。选择菜单【窗口】|【行为】，或按<Shift + F4>组合键可打开【行为】面板，如图 8-1 所示。

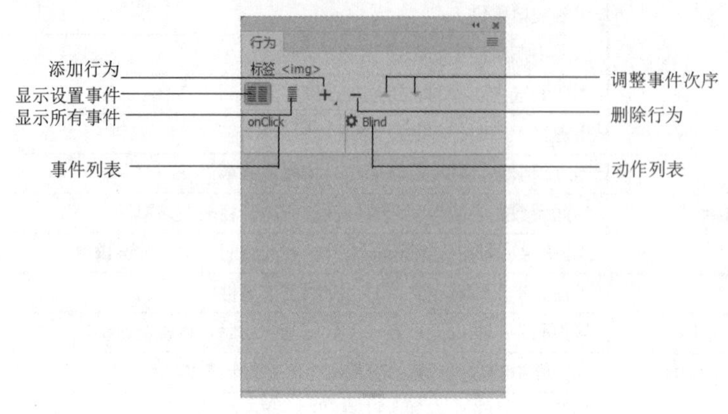

图 8-1

在【行为】面板中，各选项的含义如下。

【添加行为】：打开【动作】菜单，在其中选择动作。

【删除行为】：将选择的行为删除。

【显示设置事件】：显示当前网页元素上加载的所有事件。

【显示所有事件】：显示当前网页中可加载的所有事件。

【调整事件次序】：调整同一事件不同动作的先后次序。

【事件列表】：显示所有行为的事件。

【动作列表】：显示所有行为的动作。

为网页元素添加行为的关键是在【行为】面板中进行“事件”和“动作”的设置，设置完成后的“事件”和“动作”分别显示在【事件列表】和【动作列表】中，用户可以很方便地对其进行查看和修改。

为网页元素添加行为的步骤如下。

❶ 选中相应的网页元素。

❷ 单击【行为】面板上的【添加行为】按钮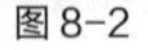，弹出【动作】菜单，如图 8-2 所示。根据需要从该菜单中选择一种动作，并在对话框中设置该动作的参数。

❸ 添加动作后，在【事件列表】中显示当前动作的默认事件，单击该事件后的三角形按钮，弹出【事件】菜单，如图 8-3 所示。用户可从该菜单中选择一种事件来代替默认事件。

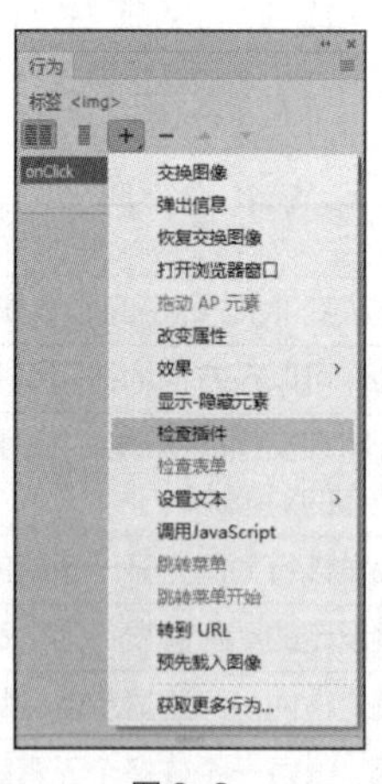

图 8-2

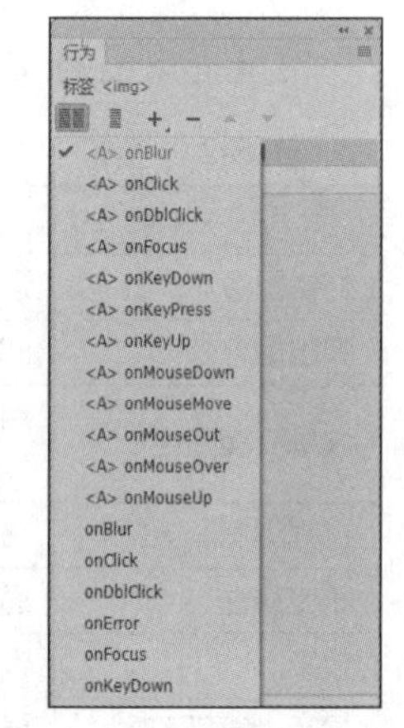

图 8-3

8.2 制作图像特效

添加适当的图像特效，能使网页内容更加生动。常用的图像特效有交换图像、显示-隐藏元素等。

8.2.1 课堂案例——吉太美食

8-1 吉太美食

案例学习目标：学习图像特效的制作。

案例知识要点：在【行为】面板中，单击+按钮，在【动作】菜单中选择相应图片特效动作进行设置。

素材所在位置：电子资源/案例素材/ch8/课堂案例-吉太美食。

案例效果如图 8-4 所示。

图 8-4

以素材“课堂案例-吉太美食”为本地站点文件夹，创建名称为“吉太美食”的站点。

1. 设置交换图像特效

❶ 在【文件】面板中，选择“课堂案例-吉太美食”站点，双击打开文件 index.html，如图 8-5 所示。

提示：

在网页中，已经分别为“日式料理”“韩式料理”“西式简餐”“中式简餐”和“酒水类”图像定义了 ID 名称 Image1、Image2、Image3、Image4 和 Image5，以方便后续操作。

❷ 选中网页左侧“日式料理”图像，选择菜单【窗口】|【行为】，打开【行为】面板，如图 8-6 所示。

图 8-5

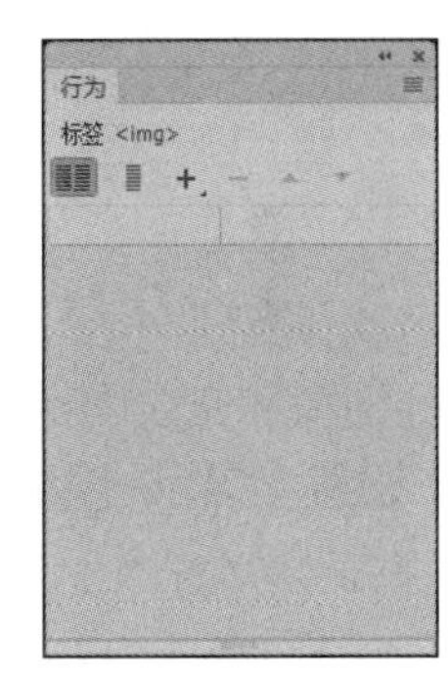

图 8-6

❸ 在【行为】面板中，单击【添加行为】按钮+，弹出图 8-7 所示的下拉菜单，选择【交换图像】，打开【交换图像】对话框，如图 8-8 所示，单击【设定原始档为】文本框后面的【浏览】按钮，打开【选择图像源文件】窗口，如图 8-9 所示，选择“课堂案例-吉太美食>images>tu1-1.jpg”，单击【确定】按钮。

❹ 返回到【交换图像】对话框，勾选【预先载入图像】和【鼠标滑开时恢复图像】复选框，单击【确定】按钮。此时在【行为】面板中，出现针对“日式料理”图像的两个行为，分别是恢复交换图像和交换图像，如图 8-10 所示。

提示：

实际上，鼠标经过图像功能就是通过“恢复交换图像”和“交换图像”两个行为实现的。

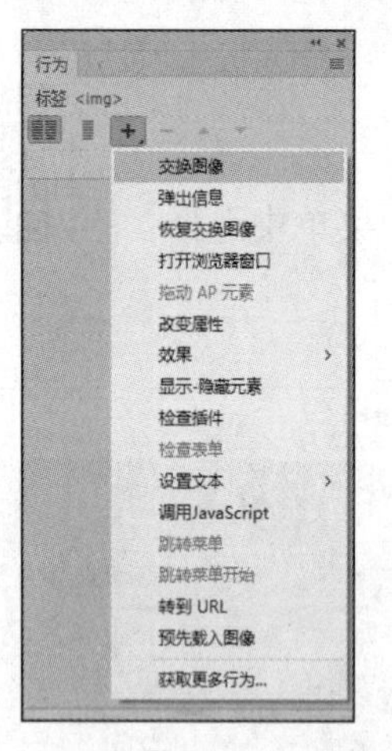

图 8-7

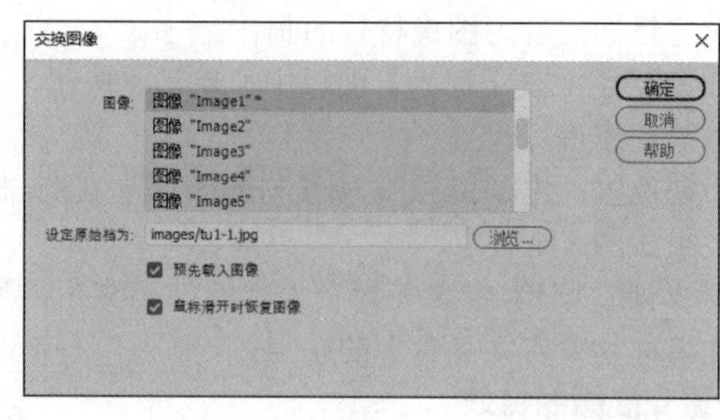

图 8-8

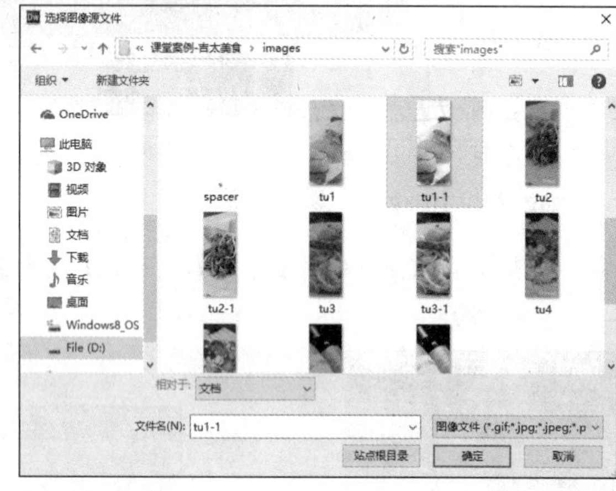

图 8-9

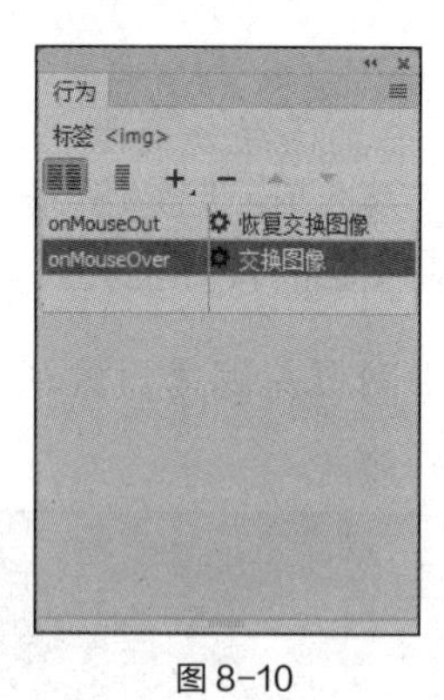

图 8-10

❺ 采用同样的方式，分别为“韩式料理”“西式简餐”“中式简餐”和“酒水类”图像，添加恢复交换图像和交换图像两个行为，交换图像分别为 tu2-1.jpg、tu3-1.jpg、tu4-1.jpg、tu5-1.jpg。

2. 设置【显示-隐藏元素】特效

❶ 将鼠标光标置于网页中空白处，选择【插入】面板的【HTML】选项卡，单击【Div】按钮，打开【插入 Div】对话框，如图 8-11 所示，在【插入】下拉框中选择“在插入点”，在【ID】下拉框文本框中输入“a1”，单击【新建 CSS 规则】按钮，打开【新建 CSS 规则】对话框，如图 8-12 所示，再次单击【确定】按钮。

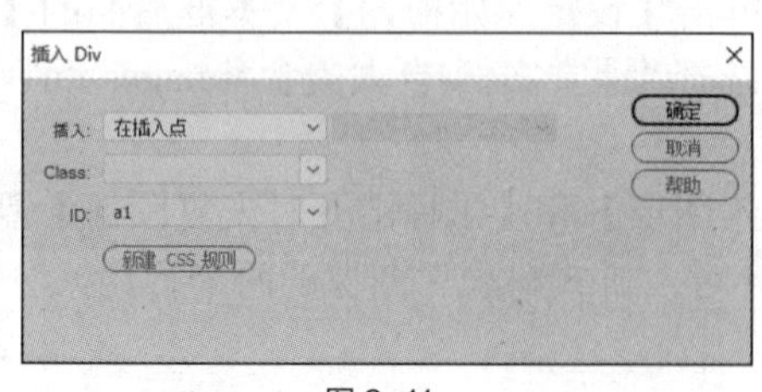

图 8-11

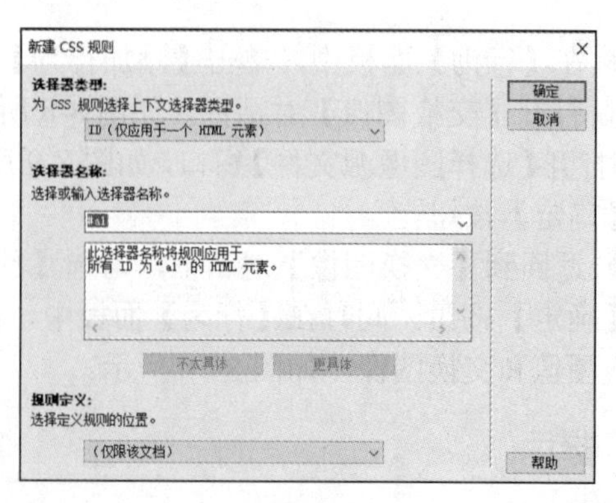

图 8-12

❷ 打开【#a1 的 CSS 规则定义】对话框。在【分类】栏中选择【背景】，在【Background-image】文本框中选择“课堂案例-吉太美食>images>rishi.jpg”，如图 8-13 所示。在【分类】栏中选择【方框】，在【Width】下拉文本框中输入“373px”，在【Height】下拉文本框中输入“124px”，如图 8-14 所示。在【分类】栏中选择【定位】，在【Position】下拉框中选择“absolute”，在【Visibility】下拉框中选择“visible”，如图 8-15 所示，单击【确定】按钮，返回到【插入 Div】对话框，再次单击【确定】按钮，完成样式#a1 的设置。

提示：

将样式#a1 的【position】属性设置为 absolute，表示 ID 样式名称为 a1 的<div>标签采用绝对定位方式。在这种定位方式下，<div>标签元素相互独立，可以重叠，还可以设置可见或隐藏属性。

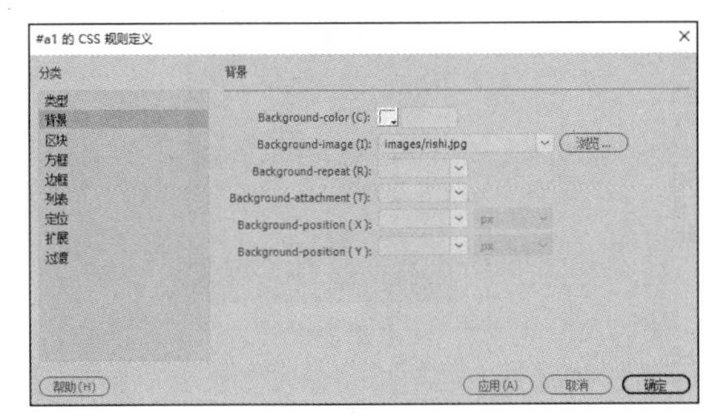

图 8-13

图 8-14

❸ 单击【文档】窗口上方的【拆分】，得到图 8-16，选中并删除文本“此处显示 id "a1" 的内容”，将鼠标光标定位于</div>标签之后，按<Enter>键，鼠标光标处于图 8-17 所示的位置，以确保后续插入的<div>标签与 ID 名称为 a1 的<div>标签并列。

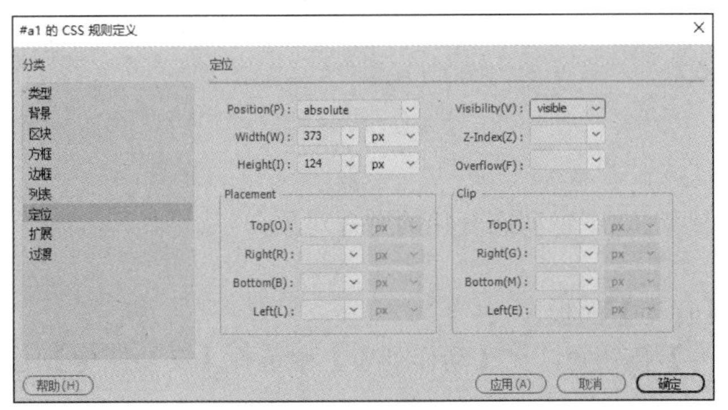

图 8-15

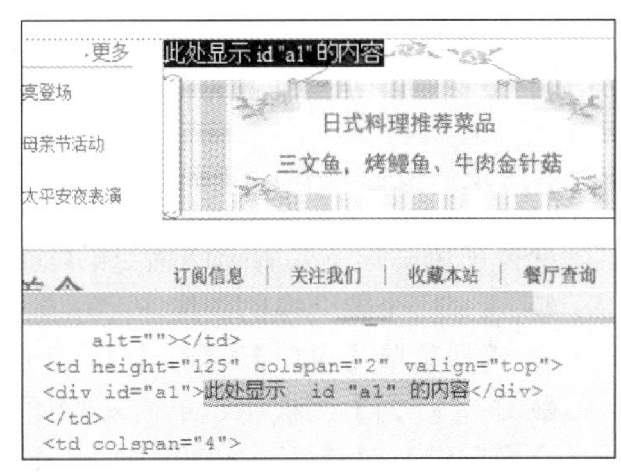

图 8-16

❹ 采用同样的方式，分别插入 ID 名称为 a2、a3、a4 和 a5 的<div>标签，并设置它们相应的背景图像为 hanshi.jpg、xishi.jpg、zhongshi.jpg 和 jiushui.jpg，效果如图 8-18 所示。

❺ 单击选中网页左侧“日式料理”图像，选择菜单【窗口】|【行为】，打开【行为】面板，单击【添加行为】按钮 +，在【动作菜单】中选择【显示-隐藏元素】，打开【显示-隐藏元素】对话框，如图 8-19 所示。

❻ 在【元素】列表中，设置 div " a1 " 为显示，其他元素 div " a2 " 、div " a3 " 、div " a4 " 和 div " a5 " 为隐藏，单击【确定】按钮，完成“日式料理”图像的显示-隐藏元素的行为设置，结果如图 8-20 所示。

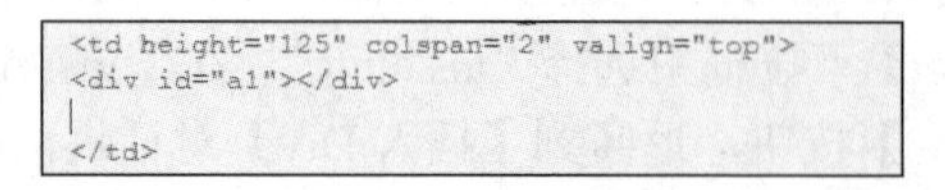

```
<td height="125" colspan="2" valign="top">
<div id="a1"></div>

</td>
```

图 8-17

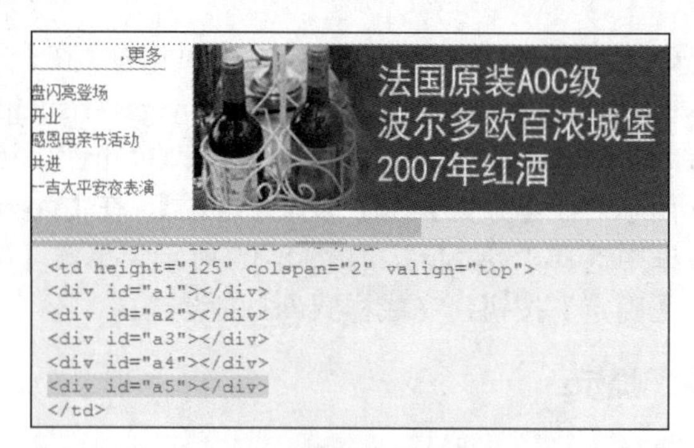


```
<td height="125" colspan="2" valign="top">
<div id="a1"></div>
<div id="a2"></div>
<div id="a3"></div>
<div id="a4"></div>
<div id="a5"></div>
</td>
```

图 8-18

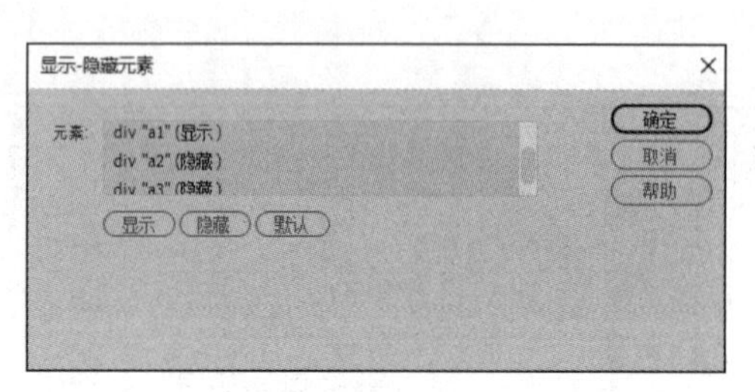

图 8-19

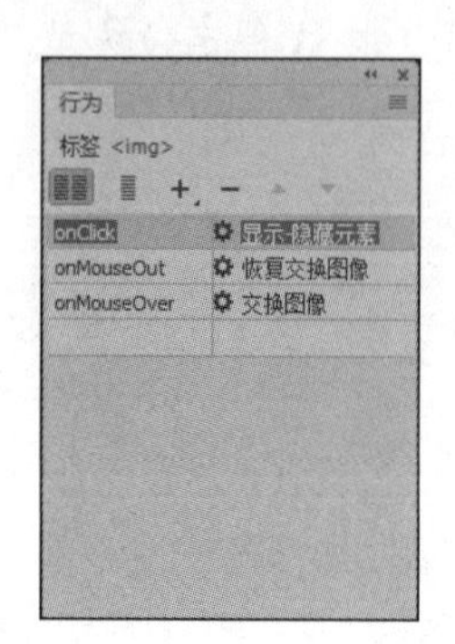

图 8-20

提示：

在“日式料理”图像的事件和动作中，onClick 事件触发 ID 名称为 a1 的<div>元素显示，而其他的<div>元素被隐藏起来。onMouseOut 和 onMouseOver 事件触发了本身图像的翻转效果。

❼ 采用同样的方式，分别设置图像“韩式料理”“西式简餐”“中式简餐”“酒水类”的显示-隐藏元素的行为。

❽ 保存网页文档，按<F12>键预览效果。

8.2.2 交换图像

交换图像动作主要用于创建当鼠标指针经过时产生动态变化的图片对象。

❶ 选择一个要交换的图像。

❷ 选择菜单【窗口】|【行为】，打开【行为】面板。

❸ 在【行为】面板中，单击【添加行为】按钮 +，在【动作列表】中选择【交换图像】，打开【交换图像】对话框，如图 8-21 所示。

在【交换图像】对话框中，各选项的含义如下。

【图像】：列出当前网页中所有能够更改图像的 ID，操作者可选中其中一个源图像，进行交换图像的设置。

【设定原始档为】：显示交换后的目标图像的路径，可通过单击【浏览】按钮，在【打开】中选择磁盘上的文件。

【预先载入图像】：设置是否在载入网页时，将新图像载入浏览器缓存。

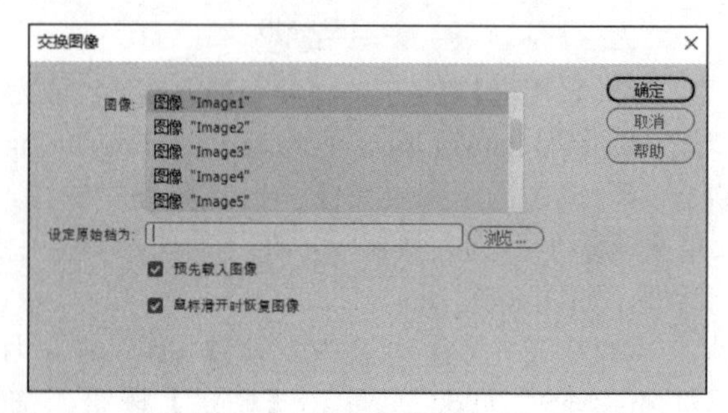

图 8-21

【鼠标滑开时恢复图像】：设置是否在鼠标滑开时恢复图像。勾选该选项后，会自动添加恢复交换图像动作。

单击【确定】按钮后，在【行为】面板中对默认事件进行调整。

提示：

因为只有图像的 src 属性受该动作的影响，因此目标图像应与源图像具有相同宽度和高度，否则，载入图像将被压缩或拉伸，导致变形。

通过【行为】面板，为目标图像添加“交换图像”行为后，在【代码】视图中可以看到，在<head>标签中 Dreamweaver CC 自动添加了 JavaScript 代码，如下所示：

```
<script type="text/javascript">
    function MM_preloadImages() { //v3.0
        略
    }
    function MM_swapImgRestore() { //v3.0
        略
    }
    function MM_findObj(n, d) { //v4.01
        略
    }
    function MM_swapImage() { //v3.0
        略
    }
</script>
```

在<script>标签中，定义了预先载入图像函数 MM_preloadImages()、交换图像恢复函数 MM_swapImgRestore()、发现对象函数 MM_findObj(n, d)和交换图像函数 MM_swapImage()。

同时，在<body>标签中，Dreamweaver CC 自动为<img>标签中添加相关事件及所调用的函数，如下所示：

```
<body onLoad="MM_preloadImages('images/tu1-1.jpg')">
    <img src="images/tu1.jpg" alt="" width="200" height="501" id="Image1"
         onMouseOver="MM_swapImage('Image1','','images/tu1-1.jpg',1)"
         onMouseOut="MM_swapImgRestore()"/>
</body>
```

onLoad 为页面装载完成事件，调用函数 MM_preloadImages()实现图像预载入；onMouseOut 为鼠标从图像上移开事件，调用 JavaScript 函数 MM_swapImgRestore()恢复源图像的显示；onMouseOver 为鼠标移到图像上事件，调用函数 MM_swapImage()实现图像交换。

提示：

在网页设计中，很多酷炫的动态效果都需要借助 JavaScript 软件编程才能实现。现在，利用 Dreamweaver CC 提供的 JavaScript 函数库，通过简单的交互操作就可以轻松实现。

8.2.3 显示-隐藏元素

显示-隐藏元素动作，能够通过用户响应事件，触发改变一个或多个网页元素的可见性。

❶ 选中用于触发显示-隐藏动作的网页元素。

❷ 选择菜单【窗口】|【行为】，打开【行为】面板。

❸ 在【行为】面板中，单击【添加行为】按钮+，打开【动作列表】，在【动作列表】中选择【显示-隐藏元素】，打开【显示-隐藏元素】对话框，如图 8-22 所示。

在【显示-隐藏元素】对话框中，各选项的含义如下。

【元素】：列出所有可用于显示或隐藏的网页元素。设置完成后，列表中显示的是事件触发后网页元素的显示或隐藏状态。

【显示】：设定某一个元素为显示状态。

【隐藏】：设定某一个元素为隐藏状态。

【默认】：设定某一个元素为默认状态。

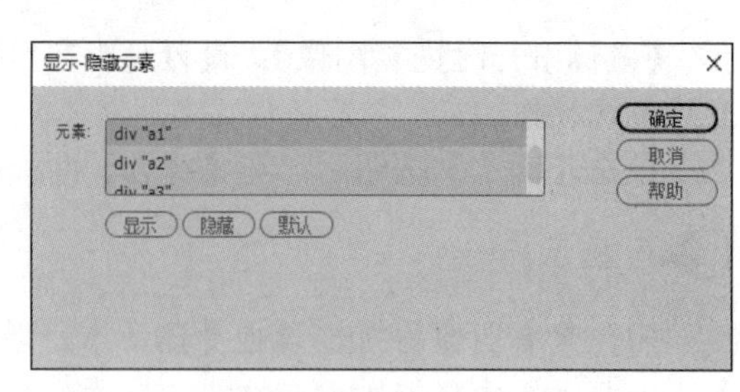

图 8-22

❹ 单击【确定】按钮，完成元素显示-隐藏属性的设置与调整。

提示：

在网页中设置显示-隐藏元素时，需要多个重叠放置的 Div 元素。在同一时间内，只允许一个 Div 元素显示，其他设为隐藏。

通过【行为】面板，为元素添加“显示-隐藏元素”行为后，在【代码】窗口中可以看到，在<head>标签中会出现由 Dreamweaver CC 自动添加的 JavaScript 代码，如下所示：

```
<script type="text/javascript">
function MM_showHideLayers() { //v9.0
    略
}
</script>
```

在<script>标签中，定义了显示-隐藏层函数 MM_showHideLayers()。

同时，在<div>标签中 Dreamweaver CC 自动为<img>标签中添加相关事件及所调用的函数，如下所示：

```
<div>
    <img src="images/tu1.jpg" alt="" width="200" height="501" onClick="MM_showHideLayers
('a1','','show','a2','','hide','a3','','hide')"/>
    <img src="images/tu2.jpg" alt="" width="200" height="501" onClick="MM_showHideLayers
('a1','','hide','a2','','show','a3','','hide')"/>
    <img src="images/tu3.jpg" alt="" width="200" height="501" onClick="MM_showHideLayers
('a1','','hide','a2','','hide','a3','','show')"/>
</div>
```

Dreamweaver CC 分别为 3 个<img>添加了 onClick 鼠标单击事件，调用 MM_showHideLayers()函数，函数参数中表明一个图像为显示状态，其他两个图像为隐藏状态，最终实现显示-隐藏元素的效果。

8.3 改变属性

改变属性，即允许网页浏览者通过事件控制网页元素，令其各种属性发生变化。

8.3.1 课堂案例——绿野网站建设

8-2 绿野网站建设

案例学习目标：学习改变网页元素属性的方法。

案例知识要点：在【行为】面板中，单击【添加行为】按钮+，在【动作】菜单中选择【改变属性】进行设置。

素材所在位置：电子资源/案例素材/ch8/课堂案例-绿野网站建设。

案例效果如图 8-23 所示。

以素材“课堂案例-绿野网站建设”为本地站点文件夹，创建名称为“绿野网站建设”的站点。

1. 插入<div>标签及图像对象

❶ 在【文件】面板中，选择“绿野网站建设”站点，双击打开文件 index.html，如图 8-24 所示。

❷ 将鼠标光标置于网页中部最大单元格中，选择【插入】面板【HTML】选项卡，单击【Div】按钮，打开【插入 Div】对话框，如图 8-25 所示，在【插入】下拉框中选择“在插入点”，在【ID】下拉框文本框中输入“navi”，单击【新建 CSS 规则】按钮，打开【新建 CSS 规则】对话框，如图 8-26 所示，再次单击【确定】按钮。

图 8-23

图 8-24

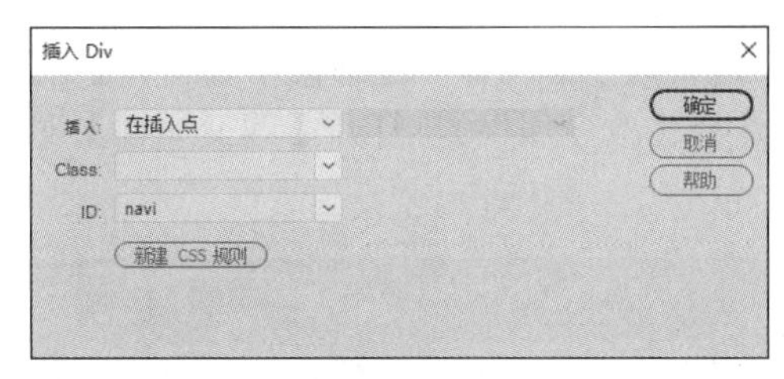

图 8-25

❸ 打开【#navi 的 CSS 规则定义】对话框，在【分类】栏中选择【背景】，在【Background-image】文本框中选择“课堂案例-绿野网站建设>images>banner1.jpg”，如图 8-27 所示。在【分类】栏中选择【方框】，在【Width】下拉文本框中输入“711px”，在【Height】下拉文本框中输入“147px”，如图 8-28 所示，单击【确定】按钮，返回到【插入 Div】对话框，再次单击【确定】按钮，完成样式#navi 的设置，选中并删除文本“此处显示 id "navi" 的内容”，效果如图 8-29 所示。

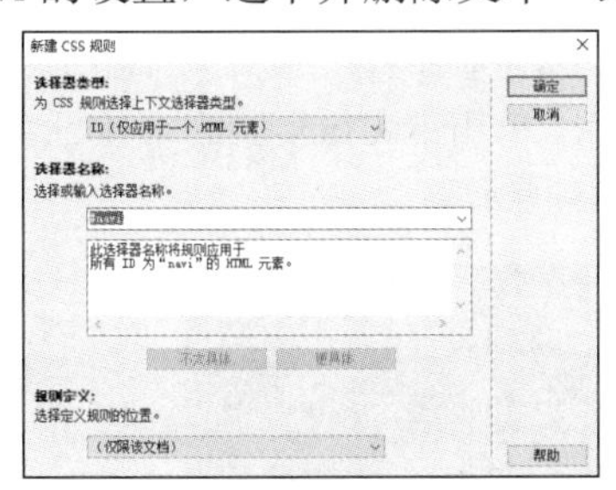

图 8-26

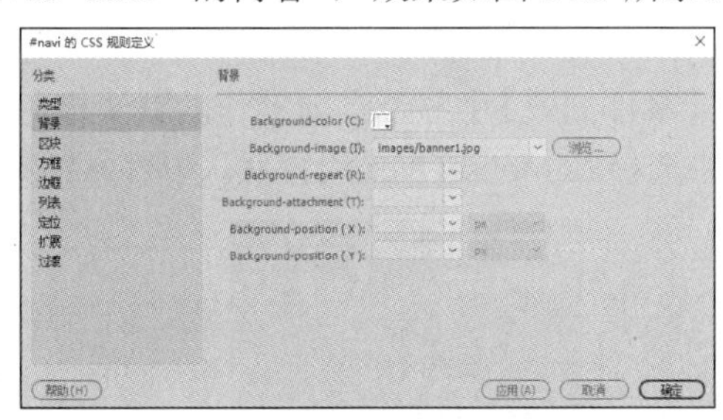

图 8-27

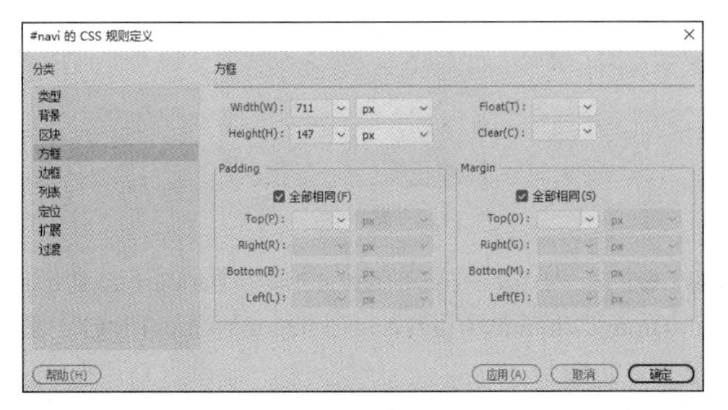

图 8-28

图 8-29

❹ 将鼠标光标置于<div>标签下方嵌套表格的第一个单元格中，如图 8-30 所示，在【插入】面板中选择【HTML】选项卡，单击【图像】按钮，在【选择图像源文件】对话框中选择“课堂案例-绿野网站建设>images>number1.png”，单击【确定】按钮，插入数字图像❶，效果如图 8-31 所示。

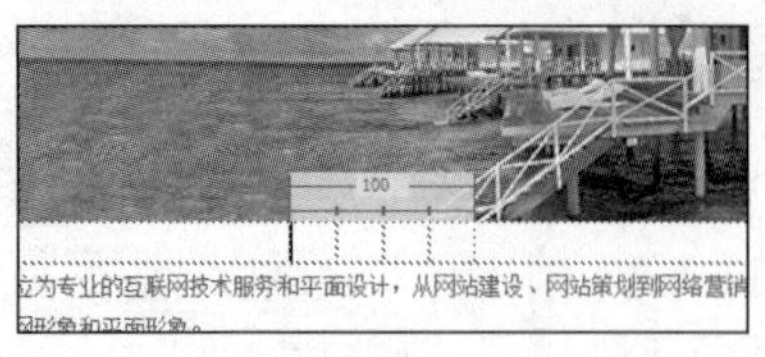

图 8-30

图 8-31

❺ 采用同样的方式，在后续 3 个单元格中插入数字图像❷、❸、❹，完成后效果如图 8-32 所示。

2. 设置【改变属性】特效

❶ 选中数字图像❶，选择菜单【窗口】|【行为】，打开【行为】面板，单击【添加行为】按钮+，选择【改变属性】，打开【改变属性】对话框，如图 8-33 所示。

图 8-32

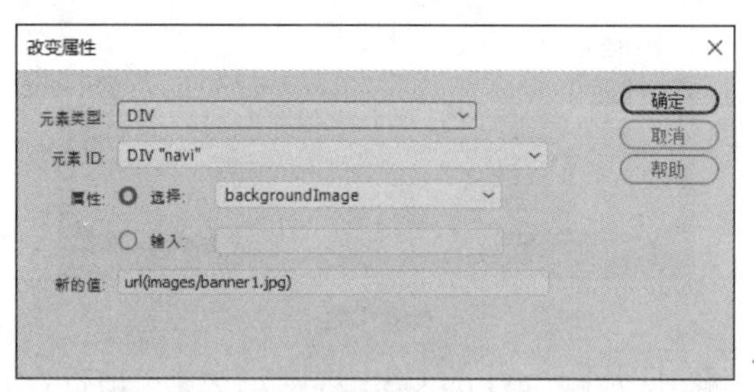

图 8-33

❷ 在【元素类型】下拉框中选择“DIV”，在【元素 ID】下拉框中选择 DIV “navi”，选择【属性】后【选择】单选按钮，在【选择】后下拉框中选择“backgroundImage”，在【新的值】文本框中输入“url(images/banner1.jpg)”，单击【确定】按钮，完成数字图像❶行为的设置，结果如图 8-34 所示。

❸ 在【事件列表】中显示当前动作的默认事件为 onClick，单击 onClick 后的下拉三角形按钮，从该菜单中选择 onMouseOver 代替默认事件，结果如图 8-35 所示。

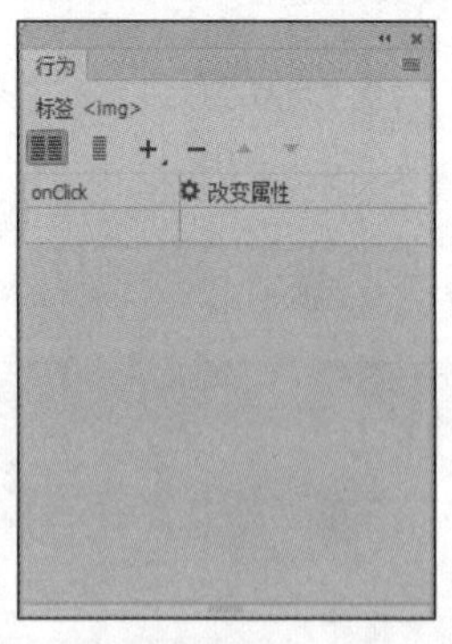

图 8-34

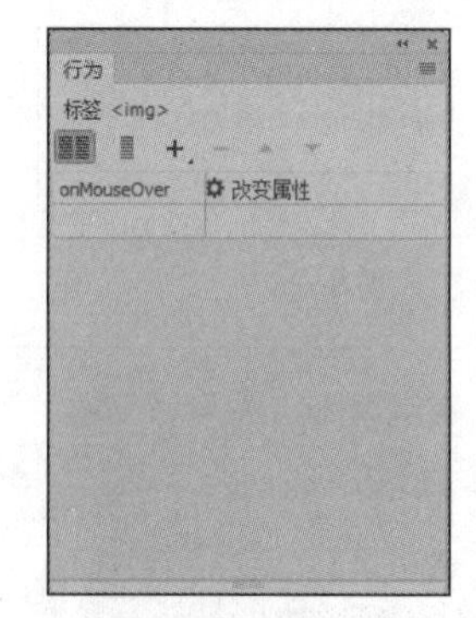

图 8-35

❹ 采用同样的方式，设置数字图像❷、❸、❹的行为，改变样式#navi 的属性 backgroundImage，【新的值】分别为 url(images/banner2.jpg)、url(images/banner3.jpg)、url(images/banner4.jpg)，使得鼠标经过数字图像时，样式#navi 的背景图像发生相应变化。

❺ 保存网页文档，按<F12>键预览并观察图像切换效果。

8.3.2 改变属性

利用改变属性的方法控制网页元素的外观及其他所有属性，可以更加灵活地形成各种特殊效果。

❶ 选中将要触发事件的网页元素。

❷ 选择菜单【窗口】|【行为】，打开【行为】面板。在【行为】面板中，单击【添加行为】按钮+，选择【改变属性】，打开【改变属性】对话框，如图8-36所示。

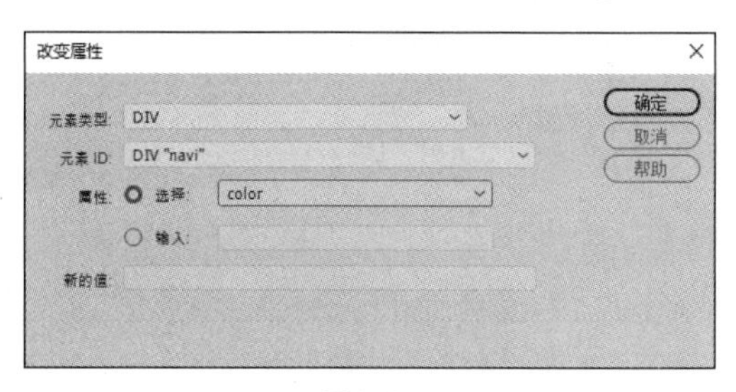

图 8-36

在【改变属性】对话框中，各选项的含义如下。

【元素类型】：设置要改变属性的网页元素的类型。

【元素 ID】：设置要改变属性的网页元素的ID名称。

【属性】：设置要修改的属性名称，既可以在列表中选择，也可以直接输入属性名称。

【新的值】：设置属性变更后的新属性值。

通过【行为】面板，为元素添加"改变属性"行为后，在【代码】视图中可以看到，在<head>标签中会出现由 Dreamweaver CC 自动添加的 JavaScript 代码，如下所示：

```
<script type="text/javascript">
    function MM_changeProp(objId,x,theProp,theValue) { //v9.0
        略
    }
</script>
```

在<script>标签中，定义了改变属性函数 MM_changeProp(objId,x,theProp,theValue)。

同时，在<div>标签中 Dreamweaver 自动为<img>标签中添加相关事件及所调用的函数，如下所示：

```
<div>
    <img src="images/number1.png" alt="" width="15" height="15" onMouseOver="MM_change
Prop('navi','','backgroundImage','url(images/banner1.jpg)','DIV')"/>
    <img src="images/number2.png" alt="" width="15" height="15" onMouseOver="MM_change
Prop('navi','','backgroundImage','url(images/banner2.jpg)','DIV')"/>
    <img src="images/number3.png" alt="" width="15" height="15" onMouseOver="MM_change
Prop('navi','','backgroundImage','url(images/banner3.jpg)','DIV')"/>
    <img src="images/number4.png" alt="" width="15" height="15" onMouseOver="MM_change
Prop('navi','','backgroundImage','url(images/banner4.jpg)','DIV')"/>
</div>
```

Dreamweaver 分别为 4 个<img>添加了 onMouseOver 鼠标单击事件，调用 MM_changeProp()函数，函数参数中表明为 id 为 navi 的<div>标签，添加一个新的背景图片，以达到不断切换不同背景图，最终实现"改变属性"的效果。

8.4 打开浏览器窗口

8.4.1 课堂案例——儿童摄影

8-3 儿童摄影

案例学习目标：学习添加打开浏览器窗口行为。

案例知识要点：在【行为】面板中，单击【添加行为】按钮+，在【动作】菜单中选择【打开浏览器窗口】进行设置。

素材所在位置：电子资源/案例素材/ch8/课堂案例-儿童摄影。

案例效果如图8-37所示。

以素材"课堂案例-儿童摄影"为本地站点文件夹，创建名称为"儿童摄影"的站点。

❶ 在【文件】面板中，选择"儿童摄影"站点，双击打开文件 index.html，如图8-38所示。

图 8-37

图 8-38

❷ 选择菜单【窗口】|【行为】，打开【行为】面板，单击【添加行为】按钮+，在【动作】菜单中选择【打开浏览器窗口】，打开【打开浏览器窗口】对话框，如图 8-39 所示。

❸ 在【要显示的 URL】文本框中输入“index1.html”，在【窗口宽度】文本框中输入“300”，在【窗口高度】文本框中输入“300”，单击【确定】按钮，完成设置。该行为采用默认触发事件 onLoad，打开浏览器窗口，如图 8-40 所示。

提示：

在取消浏览器阻止弹出框设置的前提下，该事件在浏览网页时触发，即打开当前浏览器网页时自动执行，以获得打开窗口的效果。

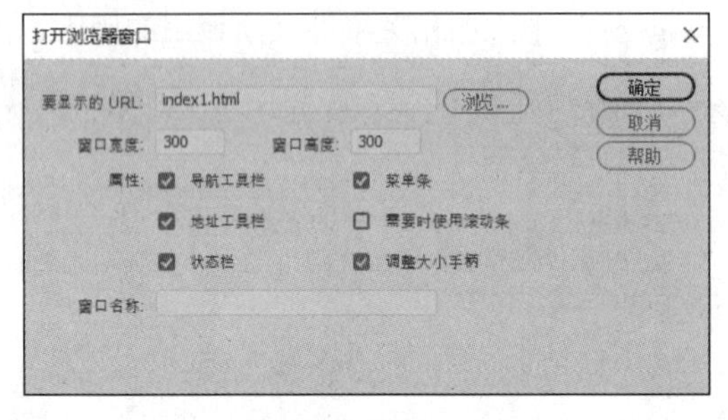

图 8-39

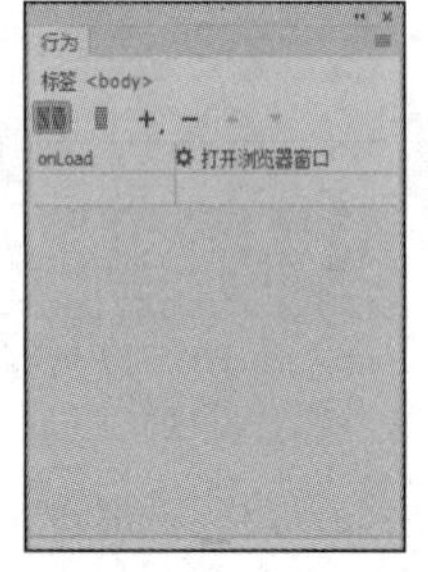

图 8-40

❹ 保存网页文档，按<F12>键预览效果。

8.4.2 打开浏览器窗口

打开浏览器窗口行为主要用于控制在一个新窗口中打开指定网页。

❶ 选择菜单【窗口】|【行为】，打开【行为】面板。

❷ 在【行为】面板中，单击【添加行为】按钮+，在【动作】菜单中选择【打开浏览器窗口】，打开【打开浏览器窗口】对话框，如图 8-41 所示。

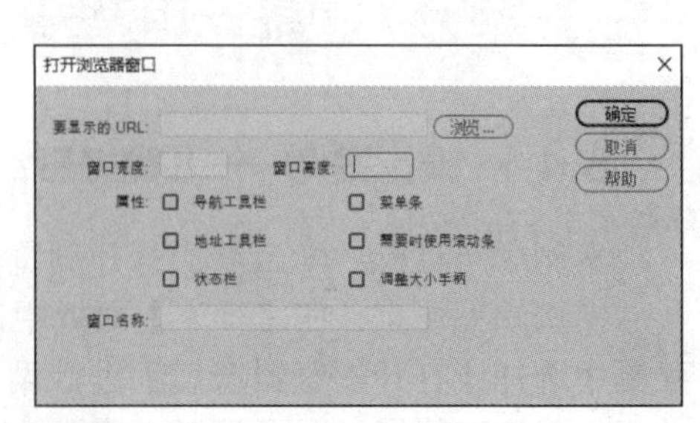

图 8-41

在【打开浏览器窗口】中，各选项的含义如下。

【要显示的 URL】：设置要打开网页窗口的 URL 地址，可通过单击【浏览】在本地站点中选择。

【窗口宽度】：以像素为单位，设置要打开窗口的宽度。

【窗口高度】：以像素为单位，设置要打开窗口的高度。

【属性】：设置要打开窗口的状态属性。

【窗口名称】：设置新窗口的名称。

❸ 单击【确定】按钮，完成【打开浏览器窗口】的设置。

通过【行为】面板，为元素添加“打开浏览器窗口”行为后，在【代码】视图中可以看到，在<head>标签中会出现由 Dreamweaver 自动添加的 JavaScript 代码，如下所示：

```
<script type="text/javascript">
    function MM_openBrWindow(theURL,winName,features) { //v2.0
        window.open(theURL,winName,features);
}
</script>
```

在<script>标签中，定义了打开浏览器窗口函数 MM_openBrWindow(theURL,winName,features)。

同时，在<body>标签中，Dreamweaver 自动添加相关事件及所调用的函数，如下所示：

```
<body onLoad="MM_openBrWindow('index1.html','','')">
    <img src="images/child02.gif" width="482" height="433" alt=""/>
</body>
```

Dreamweaver 为<body>标签添加了 onLoad 页面载入完成事件，调用 MM_openBrWindow 函数，函数参数中是一个网址地址，最终实现“打开浏览器窗口”的效果。

8.5 JavaScript 代码

调用 JavaScript 行为可以指定在事件发生时要执行的自定义函数或者 JavaScript 代码。设计者可以自己书写这些 JavaScript 代码，也可以使用网络上免费发布的各种 JavaScript 库。

❶ 在新建空白页面中，选择【插入】|【表单】|【按钮】，分别插入两个按钮。

❷ 分别选中按钮，在按钮的【属性】面板【值】文本框中分别输入“弹出窗口”，完成后效果如图 8-42 所示。

图 8-42

❸ 选择菜单【窗口】|【行为】，打开【行为】面板，单击【添加行为】按钮+，在【动作】菜单中选择【效果】|【调用 JavaScript】，打开【调用 JavaScript】对话框，如图 8-43 所示。

❹ 在【JavaScript】文本框中输入 JavaScript 代码或用户想要触发的函数名。例如，若要用户单击“弹出窗口”按钮时弹出警告窗口，可以输入“window.alert("警告")”。

❺ 单击【确定】按钮，观察【行为】面板，此时事件列表中已显示 onClick 事件，动作面板中显示调用 JavaScript，如图 8-44 所示。

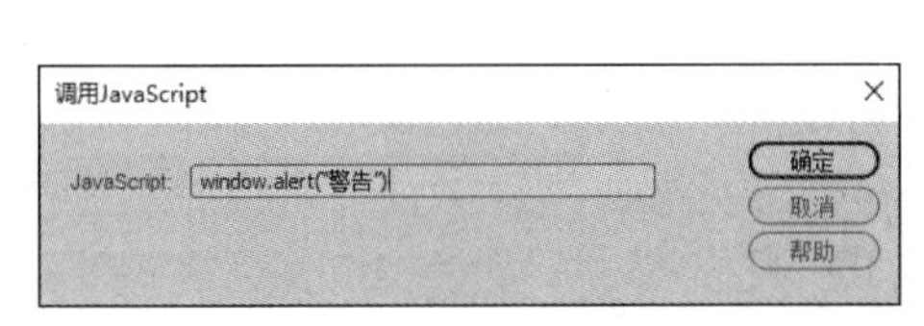

图 8-43

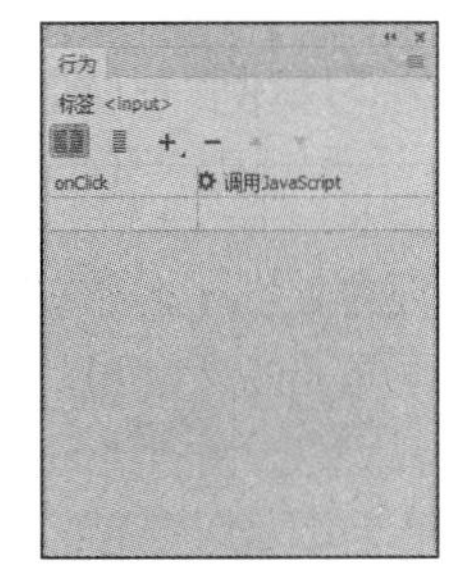

图 8-44

❻ 在【行为】面板中对默认事件进行调整后，保存网页文档，按<F12>键预览效果。

通过【行为】面板，为元素添加“调用 JavaScript”行为后，在【代码】视图中可以看到，在<head>标签中会出现由 Dreamweaver 自动添加的 JavaScript 代码，如下所示：

```
<script type="text/javascript">
    function MM_callJS(jsStr) { //v2.0
        return eval(jsStr)
```

```
    }
    </script>
```

<script>标签中定义了调用 JavaScript 函数 MM_callJS(jsStr)。

同时，在<form>标签中，Dreamweaver CC 自动为<input>标签添加了相关事件及所调用的函数，如下所示：

```
    <form id="form1" name="form1" method="post">
      <input name="button1" type="button" id="button1" onclick="MM_callJS('window.alert(\&quot;警告\&quot;)')" value="弹出窗口">
    </form>
```

Dreamweaver CC 为< input >标签添加了 onClick 单击事件，调用 MM_callJS('window.alert()函数，该函数弹出“警告”窗口，最终实现“调用 JavaScript”的效果。

8.6 练习案例

8.6.1 练习案例——甜品饮料吧

案例练习目标：练习制作图像特效。

案例操作要点：

1．在“热卖产品”下方，分别为图像“茉莉花香”“冰火两重天”“生命之绿”“巨杯甜饮”添加显示-隐藏元素特效，实现鼠标经过这些图像时，在“巨杯甜饮”右侧显示其放大图片（即自行定义 4 个不同的 Div，将其插入其右侧单元格中），放大图片分别为 big1-1.jpg，big2-1.jpg，big3-1.jpg，big4-1.jpg，其尺寸均为 Width：277px，Height：600px。

2．在“特色产品”下方，从左向右，从上到下，分别插入图像 a-1.jpg～f-1.jpg，并添加交换图像特效，交换图像分别设为 a.jpg～f.jpg。

素材所在位置：电子资源/案例素材/ch8/练习案例-甜品饮料吧。

效果如图 8-45 所示。

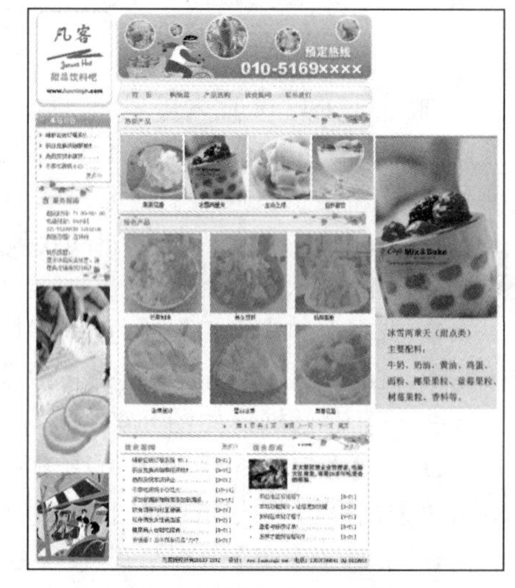

图 8-45

8.6.2 练习案例——校园信息中心

案例练习目标：练习改变网页元素属性的方法。

案例操作要点：

1．打开网页 index.html，在空白处插入 ID 名称为 banner 的<div>标签，设置#banner 属性：宽度 320px，高度 820px，背景为图像 sb2.jpg。

2．在其下方表格中间 3 个单元格中，分别插入 3 个图像 dot.png，并为这些图像添加改变属性行为，图像事件为 onMouseOver，改变 banner 背景的属性。

素材所在位置：电子资源/案例素材/ch8/练习案例-智慧校园网络。

效果如图 8-46 所示。

图 8-46

Dreamweaver CC

9 Chapter

第 9 章
模板和库

模板和库是网页设计者在设计、制作网页时不可缺少的工具。在创建一批具有相似外观、格式的网页之前，通常先建立一个模板，再利用模板生成其他网页。当更改模板时，基于模板的网页会自动更新。

对于需要在多个网页中使用的网页元素，可以先建立一个库项目，当网页需要使用该元素时就直接从库中调用该项目。只要修改库项目，就可以更新所有项目相关元素。

利用模板和库项目建立网页，可以使创建网页与维护网站更方便、快捷。它们可以帮助设计者统一整个网站的风格，节省网页制作的时间，提高工作效率，给维护与管理整个网站带来很大方便。

本章主要内容：

1. 模板
2. 库

9.1 模板

在网页的制作过程中，常常会制作很多布局结构和版式风格相似而内容不同的页面，如果每个页面都从头开始制作，不仅工作乏味而且效率低下。为此，设计者可以预先定义多个网页的相同部分，将其存入相应文件，这就构成了模板。然后，套用模板，即可迅速生成多个风格一致的网页，从而避免很多重复性工作，提高了工作效率。

9.1.1 课堂案例——花仙子园艺

9-1 花仙子园艺

案例学习目标：学习模板的使用。

案例知识要点：新建模板文件，选择菜单【插入】|【模板】|【可编辑区域】，在模板文件中插入可编辑区域，通过模板文件创建网页，在【资源】面板中对模板文件进行编辑。

素材所在位置：电子资源/案例素材/ch9/课堂案例-花仙子园艺。

案例效果如图 9-1 所示。

以素材“课堂案例-花仙子园艺”为本地站点文件夹，创建名称为“花仙子园艺”的站点。

1. 创建模板文件

❶ 选择菜单【文件】|【新建】，打开【新建文档】对话框，如图 9-2 所示，选择【新建文档】，在【文档类型】列表中选择“</>HTML 模板”，在【布局】列表中选择“<无>”，单击【创建】按钮，创建空白的模板页，并在【文档标题】中输入“花仙子园艺”。

图 9-1

图 9-2

❷ 选择菜单【文件】|【保存】，打开【另存模板】对话框，如图 9-3 所示，在【另存为】文本框中输入“hua”，单击【保存】按钮，模板文件创建完成。

2. 编辑模板文件

❶ 在【插入】面板【HTML】选项卡中，单击【Table】按钮，打开【Table】对话框，如图 9-4 所示，在【行数】文本框中输入“3”，在【列】文本框中输入“3”，在【表格宽度】文本框中输入 1280，其余各项设置均为 0，单击【确定】按钮，插入表格，并将表格居中对齐。

❷ 选择表格中第 1 行所有单元格，如图 9-5 所示，在单元格【属性】面板中单击【合并】按钮，将选中单元格合并。采用同样的方式，将表格中第 3 行所有单元格合并，全部完成后效果如图 9-6 所示。

❸ 将鼠标光标置于表格第 1 行单元格中，在【插入】面板中，选择【HTML】选项卡，单击【图像】按钮，打开【选择图像源文件】对话框，在【选择图像源文件】对话框中，选择“课堂案例-花仙子园艺>images>top.jpg”，如图 9-7 所示，单击【确定】按钮，效果如图 9-8 所示。

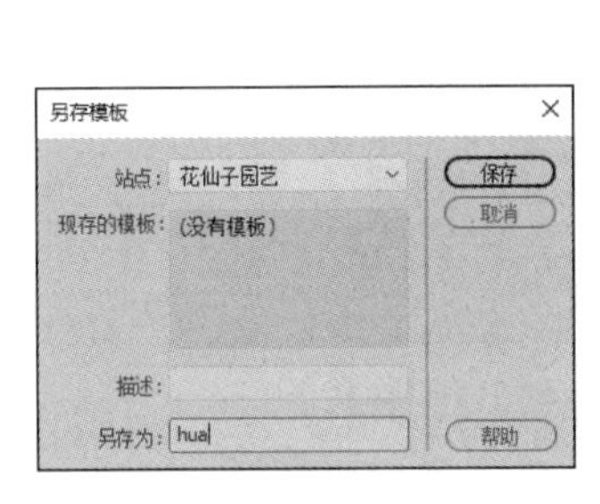

图 9-3

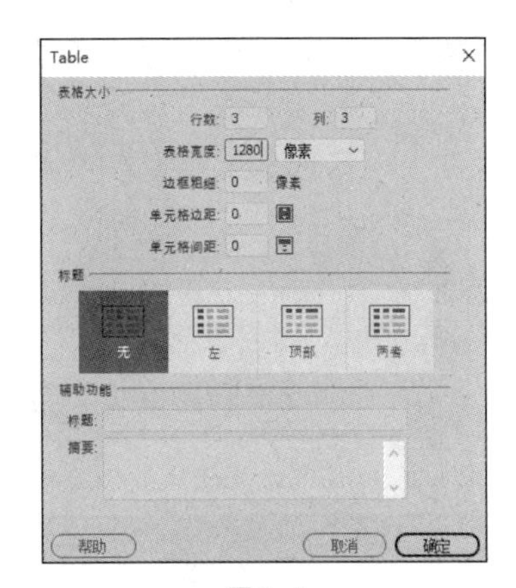

图 9-4

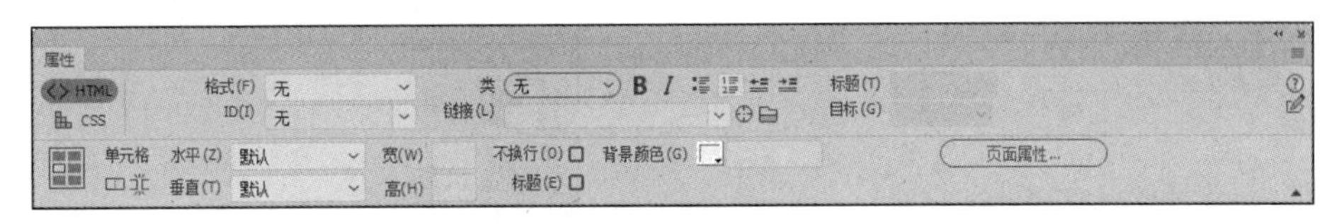

图 9-5

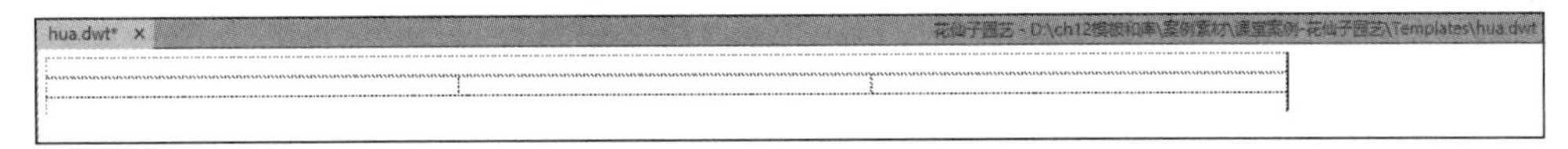

图 9-6

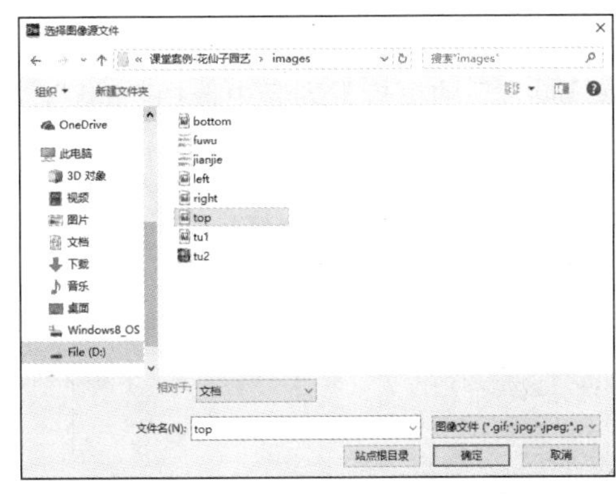

图 9-7

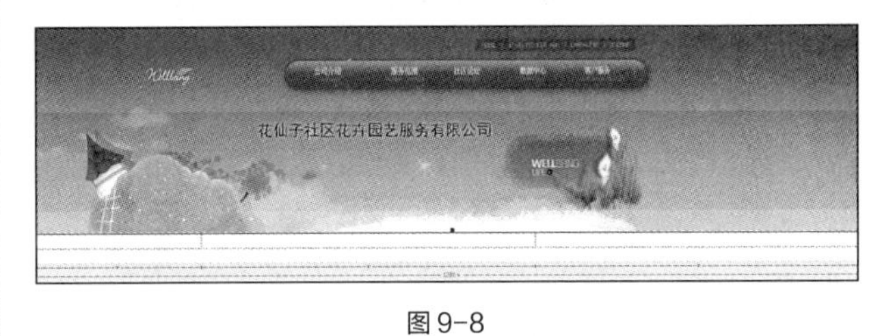

图 9-8

❹ 采用同样的方式，在第 2 行第 1 列单元格中插入图像 left.jpg，在第 2 行第 3 列单元格中插入图像 right.jpg，在第 3 行中插入图像 bottom.jpg，效果如图 9-9 所示。

❺ 将鼠标光标置于表格第 2 行第 2 列单元格中，在单元格【属性】面板【宽】文本框中输入“532”。选择菜单【插入】|【模板】|【可编辑区域】，打开【新建可编辑区域】对话框，如图 9-10 所示，在【名称】文本框中输入“td1”，单击【确定】按钮。完成后效果如图 9-11 所示。

❻ 将可编辑区域 td1 中的字符删除，将鼠标光标置于其中，在【插入】面板【HTML】选项卡中，单击【Table】按钮，打开【Table】对话框，在【行数】文本框中输入“1”，在【列】文本框中输入“2”，在【表格宽度】文本框中输入“100%”，其余各项设置均为 0，单击【确定】按钮。完成后效果如图 9-12 所示。

提示：

在同一模板文件中插入多个可编辑区域时，名称不能相同，且可编辑区域不可嵌套。

图 9-9

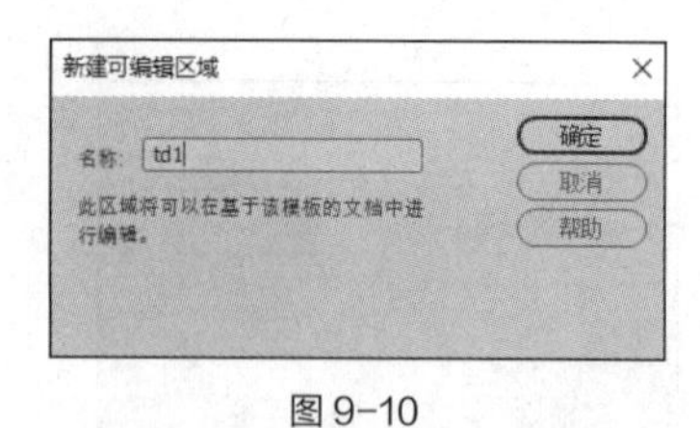

图 9-10

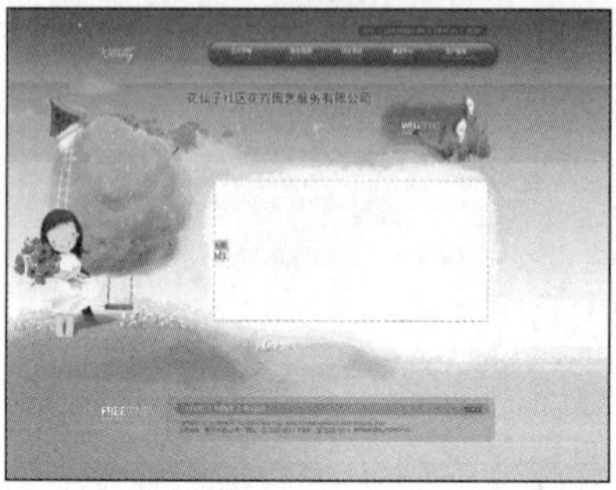

图 9-11

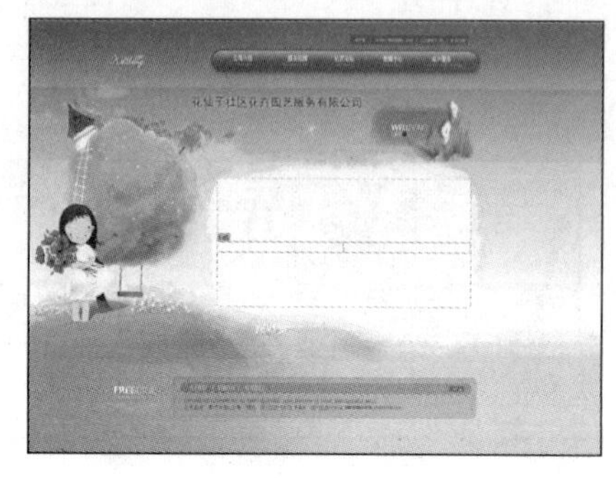

图 9-12

❼ 保存模板文件。至此，网页模板编辑完成。

3. 根据模板文件创建网页

❶ 选择菜单【文件】|【新建】，打开【新建文档】对话框，如图 9-13 所示，选择【网站模板】，在【站点】列表中选择“花仙子园艺”，在【站点“花仙子园艺”的模板】列表中选择“hua”，单击【创建】按钮，效果如图 9-14 所示。

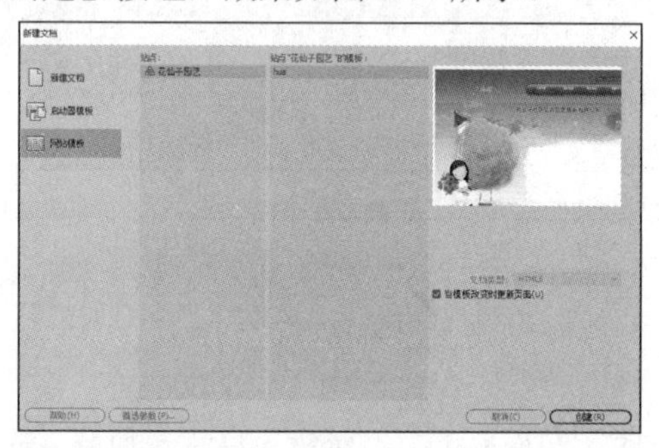

图 9-13

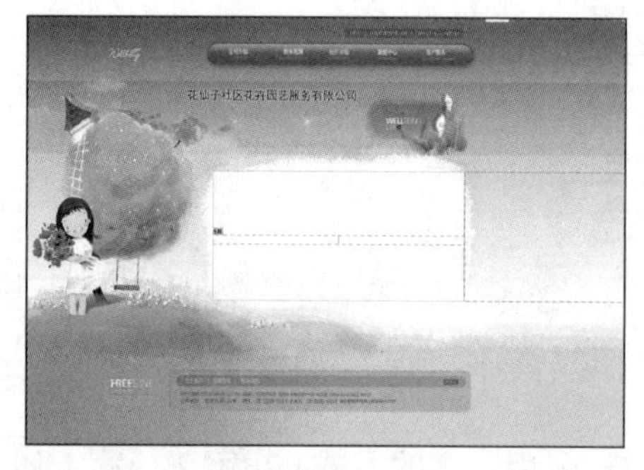

图 9-14

❷ 选择菜单【文件】|【保存】，打开【另存为】对话框，如图 9-15 所示，在【文件名】文本框中输入“index”，单击【保存】按钮。

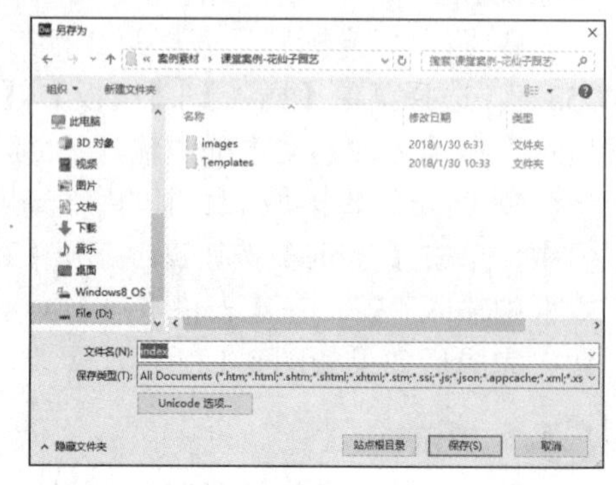

图 9-15

❸ 将鼠标光标置于可编辑区域 td1 内表格左侧单元格中，插入图像 jianjie.jpg，在右侧单元格中插入图像 tu1.jpg，完成后选择菜单【文件】|【保存】，效果如图 9-16 所示。

❹ 采用同样的方式，根据模板 hua，创建网页 index2.html，在可编辑区域 td1 内表格左侧单元格中插入图像 fuwu.jpg，在右侧单元格中插入图像 tu2.jpg，完成后保存文件，效果如图 9-17 所示。

图 9-16

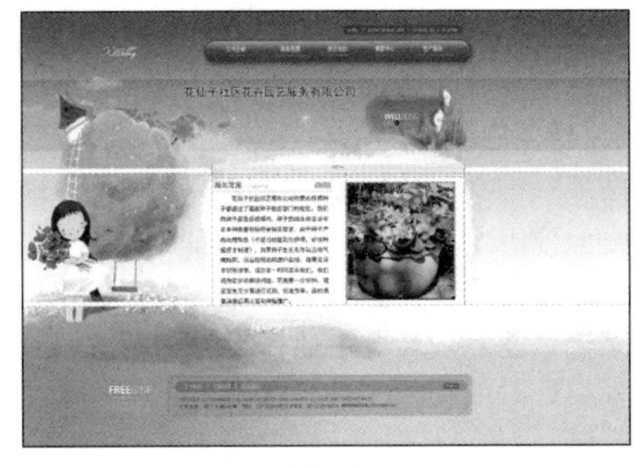

图 9-17

4. 修改模板

❶ 选择菜单【窗口】|【资源】，打开【资源】面板，单击【资源】面板左侧【模板】按钮，如图 9-18 所示。

❷ 在【资源】面板的模板列表中，双击模板名称 hua，在【文档】窗口中打开模板文件 hua.dwt。选中图像 top.jpg，在图像【属性】面板中，如图 9-19 所示，单击【矩形热点】按钮，在网页上部图像中的文本“公司介绍”位置绘制矩形热点。

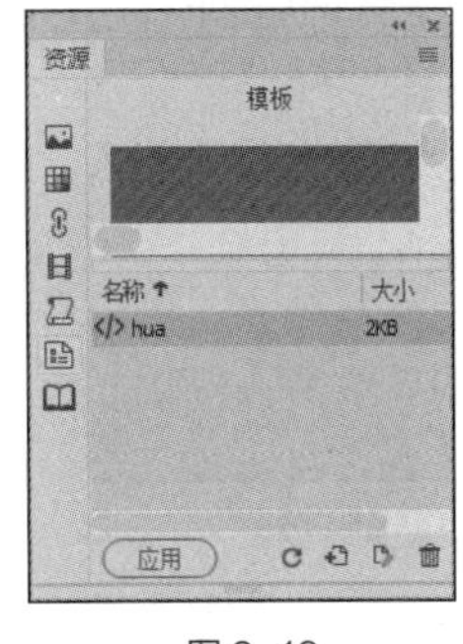

图 9-18

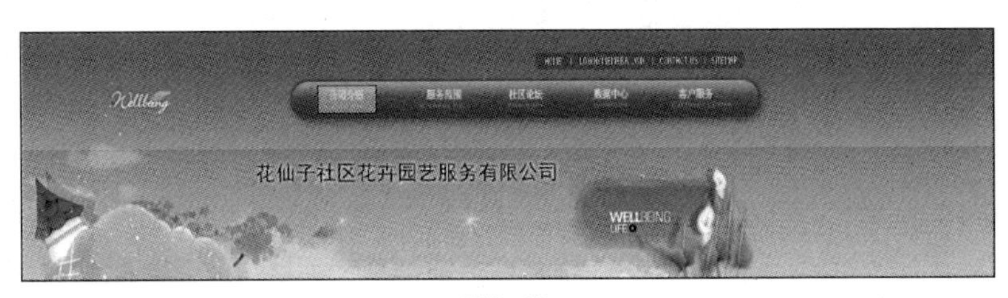

图 9-19

❸ 选中热点，在热点【属性】面板【链接】文本框中输入“../index.html”，如图 9-20 所示。

❹ 采用同样的方式，在文本“服务范围”位置绘制矩形热点，并设置热点链接为“../index2.html”。

❺ 选择菜单【文件】|【保存】，打开【更新模板文件】对话框，如图 9-21 所示，单击【更新】按钮，更新和保存模板文件。

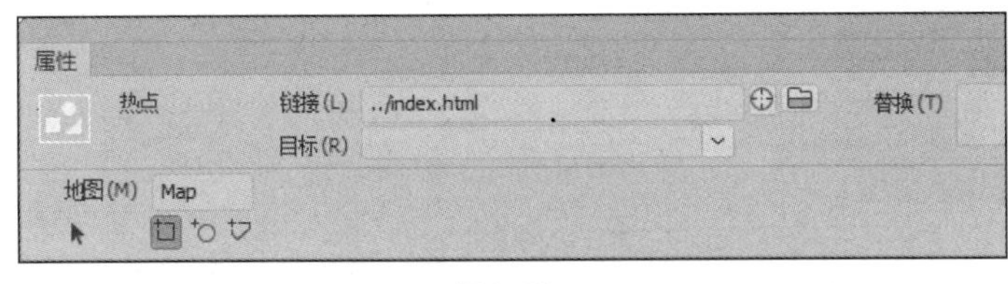

图 9-20

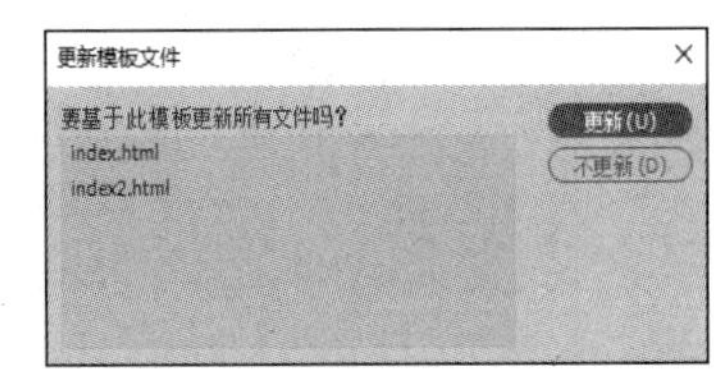

图 9-21

❻ 按<F12>键预览网页 index.html 和 index2.html 效果，并检查其链接关系。

9.1.2 创建模板

创建页模板时必须明确模板是建在哪个站点中，因此，正确建立站点尤为重要。模板文件创建后，Dreamweaver CC 会自动在站点根目录下创建名为 Templates 的文件夹，所有模板文件（扩展名为.dwt）都保存在该文件夹中。

创建模板有两种方法，既可以新建一个空白模板，也可以根据现有网页文件创建模板。

1. 建空白模板

新建一个空白的模板，采用以下两种方法。

（1）使用【文件】|【新建】菜单

选择菜单【文件】|【新建】，打开【新建文档】对话框，如图 9-22 所示，选择【新建文档】，在【文档类型】列表框中选择【</>HTML 模板】，单击【创建】按钮，在【文档】窗口中创建空白模板。此时的模板文件还未命名，在编辑完成后，可选择菜单【文件】|【保存】，对模板文件进行存储。

（2）使用【资源】面板

选择菜单【窗口】|【资源】，打开【资源】面板，单击【资源】面板左侧的【模板】按钮，再单击【资源】面板右下角【新建模板】按钮，如图 9-23 所示，在【资源】面板中输入新模板的名称。

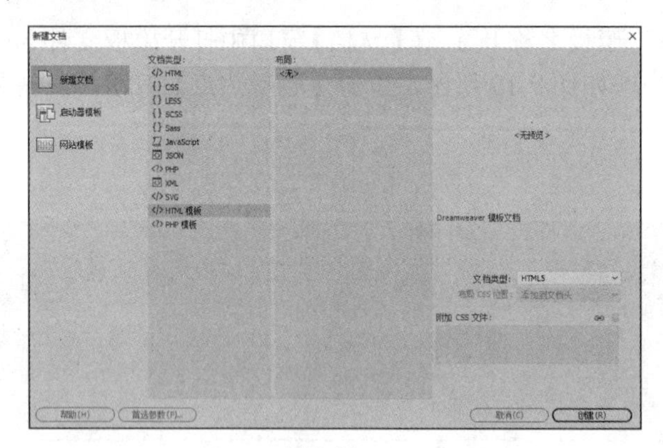

图 9-22

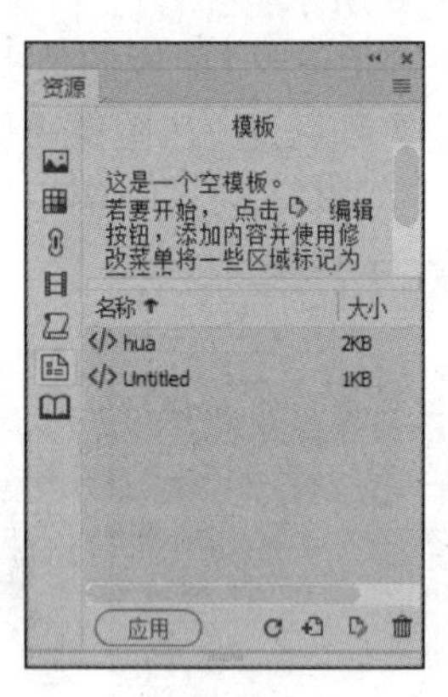

图 9-23

2. 根据现有网页文件创建模板

以基本素材“爱康旅社”为本地站点文件夹，创建名称为“爱康旅社”的站点。

❶ 打开文件 index.html，如图 9-24 所示，这是一个已有内容的网页，现在根据它来创建一个模板文件。

❷ 选择菜单【文件】|【另存模板】，打开【另存模板】对话框，如图 9-25 所示。

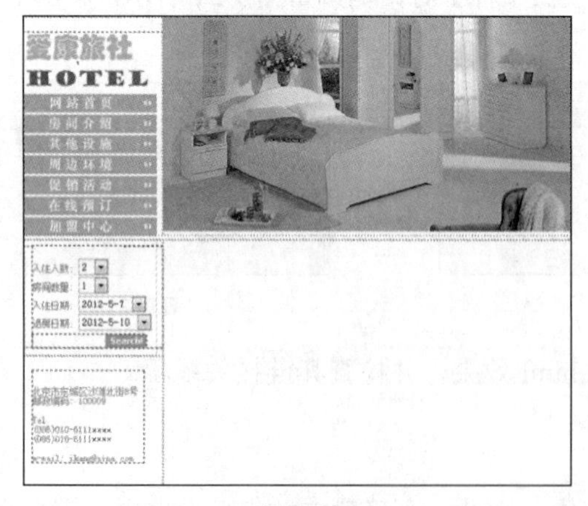

图 9-24

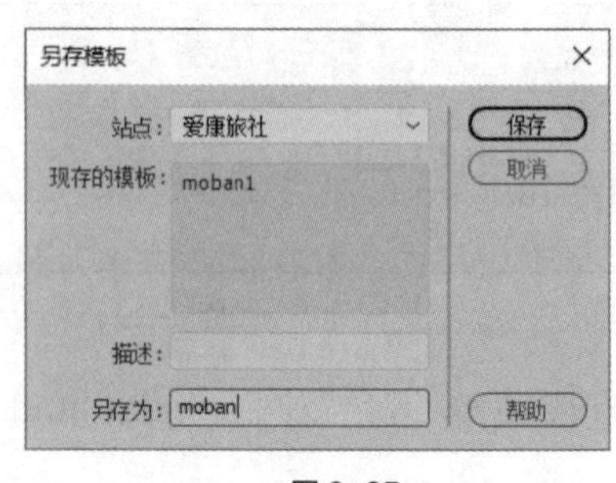

图 9-25

❸ 在【站点】下拉框中选择该模板所在站点，本例为“爱康旅社”。在【现存的模板】列表

中，显示的是当前网站中已经建好的模板，在【另存为】文本框中输入新建模板的名称为“moban”，单击【保存】按钮。此时新建的模板文件会保存在网站根文件夹下的 Templates 文件夹中。

9.1.3 定义可编辑区域

创建完成的网页模板中，所有区域都被锁定为“不可编辑区域”。所谓“不可编辑区域”，是指多个风格相同网页中的共同部分，该部分在通过模板创建的网页文件中是保持一致的。因此，我们还需要在模板中插入“可编辑区域”，用来编辑各个网页文件中的不同内容。具体步骤如下。

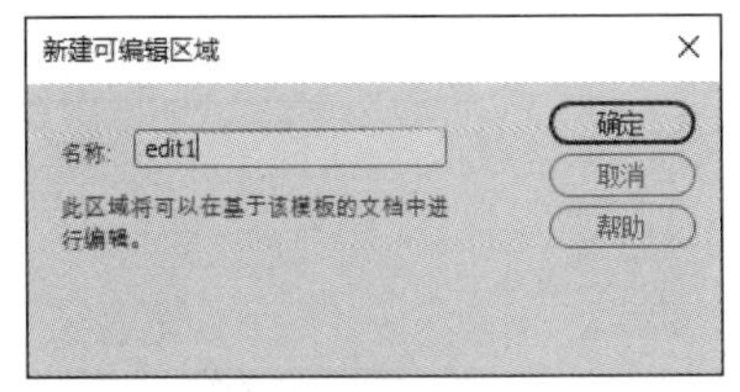

图 9-26

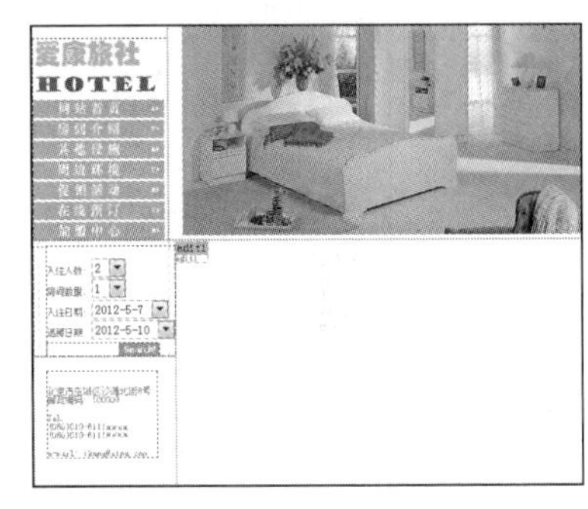

图 9-27

❶ 继续编辑基本素材“爱康旅社”文件夹中的模板文件 moban.dwt，如图 9-24 所示。

❷ 在该网页模板文件中，将鼠标光标置于要插入可编辑区域的位置或选中要设为“可编辑区域”的文本或内容，完成区域选择。

❸ 选择菜单【插入】|【模板】|【可编辑区域】或按<Ctrl+Alt+V>组合键，打开【新建可编辑区域】对话框，如图 9-26 所示。

❹ 在【新建可编辑区域】对话框【名称】文本框中输入可编辑区域的名称，单击【确定】按钮，完成可编辑区域的创建，并保存，效果如图 9-27 所示。

提示：

如果单击<td>标签选中单个单元格，再插入可编辑区域，则单元格的属性和其中内容均可编辑；如果将鼠标光标定位到单元格中，再插入可编辑区域，则只能编辑单元格中的内容。

9.1.4 定义可编辑重复区域

网页模板中的重复区域不同于可编辑区域，在基于模板创建的网页中，重复区域不可编辑，但可以多次复制。因此，重复区域通常被设置为网页中需要多次重复插入的部分，多被用于表格。若设计者希望编辑重复区域，可以在重复区域中插入一个可编辑区域。具体步骤如下。

❶ 打开基本素材“爱康旅社”文件夹中的模板文件 moban1.dwt，如图 9-24 所示。

❷ 在打开的网页模板文件中，将鼠标光标定位于要插入重复区域的位置或选中要设为“可编辑重复区域”的文本或内容，完成区域选择。

❸ 选择菜单【插入】|【模板】|【重复区域】，打开【新建重复区域】对话框，如图 9-28 所示。

❹ 在【新建重复区域】对话框【名称】文本框中输入重复区域的名称，单击【确定】按钮，完成插入可编辑重复区域，并保存，效果如图 9-29 所示。

❺ 在重复区域中插入需要重复的内容，实现重复区域的可编辑，如图 9-30 所示。

❻ 将鼠标光标置于重复区域中相应位置，选择菜单【插入】|【模板】|【可编辑区域】，在重复区域中插入可编辑区域，如图 9-31 所示。

提示：

在同一模板文件中插入多个重复区域时，名称不能相同；另外，重复区域可以嵌套重复区域，也可以嵌套可编辑区域。

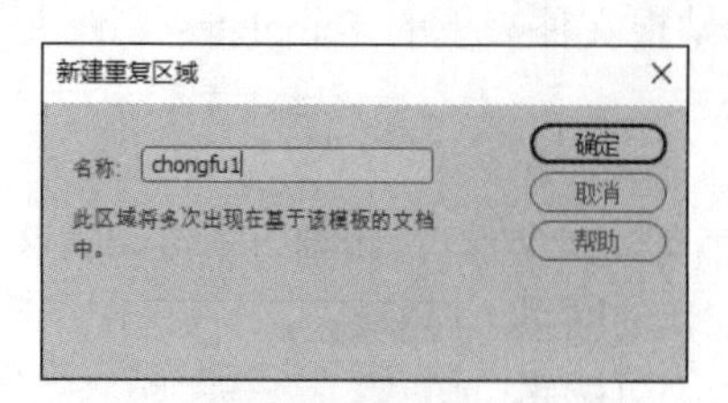

图 9-28

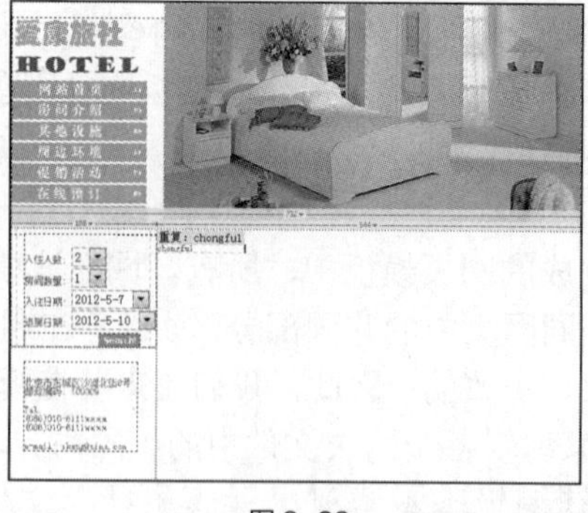
图 9-29

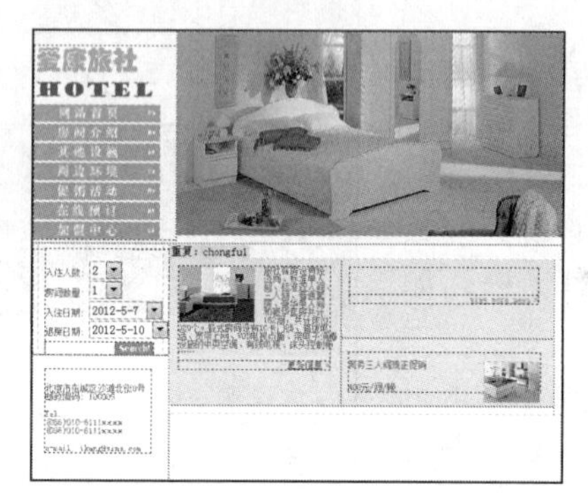
图 9-30

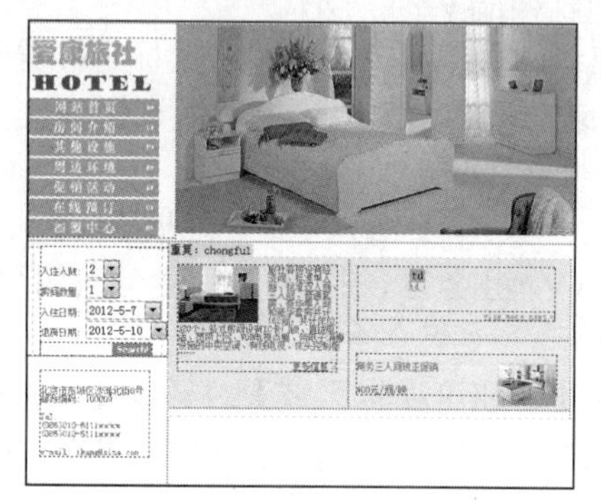
图 9-31

9.1.5 创建基于模板的网页

创建基于模板的网页通常采用以下两种方法。

以基本素材“爱康旅社”为本地站点文件夹，创建名称为“爱康旅社”的站点。

（1）使用【文件】|【新建】菜单

选择菜单【文件】|【新建】，打开【新建文档】对话框，如图 9-32 所示，选择【网站模板】，在【站点】列表中选择相应站点名称，本例为“爱康旅社”在【站点“爱康旅社”的模板】列表中选择所基于的模板，单击【创建】按钮，创建基于模板的新文档，编辑后保存网页文件 indexl.html。

（2）使用【资源】面板

新建空白 HTML 文档，选择菜单【窗口】|【资源】，打开【资源】面板，如图 9-33 所示，单击【资源】面板左侧的【模板】按钮，再单击【资源】面板左下角【应用】按钮，在文档中应用该模板，编辑后保存网页文件 indexl.html。

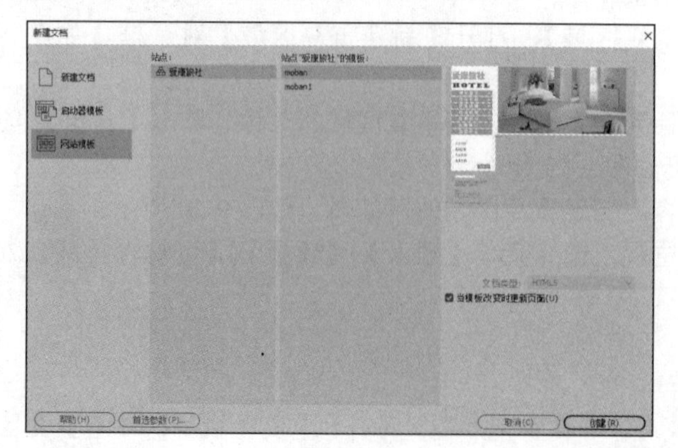
图 9-32

图 9-33

9.1.6　管理模板

【资源】面板提供了管理模板的功能，选择菜单【窗口】|【资源】，打开【资源】面板，单击【资源】面板左侧的【模板】按钮，在该面板中可对模板进行修改、重命名、删除等操作。

1. 修改模板文件

在【资源】面板的【模板列表】中，双击打开要修改的模板文件 moban.dwt，如图 9-34 所示。将可编辑区域 edit1 所在单元格背景颜色由白色变为黄色，保存模板文件后，自动打开【更新模板文件】对话框，如图 9-35 所示，若要更新本站点中基于该模板创建的网页，单击【更新】按钮。

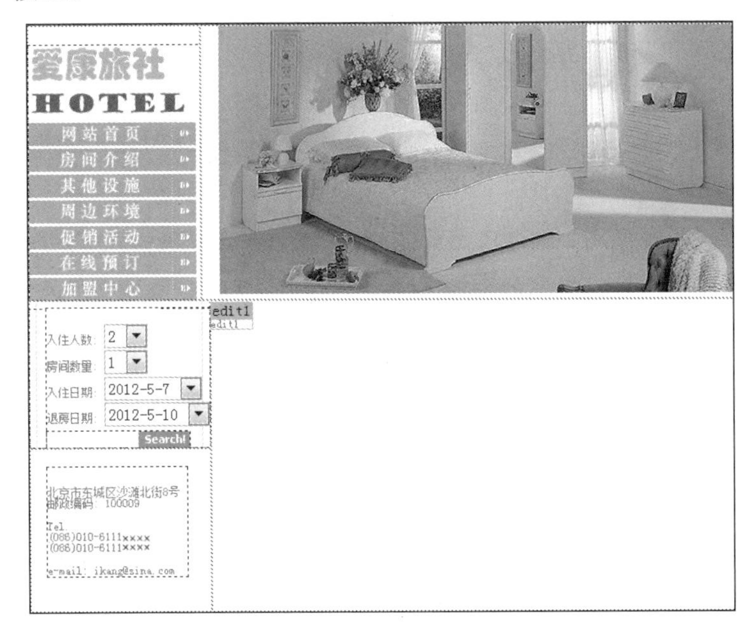

图 9-34

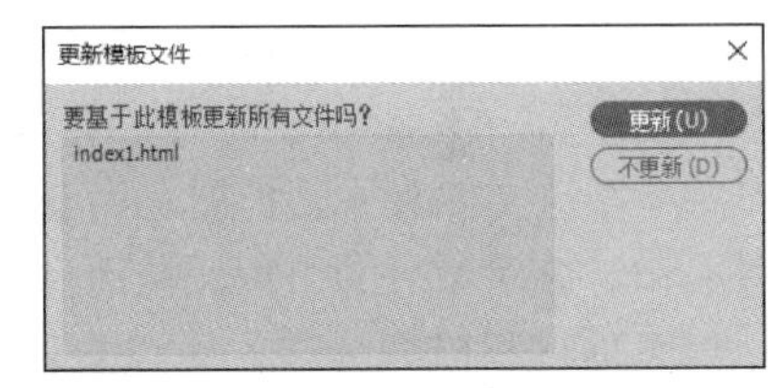

图 9-35

2. 重命名模板文件

在【资源】面板的【模板列表】中，选择要重命名的模板文件，单击鼠标右键，在弹出的快捷菜单中选择【重命名】，如图 9-36 所示。对模板文件重新命名后，打开【更新文件】对话框，若要更新本站点中基于该模板创建的网页，单击【更新】按钮。

3. 删除模板文件

在【资源】面板的【模板列表】中，选择要删除的模板文件，单击鼠标右键，在弹出的快捷菜单中选择【删除】。删除模板后，基于该模板的网页还将继续保留模板结构和可编辑区域，但此时非可编辑区域无法再修改，因此我们要尽量避免删除模板文件的操作。

4. 更新站点

当设计者将创建的模板应用到页面制作以后，就可以通过修改一个模板，实现修改所有应用该模板的网页。修改本地站点中的模板，更新与该模板有关的网页操作，具体步骤如下。

❶ 在【资源】面板的【模板列表】中，选择修改过的模板文件，单击鼠标右键，在弹出的快捷菜单中选择【更新站点】，打开【更新页面】对话框，如图 9-37 所示。

❷ 在【查看】的第一个列表框中选择“整个站点”，在第二个列表框中选择模板所在站点名称，本例即“爱康旅社”勾选【模板】复选框，单击【开始】按钮，即可更新当前站点中与该模板有关的所有网页。

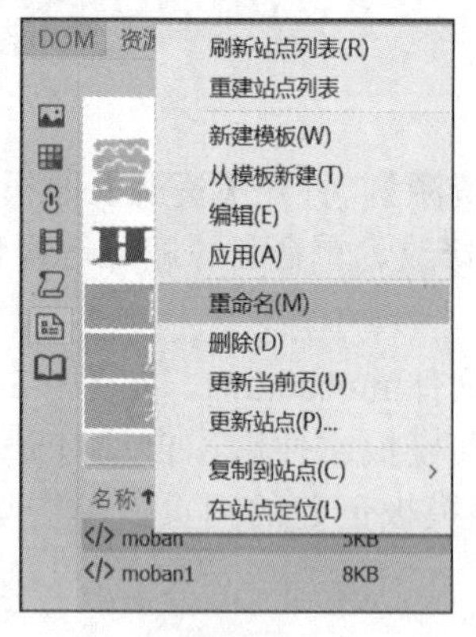

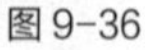

图 9-36

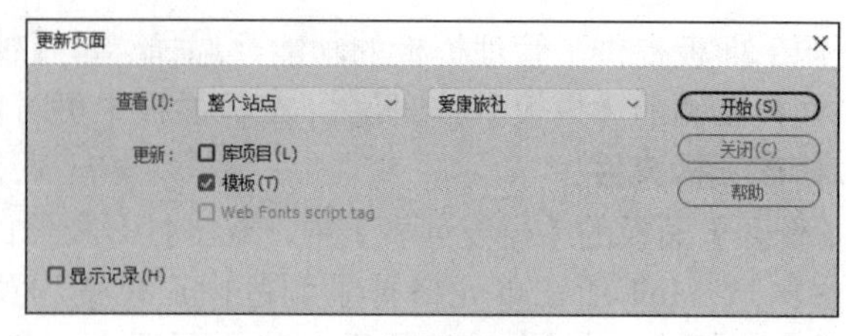

图 9-37

9.2 库

Dreamweaver CC 可以把网站中经常反复使用到的网页元素存入一个文件夹，该文件夹称为库。当库创建后，Dreamweaver CC 会自动在站点根目录下创建名为 Library 的文件夹，所有库项目文件都保存在该文件夹中，扩展名为.lbi，称为库项目。将库项目插入网页，实际上是插入库项目的一个副本和对该库项目的引用。从而保证了对该库项目编辑修改后，引用该库项目的网页能自动更新。

库项目和模板一样，可以规范网页格式、避免多次重复操作。它们的区别是模板对整个页面起作用，库项目则只对网页的部分元素起作用。

9.2.1 课堂案例——时尚女性网

9-2 时尚女性网

案例学习目标：学习库的使用。

案例知识要点：创建库项目文件，在网页文件中插入库项目，在【资源】面板中对库项目进行编辑。

素材所在位置：电子资源/案例素材/ch9/课堂案例-时尚女性网。

案例效果如图 9-38 所示。

以素材“课堂案例-时尚女性网”为本地站点文件夹，创建名称为“时尚女性网”的站点。

1. 创建库项目文件

❶ 在【文件】面板中，选择“时尚女性网”站点，并在【本地文件夹】文件列表框中，双击打开文件 index.html，如图 9-39 所示。

图 9-38

图 9-39

❷ 选择菜单【窗口】|【资源】，打开【资源】面板，单击【资源】面板左侧【库】按钮📖，如图 9-40 所示。

❸ 选中图像“点击排行”，如图 9-41 所示，按住鼠标左键，将其拖曳到【资源】面板中，释放鼠标左键。此时，选中图像被添加为库项目，显示在项目列表中，如图 9-42 所示。

❹ 在可输入状态下，将库项目命名为 paihang，如图 9-43 所示。

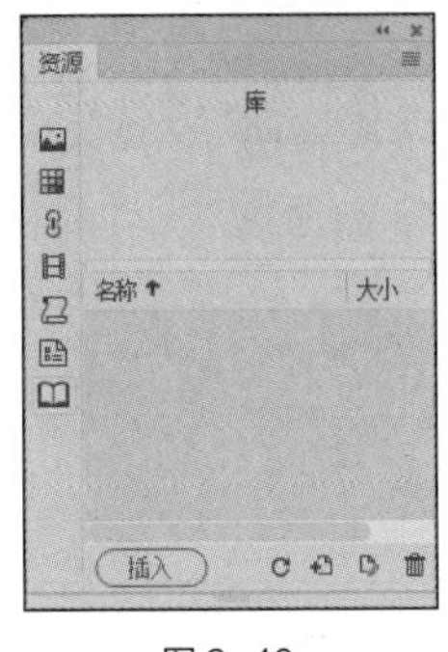

图 9-40

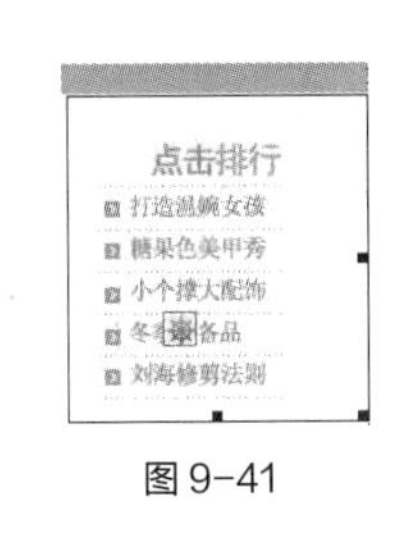

图 9-41

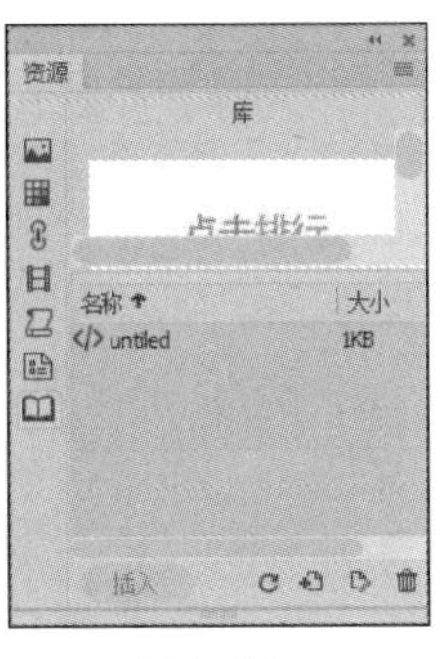

图 9-42

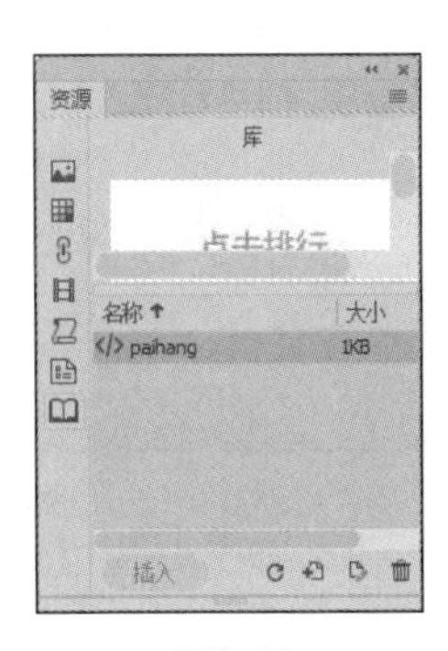

图 9-43

❺ 采用同样的方式，选中图像“站点地图”，如图 9-44 所示，将其添加为库项目，并命名为 ditu；选中网页上方的导航文字，如图 9-45 所示，将其添加为库项目，并命名为 title。完成后库项目列表如图 9-46 所示。

图 9-44

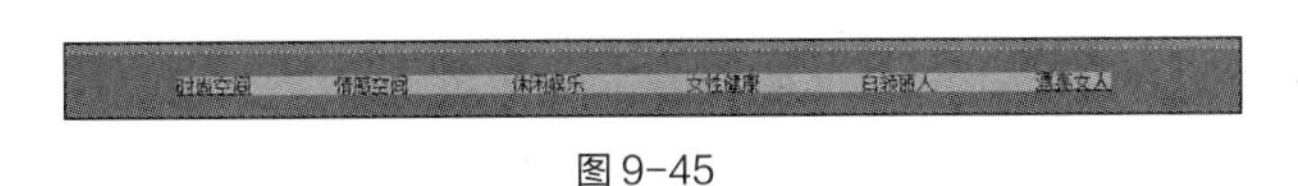
图 9-45

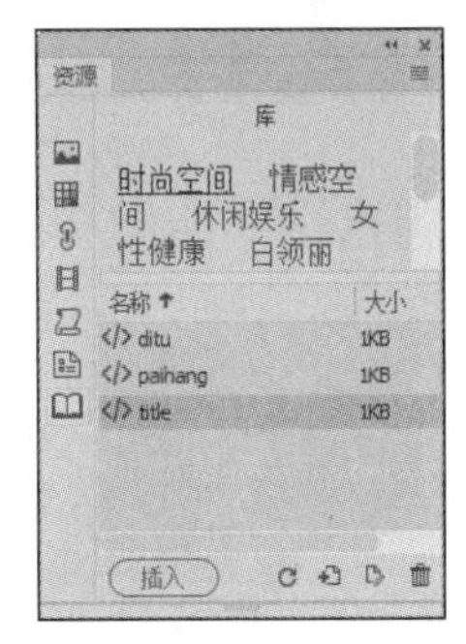

图 9-46

2. 将库项目插入网页文件

❶ 在【文件】面板中，打开文件 index1.html，如图 9-47 所示。

❷ 将光标置于网页上方单元格中，如图 9-48 所示，在【资源】面板的库项目列表中选择库项目 title，单击【资源】面板中的【插入】按钮，将库项目插入网页。插入后的文档窗口中，文本背景变为黄色，如图 9-49 所示。

❸ 采用同样的方式，将库项目 paihang 和 ditu 也分别插入网页相应位置，效果如图 9-50 所示。

❹ 保存网页文档，按<F12>键预览效果。

3. 修改库项目

❶ 在【资源】面板的库项目列表中，双击库项目 title，如图 9-51 所示，将其在【文档】窗口中打开。

❷ 在文字后方添加内容“联系我们”，如图 9-52 所示。这里注意空格以全角方式输入。

图 9-47

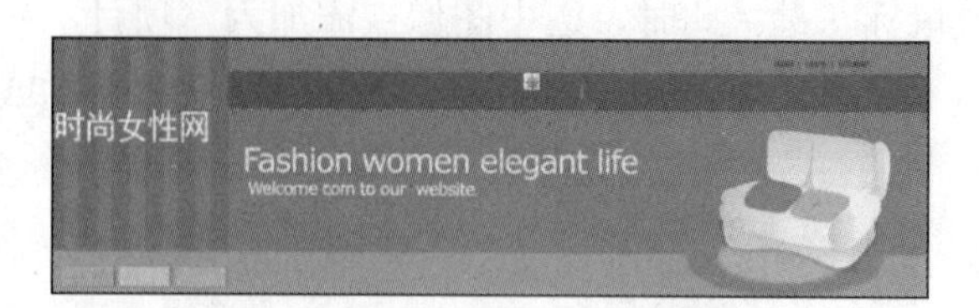

图 9-48

图 9-49

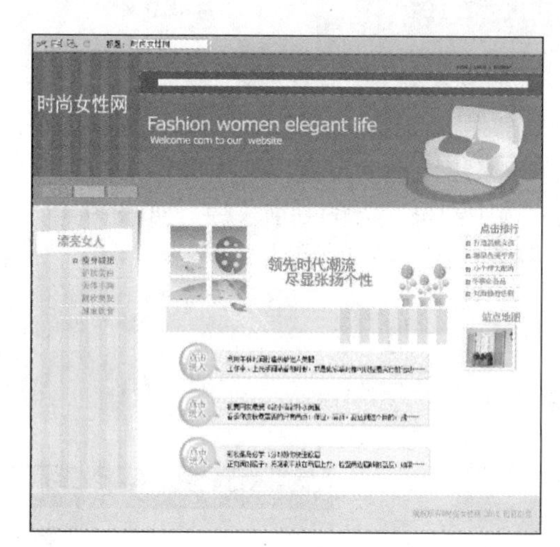

图 9-50

图 9-51

图 9-52

❸ 选择菜单【文件】|【保存】，打开【更新库项目】对话框，如图 9-53 所示，单击【更新】按钮。

❹ 保存网页文档，按<F12>键预览效果。注意观察网页文件 index.html 和 index1.html 的区别。

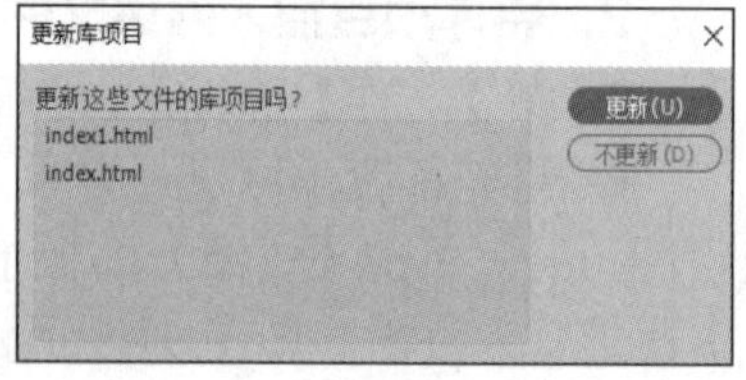

图 9-53

9.2.2 创建库项目

同网页模板一样，库项目也是基于站点创建的，因此在创建库项目之前需正确建立站点。创建库项目通常采用以下两种方法。

以基本素材“花”为本地站点文件夹，创建名称为“花”的站点。

1. 根据现有网页元素创建库项目

❶ 在【文件】面板中打开 index1.html，选择菜单【窗口】|【资源】，打开【资源】面板，单击【资源】面板中的【库】按钮📖。

❷ 选中要添加到库中的网页元素，按住鼠标左键，将选中的网页元素拖曳到【资源】面板中，释放鼠标左键，如图 9-54 所示，形成库项目并命名为 text。

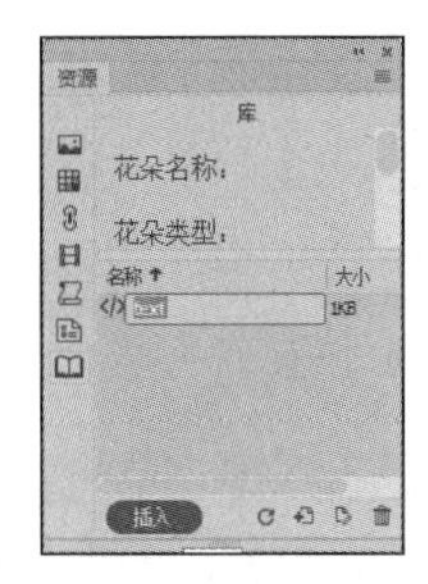
图 9-54

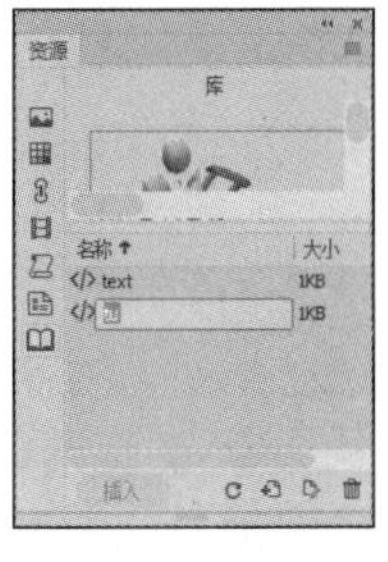
图 9-55

2. 新建空白库项目

❶ 单击【资源】面板右下角【新建库项目】按钮，如图 9-55 所示，在【资源】面板中输入新库项目的名称 tu。

❷ 双击该库项目，在【文档】窗口中打开 tu.lbi 文档，如图 9-56 所示，可以对新建库项目进行编辑。

❸ 插入图像后，选择菜单【文件】|【保存】，保存库文件，效果如图 9-57 所示。

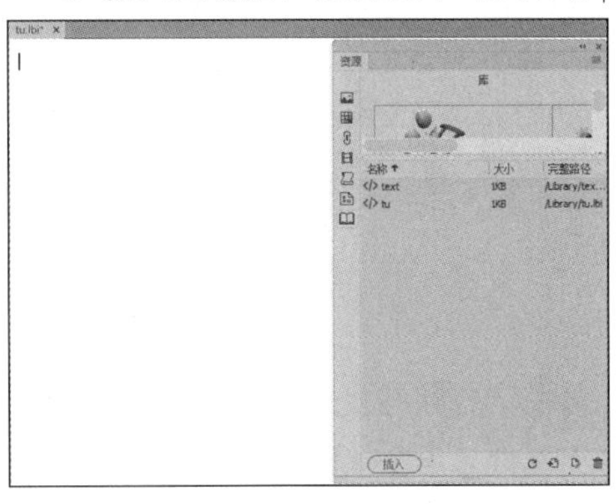
图 9-56

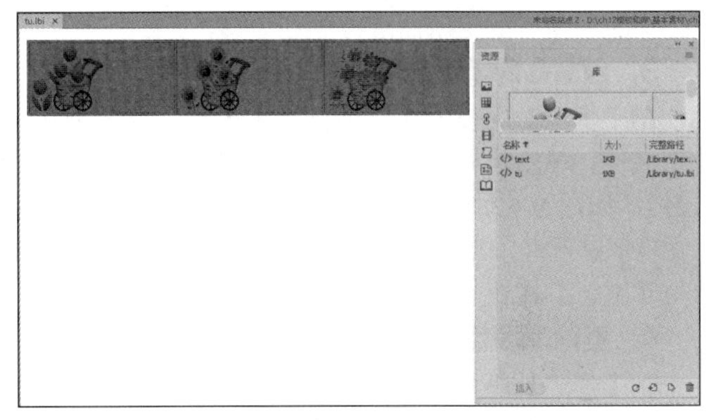
图 9-57

9.2.3 向页面添加库项目

在网页中应用库项目，实际就是把库项目插入相应的页面，向页面添加库项目的具体操作步骤如下。

❶ 在【文件】面板中打开 index2.html，将鼠标光标定位到要插入库项目的网页文件相应位置。

❷ 选择菜单【窗口】|【资源】，打开【资源】面板，单击【资源】面板左侧的【库】按钮。

❸ 在【资源】面板的【库项目列表】中分别选中要插入的库项目 text 和 tu，单击【资源】面板左下角的【插入】按钮实现库项目插入，效果如图 9-58 所示。

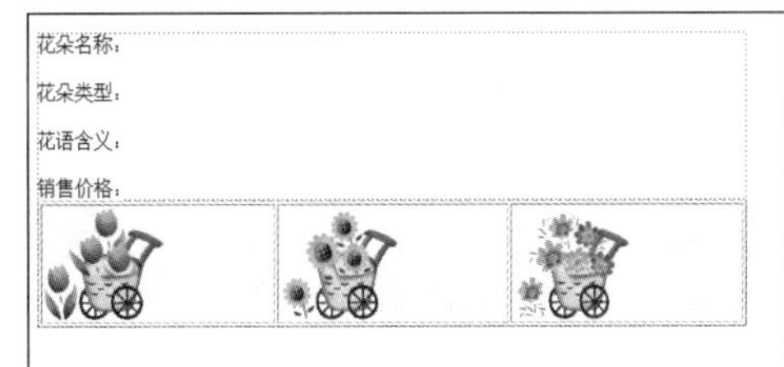

图 9-58

9.2.4 更新库项目文件

在整个站点中，库项目文件发生任何变化，都会使引用该库项目的网页文件同时发生变化，由此实现网页元素的统一更新。

1. 修改库项目文件

在【资源】面板的【库项目列表】中，双击要修改的库项目名称，在【文档】窗口中打开库项目，此时可以像编辑网页一样对库项目进行修改。编辑完成后，保存库文件后，自动打开【更新库项目】对话框，如图 9-59 所示，若要更新本站点中基于此模板创建的网页，单击【更新】按钮。

2. 将库项目从网页中分离

将库项目插入网页后，网页中该库项目位置处于不可编辑状态，若要单独对某一网页的库项目进行修改，可将该部分代码从网页中分离出来，具体操作步骤如下。

❶ 选中相应库项目，在库项目【属性】面板中，单击【从源文件中分离】按钮，如图 9-60 所示。

图 9-59

图 9-60

❷ 在打开的提示框中，单击【确定】按钮，将所选择的库项目从站点的库项目中分离出来，如图 9-61 所示。

此时在网页【文档】窗口中所选择的库项目变为可编辑状态，使用户可以直接在【文档】窗口中对其进行修改，但无法随库项目的更新而进行更新。

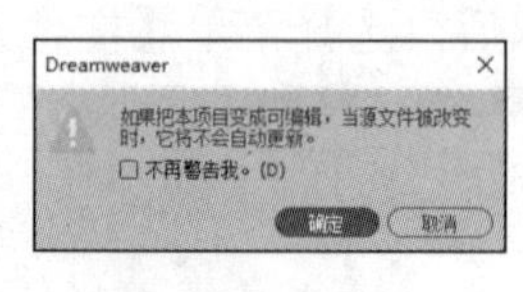

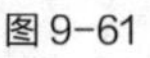

图 9-61

3. 重命名库项目文件

在【资源】面板的【库项目列表】中，选择要重命名的库文件，单击鼠标右键，在弹出的快捷菜单中选择【重命名】，如图 9-62 所示。对库文件重命名后，打开【更新库文件】对话框，若要更新本站点中应用该库项目的网页，单击【更新】按钮。

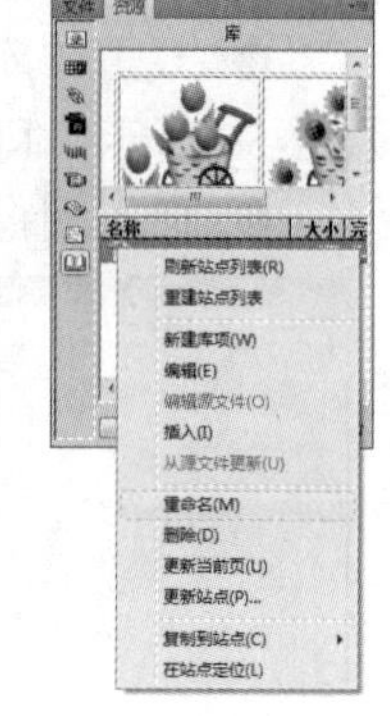

图 9-62

4. 删除库项目文件

在【资源】面板的【库项目列表】中，选择要删除的库文件，单击鼠标右键，在弹出的快捷菜单中选择【删除】命令。删除库项目后，不会更改任何使用该库项目的网页文件内容。

5. 更新站点

同模板一样，对库项目进行修改后，Dreamweaver CC 也可以一次性更新站点中所有使用该库项目的页面，其操作步骤如下。

❶ 在【资源】面板的【库项目列表】中，选择修改过的库项目，单击鼠标右键，在弹出的快捷菜单中选择【更新站点】，如图 9-63 所示。

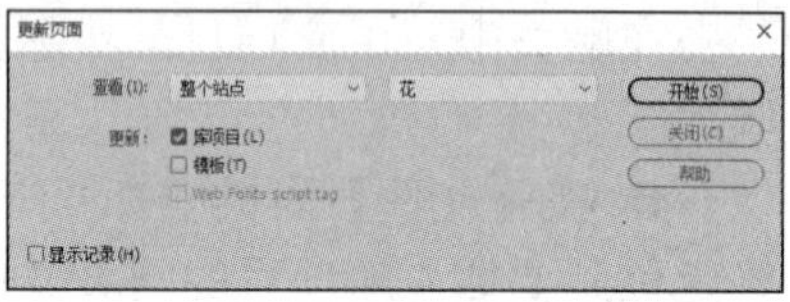

图 9-63

❷打开【更新页面】对话框，在【查看】的第一个下拉框中选择整个站点，在第二个下拉框中选择库文件所在站点名称，本例为“花”。勾选【库项目】复选框，单击【开始】按钮，便可更新当前站点中与该库项目有关的网页。

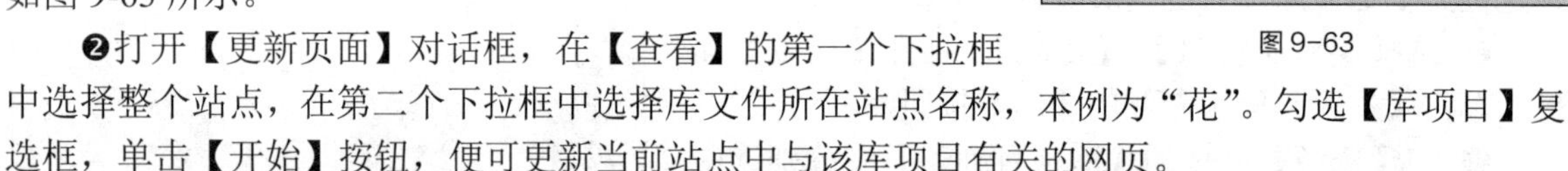

9.3 练习案例

9.3.1 练习案例——旗袍文化

案例练习目标：练习模板基本操作。

案例操作要点：

1．根据已有网页文件 example.html 创建模板，模板名称为 temp.dwt。

2．编辑模板文件，在导航图像下方创建可编辑区域，名称为 content。

3．在网页模板文件中建立两个 CSS 文本样式并保存在样式表文件 qipao.css 中。

标题样式 .w1：幼圆，16 号字，颜色为#C30。

正文样式 .w2：幼圆，16 号字，颜色为黑色，行高 20。

4．根据模板创建网页文件 index.html，在可编辑区域插入 1×3 表格，宽度为 100%。

5．根据模板创建网页文件 a-1.html，在可编辑区域插入 1×2 表格，宽度为 100%。

6．根据模板创建网页文件 a-2.html，在可编辑区域插入 3×4 表格，宽度为 100%。

7．修改模板文件，在图像“首页”上设置链接文件为 index.html，在图像“旗袍史话”上设置链接文件为 a-1.html，在图像“旗袍图片”上设置链接文件为 a-2.html。

素材所在位置：电子资源/案例素材/ch9/练习案例-旗袍文化。网页 index.html 效果如图 9-64 所示，网页 a-1.html 效果如图 9-65 所示，网页 a-2.html 效果如图 9-66 所示。

图 9-64

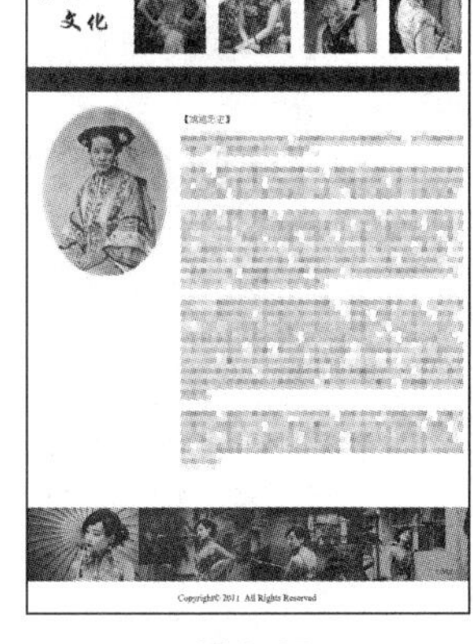

图 9-65

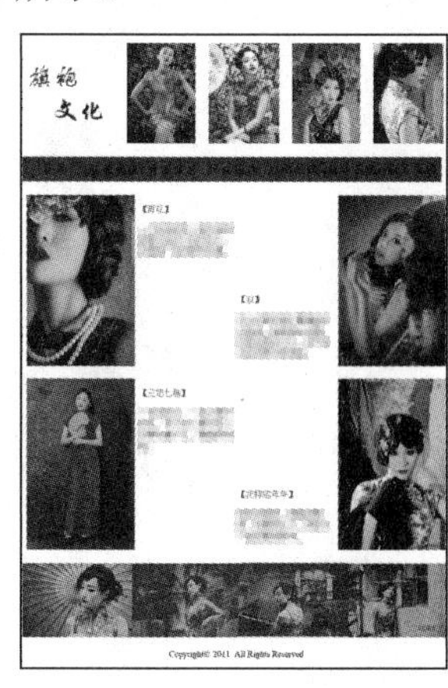

图 9-66

9.3.2 练习案例——恒生国际老年公寓

案例练习目标：练习库项目的基本操作。

案例操作要点：

1．在 index.html 文档中，展开 house.css 样式表文件，将.w1 样式应用到一级导航条所在的表格标签上，并将该表格定义为库项目 nav1.lbi；将.w2 样式应用到二级导航条所在的表格标签上，并将该表格定义为库项目 nav2.lbi。

2．在 index1.html 文档中，将库项目 nav1.lbi 和 nav2.lbi 分别插入相应位置，并将 house.css 样式表文件链接到该文档中。

3．打开 nav2.lbi 文档，将 house.css 样式文档链接到该文档中。在文字“公寓简介”上设置链接文件为 index.html，在文本“公寓特色”上设置链接文件为 index1.html。

4．设置 a:link, a:visited 复合样式：文本颜色为#666，文本装饰选择“无”；设置 a:hover 复合样式：文本装饰选择“下划线”，它们均保存在 house.css 样式表文件中。

素材所在位置：电子资源/案例素材/ch9/练习案例-恒生国际老年公寓。

网页 index.html 效果如图 9-67 所示，网页 index1.html 效果如图 9-68 所示。

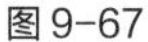

图 9-67

图 9-68

Dreamweaver CC

10 Chapter

第 10 章 表单和 jQuery UI

一个网站要接收访问者输入的数据，如会员注册、网上购物订单等，就需要具备与访问者交互的功能。表单提供了实现网页交互的一种方法，标识了网页中用于交互的表单区域以及相应的动作、方法和目标等，表单区域中可容纳各种文本域、复选框、单选框和选择列表等，从而实现用户与服务器之间的交互功能。

jQuery 作为 Web 前端技术得到广泛应用，Dreamweaver CC 将 jQuery UI 部件引入系统，提供了快速插入折叠面板、选项卡、对话框和日期选择器等功能。

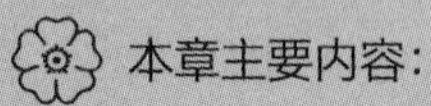

本章主要内容：

1. 表单
2. jQuery UI

10.1 表单

表单（Form）技术可以实现浏览者同服务器之间的信息交互和传递。首先，通过表单从网络的用户端收集信息，然后将收集来的信息上传到服务器处理，根据需要可以再反馈给用户。目前表单主要应用在用户注册、论坛登录等领域。在用户注册时，用户填写好表单，单击按钮提交给服务器，服务器记录下用户的资料，并提示给用户操作成功的信息。

一个表单可以归结为 3 个基本组成部分：表单标签、表单域和表单按钮。表单标签包含了处理表单数据所用的 URL 地址以及数据提交到服务器的方法。表单域包含了文本域、文本区域、隐藏域、复选框、单选按钮、选择列表和文件域等。表单按钮包括提交按钮和复位按钮，以确定将数据传送到服务器上或者重新输入。

10.1.1 课堂案例——网页设计

10-1　网页设计

案例学习目标：学习表单的基本操作。

案例知识要点：选择菜单【插入】|【表单】或使用【插入】面板的【表单】选项卡创建表单。在表单中，插入各种表单元素，并利用【属性】面板进行设置。

素材所在位置：电子资源/案例素材/ch10/课堂案例-网页设计。

案例效果如图 10-1 所示。

以素材“课堂案例-网页设计”为本地站点文件夹，创建名称为“网页设计”的站点。

1. 插入表单

❶ 选择【设计】视图，在【文件】面板中，双击打开文件 index.html，如图 10-2 所示。

图 10-1

图 10-2

❷ 选中并删除文本“此处显示 rightbox2 的内容”，选择菜单【插入】|【表单】|【表单】，在此处插入一个表单，如图 10-3 所示。

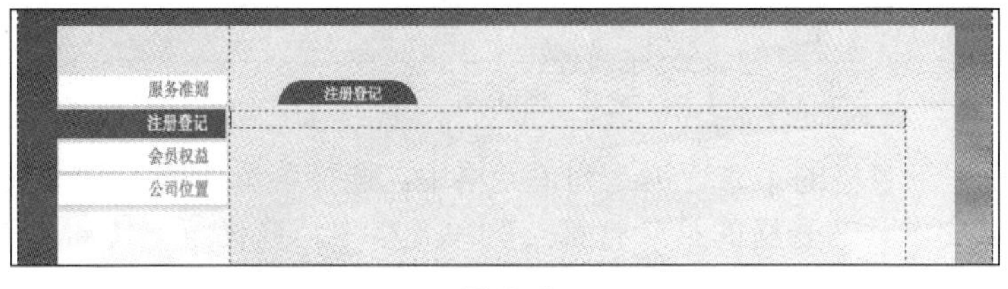

图 10-3

❸ 将鼠标光标置于红色表单中，选择菜单【插入】|【Table】，打开【Table】对话框，如图 10-4 所示，在【行数】文本框中输入“9”，在【列】文本框中输入“2”，在【表格宽度】文本框中输入“100”，并在右侧的下拉列表中选择“百分比”，在【边框粗细】【单元格边距】和【单元格间距】文本框中都输入 0，单击【确定】按钮，插入 1 个 9×2 表格，效果如图 10-5 所示。

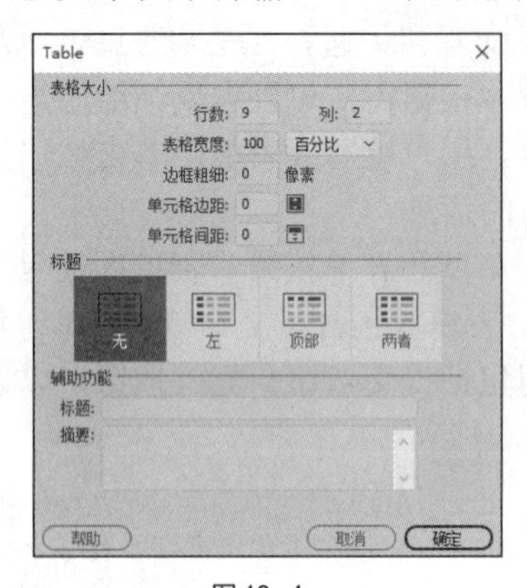

图 10-4

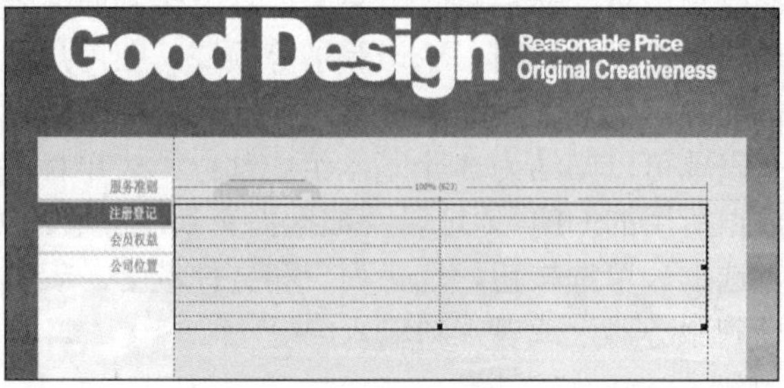

图 10-5

❹ 选中表格第 1 列所有单元格，在【属性】面板的【宽】和【高】文本框中分别输入“160”和“30”，并在【水平】下拉列表中选择“右对齐”，效果如图 10-6 所示。从表格第 1 列第 2 行开始，依次输入“用户名：”“密码：”“性别：”“爱好：”“电话：”“电子邮件：”和“个人简介：”等文本，如图 10-7 所示。

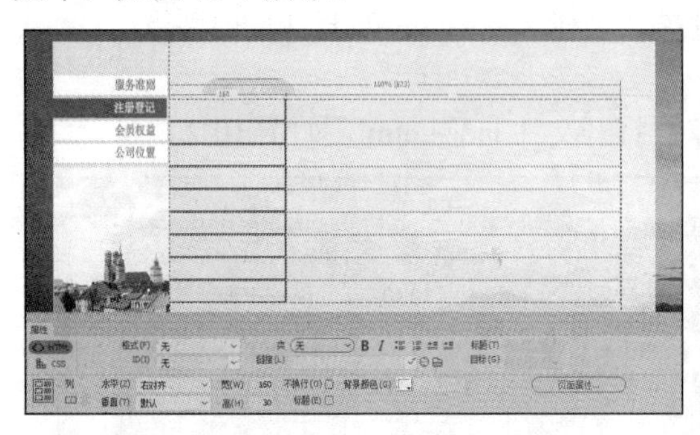

图 10-6

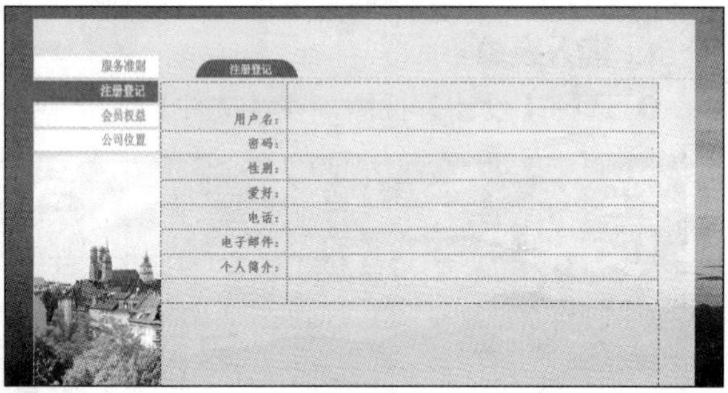

图 10-7

2. 插入文本域

❶ 将鼠标光标置于第 2 行第 2 列单元格中，选择菜单【插入】|【表单】|【文本】，在单元格中插入一个文本元素，删除默认文本“Text Field:”。采用同样的方式，在第 3 行第 2 列单元格中插入密码元素，效果如图 10-8 所示。

图 10-8

❷ 将鼠标光标置于表格的第 6 行第 2 列单元格中，选择菜单【插入】|【表单】|【Tel】，插入 Tel 元素并删除默认文本。在表格的第 7 行第 2 列单元格中，选择菜单【插入】|【表单】|【电子邮件】插入电子邮件并删除默认文本，效果如图 10-9 所示。

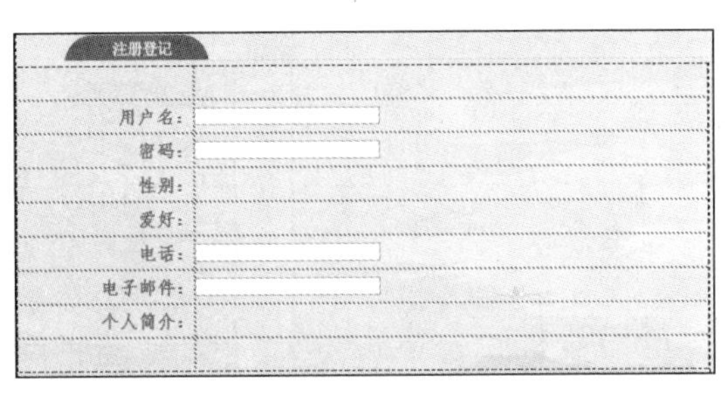

图 10-9

❸ 将鼠标光标置于第 8 行第 2 列单元格中，选择菜单【插入】|【表单】|【文本区域】，在单元格中插入文本区域，删除默认文本“Text Area:”。选中文本区域，在【属性】面板的【Rows】文本框中输入“4”，【Cols】文本框中输入“45”，如图 10-10 所示，效果如图 10-11 所示。

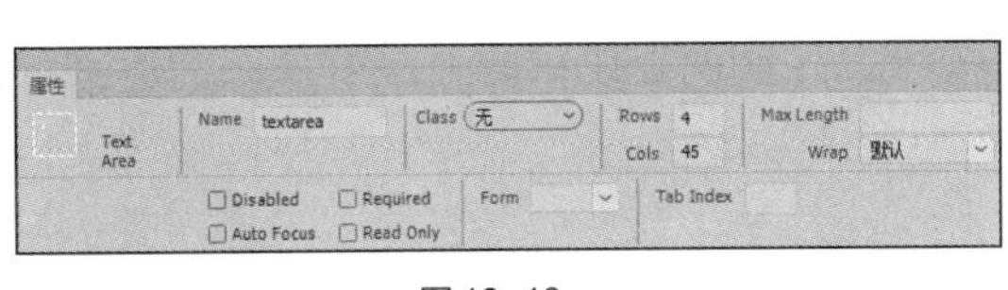

图 10-10

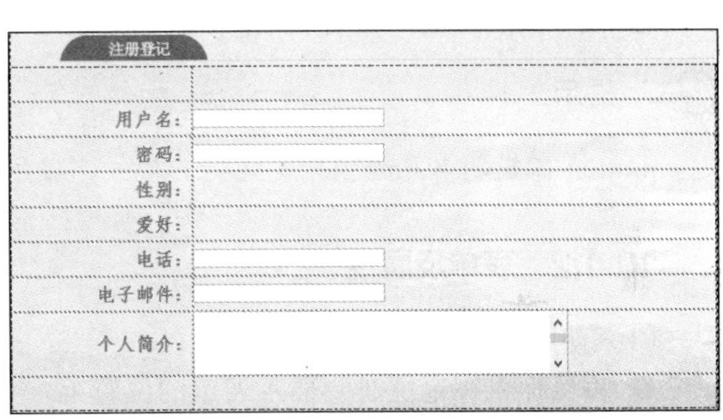

图 10-11

3. 插入单选按钮组、复选框和按钮

❶ 将鼠标光标置于表格的第 4 行第 2 列单元格中，选择菜单【插入】|【表单】|【单选按钮组】，打开【单选按钮组】对话框，如图 10-12 所示，在【标签】选项中输入“男”和“女”，单击【确定】按钮，效果如图 10-13 所示。

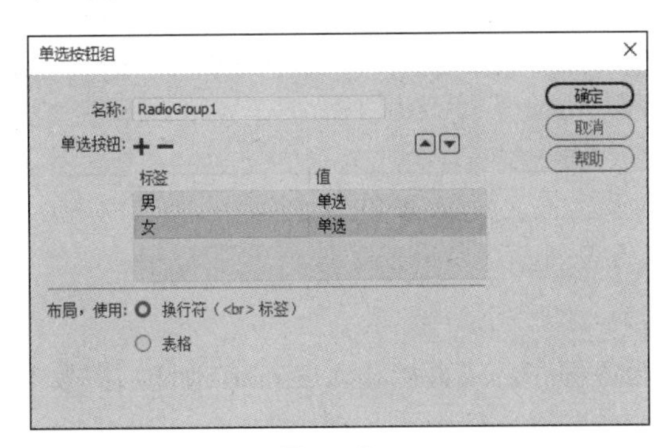

图 10-12

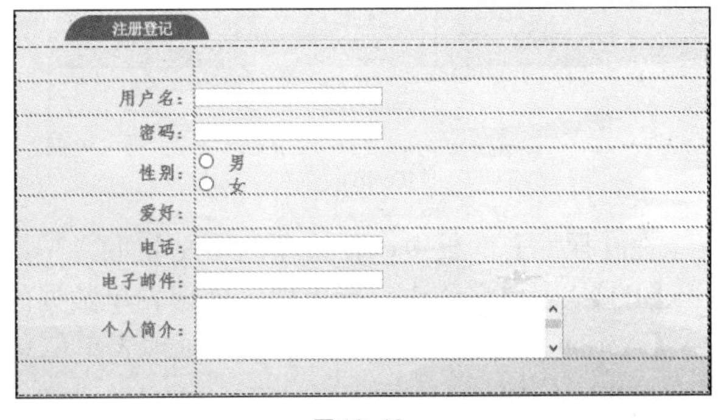

图 10-13

❷ 将鼠标光标置于表格的第 5 行第 2 列单元格中，选择菜单【插入】|【表单】|【复选框】，插入复选框，将复选框后面的默认文本“Checkbox”删除并输入文本“读书”。采用同样的方式，再插入 3 个复选框并输入“音乐”“旅游”和“运动”等文本，如图 10-14 所示。

❸ 将鼠标光标置于 9 行第 2 个单元格中，选择菜单【插入】|【表单】|【“提交”按钮】，插入一个【提交】按钮。采用同样的方式，将鼠标光标置于【提交】按钮后，选择菜单【插入】|【表单】|【“重置”按钮】，再插入一个【重置】按钮。在【属性】面板中，为这两个按钮添加.button 样式，效果如图 10-15 所示。

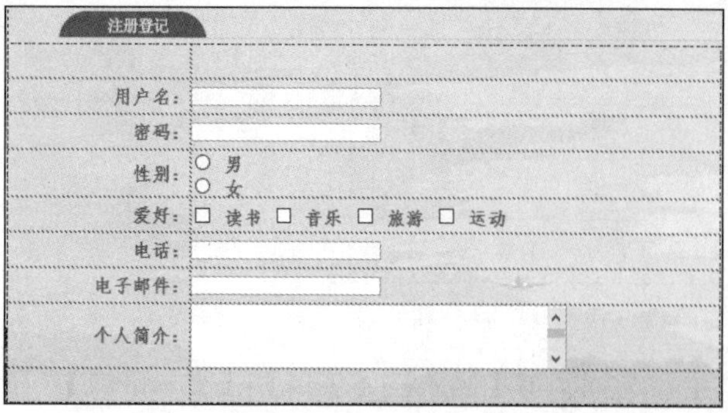

图 10-14

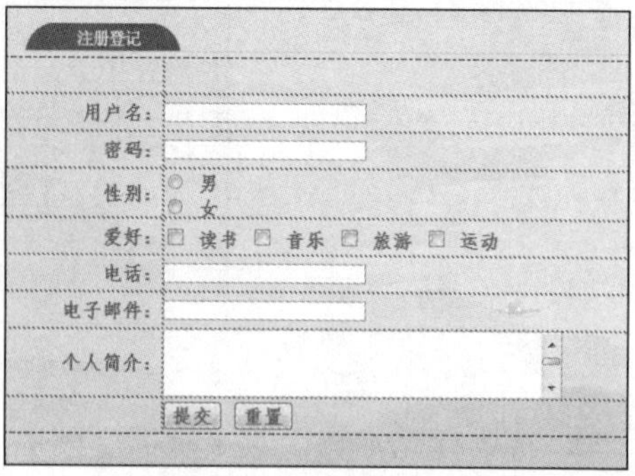

图 10-15

❹ 保存网页文档，按<F12>键预览效果。

提示：

.button 样式是本案例预先定义好的样式，应用到按钮上可以改善按钮的外观效果。

10.1.2 表单及属性

（1）使用【表单】创建

❶ 将鼠标光标定位在要插入表单的位置上。

❷ 选择【插入】|【表单】|【表单】，或单击【插入】面板【表单】选项卡中的【表单】按钮，或将【表单】面板中的【表单】按钮拖曳到网页文档窗口。

❸ 在网页中创建由红色虚线框所确定的表单区域，如图 10-16 所示，表单对应的【属性】面板如图 10-17 所示。

红色虚线框确定了当前表单的边框，其大小不能更改。当在表单区域内插入对象后，其区域会自动调整以便容纳所有的表单元素。

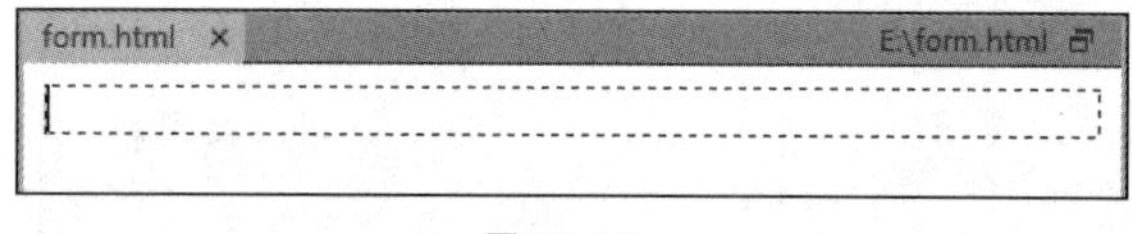

图 10-16

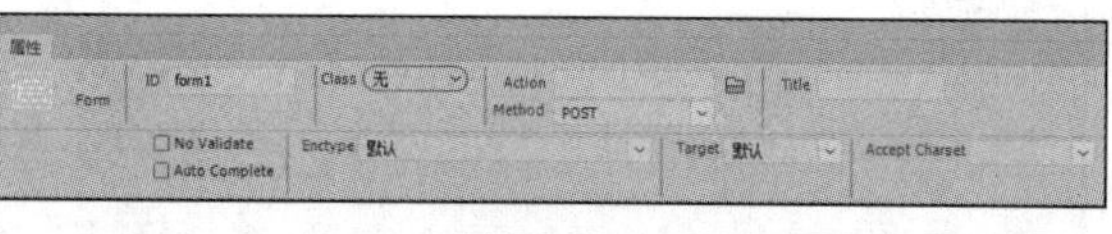

图 10-17

在【属性】面板中，各选项的含义如下。

【ID】：表单名称作为应用程序处理表单数据的标识。

【Action】：输入一个 URL，指定处理表单信息的服务程序，或直接输入 E-mail 地址，将数据发送至电子信箱。

【Method】：设置表单的提交方式，即传递数据的方法。包含 3 个选项： GET、POST 和默认。GET 方式把表单值附加到页面 URL 末尾发送出去，传送的数据量小；POST 方式将整个表单中的数据作为一个文件传送出去，这是比较常用的方式；默认方式一般是 GET 方式。

【Target】：设置处理表单返回的数据页面的显示窗口。目标值有 4 种，分别是_blank、_parent、_self、_top。

【Accept Charset】：指定对提交服务器的数据的编码类型。

创建表单后，就可以在表单中插入各种表单元素。常用的表单元素有文本、文本区域、复选框、单选按钮、选择列表、密码和按钮等。

（2）在【代码】视图中设置

在【文档】窗口代码视图中，将鼠标光标置于<body>标签中，输入如下代码：

```
<body>
    <form id="form1" name="form1" method="post" action="">
    </form>
</body>
```

这里，<form>标签表示插入一个表单，id 属性设置表单的标识，name 属性设置表单的名称，method 属性设置表单的提交方式为“post”，action 属性设置表单提交时信息发送的目的地。

10.1.3 文本元素

文本主要用来接收用户输入的信息，通常输入较少的信息，如用户名等；而文本区域主要用来接收较多的信息，如留言内容等；密码域用来输入密码，输入的信息会被隐去，显示为其他符号，如实心圆点或星号。

1. 文本

（1）使用【表单】创建

❶ 将鼠标光标置于要插入文本控件的位置。

❷ 选择菜单【插入】|【表单】|【文本】或单击【插入】面板【表单】选项卡中的【文本】按钮，插入一个文本控件，如图 10-18 所示。

❸ 在【属性】面板中设置文本控件的属性。如图 10-19 所示。

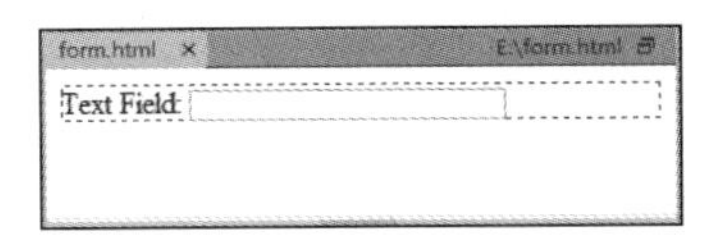

图 10-18

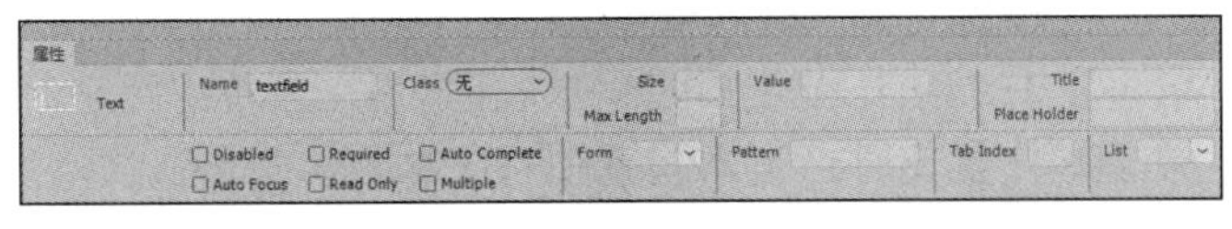

图 10-19

在【属性】面板中，各选项的含义如下。

【Name】：设置文本域的名称。

【Class】：将 CSS 规则应用于文本域。

【Size】：设置文本域最多显示的字符数。

【Max Length】：设置文本域最大输入的字符数。

【Value】：设置提示性文本。

【Title】：设置文本域提示标题文本。

【Place Holder】：HTML5 新增属性，该提示信息在文本域为空时显示，在文本域获得焦点输入时消失。

【Disabled】：选中该复选项时，表示文本域被禁用，也不可单击。

【Required】：选中该复选项时，表示文本域为必填项。

【Auto Complete】：选中该复选项时，表示文本域具有自动完成功能。

【Auto Focus】：选中该复选项时，表示当网页加载时，该文本域自动获得焦点。

【Read Only】：选中该复选项时，表示该文本域为只读，不允许对文本域内容进行修改。

【Form】：该选项的下拉列表中可以选择网页中已经存在的表单标签。在 HTML5 中，用户可以把表单元素插入页面上的任何一个地方，然后给该元素增加一个 form 属性，form 属性的值为 form 表单的 id。

【Pattern】：HTML5 新增属性，用于检查 <input> 元素值的正则表达式。

【Tab Index】：设置该文本域的<Tab>键控制次序。

【List】：HTML5 新增属性，用于设置引用数据列表。

（2）在【代码】视图中设置

在【文档】窗口代码视图中，将鼠标光标置于<form>标签中，输入如下代码：

```
<form id="form1" name="form1" method="post" action="">
    <label for="textfield">Text Field:</label>
    <input type="text" name="textfield" id="textfield">
</form>
```

这里，<label>标签用于为文本控件定义文本标签（label），显示在输入控件旁边的说明性文字。用<label>元素定义的文本标签，从显示上看与其他文本毫无差异，不过它为使用鼠标的用户增强了可用性，当用户单击由<label>元素定义的文本标签时，与该文本标签关联的输入控件将获得焦点。

<input>标签表示插入一个 input 类表单控件，该类控件通过 type 属性显示成不同的表单控件，这里设置 type 属性为“Text”，表示文本控件，id 和 name 属性分别设置该控件的标识和名称。

2. 文本区域

（1）使用【表单】创建

❶ 将鼠标光标置于要插入文本区域的位置。

❷ 选择菜单【插入】|【表单】|【文本区域】或单击【插入】面板【表单】选项卡中的【文本字段】按钮，插入一个文本区域，如图 10-20 所示。

❸ 在【属性】面板中设置文本区域的属性，如图 10-21 所示。

在【属性】面板中，相关选项的含义如下。

【Rows】：设置文本区域的行数。

【Cols】：设置文本区域的宽度。

【Wrap】：HTML5 中的新增属性，规定当在表单中提交时，文本区域中的文本如何换行。Soft 表示当在表单中提交时，文本区域中的文本不换行。默认值也是 Soft；Hard 表示当在表单中提交时，文本区域中的文本换行（包含换行符）。当设置为 Hard 时，必须规定 Cols 属性。

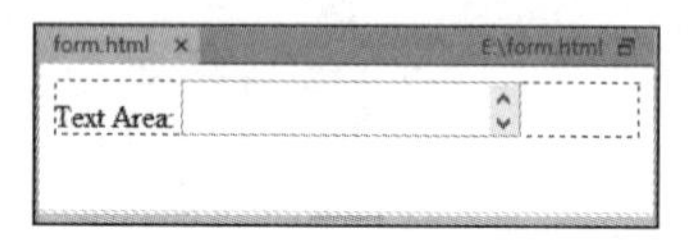

图 10-20

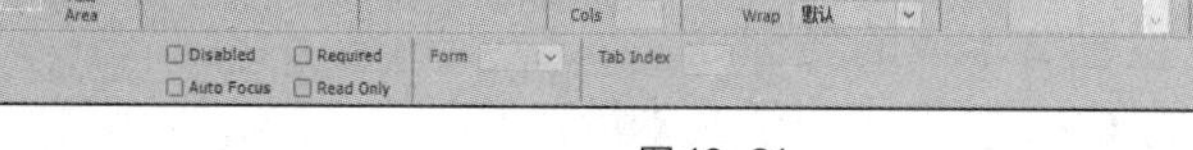

图 10-21

（2）在【代码】视图中设置

在【文档】窗口代码视图中，将鼠标光标置于<form>标签中，输入如下代码：

```
<form id="form1" name="form1" method="post" action="">
    <label for="textarea">Text Area:</label>
    <textarea name="textarea" cols="40" rows="5" id="textarea"></textarea>
</form>
```

这里，<label>标签设置了【文本区域】前面的说明性文字，<textarea>标签表示【文本区域】控件，id 和 name 属性分别用于设置该控件的标识和名称，cols 属性用于设置<textarea>控件的宽度为 40 字符，rows 属性用于设置该控件的高度为 5 行。

3. 密码域

（1）使用【表单】创建

密码域字段中的字符会被做掩码处理（显示为星号或实心圆点）。

❶ 将鼠标光标置于要插入密码域的位置。

❷ 选择菜单【插入】|【表单】|【密码】或单击【插入】面板【表单】选项卡中的【密码】按钮，插入一个密码域，如图 10-22 所示。

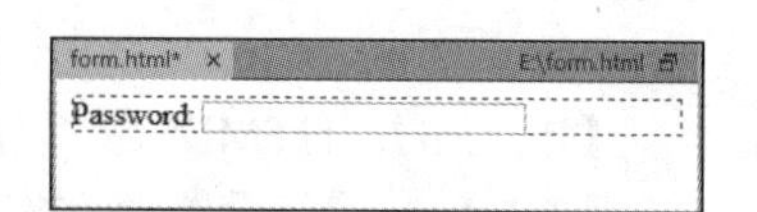

图 10-22

❸ 在【属性】面板的选项中设置密码域的各项属性，密码域的属性和单行文本域的属性一样。

（2）在【代码】视图中设置

在【文档】窗口代码视图中，将鼠标光标置于<form>标签中，输入如下代码：

```
<form id="form1" name="form1" method="post" action="">
    <label for="password">Password:</label>
    <input type="password" name="password" id="password">
</form>
```

这里，<label>标签用于为【文本】控件定义说明性文字。<input>标签表示插入一个 input 类表单控件，type 属性设置为"password"，表示【密码】控件，id 和 name 属性分别设置该控件的标识和名称。

10.1.4　单选按钮和单选按钮组

单选按钮常用来让用户在一组互斥的选项中选择一项，如性别、学历等。用户在几个单选按钮中选择一项后，其他选项自动取消选中状态。单选按钮组用来快速插入一组单选按钮。

1. 单选按钮

（1）使用【表单】创建

❶ 将鼠标光标置于要插入单选按钮的位置。

❷ 选择菜单【插入】|【表单】|【单选按钮】或单击【插入】面板【表单】选项卡中的【单选按钮】按钮◉，插入一个单选按钮，在单选按钮后输入选项内容，如图 10-23 所示。

❸ 在【属性】面板中设置单选按钮的属性，如图 10-24 所示。

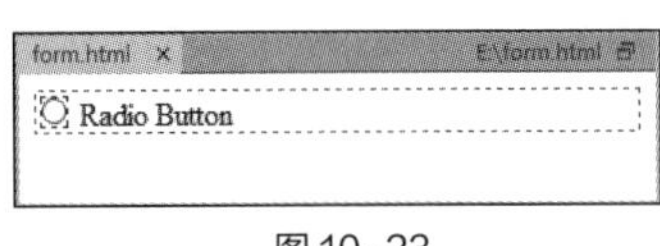

图 10-23

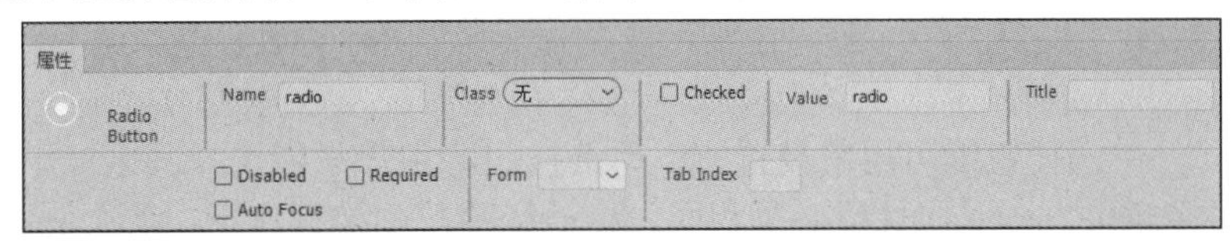

图 10-24

其中，【Checked】用于设置当网页加载时，单选按钮是否处于被选中状态。

（2）在【代码】视图中设置

在【文档】窗口代码视图中，将鼠标光标置于标签<form>中，输入如下代码：

```
<form id="form1" name="form1" method="post" action="">
    <input type="radio" name="radio" id="radio" value="radio">
    <label for="radio">Radio Button </label>
</form>
```

这里，<input>标签表示插入一个 input 类表单控件，type 属性设置为"radio"，表示【单选按钮】控件，id 和 name 属性分别设置该控件的标识和名称，value 属性值的内容不会出现在用户界面，只在提交表单时向服务器端传递数据。

如果一个单选按钮处于被选中状态，在提交表单时，单选按钮的 value 属性值才会传递到服务器端。<label>标签用于为【单选按钮】控件定义选项内容，当<label>标签和 for 属性配合使用时，for 属性指向<input>元素的 id 属性。当单击<label>标签的内容时，<input>元素也会相应变化。

2. 单选按钮组

（1）使用【表单】创建

❶ 将鼠标光标置于要插入单选按钮组的位置。

❷ 选择菜单【插入】|【表单】|【单选按钮组】或单击【插入】面板【表单】选项卡中的【单选按钮组】按钮，打开【单选按钮组】对话框，如图 10-25 所示，在【标签】选项中输入单选按钮文字内容，在【值】选

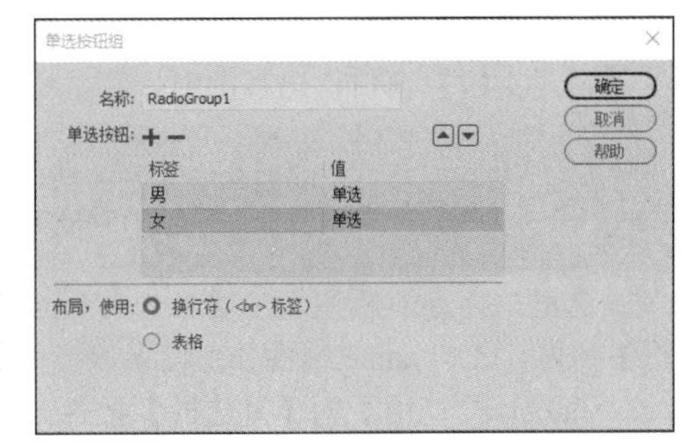

图 10-25

项中输入单选按钮对应数值，单击+按钮或-按钮可增加或删除单选按钮。

在【单选按钮组】对话框中，各选项的含义如下。

【名称】：设置单选按钮组的名称。

【单选按钮】：设置单选按钮信息。单击+按钮可添加一个单选按钮，单击-按钮可删除一个单选按钮，单击▲按钮和▼按钮可调整单选按钮的排序。

【布局，使用】：设置单选按钮组的布局方式。【换行符（
标签）】使单选按钮组中的每个单选按钮单独在一行上；【表格】布局将创建一个 1 列的表格，每个单选按钮依次显示在表格不同行中。

（2）在【代码】视图中设置

在【文档】窗口代码视图中，将鼠标光标置于<form>标签中，输入如下代码：

```
<form id="form1" name="form1" method="post" action="">
    <label>
        <input type="radio" name="RadioGroup1" value="1" id="RadioGroup1_0">
        男
    </label>
    <br>
    <label>
        <input type="radio" name="RadioGroup1" value="0" id="RadioGroup1_1">
        女
    </label>
    <br>
</form>
```

单选按钮组可用来设置一组单选按钮，用户只能选择其中一个选项，同一个单选按钮组中各个选项的 name 属性值必须相同。
标签起到换行作用，两个 radio 按钮不在同一行上。

10.1.5 复选框和复选框组

复选框和单选按钮作用类似，但复选框允许选择多个选项。复选框组用来快速插入一组复选框。

1. 复选框

（1）使用【表单】创建

❶ 将鼠标光标置于要插入复选框的位置。

❷ 选择菜单【插入】|【表单】|【复选框】或单击【插入】面板【表单】选项卡中的【复选框】按钮☑，插入一个复选框，在复选框后输入选项内容，如图 10-26 所示。

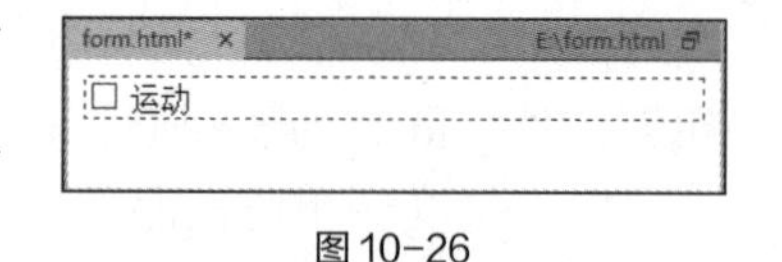

图 10-26

❸ 在【属性】面板中设置复选框的属性，复选框的属性和单选按钮的属性一样，不再赘述。

（2）在【代码】视图中设置

在【文档】窗口代码视图中，将鼠标光标置于<form>标签中，输入如下代码：

```
<form id="form1" name="form1" method="post" action="">
    <input type="checkbox" name="checkbox" id="checkbox">
    <label for="checkbox">Checkbox </label>
</form>
```

这里，<input>标签表示插入一个 input 类表单控件，type 属性设置为“checkbox”，表示【复选框】控件，id 和 name 属性分别设置该控件的标识和名称，id 值在整个页面中是唯一的，不会重复。

<label>标签用于为【复选框】控件定义选项内容，当<label>标签和 for 属性配合使用时，for 属性指向<input>元素的 id 属性。当单击<label>标签的内容时，<input>元素也有相应变化。

2. 复选框组

（1）使用【表单】创建

❶ 将鼠标光标置于要插入复选框组的位置。

❷ 选择菜单【插入】|【表单】|【复选框组】或单击【插入】面板【表单】选项卡中的【复选框组】按钮，打开【复选框组】对话框，如图 10-27 所示，在【标签】选项中输入复选框文字内容，在【值】选项中输入复选框对应数值，单击按钮或按钮可增加或删除复选框。

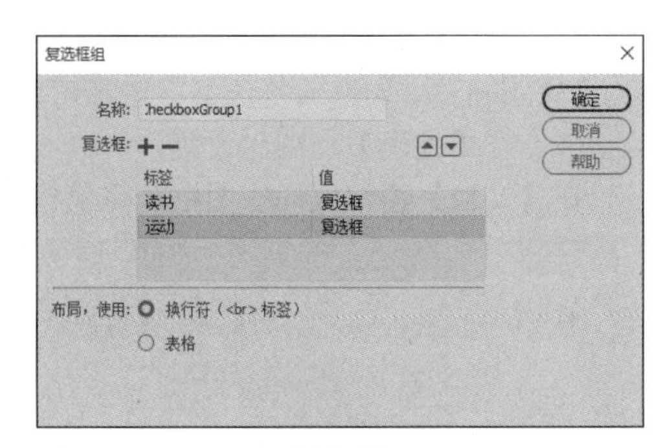

图 10-27

在【复选框组】对话框中，各选项的含义如下。

【名称】：设置复选框组名称。

【复选框】：设置复选框信息。单击按钮可以添加一个复选框，单击按钮可删除一个复选框，单击按钮和按钮可调整复选框的排序。

【布局，使用】：设置复选框组的布局方式。【换行符（
标签）】使复选框组中的每个复选框单独在一行上；【表格】布局将创建一个 1 列的表格，每个复选框依次显示在表格的不同行中。

（2）在【代码】视图中设置

在【文档】窗口代码视图中，将鼠标光标置于<form>标签中，输入如下代码：

```
<form id="form1" name="form1" method="post" action="">
    <label>
        <input type="checkbox" name="CheckboxGroup1" value="复选框" id="Group1_0">
        读书
    </label>
    <label>
        <input type="checkbox" name="CheckboxGroup1" value="复选框" id="Group1_1">
        运动
    </label>
</form>
```

这里，定义了一个复选框组，同一个复选框组中各个选项的 name 属性值必须相同，id 和 name 属性分别设置该控件的标识和名称，id 值在整个页面中是唯一的，不会重复。

10.1.6 选择

（1）使用【表单】创建

选择列表/菜单，用来创建一个列表或下拉菜单来显示一组选项。

❶ 将鼠标光标置于要插入选择列表/菜单的位置。

❷ 选择菜单【插入】|【表单】|【选择】或单击【插入】面板【表单】选项卡中的【选择】按钮，插入一个选择元素，如图 10-28 所示。

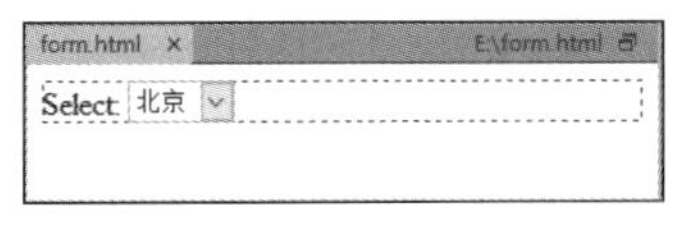

图 10-28

❸ 选中插入的选择元素，单击【属性】面板中的【列表值...】按钮，打开【列表值】对话框，在【列表值】对话框中添加列表值，如图 10-29 所示。

❹ 在【属性】面板中设置各选项，如图 10-30 所示。

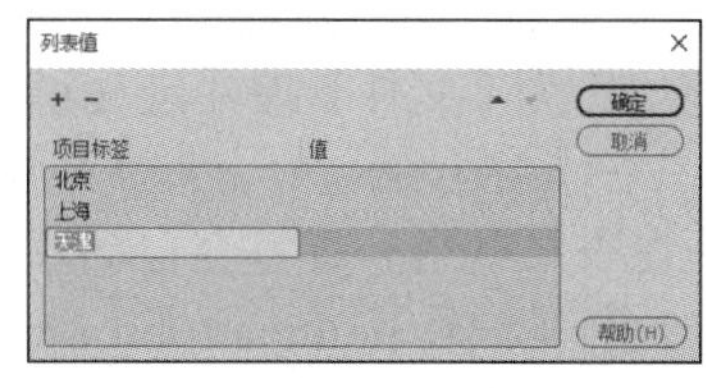

图 10-29

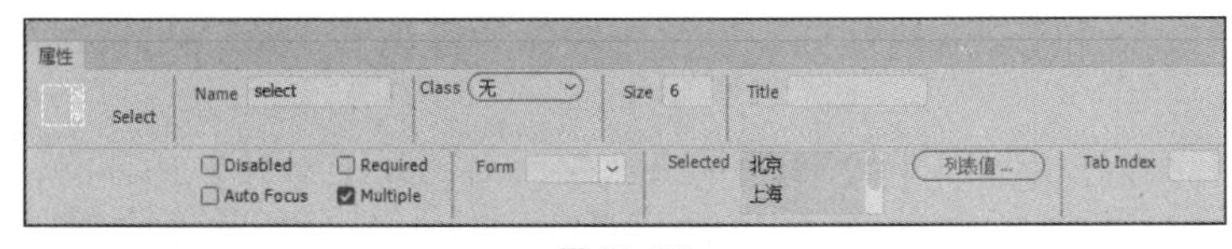

图 10-30

在【属性】面板中，相关选项的含义如下。

【Size】：设置选择元素在网页中显示多少项。

【Multiple】：勾选该复选框，表示可以按住<Shift>键多选。

（2）在【代码】视图中设置

在【文档】窗口代码视图中，将鼠标光标置于<form>标签中，输入如下代码：

```
<form id="form1" name="form1" method="post" action="">
    <label for="select">Select:</label>
    <select name="select" size="2" multiple="MULTIPLE" id="select">
        <option>北京</option>
        <option selected="selected">上海</option>
        <option>天津</option>
    </select>
</form>
```

这里，<select>标签表示插入一个【选择】表单控件，id 和 name 属性分别设置该控件的标识和名称，size 属性是个正整数，用于设置下拉列表中可见选项的数目，multiple 属性用于设置可选择多个选项。<option>标签设置各个选项的内容，如果选项的 selected 属性值为“selected”，表示该选项在首次显示时表现为被选中状态。

10.1.7 文件元素

文件元素由一个文本框和一个显示“浏览”字样的按钮组成，它的作用是使访问者能浏览到本地计算机上的某个文件，并将该文件作为表单数据上传。

（1）利用【表单】创建

❶ 将鼠标光标置于要插入文件元素的位置。

❷ 选择菜单【插入】|【表单】|【文件】或单击【插入】面板【表单】选项卡中的【文件】按钮，插入一个文件域，如图 10-31 所示。

❸ 选中文件元素，在【属性】面板中进行相应设置，如图 10-32 所示。

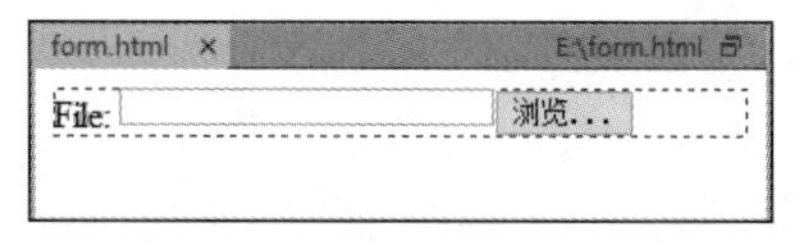

图 10-31

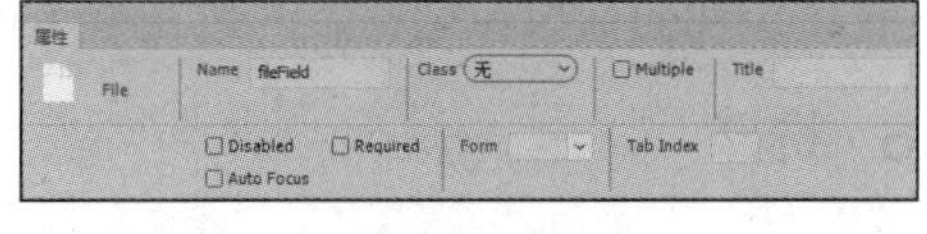

图 10-32

在【属性】面板中，相关选项的含义如下。

【Multiple】：勾选该复选框，表示允许用户上传时选择一个以上的文件。

（2）在【代码】视图中设置

在【文档】窗口代码视图中，将鼠标光标置于标签<form>中，输入如下代码：

```
<form action="" method="post" enctype="multipart/form-data" name="form1">
    <label for="fileField">File:</label>
    <input type="file" name="fileField" id="fileField">
</form>
```

这里，<input>标签表示插入一个 input 类表单控件，type 属性设置为“file”，表示【文件】控件，id 和 name 属性分别设置该控件的标识和名称。<label>标签用于为【文件】控件定义说明文字。

为确保匿名上传文件的正确编码，当插入【文件】控件时，所在表单<form>标签会自动添加 enctype 属性，并设置其属性值为“multipart/form-data”，enctype 是指编码类型，multipart/form-data 是指表单数据由多部分构成，既有文本数据，又有文件等二进制数据。

10.1.8　按钮

对表单而言，按钮是非常重要的，它能够控制对表单内容的操作，如提交或重置。要将表单的内容发送到远程服务器上，需使用提交按钮；要清除现有表单内容，需使用重置按钮。用户也可以自定义按钮的名称。

1. 按钮

（1）使用【表单】创建

❶ 将鼠标光标置于要插入按钮的位置。

❷ 选择菜单【插入】|【表单】|【按钮】或单击【插入】面板【表单】选项卡中的【按钮】按钮，插入一个按钮，如图 10-33 所示。

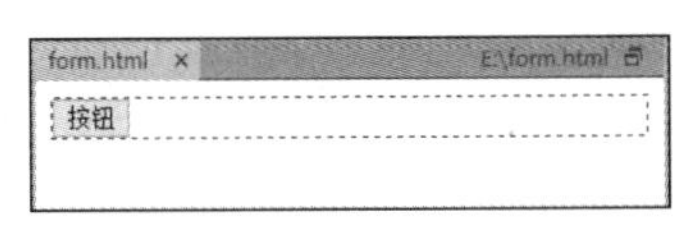

图 10-33

❸ 在按钮【属性】面板中设置相应的属性，如图 10-34 所示。

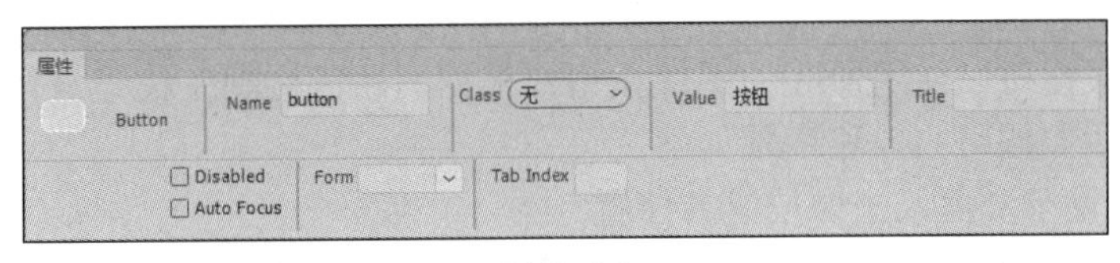

图 10-34

其中，【Value】用于设置按钮上显示的文本。

（2）在【代码】视图中设置

在【文档】窗口代码视图中，将鼠标光标置于<form>标签中，输入如下代码：

```
<form id="form1" name="form1" method="post" action="">
    <input type="button" name="button" id="button" value="确定">
</form>
```

这里，<input>标签表示插入一个 input 类表单控件，type 属性设置为“button”，表示按钮控件，id 和 name 属性分别设置该控件的标识和名称，value 属性用于设置按钮的初始值。

2. 提交按钮

用户单击提交按钮后，会将表单内的数据内容提交到表单域的 Action 属性指定的处理程序中进行处理。

（1）使用【表单】创建

❶ 将鼠标光标置于要插入提交按钮的位置。

❷ 选择菜单【插入】|【表单】|【“提交”按钮】，或单击【插入】面板【表单】选项卡中的【“提交”按钮】按钮，插入一个提交按钮，如图 10-35 所示。

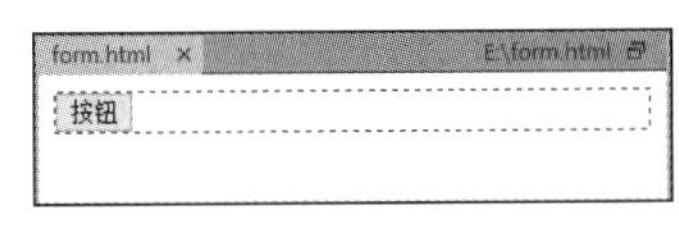

图 10-35

❸ 在按钮【属性】面板中设置相应的属性。

（2）在【代码】视图中设置

在【文档】窗口代码视图中，将鼠标光标置于<form>标签中，输入如下代码：

```
<form id="form1" name="form1" method="post" action="">
    <input type="submit" name="submit" id="submit" value="提交">
</form>
```

这里，<input>标签表示插入一个 input 类表单控件，type 属性设置为“submit”，表示提交按钮控件，id 和 name 属性分别设置该控件的标识和名称，value 属性用于设置按钮的初始值。

3. 重置按钮

用户单击重置按钮后，会清除表单内所设置的数据内容，使其恢复为默认状态。

（1）使用【表单】创建

❶ 将鼠标光标置于要插入重置按钮的位置。

❷ 选择菜单【插入】|【表单】|【“重置”按钮】，或单击【插入】面板【表单】选项卡中的【“重置”按钮】按钮，插入一个重置按钮，如图 10-36 所示。

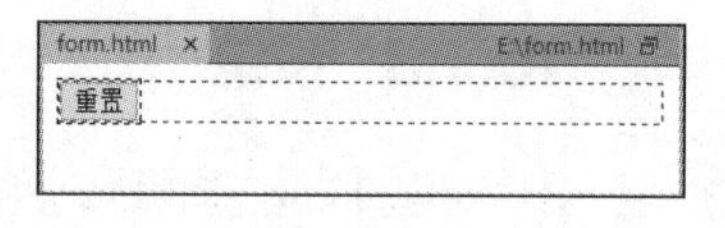

图 10-36

❸ 在按钮【属性】面板中设置相应的属性。

（2）在【代码】视图中设置

在【文档】窗口代码视图中，将鼠标光标置于标签<form>中，输入如下代码：

```
<form id="form1" name="form1" method="post" action="">
    <input type="reset" name="reset" id="reset" value="重置">
</form>
```

这里，<input>标签表示插入一个 input 类表单控件，type 属性设置为“reset”，表示重置按钮控件，id 和 name 属性分别设置该控件的标识和名称，value 属性用于设置按钮的初始值。

4. 图像按钮

通过插入图像按钮可以使用漂亮的图像按钮或根据网站风格制作按钮来代替普通按钮。

在网页中插入图像按钮的操作步骤如下。

❶ 将鼠标光标置于要插入图像按钮的位置。

❷ 选择菜单【插入】|【表单】|【图像按钮】或单击【插入】面板【表单】选项卡中的【图像域】按钮，打开【选择图像源文件】对话框，在该对话框中选择所需的图像，单击【确定】按钮，如图 10-37 所示。

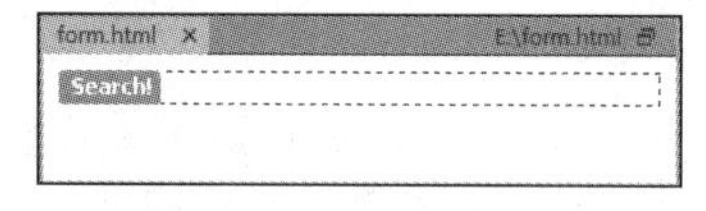

图 10-37

❸ 在图像按钮【属性】面板中进行相应的属性设置，如图 10-38 所示。

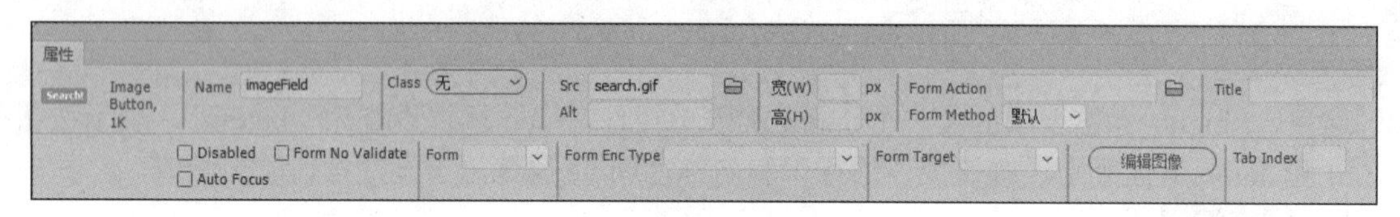

图 10-38

在【属性】面板中，相关选项的含义如下。

【宽】【高】：设置图像按钮的尺寸。

【Src】：显示该图像按钮所使用的图像文件的路径。

【Alt】：该文本框中可以输入一些描述性的文本，一旦图像按钮在浏览器中加载失败，将显示这些文本。

【编辑图像】：启动外部编辑软件对该图像域所使用的图像进行编辑。

10.1.9 其他表单元素

除了前面介绍的常用表单元素，还有其他一些表单元素，如电子邮件、范围、搜索等。

1. 电子邮件

电子邮件的外表与文本元素一样，但在移动端运行时将切换对应的输入键盘，会验证输入的电子邮件格式，如图 10-39 所示。

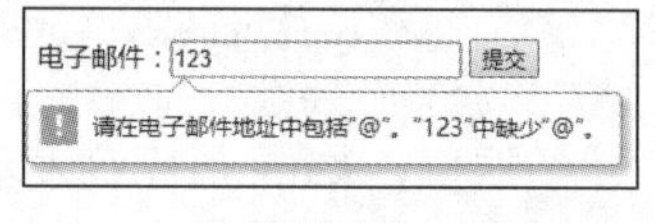

图 10-39

在【文档】窗口代码视图中，将鼠标光标置于<form>标签中，输入以下代码实现电子邮件功能：

```
<form id="form1" name="form1" method="post" action="">
    <label for="email">Email:</label>
    <input type="email" name="email" id="email">
</form>
```

这里，<input>标签表示插入一个input类表单控件，type属性设置为“email”，表示【电子邮件】控件，id和name属性分别设置该控件的标识和名称，<label>标签设置【电子邮件】控件的说明文字。

2. URL地址框

URL是一种专门用来输入URL地址的文本框，如果输入的内容不符合URL地址格式，则会提示错误，如图10-40所示。

图10-40

在【文档】窗口代码视图中，将鼠标光标置于<form>标签中，输入如下代码实现URL地址框功能：

```
<form id="form1" name="form1" method="post" action="">
    <label for="url">Url:</label>
    <input type="url" name="url" id="url">
</form>
```

这里，<input>标签表示插入一个input类表单控件，type属性设置为“url”，表示【URL】控件，id和name属性分别设置该控件的标识和名称，<label>标签设置【URL】控件的说明文字。

3. 数字框

数字框是一种专门输入数字的文本框，并且在提交时检查里面的内容是否为数字，它具有max、min和step属性。其中max属性表示不能超过的最大值，而min属性表示不能超过的最小值，而setp属性表示按步长递增递减，如图10-41所示。

数量（5到10之间）: 6

图10-41

在【文档】窗口代码视图中，将鼠标光标置于<form>标签中，输入以下代码实现数字增减功能：

```
<form id="form1" name="form1" method="post" action="">
    <label for="number">Number:</label>
    <input type="number" name="number" id="number">
</form>
```

这里，<input>标签表示插入一个input类表单控件，type属性设置为“number”，表示【数字】控件，id和name属性分别设置该控件的标识和名称，<label>标签设置【数字】控件的说明文字。

4. 范围

范围表单元素用于包含一定范围内数字值的输入域，其会以一个滑块的形式展现，min属性设置最小值，max属性设置最大值，value属性设置当前值。如果没有设置最大值和最小值，则其默认值的范围是1～100，如图10-42所示。

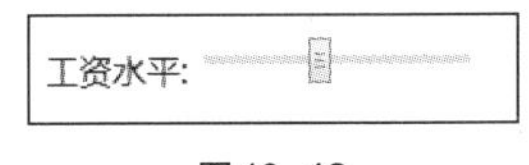

图10-42

在【文档】窗口代码视图中，将鼠标光标置于<form>标签中，输入如下代码实现范围表单功能：

```
<form id="form1" name="form1" method="post" action="">
    <label for="range">Range:</label>
    <input type="range" name="range" id="range">
</form>
```

这里，<input>标签表示插入一个input类表单控件，type属性设置为“range”，表示【范围】控件，id和name属性分别设置该控件的标识和名称，<label>标签设置【范围】控件的说明文字。

5. 颜色框

颜色框可让用户通过颜色选择器选择一个颜色值，并反馈到该控件的value值中，如图10-43所示。

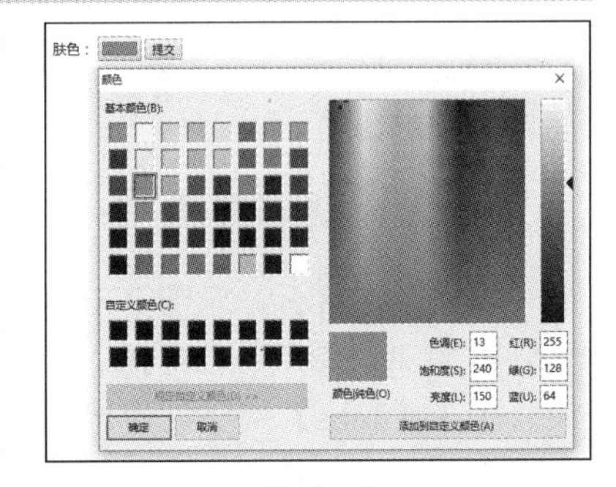

图10-43

在【文档】窗口代码视图中，将鼠标光标置于<form>标签中，输入如下代码实现颜色板功能：

```
<form id="form1" name="form1" method="post" action="">
    <label for="color">Color:</label>
```

```
    <input type="color" name="color" id="color">
</form>
```

这里，<input>标签表示插入一个 input 类表单控件，type 属性设置为“color”，表示【颜色】控件，id 和 name 属性分别设置该控件的标识和名称，<label>标签设置【颜色】控件的说明文字。

6. 日期和时间

HTML5 提供了多种可供选取的日期和时间类型：

【date】：选取日、月、年。

【month】：选取月、年。

【week】：选取周和年。

【time】：选取时间（小时和分钟）。

【datetime】：选取时间、日、月、年（UTC 时间）。

【datetime-local】：选取时间、日、月、年（本地时间）。

用户可以自行输入日期或时间，也可以选择提供的日历控件，如图 10-44 所示。

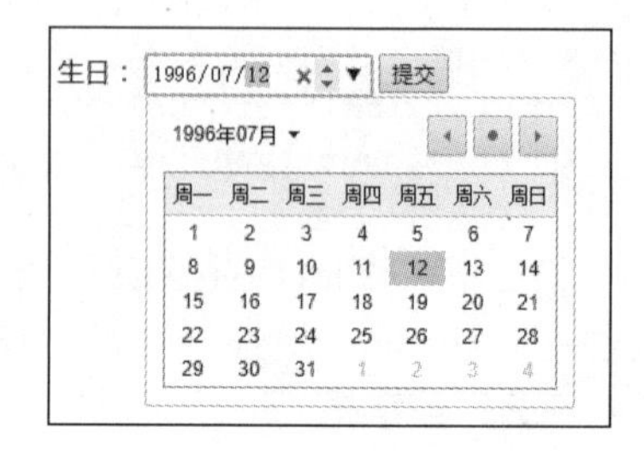

图 10-44

在【文档】窗口代码视图中，将鼠标光标置于<form>标签中，输入如下代码实现日期和时间功能：

```
<form id="form1" name="form1" method="post" action="">
    <label for="datetime-local">DateTime-Local:</label>
    <input type="datetime-local" name="datetime-local" id="datetime-local">
</form>
```

这里，<input>标签表示插入一个 input 类表单控件，type 属性设置为“datetime-local”，表示【日期时间（当地）】控件，id 和 name 属性分别设置该控件的标识和名称，<label>标签设置【日期时间（当地）】控件的说明文字。

7. 搜索

搜索表单元素用于搜索域，如站点搜索或 Google 搜索。在网页中显示为常规的文本域。

在【文档】窗口代码视图中，将鼠标光标置于<form>标签中，输入如下代码实现搜索功能：

```
<form id="form1" name="form1" method="post" action="">
    <label for="search">Search:</label>
    <input type="search" name="search" id="search">
</form>
```

这里，<input>标签表示插入一个 input 类表单控件，type 属性设置为“search”，表示【搜索】控件，id 和 name 属性分别设置该控件的标识和名称，<label>标签设置【搜索】控件的说明文字。

10.2 jQuery UI

jQuery UI 是建立在 jQuery JavaScript 库上的一组用户界面交互、特效、小部件及主题。

10-2 创意家居

10.2.1 课堂案例——创意家居

案例学习目标：学习 jQuery UI 的基本操作。

案例知识要点：在【插入】面板【jQuery UI】选项卡中，单击【Accordion】按钮创建折叠面板、单击【Tabs】按钮创建选项卡，并使用其【属性】面板进行设置。

素材所在位置：电子资源/案例素材/ch10/课堂案例-创意家居。

案例效果如图 10-45 所示。

以素材“课堂案例-创意家居”为本地站点文件夹，创建名称为“创意家居”的站点。

1. 插入 Accordion

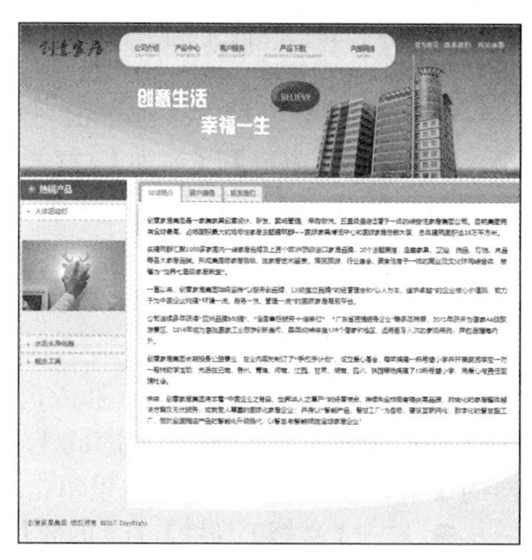

图 10-45

❶ 选择【设计】视频，在【文件】面板中，双击打开 index.html 文件。

❷ 选中并删除文本“此处插入折叠面板”，单击【插入】面板【jQuery UI】选项卡中的【Accordion】按钮，在该处插入一个名为 Accordion1 的折叠面板，如图 10-46 所示。

❸ 保存文件，在弹出的【复制相关文件】对话框中单击【确定】按钮，如图 10-47 所示，jQuery UI 自带的一些 CSS 文件和图像文件被导入系统。

❹ 将折叠面板中的文本“部分 1”“部分 2”“部分 3”分别修改为“人体感应灯”“水龙头净化器”“概念工具”。选中文本“人体感应灯”，单击【属性】面板，在【大小】中输入“12px”，如图 10-48 所示。采用同样的方式，选中文本“水龙头净化器”，在【属性】面板的【大小】中输入“12px”。网页效果如图 10-49 所示。

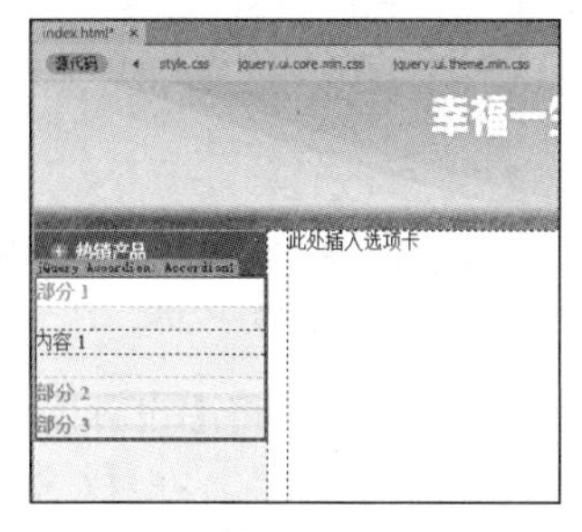

图 10-46

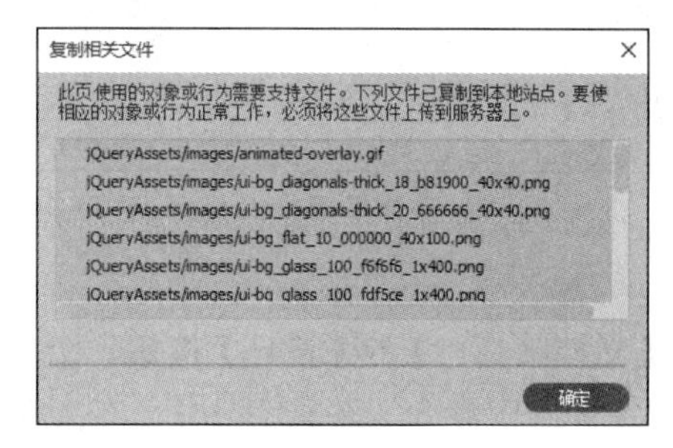

图 10-47

❺ 删除文本“内容 1”，选择菜单【插入】|【Image】，插入 images 文件夹内的图像文件 img01.jpg，如图 10-50 所示。采用同样的方式，删除文本“内容 2”和“内容 3”，分别插入 images 文件夹内的图像文件 img02.jpg 和 img03.jpg。

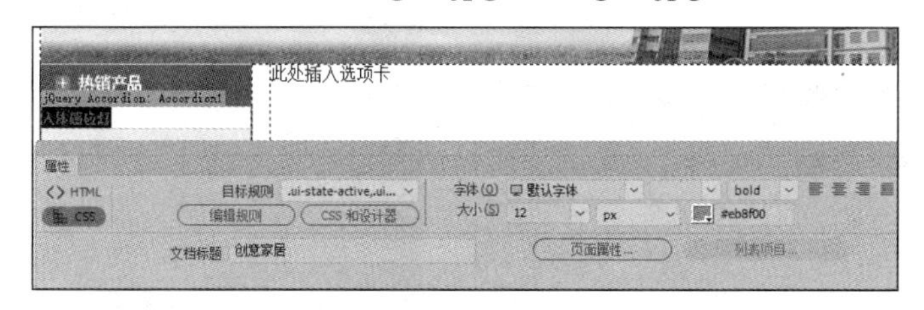

图 10-48

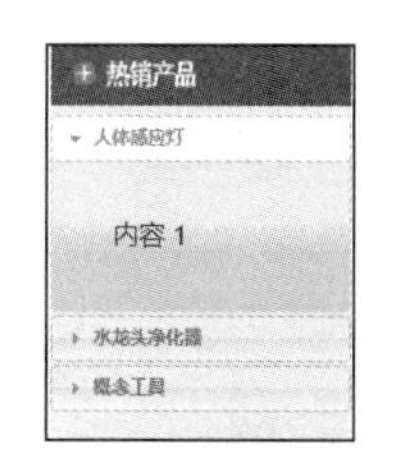

图 10-49

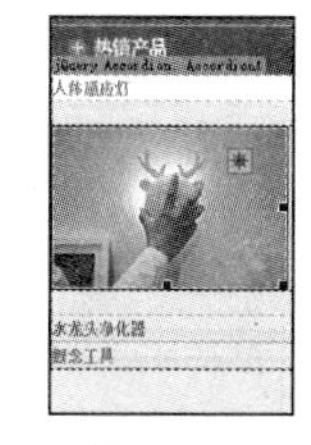

图 10-50

❻ 在【CSS 设计器】面板的【选择器】部分找到.ui-accordion .ui-accordion-content 规则，在【属性】部分修改【padding】左侧为 0.15em，如图 10-51 所示。网页效果如图 10-52 所示。

提示：

.ui-accordion，.ui-accordion-content 之类的样式是 jQuery 系统预先定义的。jQuery 所有样式名称都添加前缀 ui，然后逐级添加具有语义的字母或字母缩写，中间用短横线“-”

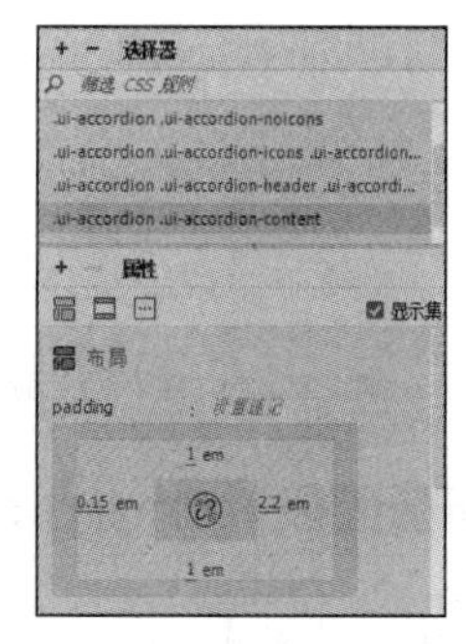

图 10-51

图 10-52

连接。如在样式.ui-accordion-content 中，accordion 表示折叠面板，content 表示折叠面板的内容等。

❼ 单击折叠面板 Accordion1 蓝色标题栏，选择菜单【窗口】|【属性】，打开【属性】面板，在【Event】下拉列表中选择“mouseover”，如图 10-53 所示。

❽ 保存网页，按【F12】键预览网页效果。

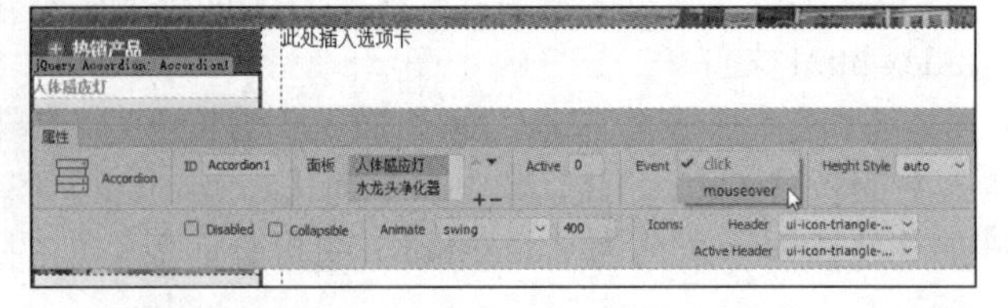

图 10-53

2. 插入 Tabs

❶ 选中并删除文本“此处插入选项卡”，单击【插入】面板中【jQuery UI】选项卡中的【Tabs】按钮，在该处插入一个名为 Tab 1、Tab 2、Tab 3 的选项卡，如图 10-54 所示。保存文件，在弹出的【复制相关文件】对话框里单击【确定】按钮，如图 10-55 所示。

❷ 单击【文档工具栏】的【拆分】按钮，打开【代码】窗口，将【代码】窗口中默认文本“Tab 1”“Tab 2”“Tab 3”分别修改为“公司简介”“客户服务”“联系我们”，如图 10-56 所示。

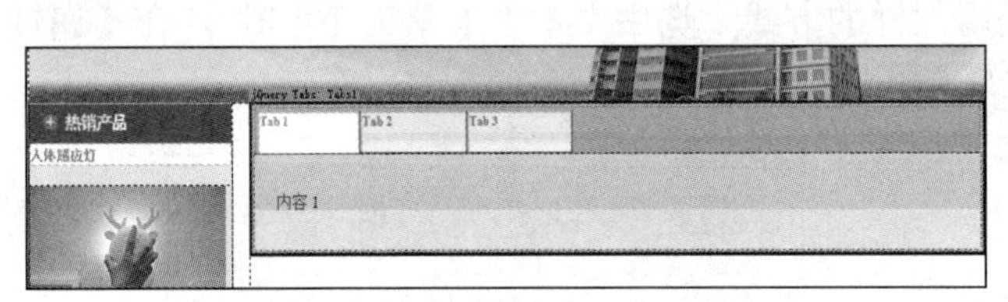

图 10-54

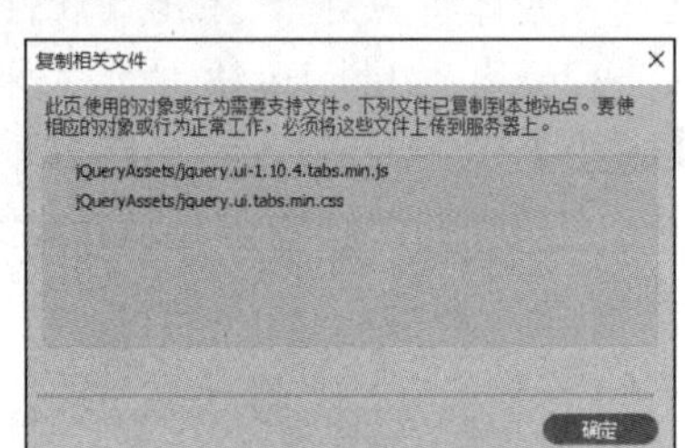

图 10-55

❸ 单击【文档工具栏】的【设计】按钮，切换到【设计】窗口，然后将【设计】窗口中的“内容 1”“内容 2”和“内容 3”文字分别用文本文件 text.txt 里面的文字替换。在【CSS 设计器】面板的【选择器】部分找到.ui-tabs .ui-tabs-panel 规则，在【属性】部分设置【font-size】为“12px”、【line-height】为“20px”、【background-color】为“#FFFFFF”，如图 10-57 所示。

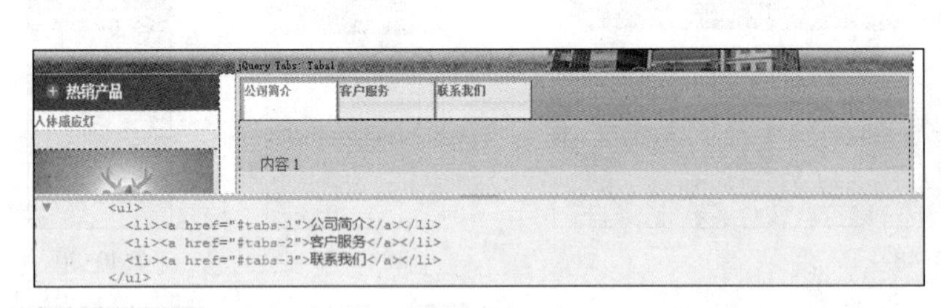

图 10-56

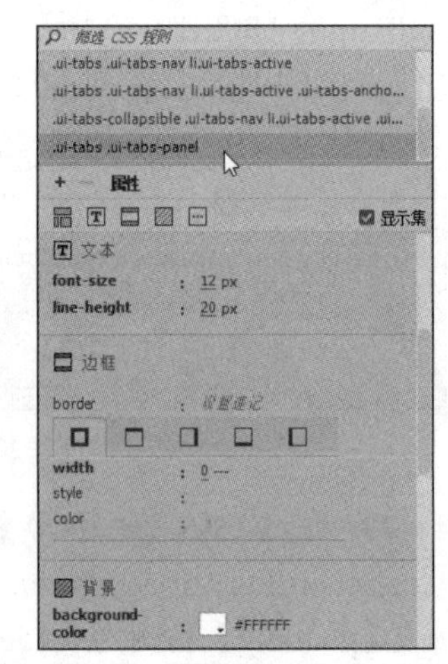

图 10-57

❹ 保存网页，按<F12>键预览网页效果。

10.2.2 折叠面板 Accordion

（1）使用【Accordion】

❶ 将鼠标光标置于要插入折叠面板 Accordion 的位置。

❷ 选择菜单【插入】|【jQuery UI】|【Accordion】或单击【插入】面板【jQuery UI】选项卡中的【Accordion】按钮，插入折叠面板。

❸ 选择菜单【窗口】|【属性】，打开【属性】面板，设置 Accordion 选项，如图 10-58 所示。

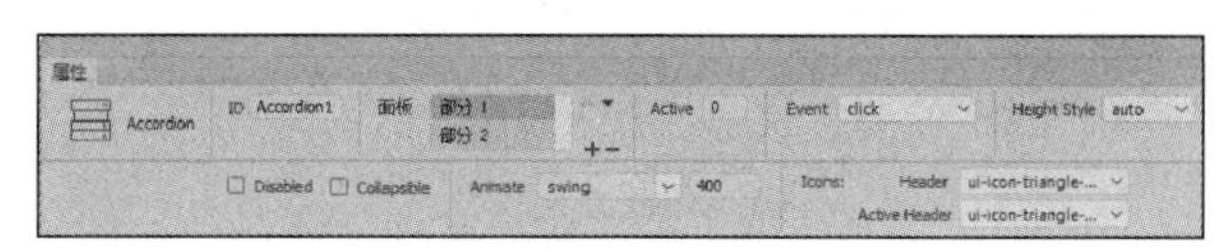

图 10-58

在【属性】面板中，各选项的含义如下。

【ID】：设置 Accordion 的名称。

【面板】：添加或删除面板。

【Active】：用来设置网页加载时打开哪一个面板，默认为 0，表示第一个面板。

【Event】：设置展开相关的面板的触发事件，默认为 click，表示单击，可以更改为 mouseover，表示鼠标移到面板上就展开。

【Height Style】：控制 Accordion 和每个面板的高度。可能的值包括以下几个。

- auto：所有的面板将会被设置为最高的面板的高度。
- fill：基于 Accordion 的父元素的高度，扩展到可用的高度。
- content：每个面板的高度取决于它的内容。

【Collapsible】：勾选此选项，所有面板都可以关闭。

【Animate】：设置面板折叠或展开时使用的动画效果。

【Disabled】：勾选该复选框，折叠面板被禁用。

【Icons】：设置标题要使用的图标。

（2）在【代码】视图中设置

在【文档】窗口代码视图中，将鼠标光标置于<head>标签中，输入如下代码：

```
<head>
    <link href="jQueryAssets/jquery.ui.core.min.css" rel="stylesheet" type="text/css">
    <link href="jQueryAssets/jquery.ui.theme.min.css" rel="stylesheet" type="text/css">
    <link href="jQueryAssets/jquery.ui.accordion.min.css" rel="stylesheet" type="text/css">
    <script src="jQueryAssets/jquery-1.11.1.min.js"></script>
    <script src="jQueryAssets/jquery.ui-1.10.4.accordion.min.js"></script>
</head>
```

在<head>标签中，通过<link>标签关联多个.css 文件，通过<script>标签关联 JavaScript 文件。

jQuery 是一个轻量级 JavaScript 函数库，jQuery UI 是一个建立在 jQuery JavaScript 库上的小部件和交互库，帮助创建高交互性的 Web 应用程序，其相关内容以.css 样式表文件和.js 函数文件提供。其中数字代表版本号，min 代表压缩包。

jquery-1.11.1.min.js 为 jquery 核心 JavaScript 文件，jquery.ui.core.min.css 和 jquery.ui.theme.min.css 为 Jquery UI 核心样式表文件。折叠面板功能由 jquery.ui.accordion.min.css 和 jquery.ui-1.10.4.accordion.min.js 支持。

在【文档】窗口代码视图中，将鼠标光标置于<body>标签中，输入如下代码：

```
<body>
    <div id="Accordion1">
        <h3><a href="#">部分 1</a></h3>
        <div>
            <p>内容 1</p>
            </div>
            <h3><a href="#">部分 2</a></h3>
            <div>
                <p>内容 2</p>
            </div>
            <h3><a href="#">部分 3</a></h3>
            <div>
```

```
            <p>内容 3</p>
        </div>
    </div>
    <script type="text/javascript">
        $(function() {
            $( "#Accordion1" ).accordion();
        });
    </script>
</body>
```

在<body>标签中定义了 id 为 Accordion1 的<div>标签，其中包括了 3 个折叠面板标签及相应内容。在<script>标签中，使用 JavaScript 代码对折叠面板函数进行调用，实现折叠面板功能。

在代码编程实践中，一般在官网中找到相关支持文档，通过代码的复制与粘贴，再进行相应修改就可以快速完成工作。

10.2.3 选项卡 Tabs

（1）使用【Tabs】

❶ 将鼠标光标置于要插入 Tabs 的位置。

❷ 选择菜单【插入】|【jQuery UI】|【Tabs】，或单击【插入】面板中【jQuery UI】选项卡中的【Tabs】按钮，在该处插入一个名为 Tab1 的选项卡，修改 Tabs 内容。

❸ 选择菜单【窗口】|【属性】，打开【属性】面板，设置 Tabs 选项，如图 10-59 所示。

在【属性】面板中，相关选项的含义如下。

【Hide】：设置面板隐藏时的动画效果。

【Show】：设置面板显示时的动画效果。

【Orientation】：设置 Tabs 水平或垂直展示。

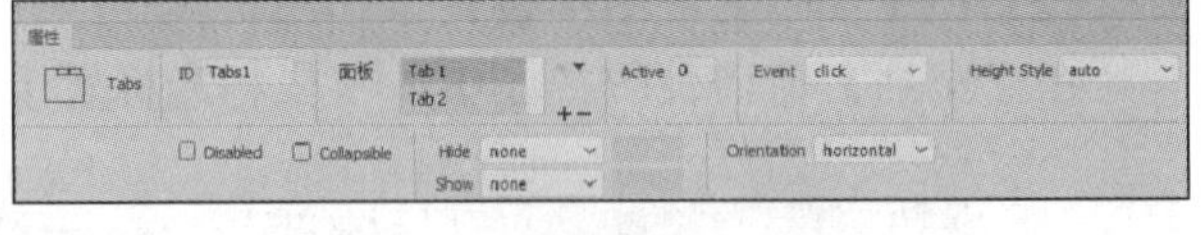

图 10-59

（2）在【代码】视图中设置

在【文档】窗口代码视图中，将鼠标光标置于<head>标签中，输入如下代码：

```
<head>
    //其他同上
    <link href="jQueryAssets/jquery.ui.tabs.min.css" rel="stylesheet" type="text/css">
    <script src="jQueryAssets/jquery.ui-1.10.4.tabs.min.js"></script>
</head>
```

在<head>标签中，通过<link>标签关联多个.css 文件，通过<script>标签关联 JavaScript 文件。选项卡功能由 jquery.ui.tabs.min.css s 和 jquery.ui-1.10.4.tabs.min.js 支持。

在【文档】窗口代码视图中，将鼠标光标置于<body>标签中，输入如下代码：

```
<body>
    <div id="Tabs1">
        <ul>
            <li><a href="#tabs-1">Tab 1</a></li>
            <li><a href="#tabs-2">Tab 2</a></li>
            <li><a href="#tabs-3">Tab 3</a></li>
        </ul>
        <div id="tabs-1">
            <p>内容 1</p>
        </div>
        <div id="tabs-2">
            <p>内容 2</p>
        </div>
        <div id="tabs-3">
            <p>内容 3</p>
```

```
            </div>
        </div>
        <script type="text/javascript">
            $(function() {
                $( "#Tabs1" ).tabs();
            });
        </script>
    </body>
```

在<body>标签中，定义了 id 为 tabs-1 的<div>标签，其中包括了 3 个选项卡标签（由<ul>标签实现）及相应内容（由<div>标签实现）。在<script>标签中，使用 JavaScript 代码对选项卡函数进行调用，实现折叠面板功能。

10.2.4 日期选择器 Datepicker

日期选择器 Datepicker 用于从弹出框或内联日历中选择一个日期。该控件能非常方便地展现日历中的日期，灵活配置相关选项，包括日期格式、范围等。我们经常在 Web 应用中用到 Datepicker，如要求用户输入日期进行相关查询。

（1）使用【Tabs】

❶ 将鼠标光标置于要插入日期选择器 Datepicker 的位置。

❷ 选择菜单【插入】|【jQuery UI】|【Datepicker】，或单击【插入】面板【jQuery UI】选项卡中的【Datepicker】按钮，插入一个日期选择器 Datepicker，如图 10-60 所示。

❸ 选择菜单【窗口】|【属性】，打开【属性】面板设置相关内容，如图 10-61 所示。

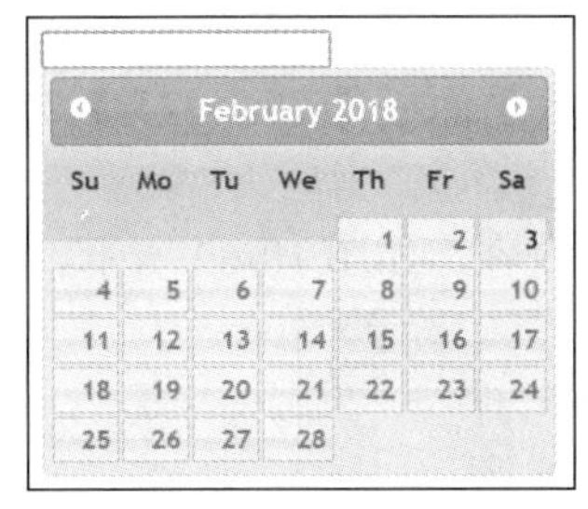

图 10-60

图 10-61

在【属性】面板中，相关选项的含义如下。

【Date Format】：设置日期时间的显示格式。

【区域设置】：设置区域，默认为 English。

【按钮图像】：设置点击输入框旁边的按钮图像来显示 Datepicker。

【Change Month】：勾选该复选框，显示月份下拉框，而不是显示静态的月份标题，这样便于在大范围的时间跨度上导航。

【Change Year】：勾选该复选框，显示年份的下拉框，而不是显示静态的年份标题，这样便于在大范围的时间跨度上导航。

【内联】：勾选该复选框，Datepicker 嵌套在页面中显示，而不是显示在一个覆盖层中。

【Show Button Panel】：勾选该复选框，为选择当天日期显示一个“Today”按钮，为关闭日历显示一个“Done”按钮。

【Min Date】【Max Date】：设置可选择的日期范围。

【Number Of Months】：设置 Number Of Months 选项为一个整数 2，或者大于 2 的整数，用来在一个 Datepicker 中显示多个月份。

（2）在【代码】视图中设置

在【文档】窗口代码视图中，将鼠标光标置于<head>标签中，输入如下代码：

```
<head>
    //其他同上
    <link href="jQueryAssets/jquery.ui.datepicker.min.css" rel="stylesheet" type="text/css">
    <script src="jQueryAssets/jquery.ui-1.10.4.datepicker.min.js"></script>
</head>
```

日期选择器功能由 jquery.ui. datepicker.min.css 和 jquery.ui-1.10.4. datepicker.min.js 支持。

在【文档】窗口代码视图中，将鼠标光标置于<body>标签中，输入如下代码：

```
<body>
    <input type="text" id="Datepicker1">
    <script type="text/javascript">
        $(function() {
        $( "#Datepicker1" ).datepicker();
        });
    </script>
</body>
```

在<body>标签中定义了 type 为“text”、id 为 Datepicker1 的<input>标签。在<script>标签中，使用 JavaScript 代码对日期选择器函数进行调用。

10.2.5 对话框 Dialog

对话框是一个悬浮窗口，包括一个标题栏和一个内容区域。对话框窗口可以移动，重新调整大小，默认情况下通过关闭图标关闭对话框。

（1）使用【Dialog】

❶ 将鼠标光标置于要插入对话框 Dialog 的位置。

❷ 选择菜单【插入】|【jQuery UI】|【Dialog】，或单击【插入】面板【jQuery UI】选项卡中的【Dialog】按钮，插入一个 Dialog。

❸ 选择菜单【窗口】|【属性】，打开【属性】面板设置相关内容，如图 10-62 所示。

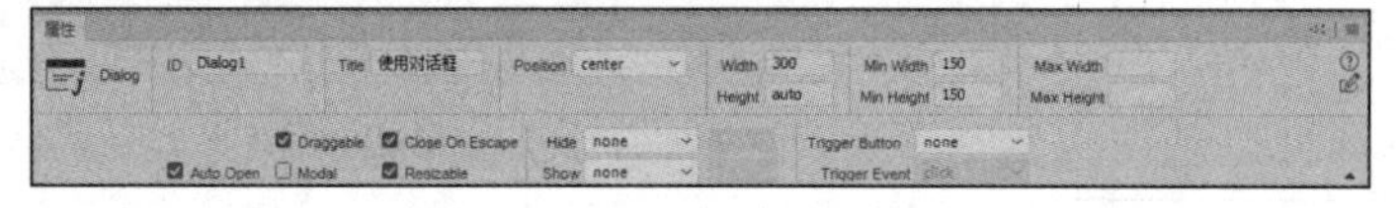

图 10-62

在【属性】面板中，相关选项的含义如下。

- 【Title】：设置对话框的标题，如输入“使用对话框”。
- 【Position】：设置对话框在页面中显示的位置。
- 【Width】【Height】：设置对话框宽、高。
- 【Min Width】【Min Height】：设置对话框最小宽度和最小高度。
- 【Max Width】【Max Height】：设置对话框最大宽度和最大高度。
- 【Draggable】：是否允许拖动，默认为 true。
- 【Close On Escape】：当用户按<Esc>键后，是否应该关闭对话框，默认为 true。
- 【Auto Open】：初始化后，是否立即显示对话框，默认为 true。
- 【Modal】：是否模式对话框，默认为 false。
- 【Resizable】：是否可以调整对话框的大小，默认为 true。
- 【Hide】：当对话框关闭时的动画效果，默认为 none。
- 【Show】：当对话框打开时的动画效果，默认为 none。
- 【Trigger Button】：设置触发对话框的按钮。
- 【Trigger Event】：设置触发对话框的事件。

❹ 将对话框内容更改为“使用对话框内容!”，运行后效果如图 10-63 所示。

图 10-63

（2）在【代码】视图中设置

在【文档】窗口代码视图中，将鼠标光标置于标签< head>中，输入如下代码：

```
<head>
    //其他同上
    <link href="jQueryAssets/jquery.ui. dialog.min.css" rel="stylesheet" type="text/css">
    <link href="jQueryAssets/jquery.ui.resizable.min.css" rel="stylesheet" type="text/css">
    <script src="jQueryAssets/jquery.ui-1.10.4. dialog.min.js"></script>
</head>
```

对话框功能由 jquery.ui.dialog.min.css 和 jquery.ui-1.10.4.dialog.min.js 支持，jquery.ui.resizable.min.css 负责控制对话框的大小。

```
<body>
    <div id="Dialog1">Content for New Dialog Goes Here</div>
    <script type="text/javascript">
        $(function() {
            $( "#Dialog1" ).dialog();
            });
    </script>
</body>
```

在<body>标签中定义了 id 为 Dialog11 的<div>标签实现对话框，在<script>标签中使用 JavaScript 代码对对话框函数进行调用。

10.3 练习案例

10.3.1 练习案例——咖啡餐厅

案例练习目标：练习表单的基本操作。

案例操作要点：

在页面中部已经插入一个表单和一个内嵌表格，继续完成餐厅预订信息的表单。各单元格插入表单元素并设置如下。

1．预订时间分为年、月、日以及中午、晚上选项和具体时间，均采用选择列表。
2．就餐人数分为成人和儿童两类，均采用文本区域，字符宽度为 4。
3．订餐内容分为小点心、正餐、酒水、水果和其他，采用复选框。
4．订餐类型分为家宴、商宴和婚宴，采用单选按钮。
5．其他说明采用文本区域，字符宽度为 50，行数为 6。
6．顾客名称采用文本区域，字符宽度为 10。
7．性别分为男和女，采用单选按钮组。
8．电话采用 Tel，字符宽度为 25。
9．E-mail 字符宽度为 25。
10．提交按钮和重置按钮采用图像区域，其 ID 分别设为 submit 和 Reset。
11．素材所在位置：电子资源/案例素材/ch10/练习案例-咖啡餐厅。

效果如图 10-64 所示。

图 10-64

10.3.2 练习案例——网上生活超市

案例练习目标：练习 jQuery UI 的基本操作。

案例操作要点：

1．在页面中部左侧插入一个 Accordion。

标题分别为：音响、显示器、电视。内容分别插入图像文件 p1.png、p2.png、p3.png；

标题文本字号为 12px，内容左侧内边距为 0px；

设置鼠标悬浮展开折叠面板。

2．在页面中部右侧插入一个 Tabs。

在“商品详情”内容中插入图像文件 img01.jpg；

在“规格与包装”和“售后服务”中插入文本文件 text.txt 里面的对应文字。

3．为样式.ui-tabs .ui-tabs-pannel 设置属性：【font-family】为“微软雅黑”，【font-size】为“20px”。

素材所在位置：电子资源/案例素材/ch10/练习案例-网上生活超市。

效果如图 10-65 所示。

图 10-65

Dreamweaver CC

11 Chapter

第11章 HTML5和弹性布局

HTML5是超文本标记语言（hypertext markup language）的5.0版本规范，目前还处于推广阶段。HTML5跟早期版本相比，引入了很多新标记元素和特性，得到了业界广泛认可。

HTML5规范中增加了全新的语义结构标签，如<header><nav><section><aside><article>和<footer>等，使文档结构更加清晰明确，在制作文字网页时，可利用语义结构标签对文字页面结构进行区域划分，并设置相应样式来确定这些区域的空间排列方式。

在HTML5规范中，弹性盒子提供了一种全新的响应式布局方式。当为一个容器设置display属性为flex时，容器就称为弹性盒子。使用弹性盒子属性flex-direction、flex-wrap，justify- content、align-item等，可以定义容器中项目的排列方式。通过flex-grow和flex-shrink属性，可以控制弹性盒子中的项目缩放比例，以适应弹性盒子的尺寸变化。

通过设定媒体查询条件语句，将不同CSS样式应用到不同Web页面，因此弹性盒子布局和媒体查询的结合应用，可用来设计适应桌面和移动终端应用的响应式页面。

本章主要内容：

1. HTML5概述
2. HTML5布局
3. 弹性盒子布局
4. 媒体查询应用

11.1 HTML5 概述

HTML5 是在 HTML4.01 规范的基础上，建立起来的一个全新 HTML 标准规范，得到了各主流浏览器厂商的广泛认可和支持。

11.1.1 HTML5 简介

为了克服 HTML4 版本所面临的各种问题，万维网联盟（World Wide Web Consortium，W3C）于 2006 年组建了 HTML5 工作组，2008 年发布了 HTML5 工作草案。W3C 经过 8 年的艰辛努力，终于完成了 HTML5 标准规范的制定，于 2014 年 10 月 29 日正式公开发布。

从早期 HTML 版本，到 HTML4.0 和可扩展超文本标记语言（Extensible Hypertext Markup Language，XHTML），再到 HTML5，HTML 一直在不断规范化和标准化，不断适应互联网技术的发展。HTML5 秉承“用户优先，化繁为简”的原则，继承了 HTML 的结构和风格，省掉不必要的繁杂，向前兼容，支持已有的内容，因此不仅没有给开发者和使用者带来困扰，而且提供了很多非常实用的新功能和新特性，为开发者提供了便利，为使用者带来了全新的体验。

HTML5 标准规范对视频、音频、图像、动画以及与计算机等终端设备的交互进行了标准化，引入了新标签元素和属性，以适应 Web 应用的迅速发展，为桌面和移动平台提供无缝衔接的丰富内容。

11.1.2 HTML5 特性

与早期 HTML 版本相比，HTML5 具有如下特性。

（1）解决了跨浏览器问题

在 HTML5 之前，各大浏览器厂商为获得竞争优势，在各自的浏览器中增加各种各样的非标准功能插件，导致同一个网页在不同的浏览器中的页面效果不同。HTML5 规范将所有合理扩展功能纳入标准体系，因此，具备对浏览器的良好适应性和跨平台性能。

（2）新增了多个新特性

HTML5 在内容表现、媒体播放、图形展示及性能优化等方面添加了新特性。

- 内容语义元素，如 header、nav、section、article、footer。
- 表单控件，如 calendar、date、time、email、url、search。
- 用于绘画元素，如 canvas。
- 媒体应用元素，如 Video 和 Audio。
- 对本地离线存储的更好支持。
- 提供地理位置、拖拽、摄像头等 API。

（3）设计安全机制

HTML5 引入了一种全新的安全模型，以确保 HTML5 的安全。该安全模型不仅方便易用，针对不同应用程序编程接口（Application Programming Interface，API）却具有通用性，而且可以进行跨域安全对话。

（4）表现和内容进一步分离

HTML4 中，虽然已经引入表现和内容的设计，但是分离得并不彻底。为了避免可访问性差、代码复杂、文件过大等问题，HTML5 规范中更细致、清晰地分离了表现和内容，但是同时还照顾到 HTML5 的兼容性问题。

（5）简化 HTML 描述语言

HTML5 规范中对 HTML 描述语言的简化，主要体现在以下几个方面：简化字符集声明，简化 DOCTYPE，简单而强大的 HTML5 API，以浏览器原生能力替代复杂的 JavaScript 代码。

11.2 HTML5 布局

为了增强网页的可读性，HTML5 提供了一系列语义标签用来描述网页的结构。这些特殊的标签可以使页面的结构更加清晰，方便维护和开发。

11.2.1 HTML5 语义结构标签

HTML5 语义结构标签包括<article>标签、<header>标签、<nav>标签、<section>标签、<aside>标签、<footer>标签和<main>标签等。

1. <article>标签

<article>标签代表文档、页面或者应用程序中与上下文不相关的独立部分，该标签经常用于定义一篇日志、一条新闻或用户评论等。<article>标签通常使用多个<section>标签进行划分，一个页面中<article>标签可以多次出现。

2. <header>标签

HTML5 中的<header>标签是一种具有引导和导航作用的结构标签，用来放置页面内的一个内容区块标题，可以包含放在页面头部的各种信息，如网站 Logo 图片、搜索表单等。其基本语法格式如下：

```
<header>
    <h1>网页主题</h1>  ...
</header>
```

3. <nav>标签

<nav>标签用于定义导航链接，是 HTML5 新增的标签，可以将导航链接归纳在这个区域中，使页面标签的语义更加明确。<nav>标签可以链接到站点的其他页面，或者当前页的其他部分。例如下面这段代码：

```
<nav>
<ul>
<li><a href="#">首页</li>
<li><a href="#">公司概况</li>
<li><a href="#">产品展示</li>
<li><a href="#">联系我们</li>
</ul>
</nav>
```

在上面这段代码中，通过在<nav>标签内部嵌套无序列表标签<ul>搭建导航结构。通常，一个 HTML 页面中可以包含多个<nav>标签，作为页面整体或不同部分的导航。具体来说，<nav>标签可以用于以下几种场合。

- 传统导航条：目前主流网站上都有不同层级的传统导航条，其作用是跳转到网站的其他主页面。
- 侧边栏导航：目前主流博客网站及电商网站都有侧边栏导航，其作用是从当前文章或当前商品页面跳转到其他文章或其他商品页面。
- 页内导航：它的作用是在当前页面几个主要的组成部分之间进行跳转。
- 翻页操作：翻页操作切换的是网页的内容部分。用户可以通过单击“上一页”或“下一页”按钮切换，也可以通过单击实际的页数直接跳转到某一页。

除了以上几种场合，<nav>标签也可以用于其他重要的、基本的导航链接组中。

4. <section>标签

<section>标签用于对网站或应用程序中页面上的内容进行分块，一个<section>标签通常由内容和标题组成。

在使用<section>标签时，需要注意<section>标签和<div>标签的区别。它们都是分块标签，前者强调内容分块，后者强调空间分块。当一个分块容器需要直接定义样式或通过脚本定义行为时，推荐使用<div>标签。

如果使用<article>标签、<aside>标签或<nav>标签，具有更加符合实际的语义，那么使用这些标签，不使用<section>标签。如果一个内容区块没有标题，那么就不使用<section>标签。

在 HTML5 中，<section>标签强调分段或分块，而<article>标签强调独立性。如果一块内容相对来说比较独立、完整，就使用<article>标签；但是如果想要将一块内容分成多段，就使用<section>标签。

5. <aside>标签

<aside>标签用来定义当前页面或者当前文章的附属信息部分，可以包含与当前页面或主要内容相关的引用、侧边栏、广告、导航条等。<aside>标签有两种使用方法，一种是包含在<article>标签内部，作为主要内容的附属信息。另一种是在<article>标签之外，作为页面或站点全局的附属信息部分。最常用的使用形式是侧边栏，其中的内容可以是友情链接、广告单元等。

6. <footer>标签

<footer>标签用于定义一个页面或者区域的底部，包含放在页面底部的各种信息。在 HTML5 之前，一般使用<div id= “footer” ></div>标记来定义页面底部，而现在通过 HTML5 的<footer>标签就可以轻松实现。

7. <main>标签

<main>标签呈现了文档或应用的主体部分。主体部分与文档直接相关，或者扩展文档中心主题、应用主要功能的部分内容。这部分内容在文档中应当是独一无二的，不包含任何在一系列文档中重复的内容，如侧边栏、导航栏链接、版权信息、网站 Logo、搜索框等。

8. <figure>标签和<figcaption>标签

在 HTML5 中，<figure>标签用于定义独立的流内容（图像、图表、代码等），是一个独立单元。<figure>标签的内容应该与主内容相关，但如果被删除，也不会对文档流产生影响。<figcaption>标签用于为<figure>标签组添加标题，一个<figure>标签内最多允许使用一个<figcaption>标签，该标签应该放在<figure>标签的第一个或者最后一个子标签的位置。

11.2.2 课堂案例——在线课程

案例学习目标：学习掌握 HTML5 结构标签的使用。

案例知识要点：<article>标签、<header>标签、<nav>标签、<section>标签、<aside>标签和<footer>标签等在文本页面结构中的作用。

素材所在位置：电子资源/案例素材/ch11/课堂案例-在线课程。

案例布局要求如图 11-1 所示，案例效果如图 11-2 所示。

以素材“课堂案例—在线课程”为本地站点文件夹，创建名称为“在线课程”的站点。

1. 设置页面文档结构

❶ 在【文件】面板中，选择“课堂案例-在线课程”站点，创建名称为 index.html 的新文档，并在【属性】面板【标题】文本框中输入“在线课程”。

❷ 在【CSS 设计器】面板中，单击【源】左侧 + 按钮，弹出图 11-3 所示的下拉菜单，单击“附加现有的 CSS 文件”，打开【创建新的 CSS 文件】对话框，如图 11-4 所示，在【文件】文本框中输入“mystyle.css”，单击【确定】按

11-1 在线课程（1）

钮，将样式表文件链接到本文档中。

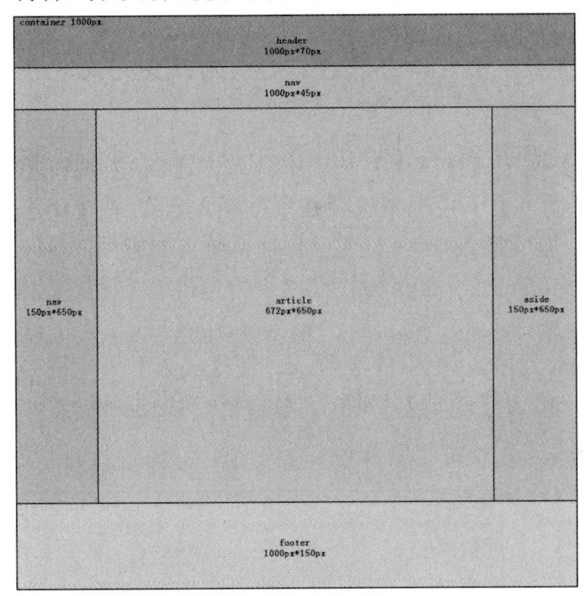

图 11-1

图 11-2

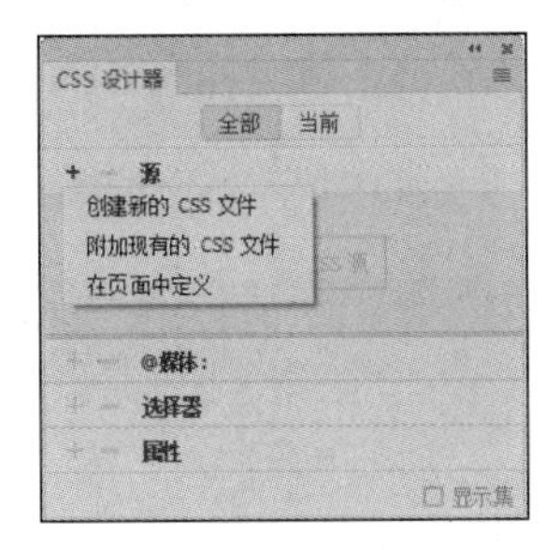

图 11-3

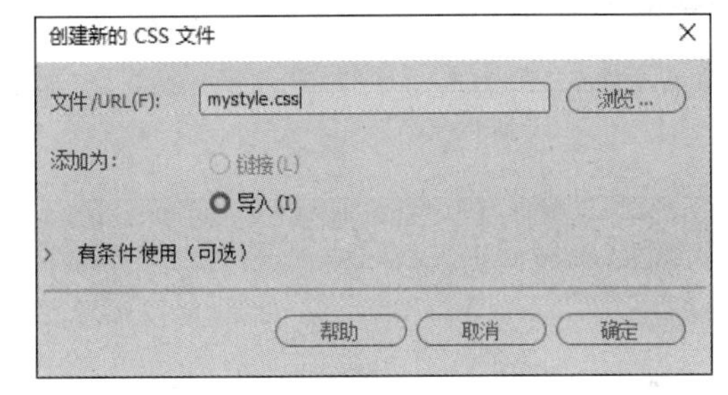

图 11-4

❸ 此时【CSS 设计器】面板如图 11-5 所示。选择【代码】视图，再选中 mystyle.css。该样式表文件中列出了 index.html 页面所需的全部预设样式，如图 11-6 所示。

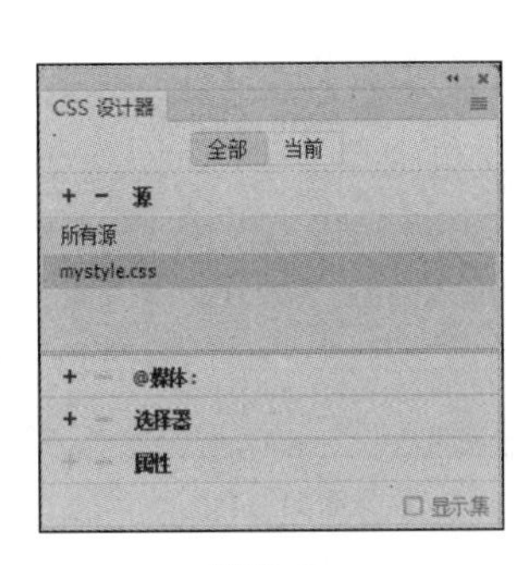

图 11-5

index.html　源代码　mystyle.css

```
1   @charset "utf-8";
2   /*  外边距全局类样式   */
3   *{margin: 0px;}
4   /*  页面标签样式   */
5 ▶ body {background-color: #F6F6F6...}
10  /*  最外层容器ID样式  */
11 ▶ #container {width: 1000px; margin-rig...}
16  /*  页眉<header>的类样式  */
17 ▶ .h {height: 70px; padding-top:...}
20  /*  主导航条<nav>的类样式  */
21 ▶ .n1{width: 1000px; height: 45...}
26  /*  主导航条链接类样式   */
27 ▶ .n1 a:link{padding-left:29px; paddin...}
38  /*  主导航条鼠标经过链接样式  */
39 ▶ .n1 a:hover{background-color: white; ...}
43  /*  侧导航条<nav>的类样式及右侧边栏<aside>类样式  */
44 ▶ .n2,.as1{float: left; width: 150px...}
52  /*  侧导航条<nav>的链接类样式  */
53 ▶ .n2 a:link{text-decoration: none; di...}
61  /*  侧导航条<nav>的鼠标经过类样式  */
62 ▶ .n2 a:hover{background-color: #666666...}
66  /*  侧导航条<nav>和侧边栏<aside>的标题类样式  */
67 ▶ .t1{padding-top: 8px; width: ...}
75  /*  文档区<article>的类样式  */
76 ▶ .a1{width:668px; float: left;...}
84  /*  内容区块<section>的类样式  */
85 ▶ .s1{margin-bottom: 20px; bord...}
90  /*  页脚<footer>的类样式  */
91 ▶ .f1{width: 1000px; height: 15...}
```

图 11-6

提示：

为了降低案例的复杂度，本案例将本页面中所需的各种样式，提前定义完成并存放到 mystyle.css 中。

❹ 将鼠标光标置于网页中，选择【插入】面板【HTML】选项卡，单击【Div】按钮，打开【插入 Div】对话框，如图 11-7 所示，在【插入】下拉框中选择在“在插入点”，在【ID】下拉文本框中输入“container”，单击【确定】按钮，完成插入<div>标签。此时系统自动应用 mystyle.css 文件中的预设样式#container，以保证 ID 为 container 的<div>标签在网页中呈现居中对齐状态。

❺ 将鼠标光标置于 ID 标签 container 中，删除文本“此处显示 id "container"的内容”，选择菜单【插入】|【Header】，打开【插入 Header】对话框，如图 11-8 所示，在【插入】下拉框中选择“在插入点”，在【Class】下拉框中选择“h”，单击【确定】按钮，完成插入<header>标签，并应用预设的.h 类样式，效果如图 11-9 所示。

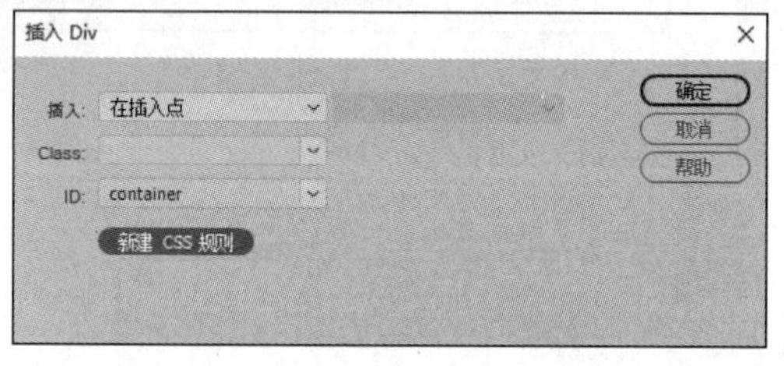

图 11-7

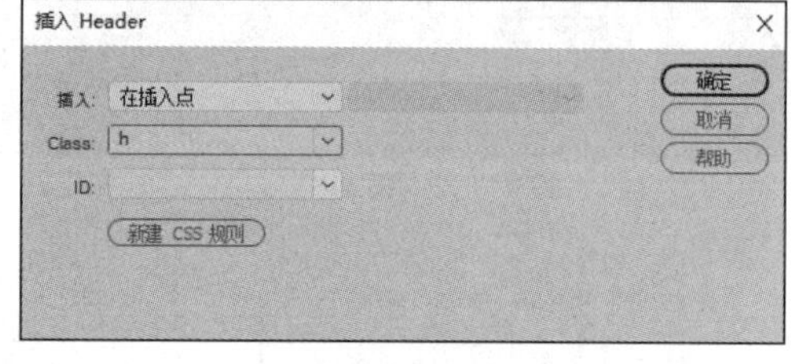

图 11-8

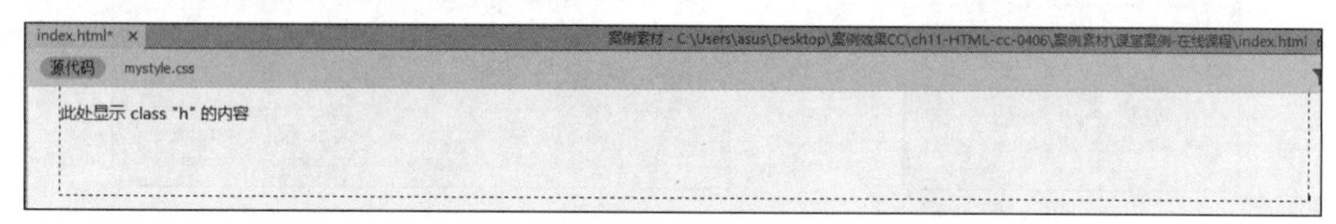

图 11-9

❻ 在【拆分】视图下，将鼠标光标置于代码“<header>此处为新 class"h" 的内容</header>”之后，按<Enter>键，如图 11-10 所示，选择菜单【插入】|【Navigation(N)】，打开【插入 Navigation】对话框，如图 11-11 所示，在【插入】下拉框中选择“在插入点”，在【Class】下拉框中选择“n1”，单击【确定】按钮，完成插入<nav>标签，并应用预设的.n1 类样式，效果如图 11-12 所示。

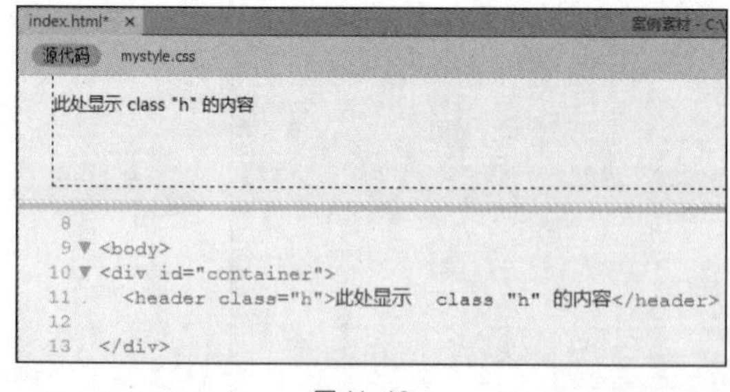

图 11-10

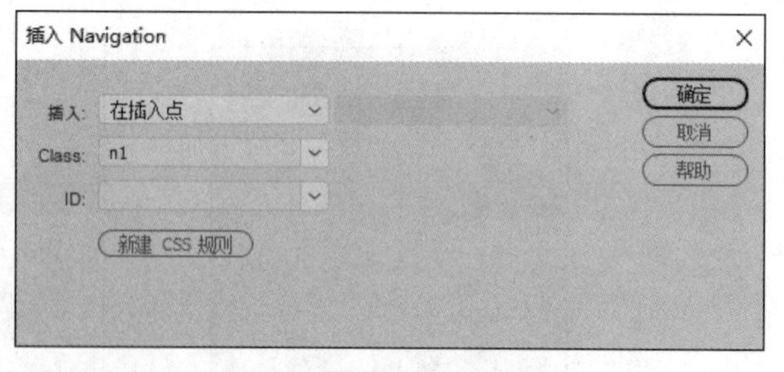

图 11-11

❼ 采用同样的方式，在【拆分】视图下，将鼠标光标置于代码“<nav>此处为新 class"n1" 的内容</nav>”之后，按<Enter>键，选择菜单【插入】|【Navigation(N)】，打开【插入 Navigation】对话框，如图 11-13 所示，在【插入】下拉框中选择“在插入点”，在【Class】下拉框中选择“n2”，单击【确定】按钮，完成插入<nav>标签，并应用预设的.n2 类样式。

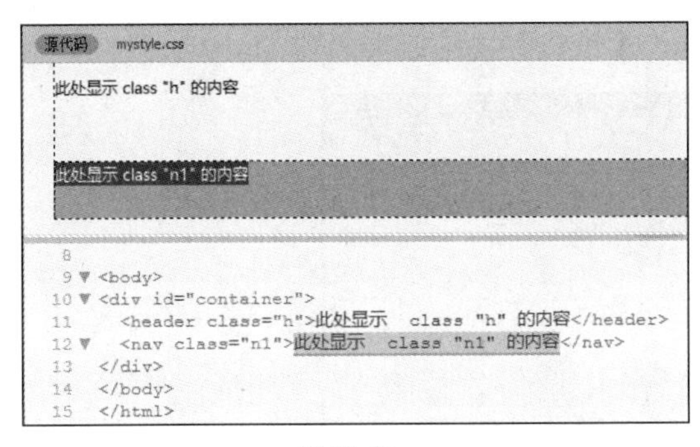

图 11-12

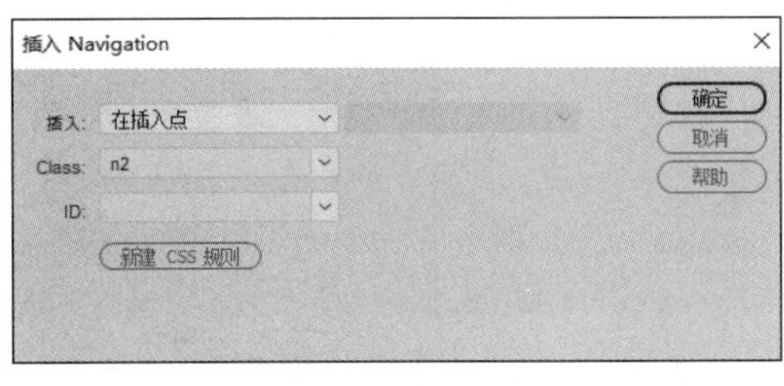

图 11-13

❽ 在【拆分】视图下，将鼠标光标置于代码“<nav>此处为新 class"n2"的内容</nav>”之后，按<Enter>键，选择菜单【插入】|【Article】，弹出【插入 Article】对话框，在【插入】下拉框中选择“在插入点”，在【Class】下拉框中选择“a1”，单击【确定】按钮，如图 11-14 所示，完成插入标签<article>，并应用了预设的.a1 类样式，效果如图 11-15 所示。

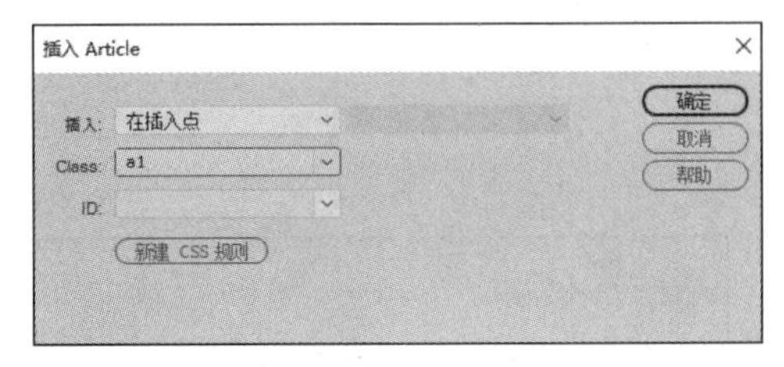

图 11-14

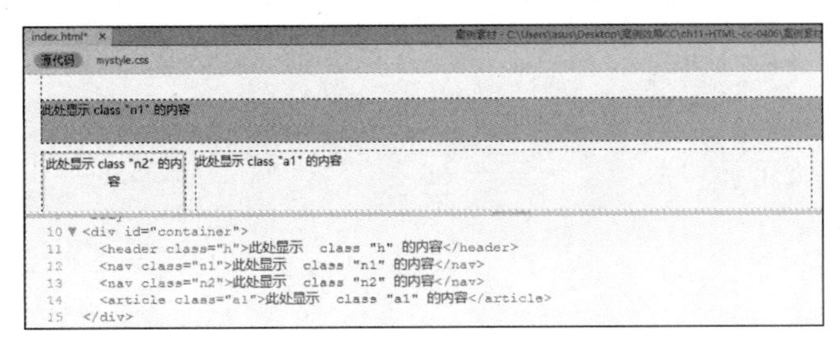

图 11-15

提示：

由于.n2 和.a1 两个类样式均设置 float 属性为 left，所以类样式分别为.n2 和.a1 的两个<div>标签呈现并列状态。

❾ 在【拆分】视图下，将鼠标光标置于代码“<article>此处为新 class"a1"的内容</article>”之后，按<Enter>键，选择菜单【插入】|【Aside】，弹出【插入 Aside】对话框，在【插入】下拉框中选择“在插入点”，在【Class】下拉框中选择“as1”，单击【确定】按钮，如图 11-16 所示，完成插入标签<aside>，并应用预设的.as1 类样式。

❿ 在【拆分】视图下，将鼠标光标置于代码“<aside>此处为新 class"as1" 的内容</aside>”之后，按<Enter>键，选择菜单【插入】|【Footer】，弹出【插入 Footer】对话框,在【插入】下拉框中选择“在插入点”，在【Class】下拉框中选择“f1”，单击【确定】按钮，如图 11-17 所示，完成插入标签<footer>，并应用预设的.f1 类样式。

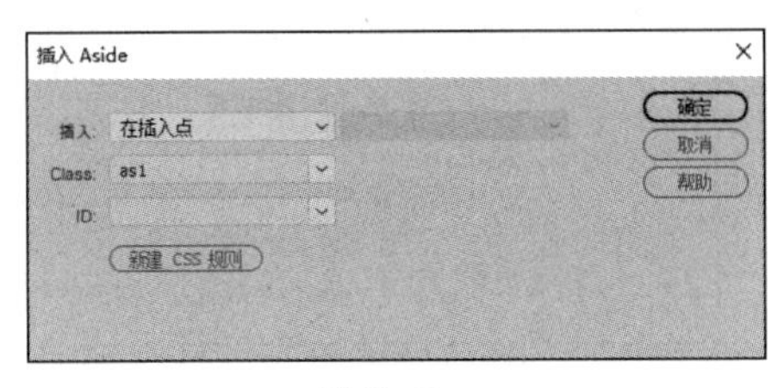

图 11-16

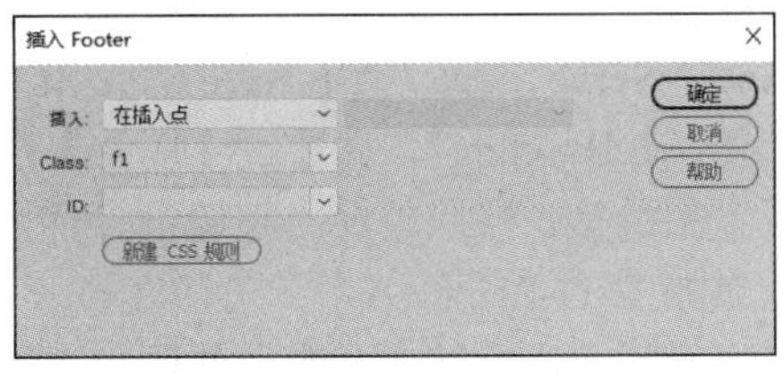

图 11-17

全部完成后，【代码】视图效果如图 11-18 所示，【设计】视图效果如图 11-19 所示。

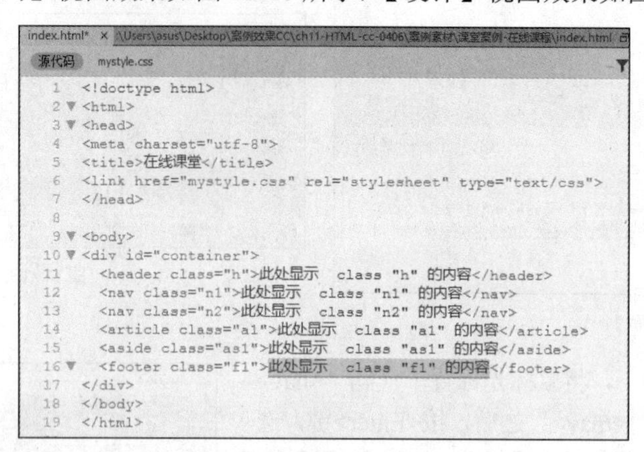

图 11-18

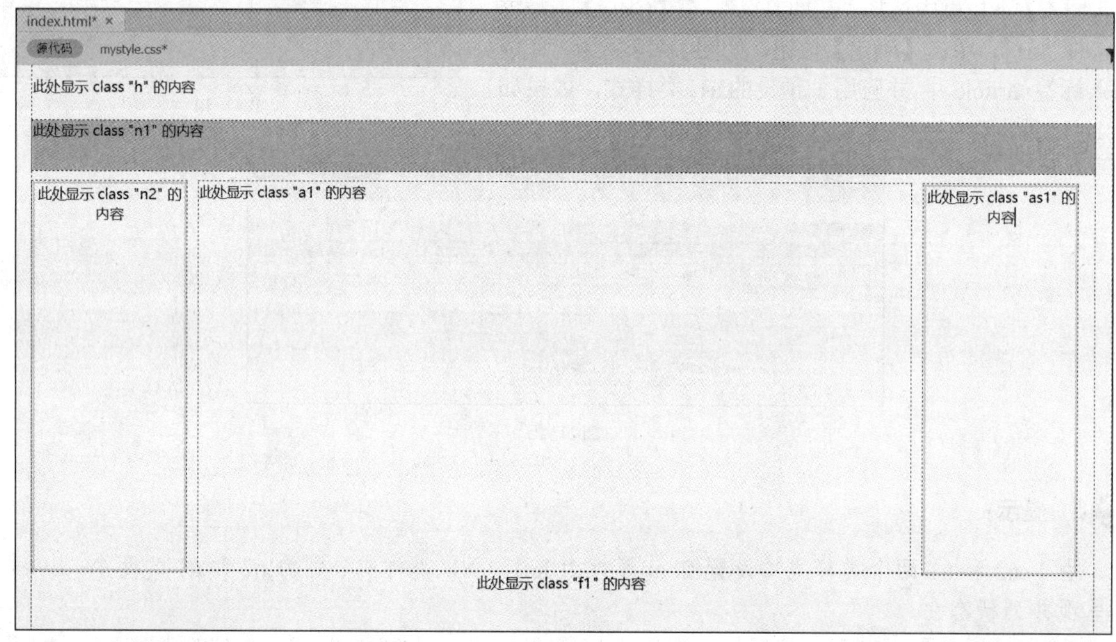

图 11-19

2. 添加文档内容

11-2 在线课程（2）

❶ 在<header>标签中，选中并删除文本“此处显示 class"h" 的内容”，在【插入】面板中，选择【HTML】选项卡，单击【图像】按钮，在【选择图像源文件】对话框中，选择“课堂案例-在线课程>images>logo.png”，单击【确定】按钮，效果如图 11-20 所示。

❷ 在<nav>标签中，选中并删除文本“此处显示 class "n1" 的内容”，输入导航文字“HTML/CSS”“JavaScript”“Serve Side”“Asp.NET”“XML”“WEB Services”“Web Building”，并通过【属性】面板，分别为其设置空链接，根据预设的超级链接样式，得到导航条效果如图 11-21 所示。

图 11-20

❸ 在左侧<nav>标签中，选中并删除文本“此处

显示 class "n2" 的内容”，选择【插入】面板【HTML】选项卡，单击【Div】按钮，打开【插入 Div】对话框，如图 11-22 所示，在【插入】下拉框中选择“在插入点”，在【class】下拉框中选择“t1”，单击【确定】按钮，完成插入<div>标签，并将其中的文本“此处显示 class "t1" 的内容”修改为“课程列表”，根据预设的样式.t1，得到完成后效果如图 11-23 所示。

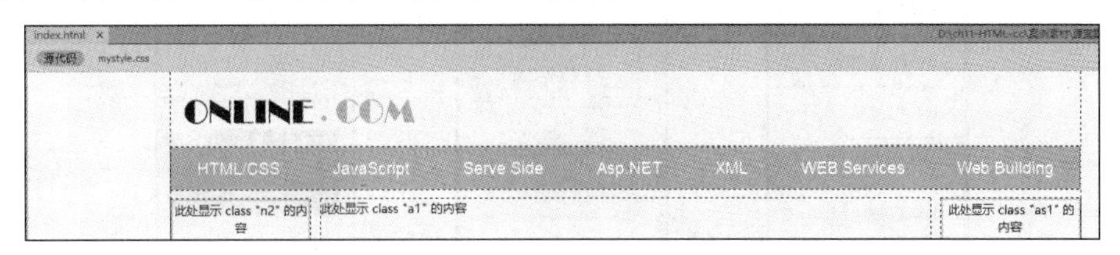

图 11-21

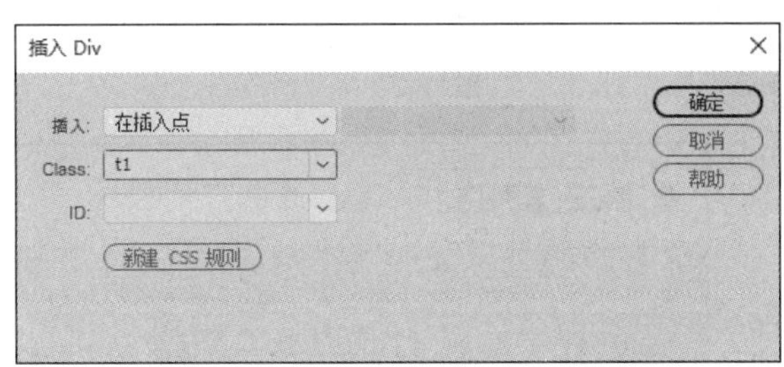

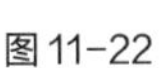

图 11-22　　　　图 11-23

❹ 在【拆分】视图下，将鼠标光标置于代码“<div class="t1">课程列表</div>”之后，按<Enter>键，输入导航文字“HTML 教程”“HTML 简介”“HTML 编辑器”“HTML 基础”“HTML 标签”“HTML 属性”“HTML 标题”“HTML 段落”，如图 11-24 所示。通过【属性】面板，分别为其设置空链接，根据预设的超级链接样式，得到导航条效果如图 11-25 所示。

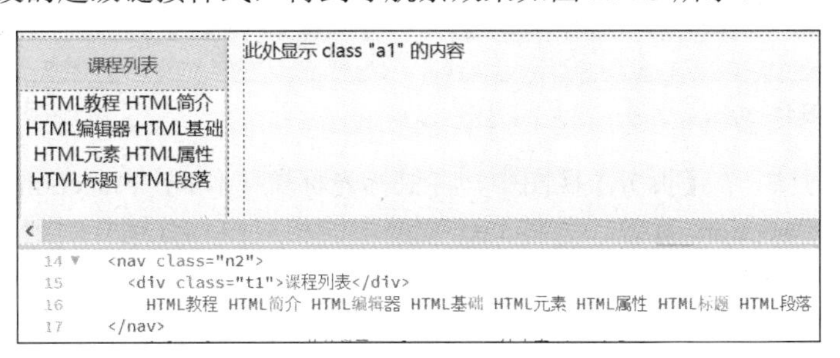

图 11-24

❺ 在右侧<aside>标签中，删除文本“此处显示 class "a1" 的内容”，采用同样的方式，插入<div>标签，并在【class】下拉框中选择“t1”，输入文本“工具箱”。在【拆分】视图下，将鼠标光标置于代码“<div class="t1">工具箱</div>”之后，插入图像 b1.png，b2.png，b3.png，效果如图 11-26 所示。

❻ 在【拆分】视图中，将光标定位在图像 b3.png 后，完成插入<div>标签，并在【class】下拉框中选择“t1”，输入文本“赞助商链接”。在该<div>标签后，插入图像 guanggao.jpg，效果如图 11-27 所示。

❼ 在<article>标签中，选中并删除文本“此处显示 class "a1"的内容”，选择菜单【插入】|【Section】，打开【插入 Section】对话框，如图 11-28 所示，在【插入】下拉框中选择“在插入点”，在【class】下拉框中选择“s1”，单击【确定】按钮，完成插入<section>标签，如图 11-29 所示。

❽ 选中并删除文本“此处显示 class"s1"的内容”，将 text 文档中“标题一”的相关文字和内容复制到标签中，如图 11-30 所示，选中标题“HTML 元素语法”，选择菜单【插入】|【标题】|

【标题 2】，效果如图 11-31 所示。

图 11-25

图 11-26

图 11-27

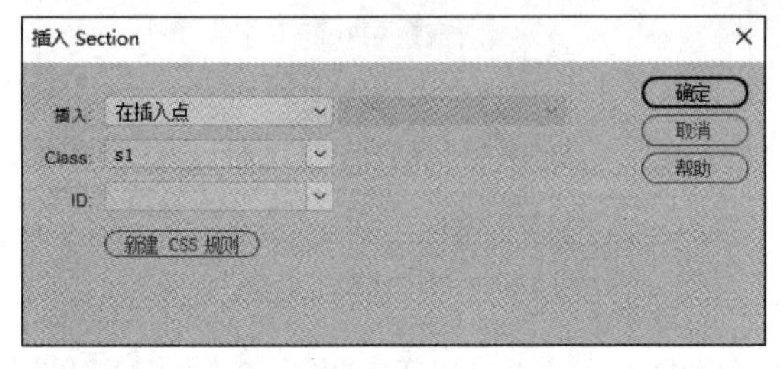

图 11-28

图 11-29

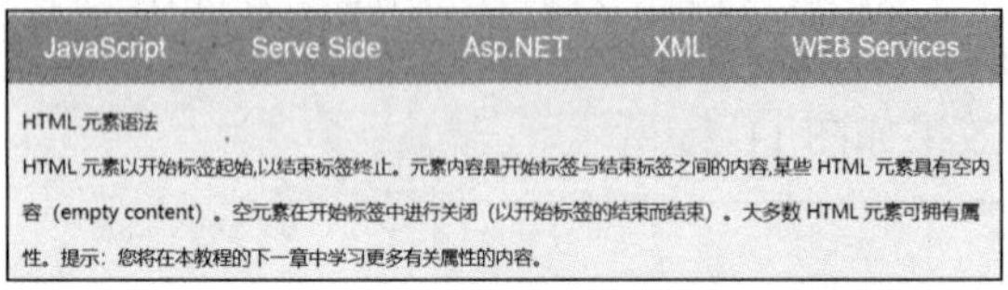

图 11-30

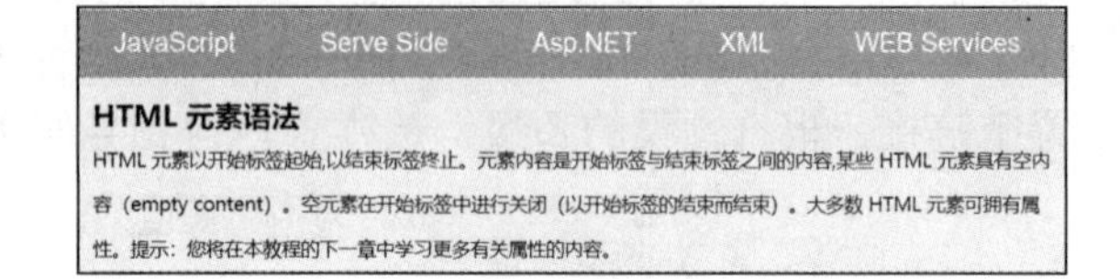

图 11-31

❾ 采用同样的方式，在【拆分】视图中，将鼠标光标置于代码“</section>”之后，如图 11-32 所示，继续插入 4 个<section>标签，并将 text 文档中的相应内容分别复制到<section>标签中，设置完成后效果如图 11-33 所示。

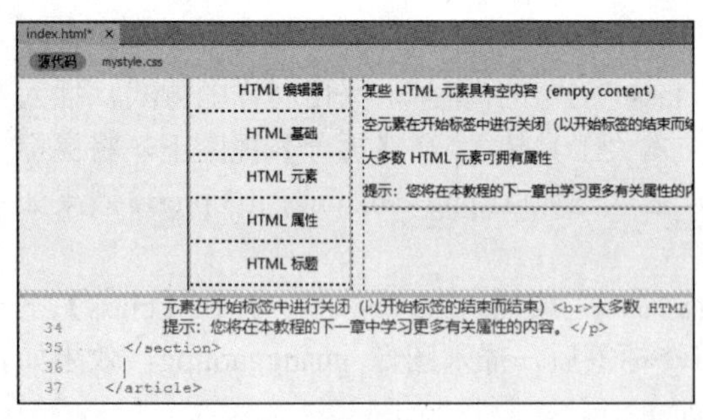

图 11-32

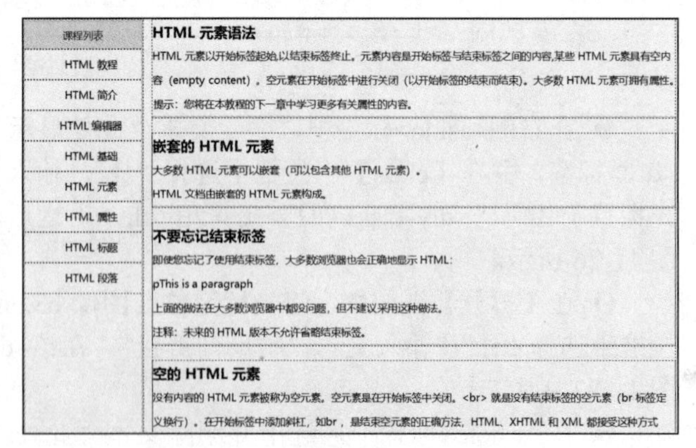

图 11-33

❿ 在<footer>标签中，删除文本“此处为 class "f1"的内容”，将 text 文档中页脚相关文字复制到<footer>标签中，效果如图 11-34 所示。

⓫ 保存网页文档，按<F12>键预览效果。

地址：北京市朝阳区樱花东街甲2号 邮编：100029

北京在线课程科技有限公司版权所有 | Copyright © 2013 Beijing Institute of Online Course Technology

图 11-34

11.3 弹性盒子布局

HTML5 提供了一种新的弹性盒子布局方式，能够方便、灵活地实现响应式页面布局。与以前的布局方式相比，弹性盒子的布局方式可以根据浏览器窗口的大小自动调整页面布局外观，可以适应桌面和移动终端应用，是未来页面设计和 Web 应用的首选布局方案。

11.3.1 弹性盒子概念

弹性盒子是实现弹性布局的基础，弹性盒子模型如图 11-35 所示。弹性盒子是具有弹性布局属性的元素，也可称为弹性容器，所有嵌入弹性容器内的元素称为容器成员，简称“项目”。

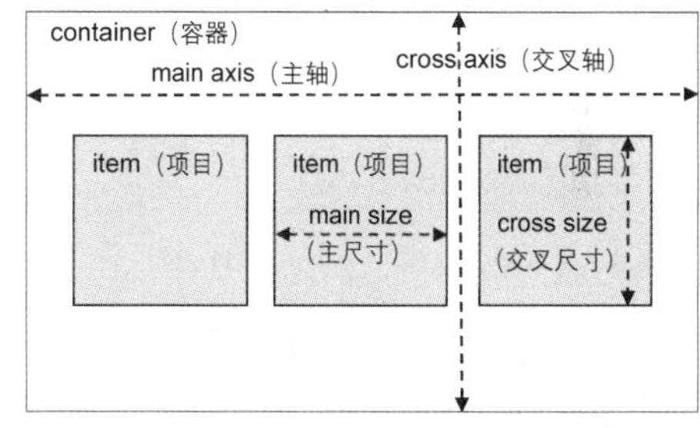

图 11-35

弹性容器默认存在两根轴：主轴（main axis）和交叉轴（cross axis）。主轴默认为水平方向，项目默认沿主轴排列，主轴方向也可以在相关属性中专门设定。单个项目占据的主轴空间称为 main size，占据的交叉轴空间称为 cross size。

弹性容器是通过设置 display 属性值为 flex 或 inline-flex 实现的。当设置为弹性布局以后，<div>标签的 float、clear 和 vertical-align 属性将失效。

11.3.2 弹性容器属性

弹性容器可以通过 flex-direction，flex-wrap，justify-content，align-item 等属性，设置项目的排列方式。

1. 设置弹性容器

设置容器 display 属性为 flex，则定义了弹性盒子或弹性布局方式。

在网页中插入 ID 标识为 container 的容器，在容器中插入 4 个项目（item），并在项目中分别输入 1、2、3、4，页面代码如下：

```
<!doctype html>
<html>
<head>
<meta charset="utf-8">
<title>容器</title>
<style>
#container {
width: 80%;
margin: 0px auto;
border: solid 1px #000;
}
.item {
width: 200px;
height: 200px;
background-color: antiquewhite;
border: solid 1px #000;
margin: 10px;
font-size: 50px;
text-align: center;
line-height: 200px
}
</style>
</head>
<body>
<div id="container">
  <div class="item">1</div>
  <div class="item">2</div>
  <div class="item">3</div>
  <div class="item">4</div>
</div>
</body>
</html>
```

这段代码运行后，容器中4个项目按照默认的static静态定位方式，形成自上而下的布局效果，容器宽度 width=80%，此时调整窗口宽度，容器宽度会自动发生变化，而容器中各项目宽度始终不变。窗口宽度调整前和窗口宽度调整后的页面效果如图11-36所示。

在container样式中，添加display属性，设置其属性值为flex，容器具备弹性特征，代码如下：

```
#container {
width: 80%;
margin: 0px auto;
border: solid 1px #000;
display: flex;
}
```

这段代码运行后，容器中4个项目按照自左至右顺序排列，此时调整窗口大小，当容器宽度小于项目总体宽度时，各项目宽度实现自动收缩。窗口宽度调整前和窗口宽度调整后的页面效果如图11-37所示。

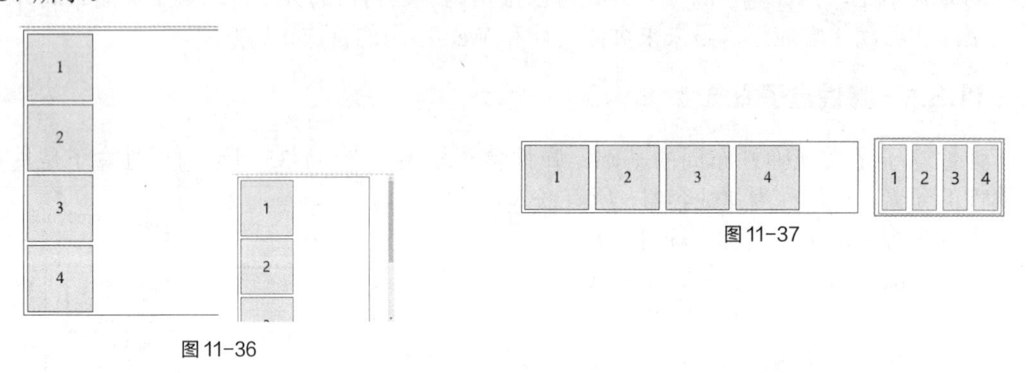

图11-36

图11-37

2. flex-direction 属性

flex-direction属性用于指定项目在容器中的排列方向。

语法格式：

```
flex-direction: row | row-reverse | column | column-reverse
```

各属性值的含义如下。

【row】（默认值）：主轴为水平方向，起点在左端。

【row-reverse】：主轴为水平方向，起点在右端。

【column】：主轴为垂直方向，起点在上沿。

【column-reverse】：主轴为垂直方向，起点在下沿。

在container样式中，添加flex-direction属性，设置其属性值为row（默认值）时，代码如下：

```
#container {
width: 80%;
margin: 0px auto;
border: solid 1px #000;
display: flex;
flex-direction: row;
}
```

这段代码运行后，容器中4个项目按照自左至右顺序排列，此时调整窗口大小，当容器宽度小于项目总体宽度时，各项目宽度实现自动收缩。窗口宽度调整前和窗口宽度调整后的页面效果如图11-38所示。

修改flex-direction属性值为row-reverse，容器中4个项目按照自右至左逆序排列，此时调整窗口大小，当容器宽度小于项目总体宽度时，各项目宽度实现自动收缩。窗口宽度调整前和窗口宽度调整后的页面效果如图11-39所示。

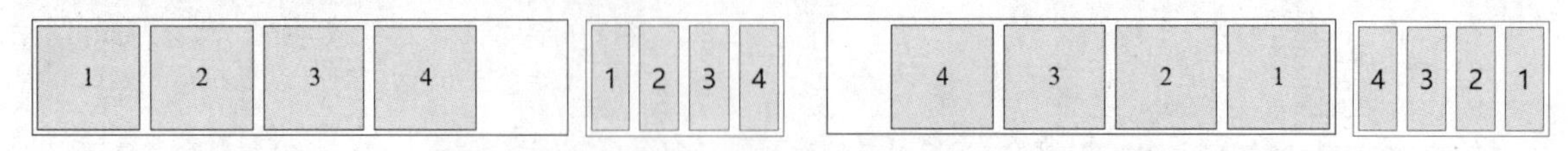

图11-38

图11-39

3. flex-wrap 属性

flex-wrap 属性用于定义项目的换行方式。

语法格式：

```
flex-wrap: nowrap | wrap | wrap-reverse;
```

各属性值的含义如下：

【nowrap】（默认值）：不换行。

【wrap】：换行，第一行在上方。

【wrap-reverse】：换行，第一行在下方。

在 container 样式中，添加 flex-wrap 属性，设置其属性值为 wrap，代码如下：

```
#container {
width: 80%;
margin: 0px auto;
border: solid 1px #000;
display: flex;
flex-wrap: wrap;
}
```

这段代码运行后，容器中 4 个项目按照自左至右顺序排列，此时调整窗口大小，当容器宽度小于项目总体宽度时，项目实现自动换行，第一行在上方。窗口宽度调整前和窗口宽度调整后的页面效果如图 11-40 所示。

修改 flex-wrap 属性值为 wrap-reverse，容器中 4 个项目按照自左至右顺序排列，此时调整窗口大小，当容器宽度小于项目总体宽度时，项目实现自动换行，第一行在下方。窗口宽度调整前和窗口宽度调整后的页面效果如图 11-41 所示。

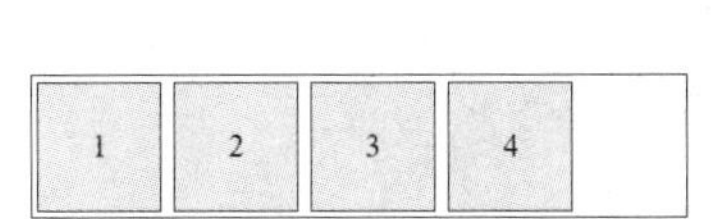

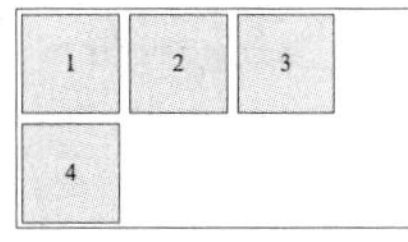

图 11-40

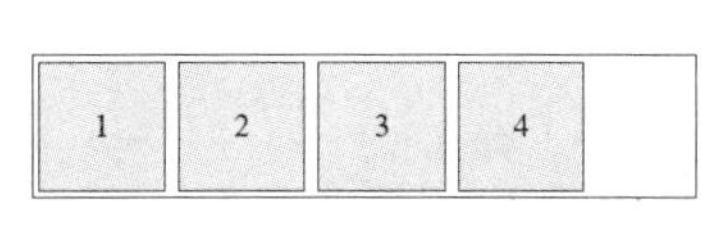

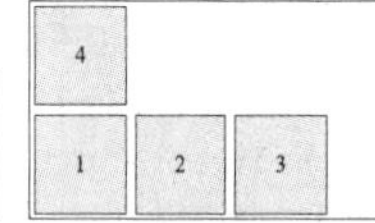

图 11-41

4. justify-content 属性

justify-content 属性用于定义主轴上项目的对齐方式。

语法格式：

```
justify-content: flex-start | flex-end | center | space-between | space-around
```

各属性值的含义如下：

【flex-start】（默认值）：左对齐。

【flex-end】：右对齐。

【center】：居中。

【space-between】：两端对齐，项目之间的间隔都相等，项目与边框之间的间隔为 0。

【space-around】：每个项目两侧的间隔都相等，因此项目之间的间隔总是比项目与边框之间的间隔大 1 倍。

在 container 样式中，添加 justify-content 属性，设置其属性值为 space-between，代码如下：

```
#container {
width: 80%;
margin: 0px auto;
border: solid 1px #000;
display: flex;
justify-content: space-between;
}
```

这段代码运行后，容器中 4 个项目自左至右顺序实现两端对齐，项目之间的间隔都相等，项目与边框之间的间隔为 0。此时调整窗口大小，当容器宽度小于项目总体宽度时，项目之间的间隔渐趋于 0，之后各项目宽度自动收缩。窗口宽度调整前和窗口宽度调整后的页面效果如图 11-42 所示。

修改 justify-content 属性值为 space-around，如此容器中每个项目之间的间隔相等，项目之间的间隔比项目与边框之间的间隔大 1 倍。此时调整窗口大小，当容器宽度小于项目总体宽度时，项目之间的间隔渐趋于 0，之后各项目宽度自动收缩。窗口宽度调整前和窗口宽度调整后的页面效果如图 11-43 所示。

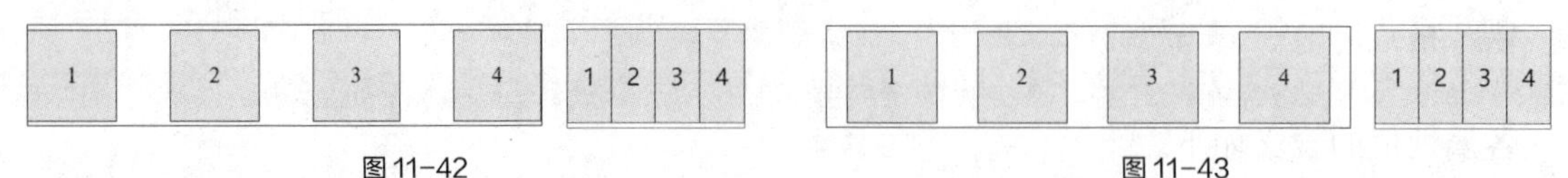

图 11-42　　　　图 11-43

5. align-items 属性

align-items 属性用于定义项目在交叉轴上如何对齐。

语法格式：

```
align-items: flex-start | flex-end | center | baseline | stretch;
```

各属性值的含义如下：

【flex-start】：交叉轴的起点对齐。

【flex-end】：交叉轴的终点对齐。

【center】：交叉轴的中点对齐。

【baseline】：项目第一行文字的基线对齐。

【stretch】（默认值）：如果项目未设置高度或设为 auto，将占满整个容器的高度。

在页面中插入 ID 标识为 container 的<div>标签，在其中插入 4 个项目标签，项目标签中分别输入 1、2、3、4，其类样式 itme1 和 itme2 具有不同高度，将 item1 和 item2 隔行放置，代码如下：

```
<style>
#container {
width: 80%;
margin: 0px auto;
display: flex;
align-items: center;
border: solid 1px #000;
}
.item1 {
width: 200px;
height: 100px;
background-color: antiquewhite;
border: solid 1px #000;
margin: 10px;
font-size: 50px;
text-align: center;
line-height: 100px
}
.item2 {
width: 200px;
height: 200px;
background-color: antiquewhite;
border: solid 1px #000;
margin: 10px 0px;
font-size: 50px;
text-align: center;
line-height: 200px
}
</style>
</head>
<body>
<div id="container">
<div class="item1">1</div>
<div class="item2">2</div>
<div class="item1">3</div>
<div class="item2">4</div>
</div>
</body>
</html>
```

在 container 样式中，添加 align-items 属性，设置其属性值为 flex-start，代码如下：

```
#container {
width: 80%;
margin: 0px auto;
border: solid 1px #000;
display: flex;
align-items: flex-start;
}
```

这段代码运行后，容器中 4 个项目按照自左至右顺序实现顶端对齐。此时调整窗口大小，各项目宽度实现自动收缩。窗口宽度调整前和窗口宽度调整后的页面效果如图 11-44 所示。

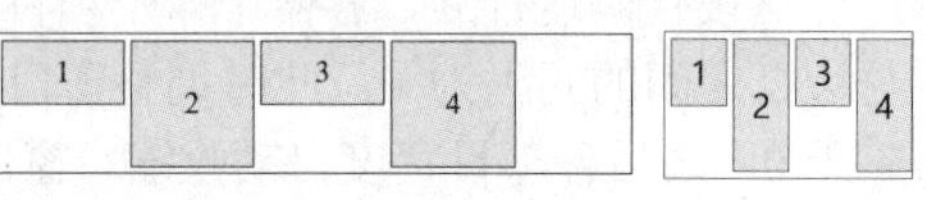

图 11-44

修改 align-items 属性值为 flex-end，容器中 4 个项目按照自左至右顺序实现底端对齐。此时调整窗口大小，各项目宽度实现自动收缩。窗口宽度调整前和窗口宽度调整后的页面效果如图 11-45

所示。

再次修改 align-items 属性值为 center，容器中 4 个项目按照自左至右顺序实现中线对齐。此时调整窗口大小，各项目宽度实现自动收缩。窗口宽度调整前和窗口宽度调整后的页面效果如图 11-46 所示。

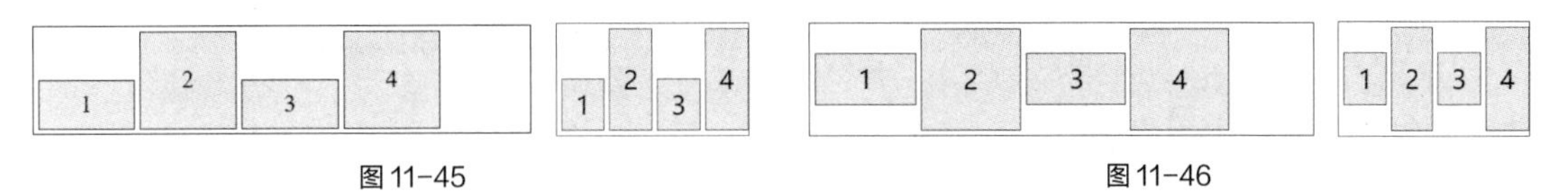

图 11-45　　　　图 11-46

11.3.3　弹性容器项目属性

弹性容器中的项目可以通过 flex-grow 属性和 flex-shrink 属性控制自身缩放比例，以适应弹性容器的大小变化，最终适应浏览器窗口大小的变化。

在页面中插入 ID 标识为 container 的<div>标签，并在其中间隔插入大小不同的项目标签，其类样式分别为.itme1 和.itme2，并在这些项目中分别输入 1、2、3、4、5，设置 container 样式的 display 属性为 flex，页面代码如下：

```
<!doctype html>
<html>
<head>
<meta charset="utf-8">
<title>flex-grow</title>
<style>
#container {
    width: 80%;
    margin: 0px auto;
    display: flex;
    border: solid 1px #000;
}
.item1 {
    height: 200px;
    background-color: antiquewhite;
    border: solid 1px #000;
    margin: 10px;
    font-size: 50px;
    text-align: center;
    line-height: 200px
}
.item2 {
    height: 200px;
    background-color: antiquewhite;
    border: solid 1px #000;
    margin: 10px 0px;
    font-size: 50px;
    text-align: center;
    line-height: 200px
}
</style>
</head>
<body>
<div id="container">
  <div class="item1">1</div>
  <div class="item2">2</div>
  <div class="item1">3</div>
  <div class="item2">4</div>
  <div class="item1">5</div>
</div>
</body>
</html>
```

这段代码运行后，弹性容器中的 4 个项目按照自左至右顺序排列，由于项目没有设置宽度，因此页面效果如图 11-47 所示。

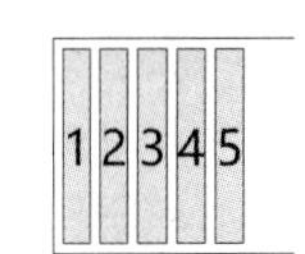

图 11-47

1. flex-grow 属性

flex-grow 属性定义了项目的放大比例。

语法格式：

```
flex-grow: [0]|[1]|[2]
```

各属性值的含义如下。

默认属性值为 0，如果存在剩余空间，项目不放大。如果所有项目的 flex-grow 属性都为 1，则它们将等分剩余空间。如果一个项目的 flex-grow 属性为 2，其他项目的 flex-grow 属性都为 1，则前者占据的剩余空间将比其他项目多一倍。

在 item1 和 item2 样式中，添加 flex-grow 属性，设置其属性值均为 1，页面代码变为：

```
......
.item1 {
    height: 200px;
    background-color: antiquewhite;
    border: solid 1px #000;
    margin: 10px;
    font-size: 50px;
    text-align: center;
    line-height: 200px
    flex-grow: 1;
}
.item2 {
    height: 200px;
    background-color: antiquewhite;
    border: solid 1px #000;
    margin: 10px 0px;
    font-size: 50px;
    flex-grow: 1;
......
```

这段代码运行后，弹性容器被充满，各项目宽度相等，此时调整窗口大小，各项目宽度实现等比例自动收缩。窗口宽度调整前和窗口宽度调整后的页面效果如图 11-48 所示。

修改 item2 样式的 flex-grow 属性值为 2，item2 的宽度变为 item1 宽度的 2 倍，此时调整窗口大小，项目宽度按相应比例自动收缩。窗口宽度调整前和窗口宽度调整后的页面效果如图 11-49 所示。

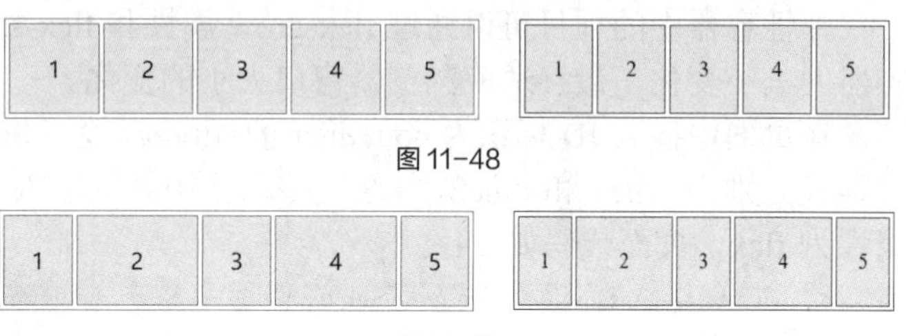

图 11-48

图 11-49

2. flex-shrink 属性

flex-shrink 属性定义了项目的缩小比例。

语法格式：

```
flex-shrink: [0]|[1]
```

各属性值的含义如下：

默认属性值为 1，如果容器中所有项目的 flex-shrink 属性值都为 1，当容器空间不足时，所有项目都将等比例缩小。如果一个项目的 flex-shrink 属性值为 0，其他项目的 flex-shrink 属性值都为 1，则当容器空间不足时，前者不缩小。

在 item1 和 item2 样式中，添加 width 属性，设置其属性值均为 200px，页面代码变为：

```
.item1 {
    width:  200px;
    height: 200px;
    background-color: antiquewhite;
    border: solid 1px #000;
    margin: 10px;
    font-size: 50px;
    text-align: center;
    line-height: 200px;
}
.item2 {
    width:  200px;
    height: 200px;
    background-color: antiquewhite;
    border: solid 1px #000;
    margin: 10px 0px;
    font-size: 50px;
    text-align: center;
    line-height: 200px;
}
```

页面效果如图 11-50 所示。

在 item1 和 item2 样式中，添加 flex-shrink 属性，设置其属性值均为 1，页面代码变为：

```
.item1 {
    width:  200px;
    height: 200px;
    background-color: antiquewhite;
    border: solid 1px #000;
    margin: 10px;
    font-size: 50px;
    text-align: center;
    line-height: 200px;
    flex-shrink: 1;
}
.item2 {
    width:  200px;
    height: 200px;
    background-color: antiquewhite;
    border: solid 1px #000;
    margin: 10px 0px;
    font-size: 50px;
    text-align: center;
    line-height: 200px;
    flex-shrink: 1;
}
```

代码运行后，缩小浏览器窗口宽度，每个项目宽度收缩比例相同，页面效果如图 11-51 所示。

修改 item2 样式的 flex-shrink 属性值为 0，缩小浏览器窗口宽度时，页面效果如图 11-52 所示，item1 的宽度收缩，item2 的宽度不变。

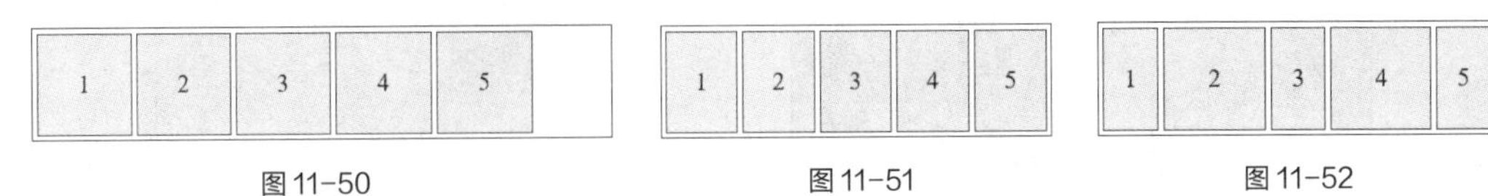

图 11-50　　图 11-51　　图 11-52

11.3.4　课堂案例——尚品家居

案例学习目标：学习应用弹性布局的方法。

案例知识要点：设置弹性容器相关属性的方法，以及弹性容器内各项目的显示方式。

素材所在位置：电子资源/案例素材/ch11/课堂案例-尚品家居。

案例布局效果如图 11-53 所示，案例效果如图 11-54 所示。

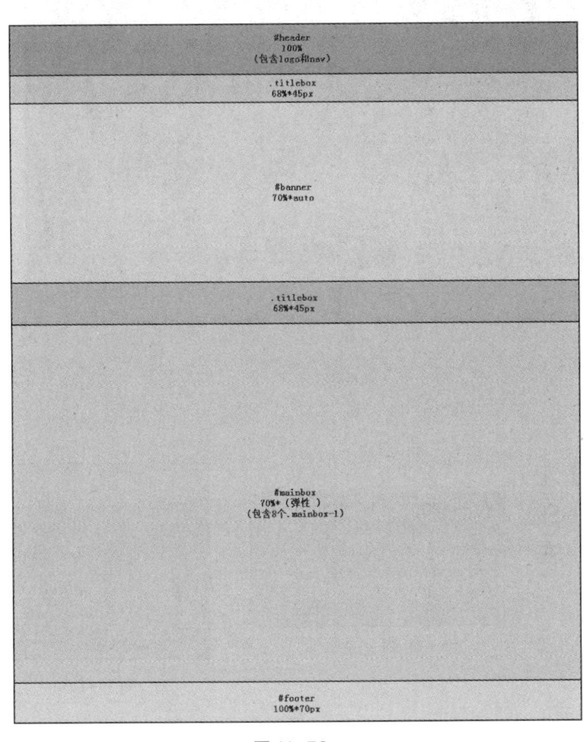

图 11-53

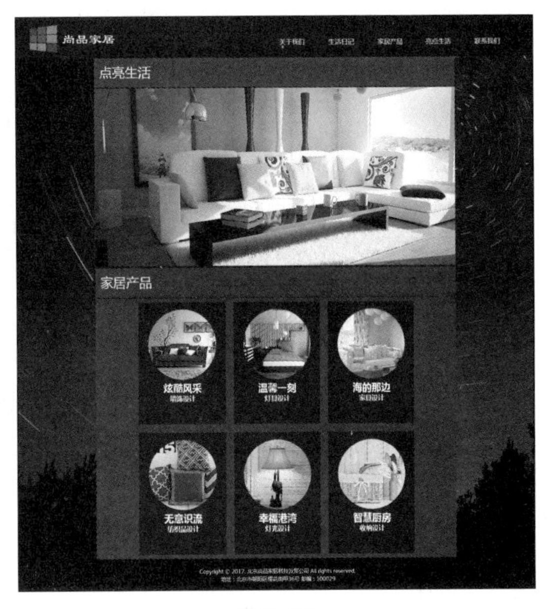

图 11-54

以素材“课堂案例-尚品家居”为本地站点文件夹，创建名称为“尚品家居”的站点。

1. 链接样式表文件

❶ 在【文件】面板中，选择“尚品家居”站点，创建名称为 index.html 的新文档，并在【属性】面板【标题】文本框中输入“尚品家居”。

❷ 在【CSS 设计器】面板中，单击【源】左侧 + 按钮，在弹出的菜单中单击【附加现有的 CSS 文件】，打开【使用现有的 CSS 文件】对话框，如图 11-55 所示，在【文件/URL】文本框中输入“mystyle.css”，选择【链接】单选按钮，单击【确定】按钮，将样式表文件链接到本文档中，完成后的【CSS 设计器】面板如图 11-56 所示。

11-3　尚品家居（1）

❸ 选择【代码】视图，再选中 mystyle.css，列出该样式文档中的各种预设样式，如图 11-57 所示。由于预设 body 标签样式自动应用 index.html 文档，得到了图 11-58 所示的效果。

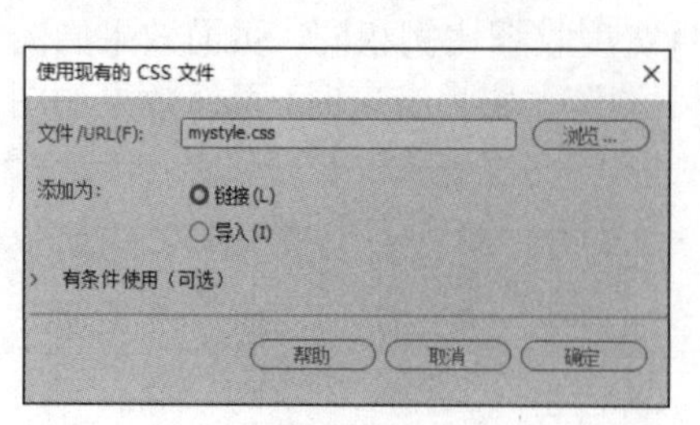

图 11-55

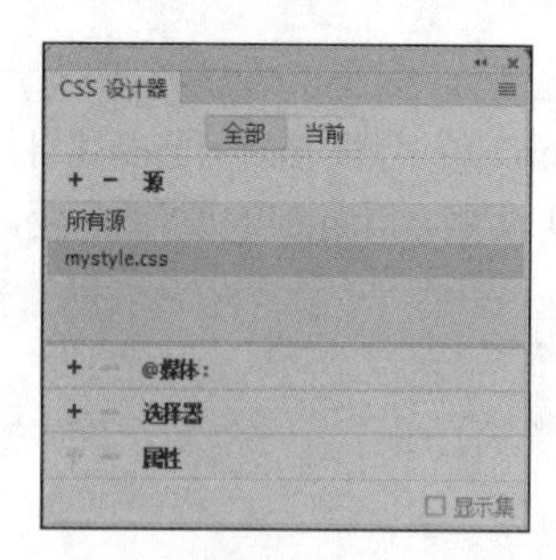

图 11-56

```
源代码  mystyle.css
1   @charset "utf-8";
2   /* 页面基本属性*/
3 ▼ body {
4       background-image: url(images/bg.jpg);
5       background-repeat: no-repeat;
6       background-attachment: fixed;
7       background-size: cover;
8       font-family: "微软雅黑";
9       color: #ffffff;
10  }
11  /* 放置logo标签外观*/
12 ▸ #logo {width: 218px; height: 78p...}
17  /* 导航条标签外观*/
18 ▸ #nav {padding-top: 50px; paddin...}
22  /* 导航条超级链接效果*/
23 ▸ #nav a:link {color: #ffffff; text-deco...}
29  /* 导航条鼠标经过链接效果*/
30 ▸ #nav a:hover {background-color: #19a2de...}
34  /* 大标题文字标签外观*/
35 ▸ .titlebox {width: 68%; height: 45px;...}
43  /* banner图像标签外观*/
44 ▸ #banner {width: 70%; height: auto;...}
49  /* 容器内项目标签外观*/
50 ▸ .mainbox-1 {color: #fff; background-c...}
59  /* 容器内项目标签鼠标经过链接效果*/
60 ▸ .mainbox-1:hover {background-color: #19a2bd...}
63  /* 项目内嵌图片外观特效*/
64 ▸ .mainbox-1 img {border-radius: 50%;}
67  /* 页脚标签外观*/
68 ▸ #footer {text-align: center; backg...}
```

图 11-57

图 11-58

❹ 在【CSS 设计器】面板中，单击【选择器】左侧 + 按钮，在 CSS 样式名称框中输入“*”，如图 11-59 所示，建立*样式。单击【属性】下方 按钮，在【margin】文本框后输入“0”，如图 11-60 所示。

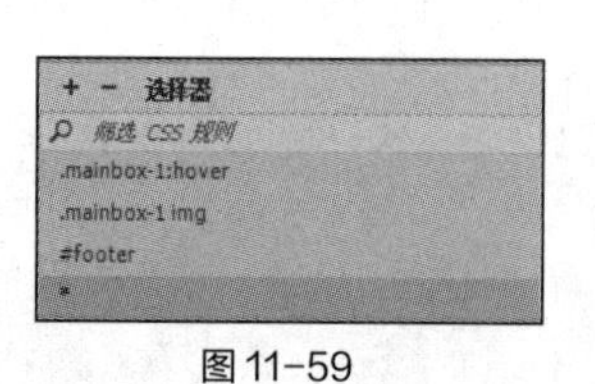

图 11-59

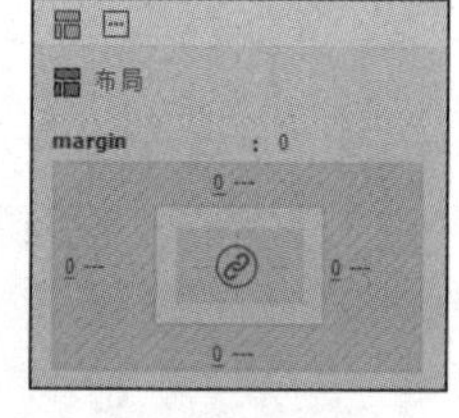

图 11-60

提示：

名称为*（星号）的样式，也可称为通配符样式，可以定义所有元素的样式。在本例中，*样式预先定义所有元素的外边距为 0，省去重复定义这种属性的操作。

❺ 采用同样的方式，创建标签样式 img，设置【width】属性为 100%，【height】属性为 auto。

提示：

在响应式页面布局（不包括弹性盒子布局）中，为了保证图像随着其容器大小变化而实现等比例缩放，会将图像宽度设置为 100%。在本案例中，将 img 标签样式的 width 属性设置为 100%，此时 height 属性自动变化。

2. 设置头部 header 的结构、内容和属性

❶ 将鼠标光标置于网页中，选择【插入】面板【HTML】选项卡，单击【Div】按钮，打

开【插入 Div】对话框，如图 11-61 所示，在【插入】下拉框中选择“在插入点”，在【ID】下拉文本框中输入“header”，单击【确定】按钮，在页面中插入<header>标签，如图 11-62 所示。

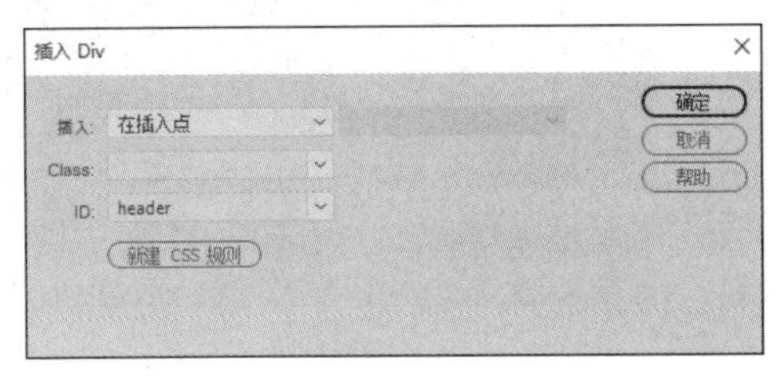

图 11-61

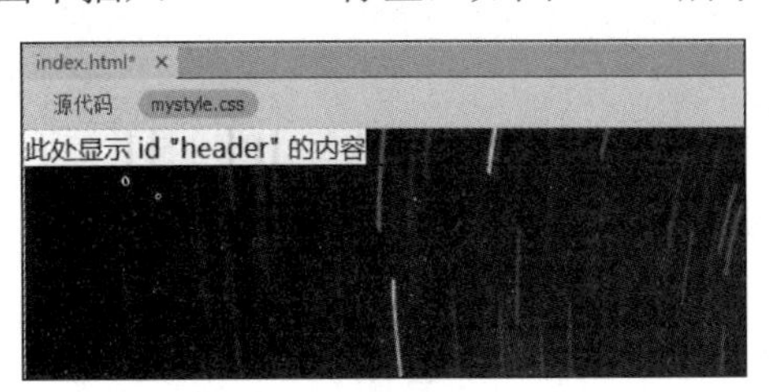

图 11-62

❷ 在【CSS 设计器】面板中，单击【选择器】左侧 + 按钮，在 CSS 样式名称框中输入#header，建立 ID 样式 header。单击【属性】下方按钮，在【width】文本框中输入“100%”，单击【属性】下方按钮，在【background-color】文本框中输入“#111111”。

❸ 单击【属性】左侧 + 按钮，出现图 11-63 所示的内容，在【更多】下方文本框中输入“display”，在其右侧下拉框中选择“flex”。在【更多】下方第二个文本框中输入“justify-content”，在其右侧下拉框中选择“space-between”，如图 11-64 所示，完成#header 样式的设置。

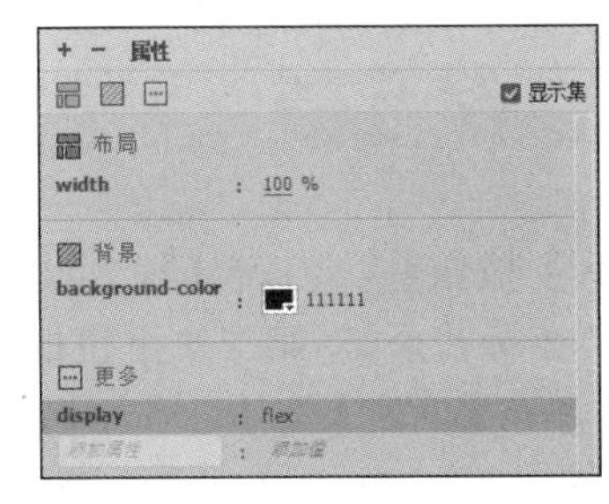

图 11-63

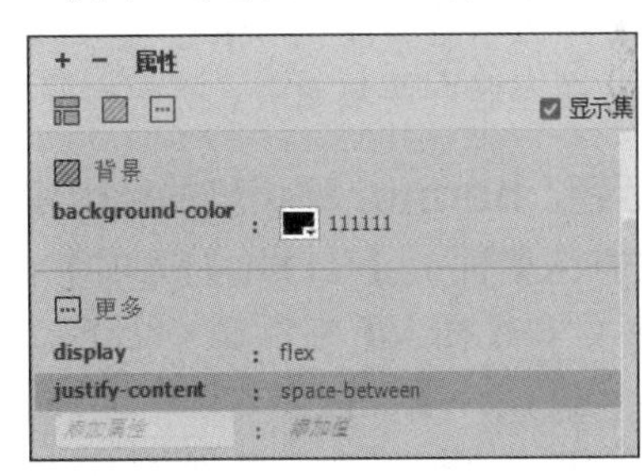

图 11-64

❹ 在 ID 名称为 header 的<div>标签中，选中并删除文本“此处显示 id"header"的内容”，选择【插入】面板【HTML】选项卡，单击【Div】按钮，打开【插入 Div】对话框，如图 11-65 所示，在【插入】下拉框中选择“在插入点”，在【ID】下拉文本框中选择“logo”，单击【确定】按钮，插入 ID 名称为 logo 的<div>标签。选中并删除文本“此处显示 id"logo"的内容”，插入图像文件 logo.png，效果如图 11-66 所示。

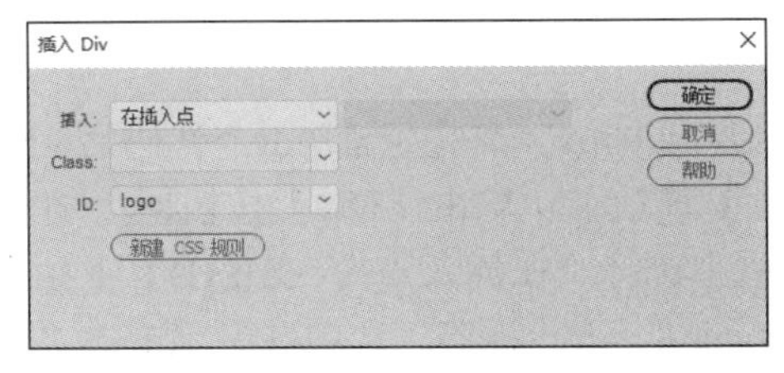

图 11-65

图 11-66

❺ 选择【插入】面板【HTML】选项卡，单击【Div】按钮，打开【插入 Div】对话框，如图 11-67 所示，在【插入】右侧第一个下拉框中选择“在标签后”，第二个下拉框中选择“<div id="logo">”，在【ID】下拉文本框中选择“nav”，单击【确定】按钮，插入 ID 名称为 nav 的<div>标签，效果如图 11-68 所示。

❻在 ID 名称为 nav 的<div>标签中，选中并删除文本“此处显示 id"nav"的内容”，输入导航文字“关于我们 生活日记 家居产品 亮点生活 联系我们”，并通过【属性】面板分别为其设置空链接，自动应用预设 nav 导航条样式，效果如图 11-69 所示。

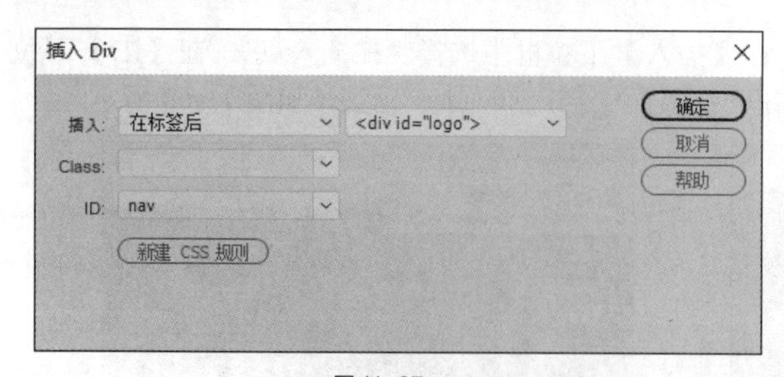

图 11-67

图 11-68

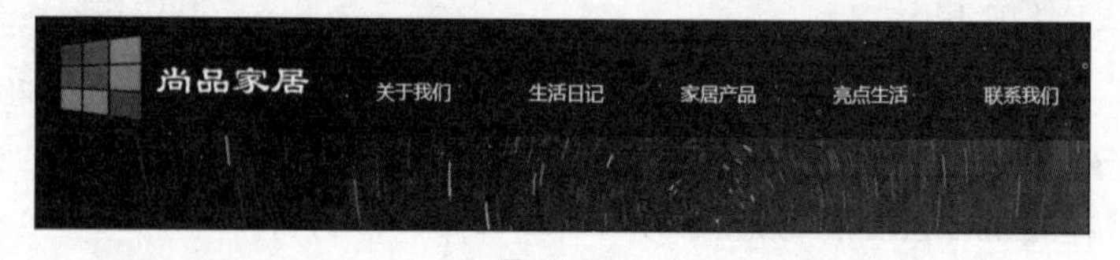

图 11-69

提示：

完成 header 弹性容器和其项目 logo 和 nav 的插入和设置后，就实现了弹性布局。在本案例中，项目 logo 和 nav 在容器中两端对齐，间距相等。当浏览器窗口宽度改变时，项目始终保持两端对齐。

3. 设置标题、banner 和页脚的结构和内容

❶ 选择【插入】面板【HTML】选项卡，单击【Div】按钮，打开【插入 Div】对话框，如图 11-70 所示，在【插入】右侧第一个下拉框中选择“在标签后”，第二个下拉框中选择“<div id="header">”，在【Class】下拉文本框中选择“titlebox”，单击【确定】按钮，插入类样式为 titlebox 的<div>标签。选中并删除文本“此处显示 class titlebox 的内容”，输入文字“点亮生活”，自动应用预设 titlebox 类样式，效果如图 11-71 所示。

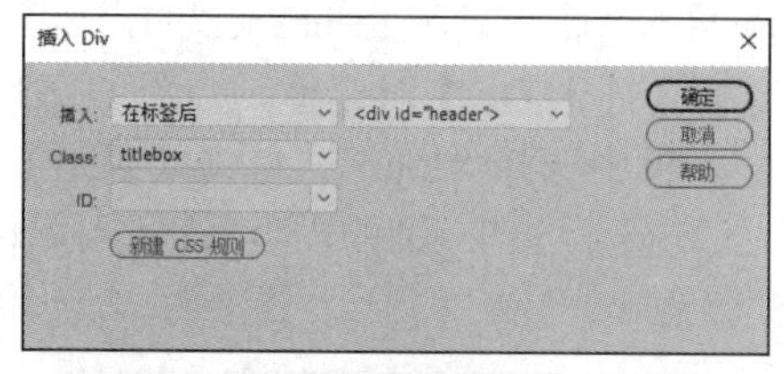

图 11-70

图 11-71

❷ 在【拆分】视图中，将鼠标光标置于<div class="titlebox">点亮生活</div>代码后，按<Enter>键，如图 11-72 所示，选择【插入】面板【HTML】选项卡，单击【Div】按钮，打开【插入 Div】对话框，如图 11-73 所示，在【插入】下拉框中选择“在插入点”，在【ID】下拉文本框中选择“banner”，单击【确定】按钮，插入 ID 为 banner 的<div>标签。选中并删除文本“此处显示 id"banner"的内容”，插入图像文件 b1.jpg，自动应用预设#banner 样式，效果如图 11-74 所示。

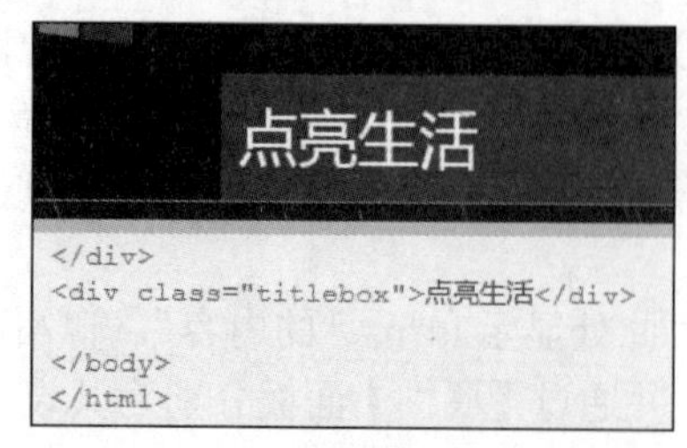

图 11-72

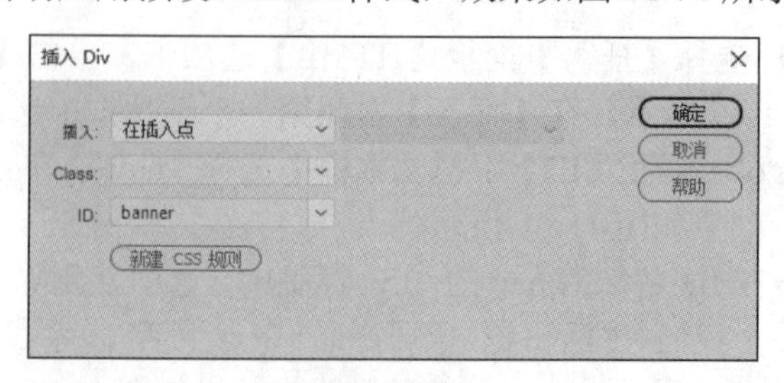

图 11-73

❸ 采用同样的方式，在 ID 名称为 banner 的<div>标签后，插入类样式为 titlebox 的<div>标签，再插入 ID 名称为 footer 的<div>标签，复制 text 文档中相应文字内容到页面中，页面代码如图 11-75 所示，自动应用预设.titlebox 和#footer 样式，效果如图 11-76 所示。

图 11-74

```
9  ▼ <body>
10 ▼ <div id="header">
11        <div id="logo"><img src="images/logo.png" width="218" height="78" alt
12 ▼      <div id="nav">
13            <a href="#">关于我们</a><a href="#">生活日记</a><a href="#">家居产品</
14        </div>
15    </div>
16    <div class="titlebox">点亮生活</div>
17 ▼ <div id="banner">
18        <img src="images/b1.jpg" width="950" height="450" alt=""/>
19    </div>
20    <div class="titlebox">家居产品</div>
21 ▼ <div id="footer">
22        <br>Copyright &copy; 2017. 北京尚品家居科技发展公司 All rights reserved.
23        <br>地址：北京市朝阳区樱花街甲36号 邮编：100029
24    </div>
25    </body>
```

图 11-75

图 11-76

11-4　尚品家居（2）

4. 设置中部 mainbox 结构、内容和属性

❶ 在【拆分】视图中，将鼠标光标置于<div class="titlebox">家居产品</div>代码后，按<Enter>键，选择【插入】面板【HTML】选项卡，单击【Div】按钮 ，打开【插入 Div】对话框，如图 11-77 所示，在【插入】下拉框中选择“在插入点”，在【ID】下拉文本框中输入“mainbox”，单击【确定】按钮，插入 ID 名称为 mainbox 的<div>标签，如图 11-78 所示。

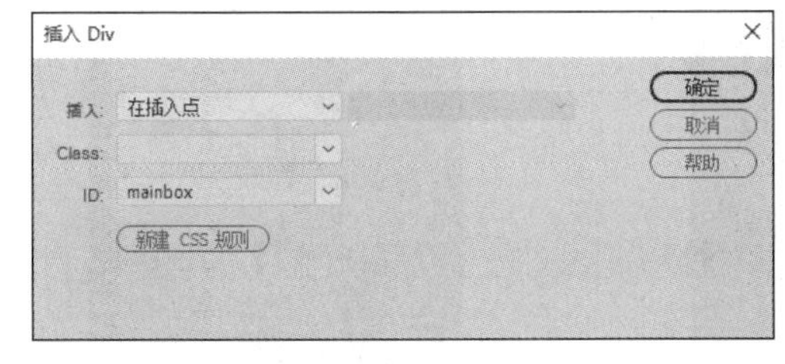

图 11-77

图 11-78

❷ 在【CSS 设计器】面板中，单击【选择器】左侧 + 按钮，在 CSS 样式名称框中输入“#mainbox”，建立 ID 样式 mainbox。单击【布局】按钮，出现图 11-79 所示的界面，在【width】文本框中输入“70%”，在【margin】属性的上、左、下、右分别输入 2px，auto，2px，auto；单击【属性】下方按钮，在【background-color】文本框中输入“#404040”；单击【属性】左侧 + 按钮，出现图 11-80 所示的界面，在【更多】下方设置【display】为“flex”，【justify-content】为“center”，【flex-wrap】为“wrap”，完成#mainbox 样式的设置，效果如图 11-81 所示。

❸ 在 ID 名称为 mainbox 的<div>标签中，选中并删除文本“此处显示 id"mainbox"的内容”，插入 6 个类样式为 mainbox-1 的<div>标签，.mainbox-1 类样式自动应用到这些标签上，效果如图 11-82 所示。

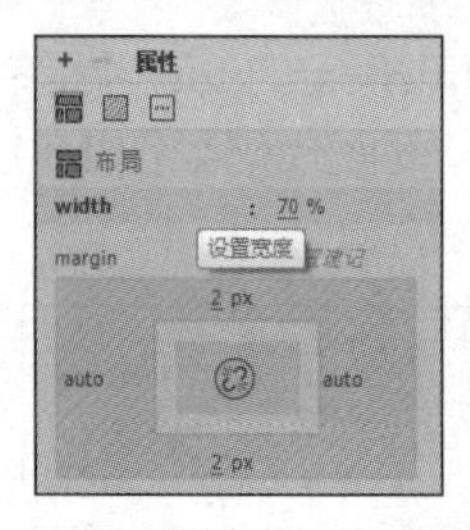

图 11-79

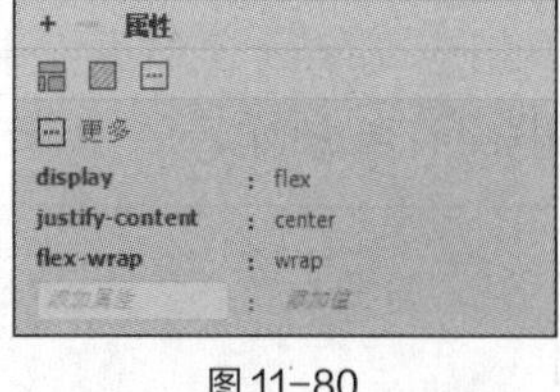

图 11-80

图 11-81

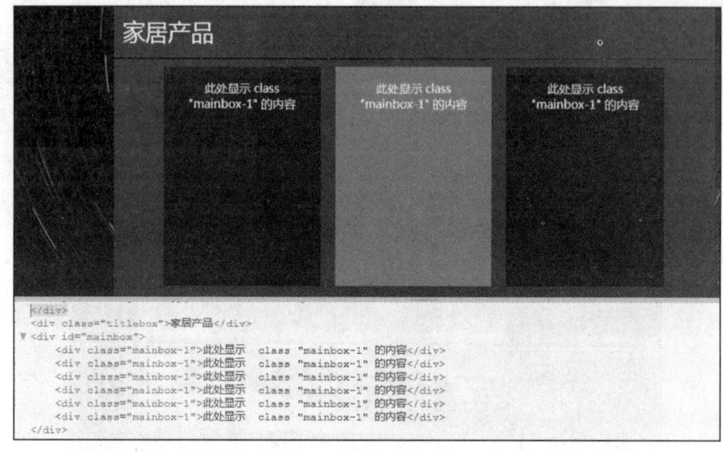

图 11-82

❹ 选择【设计】视图，在第一个类样式为 mainbox-1 的<div>标签中，选中并删除文本“此处显示 class "mainbox-1"的内容”，插入图像文件 p1.jpg，将鼠标光标置于图像后，按<Enter>键，输入文字“炫酷风采”，按<Enter>键，输入文字“墙饰设计”，按<Enter>键，效果如图 11-83 所示。

❺ 选中“炫酷风采”后，选择【窗口】|【属性】，打开【属性】面板，在【格式】下拉框中选择“标题 2”。同样地，再为“墙饰设计”文字应用“标题 4”，效果如图 11-84 所示。

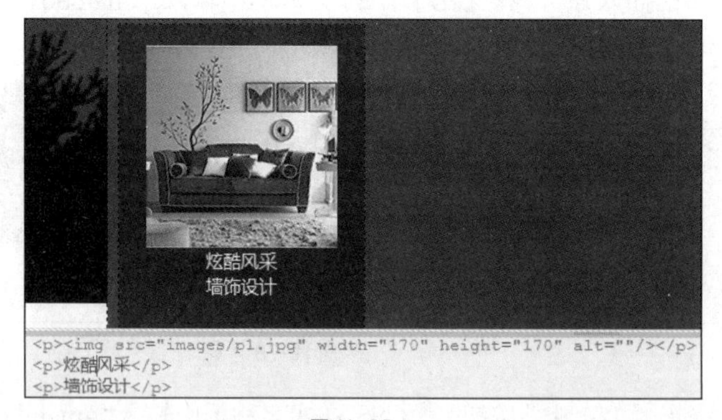

图 11-83

图 11-84

❻ 采用同样的方式，在类样式为 mainbox-1 的其他 5 个标签中，分别插入图像文件 p2.jpg、p3.jpg、p4.jpg、p5.jpg 和 p6.jpg，将 text 文档中的相应文字输入其中，并设置为标题 2 和标题 4 的样式，预览效果如图 11-85 所示。

图 11-85

 提示：

完成 mainbox 弹性容器和其项目 mainbox-1 的插入和设置后，

就实现了弹性布局。在本案例中，容器中各个项目自左向右顺序排列，且在容器中左右间距相等，当容器宽度变化后、项目显示不下时，项目排列自动换行，第一行在上方。

❼ 保存网页文档，按<F12>键预览效果。

11.4 媒体查询应用

11.4.1 媒体查询

1. 媒体查询介绍

在 CSS3.0 规范中，浏览器可以根据媒体查询表达式来规定设备尺寸和方向等，选择多个不同版本的 CSS 样式。

媒体查询是一种条件语句，可用来确定将不同 CSS 样式应用到不同 Web 页面，因此弹性盒子布局和媒体查询的结合应用，可以实现一个能适应桌面和移动终端应用的响应式页面设计。

2. 媒体查询的使用

媒体查询语法格式：

```
@media 媒体类型 and（媒体特征）{样式代码}
```

媒体查询通过不同的媒体类型和媒体特征的定义调用特定的样式表规则，可以让 CSS 更精确地作用于不同的媒体类型和同一媒体的不同特征条件。

其中，媒体类型包括常用的 3 种。

【all】：所有设备。

【screen】：用于计算机屏幕、平板电脑、智能手机等。

【print】：打印用纸或打印预览视图。

媒体特征包括 6 种常用特性。

- 设备宽度和高度：device-width，device-height。
- 设备最小宽度和最小高度：min-width，min-height。
- 设备最大宽度和最大高度：max-width，max-height。
- 渲染窗口的宽和高：width，height。
- 设备的手持方向：orientation。
- 设备的分辨率：resolution。

基于分辨率的样式表，比较常用的媒体类型分为 3 种：第一种用于智能手机和平板电脑，第二种用于较低分辨率的桌面显示器，第三种用于较高分辨率的桌面显示器。

例如，使用媒体查询来交付特定媒体的 CSS 样式，代码如下：

```
@media screen and (min-width: 800px) { #nav { width: 300px; } }
@media screen and (max-width: 799px) { #nav { width: 100%; } }
```

在本例中，媒体类型为 screen，媒体特征为媒体宽度。当屏幕分辨率是 800px 或以上时，导航的宽度设置为 300px；当屏幕分辨率为 799px 或以下时，导航的宽度设置为 100%。

11-5 健康大步走

11.4.2 课堂案例——健康大步走

案例学习目标：学习应用媒体查询的方法。

案例知识要点：设置媒体查询条件的方法以及将不同 CSS 样式应用到不同

Web 页面的方法。

素材所在位置：电子资源/案例素材/ch11/课堂案例-健康大步走。

案例布局要求如图 11-86 和图 11-87 所示，案例效果如图 11-88 和图 11-89 所示。

以素材“课堂案例-健康大步走”为本地站点文件夹，创建名称为“健康大步走”的站点。

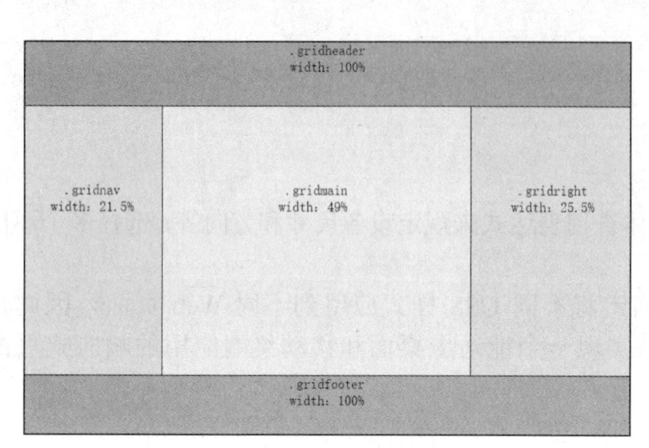

图 11-86

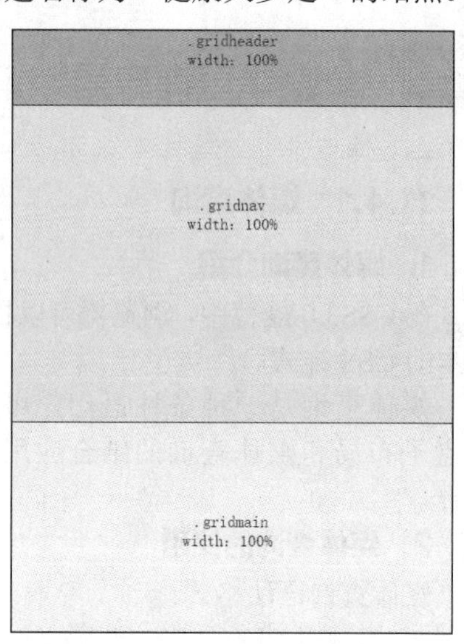

图 11-87

图 11-88

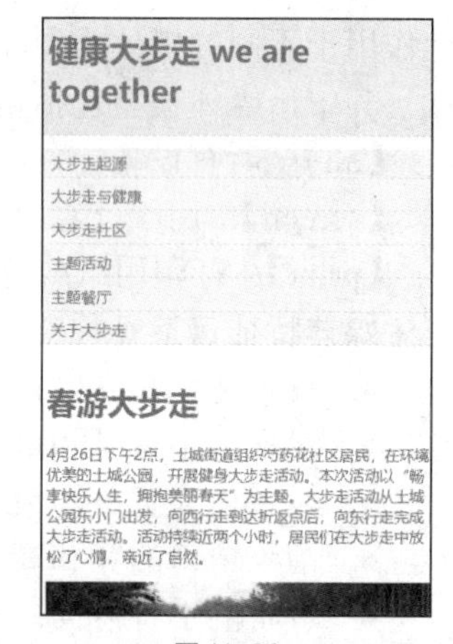

图 11-89

1. 设置页面内容和样式

❶ 在【文件】面板中，选择“健康大步走”站点，创建名称为 index.html 的新文档，并在文档【标题】中输入“健康大步走”。

❷ 在【CSS 设计器】面板中，单击【源】左侧 + 按钮，在弹出的下拉菜单中单击【创建新的 CSS 文件】，打开【创建新的 CSS 文件】对话框，如图 11-90 所示，在【文件/URL】文本框中输入“walk”，单击【确定】按钮，创建 walk.css 样式表文件。

❸ 选中 walk.css 文档，点击【@媒体】左侧 + 按钮，打开【定义媒体查询】对话框，如图 11-91 所示。在【条件】下方左侧下拉框中选择“media”，在右侧下拉框中选择“screen”。将鼠标光标继续向右移动，单击 + 按钮，弹出【定义媒体查询】对话框如图 11-92 所示。在【条件】下方左侧下拉框中选择“max-width”，在右侧文本框中输入“500px”，单击【确定】按钮，完成媒体查询的创建，结果如图 11-93 所示。

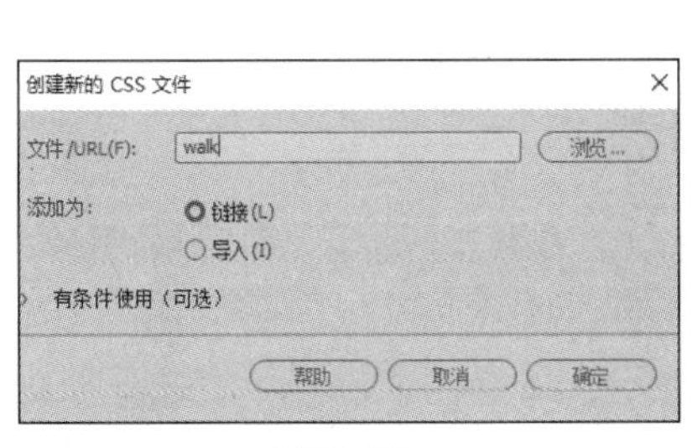

图 11-90

图 11-91

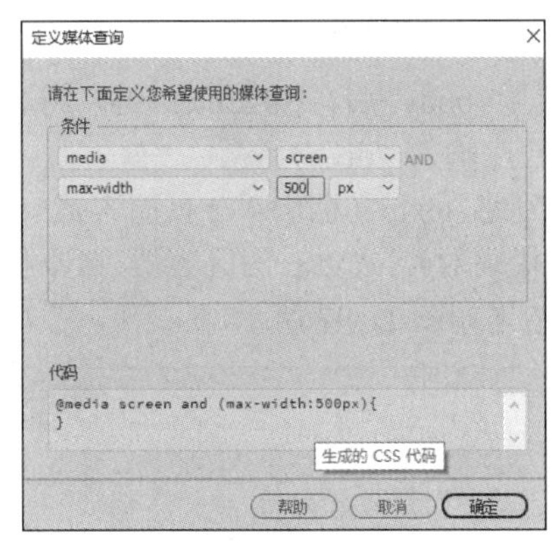

图 11-92

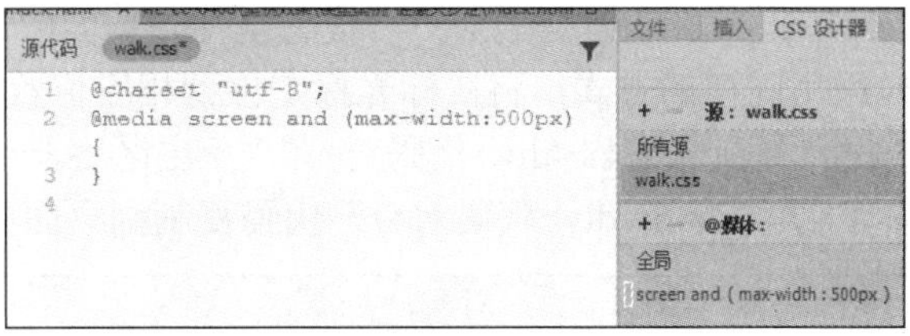

图 11-93

❹ 在【代码】视图下，单击【walk.css】，将鼠标光标置于@media 定义的上方，将 text 文档中“/*内容类用于设置页面内容*/”的预设样式复制到样式文档中。这些样式涵盖了页面、页眉、主区、导航条、右侧栏、页脚以及一些导航条项目和图片等属性设置，结果如图 11-94 所示。

提示：

为了保证网页元素满足响应式布局的要求，经常将元素宽度等属性值设置成百分比。在本案例中，导航条项目的外边距和内边距都设置为 4.5%，主区中的图像 width 属性设置为 100%，height 属性设置为 auto。

❺ 在【代码】视图下，单击【源代码】，将鼠标光标置于<body>后，按<Enter>键，将 text 文档中页眉、主区、导航条、右侧栏、页脚等内容的相关代码复制到 index.html 中，结果如图 11-95 所示。

❻ 选择【文件】|【保存全部】，保存网页文档和样式表文件，按<F12>键预览效果。

2. 设置台式机和手机页面布局

❶ 在【代码】视图下，单击【walk.css】，将鼠标光标置于@media 定义的上方，将 text 文档中“/*格子类用于设置页面布局*/”预设样式复制到样式表文件中。这些样式涵盖了容器、浮动盒子、页眉、主区域、导航条、右侧栏、页脚等布局属性的设置，如图 11-96 所示。

提示：

在设计台式机页面布局时，由于屏幕尺寸比较宽大，因此要将整个页面分为若干栏。在本案例中，页眉和页脚是通栏设计，设置它们的 width 属性值为 100%，而导航条区域、主区域和右侧区域为各自独立区域，占整个屏幕的比例分别为 21.5%、49%和 25.5%。

```
源代码  walk.css
1   @charset "utf-8";
2
3   /*内容类用于设置页面内容*/
4
5 ▶ body{/*页面类*/ font-family: "微软雅...}
9 ▶ .header {/*页眉类*/ padding:1.0%; bac...}
14 ▶ .nav{/*导航条类*/ background-color...}
17 ▶ .navitem {                          /*导航条项目类*/
18      margin:4.5%;
19      padding:4.5%;
20      border-bottom:1px solid #e9e9e9;
21  }
22 ▶ .main {/*主内容区类*/ padding:2.0%;}
25 ▶ .main img {                         /*主内容区图片类*/
26      width:100%;
27      height: auto;
28  }
29 ▶ .right {/*右侧区类*/ padding:4.5%; ba...}
33 ▶ .footer {/*页脚类*/ padding:1.0%; tex...}
40
41  @media screen and (max-width:500px){
42  }
```

图 11-94

```
<div class="header">
    <h1>健康大步走 we are together</h1>
</div>
<div class="nav">
    <div class="navitem">大步走起源</div>
    <div class="navitem">大步走与健康</div>
    <div class="navitem">大步走社区</div>
    <div class="navitem">主题活动</div>
    <div class="navitem">主题餐厅</div>
    <div class="navitem">关于大步走</div>
</div>
<div class="main">
    <h1>春游大步走</h1>
    <p>4月26日下午2点，土城街道组织芍药花社区居民，在环境优美的土城公园，开展健身大步走活动。本次活动以"畅享快乐人生，拥抱美丽春天"为主题。大步走活动从土城公园东小门出发，向西行走到达折返点后，向东行走完成大步走活动。活动持续近两个小时，居民们在大步走中放松了心情，亲近了自然。</p>
    <img src="image/p2.jpg" width="500" height="319" alt=""/>
    <img src="image/p1.jpg" width="640" height="480" alt=""/>
</div>
<div class="right">
    <h2>什么是大步走?</h2>
    <p>大步走是全面健身运动，以徒步为主，速度以慢速和中速为主，兼具休闲娱乐和强身健体的功能，适合各种年龄段的人群。</p>
    <h2>在哪儿开展大步走活动?</h2>
    <p>大步走一般选择在地势较为平坦，空间开阔的区域，如郊野公园，乡村田野等区域。</p>
    <h2>大步走需要花钱吗?</h2>
    <p>大步走免费！</p>
</div>
<div class="footer">
    <p>本网站由土城街道办事处制作的大型大步走公益性社区服务网站，为芍药花社区居民以及大步走爱好者提供大步走活动组织、路线安排和后勤保障等服务。</p>
</div>
```

图 11-95

❷ 在【代码】视图下，单击【源代码】，将鼠标光标置于<body>后，按<Enter>键，将 text 文档中“/*页面容器<div>代码对*/”代码复制到页面中，并相应输入</div>标签。

❸ 采用同样的方式，将鼠标光标定位到相应位置，分别将 text 文档中“/*页眉容器<div>代码对*/”“/*导航条容器<div>代码对*/”“/*主区容器<div>代码对*/”“/*右侧区容器<div>代码对*/”和“/*页脚容器<div>代码对*/”代码复制到页面中，结果如图 11-97 所示。

```
源代码  walk.css*
41   /*格子类用于设置页面布局*/
42 ▼ .gridcontainer {                  /*页面容器类*/
43       width:100%;
44   }
45 ▼ .gridbox {                        /*盒子类用于盒子浮动适应大屏幕空间布局*/
46       margin-bottom:2.0%;
47       margin-right: 2.0%;
48       float:left;
49   }
50 ▼ .gridheader {                     /*页眉布局类*/
51       width:100%;
52   }
53 ▼ .gridnav {                        /*导航条布局类*/
54       width:21.5%;
55   }
56 ▼ .gridmain {                       /*主区布局类*/
57       width:49%;
58   }
59 ▼ .gridright {                      /*右侧区布局类*/
60       width:25.5%;
61       margin-right:0;
62   }
63 ▼ .gridfooter {                     /*页脚布局类*/
64       width:100%;
65   }
```

图 11-96

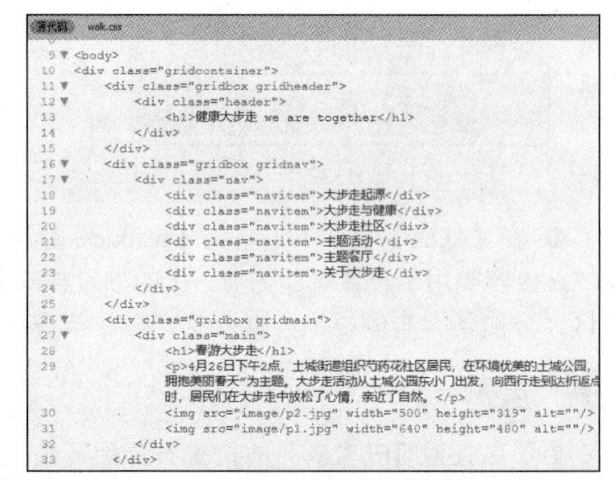

```
源代码  walk.css
9 ▼ <body>
10  <div class="gridcontainer">
11 ▼     <div class="gridbox gridheader">
12 ▼         <div class="header">
13               <h1>健康大步走 we are together</h1>
14           </div>
15       </div>
16 ▼     <div class="gridbox gridnav">
17 ▼         <div class="nav">
18               <div class="navitem">大步走起源</div>
19               <div class="navitem">大步走与健康</div>
20               <div class="navitem">大步走社区</div>
21               <div class="navitem">主题活动</div>
22               <div class="navitem">主题餐厅</div>
23               <div class="navitem">关于大步走</div>
24           </div>
25       </div>
26 ▼     <div class="gridbox gridmain">
27 ▼         <div class="main">
28               <h1>春游大步走</h1>
29               <p>4月26日下午2点，土城街道组织芍药花社区居民，在环境优美的土城公园，
                 拥抱美丽春天"为主题。大步走活动从土城公园东小门出发，向西行走到达折返点
                 时，居民们在大步走中放松了心情，亲近了自然。</p>
30               <img src="image/p2.jpg" width="500" height="319" alt=""/>
31               <img src="image/p1.jpg" width="640" height="480" alt=""/>
32           </div>
33       </div>
```

图 11-97

提示：

在本案例中，多次出现为一个<div>标签同时添加若干类的情况，类之间用空格隔开，如<div class="gridbox gridheader">。其中 gridbox 类样式用于左浮动，具有通用性，而 gridheader 只用于自身布局属性的设置。因此这样使用类，语义清晰，代码简洁。

❹ 选择【文件】|【保存全部】，保存网页文档和样式文档，按<F12>键预览台式机页面效果。

❺ 在【代码】视图下，单击【walk.css】，将鼠标光标置于@media 定义的花括号中，将 text 文档中“/*媒体查询*/”中预设样式复制到样式表文件中。这些样式涵盖了主区域、导航条、右侧栏以及浮动盒子等布局属性的设置，以适应手机页面布局的需要，如图 11-98 所示。

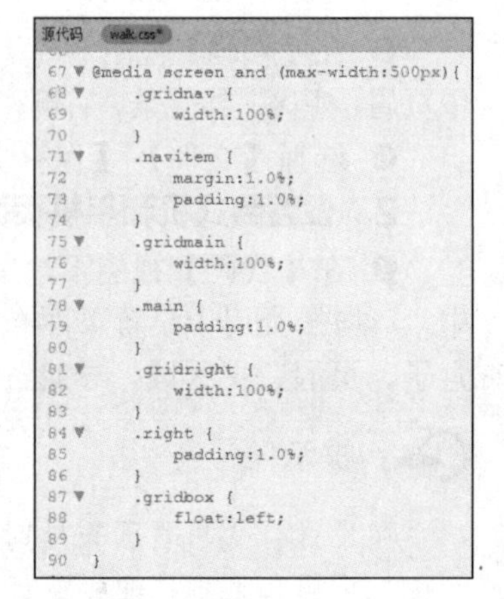

```
源代码  walk.css*
67 ▼ @media screen and (max-width:500px){
68 ▼     .gridnav {
69           width:100%;
70       }
71 ▼     .navitem {
72           margin:1.0%;
73           padding:1.0%;
74       }
75 ▼     .gridmain {
76           width:100%;
77       }
78 ▼     .main {
79           padding:1.0%;
80       }
81 ▼     .gridright {
82           width:100%;
83       }
84 ▼     .right {
85           padding:1.0%;
86       }
87 ▼     .gridbox {
88           float:left;
89       }
90  }
```

图 11-98

提示：

在设计手机页面布局时，由于手机屏幕尺寸比较窄，手机页面中的每个栏目要占满整个屏幕宽度。在本案例中，除了页眉和页脚是通栏设计，导航条区域、主区域和右侧区域也设计为通栏，其 width 属性值均设置为 100%。

❻ 选择【文件】|【保存全部】，按<F12>键预览手机页面效果。

11.5 练习案例

11.5.1 练习案例——优胜企业网站

案例练习目标：练习 HTML5 结构元素的使用。

案例操作要点：

1．创建名称为 index.html 的网页文档并存于站点根文件夹中。

2．将外部样式表文件 mystyle.css 链接到网页中。

3．根据案例布局要求，使用 HTML5 结构标签<header>、<article>、<section>、<aside>和<footer>以及预设样式 body、#container、.n1、.n1 a:link、.n1 a:hover、.h、.s1、.a1、.as1 和.f1，完成网页制作。

素材所在位置：电子资源/案例素材/ch11/练习案例-优胜企业网站。

案例布局要求如图 11-99 所示，案例效果如图 11-100 所示。

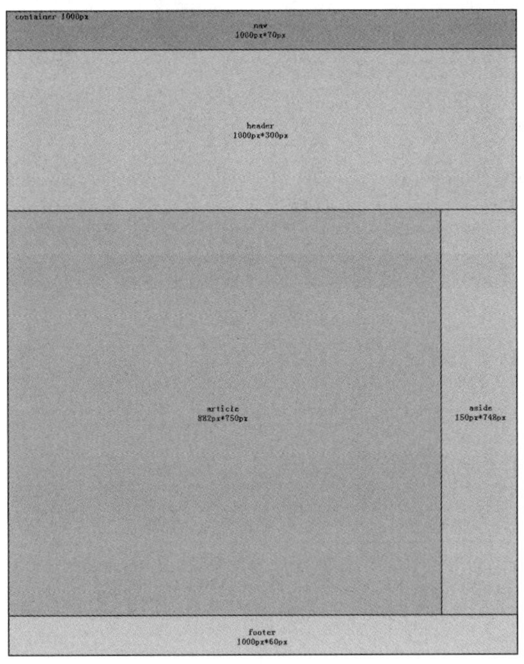

图 11-99

图 11-100

11.5.2 练习案例——雅派服饰

案例练习目标：练习弹性布局的设置。

案例操作要点如下。

1．创建名称为 index.html 的网页文档并存于站点根文件夹中。

2．将外部样式表文件 mystyle.css 链接到网页中。

3．根据案例布局要求，应用预设样式 body、#container、#logo、#nav、#nav a:link、#nav a:hover、#banner、.mainbox-1 和#footer，定义#header、#mainbox、img 和*样式，插入<div>标签。

4．设置#header 样式属性，宽度为 100%，高度为 40px，背景颜色为#cccccc；设置 display 属性为 flex，justify-content 属性为 space-between。

5．设置#mainbox 样式属性，宽度为 100%，左右两侧外边距为 auto；设置 display 属性为 flex，flex-wrap 属性为 wrap，justify-content 属性为 space-around。

6．设置 img 属性：宽度为 100%，高度为 auto。

素材所在位置：电子资源/案例素材/ch11/练习案例-雅派服饰。

效果如图 11-101 和图 11-102 所示。

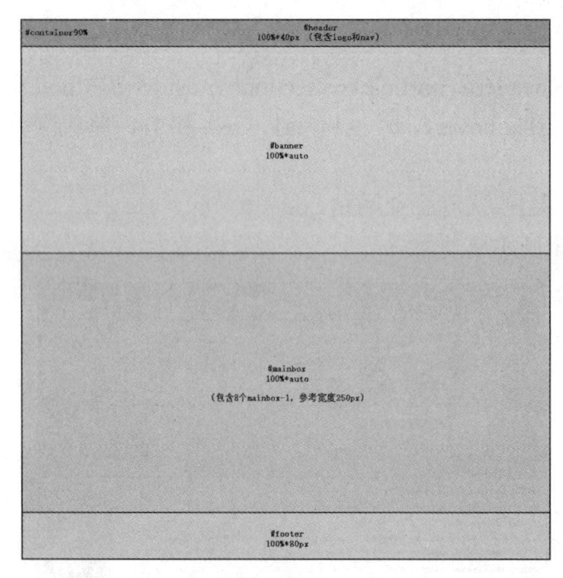

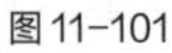
图 11-101

图 11-102

Dreamweaver CC

12 Chapter

第 12 章 jQuery Mobile

基于 HTML5 和 CSS3 的 jQuery Mobile 是用于创建移动 Web 应用的技术，是一个跨平台的轻量级开发框架，具有开发效率高、满足响应式设计要求的优点。

jQuery Mobile 引入 data-数据属性，并构建了完善的 CSS 样式体系，提供了 jQuery Mobile 页面、列表视图、布局网格、可折叠区块和表单等功能，便于实现移动页面的布局设计，并利用主题功能设置页面效果。

在 jQuery Mobile 更高版本中，面板和弹窗等功能得以完善。利用面板菜单、弹窗效果和图片轮播等技术，能够创建更加丰富的页面设计效果。

本章主要内容：

1. jQuery Mobile 概述
2. 使用 jQuery Mobile
3. jQuery Mobile 应用

12.1 jQuery Mobile 概述

jQuery Mobile 是基于 HTML5 的用户界面系统，用于创建响应式 Web 应用，支持全球主流的移动平台，在各种智能手机、平板电脑和桌面设备上运行。

12.1.1 jQuery Mobile 简介

jQuery Mobile 是 jQuery 框架的一个组件，也是移动 Web 应用的前端开发框架，不仅为移动平台提供 jQuery 核心库，还提供一个完整的 jQuery 移动 UI 框架，具有如下几个特点。

- 简单性：jQuery Mobile 使用 HTML5、CSS3 和最小的脚本实现框架功能，框架简单易用，页面开发主要使用标记，无须或仅需很少的 JavaScript。
- 跨平台性：使用 jQuery Mobile 框架，只需一次 Web 应用开发，经过不同的编译和分发，可在不同的移动平台上运行，得到统一的 UI 和用户体验。
- 响应式设计：jQuery Mobile 响应式设计，让页面内容能够适当地响应设备，达到与设备的适配。无论用户是在移动、平板还是桌面设备上浏览 Web 页面，页面内容都将根据该设备分辨率显示响应布局，或根据移动设备的使用方向调整为竖屏模式或横屏模式。
- 主题设置：jQuery Mobile 提供主题化设计，允许设计人员使用和重新设计自己的应用主题。
- 优雅降级：jQuery Mobile 利用最新的 HTML5、CSS3 和 JavaScript，对高端设备提供良好的支持，但同时 jQuery Mobile 充分考虑低端设备的效果，也尽量提供相对良好的用户体验。
- 可访问性：jQuery Mobile 在设计时考虑了多种访问能力，拥有 Accessible Rich Internet Applications 支持，以帮助使用辅助技术的残障人士访问 Web 页面。

12.1.2 jQuery Mobile 框架

jQuery Mobile 是 jQuery 基金会（jQuery foundation）的一个开源（open source）软件，是一个轻量级框架，JavaScript 库只有 12KB，CSS 库只有 6KB，还包括一些图标。

提示：

开源软件是一种其源码可以被公众使用的软件。这种软件的使用、修改和分发不受许可证的限制。与商业软件相比，它具有高质量、全透明、可定制和支持广泛等特点。

jQuery Mobile 是一个在互联网上直接托管的开源软件，使用者只需将相关 *.js 和 *.css 文件直接包含到 Web 页面中即可。

将 jQuery Mobile 添加到网页中，通常有两种方式：一是 jQuery Mobile CDN 方式，从内容分发网络（content delivery network，CDN）直接引用 jQuery Mobile（推荐）；二是下载 jQuery Mobile 方式，从官网 jQuerymobile.com 下载 jQuery Mobile 库，存放到自己服务器中后再引用。

jQuery Mobile CDN 方式：

```
<head>
<link rel="stylesheet" href="http://code.jquery.com/mobile/1.3.0/jquery.mobile-1.3.0.min.css ">
<script src="http://code.jquery.com/jquery-1.11.1.min.js "></script>
<script src="http://code.jquery.com/mobile/1.3.0/jquery.mobile-1.3.0.min.js"></script>
</head>
```

下载 jQuery Mobile 方式：

```
<head>
<link rel=stylesheet href=jquery-mobile/jquery.mobile-1.3.0.min.css >
<script src=jquery-mobile/jquery-1.11.1.min.js ></script>
<script src=jquery-mobile/jquery.mobile-1.3.0.min.js ></script>
</head>
```

由此可以看出，在本地文件夹 jquery-mobile 中，包含 jQuery Mobile 框架的 3 个文档：jquery.mobile-1.3.0.min.css、jquery-1.11.1.min.js 和 jquery.mobile-1.3.0.min.js。

提示：

在这 3 个文档中，数字为版本号，min 表示压缩版，css 表示该文档为 CSS 样式表文件，js 表示该文档为 JavaScript 文件。

12.1.3 data-属性

data-属性是 HTML5 中的新属性。该属性赋予在 HTML 元素上嵌入自定义 data.属性的能力，可以定义页面或应用程序的私有自定义数据，如表 12-1 所示。

data-属性包括两部分：一是属性名，在前缀"data-"之后必须有至少一个字符，而且不包含任何大写字母；二是属性值，可以是任意字符串。

例如，在 data-role="page"定义中，data-role 是属性名，page 是属性值。

表 12-1

属性	说明	属性值
data-role	根据属性值的不同，表示每个区域的不同语义	page（页面），header（页眉），content（内容），footer（页脚），collapsible（可折叠），listview（列表），navbar（导航条）
data-theme	规定该元素的主题，用于控制可视元素的视觉效果，如字体、颜色、渐变、阴影、圆角等	a（黑色），b（蓝色），c（亮灰色），d（白色），e（橙色）
data-position	固定页眉或页脚的位置	fixed（固定）
data-icon	规定列表项的图标	arrow-l（左箭头），arrow-r（右箭头），delete（删除），info（信息），home（首页），back（返回），search（搜索），grid（网格）

12.1.4 jQuery Mobile 样式

jQuery Mobile 预先定义了一套完整的类样式，包括全局类、按钮类、主题类、图标类和网格类等，用于移动 web 应用的页面设计。

- 全局类：可以在 jQuery Mobile 的按钮、工具条、面板、表格和列表等中使用，如 ui-corner-all（为元素添加圆角），ui-shadow（为元素添加阴影），ui-mini（让元素变小）等。
- 按钮类：可以在<a>或<button>元素中使用，如 ui-btn（为元素添加按钮效果），ui-btn-icon-left（定位图标在按钮文本的左边），ui-btn-icon-notext（只显示图标）等。
- 主题类：jQuery Mobile 提供了 5 个主题类，包括 a（黑色），b（蓝色），c（亮灰色），d（白色）和 e（橙色），为指定元素添加主题，如 ui-bar-a（为标题、脚注等定义 a 主题），ui-page-theme-(a-z)（为页面定义主题），ui-overlay-(a-z)（定义了对话框、弹窗等背景主题）等。
- 图标类：可以在<a>和<button>元素上添加图标，如 ui-icon-grid（网格），ui-icon-arrow-d-l（左下角箭头）。例如，运行下列代码：

```
<a href="#" class="ui-btn ui-icon-arrow-r ui-btn-icon-left">右边箭头图标</a>
```

效果如下：

右边箭头图标

- 网格类：提供 4 种布局网格，包括两列、三列、四列和五列布局形式，分别由类样式 ui-grid-a、ui-grid-b、ui-grid-c 和 ui-grid-d 实现，对应列位置上的区块，由 ui-block-a、ui-block-b 和 ui-block-c 等实现。

提示：

jQuery Mobile 采用统一规则为样式命名。所有样式名称都添加前缀 ui，然后逐级添加具有语义的字母或字母缩写，中间用短横线连接，表达该样式名称的完整语义。例如，在样式名称 ui-btn-icon-left 中，btn 表示按钮，icon 表示图标，left 表示左对齐。

12.2 使用 jQuery Mobile

由于移动 Web 页面尺寸相对较小，因此创建移动 Web 页面的方式也相对单一，使用页面、列表视图、布局网格、可折叠区块和一些表单项目即可完成移动 Web 页面的创建工作。

12.2.1 课堂案例——服装定制 I

案例学习目标：学习创建 jQuery Mobile 页面的基本方法。

案例知识要点：在【插入】面板中，选择【jQuery Mobile】选项卡，利用【页面】【列表视图】【布局网格】【可折叠区块】和一些表单项目创建移动 Web 页面。

素材所在位置：电子资源/案例素材/ch12/课堂案例-服装定制 I。

案例效果图如图 12-1～图 12-3 所示。

图 12-1

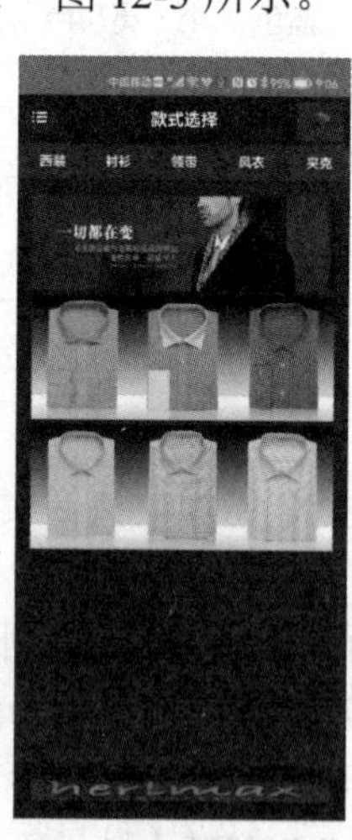

图 12-2

图 12-3

12-1 服装定制 I（1）

以素材“课堂案例-服装定制 I”为本地站点文件夹，创建名称为“服装定制 I”的站点。

1. 设置 jQuery Mobile 页面

❶ 选择菜单【文件】|【新建】，打开【新建文档】对话框，在对话框左侧选择【新建文档】和【HTML】，在右侧【框架】中，选择【无】，单击【确定】按钮，创建一个新文档。再选择【文件】|【另存为】，将新文档存储成名称为 fashionnew 的文档。

❷ 选择菜单【查看】|【拆分】|【垂直拆分】。在工作区中，选中【拆分】视图和【实时视图】，得到【代码】和【实时视图】的左右分割效果，如图 12-4 所示，将<title>标签中文本“无标题文档”改为“时尚前沿”。

❸ 将鼠标光标置于<body>标签后，在【插入】面板中，选择【jQuery Mobile】选项卡中的【页面】，打开【jQuery Mobile 文件】对话框，如图 12-5 所示，【链接类型】选择【本地】单选按钮，【CSS 类型】选择【组合】单选按钮，单击【确定】按钮，打开【页面】对话框，如图 12-6 所示，再单击【确定】按钮，完成 jQuery Mobile 页面的插入，效果如图 12-7 所示。

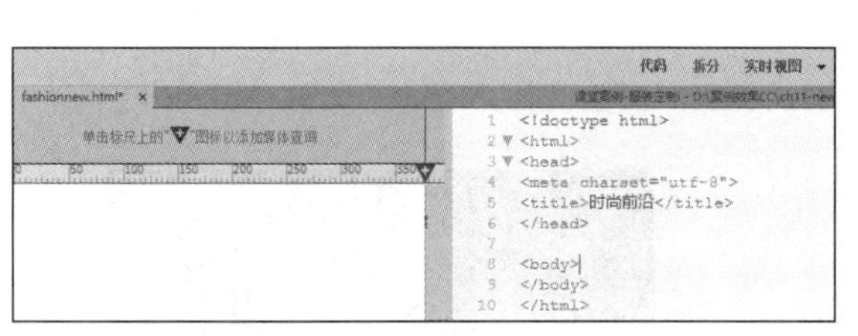

图 12-4

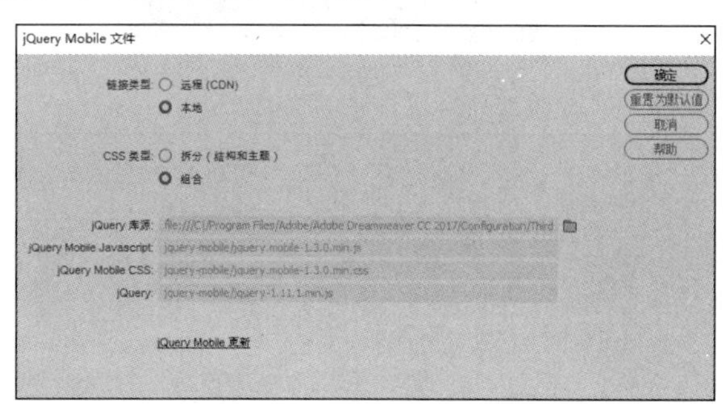

图 12-5

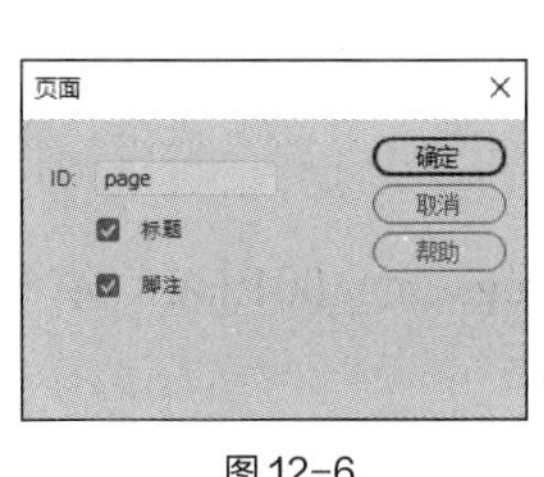

图 12-6

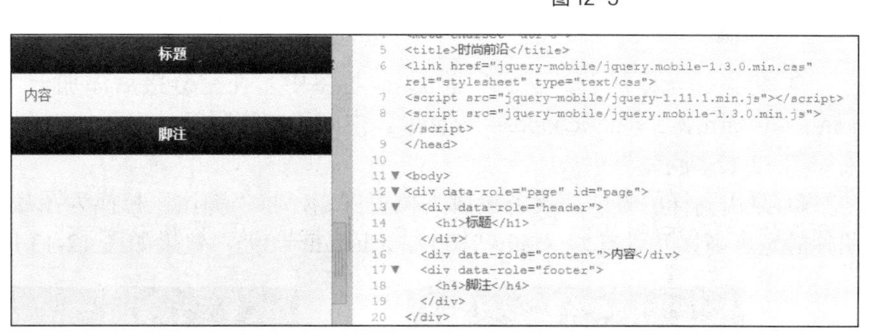

图 12-7

提示：

在插入 jQuery Mobile 页面后，jQuery Mobile 框架被链接到页面代码中，框架采用 jQuery 1.11.1 版本，Mobile 1.3.0 版本，同时形成“标题”“内容”和“脚注”的页面结构。

❹ 将鼠标光标置于 id="page"之后，添加一个空格，输入 data-theme="a"，将页面设置为黑色。在 data-role="header"之后，添加一个空格，输入 data-position="fixed"，将页面标题的位置设置为固定，即页面滚动时页眉位置不变。

提示：

在【代码】视图中，用户输入代码后，系统会根据上下文，自动弹出预选提示框。用户可以在提示框中，快速选取后续匹配的代码。

❺ 将页眉中的“标题”改为“时尚前沿”，在本行上一行输入“返回”，选择【插入】|【HTML】|【Image】，在下一行插入图片 imgs/img_002.png，效果如图 12-8 所示，再将图片的宽、高属性改为 width="20"，height="15"，效果如图 12-9 所示。

❻ 在【代码】视图中选中“返回”，打开【属性】面板，在【链接】中输入#，为“返回”建立链接。采用同样的方式，选中 imgs/img_002.png，在【链接】中输入#，如图 12-10 所示，为该

图片建立空链接，效果如图 12-11 所示。

图 12-8

图 12-9

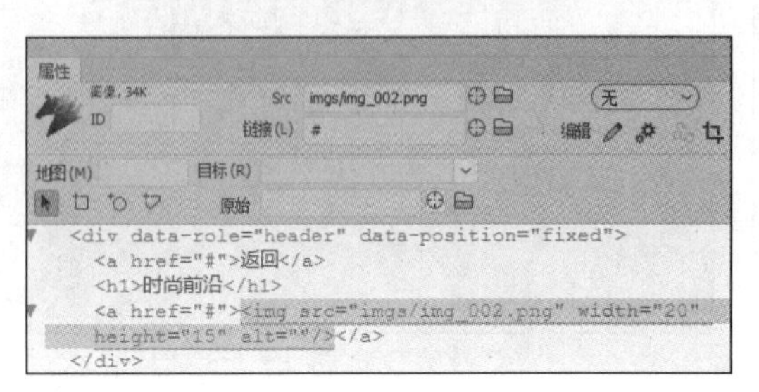

图 12-10

图 12-11

❼ 将鼠标光标置于“返回”前面<a>标签中，在空链接后添加一个空格，输入如下代码：data-icon="arrow-l" data-iconpos="notext"，中间用空格隔开，表示加入向左箭头，不显示文本，效果如图 12-12 所示。

❽ 采用同样的方法，设置页脚为位置固定，将“脚注”替换为图片 imgs/img_001.jpg，并将图片的宽、高属性设置为 width="100%"，height="39"，效果如图 12-13 所示。

图 12-12

图 12-13

提示：

在移动 Web 页面设计中，为了适应不同手机屏幕尺寸的变化，页面中图像的高度和宽度经常采用百分比来描述。若设置宽度为 100%，则表示图像要始终充满手机屏幕。

❾ 保存网页文档，按<F12>键预览效果。

2. 使用 jQuery Mobile 列表视图

❶ 将鼠标光标置于“内容”的上一行尾部，按<Enter>键，在【插入】面板中，选择【HTML】|【Image】，插入图像 images/01.jpg，并设置图像宽度 width="100%"，删除图像宽度设置，如图 12-14 所示。

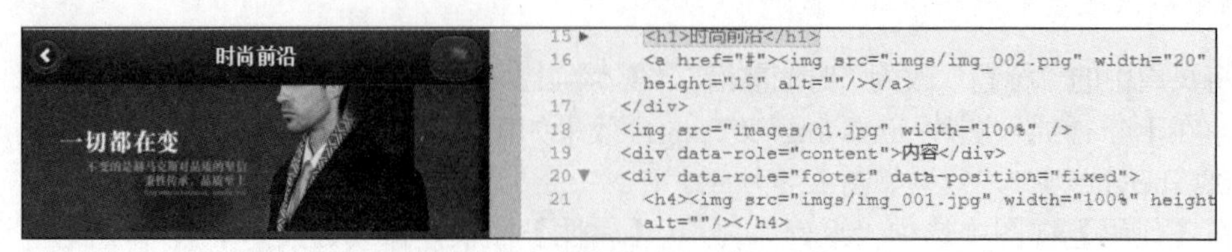

图 12-14

提示：

若宽度设置为 100%，高度没有设置，则表示图像要始终充满手机屏幕，高度按比例自动调节。

❷ 选中并删除文本“内容”，保持鼠标光标仍然在该位置。在【插入】面板中选择【jQuery Mobile】，选中【列表视图】，打开【列表视图】对话框，如图 12-15 所示，【项目】设置为 6，勾选【文字说明】复选框，其他保持默认状态，单击【确定】按钮，完成列表的插入，效果如图 12-16 所示。

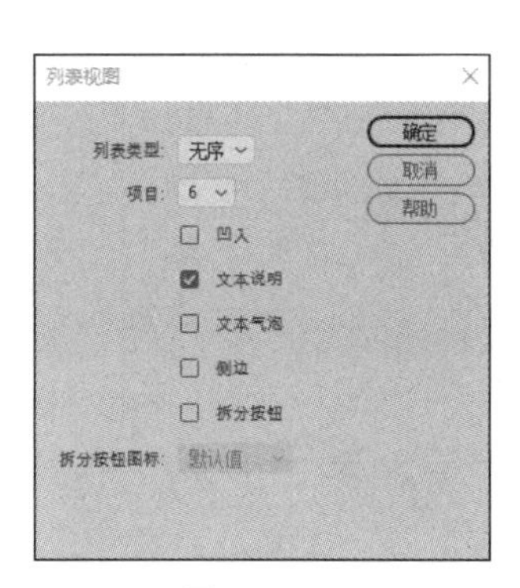

图 12-15

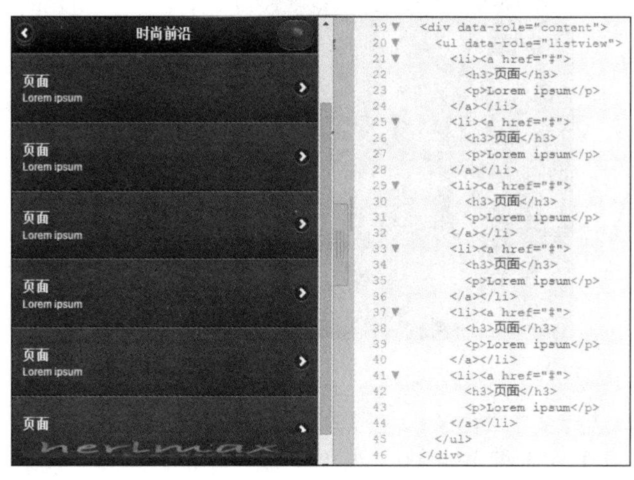

图 12-16

❸ 打开 text 文档，将“从仙境跳入魔界 Now！Elie Saab 现场”替换第一个“页面”，将“2016-03-06”替换第一个“Lorem ipsum”，效果如图 12-17 所示。

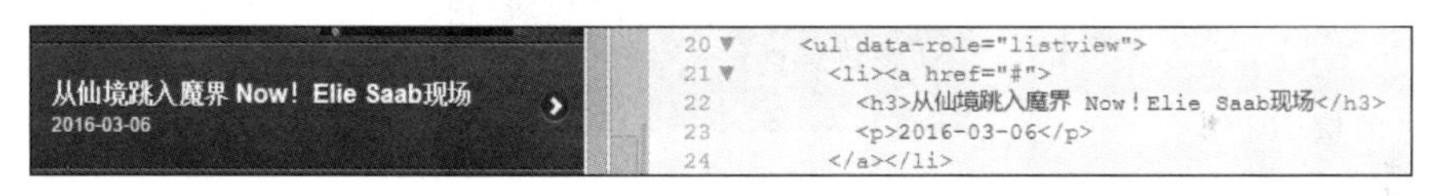

图 12-17

❹ 在“从仙境跳入魔界 Now！Elie Saab 现场”上一行，插入图像 imgs/img_003.jpg，删除图像高度和宽度的设置，并在<img>标签中添加内联样式 style="padding-top: 13px"，如图 12-18 所示。

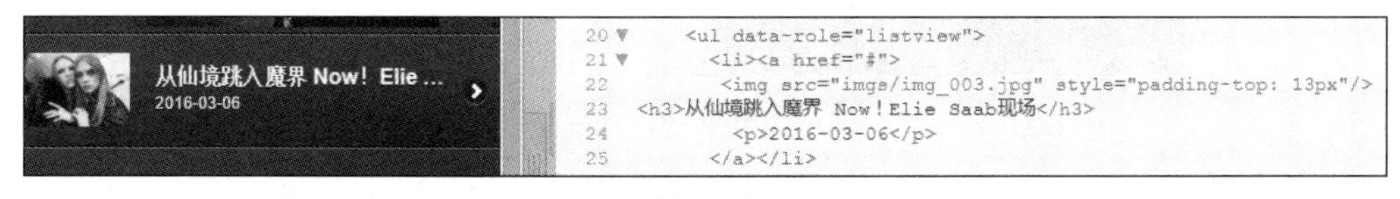

图 12-18

提示：

由于移动 Web 页面设计基于一个开发框架，而这些框架都有比较完整的 CSS 样式体系，因此当某一个标签样式不满足需求时，可以使用内联样式作为补充。

❺ 采用同样的方法，将其他“页面”所在处的文字替换为相应的图像，完成列表视图的全部工作，效果如图 12-19 所示。

❻ 保存网页文档，按<F12>键预览效果。

3. 设置导航条和使用 jQuery Mobile 布局网格

12-2 服装定制 I（2）

❶ 双击打开 fashionstyles.html 文档，选中并删除文本“在此处插入导航条”，

在【插入】面板【HTML】选项下，选择【Div】，打开【插入 Div】对话框，单击【确定】按钮插入<div>标签，并在其中插入代码：data-role="navbar"，将"此处显示新 Div 标签的内容"替换成"西装"，如图 12-20 所示。

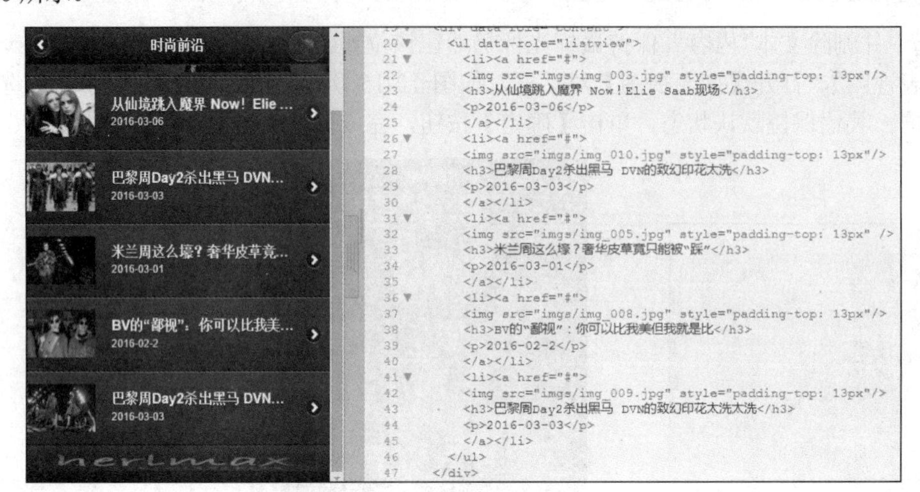

图 12-19

❷ 选择文本"西装"，在【属性】面板中，选择【HTML】选项卡，选中【项目列表】按钮，在【链接】文本框中输入#，为"西装"建立空链接，效果如图 12-21 所示。在【代码】视图中，选中"<li><a href="#">西装</a></li>"这段代码，并在其下方复制 4 次，并将"西装"分别改成"衬衫""领带""风衣"和"夹克"，完成导航条的制作，效果如图 12-22 所示。

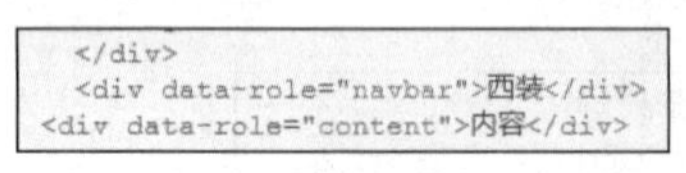

图 12-20

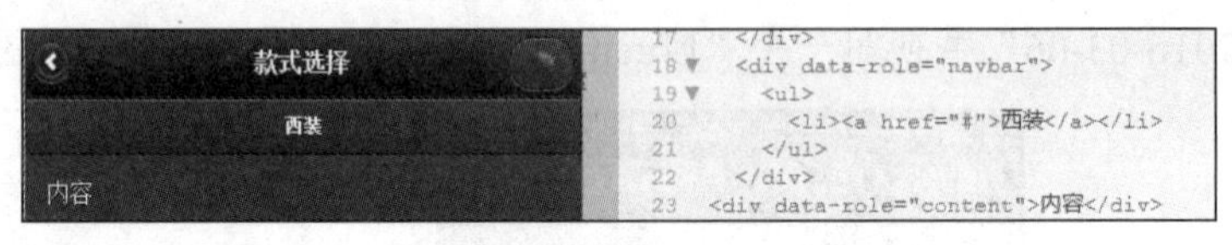

图 12-21

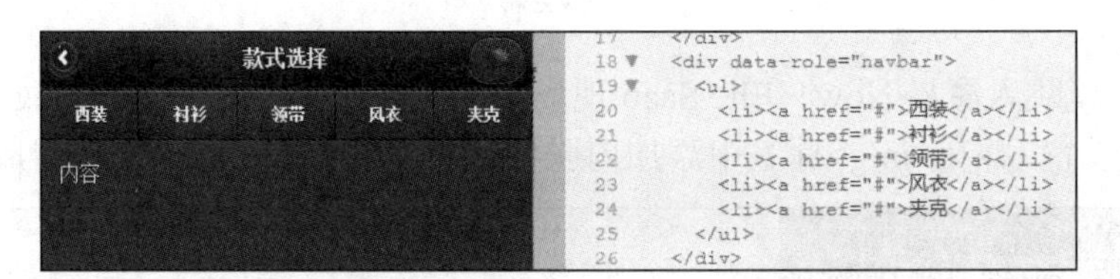

图 12-22

❸ 选中并删除文本"在此处插入布局网格"，在【插入】面板中，选择【jQuery Mobile】，选中【布局网格】，打开【布局网格】对话框，如图 12-23 所示，设置【行】为"2"，【列】为"3"，单击【确定】按钮，完成布局网格的插入，效果如图 12-24 所示。

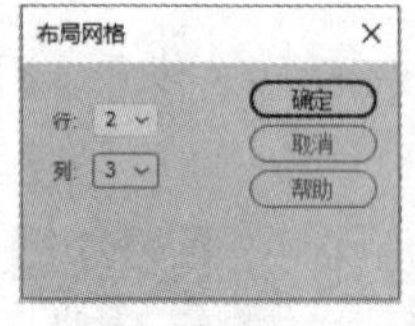

图 12-23

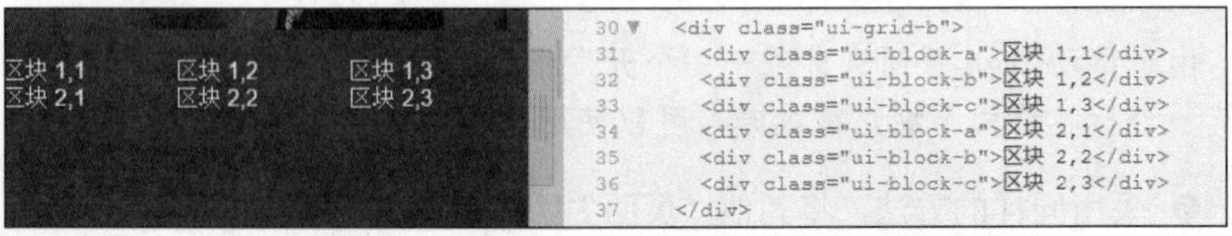

```
区块 1,1    区块 1,2    区块 1,3
区块 2,1    区块 2,2    区块 2,3

30 <div class="ui-grid-b">
31   <div class="ui-block-a">区块 1,1</div>
32   <div class="ui-block-b">区块 1,2</div>
33   <div class="ui-block-c">区块 1,3</div>
34   <div class="ui-block-a">区块 2,1</div>
35   <div class="ui-block-b">区块 2,2</div>
36   <div class="ui-block-c">区块 2,3</div>
37 </div>
```

图 12-24

❹ 选中并删除"区块 1,1"，在【插入】面板中，选择【HTML】|【Image】，插入图像 imgs/img_013.jpg，并设置图像宽度 width="100%"，删除 height 和 alt 属性。再选中该图像代码，在【属性】面板中，为该图像添加空链接，如图 12-25 所示。

```
29      </div>
30 ▼    <div class="ui-grid-b">
31        <div class="ui-block-a">
32        <a href="#"><img src="imgs/img_013.jpg" width="100%"/></a>
          </div>
33        <div class="ui-block-b">区块 1,2</div>
34        <div class="ui-block-c">区块 1,3</div>
35        <div class="ui-block-a">区块 2,1</div>
36        <div class="ui-block-b">区块 2,2</div>
37        <div class="ui-block-c">区块 2,3</div>
38      </div>
```

图 12-25

❺ 采用同样的方式，在其他区块位置插入图像 img_014.jpg、img_015.jpg、img_016.jpg、img_019.jpg 和 img_020.jpg，并建立空链接，效果如图 12-26 所示。

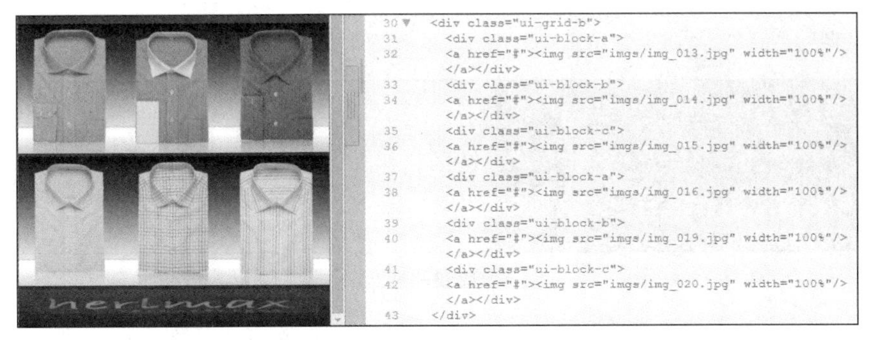

图 12-26

❻ 保存网页文档，按<F12>键预览效果。

4．使用 jQuery Mobile 可折叠区块

❶双击打开 customization.html 文档，在【代码】视图中，选中并删除文本“在此处添加可折叠区块”。在【插入】面板中，选择【jQuery Mobile】选项，选中【可折叠区块】，直接插入可折叠区块代码，效果如图 12-27 所示。

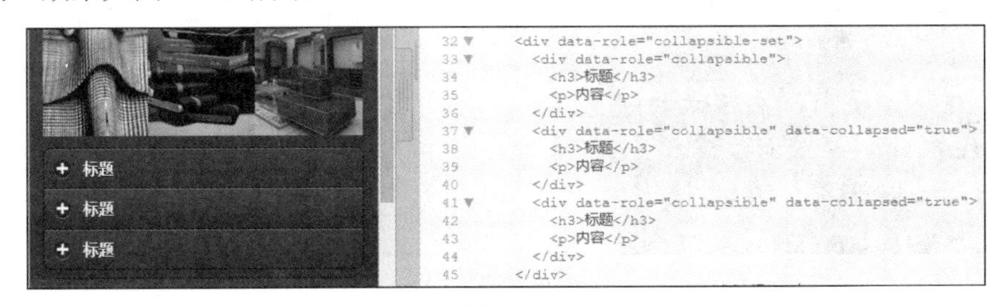

图 12-27

❷ 将第一个“标题”改为“定制方式”，选中并删除第二个和第三个“标题”所在代码段，效果如图 12-28 所示。选中并删除第一个“内容”所在行，在【插入】面板中，选择【jQuery Mobile】，选中【列表视图】，打开【列表视图】对话框，如图 12-29 所示，在【列表类型】下拉框中选择【有序】，设置【项目】为 3，勾选【凹入】复选框，其他保持默认状态，单击【确定】按钮，插入列表视图，效果如图 12-30 所示。

```
31      </div>
32 ▼    <div data-role="collapsible-set">
33 ▼      <div data-role="collapsible">
34          <h3>定制方式</h3>
35          <p>内容</p>
36        </div>
37      </div>
```

图 12-28

❸ 将 3 个“页面”分别更改为“网站预约>>”“电话预定建议”和“门店定制”，完成定制方式的可折叠区块设置，效果如图 12-31 所示。

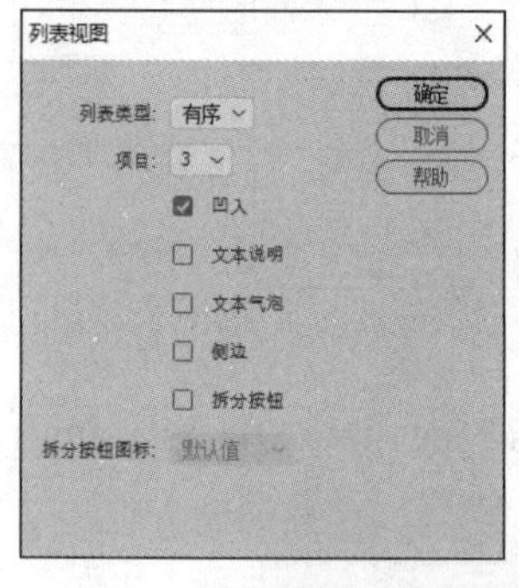

图 12-29

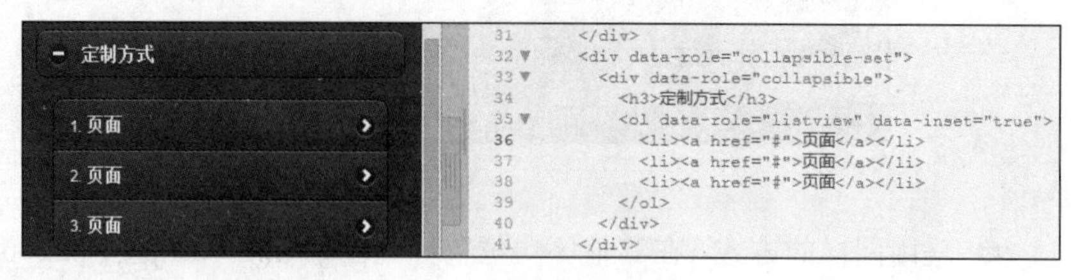

图 12-30

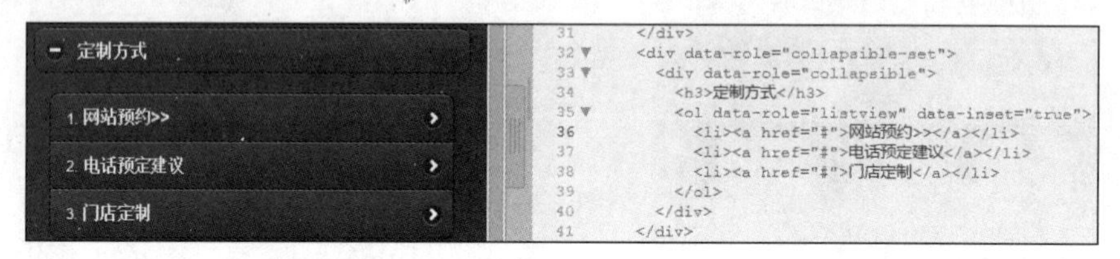

图 12-31

❹ 在第 2 个“在此处添加可折叠区块”位置，采用同样的方式，完成定制流程的可折叠区块设置，效果如图 12-32 所示。

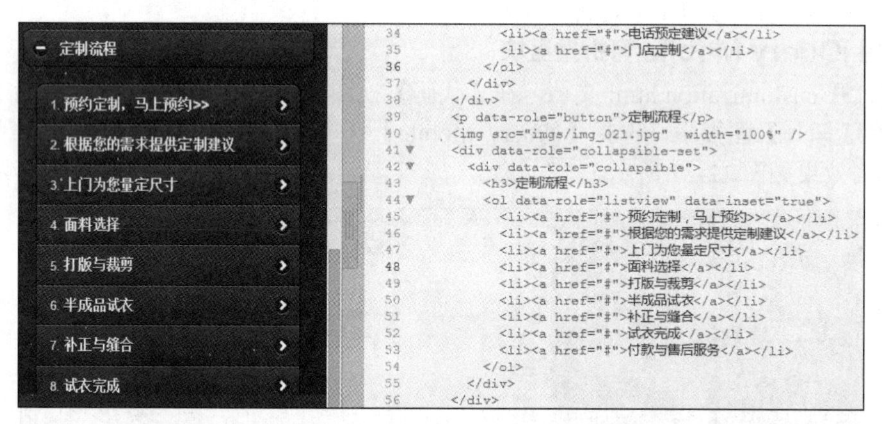

图 12-32

❺ 保存网页文档，按<F12>键预览效果。

12.2.2 jQuery Mobile 页面

在【插入】面板中，选择【jQuery Mobile】，选中【页面】，打开【jQuery Mobile 文件】对话框，如图 12-33 所示，各选项说明如下。

【链接类型】：选择【远程】，则采用的是 jQuery Mobile CDN 方式，从内容分发网络直接引用 jQuery Mobile，移动 Web 应用上线时，采用该方式；选择【本地】，则采用的是下载 jQuery Mobile 方式，从 jQuerymobile.com 下载 jQuery Mobile 库，移动 Web 页面开发时，采用该方式。

【CSS 类型】：选择【组合】，则所有 CSS 样式存放在一个样式表文件中；选择【拆分】，则将 CSS 样式分解为结构样式和主题样式，分别存放在 2 个样式表文件中。

单击【确定】按钮，打开【页面】对话框，如图 12-34 所示。

在【ID】中输入该页面的标识，勾选“标题”复选框，则该页面自动添加 header 代码；勾选

“脚注”复选框，则该页面自动添加 footer 代码。单击【确定】按钮，插入如下代码：

```
<div data-role="page" id="page">
  <div data-role="header">
    <h1>标题</h1>
  </div>
  <div data-role="content">内容</div>
  <div data-role="footer">
    <h4>脚注</h4>
  </div>
</div>
```

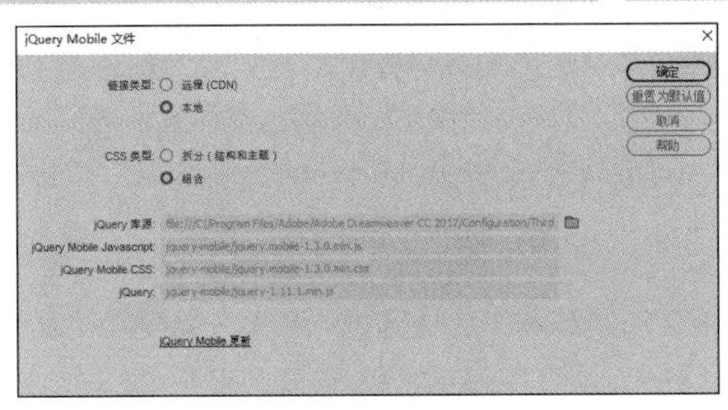

图12-33

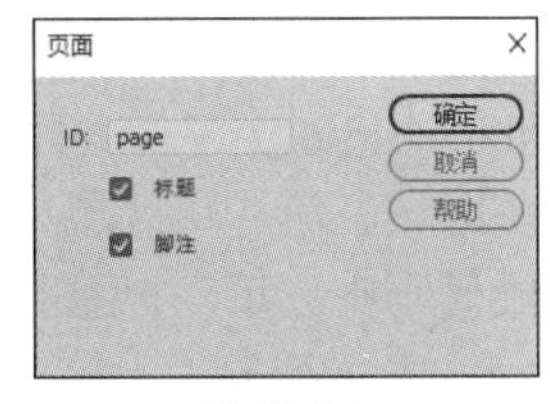

图12-34

在代码中，“标题”“内容”和“脚注”分别位于各自的<div>标签区域中，每个区域分别设置 data-role 属性值为 header、content 和 footer。页面<div>标签设置 data-role 属性值为 page，该标签包含了 header、content 和 footer 3 个<div>标签。

12.2.3 jQuery Mobile 列表视图

在【插入】面板中，选择【jQuery Mobile】，选中【列表视图】，打开【列表视图】对话框，如图 12-35 所示，各选项说明如下。

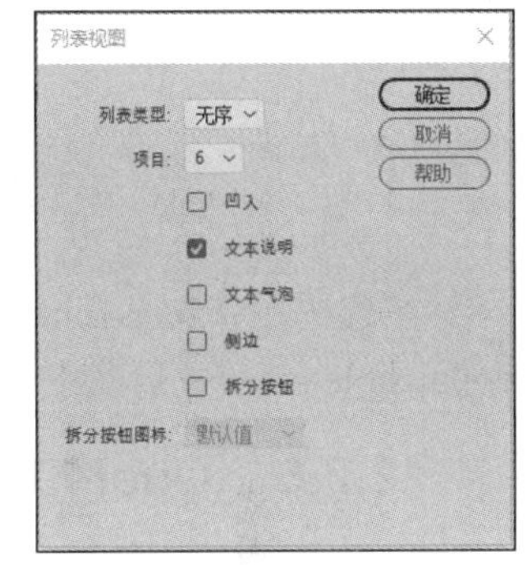

图12-35

【列表类型】：选择【无序】，表示设置无序列表，无序列表可以制作导航条；选择【有序】，表示设置有序列表。

【项目】：表示项目的数量。

【凹入】：勾选该复选框，则选项条有缩进，不满屏。

【文本说明】：勾选该复选框，则增加选项文字说明。

【文字气泡】：勾选该复选框，则增加气泡状文字说明，位于右侧。

【侧边】：勾选该复选框，则位于项目条右侧部分的文字说明。

【拆分按钮】：勾选该复选框，则将选项条拆分为两部分，右侧部分由图标表示，勾选该复选框后，【拆分按钮图标】被激活，在其右侧的下拉框中，可选择所需要的图标。

单击【确定】按钮，插入<ul>或<ol>标签和<li>标签代码。

```
<ul data-role="listview" data-inset="true">
    <li><a href="#">
      <h3>页面</h3>
      <p>Lorem ipsum</p>
    </a></li>
    <li><a href="#">
      <h3>页面</h3>
```

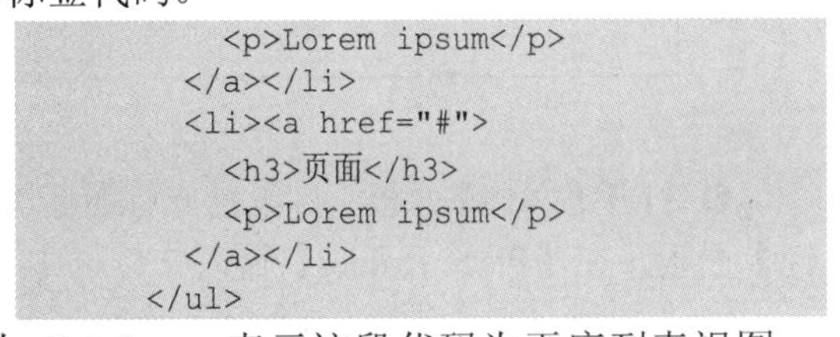

```
      <p>Lorem ipsum</p>
    </a></li>
    <li><a href="#">
      <h3>页面</h3>
      <p>Lorem ipsum</p>
    </a></li>
</ul>
```

在本段代码中，<ul>标签中 data-role 属性值为 listview，表示这段代码为无序列表视图，data-inset 属性表示凹入，<li>标签表示列表视图的项。如果插入<ol>标签，表示这段代码为有序列表视图。

12.2.4 jQuery Mobile 布局网格

在【插入】面板中，选择【jQuery Mobile】，选中【布局网格】，打开【布局网格】对话框，如图 12-36 所示，各选项的含义如下。

图12-36

【行】：设置网格的行数。

【列】：设置网格的列数。

单击【确定】按钮，插入布局网格的代码。

```
<div class="ui-grid-b">
    <div class="ui-block-a">区块1,1</div>
    <div class="ui-block-b">区块1,2</div>
    <div class="ui-block-c">区块1,3</div>
    <div class="ui-block-a">区块2,1</div>
    <div class="ui-block-b">区块2,2</div>
    <div class="ui-block-c">区块2,3</div>
</div>
```

网格类提供4种布局网格，分别为2列、3列、4列和5列布局，分别由类样式ui-grid-a、ui-grid-b、ui-grid-c和ui-grid-d实现。类样式ui-block-a、ui-block-b和ui-block-c表示列位置上的区块，分别表示第1块区域、第2块区域和第3块区域。

在本段代码中，<div>标签类设置为ui-grid-b，表示3列布局，需要类样式ui-block-a、ui-block-b和ui-block-c，表示列位置上第1块区域、第2块区域和第3块区域，这3个类样式反复使用2次，实现了3列布局的2行效果。

12.2.5 jQuery Mobile 可折叠区块

在【插入】面板中，选择【jQuery Mobile】选项，选中【可折叠区块】，直接插入可折叠区块代码。

```
<div data-role="collapsible-set">
   <div data-role="collapsible">
     <h3>标题</h3>
     <p>内容</p>
   </div>
   <divdata-role="collapsible">
     <h3>标题</h3>
     <p>内容</p>
   </div>
   <div data-role="collapsible" >
     <h3>标题</h3>
     <p>内容</p>
   </div>
</div>
```

在代码中，data-role 属性值 collapsible（可折叠）表示一个可折叠项目，data-role 属性值 collapsible-set（可折叠集）表示一个可折叠区域，其中包括若干可折叠项目。

12.2.6 jQuery Mobile 表单

以基本素材“移动表单”为本地站点文件夹，创建名称为“移动表单”的站点。

❶ 双击打开 register.html 文档，在【代码】视图中，选中并删除“在此处添加表单内容”。在【插入】面板中，选择【jQuery Mobile】选项，选中【文本】，直接插入“文本”代码，并把“文本输入”改为“用户名”，效果如图12-37所示。

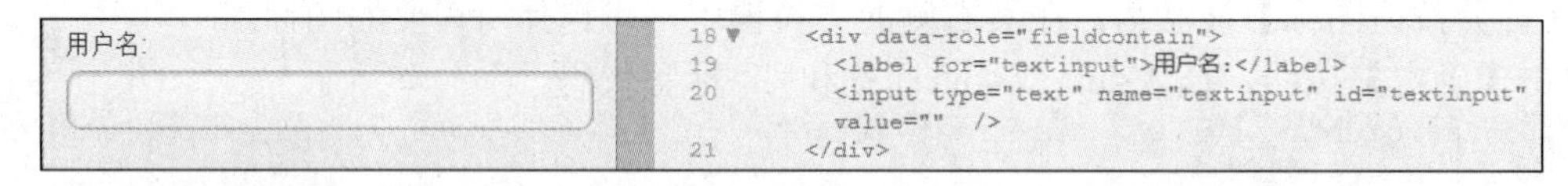

图12-37

❷ 打开【属性】面板，将鼠标光标置于“用户名”下方的输入框时，出现图12-38所示的【属性】面板，在【Place Holder】输入文本框中输入“电子邮件或手机号”，效果如图12-39所示。

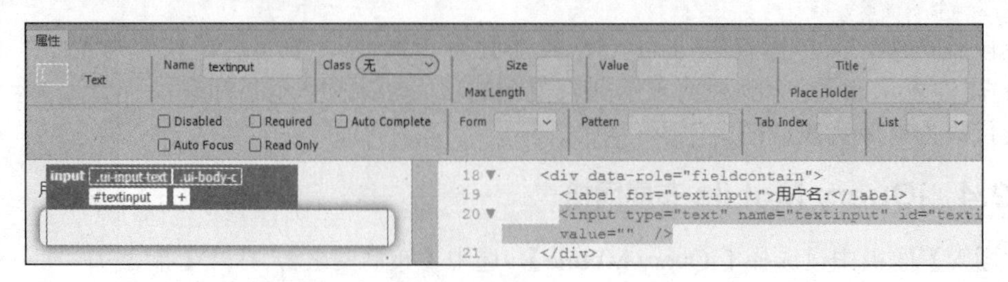

图12-38

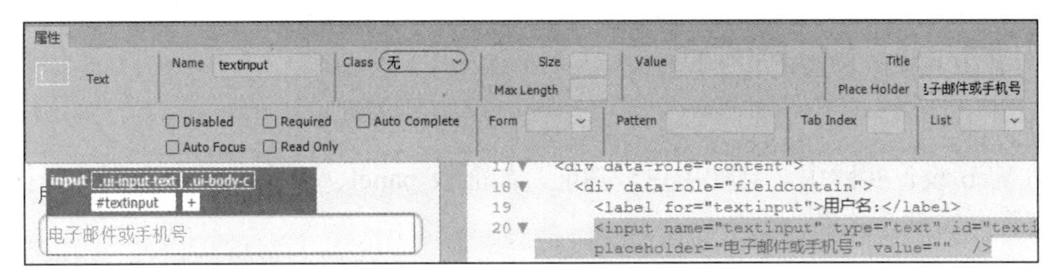

图 12-39

❸ 将鼠标光标置于“用户名”代码区下方，选中【密码】，直接插入“密码”代码，并将 place holder 设置为“数字+字母”，效果如图 12-40 所示。再次选中【密码】，插入“密码”代码，并将“密码输入”改为“密码确认”，设置 place holder 为“重新输入密码”，效果如图 12-41 所示。

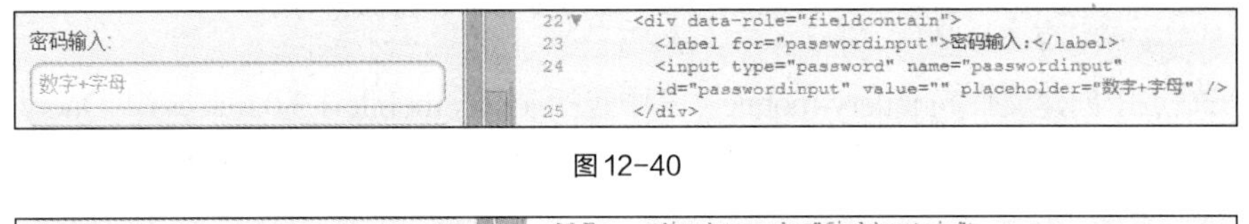

图 12-40

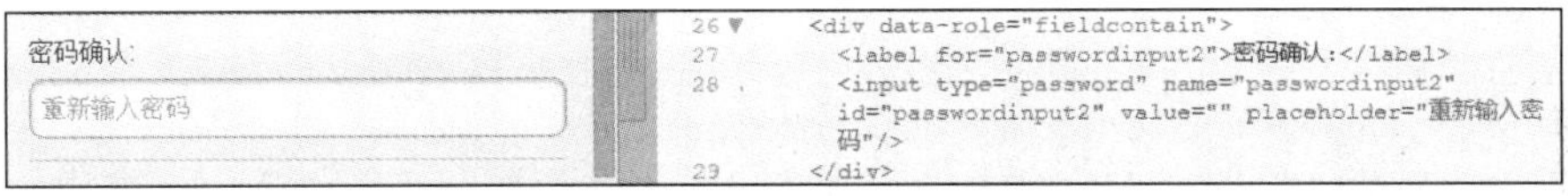

图 12-41

❹ 采用同样的方法，插入“联系电话”和“电子邮箱”表单，其中联系电话的 placeholder 设置为“手机电话号码”，效果如图 12-42 所示。

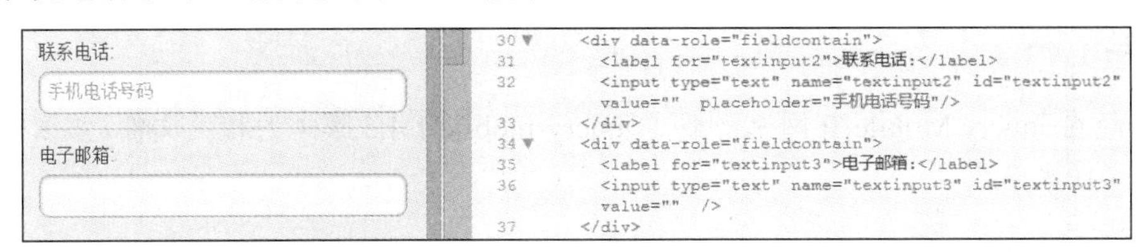

图 12-42

❺ 将鼠标光标置于“电子邮箱”代码区下方，选中【选择】，直接插入“选择”代码，并将“选择”改为“地区”，“选项 1”改为“北京”，“选项 2”改为“上海”，“选项 3”改为“天津”，效果如图 12-43 所示。

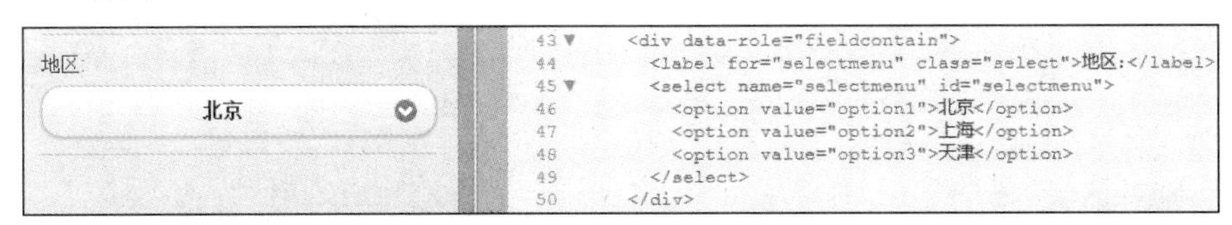

图 12-43

❻ 将鼠标光标置于“地区”代码区下方，选中【文本区域】，直接插入“文本区域”代码，并将“文本区域”改为“收货地址”，效果如图 12-44 所示。

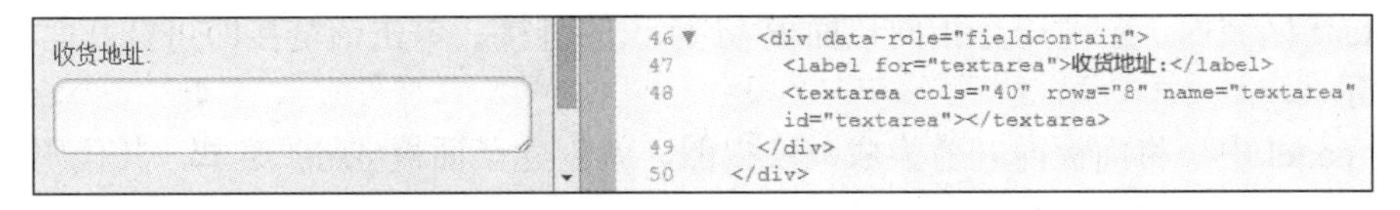

图 12-44

❼ 保存网页文档，按<F12>键预览效果。

12.3 jQuery Mobile 应用

在移动 Web 设计实践中，会使用更多功能，如面板 panel、弹窗 popup 和图片轮播等功能，来丰富和完善页面设计效果。

12.3.1 jQuery Mobile 版本

Dreamweaver CC 支持 jquery.mobile 1.3.0 版本。在网页中插入【页面】后，系统在页面<header>标签中，自动添加如下代码，完成对 jQuery Mobile 1.3 版本的引用。

```
<link href="jquery-mobile/jquery.mobile-1.3.0.min.css" rel="stylesheet" type="text/css">
<script src="jquery-mobile/jquery-1.11.1.min.js"></script>
<script src="jquery-mobile/jquery.mobile-1.3.0.min.js"></script>
```

同时，在站点中创建文件夹 jquery-mobile，其中包括 jquery.mobile-1.3.0.min.css（jQuery Mobile 样式表文件），jquery-1.11.1.min.js（jQuery 脚本文件）和 jquery.mobile-1.3.0.min.js（jQuery Mobile 脚本文件）。

将以上代码更改为：

```
<link href="jquery-mobile/jquery.mobile-1.4.5.min.css" rel="stylesheet" type="text/css">
<script src="jquery-mobile/jquery.min.js"></script>
<script src="jquery-mobile/jquery.mobile-1.4.5.min.js"></script>
```

同时，将文件夹 jquery-mobile 中原来 1.3.0 版本的文件全部删除，替换成 jQuery Mobile 1.4.5 版本的文件，包括 jquery.mobile-1.4.5.min.css，jquery.min.js 和 jquery.mobile-1.4.5.min.js，实现了 jQuery Mobile 1.4.5 版本的引用。

提示：

本书已经在 Jquery Mobile 官网上下载了 jquery-mobile 1.4.5 版本的相关文件，并保存在 jquery-mobile-bak 文件夹中。

12.3.2 面板 panel

在<div>标签中，添加 data-role="panel" 属性来创建面板，同时设置 id 标识以备调用，其代码如下：

```
<div data-role="page" id="page">
    <h2>面板</h2>
    <p>面板内容</p>
  </div>
  <div data-role="header">
    <h1>标题</h1>
  </div>
  <div data-role="content">
  <div data-role="panel" id="myPanel">
    <a href="#myPanel">打开面板</a>
  </div>
  <div data-role="footer">
    <h1>脚注</h1>
  </div>
</div>
```

在 jQuery Mobile 页面中，面板 panel 与 header、footer、content 是并列（或兄弟）关系。用户可以在它们之前或之后添加面板代码，但不能添加在它们中间。

在 content 区域内，创建一个指向该面板 id 标识的链接，单击该链接即可打开面板，效果如图 12-45 所示。

在面板 panel 中，将面板内容替换成列表视图，就创建了面板 panel 菜单，其代码如下：

```
<div data-role="page" id="page">
  <div data-role="panel" id="myPanel">
    <h2>菜单</h2>
    <h1>标题</h1>
  </div>
  <div data-role="content">
```

```
        <ul data-role="listview">
          <li><a href="#">项目 1</a></li>
          <li><a href="#">项目 2</a></li>
          <li><a href="#">项目 3</a></li>
        </ul>
      </div>
      <div data-role="header">
        <a href="#myPanel">菜单</a>
```

```
        <p>面板菜单应用</p>
      </div>
      <div data-role="footer" data-position =
"fixed" >
        <h1>脚注</h1>
      </div>
    </div>
```

在标题区域内，创建一个指向该面板 id 标识的链接，运行效果如图 12-46 所示。

图 12-45

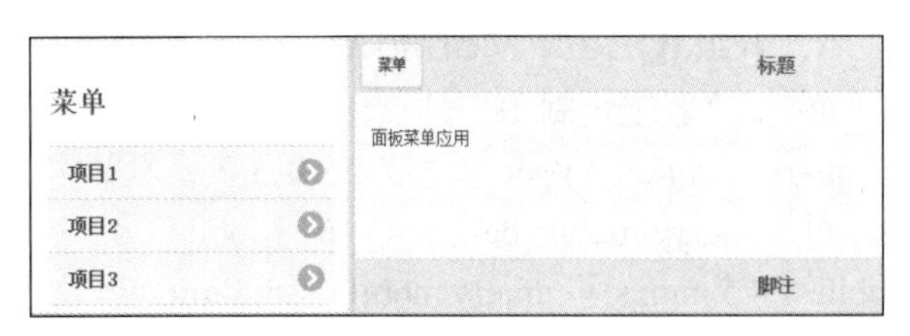

图 12-46

12.3.3　弹窗 popup

弹窗是一个对话框，可以显示一段文本、图片、地图或其他内容。

创建一个弹窗，需要使用<div>和<a>两种标签。在<div>标签中添加 data-role="popup" 属性，并设置 id 标识，创建弹窗显示的内容；在<a>标签中添加 data-rel="popup" 属性，创建使用弹窗的链接，其代码如下：

```
    <div data-role="content">
        <a href="#myPopup" data-rel="popup">
显示弹窗</a>
        <div data-role="popup" id="myPopup">
            <p>这是一个简单的弹窗</p>
        </div>
    </div>
```

运行效果如图 12-47 所示。

默认情况下，单击弹窗之外的区域或按<Esc>键即可关闭弹窗，也可以在弹窗中添加 data-rel="back"属性实现回退，添加 data-icon="delete"属性显示关闭按钮，并通过样式来控制按钮的位置。同时，默认情况下弹窗会直接显示在单击元素的上方。用户也可以在打开弹窗的链接上使用 data-position-to 属性控制弹窗位置，其代码如下：

```
    <div data-role="content">
        <a href="#myPopup" data-rel="popup"
>显示弹窗</a>
        <div data-role="popup" id="myPopup"
>
          <a href="#" data-rel="back" data-
role ="button" data-icon="delete" data-iconpos
="notext" class="ui-btn-right">关闭</a>
            <p>在右上角有个关闭按钮</p>
        </div>
    </div>
```

运行效果如图 12-48 所示。

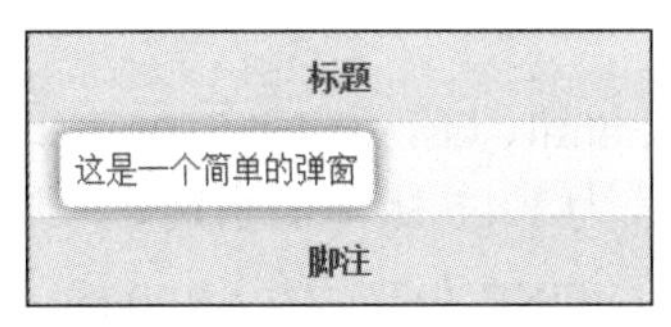

图 12-47

图 12-48

12.3.4　课堂案例——服装定制 II

案例学习目标：学习创建 jQuery Mobile 应用的方法。

案例知识要点：在【代码】视图中，学会升级和使用 jQuery Mobile 新版本，使用面板 panel、弹窗 popup、图片轮播和页面链接的方法。

素材所在位置：电子资源/案例素材/ch12/课堂案例-服装定制 II。

案例效果如图 12-49 和图 12-50 所示。

以素材“课堂案例-服装定制 II”为本地站点文件夹，创建名称为“服装定制 II”的站点。

图 12-49　　图 12-50

1. 升级 jQuery Mobile 版本和图片轮播

❶ 在“服装定制 II”站点根文件夹中，删除文件夹 jquery-mobile 中 jQuery Mobile 1.3.0 版本的全部文件，再将 jquery-mobile-bak 中 jQuery Mobile 1.4.5 版本的文件（jquery.min.js、jquery.mobile-1.4.5.min.js 和 jquery.mobile-1.4.5.min.css 文件）全部复制其中。

12-3　服装定制 II（1）

❷ 在【文件】面板中，选择“服装定制 II”站点，双击打开 fashionnew.html 文档，如图 12-51 所示。

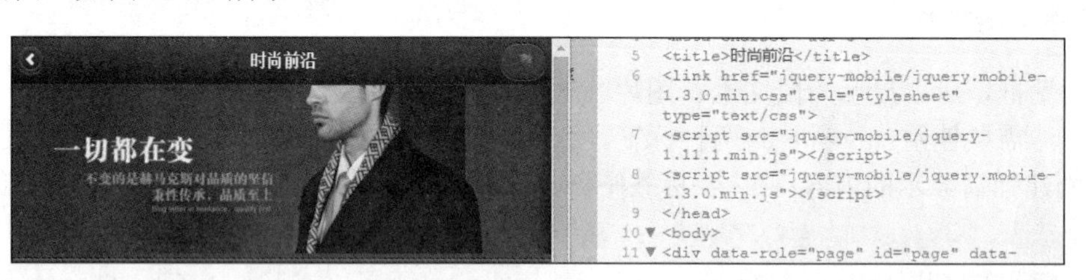

图 12-51

❸ 在【代码】视图中，选中并删除<head>标签中的<link>和<script>标签的全部内容，打开 text 文档，将 jQuery Mobile 1.4.5 版本的引用复制到该位置，同时在 id 为 page 的<div>标签中，将 data-theme="a"改为 data- theme="b"，效果如图 12-52 所示。

提示：

在 jQuery Mobile 1.4.5 版本中，只有两种主题，由 data-theme 属性设定，分别为 a（浅灰色）和 b（黑色）。如果需要更多主题，可以通过自行定义或开发获得。

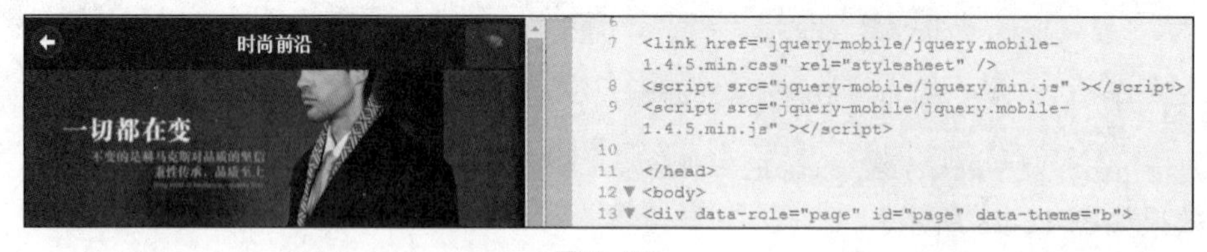

图 12-52

❹ 采用同样的方式，分别在 index.html、customization.html、fashiondetail.html 和 fashionstyles.html 这 4 个文档中，将 jQuery Mobile 1.3.0 版本的引用更改为 1.4.5 版本的引用，并调整主题设置。

❺ 将文件夹 jquery-mobile-bak 中轮播相关的 3 个文件 jquery.luara.0.0.1.min.js 文件、luara.css 和 style.css 样式表文件，复制到文件夹 jquery-mobile 中，再将 text 文档中轮播相关的 3 个文件的引用复制到<head>标签中。

❻ 在 fashionnew.html 文档中，在【代码】视图中，选中并删除图片 images/01.jpg 所在的行，再将 text 文档中相关轮播的代码复制到该位置，效果如图 12-53 所示。

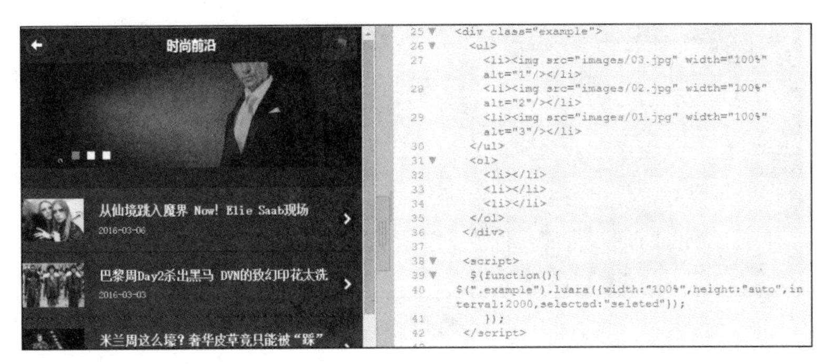

图 12-53

提示：

图片轮播的 JavaScript 代码和 CSS 样式已经编写完成，并存储在 text 文档中。用户在创建页面时，可以根据需要添加到当前页面中，轮播图片可以替换，轮播时间可以重新调整。

❼ 保存网页文档，按<F12>键预览效果。

2. 使用面板 panel 和弹窗 popup

❶ 在【文件】面板中，双击打开文件 fashiondetail.html，如图 12-54 所示。

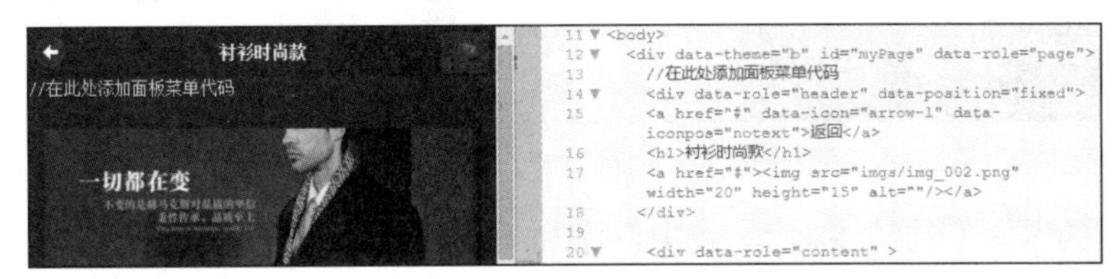

图 12-54

❷在【代码】视图中，选中并删除文本“在此处添加面板菜单代码”，并将 text 文档中面板菜单代码复制到该位置。在 header 部分代码中，选中并删除“返回”所在行的代码，并将 text 文档中的<a href="#leftPanel" data-icon="bullets" data-iconpos="notext">主菜单</a>复制到该位置，完成面板菜单的设置，效果如图 12-55 所示。

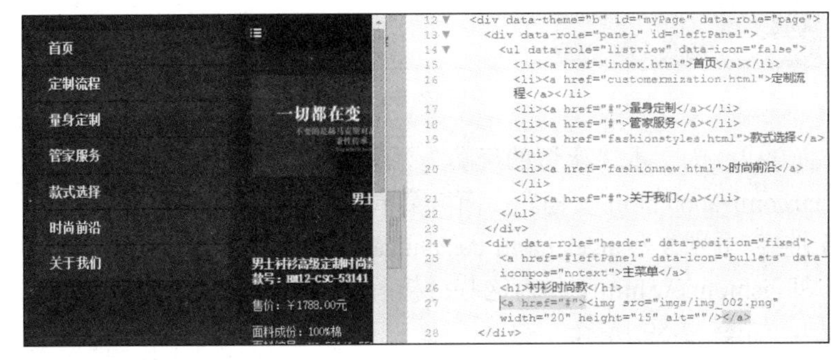

图 12-55

❸ 采用同样的方式，在 customization.html、fashionnew.html 和 fashionstyles.html 这 3 个文档中，添加面板菜单代码，并在 header 部分代码中设置面板菜单的链接。

❹ 在 fashiondetail.html 文档中，选中并删除文本“在此处插入弹窗 1 内容代码”，并将 text 文档中的弹窗 1 内容代码复制到该位置；选择并删除文本“将下面图像标签替换为弹窗 1 链接代码”和其下面一行代码，并将 text 文档中的弹窗 1 链接代码复制到该位置，完成弹窗效果的设置，如图 12-56 所示。

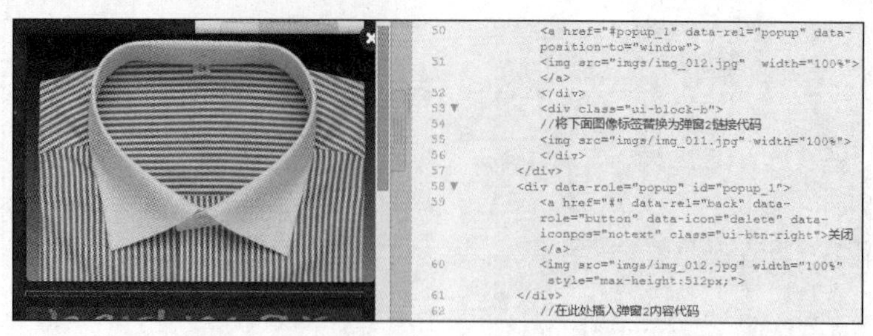

图 12-56

❺ 采用同样的方式，将弹窗 2 内容代码插入相应位置，替换相应代码，完成弹窗 2 效果的设置。

❻ 保存网页文档，按<F12>键预览效果。

3. 页面链接

12-4 服装定制 II（2）

❶ 双击打开 index.html 文档，选中“流行的时尚”，打开【属性】面板，在【链接】中输入 customization.html，如图 12-57 所示，为该文本建立链接。

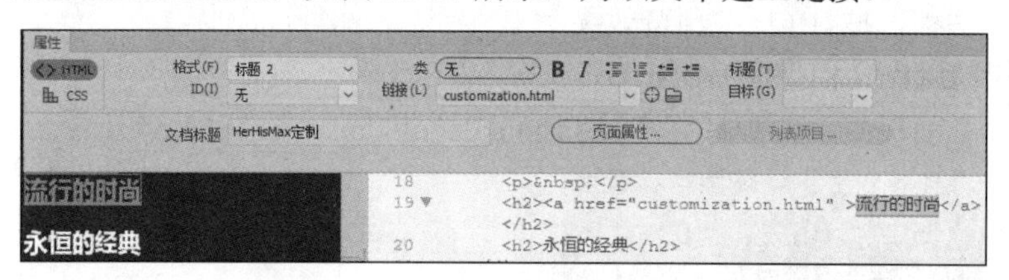

图 12-57

❷ 在“流行的时尚”的链接标签<a>中，添加 style="text-decoration: none"，删除下画线，添加 data-ajax="false"，保证单击链接时正确跳转，效果如图 12-58 所示。

提示：

数据属性 data-ajax 控制前端页面与后台服务器的数据异步通信的状态。当 data-ajax 的属性值为 false 时，表示不能进行通信，即前端页面与后台服务器没有建立异步通信链接。

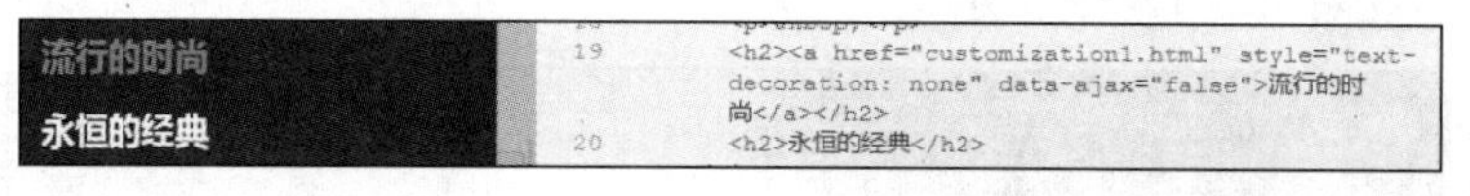

图 12-58

❸ 采用同样的方式，为文本“永恒的经典”添加链接，删除下画线，添加 data-ajax="false"。

❹ 双击打开 customization.html 文档。在面板菜单代码中，将“首页”“定制流程”“款式选择”和“时尚前沿”的空链接，分别改为 index.html、customization.html、fashionstyles.html 和 fashionnew.html，并为这些链接<a>标签添加 data-ajax="false"，如图 12-59 所示。

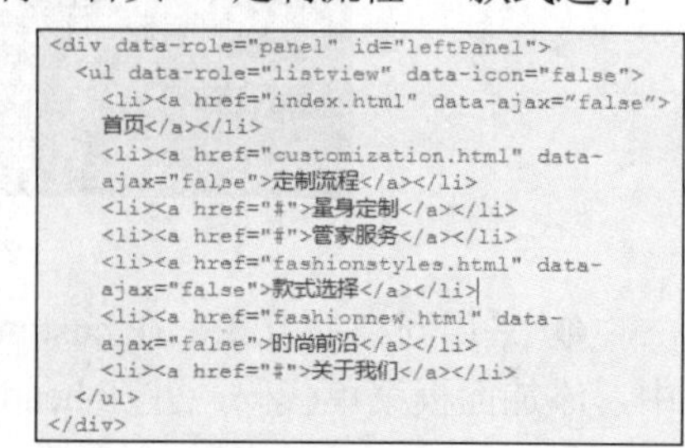

图 12-59

❺ 在 customization.html 文档中，将面板 panel 部分代码复制到剪贴板中；打开 fashiondetail.html、fashionnew.html 和 fashionstyles.html 3 个文档，在每个文档中分别选中并删除面板 panel 部分代码，再将剪贴板中代码复制到该位置。

❻在 fashionstyles.html 文档中，找到"imgs/img_014.jpg"，将该图片的空链接更改为 fashiondetail.html，并添加 data-ajax="false"，建立图片到页面的链接。

❼ 保存所有网页文档，按<F12>键预览各个网页的效果。

12.3.5 视口 viewport

视口 viewport 是应用页面的可视区域。在 HTML 中，利用<meta>标签可以实现视口 viewport 的相关设置。

对于移动应用来说，通常在<meta>标签中将视口 viewport 设置成如下形式：

```
<meta name="viewport"content="width=device-width, initial-scale=1">
```

这是一个优化设置方案，在移动页面开发中经常使用。

其中，name 表示该元素名称，设置为 viewport 表示该元素为视口，content 表示该元素 viewport 的设置内容。在 content 内容中，可以有 6 种选项，各选项的含义如下。

【width】：控制视口的宽度，可以是一个正整数（如 600），或者一个字符串“device-width”，该字符串表示设备的宽度。

【height】：与 width 相对应，控制视口的高度。

【initial-scale】：设置页面的初始缩放值，即当页面第一次 load（载入）时的缩放比例，是一个数字，可以带小数。

【maximum-scale】：允许用户缩放到的最大比例，为一个数字，可以带小数。

【minimum-scale】：允许用户缩放到的最小比例，为一个数字，可以带小数。

【user-scalable】：是否允许用户进行缩放，其值为“no”或“yes”，no 表示不允许缩放，yes 表示允许缩放。

上述视口设置也可以写成下面的形式：

```
<meta name="viewport" content="width=device-width, initial-scale=1.0, maximum-scale=1.0,
user-scalable=0">
```

12.3.6 自定义 jQuery Mobile 主题

Dreamweaver CC 支持的 jQuery.Mobile 1.3.0 版本提供了 5 个主题，而 jQuery Mobile 1.4.5 版本只提供 2 个主题。在实际应用中，用户如果需要其他主题，可以自定义想要的主题。

本节自定义主题的方式是通过重新定义一组新的主题 CSS 代码实现。

以基本素材“自定义主题”为本地站点文件夹，创建名称为“自定义主题”的站点。

❶ 在文件夹 jquery-mobile 中，双击打开 jquery.mobile-1.4.5.css 文档，选择【查找】|【查找和替换】，在查找框中输入 ui-bar-a，在【代码】视图中，会看到 ui-bar-a 被选中，效果如图 12-60 所示，再将 ui-bar-a 所在 /* Swatches A*/ （调板 A）范围内代码复制到剪贴板中。

❷ 利用【文件】|【新建】，建立 untitled-1.css 样式文档，将剪贴板中/* Swatches A*/的代码复制到该文档中，利用【文件】|【另存为】，将该样式文档命名为 theme-f.css 并保存在文件夹 jquery-mobile 中，效果如图 12-61 所示。

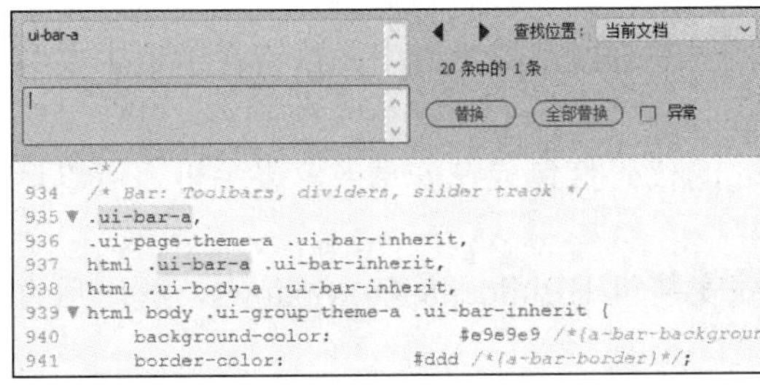

图 12-60

```
1  @charset "utf-8";
2  /* CSS Document */
3
4  /* A
5  -----------------------------------------------------------------
   -*/
6  /* Bar: Toolbars, dividers, slider track */
7  .ui-bar-a,
8  .ui-page-theme-a .ui-bar-inherit,
9  html .ui-bar-a .ui-bar-inherit,
10 html .ui-body-a .ui-bar-inherit,
11 html body .ui-group-theme-a .ui-bar-inherit {
12     background-color:            #e9e9e9 /*{a-bar-background-color}*/;
13     border-color:            #ddd /*{a-bar-border}*/;
14     color:            #333 /*{a-bar-color}*/;
15     text-shadow: 0 /*{a-bar-shadow-x}*/ 1px /*{a-bar-shadow-y}*/ 0 /*
```

图 12-61

❸ 在 theme-f.css 文档【代码】视图中，选择【查找】|【查找和替换】，在查找框中输入 ui-bar-a，在替换框中输入 ui-bar-f，单击【全部替换】按钮，将 ui-bar-a 变成 ui-bar-f，效果如图 12-62 所示。

❹ 打开“设置主题”文档，在<head>标签中，添加<link href="jquery-mobile/theme-f.css" rel="stylesheet" />代码，完成 theme-f.css 样式文档的引用。将“页眉”和“页脚”中的 data-theme="b" 更改为 data-theme="f"。

❺ 打开【CSS 设计器】面板，在【源】列表中选择 theme-f.css 文档，在【选择器】列表中显示该样式文档的全部样式名，如图 12-63 所示，选中第一行样式“.ui-bar-f, .ui-page- theme-a .ui-bar-inherit, html…”，在【属性】面板中，选择【属性】下方 T 按钮，并勾选【显示集】复选框，如图 12-64 所示，在【color】文本框中输入“#FFFFFF”。再选择【属性】下方▨按钮，如图 12-65 所示，在【background-color】文本框中输入“#FF0000”，完成 ui-bar-f 的设置，页面效果如图 12-66 所示。

```
1  @charset "utf-8";
2  /* Swatches */
3  /* A
4  -----------------------------------------------------------------------
   ----------------------------------------------------------*/
5  /* Bar: Toolbars, dividers, slider track */
6  .ui-bar-f,
7  .ui-page-theme-a .ui-bar-inherit,
8  html .ui-bar-f .ui-bar-inherit,
9  html .ui-body-a .ui-bar-inherit,
10 ▼ html body .ui-group-theme-a .ui-bar-inherit {
11      background-color: #FF0000 /*{a-bar-background-color}*/;
12      border-color: #ddd /*{a-bar-border}*/;
13      color: #FFFFFF /*{a-bar-color}*/;
14      text-shadow: 0 /*{a-bar-shadow-x}*/ 1px /*{a-bar-
        shadow-y}*/ 0 /*{a-bar-shadow-radius}*/    #eee /*{a-
        bar-shadow-color}*/;
15      font-weight: bold;
16 }
```

图 12-62

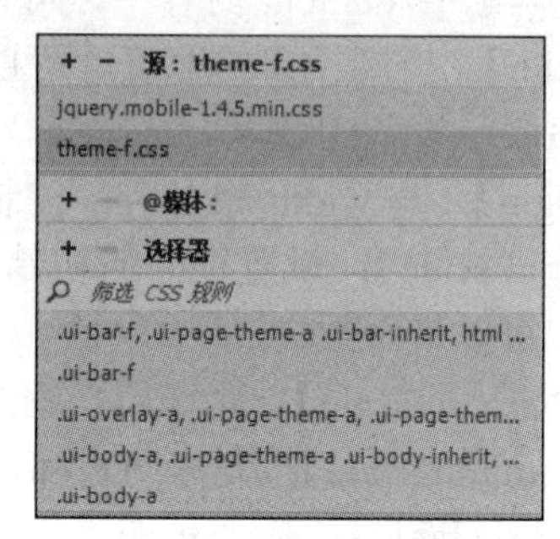

图 12-63

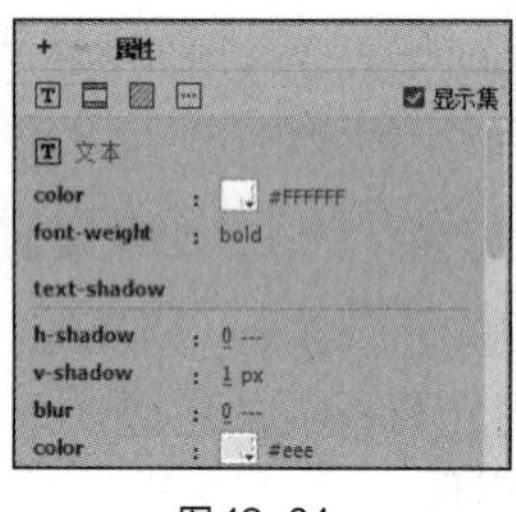

图 12-64

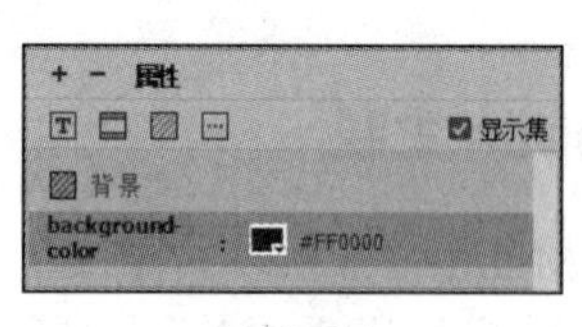

图 12-65

图 12-66

❻ 保存网页文档，按<F12>键预览效果。

12.3.7 打包 jQuery Mobile 应用

在 Dreamweaver CC 环境中，jQuery Mobile 应用开发完成后，得到了基于 jQuery Mobile 的代码。这些代码虽然可以在该环境中运行和模拟显示，但还不能在真实的安卓或苹果手机中运行。

打包 jQuery Mobile 应用就是将 jQuery Mobile 应用的代码进行打包并编译成在安卓或苹果手机上可以运行的相应安装包，再将该安装包分别复制到安卓或苹果手机中，最后在手机中安装运行，完成 jQuery Mobile 应用的工作。

本节采用 HBuilder 软件，将基于 jQuery Mobile 的代码打包成在安卓或苹果手机上可以运行的安装包，基本操作步骤如下。

❶ 在 HBuilder 官网上，下载 HBuilder 软件压缩安装包 HBuilder.8.8.0.windows，解压后直接双击 HBuilder.exe 图标运行该软件。

❷ 选择菜单【文件】|【新建】|【移动 App】，打开【创建移动 App】对话框，在【应用名称】中输入“jqmpackage”，在【位置】中应用文件夹所在位置，如 H: 盘，勾选【空模板】复选框，单击【确定】按钮，完成 HBuilder 移动 App 项目的建立，并在 H: 盘中创建了 jqmpackage 文件夹。

❸ 将“课堂案例-服装定制 II”文件夹中的全部文件复制到 jqmpackage 文件夹中，并删除该

文件夹中的空子文件夹，如 css，img 和 js 等。

❹ 选择【发行】|【发行为原生安装包】，打开【App 云端打包】对话框，勾选 iOS 和 Android，单击【打包】，再单击【确认没有缺少权限，继续打包】，再单击【确定】按钮，云端开启打包工作。

❺ 等待云端打包完成，单击【手动下载】，将安卓或苹果手机安装包下载到指定位置即可。

12.4 练习案例

12.4.1 练习案例——男人会装 I

案例练习目标：练习创建 jQuery Mobile 页面的方法。

案例操作要点：

一、制作 index.html 页面

1．利用【jQuery Mobile】|【页面】，创建移动页面结构，包括页面 page、页眉 header、内容 content 和页脚 footer 几个部分。

2．页眉采用 data-theme="a"主题，利用【插入】|【HTML】|【Image】，在页眉 header 中添加 Logo 图片。

3．页脚采用 data-theme="a"主题。在页脚 footer 中，添加具有 data-role="navbar"的<div>标签，使用【属性】面板中的【项目列表】制作导航条，并使用 data-icon="home"等为导航项目添加图标。

4．在页面内容 content 中，利用【布局网格】插入九宫格布局，并在其中插入“新品”“套装”“外套”“西服”“衬衫”“马甲”“西裤”“鞋子”和“领带”图标。

5．在页面内容 content 中，利用【列表视图】添加新闻列表，包括图片和文字两类信息。

二、制作 westernclothes.html 页面

1．在页眉 header 和页脚 footer 中，直接复制 index.html 中的代码。

2．在页面内容 content 中，利用【布局网格】插入九宫格布局，并插入相应图像和价格。

三、制作 whiteshirt.html 页面

1．在页眉 header 和页脚 footer 中，直接复制 index.html 中的代码。

2．利用【插入】|【HTML】|【Image】，插入页面中各种图像。

3．利用【插入】|【HTML】|【选择】，完成尺码和体型的多项选择。

四、制作 my.html 页面

1．在页眉 header 和页脚 footer 中，直接复制 index.html 中的代码。

2．利用【列表视图】添加各项内容。

素材所在位置：电子资源/案例素材/ch12/练习案例-男人会装 I。

效果如图 12-67～图 12-70 所示。

图 12-67

图 12-68

图 12-69

图 12-70

12.4.2 练习案例——男人会装 II

案例练习目标：练习应用 jQuery Mobile 的方法。

案例操作要点：

一、完成 jQuery Mobile 1.4.5 版本引用升级

1．先将 jquery-mobile 文件夹清空，将 jquery-mobile-bak 文件夹中所有 jQuery Mobile 1.4.5 版本文档复制到 jquery-mobile 文件夹中。

2．在 index.html 文档中，完成 jQuery Mobile 1.4.5 文档和轮播文档的引用，并将轮播代码复制到页面中，实现轮播效果。

3．将页眉和页脚的主题从 data-theme="a"改为 data-theme="b"。

4．完成其他 3 个文档 westernclothes.html、whiteshirt.html 和 my.html 的 jQuery Mobile 1.4.5 版本引用升级。

二、制作面板 panel 功能菜单

1．在 westernclothes.html 页面中，利用面板 panel 菜单的相应代码创建系统下拉菜单，包括“新品”“套装”“外套”“西服”“衬衫”“马甲”“西裤”“鞋子”和“领带”等选项，并添加相应图标。

2. 将面板 panel 菜单代码复制到 whiteshirt.html 和 my.html 文档中，实现系统下拉菜单的功能。

三、制作 register.html 和 login.html 页面

1. 将 westernclothes.html 文档中的页眉和页脚代码直接复制到 register.html 和 login.html 页面。

2．利用【插入】|【HTML】中的表单功能，完成文本、文本框和按钮的插入。

四、制作其他页面

1．参照 westernclothes.html 文档，制作 shirt.html 和 newproducts.html 页面。

2．参照 whiteshirt.html 文档，制作 blueclothes.html 页面。

五、建立链接

1．登录页面 login.html 链接主页 index.html。

2．主页 index.html 链接 newproducts.html、westernclothes.html 和 shirt.html 二级页面。

3．二级页面 newproducts.html 链接 whiteshirt.html 和 blueclothes.html 文档。

素材所在位置：电子资源/案例素材/ch12/练习案例-男人会装 II。

效果如图 12-71～图 12-74 所示。

图 12-71

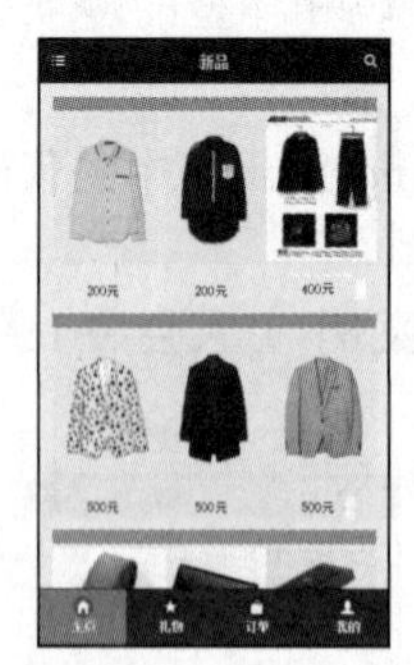

图 12-72

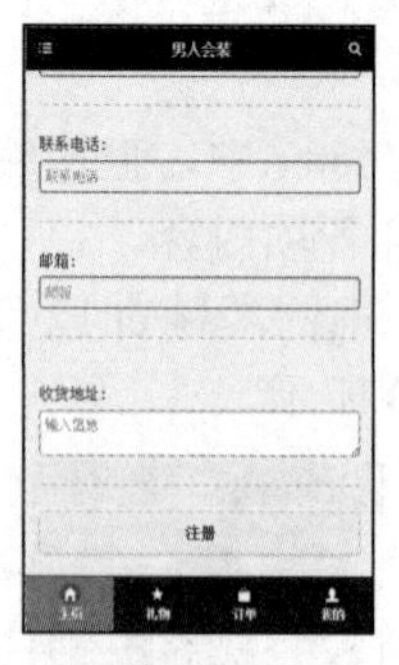

图 12-73

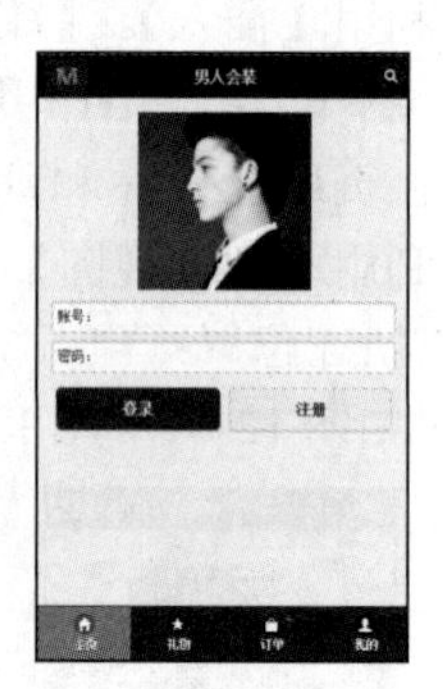

图 12-74

Dreamweaver CC

13 Chapter

第13章 动态网页技术

在网站开发中，编写计算机脚本程序，采用服务器应用程序以及数据库操作等技术和方法，就可以构建动态网站。由于动态网页技术提供了客户端和服务器端的各种数据的实时交互、各种动态变化的页面效果，因此获得了广泛的应用。

动态网页技术基于服务器应用程序和数据库。在操作系统中，安装和设置 PHP 服务器应用和 MySQL 数据库，可以创建服务器开发和测试环境；同时，利用数据库管理系统功能，定义数据字段，设计表结构，从而创建数据库，作为动态网站的信息和数据来源。

在 Dreamweaver CC 环境中，创建网站的动态站点不仅包括创建站点根文件夹，还要明确服务器文件夹、脚本语言应用、链接方式以及 Web URL 等；安装数据库扩展程序，创建与数据库的连接。

根据网页设计的需要，通过数据连接定义数据集，进行数据字段的绑定；添加服务器的各种行为，如重复区域、记录集分页等，完成动态网页的制作。

本章主要内容：

1. 动态网页技术概述
2. 开发环境设置
3. 设计数据库
4. 在 Dreamweaver CC 中创建 PHP 环境
5. 数据库使用

13.1 动态网页技术概述

静态网页代码存放于服务器中，其内容始终不变，直到网页代码被更换。当访问者单击网页上的某个链接或输入一个 URL 地址时，即从浏览器向服务器发出一个请求，服务器将静态网页代码直接发送到浏览器中，如此访问者就可以浏览该网页，如图 13-1 所示。

静态网页工作流程如下。

❶ 浏览器向服务器发出请求。

❷ 服务器查找该页面。

❸ 服务器将该页面发送到浏览器中。

动态网页、服务器应用程序以及数据库是实现动态网页技术的重要组成部分。

当访问者从浏览器向服务器发出动态请求时，服务器将该动态网页传递给服务器应用程序，该程序读取并解析网页中的代码指令，使用 SQL（结构化查询语言）对数据库进行查询，从数据库中一个或多个表中获得一组数据，称为记录集，并将其插入页面的 HTML 代码中，得到一个静态网页。服务器应用程序将该网页传回到服务器，服务器再将该网页发送到浏览器，如图 13-2 所示。

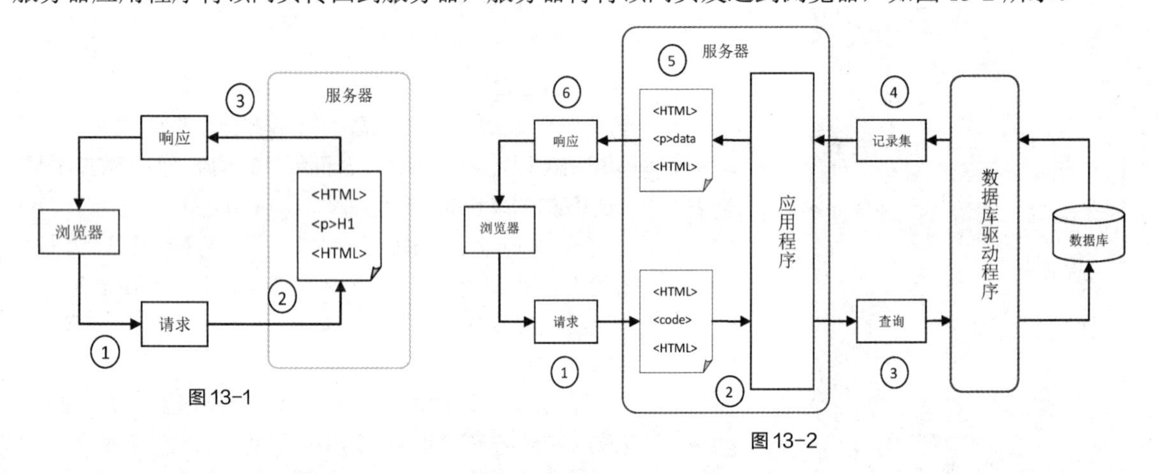

图 13-1

图 13-2

动态网页的工作流程如下。

❶ 浏览器向服务器发出动态请求。

❷ 服务器查找该页面并将其传递到服务器应用程序。

❸ 应用程序扫描该页面指令，并通过数据库驱动程序发送查询指令到数据库。

❹ 将数据库查询结果通过记录集发送到服务器应用程序。

❺ 服务器应用程序将数据插入到页面中并传回到服务器。

❻ 服务器将完成的页面发送到浏览器。

服务器应用程序可以使用服务器端的各种资源，如数据库，该应用程序通过数据库驱动程序与数据库进行通信。在网站设计中，将网页中的相关元素或标签与数据库字段绑定在一起，就可以利用数据库中的各种数据，因此，动态网页可以根据数据库中数据的变化，不断更新网页中的内容。

13.2 开发环境设置

静态网页可以直接在浏览器中进行测试和显示，但是动态网页是一个 Web 应用程序，不能直接在浏览器中打开，需要一个 Web 应用程序开发环境，包括安装 WAMP 和设置 Web 服务器。

13.2.1 安装 WAMP

WAMP（Windows+Apache+MySQL+PHP）是在 Windows 操作系统下，基于 Apache，MySQL，PHP 的 Web 应用开发环境集成软件包，提供了企业级 B/S 开发和应用能力。在 Windows 10 下安装 WAMP 集成软件包，操作步骤如下。

❶ 在 WAMP 官网或者其他相关网站中，下载 wampserver 集成环境安装包 wampserver2.5-Apache-2.4.9-Mysql-5.6.17-php5.5.12-64b。

提示：

从 WAMP 安装包的名称中可以看出，该软件包的名称为 wampserver 2.5，由 Apache 2.4.9、Mysql 5.6.17 和 php 5.5.12 组成，是 64 位版本。

❷ 解压 WAMP 安装包，双击安装程序，打开【Setup-wampServer2】欢迎界面，如图 13-3 所示，单击【next】按钮，勾选【I accept agreement】，再单击【next】按钮，打开【Setup-wampServer2】目标位置界面，如图 13-4 所示，选择安装默认路径。

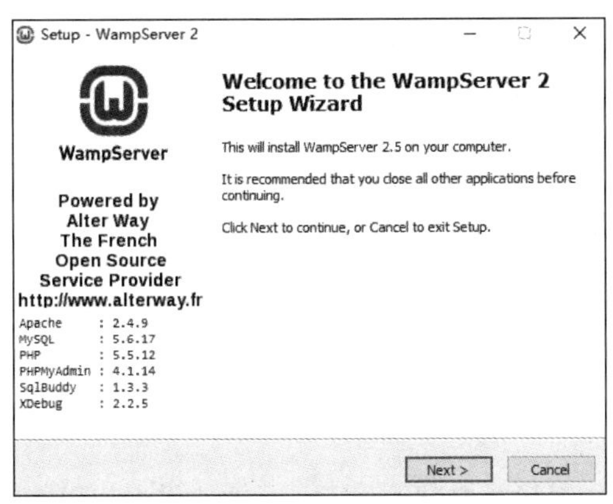

图 13-3

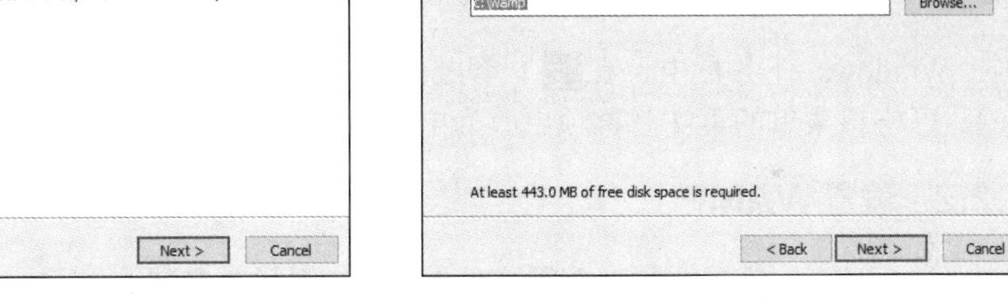

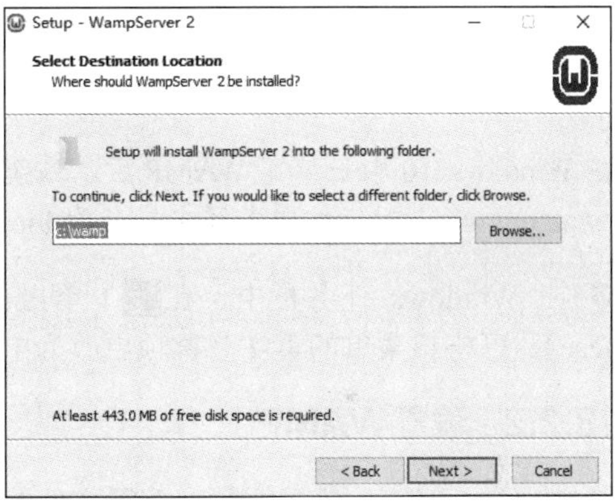

图 13-4

❸ 单击【next】按钮，打开【Setup-wampServer2】附加喜好界面，如图 13-5 所示，勾选【Create a Quick Launch icon】和【Create a Desktop icon】，单击【next】按钮，打开【Setup-wampServer2】准备安装界面，单击【install】按钮，开始安装，出现【Setup-WampServer2】PHP 邮件参数界面，如图 13-6 所示，不做任何更改，单击【next】按钮，再单击【finish】按钮，完成 WAMP 的安装。

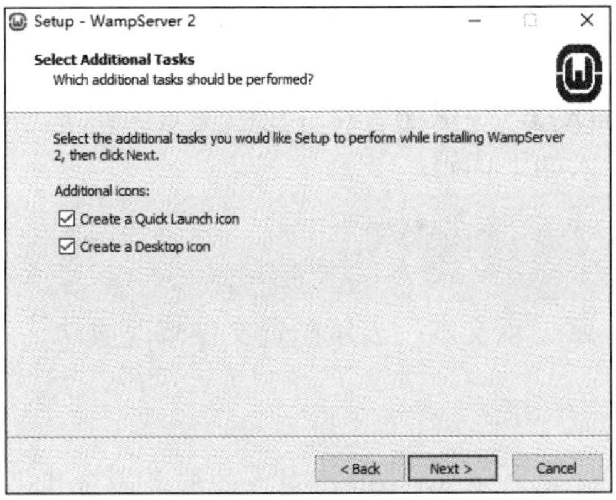

图 13-5

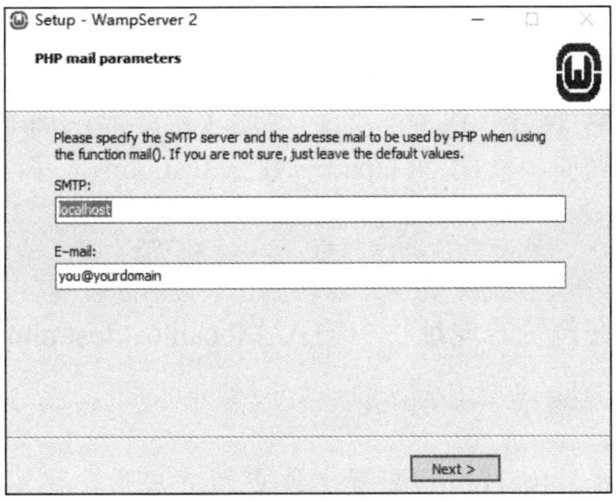

图 13-6

❹ 此时在 Windows 任务栏中，出现图标，单击该图标，出现系统弹出菜单，如图 13-7 所示，选择【localhost】，在浏览器中会出现 WampServer 的配置页面，如图 13-8 所示，表示安装成功。

图 13-7

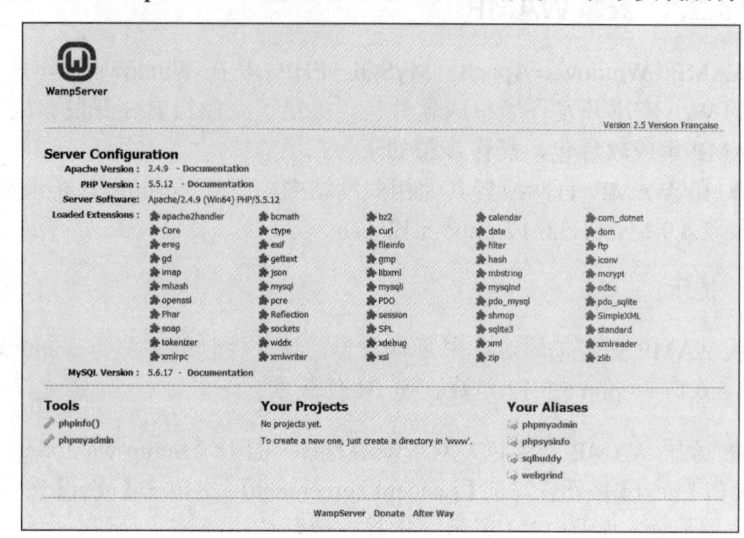

图 13-8

提示：

在 Windows 10 中安装完 WAMP 后，系统会自动设置 www directory（网站根目录），其路径为 C:\wamp\www，对应的服务器主机名为 localhost。

❺ 在 Windows 任务栏中，在上单击鼠标右键，在弹出的快捷菜单中选择【language】|【Chinese】，可将该菜单的英文名称项更改为中文名称项，方便今后操作。

13.2.2 设置 WAMP

在 WAMP 设置中，为了方便对配置文件的更改，下载并安装 Notepad++软件作为代码编辑器。这是一款优秀的代码编辑软件。

1. 更改网站根目录

❶ 在本地计算机中，建立 php 网站的根目录，如 d:\website。在 c:\wamp\bin\apache\apache2.4.9\conf 文件夹中，找到 httpd.conf 配置文件并在 notepad++中打开。

❷ 按<Ctrl+F>组合键打开【查找】对话框，在【查找目标】中输入“DocumentRoot”，查找到相应位置，将 DocumentRoot "c:/wamp/www/"目录更改为 DocumentRoot "d:/website"；继续查找到相应位置，将<Directory "c:/wamp/www/">，更改为<Directory " d:/website ">。

❸ 保存该配置文件，选择【重新启动所有服务(X)】，确保配置文件更改生效。在 d:\website 文件夹中，使用 Notepad++建立 test.php 文件，并输入如下代码：

```
<?php
    echo "alteration success!";
?>
```

在浏览器地址栏中输入“localhost/test.php”，正常显示文本，表示配置文件修改成功。

提示：

在 httpd.conf 配置文件更改完成后，网站根目录变为 d:\website，对应的服务器主机名仍为 localhost。localhost/test.php 表示执行该网站中的 test.php 文件。

2. 更改 WAMP 系统菜单

❶ 在 c:\wamp 中，找到 wampmanager.ini 配置文件并在 Notepad++中打开。按<Ctrl+F>组合键打开【查找】对话框，在【查找目标】中输入“Menu.left”，查找到相应位置，将 Caption: "www directory"; Action: shellexecute; FileName: "c:/wamp/www"; Glyph: 2，更改为 Caption: "websit 目录"; Action: shellexecute; FileName: "d:/website"; Glyph: 2，保存配置文件的修改。

❷ 在 c:\wamp 中，找到 wampmanager.tpl 文档并在 Notepad++中打开。按<Ctrl+F>组键打开【查找】对话框，在【查找目标】中输入“Menu.left”，查找到相应位置，将 Type: item; Caption: "${w_wwwDirectory}"; Action: shellexecute; FileName: "${wwwDir}"; Glyph: 2 更改为 Type: item; Caption: "website 目录"; Action: shellexecute; FileName: " d:/website "; Glyph: 2，保存 tpl 文件的修改。

❸ 选择，单击鼠标右键，在弹出的快捷菜单中选择【退出】，重新启动 WAMP 系统，确保配置文件更改生效。

❹ 选择，单击鼠标右键，可以看到“www 目录”已经被更改为“website 目录”。

3. 更改显示错误（display_errors）无效

在 C:\wamp\bin\php\php5.5.12 中，找到 php.ini 配置文件并在 Notepad++中打开。按<Ctrl+F>组合键打开【查找】对话框，在【查找目标】中输入“display_errors”，查找到相应位置，设置 display_errors 为 off，保证不再显示错误信息。

提示：

显示错误 display_errors 关闭后，运行 php 网页时不提示错误信息，避免影响版面布局显示效果。

13.3 设计数据库

13.3.1 MySQL 数据库

1. 数据库

数据库（DataBase，DB）是按照一定的组织形式，存储在计算机中的相关数据的集合，它不仅包括描述事物本身的数据，还包括描述事物之间的相互关系。

利用二维表来存储数据的数据库，称为关系数据库，如一个学生选修课系统的数据库，如表 13-1 所示。在关系数据库中，二维表表示了数据关系，属性或字段表示了二维表的列，记录表示了二维表的行。

表 13-1

学号	姓名	选修课程	成绩	学分
2012010510	李子愈	计算机网络	76	2
2012020612	魏琪	网页设计	85	2
2012030702	张浩亮	动画设计	82	2
2012050223	赵涵雨	程序设计	80	2

数据库管理系统（data base management system，DBMS）是用于建立、使用和管理数据库的软件系统，是数据库系统的核心部分，它提供了一套完整的命令和工具，包括建立、查询、更新和维护等功能，可实现对数据库的统一控制与管理。

目前，市场上有许多数据库管理系统，如 Oracle、Sybase、MySQL Server、Microsoft SQL Server 和 Access 等。

2. MySQL 数据库介绍

MySQL 是一种非常流行的开源关系型数据库管理系统，采用结构化查询语言（SQL）进行数据库管理。由于 MySQL 的开源特性，任何个人或企业都可以免费下载和使用。

MySQL 支持大型的数据库，能够处理拥有上千万条记录的大型数据库，64 位系统支持最大的表文件为 8TB。MySQL 可以在各种操作系统上使用，并且支持多种语言，包括 C、C++、Python、Java 和 PHP 等。

MySQL 对 PHP 提供很好的支持，PHP 也是目前非常流行的 Web 服务器端开发语言。PHP+MySQL 是一种优秀的 Web 开发环境组合。

13.3.2 使用 phpMyAdmin 创建数据库

1. phpMyAdmin 介绍

phpMyAdmin 是一个通过 Web 方式控制和操作 MySQL 数据库的软件工具，提供了友好的交互操作界面，实现对数据库的各种操作，如建立、复制和删除数据等，可以避免 MySQL 命令行的操作方式，减少对 SQL 语言的依赖。尤其当数据库访问量很大时，这种方式更为方便。

2. 使用 phpMyAdmin 创建数据库

在 MySQL 数据库中，创建数据库就是建立存放关系数据的数据库文件。一个数据库文件中可以包含一个或多个表，每个表具有唯一的名称，每个表之间既可以独立存在，也可以相互关联。

建立数据库的具体步骤如下。

❶ 单击█，在弹出的菜单中选择【phpMyAdmin】，打开【服务器：mysql wampserver】界面，显示 MySQL 数据库的基本信息，如图 13-9 所示。

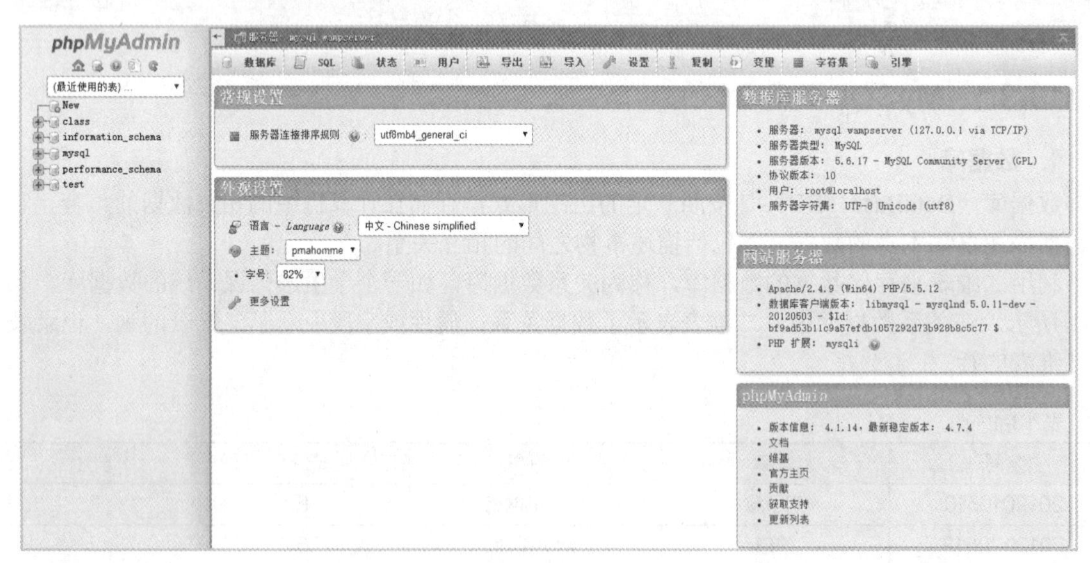

图 13-9

❷ 选择【数据库】，打开【数据库】界面，如图 13-10 所示，各选项的含义如下。

【新建数据库】：输入新建数据库的名称，如 beautydata。

在其右侧下拉框中展示了各种编码规则，也是字符排序规则，其中 utf8_general_ci 最为常用。

单击【创建】按钮，数据库创建完成。

❸ 在数据库列表中，选中并单击数据库名称 beautydata，打开【新建数据表】界面，如图 13-11 所示，各选项含义如下。

图 13-10

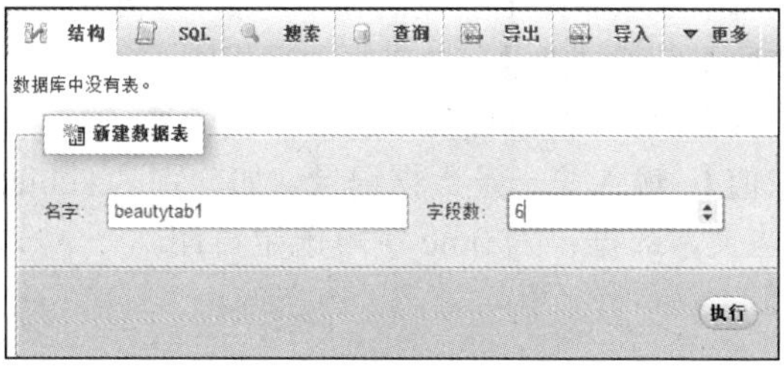

图 13-11

【名字】：输入所建数据库的一个数据表名称，如 beautytab1。

【字段数】：数据库表的字段数量。

单击【执行】按钮，数据库表创建完成。

❹ 打开数据表界面，如图 13-12 所示，各选项含义如下。

【名字】：数据库表的字段名，如依次输入 ID、subject、author、email、time 和 content。

【类型】：数据库表字段的数据类型，如选择“INT”“VARCHAR”“VARCHAR”“VARCHAR”“TIMESTAMP”和“TEXT”等。

【长度/值】：设置字段名数据类型的范围，如分别为 subject、author 和 email 字段设置字符长度为 50、20 和 40。

【默认】：设置字段默认值，如为 time 字段设置默认值为 CURRENT_TIMESTAMP。

【排序规则】：通常选择 utf8_general_ci。

【索引】：选择具有唯一性字段作为数据库表索引，并将该字段设置为主键，如为 ID 选择 PRIMARY。

【A_I】：表示自动增加。

图 13-12

【Collation】：通常选择 utf8_general_ci。

单击【保存】，数据表结构创建完成，结果如图 13-13 所示。

3．为数据库表添加数据

❶ 选中 beautytab1 右侧的【插入】，打开图 13-14 所示的界面，各选项的含义如下。

【字段】和【类型】：与前述意义相同。

【函数】：可以在下拉框中选择系统函数。

【空值】：输入第一条数据记录，如分别为 subject、author、email 和 content 字段输入 text 文档中的相应文本数据；为 time 字段选定日期。

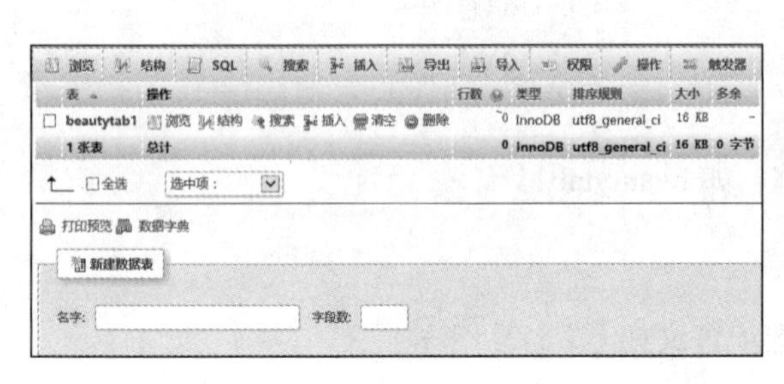

图 13-13

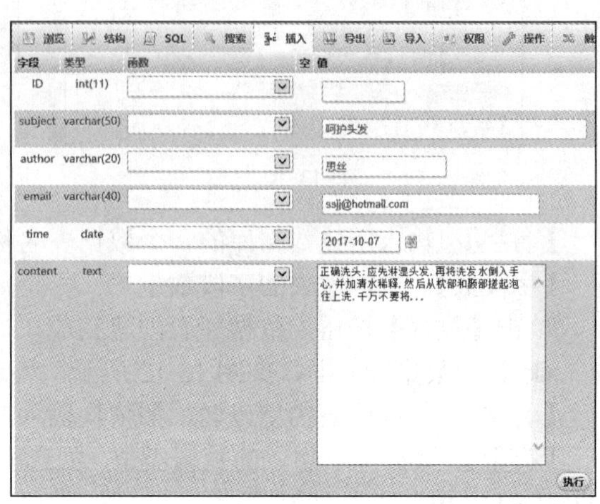

图 13-14

单击【执行】按钮，添加一条数据记录。

❷ 采用同样的方式，输入第二条和第三条数据记录。

13.4 在 Dreamweaver CC 中创建 PHP 环境

在 Dreamweaver CC 中，数据库、绑定和服务器行为等功能作为扩展组件向使用者提供服务。因此，我们需要使用 Adobe 扩展管理软件 Extension Manager CC，安装 Deprecated_ServerBehivorsPannel_Support.zxp 软件包，才能使用扩展组件，实现相关功能。

在建立 PHP 动态网站中，要明确服务器的连接方式、服务器模型、根文件夹位置和 Web URL 等信息，同时还要建立 MySQL 数据库与应用程序的连接。

13.4.1 建立动态站点

在 Dreamweaver CC 中，建立动态站点的具体步骤如下。

❶ 选择菜单【站点】|【新建站点】，打开【站点设置对象】对话框，如图 13-15 所示，单击左侧【站点】，在右侧【站点名称】文本框中输入站点名称，如“美容美发”，在【本地站点文件夹】中选择网站根文件夹名称，如“d:\website\beauty”。

❷ 单击左侧【服务器】，打开【服务器】列表对话框，如图 13-16 所示，单击右侧【添加新服务器】按钮+，打开服务器设置对话框，选中【基本】选项卡，如图 13-17 所示，相关选项的含义如下。

【服务器名称】：定义服务器名称，如 php 测试服务器。

【根目录】：输入网站站点的文件路径，如 D:\website\beauty。

【Web URL】：输入网站站点 URL 地址，如 http://localhost/beauty/。

❸ 单击【连接方法】右侧向下箭头，打开连接方法列表，如图 13-18 所示。各选项的含义如下。

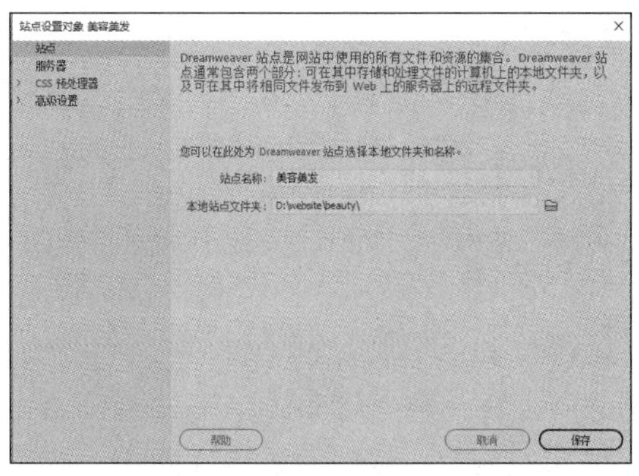

图 13-15

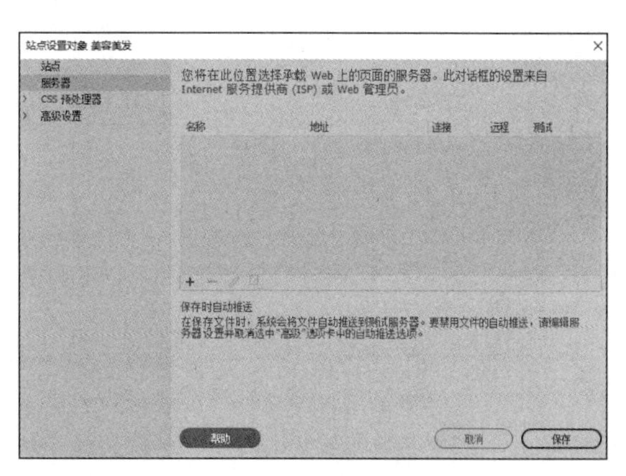

图 13-16

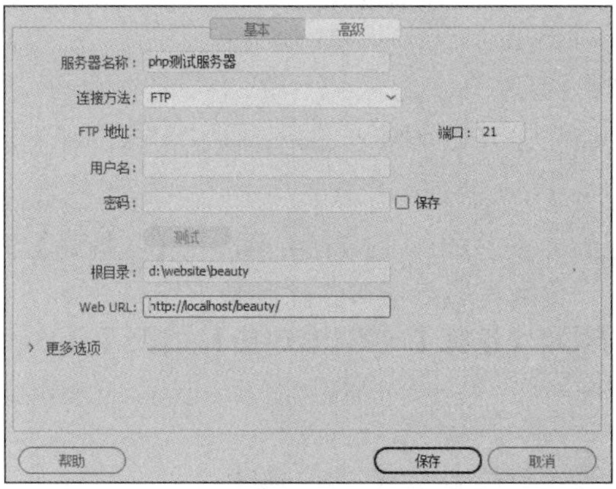

图 13-17

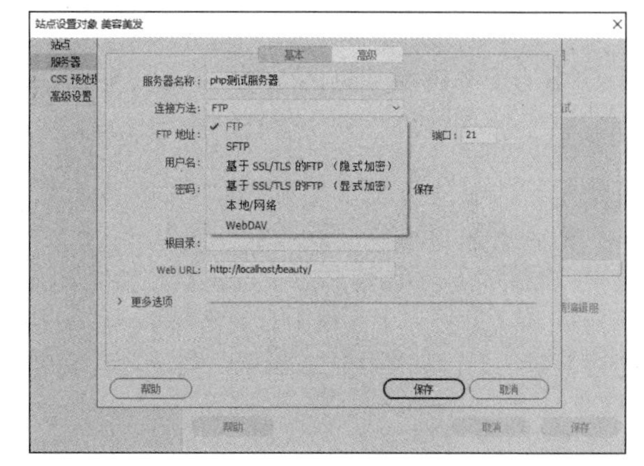

图 13-18

【FTP】：基于文件传输协议的连接方式。

【SFTP】：基于安全文件传输协议的连接方式。

【基于 SSL/TLS 的 FTP（隐式加密）】和【基于 SSL/TLS 的 FTP（显示加密）】：基于安全套接层和传输层安全协议的文件传输协议连接方式。

【本地/网络】：在本地网服务器环境的连接方式。

【WebDAV】：基于 Web Distributed Authoring and Versioning 写文件锁定独占的连接方式。

❹ 单击【高级】，打开服务器设置【高级】选项卡页面，在【远程服务器】中，勾选【维护同步信息】复选框。在【测试服务器】中，单击【服务器模型】右侧向下箭头，展开服务器类型列表，如图 13-19 所示，选择相应内容。

各选项的含义如下。

【ASP JavaScript】：采用动态服务器页面技术和 JavaScript 脚本语言。

【ASP VBScript】：采用动态服务器页面技术和 VB 脚本语言。

【ASP.NET C#】：采用基于.NET Framework 动态服务器页面技术和 C#语言。

【ASP.NET VB】：采用基于.NET Framework 动态服务器页面技术和 VB 语言。

【ColdFusion】：采用 ColdFusion 服务器技术和相应的脚本语言。

【JSP】：采用 Java 服务器页面技术和 Java 脚本语言。

【PHP MySQL】：采用 PHP 服务器端语言和 MySQL 数据库。

❺ 单击【保存】按钮，返回到【站点设置对象 美容美发】对话框，如图 13-20 所示。在【站点设置对象 美容美发】对话框中，勾选【远程】或【测试】单选按钮，单击【保存】按钮，完成站点设置。

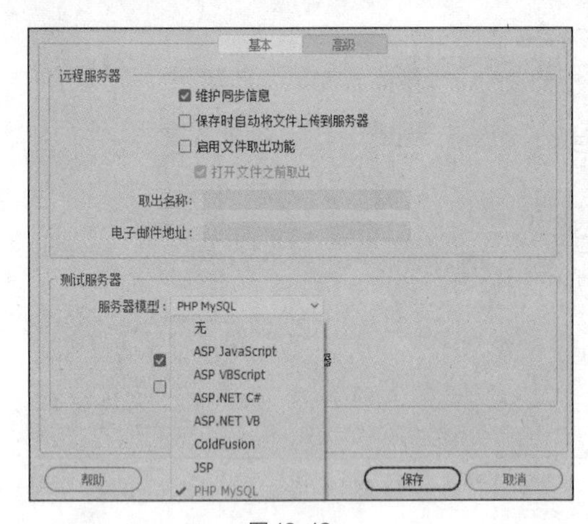

图 13-19

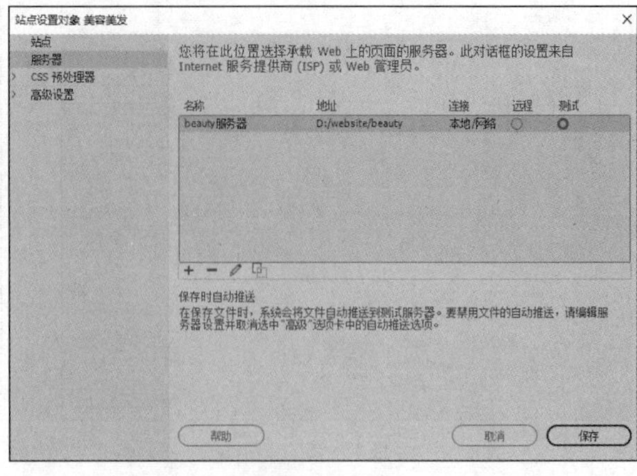

图 13-20

13.4.2 创建数据库连接

在 Dreamweaver CC 中，动态站点设置完成后，可以创建数据库与应用程序的连接，其操作步骤如下。

❶ 选择菜单【窗口】|【数据库】，打开【数据库】面板，如图 13-21 所示，在【数据库】面板中，已经完成了创建站点、选择文档类型和为站点设置测试服务器等 3 项准备工作。

❷ 在【数据库】面板中，单击 + 按钮，在弹出的菜单中选择【MySQL 连接】，打开【MySQL 连接】对话框，如图 13-22 所示，各选项含义如下。

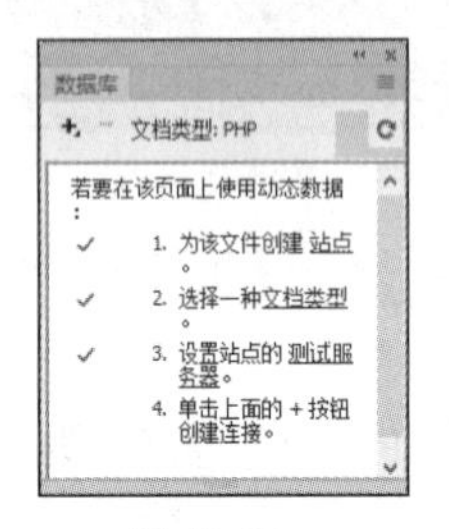

图 13-21

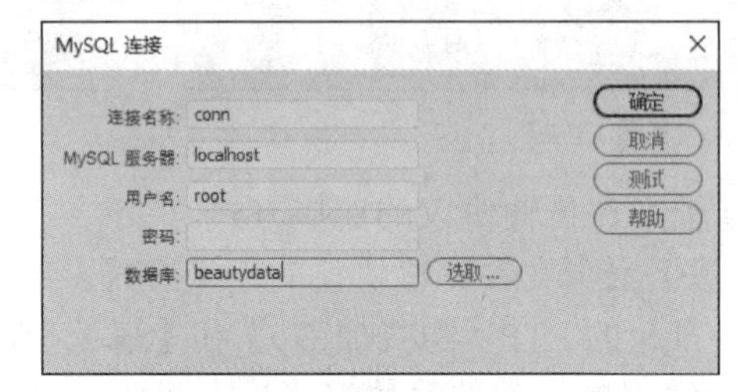

图 13-22

【连接名称】：所创建数据库连接的名称，如 conn。

【MySQL 服务器】：输入 MySQL 服务器主机名称，如本地主机名称 localhost。

【用户名】：输入数据库根目录名称 root。

【密码】：连接数据密码。本例中没有设置密码，所以在文本框中不填写。

【数据库】：连接的数据库名称，如 beautydata。

❸ 单击【确定】按钮创建连接，并在站点根文件夹中自动创建 connections 文件夹和连接文件 conn.php。

❹ 在 conn.php 代码中，添加 mysql_query("set names 'utf8'");，以保证 MySQL 数据库和 PHP 网页之间中文传输的正确性。

conn.php 完整代码如下：

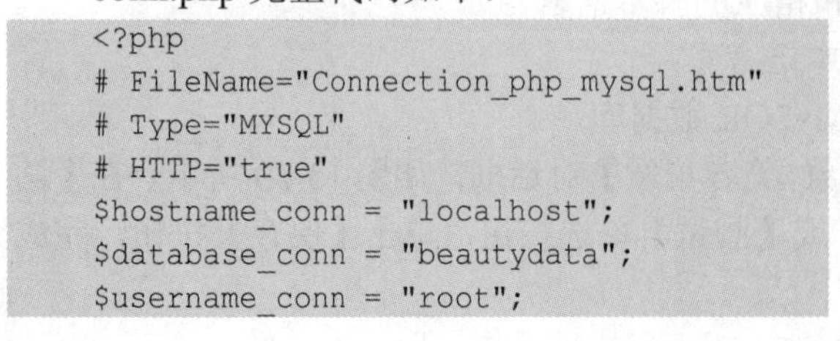

```
<?php
# FileName="Connection_php_mysql.htm"
# Type="MYSQL"
# HTTP="true"
$hostname_conn = "localhost";
$database_conn = "beautydata";
$username_conn = "root";
```

```
$password_conn = "";
$conn = mysql_pconnect($hostname_conn, $username_conn, $password_conn) or trigger_error(mysql_error(),E_USER_ERROR);
mysql_query("set names 'utf8'"); //手动添加的代码
?>
```

提示：

代码 mysql_query("set names 'utf8'");用于设定 MySQL 数据库和 PHP 网页之间数据传输，无论是向数据库写数据还是读数据，都遵循 utf8 编码规则，以确保在页面中不出现乱码现象。

13.5 数据库使用

13.5.1 定义记录集

创建 Dreamweaver CC 与数据库连接以后，定义记录集就是制作基于数据库动态网页的首要工作。本质上，记录集是根据应用需要，通过数据库查询语句获得的一个数据库子集。在 Dreamweaver 环境中，可通过相关操作和设置对话框中的选项，完成记录集的创建。

1. 创建记录集

选择菜单【窗口】|【绑定】，打开【绑定】面板，在面板中单击 + 按钮，在弹出的菜单中选择【记录集（查询）】，打开【记录集】对话框，如图 13-23 所示。

在【记录集】对话框中，各选项的含义如下。

【名称】：所创建的记录集的名称，可以采用默认名称 Recordset1。

【连接】：指定已经存在的数据库连接，通常在下拉框中进行选择，也可以单击其右侧的【定义】按钮，建立一个新连接。

【表格】：列出该数据库中的表，可在下拉框中进行表的选择。

【列】：在其下方的列表框中列出了数据库表中的字段，若勾选其左侧【全部】单选按钮，则选择全部字段，若勾选其右侧【选定的】单选按钮，则在列表框中指定所需字段。

【筛选】：设置定义记录集的筛选条件，符合筛选条件的数据，才能够包含在记录集中。在其下拉框中，可以选择过滤记录的字段、表达式、参数和参数的对应值。

【排序】：指定记录集的显示顺序。在其右侧的第 1 个下拉框中选择排序的字段，在第 2 个下拉框中选择升序或降序。

【确定】：完成定义记录集。

2. 使用高级功能创建记录集

在【记录集】对话框中，单击【高级】按钮，打开【记录集】高级功能对话框，如图 13-24 所示。在该对话框中，可以编写 SQL 语言代码，实现更灵活的记录集定义功能。

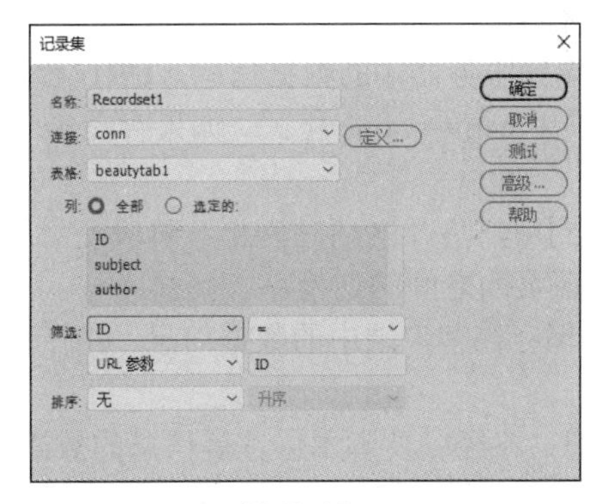

图 13-23

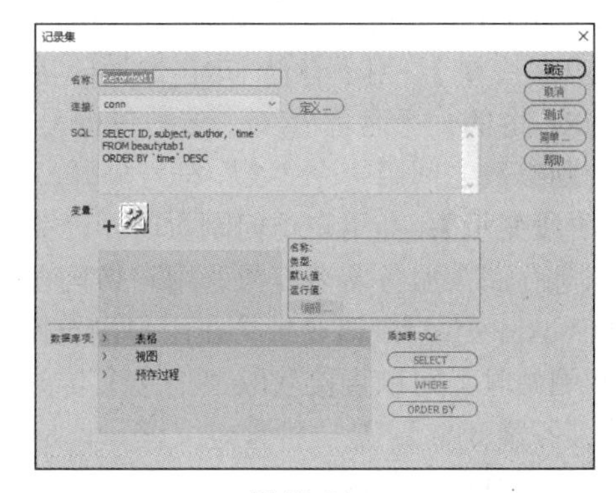

图 13-24

在【记录集】高级功能对话框中，各选项的含义如下。

【名称】：所创建的记录集的名称，可以采用默认名称 Recordset1。

【连接】：指定已经存在的数据库连接，通常在下拉框中进行选择，也可以单击其右侧的【定义】按钮，建立一个新连接。

【SQL】：在其右侧的文本区域中，输入 SQL 语句。

【变量】：如果在编写 SQL 语句时需要使用变量，那么单击【变量】右侧 + 按钮，打开【添加参数】对话框，设置变量的【名称】【类型】【默认值】和【运行值】。

【数据库项】：列出了数据库项目，包括【表格】【视图】和【预存过程】类型。

13.5.2 数据绑定

创建记录集后，就可以在静态页面的指定位置添加动态数据。在 Dreamweaver CC 环境中，把在页面中添加数据的操作称为数据绑定。用户使用简单操作就可以实现数据绑定。

1. 绑定动态文本

选择菜单【窗口】|【绑定】，打开【绑定】面板。在【绑定】面板中，展开【记录集（Recordset1）】，如图 13-25 所示。将鼠标光标置于特定单元格，如图 13-26 所示，选择 subject 字段，单击面板右下方的【插入】按钮，将 subject 字段绑定在单元格中。

2. 动态数据源

在【绑定】面板中，单击左上角 + 按钮，弹出下拉菜单，如图 13-27 所示。该菜单中各选项的含义如下。

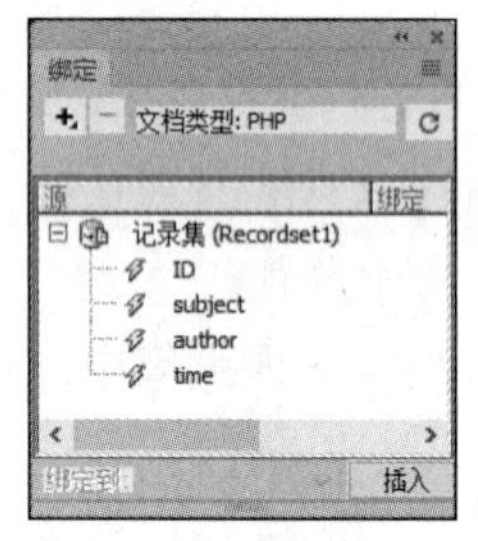

图 13-25

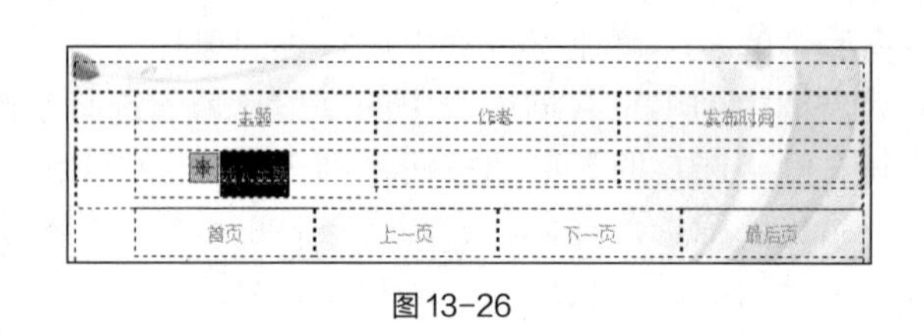

图 13-26

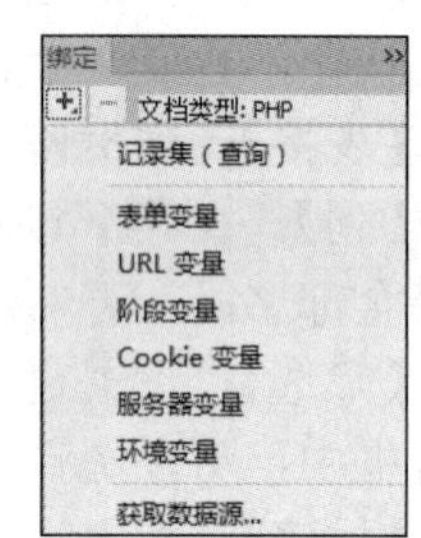

图 13-27

【记录集（查询）】：是在服务器内存中的临时存储数据，便于 Web 页面快速读取；既可以是完整的数据库表，也可以是由数据库表行和列组成的子集，通过数据库结构化查询语言（SQL）获得。

【表单变量】：用于客户端与服务器端的交互，收集来自表单的数据，包括两种变量：POST 变量和 GET 变量，分别对应两种数据获取方法。POST 方法从表单发送的信息是不可见的，数量也无限制。GET 方法从表单发送的信息是可见的，数量有限制。

【URL 变量】：用于存储 URL 参数，提供了从客户端到服务器端的数据信息。URL 参数是附加到 URL 上的一个名称/值对。参数以问号“?”开始，采用 name=value 格式。如果存在多个 URL 参数，则参数之间用一个“&”符号隔开。

【阶段变量】：当用户访问网页时，产生阶段变量直到用户离开网站时为止。阶段变量的用户数据信息存储在服务器端，帮助用户访问多个页面，保证页面之间的切换。

【Cookie 变量】：该变量是在用户浏览网站时，网页保存在客户端中的数据信息，用于用户下次访问网站时，可以直接获取该信息上传到服务器。

【服务器变量】：是一种预定义变量，是由诸如头信息、路径以及脚本位置等信息的数组组成，数组中的项目由服务器创建。

【环境变量】：是一种预定义变量。在服务器中环境变量的差异配置，用于区分本地、开发、测试、生产等运行环境。通常 PHP 应用程序读取当前环境下的变量，降低了应用程序部署的成本。

13.5.3　添加服务器行为

数据绑定后，需要对动态数据添加各种服务器行为。

1. 设置插入记录

通过建立包含表单对象的 PHP 页面，利用服务器行为的插入记录，为数据库表添加数据记录。

选择菜单【窗口】|【服务器行为】，打开【服务器行为】面板，单击面板中的 + 按钮，在弹出的菜单中选择【插入记录】，打开【插入记录】对话框，如图 13-28 所示。

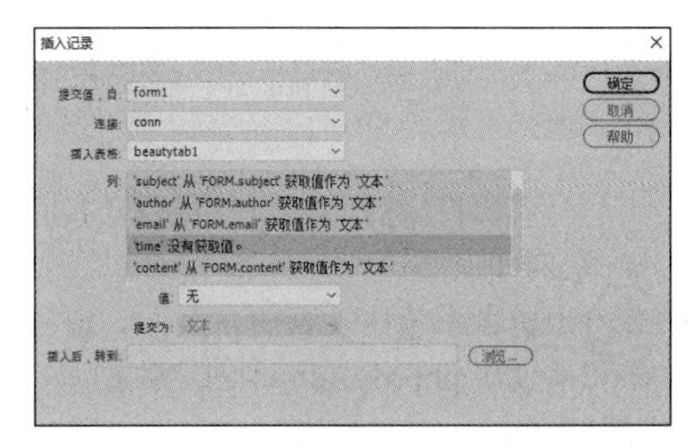

图 13-28

在【插入记录】对话框中，各选项的含义如下。

【提交值，自】：在下拉框中选择存放数据记录内容的表单。

【连接】：在下拉框中指定已经存在的数据库连接。

【插入表格】：在下拉框中选择该数据库要插入数据的表。

【列】：在其右侧的文本区域中，列出了数据字段的名称和数据格式。利用【值】和【提交为】，设置【列】表中字段的数据格式。

【插入后，转到】：在文本框中输入一个页面文件名，也可以通过【浏览】按钮进行选择获得，用来完成插入数据记录后的其他操作。

2. 设置重复区域

当需要在一个页面中显示多条记录时，就必须定义一个包含动态内容的区域为重复区域。

选中要设置重复区域的部分，选择菜单【窗口】|【服务器行为】，打开【服务器行为】面板，单击面板中的 + 按钮，在弹出的菜单中选择【重复区域】，打开【重复区域】对话框，如图 13-29 所示。

在【记录集】下拉框中选择记录集，如 Recordset1，在【显示】后选择单选按钮并输入要显示记录的最大数值，或选择【所有记录】来显示全部记录。

3. 设置记录集分页

在重复区域中显示多条记录时，可以设置记录集导航条，控制记录集中记录的移动和显示。

选择菜单【窗口】|【服务器行为】，打开【服务器行为】面板，单击面板中的 + 按钮，在弹出的菜单中选择【记录集分页】，弹出【记录集分页】的下一级菜单，如图 13-30 所示。

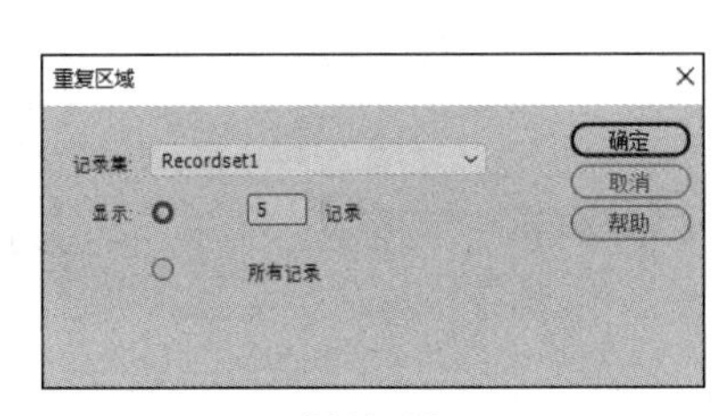

图 13-29

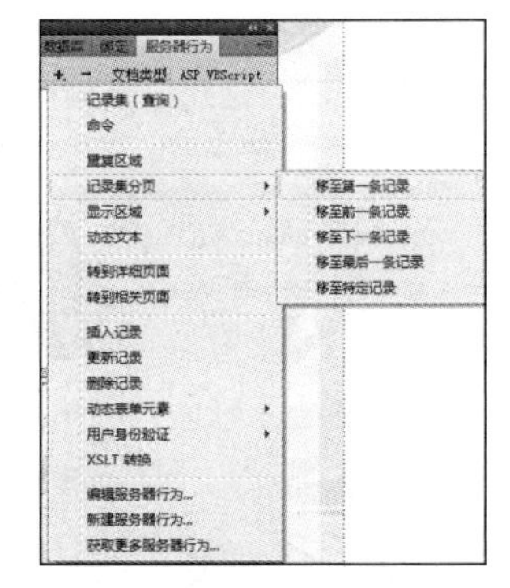

图 13-30

在【记录集分页】下一级菜单中，各选项的含义如下。

【移至第一条记录】：将所选中的文本设置为跳转到记录集显示页第 1 条记录上。

【移至前一条记录】：将所选中的文本设置为跳转到记录集显示页前 1 条记录上。

【移至下一条记录】：将所选中的文本设置为跳转到记录集显示页下 1 条记录上。

【移至最后一条记录】：将所选中的文本设置为跳转到记录集显示页最后 1 条记录上。

【移至特定记录】：将所选中的文本设置为跳转到记录集显示页特定记录上。

13.6 课堂案例——美容美发

案例学习目标：学习利用基本的动态网页技术创建留言系统的方法。

案例知识要点：

1．留言系统由发表留言页面、留言列表页面和留言详细内容页面组成，如图 13-31 所示。

2．使用 phpMyAdmin 创建数据库，在 Dreamweaver CC 中选择菜单【站点】|【新建站点】，创建站点。

3．在【数据库】面板中，创建数据库连接；在【绑定】面板中，将数据库字段与静态页面进行绑定；在【服务器行为】面板中，添加数据库行为，实现系统的操作功能。

素材所在位置：电子资源/案例素材/ch13/课堂案例-美容美发。

发表留言页面效果如图 13-32 所示，留言列表页面效果如图 13-33 所示，留言详细内容页面效果如图 13-34 所示。

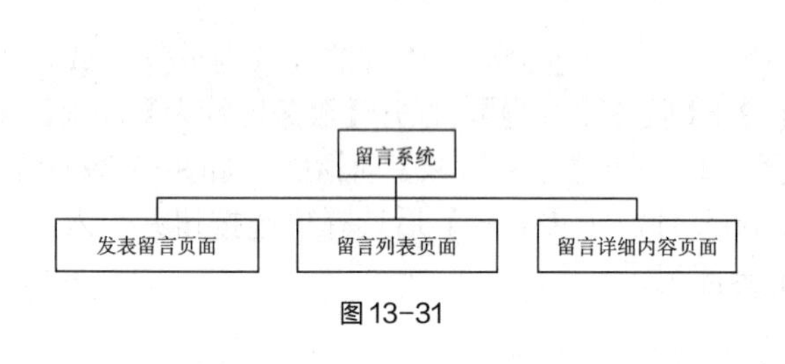

图 13-31

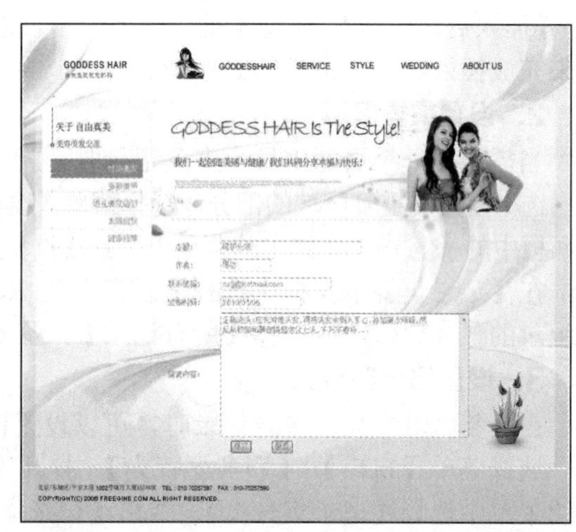

图 13-32

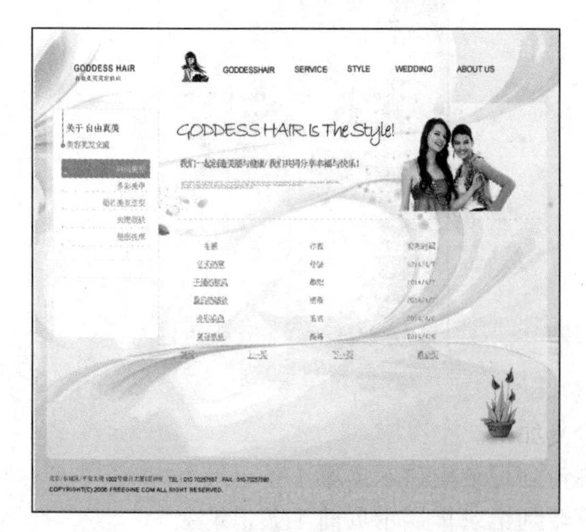

图 13-33

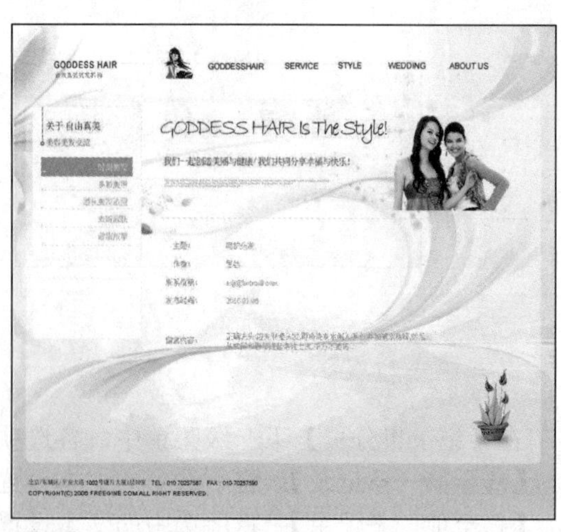

图 13-34

在网站根文件夹（d:/website）中创建子文件夹 beauty，并将素材“课堂案例-美容美发”内容复制到该文件夹中。

13.6.1　设计数据库

❶ 单击，在弹出的菜单中选择【phpMyAdmin】，打开【服务器：mysql wampserver】界面，选择【数据库】，打开【数据库】界面，如图 13-35 所示，在【新建数据库】文本框中输入数据库名称“beautydata”，在【排序规则】下拉框中选择“utf8_general_ci”，单击【创建】按钮，完成创建数据库。

❷ 在数据库列表中，选中并单击数据库名称 beautydata，打开【新建数据表】界面，如图 13-36 所示，在【名称】文本框中输入数据表名称“beautytab1”，在【字段数】文本框中输入“6”，单击【执行】按钮。

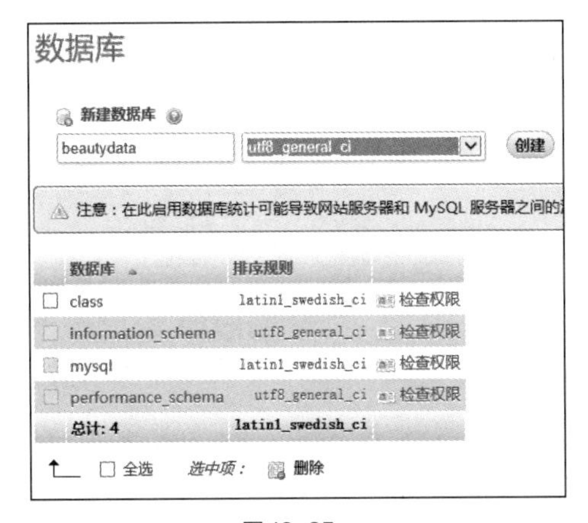

图 13-35

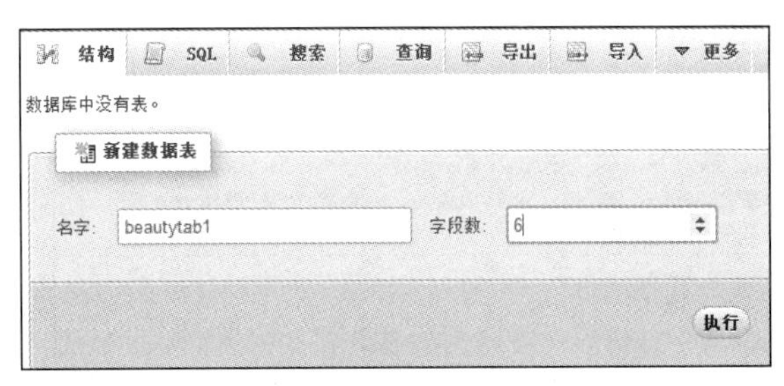

图 13-36

❸ 打开数据表界面，如图 13-37 所示。在【名字】中，依次输入 ID、subject、author、email、time 和 content，在【类型】中，分别选择“INT”“VARCHAR”“VARCHAR”“VARCHAR”“TIMESTAMP”和“TEXT”。

名字	类型	长度/值	默认	排序规则	属性	空	索引	A_I
ID	INT	11	无	utf8_general_ci			PRIMARY	✔
subject	VARCHAR	50	无	utf8_general_ci			---	
author	VARCHAR	20	无	utf8_general_ci			---	
email	VARCHAR	40	无	utf8_general_ci			---	
time	TIMESTAMP	8	CURRENT_TIMES	utf8_general_ci			---	
content	TEXT		无				---	

图 13-37

❹ 在【长度/值】中，分别为 subject、author 和 email 字段设置字符长度为 50、20 和 40，在【排序规则】中，分别为 subject、author、email 和 content 字段选择“utf8_general_ci”，在【默认】

中为 time 字段设置默认值为 CURRENT_TIMESTAMP，在【索引】中为 ID 选择“PRIMARY”，并勾选 A_I 复选框，在【Collation】下拉框中选择“utf8_general_ci”，单击【保存】按钮，完成创建数据表，结果如图 13-38 所示。

提示：

在数据表字段中，必须有一个字段设成主键。一般地，将数据表中 ID 字段设成主键，同时勾选 A_I（Auto-Increment）复选框表示该主键值自动增加。对于存放中文字符串的字段，如 subject、author、email 和 content，排序规则选择为 utf8_general_ci，保证中文字符不出现乱码现象。

❺ 选中 beautytab1 右侧的【插入】，打开图 13-39 所示的界面，在【空值】下方，分别为 subject、author、email 和 content 字段输入 text 文档中的相应数据，time 日期自动生成，单击【执行】按钮，输入第一个数据记录。

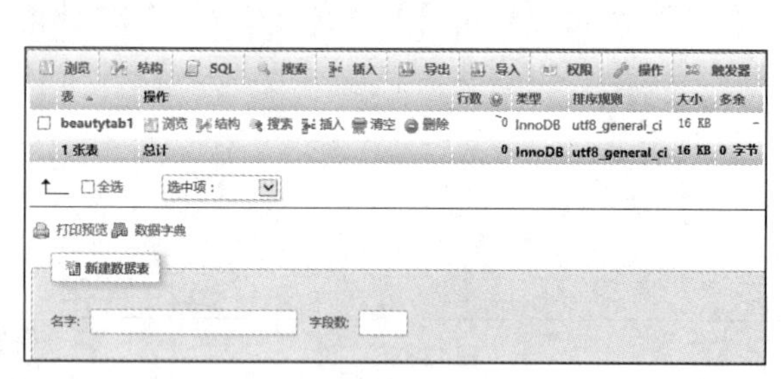

图 13-38

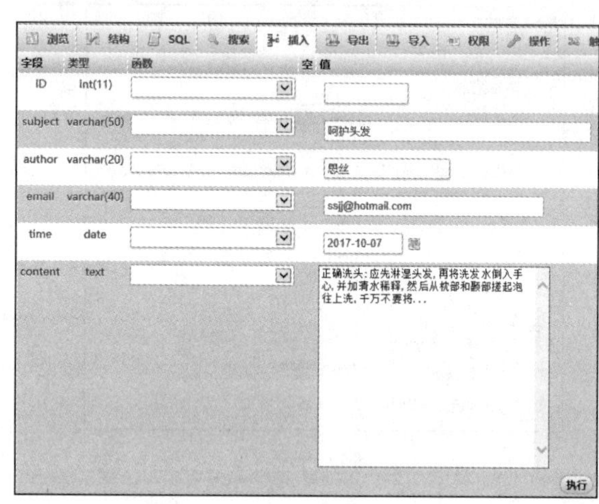

图 13-39

❻ 采用同样的方式，输入第二条和第三条数据记录，单击【浏览】按钮看到数据记录结果，如图 13-40 所示。

ID	subject	author	email	time	content
1	美容肌肤	美梅	meimei@126.com	2017-10-10	保护好，呵护好肌肤要使用天然的护肤品。
2	多彩染色	洁洁	hj19951212@hotmail.com	2017-10-09	染色剂的使用和选择要考虑个人的发质。
3	呵护头发	思丝	ssjj@hotmail.com	2017-10-07	正确洗头:应先淋湿头发,再将洗发水倒入手心,并加清水稀释,然后从枕部和颞部拢起泡往上洗,...

图 13-40

13.6.2 创建动态站点

❶ 启动 Dreamweaver CC，选择菜单【站点】|【新建站点】，打开【站点设置对象 美容美发】对话框，如图 13-41 所示，在【站点名称】文本框中输入“美容美发”，在【本地站点文件夹】中选择 D:\website\beauty。

❷ 单击左侧分类栏中的【服务器】，在右侧服务器列表框的下部，单击【添加新服务器】按钮+，打开服务器设置对话框的【基本】选项卡，如图 13-42 所示。

❸ 在【服务器名称】文本框中输入“php 测试服务器”，在【连接方法】下拉框中选择“本地/网络”，在【服务器文件夹】文本框中输入“D:\website\beauty”，在【Web URL】文本框中输入“http://localhost/beauty/”。

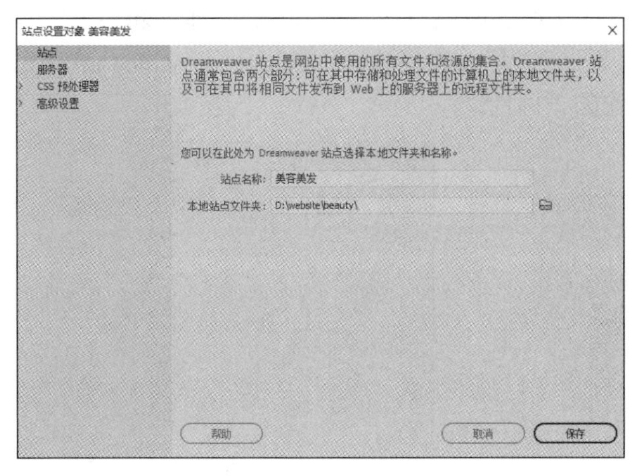

图 13-41

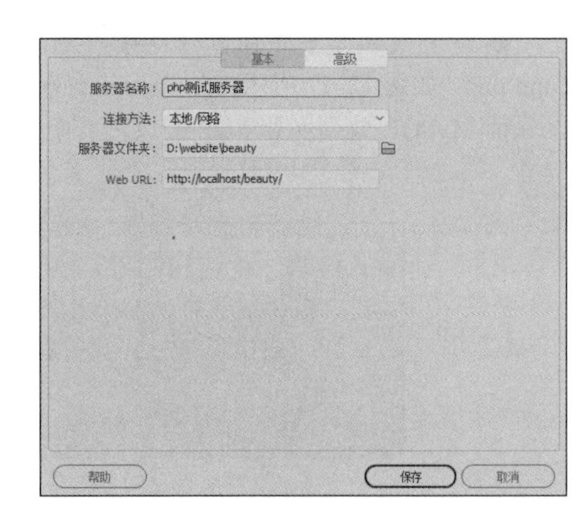

图 13-42

❹ 选择【高级】选项卡，如图 13-43 所示，勾选【维护同步信息】复选框，在【服务器模型】下拉文本框中选择“PHP MySQL”，单击【保存】按钮，返回到【站点设置对象 美容美发】对话框，如图 13-44 所示。

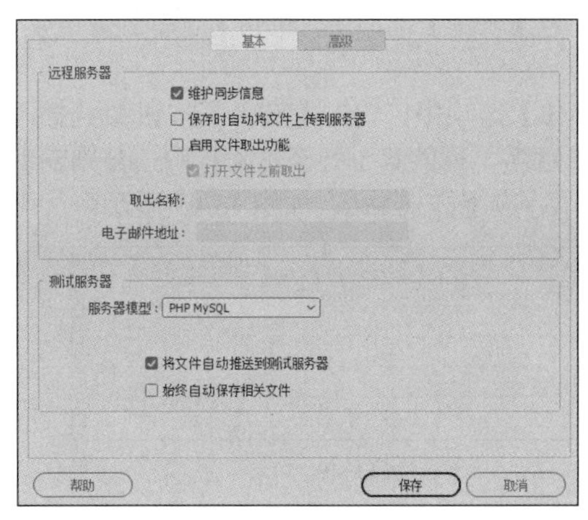

图 13-43

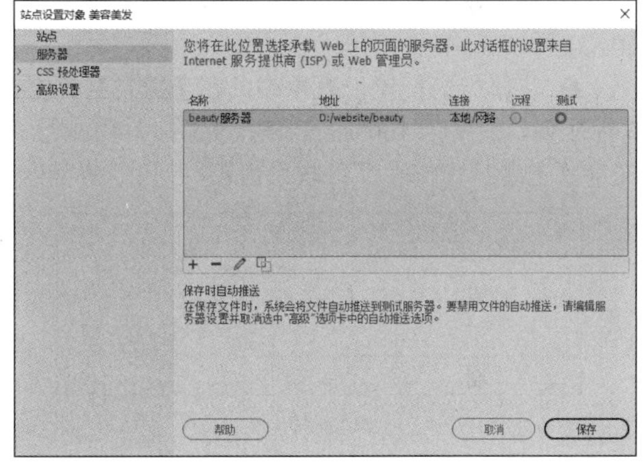

图 13-44

❺ 在【站点设置对象 美容美发】对话框中，勾选【测试】单选按钮，单击【保存】按钮，完成站点设置。

13.6.3　创建数据库连接

❶ 在【文件】面板中，选择“美容美发”站点，打开文档 beauty.html。选择菜单【文件】|【另存为】，打开【另存为】对话框，在【保存类型】下拉框中选择 PHP Files（*.php），单击【保存】按钮，创建 beauty.php 文档。

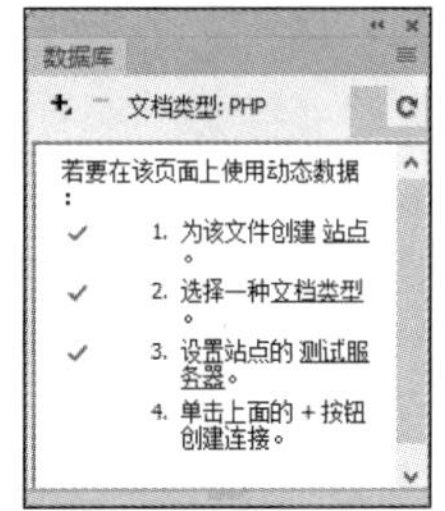

图 13-45

❷ 选择菜单【窗口】|【数据库】，打开【数据库】面板，如图 13-45 所示，在【数据库】面板中，已经完成了创建站点、选择文档类型和为站点设置测试服务器等 3 项准备工作。

❸ 在【数据库】面板中，单击 + 按钮，在弹出的菜单中选择【MySQL 连接】，打开【MySQL 连接】对话框，如图 13-46 所示，在【连接名称】文本框中输入“conn”，在【MySQL 服务器】文本择框中输入“localhost”，在【用户名】文本框中输入“root”，在【密码】文本框中不填写内容，在【数据库】文本框中选择“beautydata”。

❹ 单击【确定】按钮创建连接，并在站点根文件夹中创建 connections 文件夹和连接文件 conn.php，如图 13-47 所示。在 conn.php 代码末尾，手工加入代码 mysql_query("set names 'utf8'");，以保证 MySQL 数据库和 PHP 网页之间中文传输的正确性。

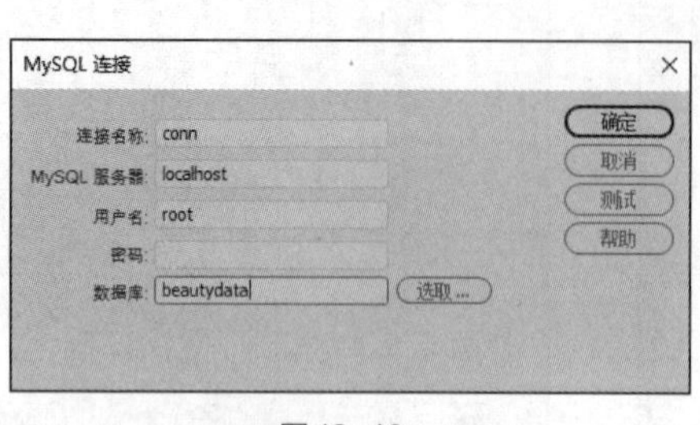

图 13-46

图 13-47

13.6.4 发表留言页面

1. 创建表单

❶ 将鼠标光标置于页面中部区域中，在【插入】面板【表单】选项中，单击【表单】按钮，插入表单。

❷ 将鼠标光标置于表单中，在【插入】面板【HTML】选项中，单击【Table】按钮，插入 5 行 2 列，宽度为 100%的表格，如图 13-48 所示。在表格第 1 列的第 1 行至第 4 行中，分别输入文字“主题：”“作者：”“联系信箱：”和“留言内容：”，并应用样式.text，如图 13-49 所示。

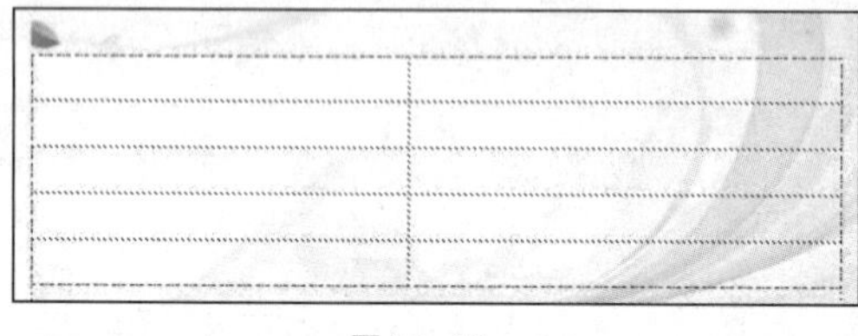

图 13-48

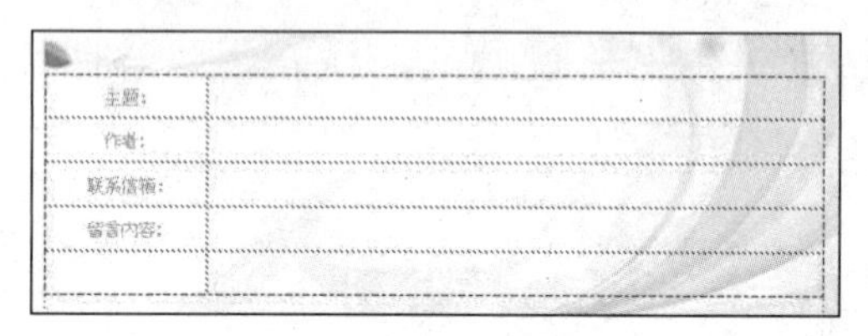

图 13-49

❸ 将鼠标光标置于第 1 行第 2 列单元格中，在【插入】面板【表单】选项卡中，单击【文本】按钮，插入文本区域，如图 13-50 所示。在【属性】面板【Name】文本框中输入“subject”，在【Size】文本框中输入“40”，如图 13-51 所示。

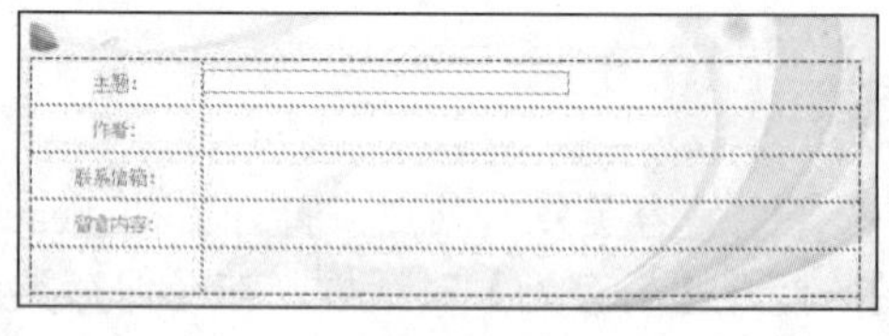

图 13-50

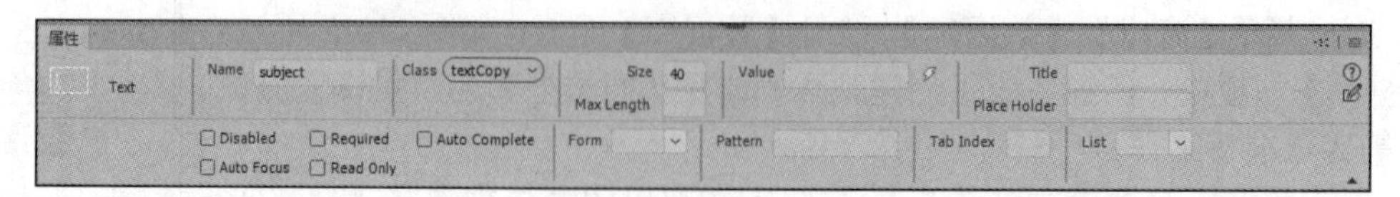

图 13-51

❹ 采用同样的方式，在表格第 2 列的第 2 行和第 3 行中，分别插入文本区域，其【Name】分别为“author”和“email”，【Size】分别为“20”和“40”。

❺ 将鼠标光标置于第 2 列第 4 行单元格中，在【插入】面板【表单】选项中，单击【文本区域】按钮，插入文本区域，如图 13-52 所示。在【属性】面板【Name】文本框中输入“content”，在【Rows】文本框中输入“12”，在【Cols】文本框中输入“55”，如图 13-53 所示。

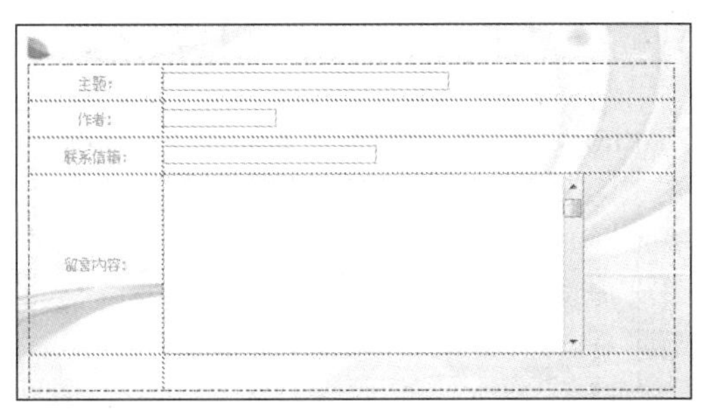

图 13-52

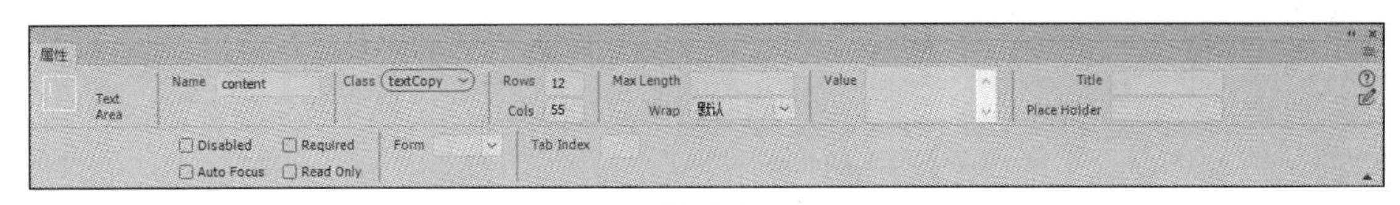

图 13-53

❻ 将鼠标光标置于第 2 列第 5 行单元格中，在【插入】面板【表单】选项卡中，单击【“提交”按钮】按钮，插入提交按钮；将鼠标光标置于提交按钮之后，单击【“重置”按钮】按钮，插入重置按钮；将表格第 2 列中的所有表单对象应用.textCopy 样式，如图 13-54 所示。

2. 设置插入记录

❶ 在【服务器行为】面板中，单击按钮，在弹出的菜单中选择【插入记录】，打开【插入记录】对话框，如图 13-55 所示，在【提交值，自】下拉框中选择“form1”，在【连接】下拉框中选择“conn”，在【插入表格】下拉框中选择“beautytab1”，利用【值】和【提交为】，设置【列】表中字段的数据格式。单击【确定】按钮，创建插入记录的服务器行为。

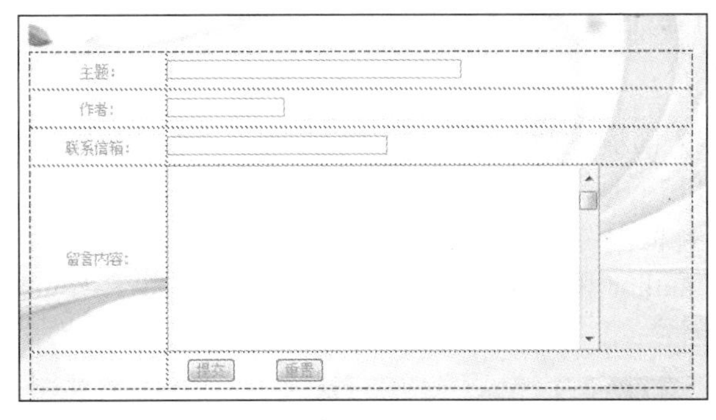

图 13-54

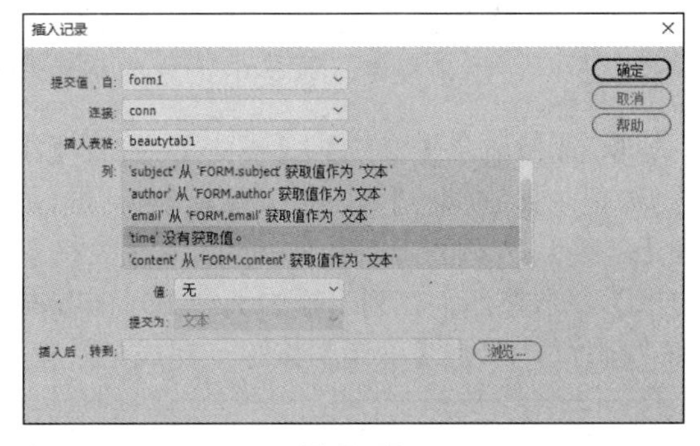

图 13-55

❷ 保存网页文档，按<F12>键预览效果，并输入数据加以验证。

13.6.5　留言详细内容页面

❶ 在【文件】面板中，选择“美容美发”站点，打开文档 xiangxi.html，将其另存为 xiangxi. php，创建动态页面文档。

❷ 在【绑定】面板中单击按钮，在弹出的菜单中选择【记录集（查询）】，打开【记录集】对话框，如图 13-56 所示。在【名称】文本框中输入“Recordset1”，在【连接】下拉框中选择“conn”，

在【表格】下拉框中选择“beautytab1”，选择【列】后方的【全部】单选按钮，在【筛选】下拉框中选择“ID”“=”和“URL 参数”，单击【确定】按钮，完成记录集的创建。

❸ 将鼠标光标置于表格的第2列第1行中，在【绑定】面板中展开【记录集（Recordset1）】，如图 13-57 所示，选择 subject 字段，单击面板右下方的【插入】按钮，将 subject 字段绑定在单元格中。

❹ 采用同样的方式，将 author、email、time 和 content 字段进行绑定，同时将.textCopy 样式应用于这 5 个绑定字段，如图 13-58 所示。

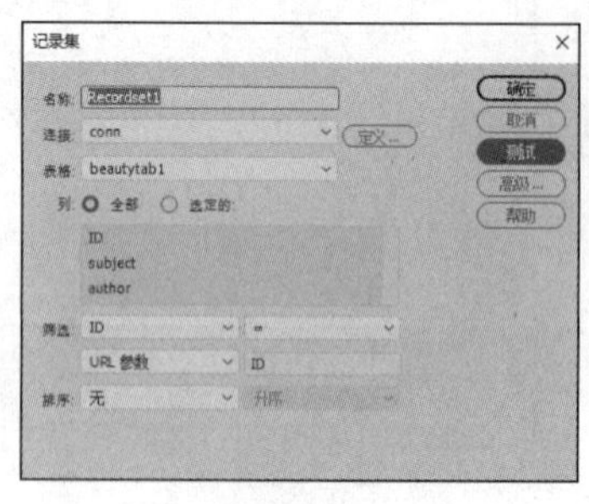

图 13-56

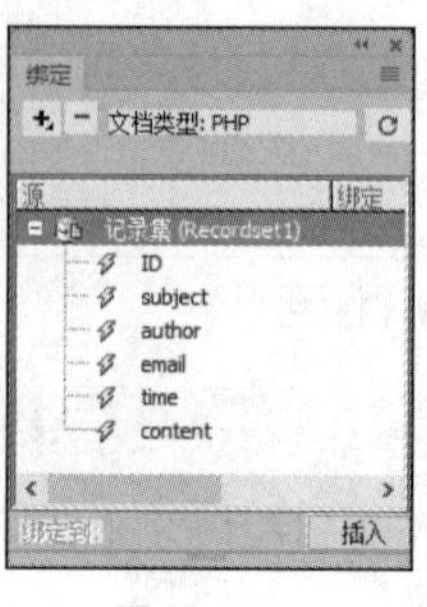

图 13-57

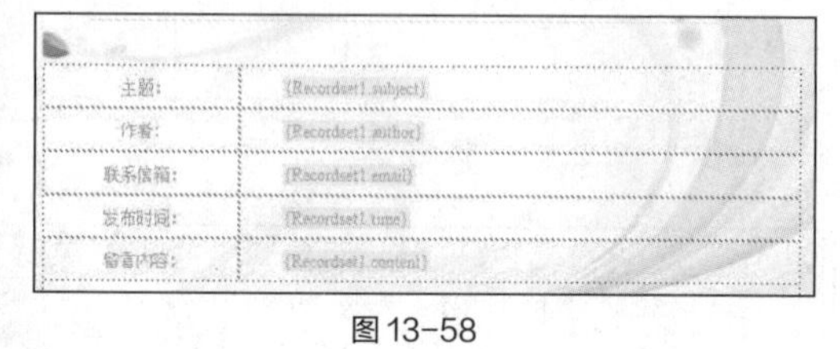

图 13-58

❺ 保存网页文档，按<F12>键预览效果。

13.6.6 留言列表页面

1. 绑定字段

❶ 在【文件】面板中，选择“美容美发”站点，在该站点中打开文档 liebiao.html，并将其另存为 liebiao.php，如图 13-59 所示。

提示：

liebiao.php 页面由 3 个独立的<div>标签组成。第一个<div>标签是第一行，表示字段名称；第二个<div>标签是第二行，要承载大量的用户留言，需要进行【重复区域】设置；第三个<div>标签是第三行，用来控制记录集中记录的移动和显示。

❷ 选择菜单【窗口】|【绑定】，打开【绑定】面板，在面板中单击 + 按钮，在弹出的菜单中选择【记录集（查询）】，打开【记录集】对话框，如图 13-60 所示，在【名称】文本框中输入“Recordset1”，在【连接】下拉框中选择“conn”，在【表格】下拉框中选择“beautytab1”，选择【列】后方的【选定的】单选按钮，在列表框中选中 ID、subject、author 和 time，在【排序】下拉框中选择“time”和“降序”，单击【确定】按钮，完成记录集的创建。

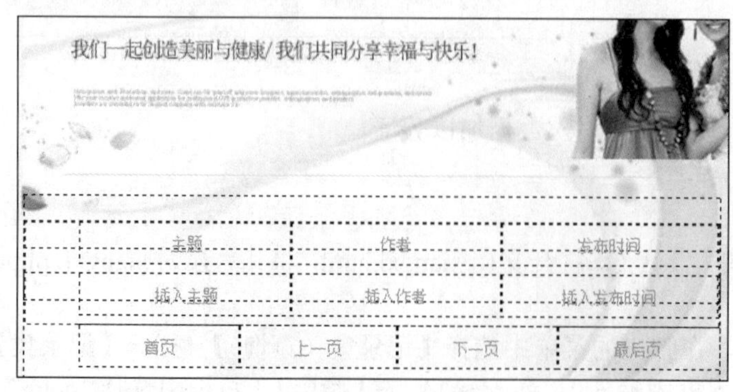

图 13-59

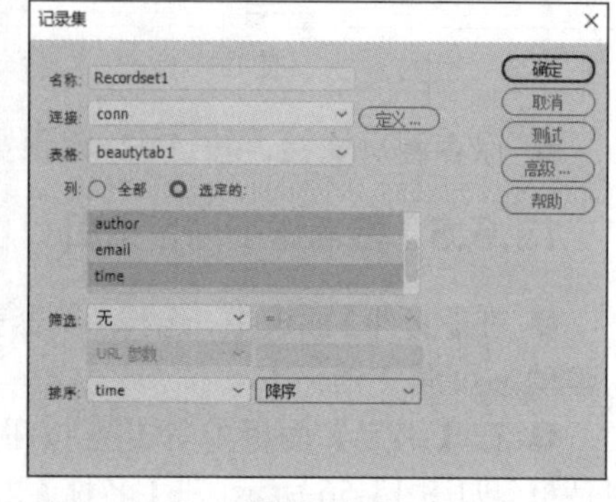

图 13-60

❸ 选中并删除文本“输入主题”，在【绑定】面板中展开【记录集（Recordset1）】，如图 13-61 所示，选择 subject 字段，单击面板右下方的【插入】按钮，将 subject 字段绑定在单元格中。

❹ 采用同样的方式，将字段 author 和 time 也绑定到相应位置中，如图 13-62 所示。

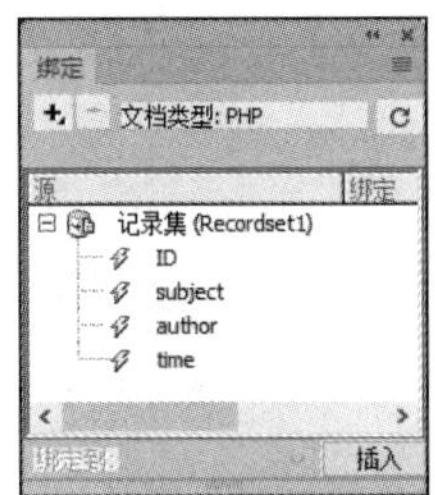

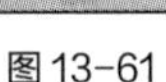

图 13-61

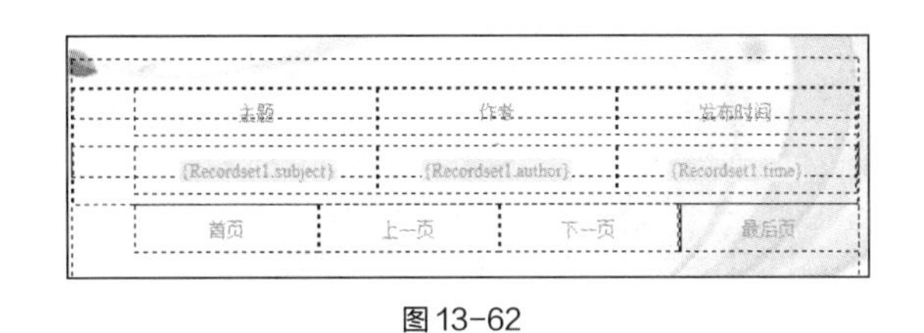

图 13-62

2. 设置重复区域和记录集分页

❶ 选中第 2 行<div>标签，在【服务器行为】面板中单击 + 按钮，在弹出的菜单中选择【重复区域】，打开【重复区域】对话框，在【记录集】下拉框中选择 Recordset1，在【显示】后勾选单选按钮并输入 5，如图 13-63 所示，单击【确定】按钮，完成创建重复区域的服务器行为，如图 13-64 所示。

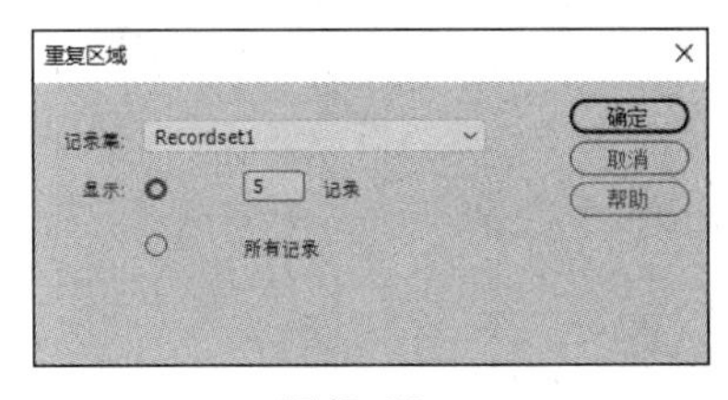

图 13-63

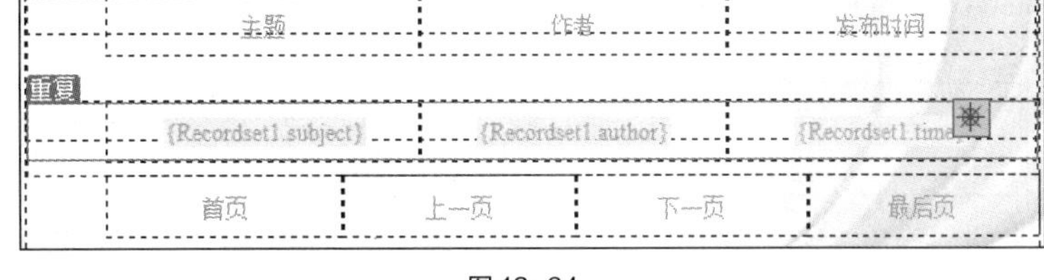

图 13-64

❷ 选中文本“首页”，单击【服务器行为】面板中的 + 按钮，在弹出的菜单中选择【记录集分页】|【移至第一条记录】，打开【移至第一页】对话框，如图 13-65 所示，在【记录集】下拉框中选择 Recordset1，单击【确定】按钮，完成创建移至第一条记录的服务器行为。

❸ 采用同样的方式，分别为文本“上一页”“下一页”和“最后页”，创建“移至前一条记录”“移至下一条记录”和“移至最后一条记录”的服务器行为，如图 13-66 所示。

提示：

表单中链接外观采用了页面链接外观。在【页面属性】中的【链接 CSS】中，已经预设定了页面链接外观。

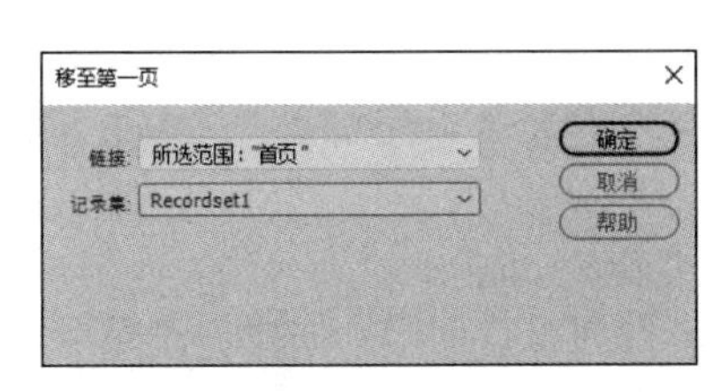

图 13-65

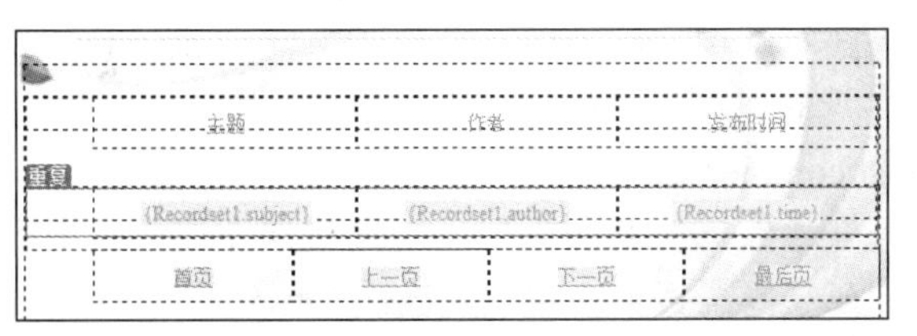

图 13-66

❹ 选中{recordset1.subject}，打开【属性】面板，如图 13-67 所示，在【链接】文本框中输入 xiangxi.php?ID=<?php echo $querystring_Recordset11;?>，为{recordset1.subject}添加了指向 xiangxi.php 的链接，完成创建转移到详细页面的服务器行为，如图 13-68 所示。

 提示：

在网页 xiangxi.php 文件后，由？引导的 URL 参数字符串，其格式为 name=value，用于存储用户的检索信息，将用户提供的信息由浏览器传递到服务器。

图 13-67

❺ 重新打开 beauty.php 文档，在【服务器行为】面板中双击【插入记录（表单“form1”)】，打开【插入记录】对话框，在【插入后，转到】文本框中输入 liebiao.php，如图 13-69 所示，单击【确定】按钮，完成 beauty. php 与 liebiao. php 的链接。

❻ 保存网页文档，按<F12>键预览效果，验证状态控制栏的功能和 3 个网页的链接关系。

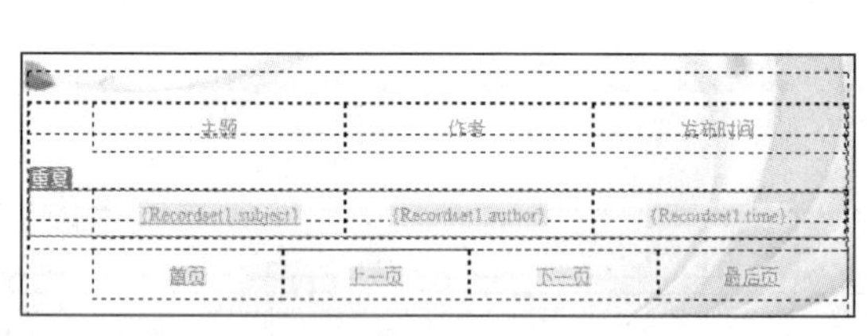

图 13-68

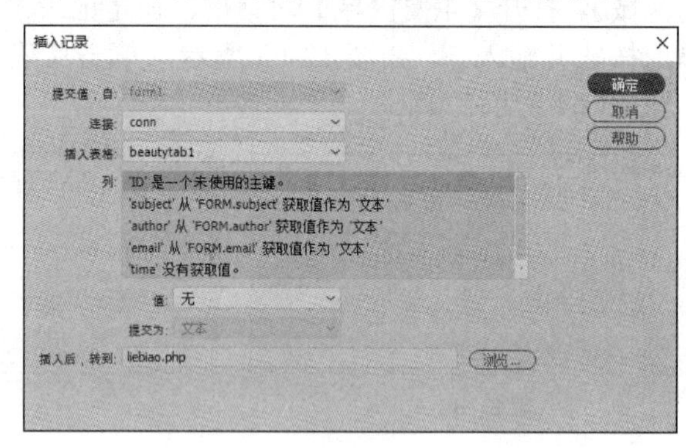

图 13-69

13.7 练习案例——电子商务

案例练习目标：练习利用基本的动态网页技术创建留言系统的方法。

案例操作要点：

1．使用 phpMyAdmin 创建数据库，名称为 commercedata；字段名称分别为 ID，subject（主题），member（会员姓名），email（电子邮件），time（日期）和 content（内容）。为 time 字段设置【默认值】为“CURRENT_TIMESTAMP”。

2．在网站根文件夹中，创建子文件夹 commerce。

3．选择菜单【站点】|【新建站点】创建站点，站点名称为“电子商务”，Web URL 为 localhost/commerce。

4．在【数据库】面板中，创建数据库连接，数据连接名称为 conn。

5．在发表留言页面中，设置插入记录服务器行为。在留言列表页面中，创建记录集并进行绑定，设置重复区域，记录集分页和转移到详细页面的服务器行为。

在留言详细内容页面中，创建记录集并进行绑定。

素材所在位置：电子资源/案例素材/ch13/练习案例-电子商务。

案例效果：发表留言页面如图 13-70 所示，留言列表页面如图 13-71 所示，留言详细内容页面如图 13-72 所示。

图 13-70

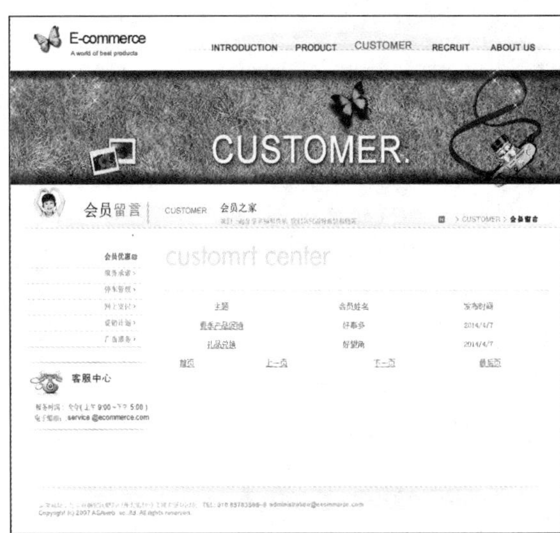

图 13-71

图 13-72

Dreamweaver CC

14 Chapter

第14章 综合实训

本章以一个网站的开发过程为例，介绍了从网站规划，到网站设计与制作，再到超链接设置等的一系列操作过程，使读者对网站设计的流程和方法有进一步的了解。

本章融合了较为流行的网站设计与制作技术，如Photoshop软件的切片技术，Dreamweaver CC软件的CSS+Div布局和模板技术等，使读者进一步熟悉Dreamweaver CC和网站设计相关软件的使用技巧，为今后学习奠定良好的基础。

本章主要内容：

1. 网站规划
2. 网站设计
3. 主页制作
4. 子页面制作
5. 其他子页面制作
6. 页面超链接设置

14.1 网站规划

本网站是一个宠物信息专业网站，旨在为广大的宠物爱好者提供一个交流、展示的平台。网站在设计上采用较简洁的风格，配色以绿色（#6FB366）和紫色（#94688C）为主色调。

网站开发的流程主要为确定风格和配色、绘制网站标识 Logo、设计网站 banner、设计主页面、设计子页面、制作主页面和制作子页面等。

14.2 网站设计

网站设计一般指网站的 Logo 设计、banner 设计和主页面及子页面设计。通常在开发网站时，首先要用图像处理软件（如 Photoshop）把这些内容绘制出来，然后使用 Dreamweaver 软件制作相应的网页。

14.2.1 Logo 设计

因为本网站采用绿色和紫色两种主色调，Logo 的设计采用以绿色、紫色为主色调的图形和中英文字体的结合，用 Photoshop 软件完成，最终的 Logo 设计效果如图 14-1 所示。

图 14-1

14.2.2 banner 设计

banner 一般是指网站中的横幅广告条，它是网页中不可或缺的一部分，不仅可以增强网页视觉效果，也能作为宣传网站的广告区域。一般来说，网站中主页面和子页面都采用不同的 banner，本网站针对 3 个不同页面设计了 3 个 banner。主页 banner（900px×300px）、家园简介子页面 banner（900px×250px）和宠物风采子页面 banner（900px×250px）的最终效果分别如图 14-2～图 14-4 所示。

图 14-2

图 14-3

图 14-4

14.2.3 页面设计

1. 主页设计

网站主页的最终效果如图 14-5 所示。

图 14-5

2. 子页面设计

本网站的子页面包含两个：家园简介子页面和宠物风采子页面，其最终效果如图 14-6 和图 14-7 所示。

图 14-6

图 14-7

14.3 主页制作

网页效果图是一张完整的图片，需要转为网页页面，但不能把整张图片都放在网页中，这样不利于搜索引擎对网页的检索以及网页中文字的修改和交互，也会降低网页打开的速度。

14.3.1 主页面切图

页面切图是利用 photoshop 软件中切图功能进行网页创意设计的一种方式。一般地，在 Photoshop 中将页面图片设计好以后，利用切片功能对其进行分割并导出这些小图片，作为网页设计的图像元素。

切图原则是全面分析效果图的色彩、图像元素和构图分布，尽量做到切出的图片量最少或页面布局方案最佳，对于效果图中大片纯色背景不用切图，可以直接在 Dreamweaver 中设置。

主页切图的具体操作步骤如下。

❶ 在 Photoshop 中打开网页效果图“index.psd”，如图 14-8 所示。

图 14-8

❷ 从标尺中拖出参考线，将需要切出的部分选取出来，隐藏不需要的文字图层，在 Photoshop 工具栏中单击【切片】工具，在效果图中按住鼠标左键拖曳画出切片，如图 14-9 所示。本实训效果图中需要切出 Logo、3 个栏目的标题背景圆角部分和新闻列表前面的小图标，如图 14-9 中所示的 02、05、07、09、14 这 4 个标记的切片。

提示：

先在【图层】面板选中该参考线紧贴的元素，再拖动参考线，这样参考线会自动贴合到该元素边缘，使参考线放置得更精确。例如，先在【图层】面板中选中 banner 图片图层，再从标尺中拖出参考线，自动贴合到 banner 图片边缘。

图 14-9

❸ 选择菜单【文件】|【存储为 Web 所用格式】，如图 14-10 所示，打开【存储为 Web 所用格式（100%）】对话框，在【存储为 Web 所用格式（100%）】对话框中单击【存储】按钮，如图 14-11 所示。

❹ 在【将优化结果存储为】对话框的【格式】下拉列表中选择“仅限图像”，在【切片】下拉列表中选择“所有用户切片”，如图 14-12 所示。单击【保存】按钮，导出的图片会存放在自动生成的 images 文件夹内。

图 14-10

图 14-11

图 14-12

14.3.2 前期工作

1. 建立网站文件夹

❶ 在本地硬盘某个位置（如 E：盘）建立一个名为 PetHome 的文件夹，以后所有的网站文件都存在该文件夹中。

❷ 由于 banner 等素材图片已经先期单独制作，所以也需要将这些素材图片移动到 images 文件夹中，最终 images 文件夹中图片如图 14-13 所示。然后把 images 文件夹移动到 PetHome 文件夹内。

图 14-13

2. 建立站点

❶ 启动 Dreamweaver，选择菜单【站点】|【新建站点】，打开【站点设置对象】对话框，在【站点设置对象宠物家园】对话框的【站点名称】文本框中输入“宠物家园”，在【本地站点文件夹】选项中通过单击【浏览文件夹】按钮定位到 PetHome 文件夹，如图 14-14 所示，单击【保存】按钮。

❷ 此时，在【文件】面板中可以看到“宠物家园”站点内的文件和文件夹，如图 14-15 所示。

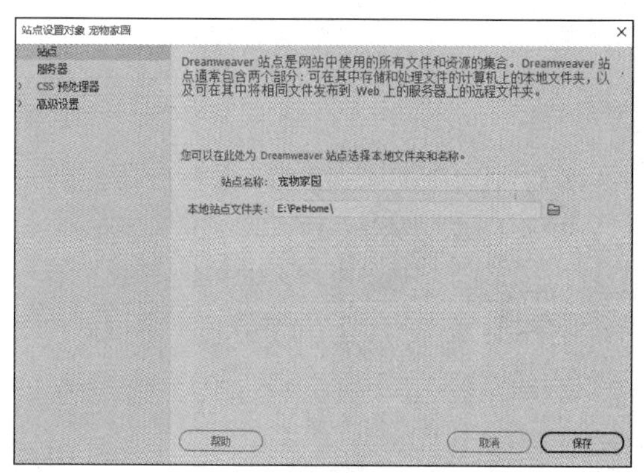

图 14-14

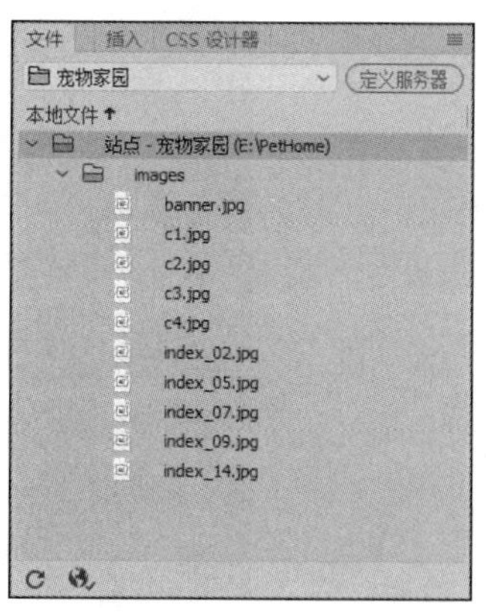

图 14-15

3. 建立全局样式

很多 HTML 标签都带有默认样式，如<body>、<ul>等标签默认内边距 padding 和外边距 margin 都不为 0，这样有可能对后续制作造成影响，所以提前把这些全局样式设置为 0，后续需要边距时再重新设置。另外，还需要建立一个统一的样式表文件，用来存放网站的样式。

❶ 在 Dreamweaver 环境下，选择菜单【文件】|【新建...】，打开【新建文档】对话框，在【新建文档】对话框的【文档类型】中选择 CSS，如图 14-16 所示，单击【创建】按钮，新建一个后缀名为.css 的样式表文件。

❷ 将文件保存在 PetHome 文件夹中，命名为 style.css，如图 14-17 所示。

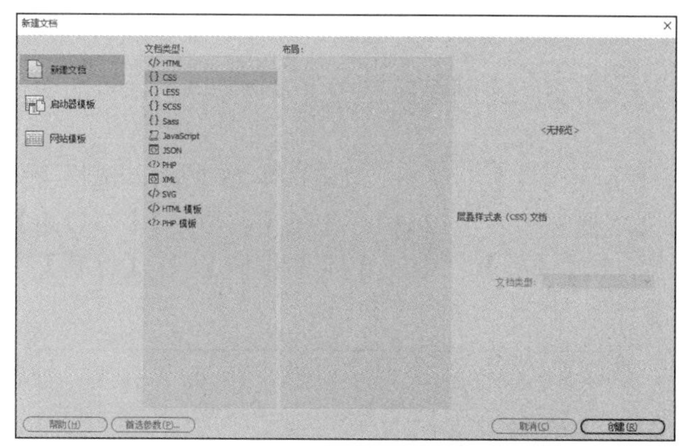

图 14-16

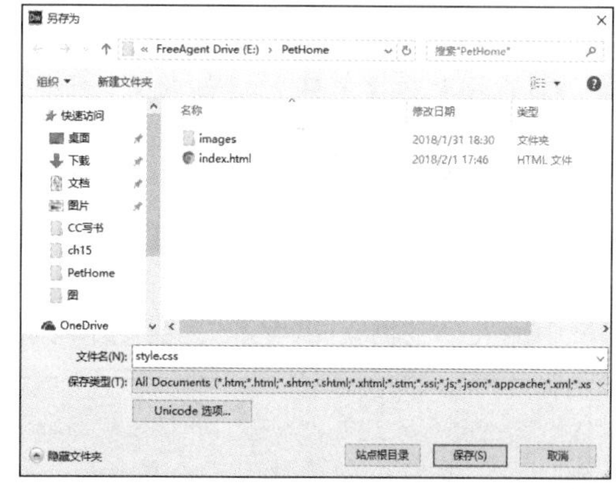

图 14-17

❸ 在样式表文件 style.css 中输入如下代码，将内边距 padding、外边距 margin 设为 0：

```
*{
padding: 0;
margin: 0;
}
```

14.3.3 主页布局分析

通过对主页效果图的各区域分析，可以把主页效果图分成 5 个区域，分别为 header 区域、导航栏区域、banner 区域、内容区域和 footer 区域，并计算出各区域的尺寸，如图 14-18 所示。其中，header 区域和导航栏区域之间间隔 3px，导航栏区域和 banner 区域间隔 3px，banner 区域和内容区域间隔 10px，内容区域和 footer 区域之间间隔 10px。内容区域的 3 个板块之间间隔 17px。

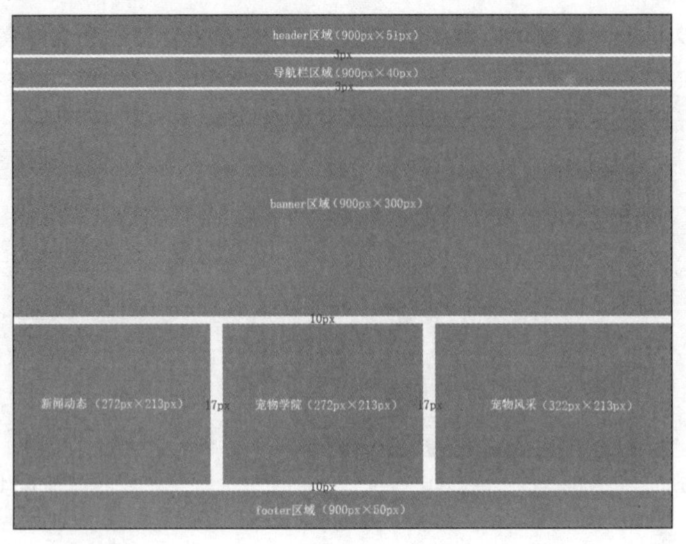

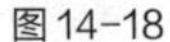

图 14-18

14-2 宠物家园（2）

14.3.4 header 区域制作

header 区域包含左侧网站 Logo 和右侧的顶部菜单两部分，分别对应的<div>标签为#logo 和#topmenu，各部分的尺寸如图 14-19 所示。

#logo（150×51）		#topmenu（200×51）

图 14-19

具体操作步骤如下。

❶ 选择菜单【文件】|【新建】，创建一个空白网页，将网页保存在“宠物家园”站点的文件夹 PetHome 中，文件名为 index.html。

❷ 选择菜单【文件】|【页面属性】，打开【页面属性】对话框，如图 14-20 所示，选择【分类】栏中的【外观（CSS）】，在【大小】下拉文本框中输入“12px”，并在【左边距】【右边距】【上边距】和【下边距】文本框中输入“0px”。单击【分类】栏中的【标题/编码】，在【标题】文本框中输入“宠物家园-主页”，如图 14-21 所示。

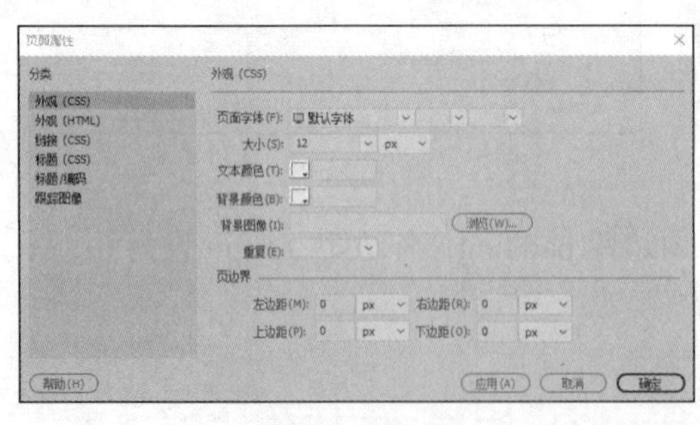

图 14-20

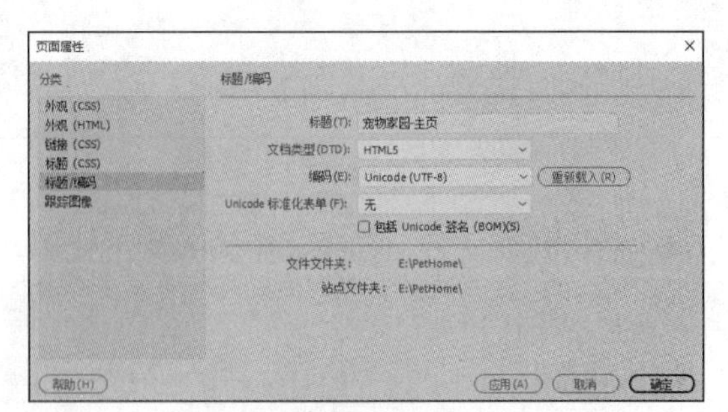

图 14-21

❸ 将鼠标光标置于页面窗口中，选择菜单【插入】|【Div】，打开【插入 Div】对话框，如图 14-22 所示，在【插入】下拉框中选择“在插入点”，在【ID】下拉文本框中输入“container”，该<div>标签作为网页容器。单击【创建 CSS 规则】按钮，打开【新建 CSS 规则】对话框，如图 14-23 所示，在【选择器名称】文本框中会自动出现#container，在【规则定义】下拉框中选择“(新建样式表文件)”。

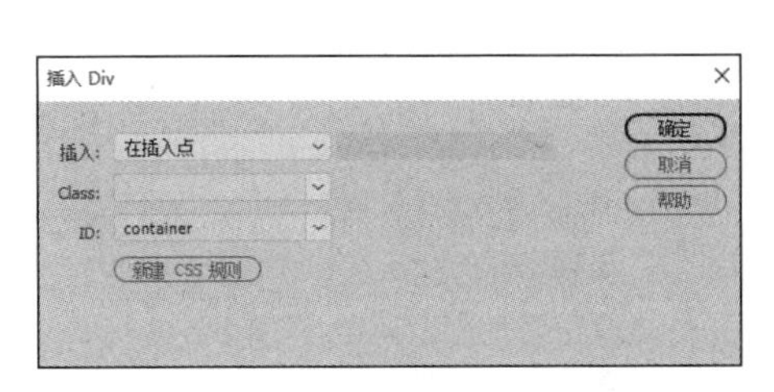

图 14-22

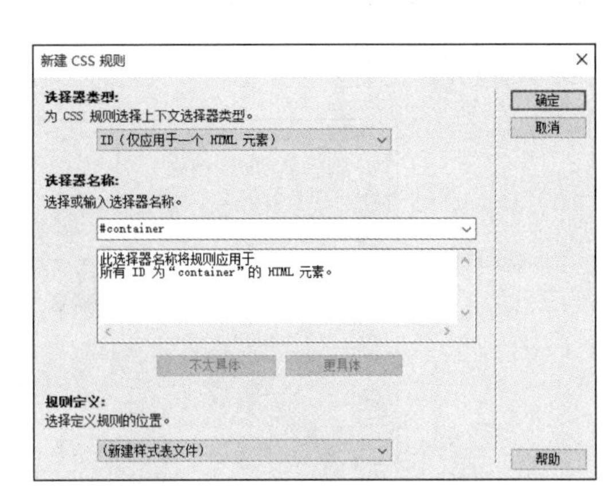

图 14-23

❹ 单击【确定】按钮，打开【将样式表文件另存为】对话框，如图 14-24 所示，选择已经存在的 style.css 文件，单击【保存】按钮，打开【#container 的 CSS 规则定义（在 style.css 中）】对话框，如图 14-25 所示，选择【分类】栏中的【方框】，在【Width】和【Height】下拉文本框中分别输入“900px”和“680px”，取消勾选【Margin】选项下的【全部相同】复选框，在【Right】和【Left】的下拉文本框中都选择“auto”，设置<div>居中对齐。

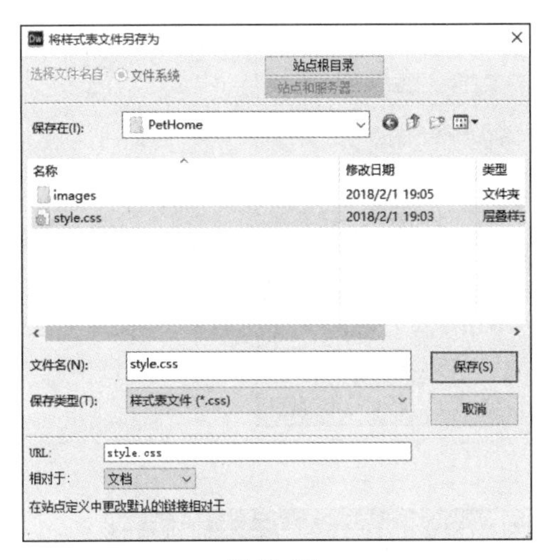

图 14-24

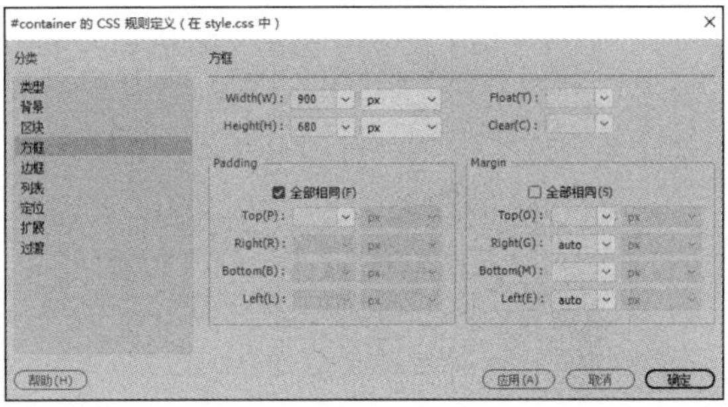

图 14-25

❺ 单击【确定】按钮，在文档窗口中插入了 ID 名为 container 的<div>标签，如图 14-26 所示。删除<div>内的初始文本，并将鼠标光标置于 container 中。采用同样的方式，在 container 标签中插入 ID 为 header 的<div>标签，并定义 ID 样式#header，存储在 style.css 样式表文件中，在【#header 的 CSS 规则定义（在 style.css 中）】对话框中，设置【Width】和【Height】分别为“900px”和“51px”如图 14-27 所示，效果如图 14-28 所示。

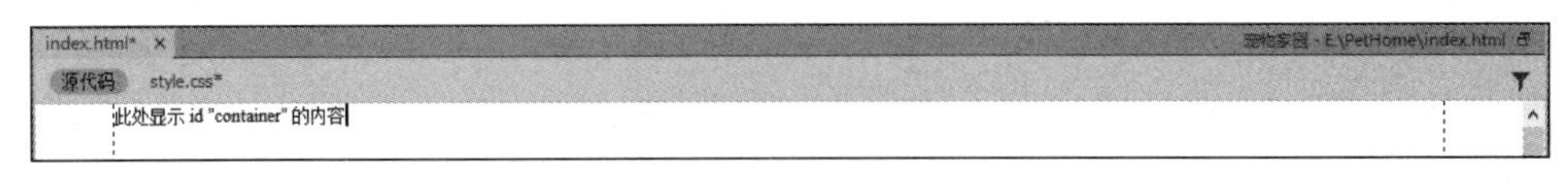

图 14-26

❻ 删除 header 标签中的初始文本，并鼠标将光标置于该标签中。采用同样的方式，在 header 标签中插入 ID 为 logo 的<div>标签，并定义 ID 样式#logo，存储在 style.css 样式表文件中，在【#logo 的 CSS 规则定义（在 style.css 中）】对话框中，设置【Width】和【Height】分别为“150px”和“51px”，【Float】为“left”，如图 14-29 所示。删除 logo 标签中的初始文本，插入图像文件 PetHome>

images>index_02.jpg，效果如图 14-30 所示。

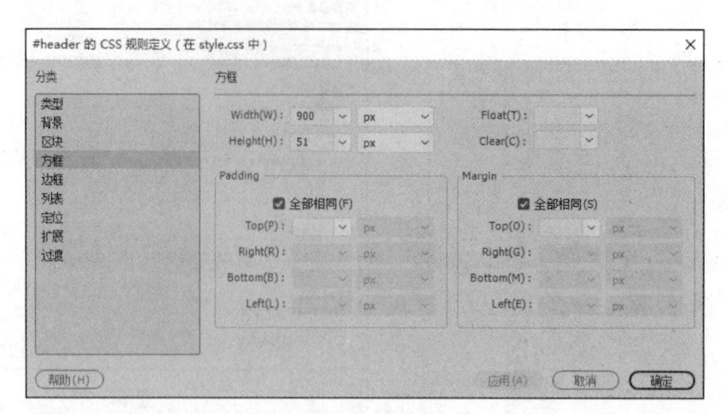

图 14-27

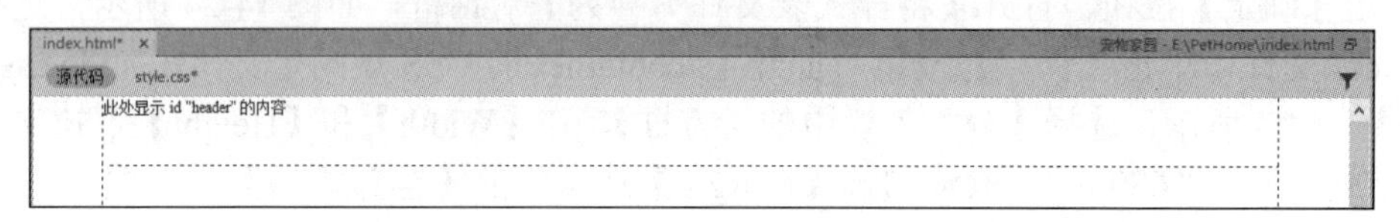

图 14-28

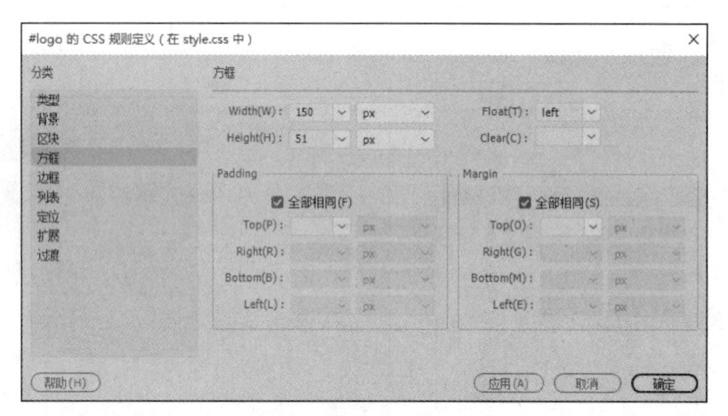

图 14-29

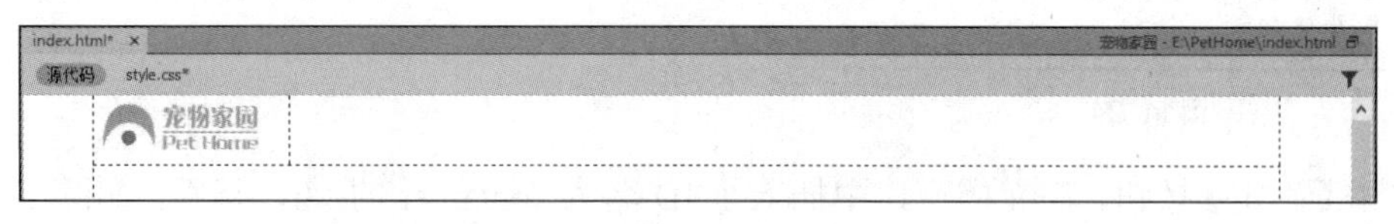

图 14-30

❼ 选择菜单【插入】|【Div】，打开【插入 Div】对话框，如图 14-31 所示，在【插入】下拉框中选择“在标签后”，在后面下拉框中选择“<div id="logo">”，在【ID】下拉文本框中输入“topmenu”，单击【新建 CSS 规则】按钮，打开【新建 CSS 规则】对话框，在【选择器名称】文本框中自动出现#topmenu，在【规则定义】下拉框中选择 style.css，单击【确定】按钮。

❽ 在【#topmenu 的 CSS 规则定义（在 style.css 中）】对话框中，选择【分类】栏中的【类型】，设置【Font-size】和【Line-height】分别为“12”和“51”，在【color】中输入“#666”。选择【分类】栏中的【区块】，设置【Text-align】为 right。选择【分类】栏中的【方框】，如图 14-32 所示，设置【Width】和【Height】分别为“200px”和“51px”，【Float】为“right”，单击【确定】按钮，完成在 header 中右侧插入 ID 名为 topmenu 的<div>标签。删除<div>标签 topmenu 中的初始文本，输入文本“网站地图|设为首页|加入收藏”，如图 14-33 所示。

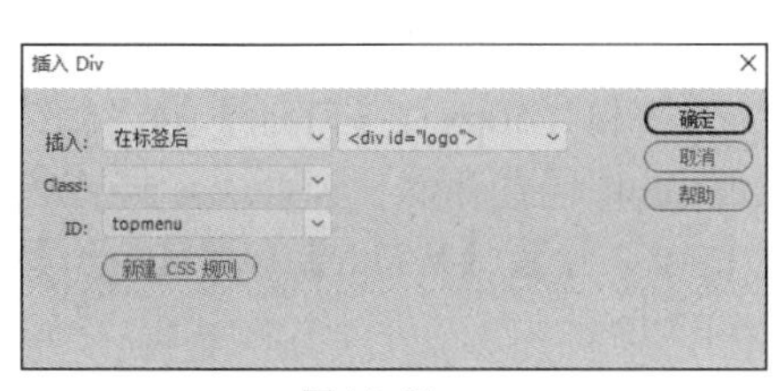

图 14-31

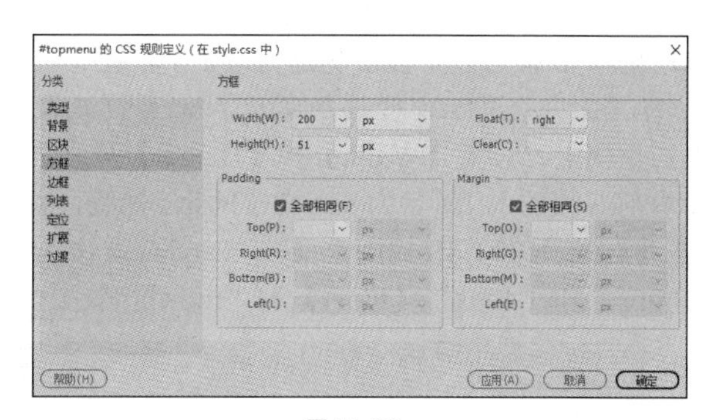

图 14-32

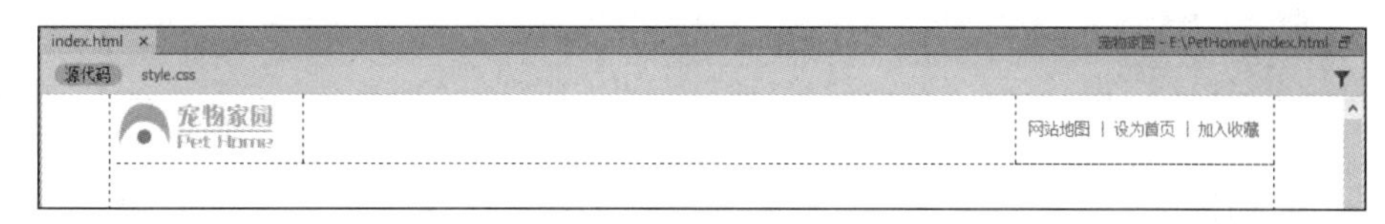

图 14-33

14.3.5　导航栏区域制作

导航栏区域对应的 div 名为#menu，其内部左侧为导航菜单，对应的<div>标签为#nav，右侧为搜索框，对应的<div>标签为#search，各部分的尺寸如图 14-34 所示。

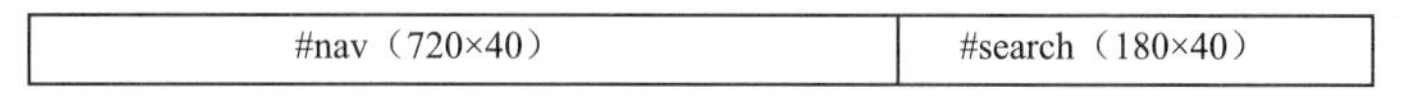

图 14-34

1. 导航菜单制作

❶ 采用同样方式，在 header 标签后插入 ID 名称为 menu 的<div>标签，并将其#menu 样式存储在 style.css 样式表文件中。在【#menu 的 CSS 规则定义（在 style.css 中）】对话框中，设置【Background-color】为“#94688C”，【Width】和【Height】分别为“900px”和“40px”，取消勾选【Margin】选项的【全部相同】复选框，设置【Top】和【bottom】分别为“3px”，如图 14-35 所示，效果如图 14-36 所示。

14-3　宠物家园（3）

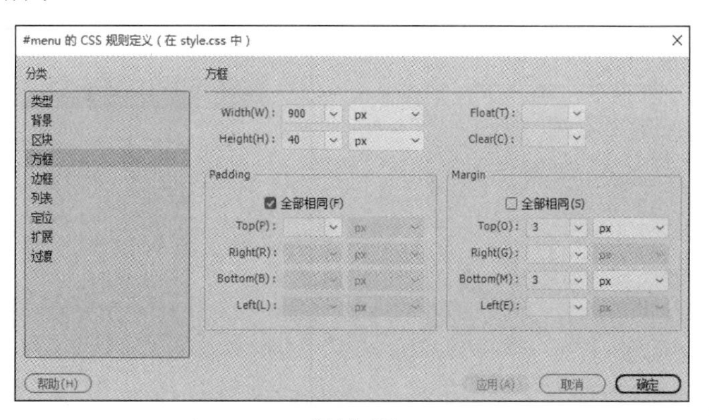

图 14-35

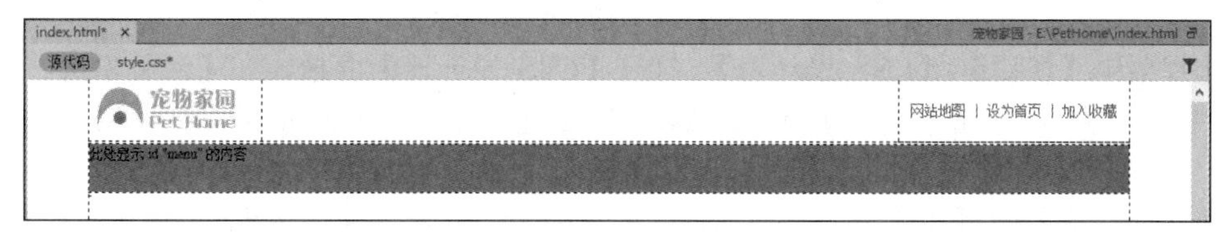

图 14-36

❷ 删除<div>标签 menu 中的初始文字，采用同样的方式，在 menu 内部左侧插入 ID 名为 nav 的<div>标签，并将其#nav 样式存储在 style.css 样式表文件中。在【#nav 的 CSS 规则定义（在 style.css 中）】对话框中，设置【Width】和【Height】分别为“720px”和“40px”，【Float】为“left”。在 menu 内部右侧插入 ID 名为 search 的<div>标签，并将其#search 样式存储在 style.css 样式表文件中。在【#search 的 CSS 规则定义（在 style.css 中）】对话框中，设置【Width】和【Height】分别为“180px”和“40px”，【Float】为“right”。效果如图 14-37 所示。

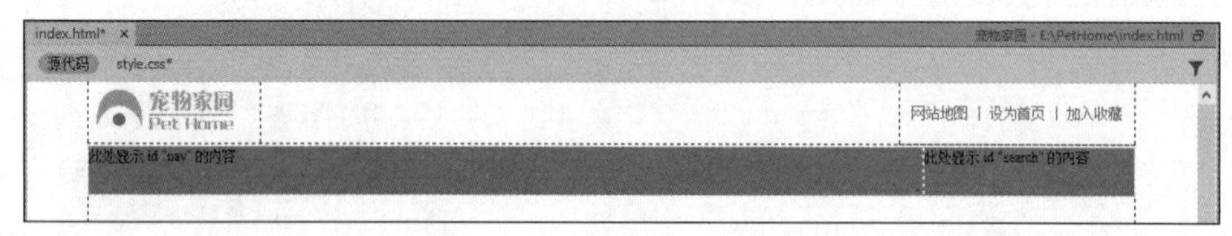

图 14-37

❸ 删除<div>标签 nav 中的初始文字，选择菜单【插入】|【项目列表】，输入列表项“首页”，按<Enter>键输入其他列表项，分别为“家园简介”“新闻动态”“宠物种类”“健康课堂”“宠物风采”“宠物论坛”和“联系我们”，可以看到在【代码】视图中相应生成了<ul><li></li></ul>项目列表标签代码，如图 14-38 所示。

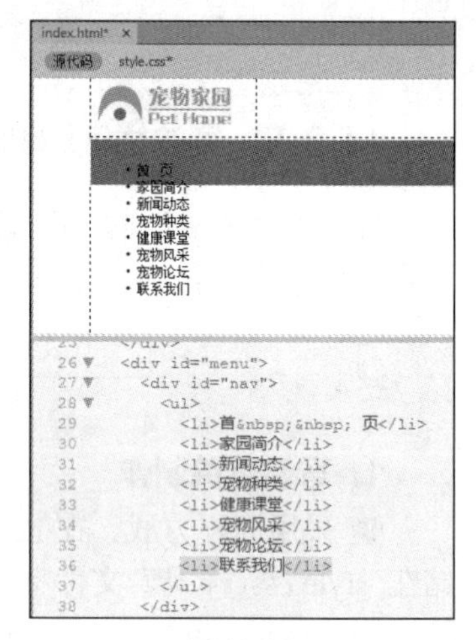

图 14-38

提示：

只有在【设计】视图状态下，才能按照上述方法，采用【项目列表】的方式完成导航条项目的设置。

❹ 选中列表项文字“首 页”，选择菜单【插入】|【Hyperlink】，在打开的【Hyperlink】对话框中为该列表项建立空的超链接，如图 14-39 所示。采用同样的方式，为其他列表项建立空的超链接，如图 14-40 所示。

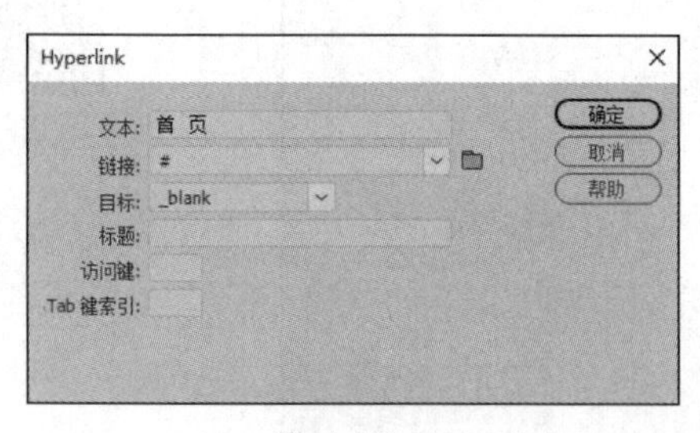

图 14-39

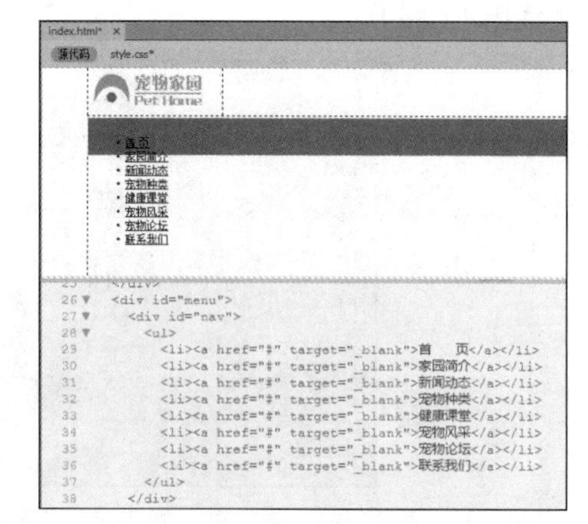

图 14-40

❺ 选择菜单【窗口】|【CSS 设计器】，打开【CSS 设计器】面板，在【源】中选择 style.css 文档，在【选择器】中单击【添加选择器】按钮+，新建一个名为#nav ul 的 CSS 规则，如图 14-41 所示。在【CSS 设计器】面板的【属性】部分设置【list-style-type】为“none”，如图 14-42 所示。

❻ 在【选择器】中再次单击【添加选择器】按钮+，新建一个名为#nav ul li 的 CSS 规则，并在【属性】部分设置【width】和【height】分别为“90px”和“40px”，设置【float】为 left、

行高【line-height】为“40px”、【text-align】为居中，如图 14-43 所示。效果如图 14-44 所示。

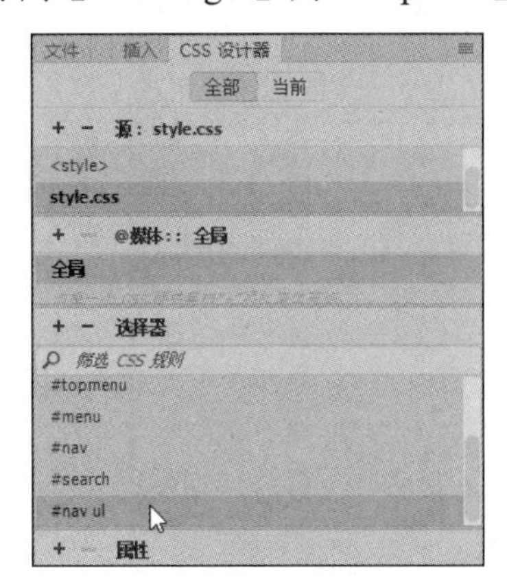

图 14-41

图 14-42

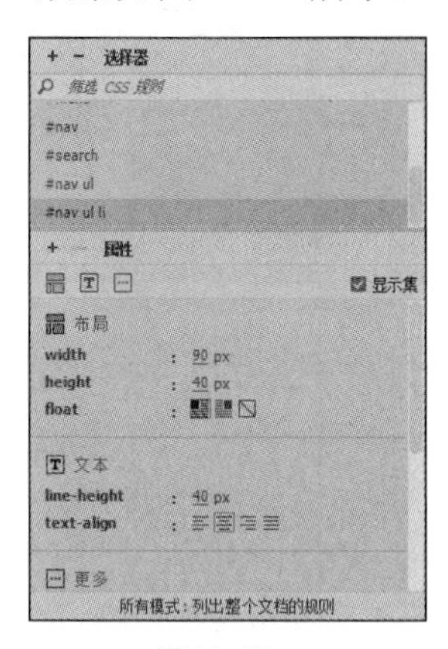

图 14-43

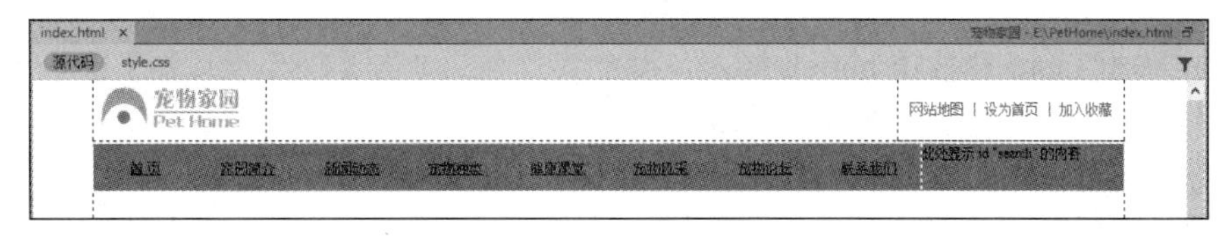

图 14-44

❼ 在【选择器】中再次单击【添加选择器】按钮+，新建一个名为#nav ul li a 的 CSS 规则，并在【属性】部分设置【display】为“block”、【color】为#FFFFFF、【font-family】为“黑体”、【font-size】为“14px”、【text-decoration】为 none，如图 14-45 所示。采用同样的方式，新建一个名为#nav ul li a:hover 的 CSS 规则，在【属性】部分设置【background-color】为#6FB366，如图 14-46 所示。

❽ 保存文件，按<F12>键预览网页，将鼠标移到导航菜单上，效果如图 14-47 所示。

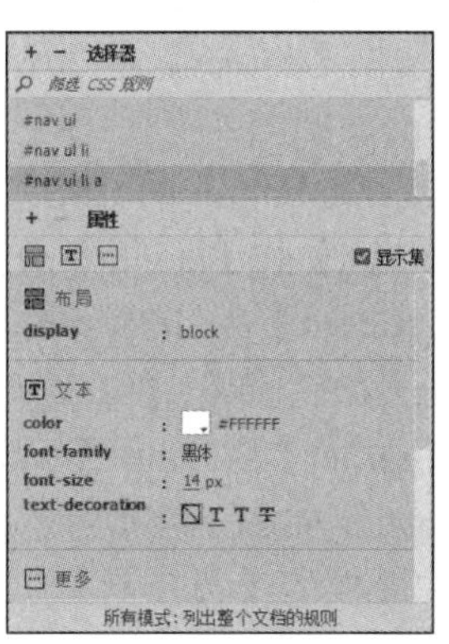

图 14-45

图 14-46

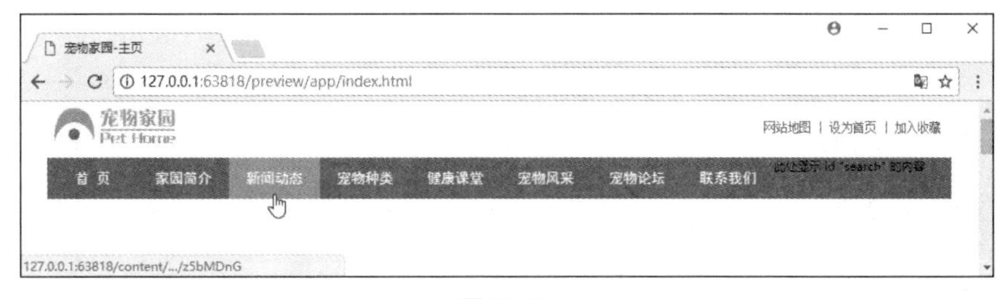

图 14-47

2. 搜索框制作

❶ 删除<search>标签中“此处显示 id "search"的内容”的默认文本，选择菜单【插入】|【表单】|【文本】，在<search>标签中插入一个文本输入框并修改代码，然后在后面添加代码：<button>搜索</button>，表示插入一个按钮，如图 14-48 所示。

14-4 宠物家园（4）

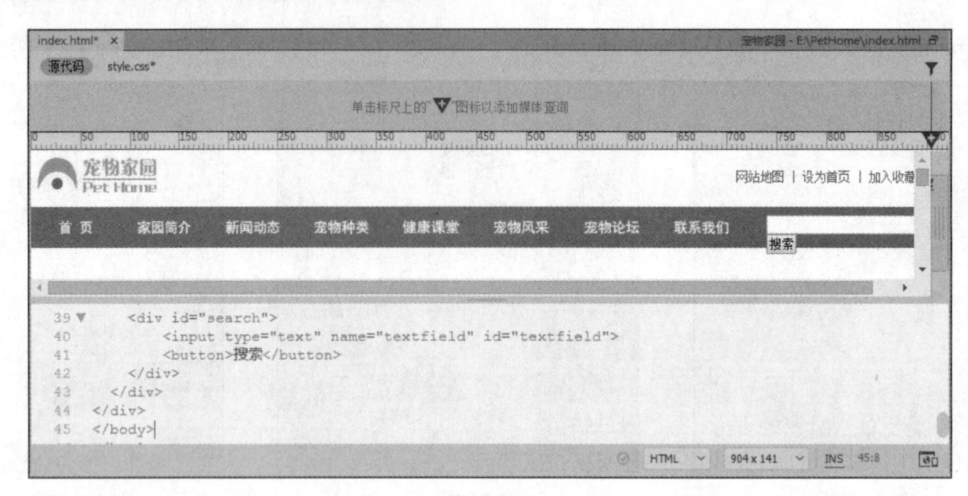

图 14-48

❷ 创建文本框 input 和按钮 button 样式，设定其外观。单击【CSS 设计器】面板中【选择器】的【添加选择器】按钮+，新建一个名为#search input 的 CSS 规则，在【属性】面板中设置【width】和【height】分别为“100px”和“20px”，设置【float】为 left、【color】为#666666、【font-family】为微软雅黑、【line-height】为“20px”、边框【border】为 2px solid #6FB366、【outline】为 none，如图 4-49 所示。

❸ 再新建一个名为#search button 的 CSS 规则，在【属性】部分再设置【width】和【height】分别为“40px”和“24px”，设置【float】为 left、【color】为#FFFFFF、【font-family】为微软雅黑、【background-color】为#6FB366、边框【border】为 none、【outline】为 none、【cursor】为 pointer，如图 14-50 所示。

图 14-49

图 14-50

❹ 在【CSS 设计器】面板的【选择器】中选中#search 规则，在【属性】部分再设置【padding-top】为 8px、【padding-left】为 20px，再修改【width】和【height】分别为“160px”和“20px”，最终#search 的属性如图 14-51 所示。

❺ 保存网页，按<F12>键预览，效果如图 14-52 所示。

图 14-51

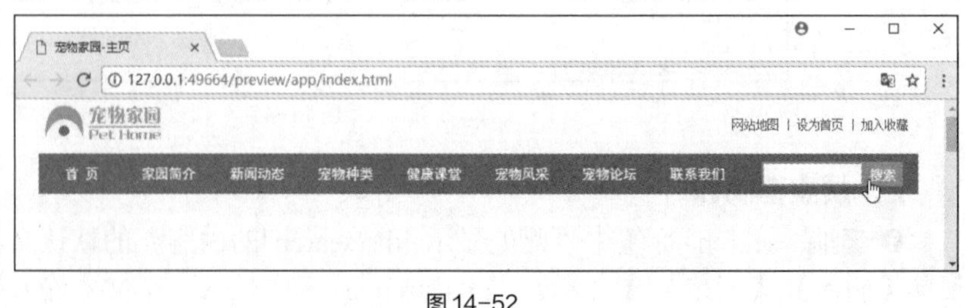

图 14-52

14.3.6 banner区域制作

❶ 采用同样的方式，在menu标签后插入ID名称为banner的<div>标签，并将其#banner样式存储于style.css文件中，在【#banner的CSS规则定义（在style.css中）】对话框中，选择【分类】栏中的【方框】，设置【Width】和【Height】为“900px”和“300px”，取消勾选【Margin】选项下的【全部相同】复选框，在【Bottom】下拉文本框中输入“10px”，如图14-53所示。单击【确定】按钮。

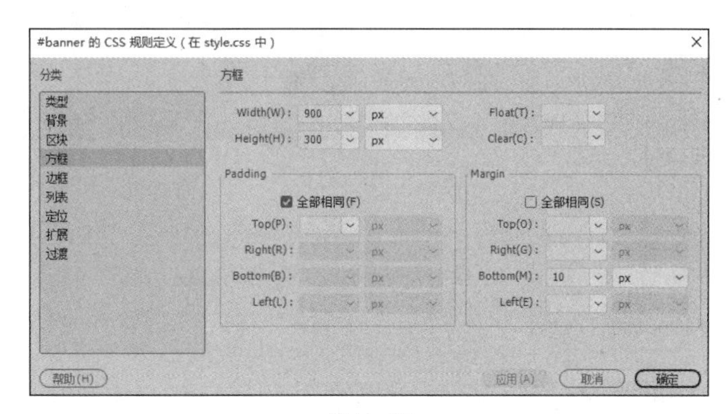

图14-53

14-5 宠物家园（5）

❷ 删除<div>标签banner中的初始文本，将鼠标光标置于其中，插入图像文件PetHome>images>banner.jpg，保存网页文档，按<F12>键预览效果，如图14-54所示。

图14-54

14.3.7 内容区域制作

内容区域对应的<div>标签为#content，它包含左、中、右3个部分，其中左侧部分和中间部分对应的<div>标签都为类样式.leftbox，而右侧部分对应的<div>标签为类样式.rightbox，各部分的尺寸如图14-55所示。

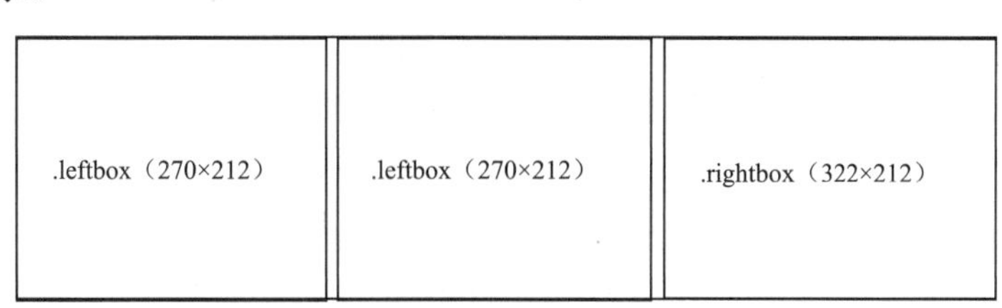

图14-55

14-6 宠物家园（6）

1. 左侧内容部分

❶ 采用同样的方式，在 banner 标签后插入 ID 名称为 content 的<div>标签，并将其#content 样式存储在 style.css 样式表文件中。在【#content 的 CSS 规则定义（在 style.css 中）】对话框中，单击左侧的【方框】，设置【Width】和【Height】分别为“900px”和“213px”，取消勾选【Margin】选项下的【全部相同】复选框，设置【bottom】为“10px”，单击【确定】按钮，在主页中插入了 ID 名为 content 的<div>标签，如图 14-56 所示。

图 14-56

❷ 删除<div>标签 content 中的初始文本，将鼠标光标置于标签 content 中。选择菜单【插入】|【Div】，打开【插入 Div】对话框，如图 14-57 所示，在【插入】下拉框中选择“在插入点”，在【Class】下拉文本框中输入“leftbox”，单击【新建 CSS 规则】按钮，打开【新建 CSS 规则】对话框，如图 14-58 所示，在【选择器名称】文本框中自动出现.leftbox，在【规则定义】下拉框中选择 style.css，单击【确定】按钮。

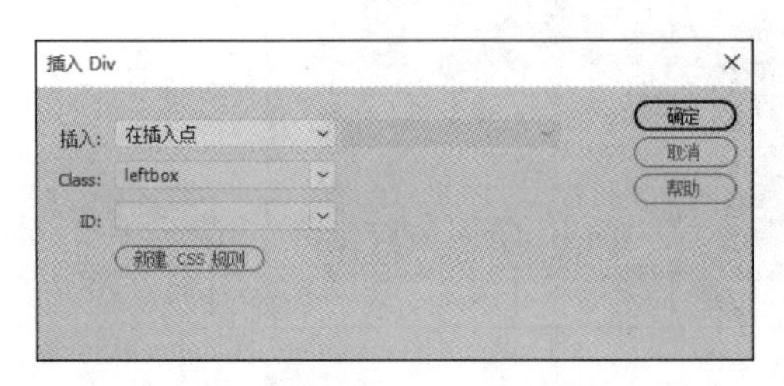

图 14-57

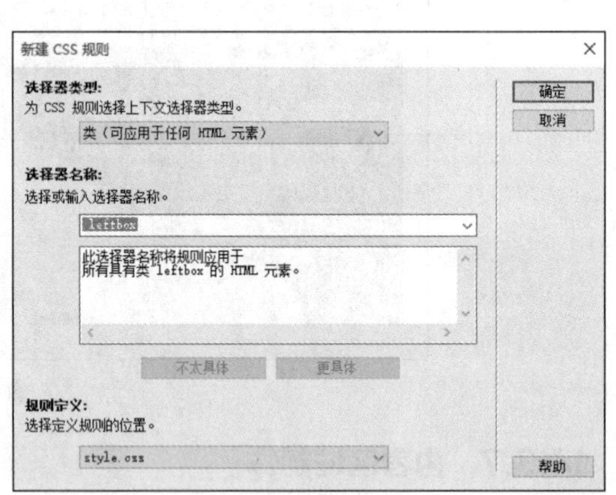

图 14-58

❸ 在打开的【.leftbox 的 CSS 规则定义（在 style.css 中）】对话框中，选择【分类】栏中的【方框】，在【Width】和【Height】下拉文本框中分别输入“272px”和“213px”，在【Float】下拉框中选择“left”，取消勾选【Margin】选项下的【全部相同】复选框，在【Right】文本框中输入“17”，单击【确定】按钮，插入类样式为.leftbox 的<div>标签，效果如图 14-59 所示。

❹ 删除<div>标签 leftbox 中的初始文本，将鼠标光标置于标签 leftbox 中。采用同样的方式，在标签 leftbox 中插入类样式名为.leftboxtop 的<div>标签，并将该样式存储于 style.css 文件中。在【.leftboxtop 的 CSS 规则定义（在 style.css 中）】对话框中，设置【Width】和【Height】分别为“272px”和“23px”。删除<div>标签 leftboxtop 中的初始文本，将鼠标光标置于该标签中，插入图像文件

PetHome>images> index_05.jpg，如图 14-60 所示。

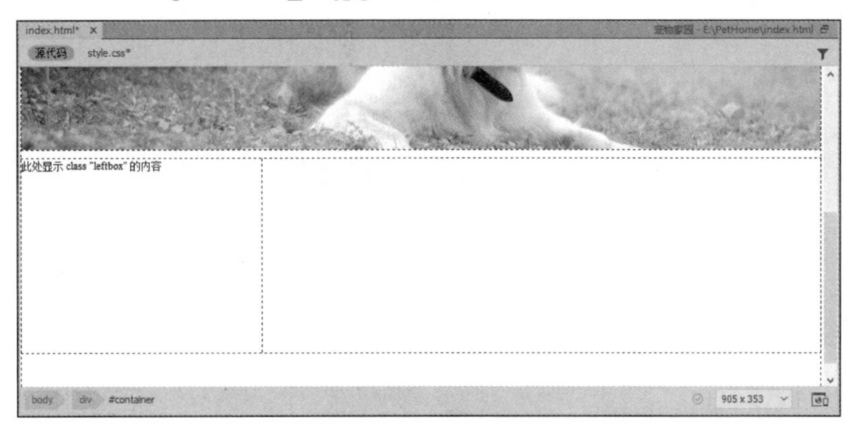

图 14-59

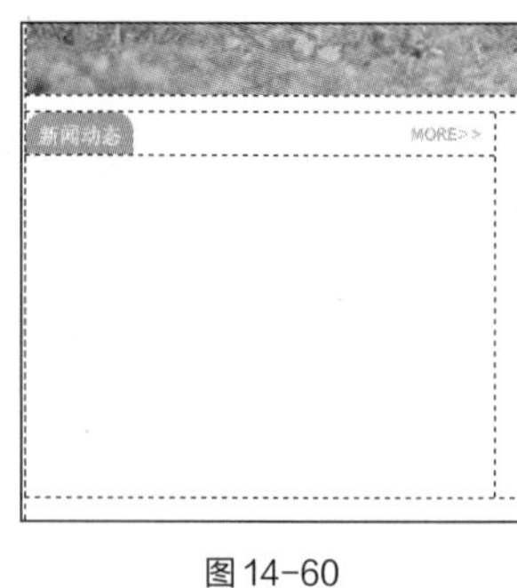

图 14-60

❺ 单击文档工具栏中的【拆分】按钮，将鼠标光标置于【代码】窗口中<div>标签 leftboxtop 所在的代码之后，如图 14-61 所示。插入类样式名为.leftboxbottom 的<div>标签，并将该样式存储于 style.css 文件中。在【.leftboxbottom 的 CSS 规则定义（在 style.css 中）】对话框中，设置【Width】和【Height】分别为“270px”和“188px”。选择【分类】栏中的【边框】，设置【Style】为“solid”，设置【Width】为“1px”，【Color】为#6EB336。单击【确定】按钮，在 leftbox 标签下部插入了类名为 leftboxbottom 的<div>标签，如图 14-62 所示。

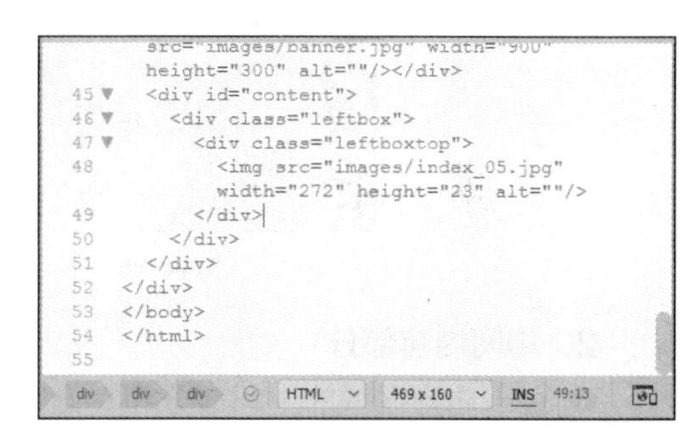

图 14-61

❻ 删除<div>标签 leftboxbottom 中的初始文本，复制 text.txt 文件中的相应文本内容。选中所有文本，单击【属性】面板中的【项目列表】按钮，如图 14-63 所示。

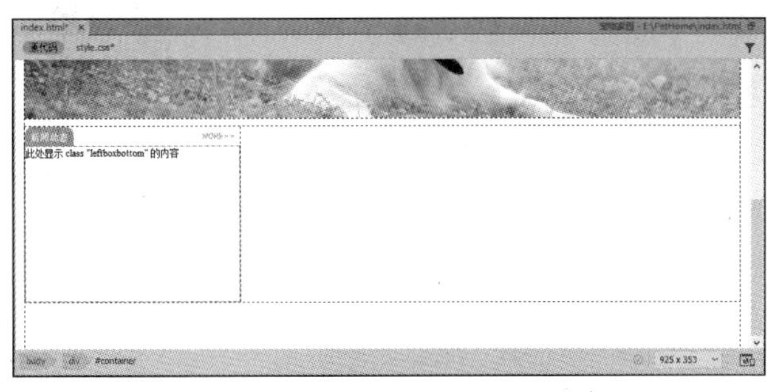

图 14-62

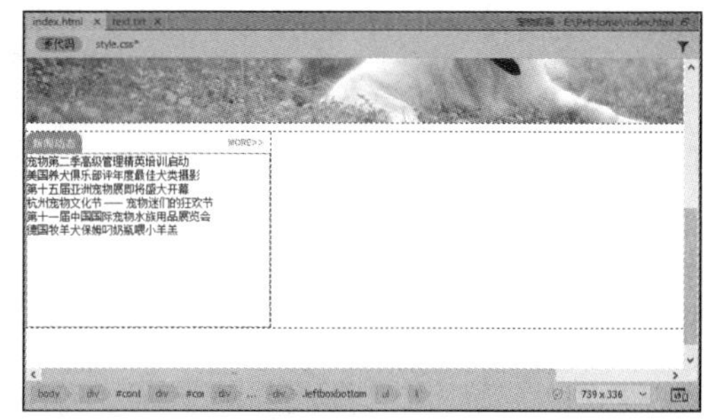

图 14-63

❼ 单击【CSS 设计器】面板【选择器】区域的【添加选择器】按钮＋，新建一个名为.leftboxbottom ul 的 CSS 规则，在【属性】区域设置【margin-top】为 20px、【margin-left】为 30px、【list-style-type】为 none、【list-style-image】为 images 文件夹中的图像文件 index_14.jpg，如图 14-64 所示。设置后的网页效果如图 14-65 所示。

❽ 单击【CSS 设计器】面板【选择器】区域的【添加选择器】按钮＋，新建一个名为.leftboxbottom ul li 的 CSS 规则，在【属性】区域设置【color】为#666666、【font-family】为宋体、【font-size】为“12px”、【line-height】为“24px”，如图 14-66 所示。设置完的网页效果如图 14-67 所示。

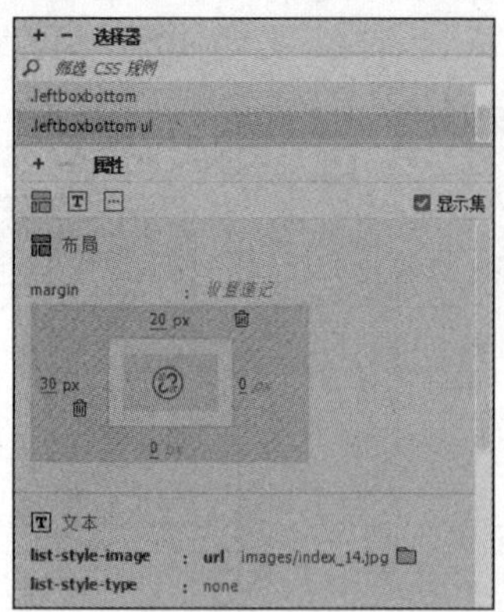

图 14-64

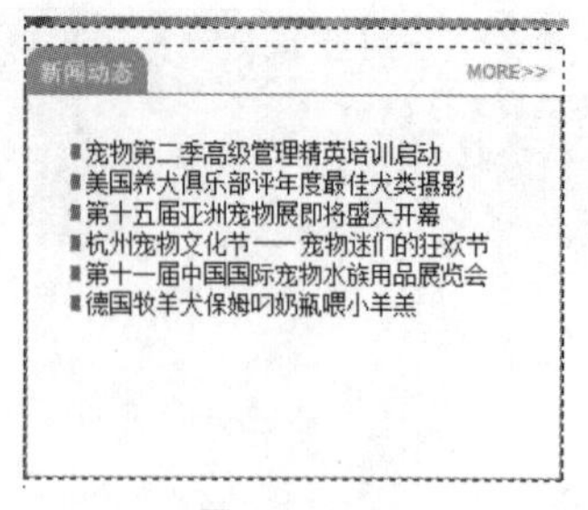

图 14-65

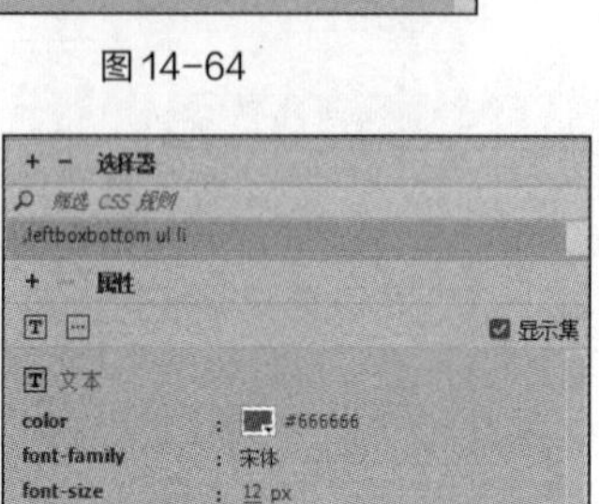

图 14-66

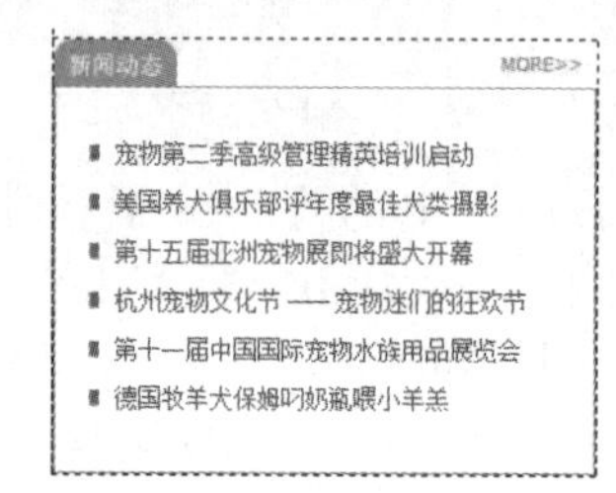

图 14-67

2. 中间内容部分

❶ 由于内容区域的中间部分和左侧部分布局相同(除了内容不一样)，可以采用复制的方法来快速操作。单击文档工具栏中的【代码】按钮，将【代码】窗口中<div>标签 leftbox 的所有代码复制到它后面，如图 14-68 所示。效果如图 14-69 所示。

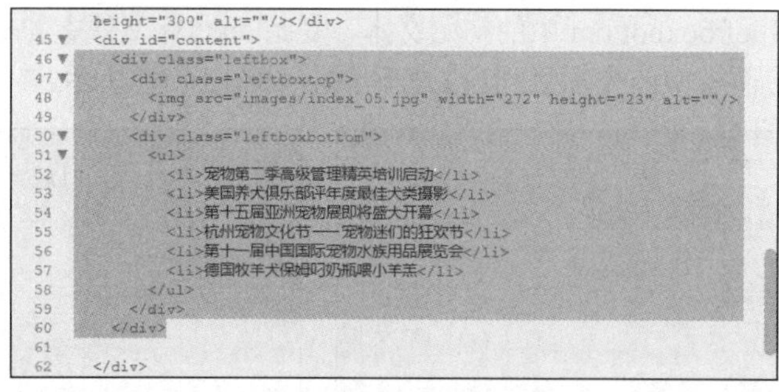

14-7 宠物家园（7）

图 14-68

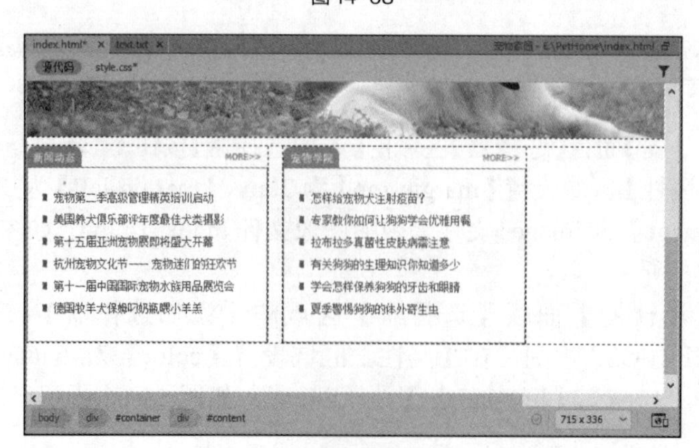

图 14-69

❷ 将图片和文本内容替换，效果如图 14-70 所示。

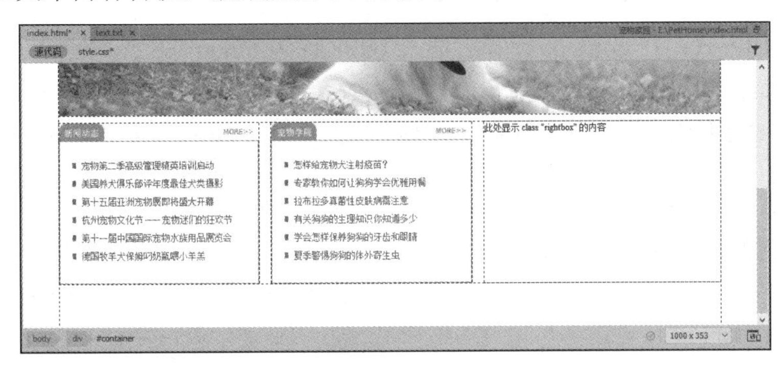

图 14-70

3. 右侧内容部分

❶ 将鼠标光标置于“宠物学院”所在的<div>标签之后，新建并插入一个类样式名为 rightbox 的<div>标签，并将该样式存储于 style.css 文件中。在【.rightbox 的 CSS 规则定义（在 style.css 中）】对话框中，设置【Width】和【Height】分别为“322px”和“213px”、【Float】为“right”，效果如图 14-70 所示。

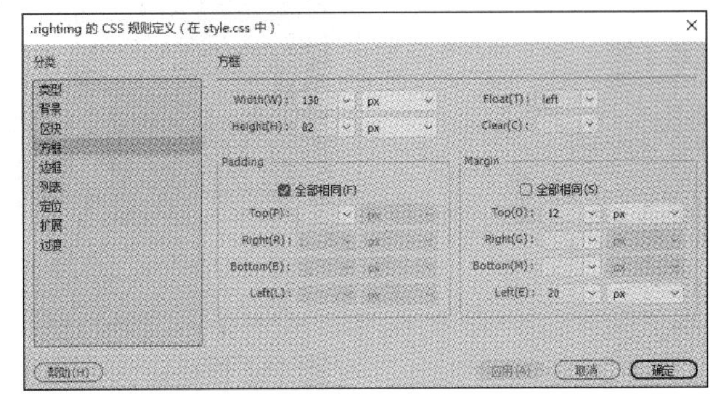

图 14-71

❷ 删除 rightbox 标签内初始文本，在其中新建并插入类样式名为 rightboxtop 的<div>标签，将该样式存储于 style.css 文件中。在【.rightboxtop 的 CSS 规则定义（在 style.css 中）】对话框中，选择【分类】栏中的【方框】设置【Width】和【Height】分别为“322px”和“23px”。将鼠标光标置于 rightboxtop 标签之后，新建并插入类样式名为 rightimg 的<div>标签，在【.rightimg 的 CSS 规则定义（在 style.css 中）】对话框中，选择【分类】栏中的【方框】，如图 14-71 所示，设置【Width】和【Height】分别为“130px”和“82px”，【Float】为“left”，【Margin】下的【Top】和【Left】分别为“12px”和“20px”。将鼠标光标依次置于插入的 rightimg 之后，再插入 3 个 rightimg 标签，效果如图 14-72 所示。

❸ 删除标签中的初始文字，依次插入图像文件 index_09.jpg、c1.jpg、c2.jpg、c3.jpg、c4.jpg，保存网页，按<F12>键预览，效果如图 14-73 所示。

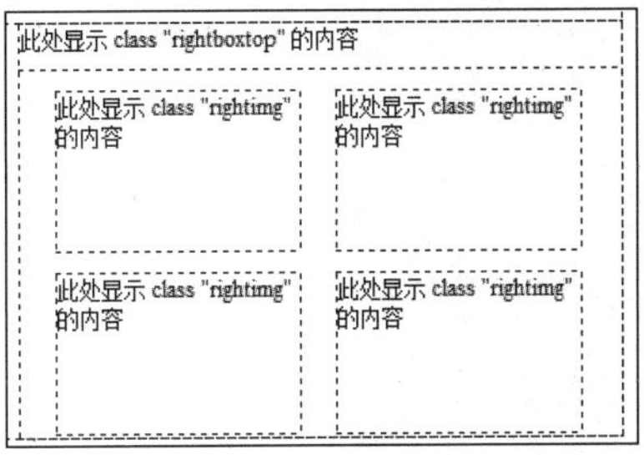

图 14-72

图 14-73

14.3.8 footer 区域制作

❶ 采用同样的方式，在 content 标签后插入 ID 名称为 footer 的<div>标签，并将#footer 样式存储于 style.css 文件中。在【.footer 的 CSS 规则定义（在 style.css 中）】对话框中，单击左侧的【类型】，设置【Font-size】和【Line-height】分别为“12px”和“16px”，【Color】为#FFF。单击左侧【背景】，设置【Background-color】为#94688C。单击左侧【区块】，设置【Text-align】为 center。单击左侧【方框】，设置【Width】和【Height】分别为“900px”和“41px”，取消勾选【Pading】选项的【全部相同】复选框，设置【Top】为 9。

❷ 删除初始文本，将 text.txt 文件中的相应文字内容复制到该标签中，保存网页，按<F12>键预览，如图 14-74 所示。

图 14-74

14-8 宠物家园（8）

14.4 子页面制作

14.4.1 家园简介子页面切图

在子页面效果图中，需要把有些图片切出来，以便在制作网页时应用。在子页面中，只需切出左侧“家园简介”图片一部分作为背景图，再切出右侧“关于我们”前面的小图标即可。

❶ 在 Photoshop 中打开家园简介子页面效果图 sub1.psd，在【图层】面板中单击选中要切出的图片所在的图层，然后在标尺中拖出参考线框出切片区域，单击工具栏中的【切片工具】按钮，画出 2 个切片，如图 14-75 所示的蓝色标记 03 和 06 切片。

图 14-75

❷ 选择菜单【文件】|【存储为 Web 所用格式】，在【存储为 Web 所用格式（100%）】对话框中选中切片，在右侧【预设】下拉列表中选择“JPEG 高”，如图 14-76 所示，单击【存储】按钮，打开【将优化结果存储为】对话框，如图 14-77 所示，设置【保存在】为本地站点文件夹 PetHome，在【格式】下拉列表中选择“仅限图像”，在【切片】下拉列表中选择“所有用户切片”。

图 14-76

❸ 在 Dreamweaver 的【文件】面板中可以看到切出的图片已经存在 images 文件夹内，如图 14-78 所示。

图 14-77

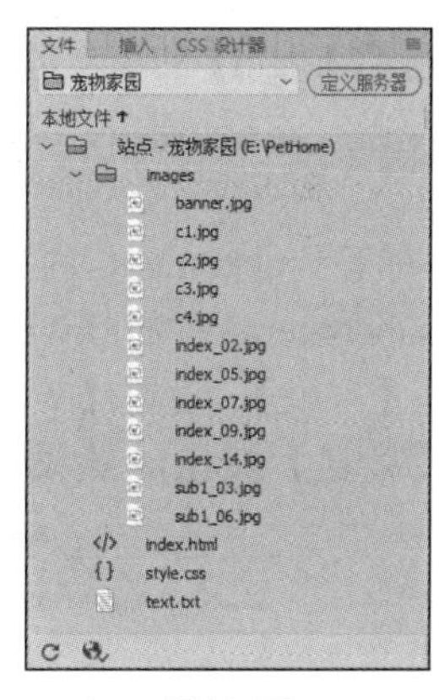

图 14-78

14.4.2　制作子页面模板

14-9　宠物家园（9）

由于网站内各子页面布局基本相同，可以先将已经制作完毕的主页面另存为一个网页模板，这样可以快速生成多张子页面。

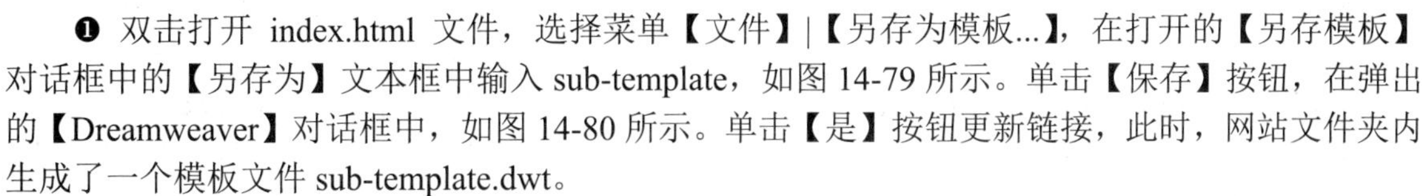

❶ 双击打开 index.html 文件，选择菜单【文件】|【另存为模板...】，在打开的【另存模板】对话框中的【另存为】文本框中输入 sub-template，如图 14-79 所示。单击【保存】按钮，在弹出的【Dreamweaver】对话框中，如图 14-80 所示。单击【是】按钮更新链接，此时，网站文件夹内生成了一个模板文件 sub-template.dwt。

❷ 在【CSS】面板中分别选择#container 和#banner 样式，将【height】文本框中的值清空。然后将页面中的 banner 图像和全部内容部分删除，效果如图 14-81 所示。

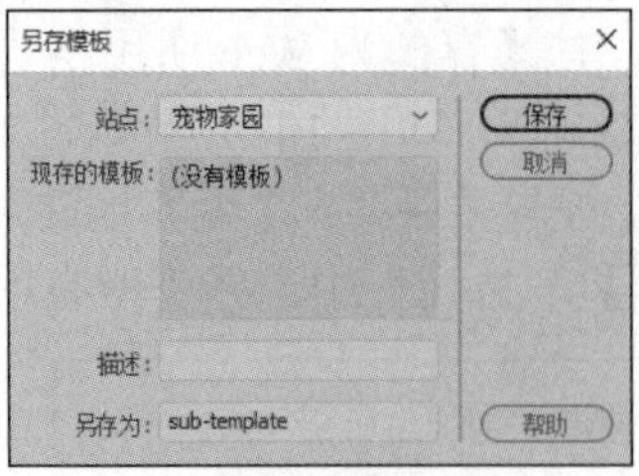

图 14-79

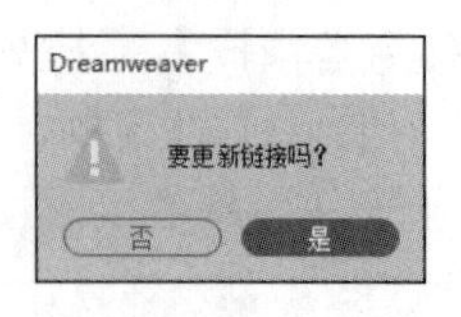

图 14-80

图 14-81

❸ 选择菜单【插入】|【Div】，打开【插入 Div】对话框，在【插入】项后选择“在标签后”，在后面下拉列表中选择“<div id="banner">”，在【ID】下拉文本框中输入 subcontent，单击【新建 CSS 规则】按钮，打开【新建 CSS 规则】对话框，在【规则定义】下拉列表中选择 style.css，单击【确定】按钮，打开【#subcontent 的 CSS 规则定义（在 style.css 中）】对话框，如图 14-82 所示，单击左侧【方框】，设置【Width】和【Height】分别为“900px”和“500px”、取消勾选【Margin】的【全部相同】复选框，在【Bottom】下拉文本框里输入“10px”，单击【确定】按钮。

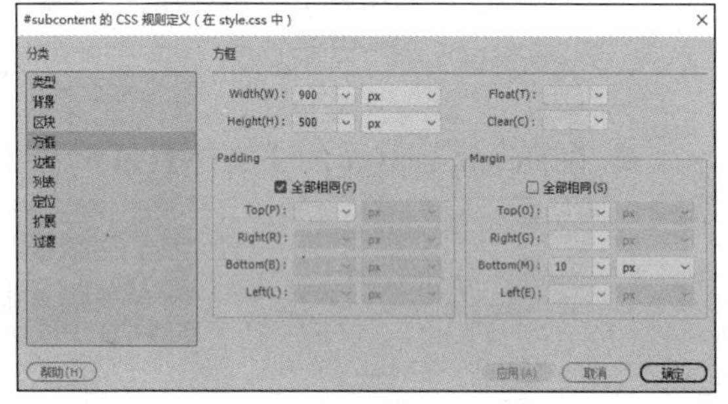

图 14-82

❹ 删除<div>标签#subcontent 内默认文本，在里面插入名为#subcontentleft 的 div 标签，在【#subcontentleft 的 CSS 规则定义（在 style.css 中）】对话框中单击左侧【方框】，设置【Width】和【Height】分别为“177px”和“500px”，【Float】为“left”，单击【确定】按钮，效果如图 14-83 所示。

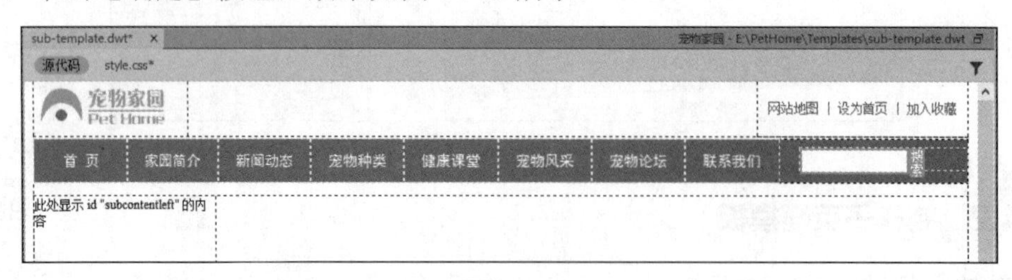

图 14-83

❺ 采用同样的方式，在 subcontentleft 标签后插入 ID 名称为 subcontentright 的<div>标签，在【#subcontentright 的 CSS 规则定义（在 style.css 中）】对话框中设置【Width】和【Height】分别为“704px”和“500px”，【Float】为“right”，单击【确定】按钮，效果如图 14-84 所示。

❻ 将鼠标光标置于标签 banner 中，选择菜单【插入】|【模板对象】|【可编辑区域】，打开【新建可编辑区域】对话框，如图 14-85 所示，在【名称】文本框中输入“m1”，单击【确定】按钮完成可编辑区域 m1 的设置。采用同样的方式，分别将标签 subcontentleft 和 subcontentright 内的默认文本删除，在其中建立可编辑区域 m2 和 m3，如图 14-86 所示，保存并关闭模板文件。

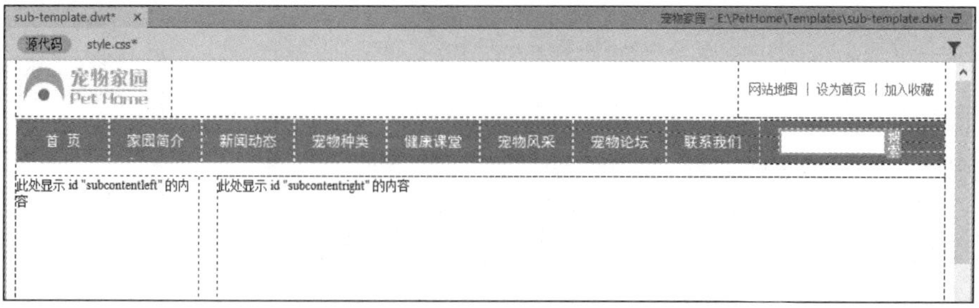

图 14-84

图 14-85

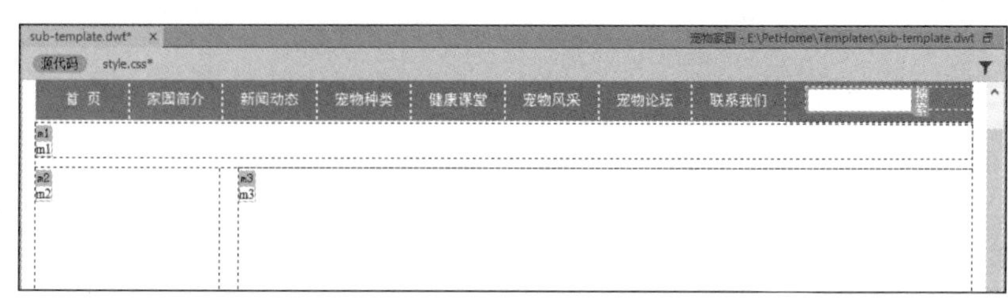

图 14-86

14.4.3　新建家园简介子页面

❶ 选择菜单【文件】|【新建】，打开【新建文档】对话框，如图 14-87 所示，单击左侧【网站模板】，在【站点】中选择“宠物家园”，单击【创建】按钮，新建一个由模板 sub-template.dwt 生成的网页，保存为 sub1.html。选择菜单【文件】|【页面属性】，在【标题/编码】右侧【标题】更改为“宠物家园-家园简介”。

14-10　宠物家园（10）

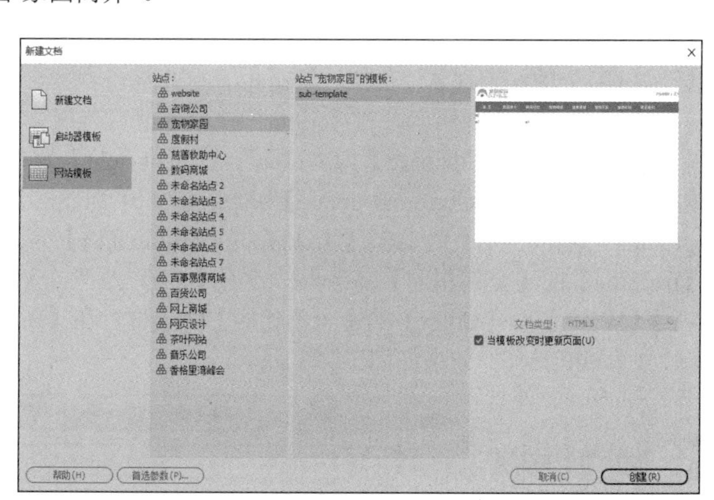

图 14-87

❷ 将鼠标光标置于 banner 标签的可编辑区域 m1 中，删除默认文本“m1”,在其中插入图像文件 PetHome>images> sub1_banner.jpg，如图 14-88 所示。

❸ 删除可编辑区域 m2 中的文本“m2”，将鼠标光标置于其中，新建并插入类样式名为 left1 的<div>标签，并将该样式存储于 style.css 文件中。在【.left1 的 CSS 规则定义（在 style.css 中）】对话框中，设置【color】为“#FFFFFF”、【font-family】为“微软雅黑”、【font-size】为“14px”、【line-height】为“50px”、【text-align】为“center”、【background-image】为“images/sub1_03.jpg”、【background-repeat】为“repeat-x”，如图 14-89 所示，单击【确定】按钮。

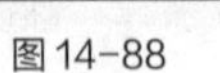
图14-88

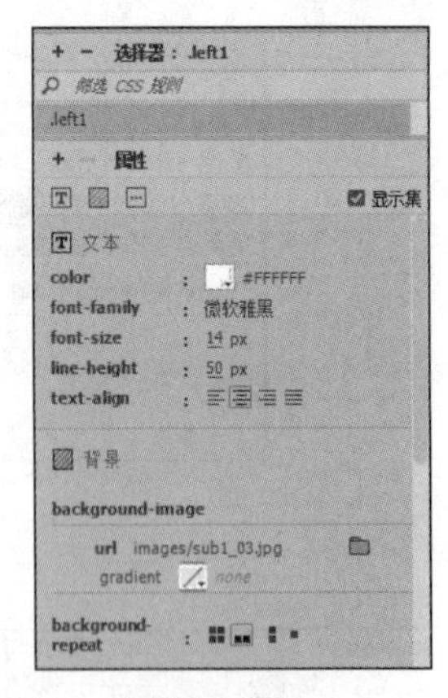

图14-89

❹ 单击文档工具栏中的【拆分】按钮，在【代码】窗口中将鼠标光标置于刚插入的 left1 标签所在的代码之后，新建并插入类样式名为 left2 的<div>标签。在【left2 的 CSS 规则定义（在 style.css 中）】对话框中，单击左侧的【类型】，设置【Font-size】为“12px”，【Line-height】为“26px”，【Color】为“#6FB366”。单击左侧的【区块】，设置【Text-align】为“center”。单击左侧的【边框】，取消勾选【Style】【Width】和【Color】的【全部相同】复选框，设置【Bottom】项后 3 个文本框分别为 solid、1 和#94688C，单击【确定】按钮，效果如图 14-90 所示。

图14-90

❺ 在【代码】视图中将鼠标光标置于刚插入的 left2 标签所在的代码之后，选择菜单【插入】|【Div】，打开【插入 Div】对话框，在【类】下拉文本框中选择 left2，再插入一个 left2 标签，分别在两个 left2 标签中输入文本“关于我们”和“家园宗旨”，如图 14-91 所示。

❻ 删除可编辑区域 m3 内的初始文本“m3”，新建并插入类样式名为 right1 的<div>标签，如图 14-92 所示，在【.right1 的 CSS 规则定义（在 style.css 中）】对话框中，单击左侧的【类型】，设置【Font-size】为“12px”，【Line-height】为“50px”，【Color】为“#6FB366”；单击左侧的【背景】，设置【background-image】为 images/sub1_06.jpg、【background-repeat】为 no-repeat、【background- position(X)】为 left、【background-position(Y)】为 center。单击左侧的【方框】，取消勾选【padding】的【全部相同】复选框，设置【left】为“32px”。单击左侧的【边框】，取消勾选【Style】【Width】和【Color】的【全部相同】复选框，在【Bottom】项后 3 个文本框中分别输入 solid、1 和#6FB366。效果如图 14-93 所示。

图14-91

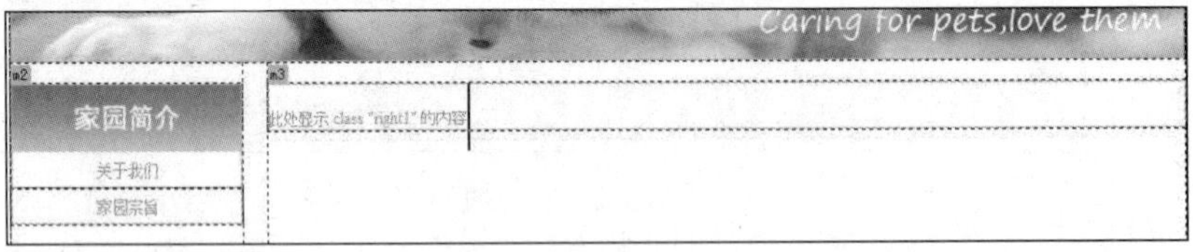

图14-92

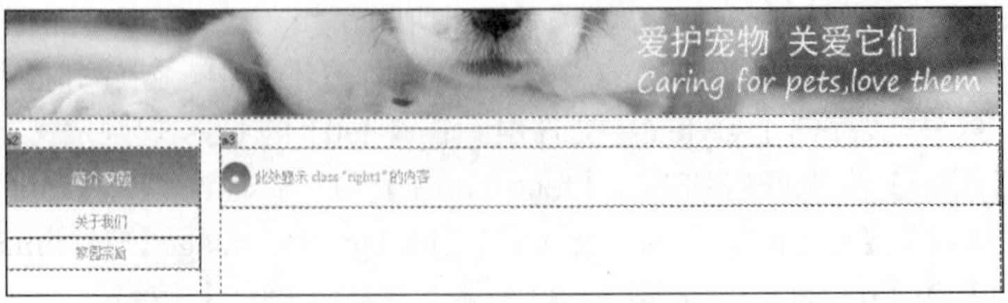

图14-93

❼ 单击文档工具栏【拆分】按钮，在【代码】窗口中将鼠标光标置于刚插入的 right1 标签所在的代码之后，新建并插入类名为 right2 的<div>标签，在【.right2 的 CSS 规则定义（在 style.css 中）】对话框中，单击左侧的【类型】，设置【Font-size】为“12px”，【Line-height】为“24px”，【Color】为#666。单击左侧的【区块】，设置【Text-indent】为 2em。单击左侧的【方框】，取消勾选【padding】的【全部相同】复选框，设置【top】为“5px”。将 text.txt 文件中的相应文字复制到标签 right2 中。保存网页文档，按<F12>键预览效果，如图 14-94 所示。

图 14-94

14.5 其他子页面制作

14-11　宠物家园（11）

其他子页面和家园简介子页面布局类似，也可以通过模板来制作，下面介绍宠物风采子页面的制作。

❶ 选择菜单【文件】|【新建】，在【新建文档】对话框中选择【模板中的页】，单击【创建】按钮新建一个网页。选择菜单【文件】|【页面属性】，将【标题/编码】右侧的【标题】更改为 “宠物家园-宠物风采”，将文件保存为 sub2.html。

❷ 删除可编辑区域 m1 中的初始文本“m1”并插入图像文件 PetHome>images> sub2_banner.jpg。

❸ 删除可编辑区域 m2 中的初始文本“m2”，将鼠标光标置于其中，插入一个已存在的 left1 标签。删除 left1 标签的初始文本，输入“宠物风采”。

❹ 在【代码】窗口中将鼠标光标置于刚插入的 left1 标签所在的代码之后，插入一个已存在的 left2 标签。删除 left2 标签的默认文本，输入“宠物摄影”。在其后再插入一个 left2 标签并输入文本“宠物表演”。效果如图 14-95 所示。

图 14-95

❺ 删除可编辑区域 m3 中的初始文本“m3”，插入一个已存在的 right1 标签。删除 right1 标签中的初始文本，输入文本“宠物摄影”。

❻ 在【代码】窗口中将鼠标光标置于刚插入的 right1 标签所在的代码之后，插入一个已存在的 right2 标签。

❼ 删除 right2 标签中的文本，并将鼠标光标置于其中，新建并插入一个类名称为 subimg 的<div>标签，在【.subimg 的 CSS 规则定义（在 style.css 中）】对话框中，单击左侧的【方框】，设置【Width】和【Height】分别为“200px”和“150px”，【Float】为“left”，取消勾选【Margin】中的【全部相同】复选框，设置【Top】【Right】和【Left】分别为“20px”、“10px”和“20px”。将鼠标光标依次置于新插入的 subimg 标签后，再插入 5 个 subimg 标签，效果如图 14-96 所示。

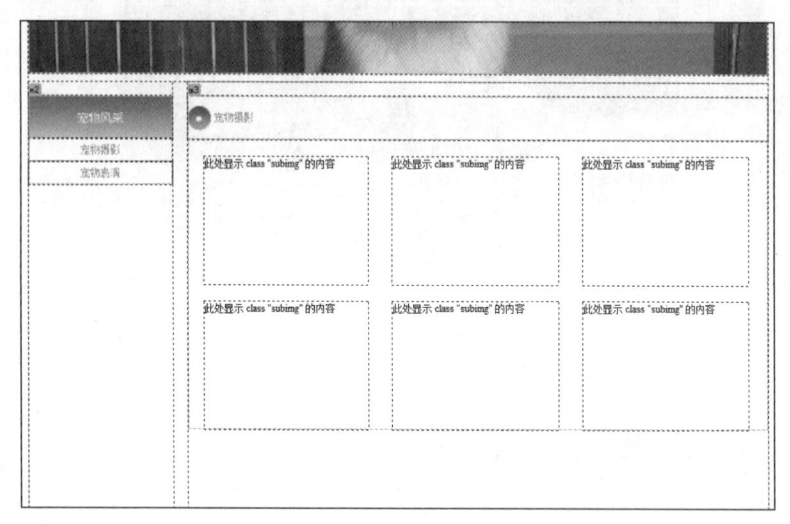

图 14-96

❽ 依次在相应<div>标签中插入 images 文件夹内的图像文件 p1.jpg、p2.jpg、p3.jpg、p4.jpg、p5.jpg、p6.jpg。

❾ 保存网页文档，按<F12>键预览效果，如图 14-97 所示。

图 14-97

14.6 页面超链接设置

主页面和子页面制作好之后，可以设置导航条的链接，来实现页面间的互相跳转。

❶ 在【文件】面板中，双击打开主页 index.html。选中导航文字“家园简介”，在【属性】面板中设置指向 sub1.html 的超链接，采用同样的方式，为导航上的文本“宠物风采”设置指向 sub2.html 的超链接，保存网页文档。

❷ 双击打开模板文件 sub-template.dwt。选中导航文本“首页”，在【属性】面板中设置指向 index.html 的超链接，采用同样的方式，为导航上的文本“家园简介”和“宠物风采”设置指向 sub1.html 和 sub2.html 的超链接，保存模板文件，在弹出的【更新模板文件】对话框中单击【更新】按钮，如图 14-98 所示。更新后完成子网页的链接设置。

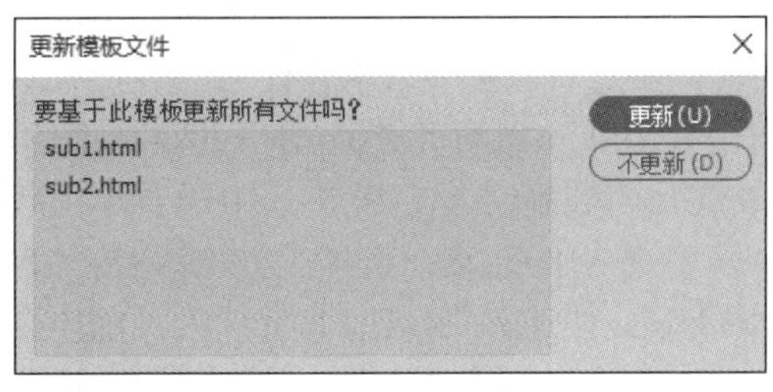

图 14-98

14-12 宠物家园（12）

❸ 保存网页文档，按<F12>键预览效果。

参考文献

[1] 潘强．Dreamweaver 网页设计制作标准教程（CS4 版）[M]. 北京：人民邮电出版社，2010.
[2] 袁云华．Dreamweaver CS4 基础教程[M]. 北京：人民邮电出版社，2010.
[3] 倪洋．网页设计[M]. 北京：人民美术出版社，2012.
[4] 温谦．网页制作综合技术教材[M]. 北京：人民邮电出版社，2009.
[5] 王君学．网页设计与制作[M]. 北京：人民邮电出版社，2009.
[6] 孙素华．网页设计从入门到精通 CS5[M]. 北京：中国青年出版社，2011.
[7] 肖瑞奇．巧学巧用 Dreamweaver CS5 制作网页[M]. 北京：人民邮电出版社，2010.
[8] 侯晓莉．21 天网站建设实录[M]. 北京：中国铁道出版社，2011.
[9] 邓文渊．Dreamweaver CS5 网站设计与开发实践[M]. 北京：清华大学出版社，2012.
[10] 朱印宏．Dreamweaver CS5&ASP 动态网页设计[M]. 北京：中国电力出版社，2012.
[11] 胡崧．Dreamweaver CS6 从入门到精通[M]. 北京：中国青年出版社，2013.
[12] 杨阳．Dreamweaver CC 一本通[M]. 北京：机械工业出版社，2014.
[13] [美] Brad Broulik. jQuery Mobile 快速入门[M]. 北京：人民邮电出版社，2013.
[14] 李晓斌．PHP+MySQL+Dreamweaver 网站建设. 北京：机械工业出版社，2016.
[15] 李柯泉．构建跨平台 App jQuery Mobile 移动应用实战[M]. 北京：清华大学出版社，2014.
[16] 李东博．HTML5+CSS3 从入门到精通[M]. 北京：清华大学出版社，2013.